敖汉旗

生态文明建设简史

（1947—2020）

刘承来　鲍杰峰　主编

中国文史出版社
CHINA CULTURAL AND HISTORICAL PRESS

图书在版编目（CIP）数据

敖汉旗生态文明建设简史 / 刘承来，鲍杰峰主编.
—北京：中国文史出版社，2022.11
ISBN 978-7-5205-3943-2

Ⅰ.①敖… Ⅱ.①刘… ②鲍… Ⅲ.①生态环境建设—
研究—敖汉旗 Ⅳ.①X321.226.4

中国版本图书馆 CIP 数据核字（2022）第 213026 号

责任编辑：金　硕

出版发行：中国文史出版社

社　　址：北京市海淀区西八里庄路 69 号　　邮编：100142
电　　话：010－81136606/6602/6603/6642（发行部）
传　　真：010－81136655
印　　装：廊坊市海涛印刷有限公司
经　　销：全国新华书店
开　　本：787mm×1092mm　1/16
印　　张：40
字　　数：678 千字
版　　次：2023 年 8 月北京第 1 版
印　　次：2023 年 8 月第 1 次印刷
定　　价：268.00 元

《敖汉旗生态文明建设简史》编委会

主　　任：鲍杰峰

副 主 任：张启航　季旭东　傅晓林　高韵声
　　　　　张永福

委　　员：毕奎杰　刘玉祥　刘承来　连中辉
　　　　　辛　华　张旭东　张洪峰　赵险峰
　　　　　徐向光　唐显辉　梁国强　鲍亚军

《敖汉旗生态文明建设简史》编写组

主　　编：刘承来　鲍杰峰

编写成员：刘承来　丁建国　朱国文　鲍杰峰
　　　　　李显玉　王志军　杨　静

审　　核：刘承来　鲍杰峰

校　　对：毕奎杰　王景辉

中部丘陵区三十二连山流域生态治理工程

南部山区马鞍山流域生态治理工程

北部沙区插黄柳工程

北部沙区黄羊洼草牧场防护林工程

南部山区大黑山自然保护区

1958 年 12 月，敖汉旗获国务院"农业社会主义建设先进单位"奖

2002 年 6 月 4 日，在深圳举行的世界环境日国际纪念大会上，
敖汉旗被联合国环境规划署授予"全球 500 佳"环境奖

敖汉旗人民政府广场

敖汉干部学院俯瞰

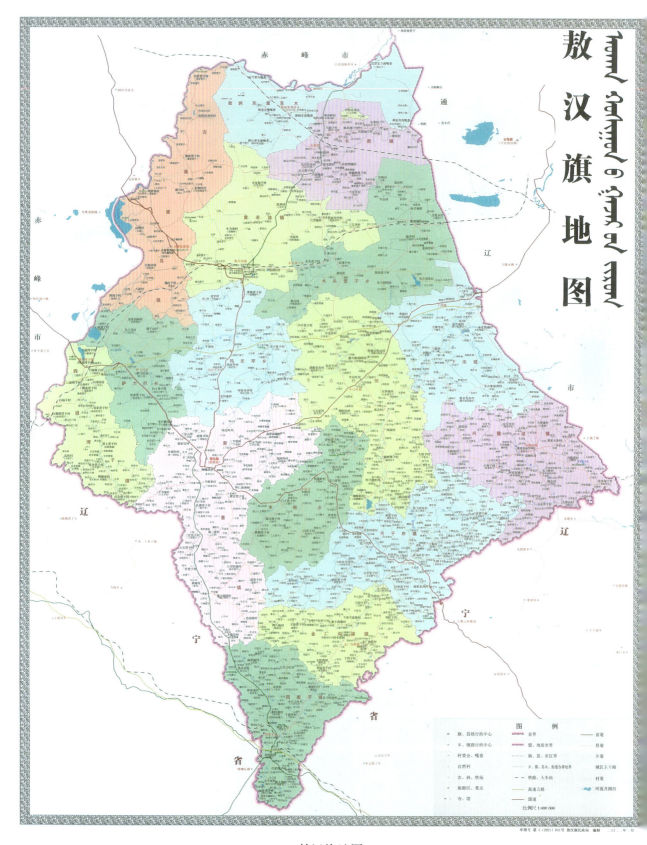

敖汉旗地图

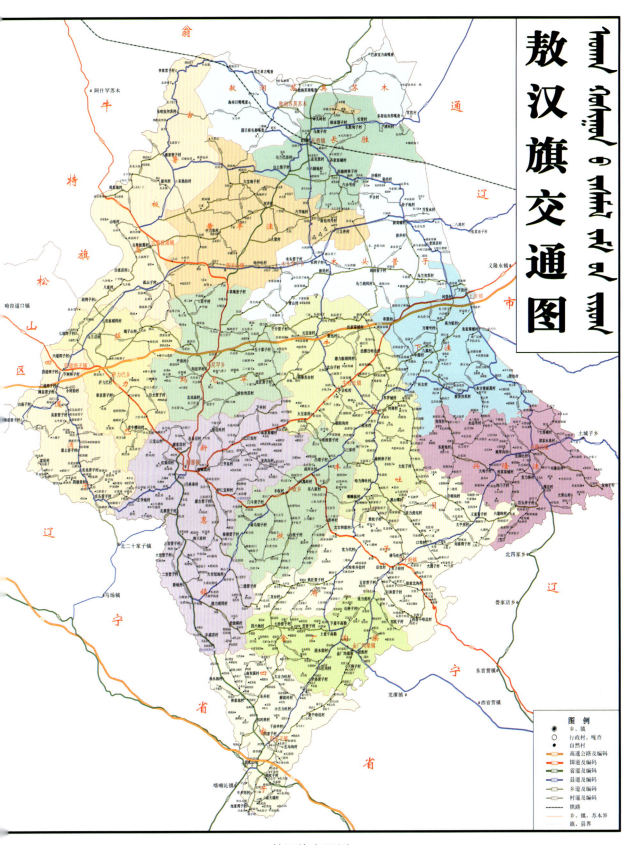

敖汉旗交通图

内蒙古自治区赤峰市敖汉旗
森林分布图

2004 年调查
总面积 829400 公顷

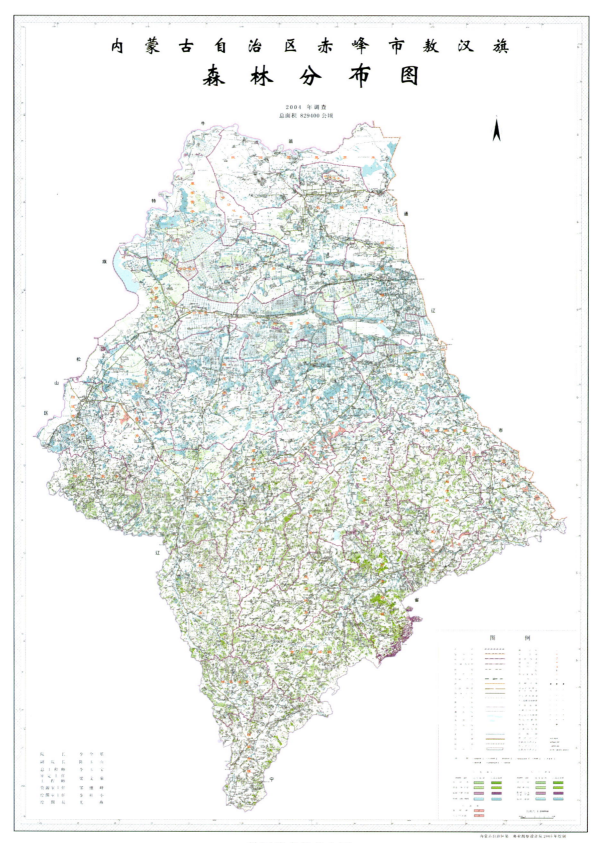

敖汉旗森林分布图

序

20 世纪 40 年代末，在敖汉大地上，中国共产党的地方组织和人民政权逐步建立、发展，党和政府的各项工作陆续步入正常运转。

敖汉旗地处科尔沁沙地南缘，是环京津冀地区的重要生态屏障。新中国成立后，旗委、旗政府带领全旗各族人民，积极响应党中央"绿化祖国"的伟大号召，认真贯彻党在农村的方针、政策，面对百废待兴、繁重复杂的社会主义革命和建设任务以及脆弱的生态环境，从全旗实际出发，坚持人民利益至上，把改变生存环境、改善生产条件、提高人民生活水平放在重要位置。在年均降水 380 毫米的条件下，紧紧抓住影响生态环境的两大要害，从种树种草入手，着力解决人民群众对新生活的企盼和诉求，自力更生，艰苦奋斗，在北部治理风沙，在南部保持水土，在中部治理河道，兴修水利，建设基本农田。20 世纪 70 年代末，全旗有林面积近 200 万亩，人工种草保存面积 45 万亩，生态环境、生产条件得到了改善，人民生活水平逐步提高。旗委、旗政府求真务实、科学决策、科学布局、科学推动的工作机制已经形成并初显成效，为以后农村经济建设和大力发展打下了坚实基础，提供了宝贵经验。

1981 年 7 月，党中央对内蒙古经济社会发展提出了"林牧为主、多种经营"的方针，旗委、旗政府经过三十多年的艰苦探索，找准了"种树种草起步，多种经营致富，恢复农业生态平衡"的发展道路。20 世纪 80 年代初，旗委、旗政府做出了大力种树种草的决定，提出每年植树 30 万亩以上、种草 30 万至 50 万亩的目标，迈开了大跨度的前进步伐。20 世纪 80 年代末，旗人大常委会通过了旗政府关于七年绿化敖汉的规划，成为全旗党员、干部和人民群众的共识和行动目标，会议要求各级人民政府要提高认识，加强领导，把实现七年绿化当作保农促牧、恢复生态、振兴敖汉、致富人民、造福子孙后代的战略措施，一届接着一届干，一张蓝图绘到底，务求必胜。旗委、旗政府牢牢把握"三北"防护林建设的发展契机，从此，以北部沙区防护林、南部山区水保林和中部平原绿化为框架的防护林体系建设列入了日程。重点抓好在北部沙区建设"三乡三场"万亩黄羊洼草牧场防护林，成为敖汉旗生态建设的第一大精品样板工程。

到 20 世纪末，七年绿化敖汉的目标基本实现，在此基础上，旗委、旗政府提出了"生态立旗"的发展战略，进一步统一了全旗各族人民的意志。通过实施"五个一工程（1998—2002）"，旗、乡两级组织发动了联村会战、联乡会战，全党动员、全民参与，同心同德，展开了一场生态建设的攻坚战、总体战、大决战，到 21 世纪初，全旗有林面积达到 500 万亩，人工种草保存面积超过 100 万亩，圆满完成了第一次创业任务，同时，第二次创业继续推进，全旗逐步实现了"林多草多—畜多肥多—粮多钱多"各业协调发展的良性循环，绿色发展、永续发展的路子越走越宽。敖汉人民不仅建成了绿水青山，也收获了金山银山，更加彰显了求真务实、艰苦奋斗、持之以恒、无私奉献的创业精神。

进入新世纪，全旗生态建设累结硕果。2000 年 3 月，国家环保总局授予敖汉旗"第一批国家级生态示范区"称号，2002 年 6 月，敖汉旗生态建设荣获联合国环境规划署"全球 500 佳"环境奖，2003 年 2 月，全国绿委会、国家林业局授予敖汉旗"再造秀美山川先进旗"称号。在全旗生态建设取得骄人成绩之际，国家京津风沙源项目、退耕还林（草）项目、中外合资项目等相继启动，迎来了生态建设与保护并举的重大转折。

2007 年 10 月，党的十七大，首次提出了建设生态文明的新课题；2012 年 11 月，党的十八大，以习近平同志为核心的党中央明确提出，"全面落实经济建设、政治建设、文化建设、社会建设、生态文明建设五位一体总体布局，促进现代化建设各方面相协调，促进生产关系与生产力、上层建筑与经济基础相协调，不断开拓生产发展、生活富裕、生态良好的文明发展道路"，为敖汉生态文明建设进一步指明了方向。2016 年 3 月，旗委、旗政府提出了"打赢生态建设与保护的下半场"的号召，开启了生态文明建设的新格局。在"十三五"时期实施了"一减三增两改"发展战略，并取得了重大进展。到 2020 年，全旗有林面积达 580 万亩以上，人工种草面积仍保持 100 万亩以上，林草结构、林分质量、"三大效益"都有了显著提高，全旗生态文明建设整体稳步推进。

2022 年 10 月 16 日，党的二十大，进一步从战略高度明确了生态文明建设对于"以中国式现代化全面推进中华民族伟大复兴"新的使命任务，明确了生态文明建设对于"全面建设社会主义现代化国家内在要求"新的时代意义。旗委、旗政府根据党中央关于生态文明建设的新布局、新要求，制定和完善了敖汉旗"十四五"生态文明建设目标、规划和任务，正在统筹运作、有序落实、扎实推进，敖汉的山川将更加美好。

敖汉旗几代人、几届班子，几十年如一日为生态文明建设承担了历史责任，做出了突出贡献，为全旗生态文明建设探索了新模式。敖汉生态文明建设的实践具有半干旱地区治理荒漠化、保持水土，建设美好家园的标本意义，是同类生态资源地区促进人与自然相互依存、和谐共生，实现永续发展的典型代表。从生态建设中形成的守土有责、不等不靠、不干不行、干就干好的优良作风，成为全旗干部群众的行为准则。

以史为鉴，可知兴替，旗委、旗政府高度重视全旗广大党员干部、人民群众的无私奉献，珍惜荒漠治理、水土保持的历史经验，决定组织编写《敖汉旗生态文明建设简史》。两年来，编委会统筹策划，编写组辛勤努力，圆满地完成了这项工作，成功记录了这一历史过程，为今后全旗生态文明建设提供了难得的资政史料，也是敖汉文明发展史的一份重要文献。

绿色是永续发展的必要条件，生态文明建设是经济社会发展的必然选择。我们应再接再厉、努力奋斗，全面践行习近平生态文明思想，牢固筑好我国北方重要生态安全屏障，把敖汉的事情办好，向党和人民交出满意的答卷。

值此撰写此文，以为序。

中共敖汉旗委书记

敖汉旗人民政府旗长

2022 年 11 月 16 日

前　言

文明属于文化范畴，是文化发展到一定阶段、一定高度的产物，是经过长期历史积淀和为多数人所认可、接受的发明创造，是人文精神和公序良俗的综合体。人类在长达二三百万年的文明历史演进中，经历了渔猎采集、茹毛饮血的原始阶段，刀耕火种、驯养家畜的原始农业阶段，进而在不同的地域分化出并行的定居式农耕文化和逐水草而迁徙的游牧文化，在5000年前后步入农业文明时代。

在漫长的历史长河中，人类从大自然中索取必要的生活资料，依赖自然环境繁衍生息，在生产活动中逐步认识自然，依赖自然，适应自然，利用自然，形成了敬畏自然和与自然共生共处的关系。在中国有史以来记载的文明发展中，这种关系体现得十分明显。当中国历史发展进入封建社会以后的2000多年来，虽然农业生产力有了较大进步，但广大人口多数生活在农村，社会结构依然以自给自足的小农经济为主体。他们依赖大自然的赠予，用简单的劳动手段，日出而作，日落而息，过着平淡而不平静的生活，顺应自然而发展，适应自然而生存。由于人口较少，生产力水平较低，基本未给自然环境造成难以承受的破坏和伤害。在与自然界的共生共处和同自然灾害的抗争中逐步形成了"天人合一"的朴素哲学理念，调节着人与自然的关系。

农业文明的发展经历了由低级到高级的过程。随着经验知识和劳动技能的积累，人类的农业活动由纯粹地利用自然、适应自然逐步过渡到有目的、有计划地改造自然，对环境的影响和干扰不断加大。特别是工业革命以来，新工具的广泛运用，人们已经从自然生态系统的环境约束中解放出来，开始了大规模开发和改造活动，造成生物多样性减少，原始生态逐渐被人为干扰生态所代替。在自然承载力低、生态脆弱、人口较集中的区域，对生态的干扰和破坏越来越明显，人与自然的和谐关系被打破，生态问题成为人们不得不时时面对的新问题。在许多地方，这个问题仍然没有得到有效解决。

人类社会发展到 18 世纪 60 年代，英国第一台纺织机和蒸汽机的发明与应用，开创了历史的新纪元，开始了工业文明时代。工业文明的出现，在创造了前所未有的物质财富和辉煌的科技文化的同时，也使人类与自然的关系发生了根本性的改变，由顺应自然、利用自然异化为征服自然、改变自然、主宰自然，其结果是人口膨胀，自然资源逐步枯竭，生态景观发生改变，环境污染，温室气体不断积累而造成全球气候变化，最终不可避免地产生了今天的全球生态危机。

19 世纪 40 年代，马克思、恩格斯所生活的德国，西欧资本主义经济登上了历史舞台，社会出现了巨大变化。马克思、恩格斯在长期参与社会活动中，站在历史唯物主义的立场上，认真分析了人类社会自然、经济、社会发展的纷繁复杂现象，本质地指出了人与自然的关系：自然界先于人类而存在，人与自然相互依存、相互制约，人类必须遵从人与自然和谐统一。在当时的历史条件下，马克思的许多关于人与自然关系的论述，是其生态思想和可持续发展思想的萌芽，至今仍有重要的理论和实践意义，为生态文明思想的产生和发展奠定了坚实的基础。

中国是农业大国，历史悠久，人口众多，长期的农业开发对自然的破坏力不容小觑。尤其是近代以来，帝国主义的侵略和掠夺及国内"三座大山"的压迫，使全国多数地方的生态环境都遭受了极其严重的破坏。工业文明发达国家是在财富积累极其丰富的情况下产生的破坏性生态危机，中国则是在极其贫穷的情况下为了生存而过度开发造成的生态危机，具有不同的社会背景，对生态文明的追求具有不同的理念，建设生态文明也具有不同的路径。马克思主义表明："人类始终只提出自己能够解决的任务，因为只要仔细考察就可以发现，任务本身，只有在解决它的物质条件已经存在或者至少是在形成过程中的时候，才会产生。"中华人民共和国成立后，中国共产党和各级人民政府领导广大人民群众，始终秉持马克思主义生态思想和中国传统的"天人合一"的哲学理念，在恢复和推进农业生产的同时，以"愚公移山"

的精神，大力开展植树造林活动，改造生态环境，改善农业生产条件，提高人民生活水平。在不同的历史时期，从国情出发，做出一系列决策，在生态建设与保护方面取得了举世瞩目的伟大成就，自觉地践行着生态文明思想，对可持续发展进行了积极探索。

敖汉旗的生态建设是中国生态建设的缩影。敖汉旗地处我国北方干旱、半干旱区域，农业开发历史久远，大部分原始植被逐步丧失，土地荒漠化不断加剧，水土流失日益严重，自然灾害频发，到了不治理人类就不能生存的地步。新中国成立后，党和政府逐步地、坚持不懈地进行生态建设，探索生态恢复之路，取得了巨大的成就。敖汉人用了50多年的时间，依靠自己勤劳的双手和聪明智慧，谱写了一曲建设秀美山川，人与自然和谐共生的壮歌，用血肉之躯和求真务实、艰苦奋斗、持之以恒、无私奉献的创业精神，在中国北方筑起了8300多平方公里的绿色生态安全屏障，实现了山清水秀，物阜粮丰，百姓富足，社会进步，可持续发展的奋斗目标。进入新世纪，旗委、旗政府领导全旗各族人民，更加自觉地践行生态文明建设思想，坚决"打赢生态建设与保护的下半场"，创造了生态文明建设的新格局，走出了一条适合自身发展特色的新道路。

为了总结经验，继续进步；纪念先贤，启迪后人；不忘过去，面向未来。在旗委、旗政府的领导下编写此书，通过4个部分，记叙了敖汉旗在生态文明建设中70年的探索、实践和走过的不平凡历程。

第一部分：艰苦卓绝，探索生存之路

中国社会进入近代以来，特别是20世纪初，中国的经济发展基本上以农为主，几乎没有近现代工业。14年的抗日战争，3年的国内革命战争，兵燹、天灾、瘟疫叠加，使旧中国经济凋敝，满目疮痍，民不聊生，百废待兴。内蒙古自1947年建立自治政府开始，就在中国共产党领导下，有组织有秩序地开展封山育林，植树造林，防治水土流失，抵御风沙灾害，整治自然环境的求索。敖汉旗以1954年3月第一次人代会为起点，分析认识、摸准旗情，确立发展经济目标，统一治理生态思想，开启了自觉进行生态建设的艰苦奋斗历程。

经过30年的奋斗，到20世纪70年代末基本找到了、认清了敖汉旗发展道路，提出了"种树种草起步，多种经营致富"的口号，在水土保持、水利工程建设、国社合作造林、人工种草等方面做出了一定的成绩，使敖汉人民看到了光明和希望。

第二部分：生态立旗，建设秀美山川

中共十一届三中全会，恢复了实事求是的思想路线，把党的工作重心转移到经济建设上来。1981年7月，党中央为内蒙古提出了"林牧为主，多种经营"的发展方针，敖汉旗委、旗政府认真总结了新中国成立后30年的经验教训，在20世纪80年代初清醒、准确地提出了"种树种草，恢复农业生态平衡"的奋斗目标。凝聚全旗广大党员、干部、群众的思想和力量，开始了一场新的拼争、新的革命。

1982年3月，旗委、旗政府做出了关于种树种草的决定，标志着敖汉旗生态建设进入了加快发展的阶段，实现了第一次大跨越。"三北"防护林（一期）工程，三大基地建设，从布局、起步，到出色完成任务，推动了全旗生态建设的大发展。1989年9月，旗人大常委会通过了旗政府7年全旗绿化规划的决议，成为敖汉生态建设的第二次大跨越。大规模的黄羊洼草牧场防护林工程建设、生态经济沟建设和治沙工作成为这次跨越的显著标志。20世纪90年代末，旗委、旗政府统一全旗人民的意志，举起了"生态是立旗之本"的旗帜。1998年3月，旗委、旗政府推出了生态农业建设"五个一工程"，使每年3次生态建设大会战常态化。随着治理难度加大，联村、联乡会战已经成为基本的组织形式。

第三部分：与时俱进，实现永续发展

进入新世纪，全旗各族人民在旗委、旗政府领导下，继续努力，持之以恒，生态建设势头良好，2000年至2002年，顺利完成了"五个一工程"，全旗圆满地达到绿化目标，实现了生态建设的第三次大跨越。2002年6月获联合国环境规划署"全球500佳"环境奖，旗委、旗政府认真回顾了50年的奋斗历程，成就是巨大的、重要的，冷静思考还存在诸多问题。国家的要求是不仅要建设生态，更要保护生态。2003年12月，旗委、旗政府出台了关于加强生态保护的决定，明确了奋斗目标、主要任务、相关政策、主体责任，敖汉生态建设开始了建设与保护并重的历史性转折，使全旗的生态保护工作实现了规范化和常态化。其间承担的国家京津风沙源治理工程、退耕还林（还草）工程、生态保护中外合作等项目运转良好。

2007年10月，中共十七大报告提出："建设生态文明，基本形成节约能源资源和保护生态环境的产业结构、增长方式、消费模式。循环经济形成较大规模，可再生能源比重显著上升。主要污染物排放得到有效控制，生态环境质量明显改善。生态文明观念在全社会牢固树立。"2012年11月，中共十八大报告提出:"全面落实经济建设、政治建设、文化建设、社会建设、生态文明建设五位一体总体布局,促进现代化建设各方面相协调,促进生产关系与生产力、上层建筑与经济基础相协调,不断开拓生产发展、生活富裕、生态良好的文明发展道路。"这些都为敖汉旗的生态建设与保护、生态文明建设的发展指明了方向,提供了强大的思想武器。

2016年3月,敖汉旗旗委、旗政府响亮地提出:打赢生态建设与保护的"下半场",践行生态文明建设思想,整体布局、统筹规划,开启生态文明建设的新道路。提出的"一减、三增、两改"的发展战略,重点在于优化林种、树种结构,调整林业产业结构,加大生态修复力度,标志着敖汉旗已经进入生态文明建设的新阶段。

2017年10月,中共十九大报告在总结过去5年的工作时指出:"建设生态文明是中华民族永续发展的千年大计。"要求"加快生态文明体制改革,建设美丽中国"。强调"生态文明建设功在当代、利在千秋。我们要牢固树立社会主义生态文明观,推动形成人与自然和谐发展现代化建设新格局,为保护生态环境作出我们这代人的努力"。敖汉旗生态建设,方向是正确的,路线是准确的,符合党中央对生态文明建设的总体要求。至2020年末,圆满完成了各项生态文明建设规划任务,正在迎接更加光明的未来。

第四部分:求真务实,建设生态文明

对敖汉人民来说,建设生态文明是一项前无古人的伟大事业,肩上的担子繁重,不可懈怠;脚下的路子艰难,使命光荣。为做好今后的工作,认真回顾70年的奋斗历程,总结70年的宝贵经验,很有必要。

(1)有一个坚强的领导集体。敖汉旗旗委、旗政府坚持实事求是的思想路线,坚持人民利益至上,从敖汉实际出发,与时俱进,发扬"一届接着一届干,一张蓝图绘到底"的光荣传统,使生态文明建设不停步、不懈怠、不满足、少走弯路。

(2)有一支特别能战斗的党员、干部(科技)队伍。全体党员和干部守土有责,敢于担当;不计得失,甘于奉献;不辱使命,冲锋在前,在人民群众面前树立了党员、干部群体的光辉形象。特别是基层党员发挥了模范作用,农村基层党支部发挥了战斗堡垒作用,可圈可点,可歌可泣。

(3)重视科学技术是第一生产力的作用。在生态建设和保护中,只有实施科学规划,科学布局,科学推动,科学治理,才能保证建设的科学性、可靠性和有效性。在规划实施中,科学技术的应用和创新对于解难题、提质量、合标准有不可替代的作用，科技人员的智慧才干的发挥产生了巨大的生产力。

（4）制定、落实切合实际的政策措施，调动建设者的劳动积极性、创造性。旗委、旗政府始终把劳动者的付出与获得联系在一起，在不同时期调整、落实各种行之有效的政策、措施、制度，倾听他们的合理诉求，保护他们的合法权益，使他们懂得今天所做的一切都是为了子孙后代。在党员干部的带领下，他们义无反顾，积极热烈地投入到生态文明建设中去。

（5）敖汉旗人民是伟大的。在70余年的生态文明建设实践中，敖汉旗人民栉风沐雨，筚路蓝缕，扎实奋进，一路艰辛，一路高歌。建设山清水秀、丰衣足食的新家园，实现稳定发展，持续发展，昂首迈进社会主义现代化新时代。这是一部不朽的大作，在全国，在全世界树立了不朽的绿色丰碑，必将载入史册。

目　录

第四部分　求真务实，建设生态文明

敖汉旗史地生态概述

自然情况简介

敖汉旗位于内蒙古赤峰市东南部，地理坐标为北纬 40°42′—43°01′，东经 119°32′—120°54′，南与辽宁省毗邻，东与通辽市接壤，距锦州港 130 公里，是内蒙古距离出海口最近的旗县。全旗总土地面积 8300 平方公里（1245 万亩），辖 16 个乡镇苏木、2 个街道，2020 年末常住人口 448712 人。

一、地形地貌

敖汉旗地势为南高北低，由南向北由低山丘陵向松辽平原过渡。北部为黄土漫岗和风沙坨沼地貌，海拔高度在 400—500 米，相对高度 100 米以下，多为固定、半固定和流动沙地。中部为黄土丘陵，海拔在 500—600 米，相对高度 150 米左右，多数地方被深厚的黄土覆盖。南部为低山丘陵，属努鲁尔虎山余脉，海拔高在 600—800 米，最高峰 1225 米，相对高度在 200 米以上，上部山体为裸露的岩石或风化残积物，中下部为黄土或黄土状物质，山间河谷两岸为壤质洪积土—冲积物形成的阶地。孟克河、教来河、老哈河、蚌河沿岸有宽度不一的冲积平原，地势较平坦。

二、气候

敖汉旗属于温带干旱、半干旱大陆性气候区，由于地形复杂，各种气候因子南北差异较大。年平均气温 4.9℃—7.5℃，年 ≥10℃ 积温 2600℃—3200℃，极端最低气温 -30.9℃，极端最高气温 39.9℃。年均无霜期 143 天。

年降水量 310—460 毫米，由北向南递增，多集中在 7—8 月份，降水年际率变化大，蒸发量 2000—2600 毫米，为降水量的 6—8 倍；全旗年平均风速 4 米/秒，大风持续日数 40 天左右。

三、水文

敖汉旗境内有两大水系，五条主要河流，即西辽河水系的老哈河、教来河、孟克河；大凌河水系的老虎山河、牦牛河。每年平均地表水总量 15.87 亿立方米，地下水储量 2.74 亿立方米，每平方公里水资源拥有量 22.4 万立方米，人均水资源占有量 1000 立方米。

四、植被

敖汉旗地带性植被以疏林草原为主。北部以沙生植物为主，主要植物种有黄柳、柠条、沙蒿等，人工植被以柠条、黄柳、杨柴和杨树为主；中部植被稀疏，多为低矮的丛生小灌木及杂草，人工植被以杨树、山杏、柠条、沙棘为主；南部为低山丘陵森林草原，原生植被面积狭小，主要树种为白桦、椴树、山榆树、丁香、虎榛子、绣线菊等，人工植被以油松、山杏、沙棘为主。

五、土壤

土壤分布以褐土、栗钙土和风沙土为主，沿河平川分布着一定面积的草甸土。南部山区以褐土为主，总面积 357.8 万亩，占全旗总面积的 28.7%；中部为栗钙土，由南向北呈地带性分布，总面积 393.1 万亩，占全旗总面积的 31.6%；北部沿科尔沁沙地为风沙土，总面积 260.4 万亩，占全旗总面积的 21%，其间分布有一定面积的沼泽土和草甸土。

敖汉北部为沙地，系科尔沁沙地南缘，沙区总面积 471.7 万亩，沙区总面积中有风蚀沙地 259 万亩，占沙区总面积的 54.9%。沙地类型分固定沙地 151 万亩，占 58.3%；半固定沙地 62 万亩，占 23.9%；流动沙地 46 万亩，占 17.8%。流动沙地多集中在沙区北部，形成沙区群，沙区南部则为固定沙地，半固定沙地，该沙区土壤主要为非地带性的风沙土、草甸土和盐碱土。

敖汉旗南部为丘陵土石山区，是努鲁儿虎山余脉，向北延伸到沙区，按地形、地貌、形态和结构实际情况，分四种类型区，即土石山区、丘陵沟壑区、风沙区、河川平地区。水土流失情况，土石山区水土流失面积 354 万亩；

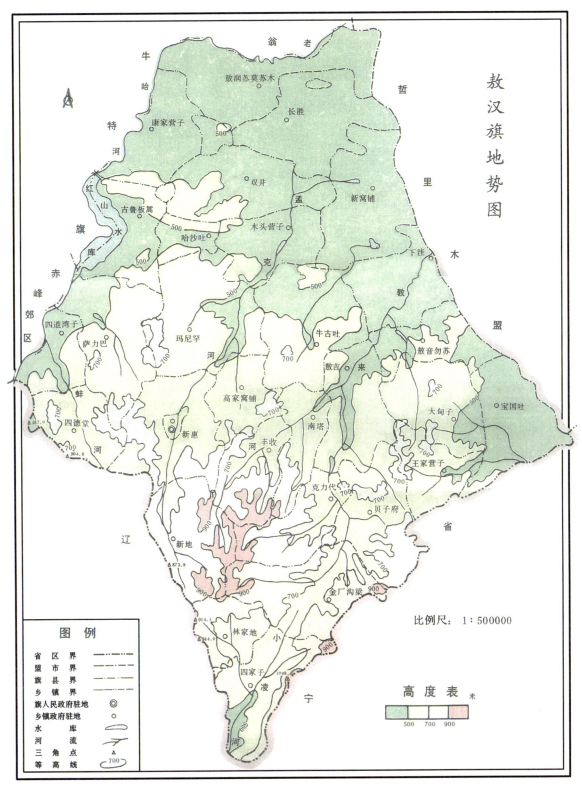

敖汉旗地势图（1984）

图例

无侵蚀和沙化	Q
剧烈侵蚀	D
重度侵蚀	C
中度侵蚀	B
轻度侵蚀	A
流动沙丘沙地	L
半固定沙丘沙地	b
固定沙丘沙地	g
重度风蚀沙化	3
中度风蚀沙化	2
轻度风蚀沙化	1

比例尺：1:500000

图例

—— · · ——	省 区 界
—— · ——	盟 市 界
—— —	旗 县 界
—— ——	乡 镇 界
◎	旗人民政府驻地
○	乡镇政府驻地
▱	水 库
～	河 流
△	三 角 点

敖汉旗水土流失和风蚀沙化图（1984）

丘陵沟壑区水土流失面积 349 万亩，合计为 703 万亩以上；风沙区、河川平地区也分布水土流失面积，全旗水土流失总面积 962 万亩。侵蚀模数在 5000 吨／平方公里的耕地面积就占很大比例，平均每年流失地表土 200 万吨以上。现有天然植被仅为 15%—30%，森林覆盖率 35%，覆盖率低，加上水风侵蚀严重，土壤有机质超过 1% 的仅有 100 万亩，因水土流失严重，土地肥力仍在逐年减退。（以上数据出自 1983 年敖汉旗农牧业区划）

六、交通

敖汉旗交通发达，有赤峰—朝阳、赤峰—通辽高速公路在敖汉旗境内经过，北至赤通高速公路四道湾出口，南至老虎山的一级公路贯穿南北，国道 111 线和 305 线呈十字交叉从新惠镇通过。北至翁牛特旗，南接朝阳市，东与通辽市相接，西与赤峰市区相通。旗内长途客车可到达旗内各乡镇、周边各旗县市与朝阳市区及通辽、阜新、锦州、沈阳、北京、呼和浩特等较远地区。京通铁路横贯东西 7 个乡镇，设有 8 个站点。

七、史前文明

敖汉旗史前文化厚重。境内发现有小河西、兴隆洼、赵宝沟、红山、小河沿、夏家店下层、夏家店上层等 7 种追溯到 1 万年前、未出现断层的史前文化，有 8 处国家级重点文物保护单位。距今 8000 年的兴隆洼文化遗址被考古界誉为"华夏第一村"；在兴隆沟遗址出土的我国目前为止发现最早、最完整的红山文化整身陶塑人像被誉为"中华祖神"；出土了世界最早的玉器，发现了中国最早的龙的雏形，有"龙祖玉源"之称。2014 年，中华文明探源工程专家组将敖汉确定为"中华五千年文明的起源地之一"，给予敖汉旗"中华龙的发祥地、中国玉文化的源头、中国祖先崇拜的发端地、红山古国的核心区域、世界旱作农业的起源地"五个文化定位。敖汉旗博物馆藏有 5000 余件（套）历史文物珍品，在全国县级博物馆中位居第一。

八、生态建设

敖汉旗生态建设享有盛誉。至 2020 年末全旗有林面积 580 万亩，森林覆盖率 44.17%，人工牧草保存面积 100 万亩，是"全国人工造林第一县""全国人工种草第一县""全国治沙先进单位""平原绿化先进单位""全国水土保持生态建设示范县""全国生态建设示范区""全国再造秀美山川先进旗"。

2002 年 6 月，被联合国环境规划署授予"全球 500 佳"荣誉称号，是全国唯一获此殊荣的县级单位。境内自然景观有大黑山国家级自然保护区以及大青山、马鞍山、六道岭、黄羊洼、马场梁、三十二连山等生态治理工程，有热水温泉旅游度假村、清泉谷、佛祖寺等知名旅游景点。

九、矿产资源

敖汉旗矿产资源蕴含丰富。敖汉位于努鲁儿虎山多金属成矿带和多伦至赤峰多金属成矿带，境内有金、银、铁、铜、钼、煤、油页岩等矿产 30 余种，已探明远景储量黄金 125 吨、铁 5 亿吨、铜 30 万吨、钼 15 万吨、铅锌 15 万吨、萤石 1000 万吨、油页岩 5 亿吨。年产黄金 5 吨以上，是"内蒙古产金第一县"。内蒙古金陶股份有限公司是全区最大的黄金生产企业，2013 年与中国黄金完成重组，企业生产达到国家一级安全标准化水平。赤峰黄金 2012 年成功上市，成为敖汉首家上市公司，也是自治区第一家本土黄金上市企业。

十、农牧业生产

敖汉旗农牧业品牌独具特色。全旗耕地面积 400 万亩，其中谷子种植面积超过 100 万亩，粮食常年生产能力 20 亿斤，大小家畜存栏 350 万头（只）。2012 年 8 月，联合国粮农组织把敖汉旗旱作农业系统列为"全球重要农业文化遗产"，2013 年 5 月，"敖汉小米"国家质检总局批准为"国家地理标志保护产品"，2014 年 7 月，中国作物协会粟类作物专业委员会授予"全国最大优质谷子生产基地"称号。2014—2020 年，连续承办七届世界小米起源与发展会议，兴隆沟、孟克河、禾为贵等多个"敖汉小米"品牌获国家级金奖，亮相意大利米兰世博会，被誉为"世界小米之乡"。2015 年，敖汉小米、敖汉荞麦、敖汉苜蓿、敖汉鲜蛋、敖汉毛驴、敖汉北虫草等 11 种产品获批"国家地理标志证明商标"。2016 年，成立了内蒙古谷子（小米）产业技术创新战略联盟、内蒙古禾为贵小米研究院、内蒙古阜信源"万年猪"研究院、内蒙古天龙驴产业研究院，与中国航天集团进行合作，谷子、荞麦、糜子、高粱、文冠果 5 类作物 8 个种子样品搭载天宫二号航天器完成太空育种。现有沙漠之花、金沟农业、阜信源肉食、中敖食品等自治区级产业化龙头企业 44 家、市级 10 家，全旗优质农畜产品就地加工转化率达 56%，辐射带动农牧户 12.8 万户。

2020 年，全旗地区生产总值 146.6 亿元；500 万元以上固定资产投资 43.6 亿元；社会消费品零售总额 36.2 亿元；一般公共预算收入 4.23 亿元；城乡居民人均可支配收入达到 31123 元和 13639 元。

政史区划沿革

敖汉旗地理范围，在春秋战国时代为东胡地，后为燕地。秦代属辽西郡，后为匈奴左地，曹魏统一北方后为鲜卑所据。东晋十六国时，先后归后赵之营州、前燕之龙城、前秦之平州昌黎郡以及后燕、北燕之平州昌黎郡。隋朝时属辽西郡。唐初为松漠都督府徒河州辖境，后为契丹地。辽代为中京、上京辖地。曾在不同时代分属于武安州、惠州、高州等。后为金朝属地，尽承辽制，不仅城邑沿用，而且邑名未改。贞元元年（1153），改辽中京为北京，置北京留守司，与大定府同治一城，敖汉境属大定府。

元代为辽阳行省大宁路。明初（1368—1403），敖汉地属大宁卫，隶于北平行都指挥使司。永乐元年（1403），明成祖迁宁王于南昌，此地遂虚。永乐十二年（1414），明在老哈河中游建老哈河卫，敖汉地属之。天顺元年（1457）以后，入于朵颜卫。嘉靖二十九年（1550），敖汉部始入居本地，归属于察哈尔。

清崇德元年（1636）编定敖汉部为 55 佐领置敖汉旗，属昭乌达盟。康熙四十三年（1704）敖汉归八沟厅辖；乾隆四十三年（1778）归建昌县辖；光绪二十九年（1903）归建平县辖。

民国初，敖汉旗随建平县划入热河特别区管辖的昭乌达盟。民国十一年（1922），敖汉南旗从敖汉左旗分出。敖汉左、右、南三旗的汉民事务属建平县，统归热河特别区都统管辖。

民国二十一年（1932），伪满政权建立。伪康德四年（1937）旗境内置新惠县，与敖汉旗并存，实行蒙汉分治。伪康德七年（1940）废县存旗，并将敖汉左、右、南三旗合并为敖汉旗。

一、敖汉地方党的组织建设

1945 年 9 月，抗战胜利，新惠县建联会（县委）在新惠成立，属中共热中地区委员会领导。次年 3 月，敖汉旗东部地区成立新东县政治处（县委）。

1948 年 3 月，新东、新惠两县合并为新惠县，县委称政治处。7 月称中共新惠县委，新县委领导原两县所属 12 个区委。

1949 年 3 月 20 日，根据热河省委指示，中共新惠县委改称中共敖汉旗委。

1950 年 10 月、1955 年 2 月、1957 年 12 月、1960 年 3 月、1962 年 12 月先后召开了中共敖汉旗五次代表大会，产生了五届委员会和常务委员会。

1966 年 5 月，"五一六"通知发表后，党的组织受到冲击。1968 年 7 月，敖汉旗革命委员会党的核心小组成立，负责全旗党务工作。1971 年 12 月 10 日，中共敖汉旗第六次代表大会召开，选举产生了中共敖汉旗第六届委员会，与旗革命委员会合署办公。

1979 年 4 月、1984 年 11 月、1987 年 11 月，中共敖汉旗委第七、八、九次代表大会召开，分别产生了中共敖汉旗第七、第八、第九届委员会。

二、敖汉地方政权建设

1945 年 9 月，中共热中地委（赤峰）组建新惠县政府。

1946 年 3 月，建立新东县，1948 年 3 月与新惠县政府合并；热辽地委在新惠建立敖汉旗政府。

1946 年 4 月，中共冀热辽分局在新惠建立内蒙古自治运动联合会敖汉旗支会。

1947 年 3 月，在苏木会地区建立区级的行政机构——努图克，1947 年末，旗支会下辖 4 个苏木会努图克同时取消。

1948 年 3 月，新惠、新东两县合并为新惠县，合并后的新惠县政府历时两个半月。

1948 年 6 月，冀热辽党委将敖汉旗政府与新惠县政府合并组成敖汉旗—新惠县联合政府。

1949 年 3 月 20 日，敖汉旗—新惠县联合政府改称敖汉旗政府。

1949 年 5 月，敖汉旗政府改称敖汉旗人民政府。

1954 年 3 月 16 日至 21 日，召开首届第一次人民代表大会，产生敖汉旗第一届人民政府——敖汉旗第一届人民委员会。

1956 年 1 月，敖汉旗划归内蒙古自治区，隶属昭乌达盟。

1949 年 10 月至 1956 年 4 月，敖汉旗沿袭新中国成立前区划，敖汉旗政府下辖 12 个区政府：城厢区（一区），小河沿区（二区），官地区（三区），捣格朗区（四区），新地区（五区），四家子区（六区），金厂沟梁区（七区），贝子府区（八区），宝国吐区（九区），下洼区（十区），牛古吐区（十一区），梧桐好来（十二区）。

1956 年 4 月，全旗 12 个区建立 54 个乡。9 月，由原来 12 个区合并为各召（原城厢区）、小河沿、四家子、贝子府、下洼和新立屯（区）六个区。

1956 年 12 月 15 日，敖汉旗第二届人民委员会在新惠召开，后于 1958 年 5 月、1960 年 12 月、1963 年 10 月分别召开敖汉旗第三、四、五三次人民代表大会。

1957 年建新惠镇。

1958 年 10 月，调整区划，撤区并乡，实行人民公社化，全旗设置 28 个人民公社，公社设管理委员会。分别为：新惠镇、小河沿、官家地、捣格朗、新地、四家子、金厂沟梁、贝子府、宝国吐、下洼、牛古吐、下井、双庙、大吉恒地、哈沙吐、四德堂、乌兰召、林家地、七协营子、巨林营子、克力代、敖吉、大甸子、各力各、长胜、荷也勿苏、康家营子、王家营子。

1960 年 2 月，实行并社，把 28 个公社合并为 12 个大公社，公社设管委会。

1961 年 12 月，由 12 个人民公社改为 20 个人民公社，1962 年 3 月，新惠镇撤销，1962 年 7 月至 1965 年 2 月又相继划分建立双井、岗岗营子、古鲁板蒿和新惠四个人民公社，至此，敖汉旗人民委员会下辖 24 个人民公社。

1963 年 3 月，敖汉旗羊场、古鲁板蒿分场改建为古鲁板蒿人民公社；1963 年 7 月，捣格朗公社改为丰收公社。

1965 年 2 月调整为 24 个人民公社，分别为：新惠镇、新惠、新地、林家地、四家子、金厂沟梁、捣格朗、克力代、贝子府、王家营子、大甸子、宝国吐、牛古吐、敖吉、下洼、双庙、岗岗营子、双井、长胜、荷也勿苏、古鲁板蒿、乌兰召、小河沿、四德堂。

1968 年 3 月 1 日，敖汉旗革命委员会成立，通常称第六届政府，至年末全旗 24 个公社、镇革委会相继成立。

1968 年 9 月，有 11 个公社改名，林家地改为前进，克力代改为光明，贝子府改为向阳，王家营子改为东方红，宝国吐改为东胜，牛古吐改为东风，双庙改为红旗，荷也勿苏改为乌兰图格，古鲁板蒿改为红卫，乌兰召改为乌兰，四德堂改为永红。1972 年 12 月改回原名。

1969 年 7 月，敖汉旗划入辽宁省所辖。

1978 年 12 月，敖汉旗第七届人民代表大会召开，选举产生敖汉旗革命委员会，党政实行分署办公。

1979 年 7 月，敖汉旗归内蒙古自治区所辖。

1981 年 6 月，敖汉旗第八届人民代表大会召开，选举产生敖汉旗第八届人民政府，取代原革委会，同时产生敖汉旗人民代表大会常务委员会；各公社、镇改为人民公社管理委员会、镇人民政府。

1984 年 2 月，实行乡镇建制，取消人民公社，在原 24 个人民公社（场）基础上，新增 6 个乡，分别为：木头营子、高家窝铺、南塔、敖音勿苏、康家营子，改建、新建 30 个乡镇苏木。

2005 年末，旗委、旗政府制定《敖汉旗苏木乡镇机构改革方案》，将 30 个乡镇苏木撤并为 15 个，即新惠、金厂沟梁、四家子、下洼、长胜、四道湾子、贝子府六镇，宝国吐、丰收、萨力巴、牛古吐、玛尼罕、木头营子、古鲁板蒿七乡，敖润苏莫一苏木，新州一办事处。

2012 年 7 月，建惠州办事处。

2013 年 11 月，宝国吐乡改为兴隆洼镇。

2016 年 7 月，组建黄羊洼镇。

2018 年 1 月，牛古吐乡改镇，古鲁板蒿乡改镇。

目前，新惠镇是敖汉旗人民政府所在地，也是全旗政治、经济、文化、交通中心。总面积为 18.13 平方公里，平均海拔高度为 545 米。西距赤峰市公路里程为 118 公里，东距奈曼旗大沁他拉镇 112 公里，南距辽宁省朝阳市 110 公里，东南距北票市 113 公里，西南距叶柏寿 125 公里，西北距乌丹镇 118 公里。中共敖汉旗委员会、敖汉旗人大常委会、敖汉旗人民政府、政协敖汉旗委员会、敖汉旗人民武装部等党、政、军领导机关均驻新惠镇。

生态环境演变

敖汉，一个神奇的地方。仅仅 8300 平方公里，遗存着距今万年到 2000 年的连续不断的古遗址，创造了举世瞩目的远古辉煌。然而，到 20 世纪中期，敖汉却成为荒漠化的典型地区。国际社会列举的荒漠化表现，土地沙化、水土流失、石漠化等，敖汉占了前两类。生存条件接近极限，几十万敖汉人苦苦地寻求生存之路。

为什么在创造远古辉煌的地方，留下的是一个荒漠化景观？

地理环境表明，敖汉旗处于科尔沁沙地南端，燕山山脉北麓，全旗除南部有不到 10% 的山地外，其余都是沙地和浅山丘陵。沙地的特点是易蓄水、积温高，只要雨水充足，非常适合植物生长和人类生存。但林草植被一旦消失，沙地裸露后，沙地就会随风流窜，埋没农田，毁掉村庄。浅山丘陵则既便于农耕又便于放牧，当那些丘陵山地被开垦成农田后，又极易遭到强雨水冲刷，造成水土流失，以至于完好的山体变成满坡沟壑。敖汉境内的远古辉煌正是建立在这种既宜居又脆弱的生态环境中。

一、新石器的诞生与远古文明

史前生存环境，史学家设定至今 10000—5000 年，都属于新石器时代。古气象学家告诉我们，那时气温比现在要高 3 度多，气候温和，林草繁茂，相当于现在的秦岭一带，非常适合人类生存。

在敖汉旗中部木头营子乡有一个叫小河西的地方，发现了距今 10000—8500 年的古遗址，出土了一些经过打制的石斧、锄形器、磨盘、磨棒，表明这个时期开始出现了原始农业的萌芽，但渔业、采集业仍占很大比重。考古学界把此处遗址命名为"小河西文化"。

小河西正是科尔沁沙地的南缘。万年之后，这里仍然有着松软的沙地，只是茂密的森林、遍地的湖泊不见了，留下的古遗迹，昭示着这里曾是远古文明曙光升起的地方。

与小河西文化遗址一脉相承的是距今 8200—7200 年的兴隆洼文化，两处遗址直线距离约 60 公里，在兴隆洼发现的聚落遗址，被称为"中华第一村"。出土的石制工具多是打制的，包括肩锄、斧、锛、磨盘、磨棒、石杵等。这些谷物加工工具，既可以加工农作物去壳脱粒，也可以用于加工采集植物籽实。出土的碳化粟和黍，经世界农耕文明实验室鉴定，距今约有8000 年历史，是当今世界发现最早的谷物遗存，敖汉地区被誉为中国旱作农业的发祥地。

继兴隆洼文化之后，是距今 6700—5000 年的红山文化，遗址数量 530多处，敖汉地区是红山文化核心区域。发掘出土的农业生产工具和生活用具表明，红山文化时期已进入大规模农业生产时期，渔猎已不占主导地位。红山文化晚期大型祭祀遗址和墓葬中完备的用玉制度，标志着红山人此时已进入古国文明阶段。在敖汉旗北部的份子地发现一处大型红山文化聚落，面积长度约 4 公里，这么大的人居聚落，可以被认为是当时的都邑所在地。距今6000—5000 年前，气候由暖湿向半干旱半湿润过渡。在敖汉旗西台等地的红山时期文化层（5500 年前）中，草本一般占 70.9%—88.5%，有蒿属、藜科、禾本科、毛茛科和菊科，蕨类占 10.3%—26%，有喜湿的中华卷柏、石松等，木本占 1.2%—3.1%，代表比较温干的疏林草原环境。这说明这段时期气候条件较以前有所恶化，这种气候适宜矮生植物的生长，当地植被以草木、蕨类等植物为主。

红山文化之后，是距今 4000—3500 年的夏家店下层文化。敖汉旗境内共发现夏家店下层文化遗址达 2400 余处，表明当时这里的人口已具有相当大的规模。据考古学专家项春松测算，当时赤峰地区人口 15 万—18 万人。从生活环境看，敖汉旗相对优越，没有大山高山，全是浅山丘陵，气候相对干燥，适合人类居住。大量的人口需储备大量的食物，而房址内发现的袋状坑，被认为与储存粮食有关。生产工具包括斧、刀、锄、石磨盘、石磨棒等，制作更加精细，而且饲养猪、犬、牛、羊等牲畜。表明夏家店下层文化的先民们已经过着成熟、稳定的农耕经济生活。正是成熟稳定的农耕生活，财富（食物）有了大量积累才创造出众多文明成果。

二、农耕文明的退出与游牧文明的兴起

考古专家通过大量考古物证认定，自红山文化晚期至夏家店下层文化以来，呈现出愈晚愈向南延展分布的具体现象，已经完全预示着距今 3000 年左右，农耕文化最终退出西辽河流域的具体事实。从此以后，一种完整的游牧经济及其文化类型，彻底占领了这一区域，并由此揭开了古代西辽河流域游牧文化继续发展的新篇章。

从夏家店下层文化结束到唐宋（辽）时期，约 4000 年的游牧期，林草植被得到良好的休养生息，赤峰北部曾出现"西望平地森林，郁然数十里"的景观。《辽史》记载："契丹之初，草居野次，靡有定所，至涅里始制部族、各有分地，究心农工之事。"辽、金时期，西辽河流域是东北生态环境变化最大的地区之一。该时期，辽、金统治者把大量人口特别是善于农耕的汉族和渤海人安置在西辽河流域，当地人口压力倍增，其经济形态也从游牧经济转变为农耕经济。辽、金时期人们在西辽河流域所从事的农牧业活动，畜牧过载引起草原沙化，大片农田开垦，地面失去自然植被保护，造成了水土流失，再加之该时期气候转向冷干，西辽河地区的生态环境大大恶化。耶

律阿保机建立了辽王朝后，便"弭兵轻赋，专意于农"，兴起开荒种地的高潮，半农半牧已成为契丹社会的经济形态。靠农业强大起来的契丹人在赤峰先后建立了两个都城，分别是辽上京和辽中京，称雄北方 200 余年。

辽建立后，国都上京临潢府（即今巴林左旗南波罗城）曾设置 32 个州，4 个城；中京大定府（今宁城县）直属 10 个州。由于采取了有利于农业发展的措施，故到 10 世纪中叶，这个地区和渤海地区已发展成为"编户数十万，耕垦千余里"的农区。但是，由于在短期内单位面积人口密度剧增，致使自然资源负荷愈来愈重。"羊以千百为群"，"马群动以千数"，导致草场严重过牧。特别是多采用放火毁林烧荒的方式开垦了大量土地，使耕作土地失去森林的防护，到辽朝后期，资源趋向枯竭，地力明显下降。到公元 1074 年 3 月，我国地理学家沈括出使辽廷，从宁城县到巴林右旗白塔子时，虽然有"木植甚茂""深山茂草"的描述，但是还记载，"潢河（西拉木伦河）南，过大碛二十余里，三十余里至保合馆皆行碛"。"碛"就是沙漠。而此处正是汉人、渤海人垦耕的地方，由此可知，辽时就因滥垦土地导致沙化，迫使人民背井离乡。

到了辽代末年，昔日肥沃的土地不见了，《辽史·食货志》说：辽地多半是沙碛，三时多寒。春季种地为了防止沙埋，竟在垄背上再开沟播种，史学家认为这是辽代防沙保田的一大创造。宋朝使臣王曾也记述他所看到的情形说：自过古北口，居民都居住草房板屋，没有桑柘等树木，因为怕吹沙壅塞田地，种地都在垄上。

辽代灭亡后的元、明时代，赤峰地区再次成为蒙古族游牧的天下。由于特殊的草原生态环境，从而衍生出草原游牧民族的游牧文化，文化升到顶礼膜拜的高度，就成为全民族的共同信仰，"萨满教"就是由此而衍生出来的游牧民族特有的宗教。与佛教的偶像崇拜不同，萨满教崇拜自然，崇拜天地万物，认为万物有灵，于是就出现了敖包崇拜、圣山崇拜、江河崇拜和火的崇拜。由于自然环境对游牧民族的影响巨大，生活在蒙古高原的游牧先民也经历了从认识自然到顺应自然再到保护自然的巨大转变，蒙古民族在这一方面表现得尤为突出。在成吉思汗尚未建立蒙古帝国之前，蒙古民族各部落之间已经形成了许多关于保护自然生态的习惯，当时蒙古人管它们叫"约孙"，这些流传在各部落之间古老的"约孙"口口相传，有广泛的普遍性和强制性，被蒙古民族高度认可，被视为约定俗成的不变法规。对草原生态环境的保护起到极大的促进作用，直到清初，林草植被再次繁茂起来。

三、清朝时期从边禁边垦到大面积开垦

敖汉旗土地利用方式的改变从设旗之初开始，其原因很多。首先，由于它距山东、河北两省相对较近，容易受到汉族农耕文化的影响，特别是清初禁止民人出关垦殖的情况下，更易于逃避审查，故敖汉旗成为移民的首选之地。另外，清朝实行满蒙联姻政策，昭乌达盟是皇家公主、格格下嫁比较多的地区，据史料记载，敖汉旗与皇家通婚 57 次，占全部通婚的 10%。大量皇家公主、格格下嫁到敖汉地区，带来了数量可观的农奴、工匠等杂役，从而加速了土地的开垦。最后，敖汉旗的地理环境、气候条件适于旱作农业。由于诸多因素，敖汉旗成为"旗垦事最在先"。

史载，康熙皇帝北巡，见敖汉旗"田土甚嘉，百谷可种"，于是开始教蒙人耕作之制。康熙三十七年（1698），根据皇帝的命令，官员前往敖汉旗"教之以耕"。皇帝谕示："如种谷多获，则兴安岭左右无地可耕之人，就近贸籴，不须入边市米矣。"教之以耕"的主要目的是：通过对当地蒙古人从事农业活动的培养，让蒙古人自食其力，逐步由单一的畜牧业向半农半牧的经营方式转化，以减轻朝廷对敖汉旗地区的赈济之累。由于蒙人长期以游牧为主，不习惯农作等原因，旋即将皇帝批准耕种的土地租给了汉人，自食租利。最先把哈拉道口以东、囊金哈喇及顺坡斯板的土地经清廷认可，租给 5 名内地揽头，带来 25 户佃户实施耕作。这是敖汉最早的农作区。后来者日众，遂改为不限数量，只"责令司官暨同知、通判等查明种地民人确实姓名，现在住址及种地若干、一户几口，详细开注，给予印票"。这种印票制，仅是一种形式限制。

雍正元年（1723），直隶、山东一带饥荒，灾民们为觅生路，纷纷聚集于边口，要求到关外耕种。政府为了安置饥民以稳定内地局势，实行"借地养民"政策。令靠近长城边外的蒙古王公收留前往耕种觅食的灾民，准许蒙古王公吃租，朝廷免征田赋，双方均有实惠。与中原地区毗邻的敖汉旗，成为养民之地。

乾隆时期是清廷严格禁垦的时期。放垦后，大量汉民进入蒙地，打乱了蒙地原有的生产生活秩序，民族矛盾凸显。乾隆十三年（1748）议准："民人新典蒙古地亩，应记所典年份，依次还给原主"，"许令归还原籍"。乾隆三十七年（1772）又有"口内居住旗民人等，不准出边在蒙古地方开垦地亩，侵者照例治罪"，以上禁令成为以后各朝处理蒙事的基本法律条文。尽

管如此，敖汉南部农业的发展仍在稳步推进。

嘉庆、道光两朝，敖汉大规模放垦时期。嘉庆朝后期，尽管清廷还在坚持禁垦政策，但禁垦令已是强弩之末，某些蒙旗转而准许部分王公人等招垦，在整个内蒙古地区已形成大气候。鉴于这种形势，清廷为控制蒙垦的荒银和地租，于嘉庆二十二年（1817）批准敖汉旗放垦，至此敖汉南半面基本已成为农作区了。同时，内地财主，直隶及地方府、厅、州、县等部分官吏"托名"揽下大量荒地，从内地招来佃户，由亲属经营，或转包给"二地主"，"二地主"再委托或雇用"庄头"为其管理农事作业。

道光末年，垦种荒地西自头份地，东至山嘴子沿老哈河川分包给庄头。即后来被人称为头份地、八份地、曲家湾、王家湾等。从而，敖汉境内除教来河流域早已开垦外，老哈河流域及孟克河流域等沿岸川地也陆续开放。后来，关内人称刘三揽头者，来敖汉揽下以牛力皋川为中心，西自孤山子以东延至三义井的较为平坦的草原，东西长60公里，南北宽15公里的范围。刘三揽头揽到土地后，从内地招来移民租种，至今其地名都带有当时农耕的印迹，如六节地、三节地等。揽头居处称作"揽头营子"，并有催租帮办，称为"帮差地"等。

咸丰、同治两朝是清廷放弃禁垦而转为实施限垦的时期。咸丰五年（1855）至光绪二十七年（1901），沙俄南下威胁日趋严重，清政府为了抵制沙俄列强的政治、经济、军事等方面的侵略，又制定了"移民实边"政策。允许内地农民、手工业者和商人等进入蒙地，从事农业、商业、贸易等生产经营活动。清廷此举，使得内地过剩人口大批涌入未开发的蒙地，致使天然草原大量被开垦，内蒙古游牧经济迅速失去其草原基础。

清朝末期在推行"移民实边"的过程中，为控制蒙垦，垄断荒银和地租，在各地设立名目繁多的垦务公司。垦务公司实际上是包揽荒地、居间取利的地商组织。公司从垦局包揽荒地后，将土地分段转租给揽头或地商，后者再加价，租给农民，成为"二地主"，或者是居为奇货，高价转售，从中获利。

随着蒙地开垦数量的增加，清政府制定的法律法规中对敖汉旗的提及也越来越多。《钦定理潘院则例》和《蒙吉古游牧记》对敖汉旗额定仓储数量（21344.2石）的记载也能说明敖汉旗汉族居民众、垦荒多、农业播种面积大，位居内蒙古东部盟区之首。农业的发展和牧场的开垦，使敖汉旗地区出现了半农半牧的经济结构，南部农业比重较大，北部农业区也逐渐加大，到光绪年间，可供放牧的牧场已经为数不多了。

随着汉族农业人口的剧增,在敖汉旗已经有汉人聚落和村镇。村屯的形成,说明敖汉旗土地(牧场)利用方式的改变已达到一定规模。《塔子沟纪略》记载,在敖汉旗境内的村屯有:博罗科、奈林阔儿、没开店、热水汤、牛膝河、四家儿科里图、哆罗胡同、吗尼罕、长阔儿、南舍拉虎、分水岭、扣克琴、罕儿奈、刘家屯、铁匠营、东克立代、合吉河屯、扯罗城、八夕里河、北舍拉虎接拉巴沟、苏金、噶嚓儿、马唐营、个个召、王子庙、阿拉赤赖、乌兰冈嘎。像吗尼罕、舍拉虎、克立代、四家儿、五十家子等至今仍然存在。位于敖汉旗北部的五十家子村,以居民户数而得名。因此,这些村屯应当在乾隆初年或雍正年间出现,且多数是汉族流民聚居之处,不包括蒙古牧民的聚落,绝大多数村屯都是以汉语命名,只有个别沿用蒙古旧称,也反映出村屯都是汉族人聚居之处。老哈河流经之地,土壤肥沃,宜于耕种,故而比较早地被开垦耕种,形成村屯。

清代是敖汉旗土地利用方式变化最明显、环境变化最大的时期。清前期,敖汉旗是一个水草丰茂的大草原,有老哈河、教来河、孟克河、蚌河(伯尔克河)等河流及其冲积平原,在中北部地区还有莲花泡子、黑鱼泡子、沙尔敖尔泡子、皮硝泡子等大大小小的泡子,泡子中盛产各种鱼类,且长着各类水草植物,莲花泡子的莲花被移植到避暑山庄,成为山庄的一大胜景。乾隆皇帝一生四次东巡,两次到敖汉旗,其中第一次东巡在敖汉旗就逗留了七天,第二次四天,写下了多首歌颂敖汉旗的诗歌。据统计,现在敖汉旗中以水泉命名的村庄就有 36 个,以水生植物苇子命名的村庄有 7 个。

随着汉族移民的持续到来,带来了中原先进的生产技术,但对土地毫无节制的开垦,也严重破坏了敖汉旗的生态环境。在生产力水平不发达时期,经过几年的种植,土地失去了肥力,就放弃此地,重新开辟新的农场,撂荒现象比较严重。牧场退化,草场沙化,水土流失,泡子干涸,等等,一系列严重失衡的生态环境问题凸显出来。北部地区开垦较早尤为严重,也是现在土地沙漠化比较严重的地区。清政府没有意识到环境破坏的危害,也无暇顾及环境问题,更不会考虑治理被破坏的环境。

四、民国初期到新中国成立前垦荒高潮

辛亥革命推翻清朝封建王朝,随着北洋政府在全国统治地位的巩固,大部蒙古王公已经归附。为了摆脱财政危机,1914 年 2 月 19 日,北洋政府内务、农商财政部和蒙藏院共同制定了《禁止私放蒙荒通则》和《垦辟蒙荒

奖励办法》。《通则》规定："凡蒙旗出放荒地,无论公有私有,一律应由札萨克行文该管地方行政长官报经中央核准,照例由政府出放,否则以私放视。"严格控制蒙旗土地,禁绝民间买卖。将蒙旗土地的支配权完全收归政府所有。

1915年,北洋政府颁布的《边荒条例》中规定:"放垦游牧地段,其所收荒价,半归国家,半归蒙旗,由放荒县署或垦务局征收,分解分交。"在"报效国家"的口号下,敖汉蒙荒地所剩无几。从北洋军阀政府到热河省政府,再到日伪政府,为了支付高昂的军费,都实行强制垦植西辽河流域草地的政策。

从民国初至1945年解放,敖汉地区几易政权,经济发展失去了稳定的政治基础。加之战乱,人心惶惶,土地撂荒现象非常普遍。无节制的放垦与粗放型的生产经营,使生态环境进一步恶化。"风过沙平,轮蹄无际,丘陇易没,几无大路之可遵,弥望辽阔,居民鲜少车驮,非识途者,不敢轻履其地,或一迷惘,无处可得饮食。且风沙多厉,瞬息将就埋没,三冬风雪,沙与房齐,不辨庐舍,恒有赶车失途误自入宅后升至房顶者,逶迤被沙漠之区除畜牧外,不宜耕种。"

五、新中国成立初期

新中国成立初期,全旗有林面积仅有16万亩,其中位于南部努鲁尔虎山脉的天然次生林约10万亩,山地以北的浅山丘陵和沙区基本见不到树。北部沙区仅分布零星的小灌木和草植被还算较好,生态屏障尽失。沙化面积已达到110万亩,且以每年10万亩的速度推进,敖汉的生态环境已经在挑战人们生存的极限。"敖汉、敖汉,十年九旱,一年不旱,洪水泛滥","天降二指雨,沟起一丈洪","人迷眼,马失蹄,白天点灯不稀奇"。敖汉旗土生土长的人对上述的描述有着深刻的体会。沙化又导致人们广种薄收,超载放牧,榜草搂柴。人们为了生存,不惜竭泽而渔。无风沙遍地,有风沙漫天。春天要翻种几次才能抓住春苗,玉米、高粱等高产作物根本无法种植,等到五六月风沙住的时候,只能种些不到100天的早熟作物。农业生产被描述为"种一坡,收一车,打一簸箕,煮一锅"。草场日益沙化,载畜量急剧下降,陷入了"夏壮、秋肥、冬瘦、春死"的窘境。

第一部分

艰苦卓绝，探求生存之路

（1947—1980）

第一章　从认识到实践的艰难探索

　　正当敖汉地区再次进入荒漠化时，摆在人们面前唯一的生存之路，就是靠人的力量改变生态环境。恰逢此时，新中国成立，中共中央非常重视祖国绿化的伟大事业，提出绿化我们的国家是社会主义建设的重要目标。毛泽东同志号召全国人民，通过开发自然和改造自然，从中获取社会主义建设的基本资源和发展生产力，造福中国。1949 年制定的《中国人民政治协

新中国成立初南部山区生态面貌

商会议共同纲领》明确提出保护森林，有计划大力发展林业的基本政策。1955年12月，毛泽东同志起草的《征询对农业十七条的意见》中强调，"在十二年内，基本上消灭荒地荒山……在一切可能的地方，均要按规格种起树来，实行绿化"。1956年3月，毛泽东同志发出了"绿化祖国"的伟大号召，开启了新中国70年来持续不懈的绿化祖国征程。《中共中央致五省（自治区）青年造林大会的贺电》强调，"只要是可能的，都要有计划地种起树来。这是一项极其巨大的工程。"实现绿化不是一蹴而就的事，"用二百年绿化了，就是马克思主义"。1958年8月，毛泽东同志在中共中央政治局扩大会议（北戴河会议）上指出，"要使我们祖国的河山全部绿化起来，要达到园林化，到处都很美丽，自然面貌要改变过来。"1959年3月27日，毛泽东同志进一步提出"实行大地园林化"的战略构想，为我国林业的恢复建设和全面发展指明了方向。

第一节 小农经济时期的植树活动

1947年10月10日，中共中央正式公布施行《中国土地法大纲》，同时发布《中国共产党中央委员会关于公布〈中国土地法大纲〉的决议》。宣布"废除封建性及半封建性土地制度，实行耕者有其田的土地制度"。12月23日，热辽地委在今丰收乡兴和永烧锅召开土地改革会议，会后以土改、扩兵、征粮为主要任务，被群众称为"大风暴"运动在各地全面展开。50多天疾风暴雨式的群众运动，废除了封建土地制度，实现了"耕者有其田"，人均获得耕地20—30亩，荒山30—50亩。土改完成后，所有农民都成了土地所有者，这是对少数人垄断多数土地的封建制度的一次重大革命。但是这种土地制度的本质仍然是私有制，广大农民就是在土地私有条件下的小生产者。从1947年到1952年，党和政府在这样的社会大背景下开始了领导农民进行改变自然环境的探索。

一、政府最早的造林部署

1947年，根据东北行政委员会指示，敖汉旗、新惠县联合政府成立实业科，负责全旗农、牧、林、水工作。这年，热河省政府下达通知，要求各地做好树木种子的收购工作。收购树木种子主要以农民喜欢栽植的杨树为主，还可以根据当地情况，采集榆树、洋槐、棉槐、松树等。同时要求，收购树木种子要考虑群众利益，不能强迫命令，不能造成群众负担。《通知》还要求各县都要建立苗圃，原来已有的苗圃都要恢复起来，培育树苗，为植树造林做准备。

1947 年 5 月，热河省政府主席李运昌、副主席李子光、杨雨民，为准备明年建立各县苗圃及收集树籽作出指示：目前各地杨树籽已将成熟，各旗县政府必须收集一定量树籽，作为明年建立苗圃之用。除杨树籽外，还可根据各地情形收集其他树籽，如松树、榆树、柏树、棉槐等。在收集上注意：（1）与群众利益相结合，切忌强迫命令无代价的收购，造成群众一种负担。（2）要有重点地进行工作，避免普遍号召而处处不落实的现象发生。

1949 年，东北行政委员会对植树造林、保护森林做出指示：要求各地从清明到谷雨期间要组织群众性的造林护林运动；各级政府应有计划有组织地进行造林护林宣传教育，并组织群众积极行动；各机关团体、部队、学校均应选择适当的地点，进行个人植树或集体造林；在苗圃尚未恢复和建立的情况下，应尽量利用压枝和埋干，并在气候许可地区提倡多栽植果树，以增加副业收入；各级政府及林务机关应有计划地派出一定数量的技术人员，担任植树造林的计划与技术指导工作。在林区附近应以护林为主，建立各种护林组织（护林防火委员会等），并通过各种形式向群众进行宣传教育，使其认识护林工作的重要性，自觉地参与看管保护，防止山火，制止乱砍盗伐现象。对植树造林护林有功者可予以奖励，对引火烧山、乱砍盗伐林木、破坏山林者要予以惩罚。这是时任东北行政区委员会主席林枫，副主席张学思、高崇民联合签名下发的。

1951 年 10 月，中共热河省委发布关于认真护林、大力造林的指示。

1. 关于护林：贯彻爱国主义教育，认真保护现有山林，广泛宣传保护山林、封山育林是维护国家利益的具体行动之一，也是保持水土，减少水、旱、风、雹等自然灾害，增加农业和副业生产收入，改变热河经济面貌，提高人民生活的有效办法之一。使广大人民群众建立全局、长远利益观点，认真保护山林，自觉注意防止山火，积极地领导群众转变过去依靠打柴、烧炭为主的习惯。严格禁止滥伐树木、开山荒、垦陡坡等有害封山育林行动。并应巩固与建立必要的护林防火组织，划分地区，明确责任，充分发挥其作用，领导上要经常检查其工作情况，发现问题及时解决。

2. 关于封山育林：大力封山育林，热河多山而且绝大部分是荒山，既不能种田又不出产木材，但这种不利现象是可以改变的。我们应下定决心积极行动起来，除要认真保护现有山林外，要以种大田的精神进行植树造林。大力封山育林，不但是护林护山的有效办法，也是在荒山造林简便易行收效最大的办法。省、县、区、村均应根据自然条件考虑全局与长远利益，选择重点在河水源流上游山区及水土冲刷严重地区，在林木已被破坏或已被采伐需予以保育更新的林区，以及在名胜古迹有关的地区，均应划为封山育林的重点。在这些封山育林的重点地区，严禁打柴、烧炭和放牧牲畜，并应切实建立起群众性的护林组织或设专人负责看管。在一般山区应根据群众实际需要划定樵、牧区或分期轮流封禁，有计划地组织放牧、打柴，规定开山割草时间，以解除群众对封山的顾虑。

3. 关于植树造林：开展群众性植树造林运动，今后农林部门除有重点地组织国营造林外，要大力组织群众合作造林与公私合作造林，发动群众采种育苗，必要时予以扶助。对于分山确定林权问题待省研究确定统一办法后执行。

4. 关于木材管理：管理登记收购木材单位和木商，任何公营企业、机关、部队、团体和学校不得以任何名义采伐木材和经营买卖木材生意。由农林部门统一规定收购办法，县、区、机关或私人需用较大木材（30—50立方米）者应做出需材计划，经当地县旗人民政府批准，由木材收购单位供应或直接由县旗、农林部门按所限定的地区，按省农林部门所规定的统一收购办法收购。

这一工作的好坏关系到人民生产生活的百年大计，各地党委很重视这一工作，并亲自掌握推动造林工作。加强政府的林业部门机构，对过去上级人民政府所颁布的相关工作的指示，党委也要加以讨论，根据本地区情况，帮助当地农林部门做出切合实际的护林造林计划，经常检查计划贯彻情况，发现、解决问题，并动员党的组织保证计划的实现。

早在1947年，敖汉旗还是旗、县两种政权并存的政治体制，旗管蒙族事务，县管汉族事务。旗县以下设12个区。敖汉旗和新惠县联合政府发出了关于造林的通知，通知说：去年秋后，有的区就发动群众造林栽了一些树，表现出对群众负责的态度，本年度还必须保证每人栽活2—3棵树，以防止洪水、消灭荒山、保护耕地为原则，地点不限，越多越好。有的区将伪满时期建的苗圃，在土改时分到群众手中，所在区要在公私兼顾的原则下，尽快调剂回来，抓紧育苗。据查，在1940年，伪满敖汉旗公署曾经在新惠建一处苗圃，1941 年又在小河沿、贝子府、老府（今翁旗乌敦套海镇）、下洼建四处苗圃。这些苗圃地都是水源条件最好的土地。这些苗圃地一律收归公共所有，安排专人培育树苗。

1948 年 2 月，敖汉旗新惠县联合政府通知，按省政府通知：关于大量提倡植树造林大生产运动，根据各区之地理条件整合植树造林之必要，希望各区尽量发动群众造成植树之热潮，耐心宣传植树造林之好处及利益，启发群众对植树之认识，按各区具体情况执行。（1）去年秋后各区发动植了若干树，充分表现了对群众认真负责的态度，今年还必须保证要植树，要植活 2—3 棵树，要算在各户生产计划内。（2）各区在伪满时原有之苗圃，有的已经分到群众手里，在公私兼顾原则下，全面调剂回来。（3）各区在调剂回来之苗圃要彻底调查原有多少亩数，有苗的多少亩，没苗的多少亩，分别种类、株数报清。（4）凡有林地的区村必须成立农会领导护林委员会，经群众性的公议立下公约以保证不损一棵树。

1949 年 3 月，敖汉旗政府通知：提倡群众大量植树造林，敖汉旗各地木材极其缺乏，对于公用民需上时有困难，尤其靠北部几区之境不仅树木少，而且明年在春冬两季大风刮起，对于土地损坏严重减少更是一大损失，以上都是树少之原因，所以才有这些困难。各区接到通知后应立即准备组织，打通群众从思想上说明植树之永远利益，准备技术，土地开化后组织群众性的植树造林运动。植树时尽可能叫群众在自己的地里栽植，这样他知道树木长大是自己的，所以他自己就要加以保护，自己实在没有植树之地，村中有公有之土地，就可以在公有土地里栽植，每人至少要保证栽活 1—2 棵。并且要个人注意保护，不仅新植树要保护好，前几年度所植之树也要保护。保护树木工作各村农业委员会要负主要责任，以免树木之减少。植树运动在春节后是最主要的工作，一定和生产运动结合起来，希各区见通知后遵照执行为要。

1950 年 7 月，在敖汉旗第二届人民代表大会上，旗委书记张旭东关于夏秋季工作建议：要栽秋树造秋林、封山育林这点是很重要的，应该认识到林业次于农业，要有重点地封山养树，如贝子府大黑山、德力胡同娄子山、四家子大青山以及其他地区山原来封育过的，要动员群众自觉地封起来，禁止滥打柴、滥砍树、刨疙瘩，放火烧山。今春栽的树要很好保护，做到已活的不至再死，今夏还要试办夏季植树。要搞好区村护林组织，以逐步起到防水、防旱、防风的作用。

1950 年 12 月，敖汉旗委、旗政府在安排农牧业生产计划时指出：植树造林是创造社会的永久财富，并对防风、固沙、防水、调节气候方面是有决定性作用的。这句话表明，早在 1950 年，敖汉旗的党政领导就对植树造林的作用看得非常清楚，也对制约敖汉旗经济发展的因素看得非常清楚。

这年旗政府还发出通知，指出全旗总土地面积中，超 70% 土地已不宜农耕和放牧，可用于造林，以减轻风沙灾害。并规定，南部五个区自 4 月 5 日至 11 日，北部七个区自 4 月 8 日至 14 日为造林突击周，普遍开展群众性造林活动。除了仍然要求每人栽活两棵树以外，还要求营造成片林。并对各地下达造林亩数，造林地点主要集中在沿河两岸，要逐步在老哈河南岸、孟克河两岸、教来河上游、蚌河两岸及四家子地区的大凌河上游，集中力量营造起大面积的护岸林，防止洪水危害耕地和村庄。

二、第一个造林试验点

1949 年秋，为探索总结组织群众造林经验，热河省政府拨专款支持敖汉旗搞秋季植树造林典型试验。试验地确定在小河沿和三道湾子两个村，11 月初完成。敖汉旗旗长韩德凤、副旗长乌热歌专门向热河省主席、副主席呈送报告。

敖汉旗政府关于实施秋季造林试验的总结报告（节选）

敖汉旗荒多林少，尤其北部沙荒广阔，闲地很多。每当春秋，风沙漫天。敖汉旗将植树造林工作规定为常年的中心工作，宣传防风沙、防洪水，只有植树造林才能逐渐挽救，此次接到省政府给敖汉旗实行秋季造林试验任务后，即派专人负责到小河沿区，选好造林地点，买妥树苗，然后进行宣传，组织群众实施造林，现将造林情况述之如下。

1. 工作计划

（1）地点：小河沿村 25 亩，三道湾子村 25 亩，合计 50 亩。

（2）树苗：杨树 15000 棵，柳树 300 棵，长 2 尺左右，粗 1 寸左右。购买树枝子共开支 800 斤小米，树栽子作价 16 斤小米。

2. 宣传组织

（1）发动群众植树。打通群众思想，解释植树利益和用途，挽救我地区的风沙、洪水灾害，只有植树造林才能成功。国家基本胜利，后方的任务是生产建设，繁荣经济，造林是生产中的主要部分，建筑修桥梁全得用树。

（2）组织群众。小河沿、三道湾子两村成立植树委员会5—11人，由委员会组织造林。

3. 植树的方法和用工数

小河沿村用埋干办法，干粗1寸左右，每段切2尺长，两头不能劈，皮不能破，方能使用。挖1.8尺深的坑，埋土内外露2寸，杨树8840棵，柳树410棵，用工920个。

三道湾子村插伏干方法，用洋犁耕出条沟1尺多深，将栽子全部埋入地内，培土踩实，做到不透风。三道湾子村全部栽杨树10660棵，用工82个。

4. 今后对树林的保护

成立护林委员会，三道湾子、小河沿两村对此树林有专人负责保护，不许乱砍滥伐及放牲畜打柴等。公议订出防护公约，违犯者处罚。负责者农业委员，组长、组员执行之。

刚从前方战争后方支前的形势下转入生产建设，就做出如此部署，表明共产党的组织对改变环境、领导生产的重视程度。

三、国营造林

三年的造林实践，让基层领导们看到，单纯依靠个体农民植树造林对改变面貌实在收效甚微，主要障碍是个体农民很难组织到一起，他们的生活状况迫使他们只能关注眼前的柴米油盐，他们的全部精力都放在发展农牧业生产上，除了房前屋后栽几棵树外，不可能在离家较远、无法管护的地方大面积造林。

鉴于这种情况，1950年，热河省政府在敖汉旗实施国营造林，任务是6500亩。也是继1949年50亩造林试验之后，又一次扩大规模的造林试验。任务安排在老哈河南岸，孟克河、教来河两岸，营造护岸林3000亩，北部沙区选择两处营造固沙林，面积3500亩。国营造林由国家出资，在当地购买树苗，雇用当地劳力造林，林权归国家所有，这也是国家为改变敖汉地区恶劣的自然环境采取的一大举措。为完成国营造林，敖汉旗政府成立了造林站，由造林站与各区、村政府共同确定造林地块，并与各区、村签订造林合同，各区、村组织群众造林，造林站按造林面积拨付造林经费。

四、兴建苗圃

造林被提到重要议程，春季种地前，雨季挂锄后，秋季秋收后三季都要组织造林。但树苗成为大问题。1951 年，敖汉旗政府决定在梧桐好来（现长胜地区）、贝子府、四家子建苗圃，每处苗圃面积 50 亩。用杨树、榆树的种子育苗在当时还没有先例，人们只看到杨树、榆树的种子落地后，在某些适合生长的地方长出小树来，但真正把种子收集起来像种粮食一样播种、覆土、浇水，也不一定就能长出树苗来，因为这毕竟是一件新生事物，必然要有一个不断实践积累的过程。

1951 年，热河省颁发了《关于发展私人育苗暂行办法（草案）》，规定："鼓励私人育苗，扩大苗木生产。国家可以为个人育苗预付三分之一或二分之一的经费，解决种子费用。育出苗木可以由国家包销，也可以自行销售，育苗地免收农业税。"在这一政策的引导下，1952 年，全旗个人育苗面积发展到 35 亩，占国营育苗面积的十分之一。

为了保证每年的造林面积，在当时普遍采用的是埋干造林，即从大树上砍下枝杈，埋在人工挖出或犁杖挑出的沟里。为节省枝杈，就把砍下的枝杈剁成一节一节的，每节约 25 厘米长，被称为树栽子，这样便可以扩大一些造林面积。为增加苗木，各地都加强了母树（大树）保护，不允许将新生枝杈当柴烧掉。国家投资造林所需的树苗，多数也是在当地收购枝杈，和农民商定每车的价钱。遗憾的是能够砍枝杈做树苗的大树实在太少，中北部很多村都没有能够砍枝杈的大树，只有南部零星有些。所以在这一时期，南部教来河上游、孟克河上游靠仅有的大树资源，栽了一些护岸林。

五、封山育林

为扩大森林资源，增加林草植被，控制水土流失，1951 年，旗政府发出《坚决禁止开垦 30 度以上的陡坡山荒的指示》。《指示》规定：在保留一定的牧场外，要求每个村都要选择本地的重要水源地或易发山洪的区域，进行封育，禁止放牧、打柴、开荒。区或村等基层组织要通过村民代表会议，制定护林公约。各基层政府机构要成立护林防火委员会，聘请那些大公无私、认真负责、不怕苦不怕累、不怕得罪人的人当护林员。

封山育林育草是一项投资少、见效快的项目。在敖汉南部地区，除很少地方有天然残次乔木林可供封育外，其他绝大多数地方还残存着一些小灌木，每个村封育一个或几个小区域，把这些小灌木很好地保护起来，靠自然力恢复林草植被，形成点点绿洲。在遇到灾年的时候，群众烧柴、牲畜冬储草严重不足时，统一开山，解决燃眉之急，成为一个时期人们最后的一点指望。

六、合作造林

1951 年，老牛槽沟村农民孔昭发、巴日当村孙合分别成立了两个农业生产合作社，合作社成员互通有无、取长补短，合伙抢时间完成应急农活，收到人多力量大的效果。受合作社的启示，敖汉旗党政领导及时总结经验，并把这些做法推广到植树造林工作中。他们认为，过去两年偏重国营造林和鼓励辅助个人造林，都有一定的限度。要持续发展林业，必须密切结合群众利益，在私有零星植树的基础上，大力开展个体合作造林。在群众力所不及的偏远地方，又有造林必要者，实行国营造林。

合作造林包括私与私合作造林和公与私合作造林两种方式。

私与私合作造林。在群众自愿互利的前提下群众自由组合，政府予以必要的扶助，群众间互出种苗、土地、劳力，即有啥出啥作股合作。合作者共同讨论议定分红办法，订好契约，并在合作者中成立造林小组，选举组长，有组织地完成栽植与保护工作。这种方式不但与群众利益密切结合，还能集中分散的力量，克服个人克服不了的困难，营造面积较大的林地。

公与私合作造林。政府投资种苗、土地（土地不计股）、技术指导，群众出劳力，出造林工具，并负责栽植与保护管理，修枝等副产品归造林者所有。签订合同，按国家二成个人八成比例分红。

七、营造"热北"防护林

1952 年 1 月 19 日，东北人民政府决定在东北西部，辽东半岛到山海关约 300 公里范围内，向北 1100 公里到大兴安岭南端，营造大型防护林带，以阻挡来自西北蒙古高原的寒流。林带覆盖 60 多个旗县，敖汉旗是其中主要地段之一。热河省政府立刻组织林野调查队到敖汉旗进行勘察设计，到 5 月 3 日，规划方案基本形成。按照土壤、气候、地势而确定，东北、西南方向，南起汤梁，北至老哈河岸。每隔 10 公里设置一条林带，全旗共设置 10 条，每带宽 30—50 米，林带总长 664 公里，统计面积 4.98 万亩。林带建设被当作一项严肃的政治任务，为此敖汉旗成立了防护林带建设委员会，由旗委副书记马亚光任主任，旗长乌热歌、农业科长江巨涛任副主任，并单独成立敖汉旗林业科。

这是学习前苏联营造大型林带的做法，宽林带大网格，但是前苏联地广人稀，热北地区的人口密度远高于前苏联。苏联当时已全部实现了集体农庄制，而我国当时还是私有制前提下小农经济体制。在当时的国情下，营造大规模农田防护林，显然脱离了中国的实际，因此在设计和营建中，存在着严重的主观主义、命令主义和形式主义。在一份总结报告中指出：机械地强调规格，死定每隔 10 公里设定林带一条，带宽 30 米至 50 米。每个网眼一律187.5 亩，尤其是走直线，占去了许多农户的私有土地，并把成片土地分割成零散小片土地，造成耕作不便的困难。德力胡同区魏杖子村有 108 户被占地，占全村 178 户的 60.7%；官家地区曲家湾子村霍贵共有土地 14 亩，占去 11.2 亩，徐永魁、安俊祥等六户 100 亩好地占去 35% 到 80%；此外，在德力胡同区和捣格朗营子区岩石累累的大山上也设了两条林带。因为伤害了农民利益，出现前面造林后面拔树苗事件。

敖汉旗政府及时发现问题，认为这是"盲目冒进，脱离群众，只顾需要，忽视可能的主观主义、命令主义和形式主义的错误。下步改进设计时，注意从小农经济的特点和生产现状出发，不占或少占耕地，并照顾到群众耕作方便"。

改进后的林网设计尽可能地符合敖汉旗实际，照顾到农民利益，但在总体框架下，仍然有脱离实际之处。最主要的是当时的造林技术，杨树以埋干为主，榆树、五角枫以育苗为主，柠条、山杏以直播为主，此外还有桑条、柞树，这样的造林技术和树种的配置以及苗木的质量，注定这条规模宏大的林网不能成功。但在那个年代，这种尝试是非常宝贵的，为后来的窄林带小网格的林网设计提供了前车之鉴。

从 1950 年到 1952 年，三年完成造林 13 万亩，其中 1952 年就完成了8.7 万亩，占 67%，表明群众对造林的热情越来越高。国有苗圃达到 6 处，其中 1952 年新增 3 处，育苗面积达到 340 亩，个人育苗 35 亩。三年采杏核87100 斤，其中 1952 年就达 60000 斤。封山育林，三年完成 13.1 万亩。其中，1950 年 1 万亩，1951 年 2.1 万亩，1952 年 10 万亩。1952 年的大幅增长，表明部分地区的农业合作化是推动植树造林、封山育林的重要力量。这期间还基本上制止了陡坡开荒、滥砍盗伐行为，初步建立了木材采伐管理，控制木材经销商抢购等林政管理制度。

第二节　农业合作化时期的林业生产

新中国成立初期的各级领导多是从部队转业到地方的军人或经过战争洗礼的地方干部，纪律性极强，做事雷厉风行，只要哪个地方有好的事物出现，只要上级机关提出什么理念、方针、政策，都会很快推开，谁也不甘落后。当他们看到合作社比单干的农民有优越性时，尽管上级政策规定要坚持自愿的原则，也竭力说服农民参加合作社。

1953 年到 1957 年，农业生产合作社从初级到高级，一路高歌，广大农民很快走上了合作化道路，从个体私营的小农经济转变成集体所有制经济。1953 年底，全旗成立互助组 5905 个，18821 个农户加入互助组。另外成立初级农业生产合作社 23 个，入社农户 316 户。1955 年底，全旗初级社发展到 505 个，入社户数 13048 户。1955 年试办 1 个高级社，到 1956 年底，高级社发展到 122 个，参加高级社农户 44208 户，占总户数的 83.1%，此外还有 147 个初级社，共有 90% 的农户加入到农业生产合作社中来。

这一时期也是我国实施第一个五年计划时期，国家在指导国民经济和社会发展中开始摆脱盲目和探索，走向全面的计划性和自觉性。

一、完善合作造林办法

1953 年，重点是引导个体农民成立互助组，在搞好农业生产的同时，进一步明确要重点搞好合作造林，提出合作造林的分红办法。要求是遵循"等价入股，合理分成，自愿两利"的原则。建议分成比例为：土地分 1—2 成，其中防护林带占耕地分 3 成；种苗分 1—2 成；劳力分 6—8 成。造林后经检查成活率达 60% 以上，及时发放股票，保障私有林权的权益。

二、停止公私合作造林，组建国营林场

1954 年，经热河省林野调查队规划，敖汉旗政府批准，陈家洼子国营造林站建立。原来在有些区建立的造林站，职责是代表政府管理国家投资，同各村或个人合作造林，经过几年的实践看效果并不理想，突出表现在造林面积过于分散，难以达到防护效益，尤其幼林防护各地极不平衡，有的地区效果还好一些，多数地方因管护不力，只见造林不见成林。于是，政府决定

创办国营造林站（后来改为国营林场）。由国家派管理人员和技术人员，招募农民工常年造林营林，所需资金列入财政预算。为集中使用好国家有限的资金，这年，撤销了五个区的造林站，改为林业技术指导站，这些区也不再实施国家投资造林。后来的实践证明，单独建立国营造林站（国营林场）这一举措十分成功，它不仅率先在沙化最严重的地区建设起一道绿色屏障，更主要的是这一群人年年造林营林，时刻都在研究造林技术、育苗技术，凡成功的技术都会及时传递到社会中，推进了全旗的绿化事业。1954 年建三义井林场，1962 年建新惠林场，1962 年建大黑山林场。

三、农业生产合作社由初级到高级

1954 年，热河省委批准敖汉旗在下树林子村试办"五星"高级农业生产合作社。到 1956 年 6 月，全旗成立 122 个高级农业生产合作社，包括部分初级社，入社总户数 44208 户，占总户数的 83.16%，牧区成立了 3 个高级牧业社，全部实现了牧业合作化。初级社土地仍然私有，包括耕畜、大型农具等以入股的形式加入合作社，并参与秋后收益分配。高级社是将土地、耕畜、大型农具全部入社，土地变成集体所有，耕畜、大型农具作价，逐年偿还。当年农业总收入扣除农业税、生产费、公积金和公益金后，完全按劳分配。一般二三百户组成一个高级合作社，形成相对集中的经营方式。因此，以成立高级社为标志，农村土地彻底消灭了私有制，实现了集体所有。这一过程也称之为基本完成农村农业社会主义改造。从此，农民又有了一个新称呼——社员。农业合作社的社员不再是"30 亩地一头牛，老婆孩子热炕头"的独立生产者，而是以社员的身份参加集体劳动，是在社委会的统一领导下，从事某项专业的分工劳动或集中统一劳动。土地不再私有，社里有权根据需要做出安排，要么耕种，要么栽树，要么修渠，要么变成作业路。

四、对敖汉旗情的全面认识

1954 年 3 月，召开了敖汉旗首届第一次人民代表大会，敖汉旗政府旗长白俊卿做了政府工作报告。报告中对五年来（1949—1953）的林业工作进行了总结：五年共造林合计 20.3 万亩，封山 18 万亩，成活率达到 70% 以上，为支持造林事业需要，设立国营苗圃 6 处，并发动私营育苗，通过五年的工作实践，为敖汉林业发展打下了基础。

新中国成立初期北部沙区村庄面貌

报告着重对新中国成立以来的农村工作、农业发展进行了全面系统分析总结。

1. 进一步认清了农业特点，明确了今后生产发展方向。为保证贯彻执行国家过渡时期总路线总任务，逐步实现农业社会主义改造，搞好增产粮食，完成全旗经济发展计划，要求所有干部与代表必须认清敖汉旗农业特点及规律，搞好今后生产工作。由于敖汉旗农林经济饱受封建势力、日本帝国主义严重破坏和摧残，以及官匪勾结土匪蜂起的抢掠，加之鸦片、鼠疫流行危害，以致人民家底空虚，农村经济创伤深重，林木损失更为严重，因此我们必须有足够认识，敖汉农村经济全面恢复与发展不平衡性的特点，及在建设中的艰巨性和长期性，才能在总路线的指引下，使敖汉经济全面普遍稳中上升。

2. 敖汉旗属于大陆性气候，其特点地势高而干燥，河流多而少水，秃山、荒岭多而沙漠广阔，林木稀少，经常干旱，降雨量少，不但春旱严重，且因急风暴雨与秃山洼地容易引起山洪暴发，冲毁良田，淹没禾苗，所以在敖汉是"水、旱、风、雪、虫、霜"六灾俱全。以上特点造成过去在历史上常年因灾而歉收，甚至招致部分农民破产。新中国成立后党和政府即大力领导农民不断向自然灾害做斗争，逐步克服了各种灾害与困难，农村经济不但得到了恢复，且有了新的发展。实践证明，在党和政府的领导下，发挥人为的力量，是可以减少灾害的威胁，而且客观规律也是可以研究和掌握的。

3. 敖汉农村生产的多样性，农村经济有着发展的巨大潜力。全旗土地面积约 1950 万亩，山河约占 45 万亩，大部分可植树造林，除现可利用耕地 270 万亩外，林地 58.5 万亩，牧场 45 万亩，尚宜林、宜牧、宜耕 870 万亩未被利用，这些为今后发展畜牧业、林业有广泛可能。因此，除在广大干部中加强全面观点，继续以农业为主，力争抗灾多收外，必须抓紧造林，使土地和自然条件逐步合理利用，这不仅在农业歉收情况下，保证农民有了经常稳定收入，而且在过渡时期国家实行社会主义现代化，也能解决建设木材、工业原料及供应工矿城市副食品的需要。只要认清敖汉特点，发挥广大农民的积极性与创造性，一切困难是可以战胜的，一切条件是可以利用的。

4. 敖汉旗自然条件和经济发展情况，各区存在着相对性差别，因此必须因地制宜领导生产。全旗大致分为两类地区，南部以新惠、牛古吐、下洼以南为界，其特点山多、林少，气候较平稳，雨量较多，耕作较细致，今后要搞好农业生产，增加粮食，应大力发展植树造林。根据条件，栽植果树，增加人民收入，在畜牧业上要大量养羊，发展养牛、马及繁殖驴骡。北部，其特点地广人稀，有广阔草原，气候不正常，六灾俱全，土地沙性，耕作粗糙，产量低，土地大片集中，宜于机械耕种。可大量提倡种植苜蓿，改良土壤，而草场适于畜牧业的发展。在林业方面应以营造防护林网为主，结合营造薪炭林，同时加强老哈河护岸林，除少数牧区外，应提倡以农为主，大力发展畜牧业。

5. 敖汉旗小农经济分散，这是由于历史和自然条件所造成的，由于地广人稀，居住分散，加之社交闭塞，在生产和文化交流上都受一定影响。因此农民的耕作技术守旧，思想保守，经济上分散、孤立更为显著。又由于自然灾害较多，顾虑较深，储粮备荒习惯严重，因此在敖汉改造小农经济工作是复杂而艰巨的。在推行互助合作运动中，要掌握由小而大的规律，在扩大农业技术改革中应注意结合当地经验，逐步加以提高和推广。

报告对新中国成立以来的农业生产经营实践进行了反复的考量分析，总结了农村工作的正反两方面的经验、教训，认清了敖汉旗情，高度统一了全旗各级党的组织和广大人民群众的思想，为全面开创敖汉农村工作新局面厘清了思路，奠定了理论基础。毛泽东同志指出："马克思主义的哲学认为十分重要的问题，不在于懂得了客观世界的规律性，因而能够解释世界，而在于拿了这种对于客观规律性的认识去能动地改造世界。"敖汉旗委坚持从实际出发，实事求是的思想路线，在经济发展中正确的决策机制已基本形成，从而保证了今后工作的正确方向。这个报告标志着敖汉旗的生态建设正式起步。

五、十二年基本绿化方案的制定

1956 年 3 月，毛泽东同志发出了"绿化祖国"的号召。这年召开的全国第六次林业工作会议指出："必须加快林业发展的速度，使林业发展与整个国民经济发展，特别是与工农业的发展相适应。"

根据中共中央的号召和国家林业工作会议精神，敖汉旗本着"先易后难，先近后远，从长远着想，从现实出发"的原则，制订出"十二年林业绿化规划"。

"规划"进一步明确，南部以水源涵养林和用材林为主，北部以农田防护林和固沙林为主。人工造林和封山育林并举，南部以封山养草为主，北部以封沙养草固沙为主。

树苗保障，仍以"发动群众自采、自育、自造、自护"为主。采集树种主要以杨树、榆树、山杏为主。

营林措施以互助合作为基础，要求每个生产队的社员每年投入林业生产的劳动日不低于 10 个，每个互助组和个体农民，每年投入林业生产日工不低于 7 天。除成片造林外，每个社员每年要栽活 10 棵树，每个组员和个体农民每年要栽活 7 棵。

继续贯彻"谁造谁有，伙造伙有"的政策，执行合作造林的办法，明确权益。要求造林前必须整地，造林后必须抚育，连续抚育三年。有条件的地区搞农林混作，以耕代抚，提高造林成活率和树木生长量。

加强封山育林和封沙养草工作，珍惜保护好残存的植被。计划新建国营苗圃 5 处，国营林场 5 处，森林经营所 1 处。

六、纠正农业合作化运动的跑偏行为

农业合作化是在实施土地改革，废除封建土地制度之后的又一次变革，是在完成新民主主义革命任务后向社会主义转变的必要过程。在这个过程中难免会出现"跑偏"行为，尤其把个体农民所有的树木也收归合作社，引起有林有树农民的不满，对保护农民植树造林、珍惜树木的积极性带来伤害。

在推动合作化过程中，国家有关部门在制定高级社示范章程时对个人私有林木的政策规定是：少量的零星树木都应归社员私有。基层组织在执行这一政策时，有的不分大小片和数量多少，凡是 10 棵以上的都算是成片林，

必须作价归社；不成材的幼林，无代价归社所有；成材的归社，不成材的归社员自己；院内的归社员自己，院外的归社；果树不分零星的或成片的一律作价归社。对有的社员需用木料的正常要求，如急用盖房子的檩木，给老人做棺材的木材等，也不允许留给社员。

针对上述存在的问题，1956年底，政府对林木政策再次做出具体规定：少量的零星树木和宅旁、院内的树木（包括果树在内）都必须归社员私有，已经入社的也要坚决退回本主。对社员私有林木，砍伐、出卖等，任何人都不能干涉，应由社员自主处理。对私有的大片林木，一般应根据今后收益大小、经营难易、本人所付出的工本费和所得的收益情况，在社员同意情况下，可作价归社，价款也必须合理，并适当留出一部分自用木材林。如果社员不同意将树木入社或愿入一部分留一部分的，都应允许。对已入社的大片林木，也要进行一次检查，如果作价太低，要重新核定价格，做到价格合理。如果将大片林木全部作价归社，本主又无零星树木的，经与本主协商，还应划出一部分自用林，保证本主生产生活之用。

对此，各级党委还在干部中开展反对主观主义、官僚主义、命令主义等伤害群众利益的整风运动，以保护农民的合法权益，保证正确的林业政策的贯彻执行。

第三节　人民公社时期的林业发展

1956年基本完成了农业的社会主义改造，从互助组到初级社、高级社、人民公社，生产关系进行了重大变革，由小农经济走向了集体化道路，催生了农村农业生产力作用的发挥和集体事业的大发展。

1958年8月24日，在各行各业大跃进的高潮中，长胜人民公社率先成立。到9月末，全旗共成立28个人民公社。人民公社的成立，使原有的集体所有制扩大、提高，一个人民公社一般要由十几个高级社组成，少者千户，多者万户，一般三四千户为一个社。人民公社是工、农、商、学、兵等各业齐全、政社合一的基层组织，有搞农、牧、林、副业的生产队，有为农牧业生产和农牧民生活服务的综合修造厂，有销售工业品和收购农副产品的供销社，有金融服务的信用社，有以民兵组织为主体的公社武装，还要办学办医。农村经济与社会发展都包括其中，具有"一大（规模大）二公（公有制成分多）"的特点，掌控的生产资料更加广泛，尤其对土地的调用和劳动力的使用更有权威性。很多不同的利益关系都能在人民公社的领导下得到统一，许多生产队无力平衡的事情，都可在人民公社的范围内得到平衡，动员大量人力物力组织实施。

旗委、旗政府面对新的发展形势，根据农村农业生产现状和人民生活生存环境，从全旗的土地资源现状出发，找准了北部治理风沙，南部水土保持两大要点，着力改变生产条件，提高人民生活水平（主要是解决吃饭问题）。自合作化到人民公社，在新体制下各项事业，特别是林业生产发展进入系统化、整体化阶段，每个国民经济五年计划的年度任务都能如期完成。1958年荣获国务院颁发的"农业社会主义建设先进单位"奖，1959年荣获"全国林业先进单位"称号。植树造林技术和管理经验日臻完善，林业生产发展的成功经验对于今后若干年代的林业建设都具有指导意义。下面从尚存的资料中选取几个实例予以说明，从中可以看到，每个年度完成的任务不一，管理办法不一，所依据的政策不一，事物本身发展就是这样一个曲折反复、由低到高的过程。这些实例对今后工作会起到导向和示范作用。

1956年林业生产工作简介

全年共完成新造幼林20万亩，超过国家计划的153%，其中国营造林达万亩，超过计划7.6%，完成幼林补植9700亩，四旁植树142万株，完成育苗面积1500亩，超计划12%，完成造林整地面积1.5万亩，完成幼林抚育16万亩，封山面积8万亩。

取得成绩的措施：

1. 本年是农业社会主义改造胜利的一年，林业工作紧密配合农业合作化迅速发展，合作化逐步走向正常生产的巩固阶段。林业劳动报酬的解决，由分别记工、分别受益，转入统一记工，统一分配，由记日工和评工记分转入由生产队实行定额包工（包栽、包活、包抚育），订立合同等办法，增强了社员造林责任感和积极性。

2. 进一步贯彻中央关于绿化祖国的号召，大力提高了广大干部群众造林积极性，十年绿化敖汉已成为广大群众行动的目标。各乡社一般都制订了长远的林业生产规划，保证了林业生产的正常发展。

3. 大力培训合作社林业员，注意组织和发挥广大青年造林积极性，广大青年已成为绿化战线上的骨干力量。

4. 在春秋各造林季节时机，召开有关部门的各种会议，建立各种机构，和全面发动群众相结合，调动了群众的积极性。

1957 年 12 月，在中共敖汉旗第三次代表大会上，旗委书记白俊卿的报告中提出了今后林业发展计划：

过去几年中共敖汉旗委对农业、手工业、私营工商业的社会主义改造是符合党的方针政策的，并在这方面取得了决定性胜利。在发展生产上"以农业为主，农牧林业结合，发展多种经营"是正确的，符合敖汉旗实际情况并取得了很大成绩。林业方面进一步贯彻中央开展绿化运动的指示，贯彻执行依靠合作社造林，积极保护现有林，大力做好造林、育林、合理砍伐利用的政策。要求在第二个五年计划时期内造林面积发展到 65 万亩，成活率要求平均达到 85% 以上，加之原有林面积共为 100 万亩，占全旗宜林面积的 34.5%，育苗 1.75 万亩。1958 年造林面积 13.5 万亩，成活率平均达到 85% 以上，其中国有造林 1 万亩，育苗 3000 亩。

1959 年的春季造林工作简介

1959 年 3 月，敖汉旗人民委员会下达了本年度春季造林运动的指示：今春必须以育苗和快速丰产林为中心，带动绿化运动，掀起春季造林高潮，继续保持全国林业先进单位的光荣，以更大的林业建设成绩向国庆 10 周年献礼。

1. 本年度完成造林 100 万亩，改造沙漠 55 万亩，争取春季造林 40 万亩，育苗 21 万亩，采购树籽草籽 300 万斤。

2. 全旗规定在 4 月 1 日到 20 日为春季造林突击旬，各地要合理安排人畜物力，特别管理区或生产队要实行统一组织、统一行动进行大面积造林，力争在最短时间内苦干、实干，完成春季造林任务。

3. 造林前必须做好规划，要以规划要大、质量要高、速度要快的建设标准进行园林规划。在规划同时，各地要考虑自己的森林基地、果树基地、林木油料基地和桑蚕基地，为做到全年专业经营与季节全民突击相结合，把林业建设推向多、快、好、省的途径。各公社一定要把林场建立起来，要由主要干部领导，要有常年作业的劳动力，林场要以林业为主，开展多种经营。

4. 发动群众，依靠群众开展社队、户育苗，大搞高额快速丰产林，培养母树。要拿出心疼的地块、优质粪肥育苗，积极提高单位面积产量。

5. 广大青年和妇女是绿化运动的突击队、主力军，要积极行动起来，按照旗团委和妇联的布置，投入春季造林战役，各级领导对他们的热情要给予大力支持。

6. 切实掌握适地适树、良种壮苗、细致整地、适当密植、抚育保护、改革工具六项基本措施，提高造林质量和劳动效率，要做到造林必须整地，幼林必须抚育，有人栽有人管，坚持采取包栽、包活、包抚育、包长大一包到底的造林责任制，以便从根本上消灭造林不成林的现象。

7. 大搞造林协作互相支援，开展管理区之间、生产队之间比干劲、比措施、比数量、比质量、比时间的"五比"红旗竞赛运动。

最后要求各级领导、农村工作干部要动员广大群众并组织机关、学校、厂矿、企业的职工积极投入绿化运动，以便更多更好地完成 1959 年春季造林任务。

1960 年 3 月，中共敖汉旗第四届代表大会对林业生产的总结：两年来获得了飞速发展，1958 年一年造林 80 万亩，1959 年造林 60 万亩，社区办林场 79 处，育苗达 7100 亩，为今后开展大面积造林打下了基础，并普遍发展了农村果树，面积达到 1658 亩，41.5 万株。

1962 年春季造林情况简介

敖汉旗春季造林工作，在全面深入贯彻中央在农村各项方针政策，调整了基本核算单位的规模，进一步克服了平均主义倾向以后，广大农村干部的工作作风更深入踏实了，广大社员群众的劳动热情和生产积极性大大调动和发挥起来，因此，以造林为中心的林业工作在以粮为纲全面安排的方针指引下，有了比 1961 年更好的发展。新造林共完成 14.2 万亩，占全年任务的47.4%，其中用材林 5923 亩，防护林 2230 亩，木本油料林和果树 688 亩。补植造林完成 5030 亩，占全年总任务的 11.4%，零星植树 40 万株，参加造林人数 18729 人。

今年春季造林工作的特点表现在：第一，由于深入贯彻执行了林业政策（十八条），社员造林积极性被调动起来，集体造林与社员个人造林齐头并进。第二，造林任务积极可靠，人畜力和时间安排得当，比往年行动快、质量高、面积实。第三，重点突出用材林比重大，木本粮油树种开始引起重视。

采取的主要措施：

1. 加强具体领导，旗人委在造林前召开公社社长和林业干部会议，下达了指示、明确了任务、提出了重点、指出了方法，各公社根据旗的要求召开不同形式的会议，安排了林业生产、落实了任务、研究了措施，采取统一领导、统一布置、统一检查、统一总结，干部分片包干，下去一把抓、回来再分家的工作方法，因地制宜地开展造林运动，从而使造林工作得到了迅速、踏实、健康的发展。

2. 宣传和认真贯彻中共中央关于林业政策"十八条"，使政策落实到社员群众中去，成为林业生产的基本动力。由于贯彻了"谁造谁有"为中心内容的林业政策，明确了权属，达到了群众要求经营林业的愿望，使他们感到心中有底，信服政策，从而大大鼓舞了群众的造林、护林积极性，推动了当前林业生产。

3. 适应新形势，开展以生产队为主的集体造林与社员造林相结合，社队林场造林与生产队造林相结合，国营造林与群众造林相结合的造林运动。旗人委批转了农牧局提出的"关于生产队实行大包干的意见"，也初步起到了指导作用，在有条件的地方，给每户社员划出 1 亩左右的荒沟或荒地用于造林，解决了社员日用零星木材和烧柴，有些生产队还给社员解决了种苗，调动了社员的积极性。

1964 年林业生产工作情况简介

全旗各族人民在党中央及各级党政的正确领导下，高举"三面红旗"，以自力更生、奋发图强、艰苦奋斗、革命到底的决心，大搞林业建设，为农业稳产高产创造条件，广大社员以大寨人的精神春夏秋三次大搞造林战役，取得了较好成果，全年完成新造林面积 19.5 万亩，超过盟下达 3 万亩任务的五倍多（其中春季造林 5.6 万亩，夏季 6900 亩，秋季 12.9 万亩）。

采取的主要措施：

1. 千条万条，领导重视是第一条。今年林业工作的重点是领导重视、亲自挂帅、深入群众性的造林运动中。领导既参战又指挥，这是使今年各项林业生产计划超额完成的最关键一条。贝子府公社党委书记春季造林开始时，亲自到后坟大队去蹲点，抓住重点指挥全面，这个大队在 3 月份就做了实地规划，因此一春完成新造林 754 亩，超过公社下达任务的三倍多，全公社今年完成新造林 8000 多亩，超过旗下达的 2000 亩任务的三倍多。

2. 组织社队干部参观，广学内外先进经验。这是今年林业生产超额完成任务的主要动力。广大干部开阔了眼界，克服了故步自封的思想情绪，入春以来以学大寨为中心，广泛学习旗内的长胜公社长青、榆树林子、新发等样板大队，还去了赤峰县的当铺地、凌源县的宋杖子进行了实地参观。长胜公社马架子大队书记李俊学习赤峰当铺地的先进经验，在春季造林 2900 亩的基础上，秋季又一举完成 1700 多亩，两季造林 4600 亩，超过公社下达的 800 亩任务的五倍多。

3. 认真贯彻党的林业方针政策，层层落实计划。广泛深入宣传贯彻林业生产对改造自然、促进农牧业增产、巩固集体经济和社会主义建设的重大意义，以及"谁造谁有"的政策，从而大大提高了广大干部和群众的认识。逐级地认真落实了造林、育苗任务，鼓舞了群众干劲，因而各项指标一跃再跃，计划也一增再增。8 月份旗三级干部会议上落实秋季造林任务为 8.3 万亩，而 9 月份三级干部会议上又增到 11.3 万亩，而秋季却实际完成了 12 万亩。

4. 培养典型、树立样板。以点带面开展比学赶帮活动，除了全旗树立长青、榆树林子、新发等三个大队林业先进单位外，各公社、大队也层层树立样板、层层展开大检查大评比活动，从而总结经验、找到差距、树立榜样，出现了先进更先进、后进赶先进的局面。

5. 自力更生，大挖种苗来源，为开展群众性造林运动做好准备。大力开展社队育苗活动，全旗有 5 个公社，17 个大队，228 个生产队，建立了苗圃，完成各种育苗 670 亩。

6. 狠抓农田防护林，集中力量打歼灭战。旗委向全旗各族社员提出了打好四个"歼灭战"（即在营造农田防护林上打歼灭战、渠道造林上打歼灭战、公路绿化上打歼灭战、四旁绿化上打歼灭战）和一个"翻一番"（即全年造林任务翻一番）的号召，全旗共完成防护林林带 90 多条，总长达 500 多公里，面积为 3.27 万亩，加上原有农田防护林，已有 30 个大队基本实现了农田林网化或稳产高产田的林网化。

7. 建立、健全专业组织，造林和护林相结合。一年来全旗在原有社队办林场 11 处、专业队 1 处、苗圃 26 处的基础上，又建起了林业与水保相结合的专业组织 60 多处，这些专业组织对今年的林业生产均起到了保证作用。在护林工作上坚持不懈一抓到底，在春季的防火警戒期中，除及时下达指标，建起旗级护林防火委员会，配备专人长期办公外，同时对各重点防火地区护林组织及时进行了整顿。为保护好林木，各地均配备了专职或兼职护林员，各社队普遍发动群众讨论制定护林防火公约，做到认真执行，保证林木的健壮成长。

从这几年的发展来看，管理水平提高，经营思路拓宽，技术进步推动作用日益显著，展现了农村经济和社会发展的光明前景。

第二章　50年代末生态环境建设起步

20世纪50年代末，敖汉旗生态建设进入起步阶段。敖汉旗委、旗政府领导全旗各族人民，响应党中央号召，在上级党委、政府领导下，开始了有组织、有计划的防风治沙和水土保持工作。热北防护林建设和三年绿化敖汉北部，是敖汉北部沙区防风治沙的开始，南部山区水土保持工作，也进入了由自发到自觉的治理过程。

第一节　热北防护林建设：工程造林的初试

1952年5月，旗委、旗政府根据热河省政府的指示，按照营造热北防护林的要求和设计，实施了敖汉旗防护林带建设。1961年敖汉旗人民委员会组织了专门队伍，从6—10月对1952年实施的防护林带建设进行了详细的实地测查，并写出了专题报告。

一、原规划设计情况

为从根本上改变自然面貌，1952年到1955年这四年时间，本着因地制宜、因害设防的原则，进行了全旗的农田防护林带设计。全旗共规划设计营林面积298.3万亩，防护林248.1万亩，其中农田防护林5.2万亩，护岸林6.8万亩，固沙林30.5万亩。水土保持林205.6万亩，用材林48万亩，经济林2.2万亩。

这次规划设计测查，以1961年6—10月份的现有林普查实测衡量：除经济林较少外，其余林种比例均为适宜，特别是总设计面积更合适。

二、防护林营造情况

在各级党委政府的领导下，新中国成立以来共造林251.2万亩，约80%以上是防护林，其中的10%以上是农田防护林。现有林实测，全旗共有林面积71.8万亩，新中国成立后新造林47.32万亩，占计划面积的16.6%，占几年来累计面积的18.5%。其中防护林42.9万亩，新中国成立后新造26.5万亩，占计划营造面积11.7%，新中国成立后新封养成林13.5万亩。防护林包括：农田防护林带4.4万亩，新中国成立后新造3.7万亩，占计划营造面积的71.7%；固沙林3.5万亩，新中国成立后新造3.0万亩，占计划营造面积的9.72%；水土保持林39.9万亩，

新中国成立初期中南部丘陵山区风蚀地类面貌

新中国成立后新造林18.7万亩，占计划营造面积的9.1%；护岸林与用材林和水土保持林合并没有单独统计，所以该项计划营造指标等于100%。用材林29.7万亩，新中国成立后新造林16.6万亩，占计划营造面积的5.4%；经济林8.2万亩，新中国成立后新造林4.2万亩，占计划面积的190.54%。

三、效益情况

几年来新造林和封育成的林木生长情况一般算好。例如长胜公社的长青大队，农田防护林对农田已起到保护功能。长青大队过去南北部尽是大面积的沙荒和流动沙丘，中部是冲积平原，该区因受沙漠的影响，气候变化异常，历年受风揭沙压，重新翻种，甚至连翻几次，有时小苗生长2—3寸高，还被风沙压死。更严重的是粮田屋院被流沙侵吞。据调查，仅仅二十年时间，该大队的北部被沙吞没600余亩，20余家农户被迫迁走。

新中国成立后，在党的领导下，广大人民群众和自然灾害进行了长期而

艰巨的斗争，营造起八条农田防护林带，通过封禁、保护在沙滩上培育而成的自然柳 200 多亩，利用空闲地和弃耕地人工营造起用材林 1.3 万亩，在沙荒营造起固沙林 600 亩，村庄、宅院零星植树 12 万余株，在沙荒上栽植播种沙蒿 600 余亩，大大改变了自然面貌。2.5 万多亩农田获得了连年丰收，原有 900 亩农耕地，年年遭受早霜危害，无霜期仅 100 天左右，现在由于林木的防护作用，无霜期延长到 120 天。据 1960 年的调查数据，亩产由原来的 120 斤提高到 210 斤，其中 350 亩单产达到 400 斤以上。全队林业收入（包括木材、编织、枝柴、割柳灌条）每年平均达 4 万元。

小河沿公社下树林子大队，新中国成立前土质瘠薄，大面积的是沙干（流沙）水泡、蛤蟆窝，涝水泡子地与不足 10% 的盐碱地是耕地，白的是沙，黄的是碱，剩下的是稀稀落落的 1200 亩林木。这里风沙大、播种晚、秋霜早，历年只能种一些早熟、低产作物，平均亩产不到 70 斤。

新中国成立后，大力发展林业生产，首先在自己的房前屋后、地边、坝沿栽植防护林，1953 年后营造了 10 条防护林带、3 条护岸林以及 25 个护田林网，加之水源林、固沙林和用材林，林地面积增加到 1.1 万亩，占总土地面积的 27%。不仅改造了狂暴风沙灾害，拦住了洪水，且延长了无霜期，过去"小满"才开犁种地，现在提前半个月。改造了 300 多亩沙荒地，粮田增加到 4000 多亩，随着林地面积的扩大，加之水肥措施的增加，单产逐年提高，在过去亩产不到百斤的基础上，到 1956 年提高到 340 斤。1958 年大跃进后，农牧业生产都有了巨大丰收，现在社员反映说：过去是沙荒、丘陵树不栽，沙、水、旱灾离不开，现在是沙荒变树海，树多、粮多、杨柳成荫。

在热北防护林带建设的推动下，长胜公社榆树林子大队的规模治沙正式开始。长胜公社有一条自科尔沁沙地腹地延伸过来的流动沙带，在这条沙带的东南端就是榆树林子大队。从 1947 年到 1957 年，就被这个流动沙带"吞"没了 2800 亩良田，撵走一个村庄，埋掉 140 多间民房。人们都非常惧怕这条巨大的"沙龙"，唯恐哪天灾难临头。

人民公社成立后，榆树林子大队党支部决定治理这片沙丘。他们"访贤问计"，到群众中去找治沙的"灵丹妙药"。有人说："沙地里沙蒿最耐长，他过去给地主看林子，沙蒿籽落到沙子上就活了，可就是怕风刮。要是周围夹上障子，挡住风，可能就把沙蒿籽保住了。"也有人说："在沙窝栽树，要从迎风面一行挨一行地往上栽，这样，树根能挂住沙土，也就不怕风刮了。"

人们细数了在沙窝最容易成活的有沙蒿、雪里洼（柠条）和青柳、黄柳等十来种植物。

为取得治沙经验，榆树林子大队先搞示范，待取得成功之后再动员群众大面积治理。1959年5月雨后的一天，榆树林子大队集中了各个生产队的分支书记、生产队长、妇女队长、教员、学生等130多人，在一个溜光溜光的大沙丘上，整整干了两天半，30多亩大的沙丘，用密密的柴草栽上十几层防风障，里面种上沙蒿籽、雪里洼，栽上青柳、黄柳。到了秋天，沙蒿和雪里洼长到一尺多高，青柳、黄柳长到二尺多高。固沙试验成功的消息，像春风一样传遍了全大队全公社。这年秋天，全大队800多人参加了固沙的战斗。从此，榆树林子的治沙工作，一呼百应，指到哪儿干到哪儿。到1962年，仅四年时间，治沙面积已达17800多亩，其中纯治面积9500亩，封护面积8300亩；共治理76个沙包，61个沙坑，封护沙坑92个；在治理措施上，夹风障6970亩，移植沙蒿2810亩，沙坑种草木樨800亩，苜蓿草200亩，种雪里洼230亩，插条2700亩。1963年他们又在沙坨上播下了草木樨和苜蓿草种子，一次不活两次，两次不活三次。三次共播种草木樨和苜蓿草2300亩，生长起来的有1000余亩。至此，榆树林子大队的风沙危害基本可以控制，人民安居乐业。

1962年3月，建立国营敖汉旗荷也勿苏治沙林场，最初叫荷也勿苏治沙站，负责敖汉北部1.3万亩流动沙地的治理任务，通过围封播种造林和植苗造林等措施，基本上完成了治沙任务，控制了流沙。1972年林场经营范围扩大到荷也勿苏、长胜两个公社，总面积4万亩，东西长25公里，呈带状分布，并将场址迁至长胜公社烧锅大队，全场设荷也勿苏、烧锅两个作业区。

第二节 三年绿化敖汉北部：规模治沙的开局

敖汉旗中北部位于科尔沁沙地南缘，有500多万亩起伏不平的沙丘或沙盖黄土丘陵，新中国成立后，敖汉旗北部人民就自发地组织造林防风固沙。1949年10月梧桐好来区（长胜）发动群众组织进行治沙造林，三年造林2150亩，1953年逐步推广到二区（小河沿）、三区（官地），到1957年共完成固沙林13130亩。1958年根据中央"向沙漠进军"的口号，开展了群众性的治沙运动，长胜公社在沙地边缘营造起长 3.5 万米、宽 100 米的环沙防护林带，控制流动半流动沙丘 2 万亩，到 1960 年全旗开展了大规模的治沙工程，一年完成治沙面积 3.7 万亩，保

20 世纪 60 年代北部沙区治沙现场

存率达到 58%，由于集中连片，收到了良好的效果。

1960 年 5 月，中共敖汉旗委四届三次全体委员会做出决定，苦战三年绿化敖汉北部，开始了全旗性的大规模的沙地治理工程。

敖汉旗北部包括荷也勿苏、长胜、哈沙吐三个公社的全部和敖吉、新惠、乌兰召等三个公社的一部分，总面积 533 万亩。本地区因受沙漠的影响，与季节风的侵袭，气候变化异常，冬季严寒，夏季酷暑，年降雨量 300—400 毫米，干旱期长达九个月，雨期短而集中。风向多西北，风速一般 3—4 级，最高达 9 级，促使流沙平均每年向南移动 15—20 米，历年侵袭农田、牧场，这里春季不能适时播种，每年都要翻地，秋季不能颗粒归仓，甚至籽粒不归。据 1956 年统计，受春风危害的面积达到 6 万亩，而且风揭沙压农田 8 万亩。

新中国成立以后，敖汉旗各族人民在党的领导下，进行了大力固沙造林和草原保护工作，取得了显著成果。经过多年的努力，治沙造林 45 万余亩，凡是经过治理的沙丘、沙荒草木丛生，基本上起到了控制风沙的作用。北部沙丘面貌仍未有改观，风沙灾害仍然严重，阻碍了农牧业生产的发展。因此，旗委根据盟委和内蒙古党委指示精神，提出了三年绿化北部，彻底治理风沙危害的决定，将北部绿化问题列为旗委工作的主要重点，作为一项战斗任务限期完成。除对 78 万多亩现有林加强抚育和保护外，要在三年（1960—1962）内再造林（包括固沙）180 万亩，使这一地区的林地面积达到 266 万亩，占总面积的 49%。此外，长胜、哈沙吐、荷也勿苏三公社要

以轮封的方法，封沙养草改良牧场100万亩。具体要达到四旁绿化，沙漠草木化，农田牧场林网化，堤岸树墙化，公路林荫化，各种林场基地化，大地园林化。

为了完成这一任务，采取以下措施。

1. 加强领导，大搞群众运动。旗委组成北部三年绿化指挥部，专门领导这项工作，并由旗委第一书记挂帅为总指挥，下设办公室专人办公。在北部计划办国家和公社合营林场六处，每个林场配备事业开支的技术工程队7—10人。各公社除建立指挥部外，分管林业的书记要负责本地区的绿化工作。在全旗范围内开展一次全面性的三年绿化北部的大讨论、大宣传，统一认识，树立全旗大协作，四面八方支援北部绿化的思想，全旗万众一心苦干三年，确保实现三年绿化北部的宏伟计划。

2. 常准备，短突击，统一组织，通力协作。林场贯彻"以林为主"，林粮结合开展"多种经营"的方针。除担负一定面积的造林、治沙任务外，计划投放一部分造林种子，建立大型苗圃，为全面绿化运动培育足够的良种壮苗。调动全旗的人力、物力，采取以社包社，人力、工具、种苗一包到底，每年春、夏、秋、冬进行四次突击造林，采取集中突击、分段负责的办法，造一片，成一片。造林前整地和造林后中耕除草，要采取农闲大搞，农忙小搞，让路不停车的办法，随时结合。为加快造林速度，提早绿化北部，南部公社每年每名劳动力平均到北部造林3—5亩，各机关、学校每年每人3亩，并一律采取先农后林——开荒种一茬作物再造林和造林后林粮间作的方法。

3. 因地制宜，因害设防，封、造、治、护并举。在以用材林为主的原则下，宜林则林，宜草则草。在农耕地，为迅速稳定农牧业丰收，要立即实现林网化，并利用较肥沃的土地培育一些果树。在草原牧场，为制止风沙侵袭，促使牧草旺盛，提高载畜量，要建立牧场防护林带，并利用一切可以利用的土地，成片营造用材林和饲料林，带片相连，使牲畜能够避风雪、避寒暑。在丘陵、荒地建立大面积用材林基地，在固定沙丘上要保护好现有草木植被，在流动和半流动沙丘上要先草后牧，草牧结合，工程措施与生物措施结合，封沙育林、育草与人工种草结合。在大搞绿化造林的同时，要充分注意解决林牧用地之间的矛盾，一方面，通过造林固沙保护牧场，利用树叶、树枝、树实解决饲草饲料；另一方面，大力建立饲草基地，改良牧场。人工栽培营养丰富的牧草，在三年内达到每头牲畜平均有一亩水草丰足的改良牧场，逐步达到牧草栽培化。

4. 以乡土树种为主，大搞种苗。根据北部自然条件，乔木以杨、榆、柳、桑为主，灌木以柠条、胡枝子、山杏、棉槐为主，草本以沙蒿、草木樨、苜蓿草为主。在采种时，本着有多少采多少，熟一粒采一粒的精神，组织适时采集，做到颗粒归家。在育苗上大搞丰产田和采取大垄育苗提高单位面积产苗量，以便最大限度地少占耕地，节省劳力。对适宜固沙而本旗又缺少的树籽和草籽尽量争取外援。

5. 大搞工具改革，以推字当先，开展大推广、大改进、大创造的工具改革运动。在育苗上，推广使用各种播种机、除草机、起苗犁；在造林上推广使用植树机、山杏播种犁、中耕除草两用犁。在制造工具方面要土洋结合，集中与分散结合，尽量以木代铁，力争实现林业生产的改良工具化和半机械化，提高劳动效率，解决劳力不足，加速完成三年绿化北部的伟大使命。

为高标准完成三年绿化敖汉北部的宏伟目标，旗林业部门还制定了八项技术措施。三年绿化北部工程量巨大，敖汉旗北部平原农田较多，饱受风沙灾害，早在1952年就开始防风固沙、保护农田的防护林建设。由于过于追求整体统一，脱离本地实际，成功的地段较少，防护效益甚微。究其原因，其中之一是树种选择不当和树苗质量没突破。直到20世纪60年代后期，以欧美杨（当时统称为加拿大杨）为主的速生树种被引入国有林场，培育出的插条树苗被部分推广后才有所进展。

最早使用欧美杨营造林网的是古鲁板蒿公社，古鲁板蒿公社位于红山水库淹没区。水库建成后为补偿这个公社的损失，很快建成了两处扬水站，调集全旗劳力修成两条大灌渠，控制面积6万多亩。此外公社还利用国家补偿款购置几台拖拉机，率先推行了机耕系列化。当时古鲁板蒿人感到很自豪。可是时间不久沙子就起来了，尤其是春秋灌溉时，没几天沙子就将灌渠一段一段地堵死。清凉凉的水从扬水站出来就是进不了农田，不得不动员全公社劳动力清渠，有一年竟动员全旗劳力清渠。有个生产队脑洞大开，"不就是截住沙子吗？在地边上打上墙不就堵住了吗？"于是组织群众打了几百米的墙。哪知道几场大风过后，沙子翻墙而过。

残酷的现实让古鲁板蒿公社的干部群众认识到，光有机械化、水利化不行，还必须造林绿化。当时，赤峰县太平地公社在盟林业研究所技术人员的指导下，搞出了窄林带、小网格的农田林网模式，效果已经显现。1970年冬，旗林业局组织所有林业技术人员进行林网规划。第二年春，旗政府将国营林场培育的欧美杨插条树苗调给了古鲁板蒿公社。为栽活这些树，社员们从村里往地里挑水栽植。到 1974 年，共营造林带 164 条，形成 482 个网眼，包括护岸林、固沙林等，造林面积 4.7 万亩，防护农田 6.5 万亩。从此古鲁板蒿公社才逐步林茂粮丰，成为敖汉旗产粮基地。

继古鲁板蒿之后是长胜公社。长胜公社位于孟克河下游，孟克河发源于努鲁尔虎山形成径流一路向北到了长胜地区，被科尔沁沙地挡住去路，形成很多泡子。每到雨季这里便成了洪水泛滥区。农业合作化后，这个地区开展了十几年的抗洪治水，终于开出一条几十里长的河道，将洪水引到奈曼旗的西湖。洪水给这里的人们带来无数的灾难，但也使这一地区成为敖汉少有的淤积平原，而且是上游肥沃的黑土。水治住了，北面的沙地年复一年地繁荣起来。

1974 年起，长胜公社打破队与队的界限，打破之前多年营造保存下来的林带界限，按照窄林带小网格，农田、水渠、道路、林带统一规划，全部使用欧美杨等杂交速生杨树苗。发动上万名群众大干 40 天，营造总长 5.2 万米、宽 12 米的农田防护林。其中主带 87 条，副带 48 条，构成 475 个网眼，保护了农田 8 万多亩。

古鲁板蒿、长胜的典型经验，推动敖汉旗农田防护林网有了突破性发展。

第三节　水土保持工程：丘陵山区的生命线

敖汉旗南部山区的水土流失，给当地人民的生产生活带来巨大损害和障碍，已是不争的事实。新中国成立后，敖汉旗委、旗政府就致力于水土保持工作，并把这项工作视为南部山区的生命线予以重视，特别是在农业合作化后治理水土流失有了新手段。每个农业社都能组织几十甚至上百劳动力投入到水土保持工作中。

一、面对水土流失的英勇壮举

敖汉旗的水土保持在 1956 年农业合作社成立后才开始进行。1956 年以前尚未走集体道路，组织规模化的水土保持建设难度很大。农业合作化运动从 1952 年才开始兴起，1953 年到 1955 年上半年建设初级社，1955 年秋到 1956 年底完成高级社建设，从互助组到高级社，农民个体所有制完全被社

20 世纪五六十年代山地耕地面貌

会主义劳动群众集体所有制所代替。这也说明，合作化运动的出现成为敖汉水土保持工作的起点。

敖汉旗是一个十年九旱的农业大旗。全旗总面积 8300 平方公里（1245 万亩），新中国成立初期耕地面积约达到 500 万亩，其中水土流失面积约占耕地总面积的 50% 以上。据 1956 年 4 月份敖汉旗政府制订的《水土保持工作计划》（以下简称《计划》）介绍，由于水土流失面积大，土地肥力减退，加之降雨量小且暴雨集中，雨水渗透地表有限，绝大部分流失，导致农业产量降低。同时还造成了"三料"（肥料、燃料、饲料）的短缺。群众只好通过大面积开荒，增加播种面积来解决这些缺粮、缺饲料、缺柴烧的问题。这种广种薄收，不仅不能提高单位面积粮食产量，还加剧了水土流失，造成了恶性循环。

《计划》中提到，"广种薄收，水土流失更加严重，同时也造成河流中、下游的严重水灾。根据统计，敖汉旗孟克河上游水土流失严重，常常造成下游的新立屯区、长胜甸子等村的水灾。小河沿区七道弯村即将修成的水库，因为上游的水土保持工作做不好，也造成水库使用寿命的降低。更有山洪冲坏土地房屋，以上情况说明，严重的水土流失为敖汉旗带来巨大的自然灾害，这是危害到敖汉旗群众生产生活和生存的问题，现在有了合作化的优越性，旗委、旗政府和广大群众要着力解决这一问题。其办法就是：依靠国家组织的力量和合作化的力量，发动广大群众，大规模地进行水土保持工作"。

在当时，《计划》提出的工作方针是，在统一规划、综合开发的原则下，紧密结合农业合作化运动，充分发动群众，加强科学研究与技术指导，并且因地制宜，大力蓄水保土，努力增产补粮，全面发展农牧业生产，最大限度地合理利用水土资源，以实现山区建设、提高人民生活、根治河流水害并开发河流水利的社会主义建设的目的。

实践证明，在山区不抓水土保持这一发展生产的根本措施，就不能提高农林牧业的生产。这项措施是实现山区农林牧业社会主义改造，实现合作化所必须的条件之一，在全旗的社会主义建设中具有伟大的意义，也是一个群众改造自然、提高山区人民生产生活水平、改变山区面貌和减少自然灾害的关键措施。

《计划》中提出的任务是，全旗控制面积在 15 万亩，根据山区水土保持情况与山区面积，重点设在小河沿区萨力巴、老牛槽沟、白马石沟，捣格朗区凤凰岭，牛古吐区哈力海吐，新地区丰盛店、老烧锅，贝子府区大庙，四家子区池家湾子，各各召区蒙古营子、红娘沟。重点大区如新地、贝子府、小河沿等完成生态保持改造面积 3 万亩，重点小区控制在 1.5 万亩。建设中要保持山区植被，禁止在 25 度以上坡地开荒种田，25 度以上坡地已有的耕地提倡修建梯田。要大力提倡种树种草，达到坡坡有树、沟沟有堤坝、山上有鱼鳞坑，做到土不离原地，水不能下山。固定水土增长植物。

随着水土保持计划的确定，全旗上下开展了大规模的水土保持治理工作，并在当年取得一定的成效。

年末，敖汉旗委生产合作部对全旗的水土保持工作进行了全面总结。

水土保持治理施工工地

如今实现农业合作化，促进生产关系的改变，从而改变自然面貌就有了可能。农村社会主义革命的高潮，也带来了生产高潮。1956 年 1 月份《全国农业发展纲要（草案）》公布后，更促进了这一高潮的发展。许多个体农民和初级社不能干的，也不敢想的生产事业都得到了实现。半年来，水土保持取得了巨大的成绩。农民高兴地说，合作社力量大，许多秃山变成树山，缓坡修上梯田、防洪坝、沟头埝、排洪沟、小坝沿、山上山下片片连接。截至 6 月末的统计，全旗 134 个农业合作社，9600 人参加了水土保持工作。共利用 11.1 万个工作日，挖了 289 万个鱼鳞坑，保护和控制水土流失面积 11.25 万亩，修建谷坊 508 道，蓄水池 248 个，沟头坝 74 个，合计可控制水土流失面积 6 万亩。修梯田 3 万亩，闸山沟 8135 道，垒坝沿 81146 道，扩大耕地面积 2000 亩，控制水土流失面积超过原计划的 24%，已初步起到了水不冲地、土不下山的作用。有 70% 的鱼鳞坑种上了大豆蔬菜，每坑以 0.5 斤计算，可收入 90 万斤粮食。全旗新打井 1059 眼，等于 1949 年以来的 2 倍，修旧井 514 眼，修水渠 68 道，共灌溉面积 18.7 万亩，超过计划的 27%，等于 1949 年后灌溉面积的 6 倍。

从总结中可以看到，当年的水土保持工作，不仅切实解决了各种因素引发的水土流失问题，还切实改善了贫困山区的产业发展条件，为当地农民找到农林牧持续发展的路径。

截至 1959 年末，全旗完成控制水土流失面积 28.8 万亩。涌现出三宝山、利民山两个典型。三宝山在新惠乡公爷府区，他们成立了水土保持专业队，治山治水、种树种草，山区面貌有了很大改善，对增加社员收入起到了显著的作用，1959 年大队年收入达 2 万多元，能达到 5 个农业生产队的总收入，给水土流失山区由穷变富指出了方向。公爷府这个山区也因为草多、粮多、钱多被称为"三宝山"。搞各朗营子乡白塔子区从 1958 年开始治理一条水患严重的黑沟，经过一年多的治理，黑沟变成了利民山，当年仅工程上种植的植物收入就达到 1128 元。

1961 年 12 月，敖汉旗人民委员会下发了《关于 1962 年水土保持重点山区建设队整建的通知》。通知中要求：在大办农业、大办粮食的方针指导下，为尽快解决山区贫困面貌，确保 1962 年农林牧业生产稳定增收，推动全旗水土保持更好开展，各山区必须抓住重点，建立专业组织从事水土保持。树立典型、做出样子，从中不断地摸索根治全旗水土流失问题的省工、收效快的治理经验与措施，推动全旗水土保持工作，把水土保持工作抓好、抓早、抓细。1962 年全旗除对四家子公社长力哈达、热水汤，新地公社丰盛店、三官营子，新惠公社三宝山，贝子府公社刘杖子等六个老点整顿外，又新建新地公社扎赛营子、乌兰召公社老牛槽沟两个大队，每个建设队根据情况可以由 5—7 人组成。各社队要按照比例抽调出强而有力的领导或队员组成一支稳定的专业队伍，有组织、有目的、有计划地安排好水土保持工作。

1962 年 4 月，敖汉旗人民委员会制定下发了《敖汉旗水土保持办法》。这个办法分析了当时全旗水土保持的现状和工作上的不足，根据《中华人民共和国水土保持暂行条例》提出了 10 条措施。重点是将水土保持列入山区的主要工作，禁止在 25 度以上的陡坡开荒，水土流失严重的地方要做好工程维护等措施。

1962 年，旗人民委员会下发《关于今冬明春开展水利水土保持运动的意见》。意见根据内蒙古和昭乌达盟水利水土工作会议专业要求，提出：今冬明春开展水利运动，要坚持因地制宜，当年受益。大力整修和恢复原有工程，以小型、配套，社办、队办工程为主，积极兴修水利，扩大受益面积，增加生产效益。有计划有重点地进行治河工程，防止河流坍岸，增加耕地面积。同时，要继续贯彻多受益多负担，少受益少负担，不受益不负担，合理负担的政策，在等价交换的原则下组织社与社、队与队之间的互相支援、互相协作。水土保持要遵循调整、巩固、充实、提高的方针，从巩固集体经济、发展农业生产着手，农林牧相结合，集中治理，沟坡兼治。有条件的积极开展山区小型水利工程，做到因地制宜地实施各项水土保持措施。

根据这一方针，今冬明春全旗的水利、水土保持建设的原则是：北部以恢复农田水利工程为主，南部山区以水土保持建设为主，有水利条件的地方也要积极地开展农田水利，做到因地制宜，水利与水土保持工程上下结合，全面治理，以利生产。

意见提出了具体任务：一是灌溉工程 12 项，指下洼、乌兰昭、小河子农场等 12 个灌区的恢复与配套，在恢复好小型水利工程的同时，1963 年春季集中力量建设好长胜公社 12 万亩地的大灌区。二是做好排灌机械配套，建设好 3 个抽水机站。三是做好防洪蓄水工作。修建长胜大堤和修补乌兰昭、乌兰勿苏两座水库以及其他 7 处防洪工程。四是加强水土保持工作。集中力量搞好西辽河和孟克河水土保持，以 4 个公社为重点开展治理，保护现有村庄和山上植被。要通过今冬明春治理，实现水浇地面积 23.4 万亩，水

20 世纪五六十年代中南部丘陵沟道原貌

土保持加固提高面积 675 万亩。

　　这些年来，全旗认真执行了以群众自办为主、国家补助为辅、勤俭节约办水利的方针，加强农田基本建设，兴修水利，开展水土保持，依靠群众自己，完成土方 20 多万方，石方 10 多万方，投资 15 万多元。同时国家也积极扶持水利事业，用于水利的投资达 160 万元，兴建抽水机站 3 处，兴修了长胜大堤、小河沿大堤、贝子府护岸堤等 20 多项较大的工程，保护了 25 个大队的农田和村庄。同时组织群众大搞工程配套，积极兴建当年受益的小型工程，现在灌溉能力达 17 万多亩，每年春秋两季浇地 12 万亩至 15 万亩。兴修的水利工程为抗旱、为夺取农业大丰收发挥了巨大作用。同时控制了洪水泛滥，保护了下游的安全。水土保持面积这几年逐步扩大，通过造树种草、培梯田、打地硬、修坝沿等措施控制水土流失面积 1125 亩，保护良田 1.5 万亩，有的大队基本实现了"地埂化"，有的得到了相当的收益。

　　1964 年 11 月，敖汉旗委下发了《关于今冬明春和 1965 年开展大规模的以水土保持、水利为中心的农田基本建设运动安排意见》。意见指出，"水利是农业的命脉"，水土保持是发展山区生产的生命线。如果不抓好水利、水土保持、植树造林这几项基本建设，是不可能把敖汉旗建设成绿水青山、稳产高产的农业基地的。由此，进一步提高了全旗广大党员、干部和人民群众的认识，一个以水土保持为中心的农田基本建设高潮已经到来。

几年来，敖汉旗各族人民以发奋图强、坚持不懈、自力更生的精神，进行了兴修水利、水土保持和种树种草等农田基本建设，取得了很大成绩，全旗已治理控制水土流失面积 180 万亩，农田水利灌溉面积达到 19 万亩，造林 75 万亩，这对促进农牧业生产的发展起到了良好效果。

根据中央和内蒙古水利、水土保持会议指示精神，必须依靠群众力量，发动群众，全面贯彻执行农田基本建设和水利、水土保持方针，大搞农田建设。农田基本建设一定要因地制宜，坚持农林牧结合，采取八字宪法综合性措施。丘陵山区以水土保持为中心，大搞梯田，要求 1965 年平均人修 3 亩大寨式农田，种三分草、造三分林；平原地区，以建设旱涝保收稳定高产为中心，一个生产队新增灌溉面积 100 亩，平均每人整地 1 亩，种三分草、造三分林；风沙地区，以恢复植被为中心，平均每人修三分农田、种三分草、造三分林。全旗 1965 年要建设旱涝保收稳产高产田 20 万亩，改造低产田 50 万亩。

大搞水利建设，认真贯彻执行"巩固提高，广泛地总结经验，条件具备的地区放手发展"的水土保持方针。在工作中贯彻执行了水土保持七项基本要求：依靠群众，自力更生；从生产出发，为生产服务；从实际出发，因地制宜；全面规划，综合治理；以农为主，农牧林结合；修管并重，防治结合；集中力量，抓好重点。全旗 1965 年要完成治理面积 50 万亩，农田地埂 30 万亩，人工种草 10 万亩，育苗 2400 亩。

在 1965 年末的《关于当前水利水土保持行动的报告》中总结了这一时期的农田水利基本建设情况。

全旗开展了以大学毛主席著作，大学大寨人的革命精神和为革命种田、为革命养畜的政治思想教育为动力，以小型水利和农田基本建设为中心组织发动了 4.5 万名劳动力，投入水利水土保持和大搞农田基本建设运动。投入治地治水用工 177 万个，完成土石方 203 万立方米，新建大小水利工程 247 个，兴修大小水利工程 236 项，浇地 21.2 万亩，水土保持完成 30 万亩。

四家子公社大兴水土保持工程 4984 亩，其中修建大寨式梯田 4000 亩，高标准地埂 980 亩，在质量上赢得全旗第一。林家地马架子大队大搞水平梯田，治理水土保持面积 5450 亩。贝子府公社搞水土保持面积 6300 亩，其中修建水平梯田 1500 亩。

这种发展势头一直延续到 20 世纪 70 年代末。在这些年里，全旗大搞以小型水利为中心的农田基本建设，认真贯彻了"大寨精神、小型为主、全面配套、狠抓管理，更好地为农业增产服务"的方针。结合敖汉旗的实际情况，坚持了"以土为主，小型为主，自力更生，当年受益"的指导思想。在这个时期内，全旗取得了很大的成绩，可以说是史无前例的。

二、水土保持治理中的三个典范

在 1957 年 5 月 11 日，《昭乌达报》还报道了贝子府区王家营子乡《变杏黄山为花果山》的一篇文章。

> 1956 年春天，这儿成立了农业合作社，八百多户的农民成为一个集体了。真是大家团结力量大，他们成立合作社后，就开始了要把杏黄山变成"花果山"的治山工作。他们听到参观山西省大泉山水土保持工作的情况后，更引起了社员们治理杏黄山的兴趣。但工程开始时，社员们就产生了两怕思想。一怕治不成，过去农民只是在地头沟脑垒些坝沿，挡挡水，或是栽几棵树，加固一下坝沿，从没这样满山满坡地去治理过。二怕记工分减少工分日值，不给记工分又白受累。所以在开头时，社员们干活七松八紧。根据这种情况，社领导又进一步发动群众，明确告诉社员：治山治水是农业生产的重要组成部分，只有治好山水，水土不再流失，才能获得农业丰收。今后，搞水土保持用工和农牧业用工一同参加秋后分配，打消治山工不顶农业工的顾虑。在劳动力管理上实行了集体小包工和个人小包工办法，工分由全体社员集体评议确定。打消社员顾虑后，治山工程就顺利开展起来了。人们高兴地说："千年古树开了花，农业实现了合作化；杏黄山上挖坑修坝，治水保土笑哈哈。"
>
> 治山方法主要学习了大泉山的经验。本着"治山先治沟，从上往下修；治沟同治坡，水土不挪窝"的原则和大水分成小水，急流变成缓流的方法。由山上往山下顺序修，在陡坡上挖鱼鳞坑，缓坡上修梯田。从沟里头往下逐层打坝闸沟，在水流咽喉处，修水圈和积肥坑。这样不

但能蓄水分洪，还能用水积肥、浇地。为了农林两不误，挖坑就栽树，并在挖出的活土叠成的坝沿上种豆子。他们全年共闸山沟三条，修谷坊184座，筑大坝和封沟埂184道，挖鱼鳞坑41675个，栽植果树1127棵、杨柳树420棵，光秃秃的杏黄山经初步治理，就增产粮食19224斤。这就进一步提高了社员对治山的认识。他们说："治山真不错，当年就收获。"老生产队长王殿荣说："咱这穷山快变成宝地了。"

1958年1月21日，时任敖汉旗委副书记的柴树智曾在《昭乌达报》发表一篇《小古力吐乡向山区进军的经验》的文章，较详细地介绍了小古力吐治山治水、植树造林的过程。

农业合作化后，这个乡率先制订了"七年绿化全乡，基本控制水土流失"的远景规划，并组织群众进行了大规模的农田水利建设。仅造林一项就超额完成旗区给的任务的四倍。第一次组织社员挖鱼鳞坑时仅有十几人参加，四五天以后，上山的人数即增加到140多人，逐渐增加到上千人，60多岁的丁老太太早晨带干粮午间不回家。人们把消极变为积极，石头上也要让它长起树来！这是大家共同的决心。

在组织形式上，由乡委书记、社主任为主，吸收青年妇女、民兵队长、学校校长、林业委员等11人，组成了林水指挥部，负责全乡造林护林和水土保持工作。全社44个生产队每队设1名技术员负责技术指导。全社17个自然村每个自然村都有1名护林员负责检查、督促和保护。全社还成立42人的常年专业队，负责造林、整地、抚育和水土保持等。此外，还制定了人人监督、队队管理的群众性的护林公约。

在劳动报酬上，决心打破常规，把农田基本建设用工都参与了当年的收益分配。（注：合作化开始时制定的合作化章程规定，参加农业合作社的社员在社长的安排下集体统一劳动，每劳动一个工日，记10分工。秋后按收获所得计算每个劳动工日的日值。出工多，现金收入就多。把农田基本建设用工计入全年用工，必然降低工分日值，影响一部分人的收入。因此把农田基本建设用工计入当年收益分配，需要有勇气打破常规。）为鼓励护林员的劳动积极性也给予合理报酬，采取死定活评的办法，半年评一次，认真负责的给予满分，成绩突出的还给予奖励，没负起责任的经群众评议给予降分。

1958 年 6 月 15 日，敖汉旗委办公室印发出席全国绿化先进单位四家子区三合社（即小古力吐乡）造林万亩的典型材料。该社自 1949 年到 1959 年春，成幼林面积达 39780 亩，占总面积的 30.2%，实现全社绿化。主要经验是建立林业专业组织，常年进行造林，实行定额计件管理，以产定酬。这一水土保持造林绿化经验在全旗进行了推广。

金厂沟梁区刘杖子村也是当时小流域治理的典范。

刘杖子村是努鲁尔虎山脉怀抱中的山区，是教来河水系的一个支流。全村总面积 3.2 万亩，有大小 97 座山头，深沟 45 条，可谓山峦起伏、沟深坡陡。新中国成立初期，这里的人们生产生活十分的艰难。"有雨发洪水，无雨透山干。""天降二指雨，河起一丈洪。"每值此时，家家房前筑堤，户户屋后垒坝，人们眼睁睁地看着洪水肆意冲毁院墙，淹没庄稼，原来山下那点平地逐渐变成了泄洪的河道。面对频频的水旱灾害，个体农民只能在耕地的周围垒一些小坝沿，雨大一点山洪就把那些小坝沿冲得稀里哗啦。实在熬不下去了，只得领着全家老小走上逃荒的路。

1955 年成立高级社后，江云汉被推选为社主任。他当着全体社员的面说："既然大家推举我当这个社主任，你们就要听我的。咱刘杖子村没有别的出路了，只能先治山再吃山了。不把树养起来，永无出头之日。这几天，我们社委会的人好好合计合计，拿出个章程来，如果大家都同意，咱们就豁出命来干几年，一定要让刘杖子变个样。"

江云汉和社委会几个人商量了几次，最后通过"先治山、后治河"的决定，"山上挖鱼鳞坑，砸沟修塘坝。河套下木笼，裁弯取直"。

1956 年开春，江云汉除安排几个劳力筹备春耕外，其余男女劳力全部拉上四愣子山。他告诉社员先挖出鱼鳞坑，等雨季时再把松树栽上。他把听到的挖鱼鳞坑的挖法说一遍。第一次干这活谁也不会，挖出的根本不像鱼鳞坑，长的长短的短，深的深浅的浅。行间距宽的宽窄的窄。干了一上午，把一块地挖得乱七八糟。他决定下午停工，找上社委会的人和几名积极分子，先用绳等距离定出点，再用铣镐画出样子，然后再组织人们在画好的点上挖。这次挖出的鱼鳞坑还真有鱼鳞的样子。

春种夏锄结束后，他到邻近的大黑山林场，请教林场工人传授栽树技术。林场很支持他，还给了他一些松树苗和松树籽。回来后，他带领社员先把松树苗栽上，把剩下的坑种上松树籽。

他想，要把全村的山都栽上树，得自己育苗，于是在村里找了块最好的地，办起了一个 30 亩地的苗圃。不光培育松树苗，还培育杨树苗、榆树苗。让社里干活最细心的人专管苗圃的事。

5 年后的 1963 年，《昭乌达报》刊登一篇《刘杖子大队坡沟育林农田丰产》的文章。对当地的建设成果做了如下描述。

敖汉旗金厂沟梁公社的刘杖子大队，夹在岩石嶙嶙、两面对峙的环山下，中间还穿过一道嘎拉嘎沟。土地都在沟沿和山坡上。几年来，他们在党支部的领导下大搞水土保持，获得了连年稳定增产，竖起了山区高产的红旗。

在过去，这里山是秃山，地是薄地，雨后山上沟下，一转眼便洪水横流，水土流失十分严重。不少耕地种过几年，就被水冲沙压，被迫大量弃耕，因此，粮食亩产不过七八十斤，最好年成也没有超过 130 斤，历年都需要国家拨给几万斤救济粮。合作化以后，特别是人民公社化后，这个大队大搞水土保持和农田基本建设，粮食产量有了大幅度增长。1956 年以后，平均亩产都在 180 斤以上；今年，这个大队凭借历年来的水土保持工程，战胜了 70 余天的春旱和夏季暴雨造成的洪水，平均亩产上升为 198 斤。从低产队变为高产队，从受救济的穷队变为历年都交售余粮的富队。

现在，嘎拉嘎沟已长成一河川树林，有成林 800 余亩，幼林 700 余亩。宽平的沟底已被多年栽植的树林收束起来，形成一条较固定的河床，保护了两沿的农田、住宅。树林下面本来只有乱石沙碛，现在已是杂草丛生。东西相对的十多座环山，也都进行了水土保持的治理，漫山尽是密密麻麻的鱼鳞坑以及环山坝、护田埂、转山渠等，还有截沟拦洪的坝埂、谷坊。基本上实现坡坡有坝拦护，沟沟设闸蓄洪，生物措施与工程措施相结合，鱼鳞坑大都栽上山杏，山上重点防护地带也栽上了杨、槐、油松和桃、李、苹果等。封山育林已达 4000 余亩，有五座秃山已被绿化，已修整出坡地梯田 400 亩。目前，整个大队 3000 多亩土地都在水土保持工程的控制和防护下。第四生产队在山坡上的 60 多亩土地，前几年一下雨即被水冲沙埋，连晚田荞麦都种不成，现在已培育成园子地，种上蔬菜、小麦等，还获得了高产。

在水土保持的治理中，这个大队发挥集体经济的优越性，同自然做斗争，累年修挖鱼鳞坑多达 15 万个。在山干土薄的情况下，栽树成活

水土保持工程施工工地

率一般仅达百分之六十到百分之七十。目前成片的树林都是一次一次补栽齐的。总之是山上枯的山上补，沟里冲的沟里补。在同一片山坡上，可以看到高矮参差、大小不一的树木在一起混杂成长，这便是在不同年份陆续补栽出现的。山上造林的缺株已基本补齐。他们还因地制宜改进栽培技术，多种适宜生长的山杏，还在山坡上凿出井泉，天旱时给果树补水。在治理中，还做到常年施工和农闲突击相结合，全面治理和重点工程相结合，成立了一支二十来人的水土保持专业队。近年来，大队每年对水土保持的投工，都占劳动总工额的 15% 左右。

这个大队的水土保持工作还有力地促进了牧业、林业、副业的发展。由于封山育林，过去的秃山都杂草丛生，每年可有计划地打草五六万斤，林木中结合过冬修剪枝条即可收集树叶两三万斤，解决全大队大小牲畜冬春饲草问题。修剪下来的枝条也分给社员作烧柴。目前大队栽植较早的果树，近年已开始结果，还发展了养蜂业。

第四节　把握三个关键：推动林业健康发展

人民公社化以后，敖汉旗的植树造林已经常态化，特别是进入 20 世纪 60 年代，在推动造林工作中，遇到了一些影响发展、亟待解决的问题，其中有三大关键问题提到了日程。

一、关于人民公社健全林业组织

1959 年 3 月，敖汉旗人民委员会对人民公社健全林业专业组织提出了具体的安排意见：敖汉旗和全国各地一样，林业要向园林化方向发展，要在七年或更长时间实现这一目标，要求各公社不仅要把园林化列入主要工作之一进行领导，而且要有适应新任务需要的专业组织。为此提出几点意见。

1. 除公社设必要机构以外，随着公社整顿，要求在 1959 年 3 月末均要建起林场。

2. 人员配备：各公社要采取以社建场，在林场领导下各管理区设营林队。场内要有场长、会计，队内要有队长和营林技术人员，常年参加林场的人数由公社自定。

3. 林场性质：属于公社的基层林业生产组织，在公社统一领导下进行工作。

4. 林场的任务：以经营林业为主，结合开展多种经营。（1）林场要承包公社的整个林业生产。（2）以新造林、封山育林为主，结合管理好现有林。（3）革新技术、大胆创造、推广先进经验、执行专业规程，逐步提高技术和经验管理水平。（4）林场要开展以林业为主的多种经营，林副产业加工和在造林地内间种些当年收益的农作物、牧草等，做到既有长远利益又有当年利益。（5）要办好专业技术学校，定期学习林业基础知识，力争在 2—3 年内公社培养出既有理论知识又有实践经验的林业人才。

5. 在经济方面要采取定额管理和一包到底的经营方法。林场包公社整个林业生产，营林队包营林区，林场对农业队实行五包，包整地、包栽植、包成活、包抚育、包保护等一包到底。也就是专业队常年经营，季节性全社动员，大突击的绿化措施。

二、关于人民公社建立社队苗圃

1964 年 8 月，敖汉旗人民委员会做出关于人民公社生产队普遍建立苗圃，大力开展群众性的植树造林的指示。文件指出：敖汉旗十几年来在植树造林工作方面，取得了一定的成绩，植树造林是一件利国利民的大事，也是发展农牧业生产，改变自然面貌必不可少的措施，而林木又是我国社会主义建设的重要物资。鉴于全旗各地荒山、沙丘很多，气候干燥、风沙较大、水土流失严重的情况，广泛地开展群众性的植树造林更显得突出重要，根据敖汉旗的情况为此提出：

1. 从现在起各社队都要建立起自己的能够基本满足造林用的苗圃，今年没有建立的要做好准备，明年必须建立。每个生产队应选择适当的地方，培育 2—3 亩树苗，以彻底解决种苗问题。有条件和有专业组的公社、生产大队也应培育一定数量的苗木。各机关、企业、学校也要培养一些风景树苗，以保证群众性的植树造林、四旁绿化用苗的需要。建立苗圃的形式，有条件的公社、大队、生产队应建立林场，实行造林、育苗、抚育等综合作业。没有办场条件的生产队可以建立育苗小组，固定专人包工包产。今年已经育苗的社队，应加强对苗木田间后期管理，适时进行除草、松土、追肥、灌溉等作业，力争达到全面出山标准。

2. 合理布局，明确方向。植树造林主攻方向，除了四旁绿化和护田林带必须上山下沟、入沙进滩，即使是农田防护林也应尽量保证不减低防护效用，尽量利用河岸、路旁、渠道、坝沿等地营造，尽量不占农田。南部山区社队，造林要上山下沟，营造水保林和防冲林，以尽快控制水土流失。北部风沙地区的社队，造林要入沙进荒，营造大面积的防风固沙林，以尽快控制风沙灾害。老哈河、孟克河、教来河以及其他两岸河流的社队，造林要进河滩，营造护堤岸林，以尽快解决洪水冲淤良田的灾害。

3. 实现上述规划需要采取的措施。

（1）加强党对林业生产的具体领导，人民公社各级组织都要有一名干部负责分管林业，从而在实际工作中抓狠抓实，一抓到底。

（2）普及造林知识，责成旗林业部门培训造林技术员，以解决技术力量不足的问题。

（3）各社队、各机关单位要大量采集林木种子。目前要切实做好文冠果、黑松、荆条、胡枝子等种子的采集工作。

三、关于解决好农林牧用地的矛盾

1965 年 8 月，敖汉旗人民委员会党组提出解决农牧林之间矛盾的几点意见，意见中指出：近年来敖汉旗农牧林业生产都有所发展，在一定程度上起到了互相结合、互相促进的作用，但是目前在互相结合、发展速度上远不能适应社会主义建设新形势的需要，其原因主要是在安排上、摆布上、抓法上、平衡上存在着问题，影响着农牧林业的全面发展。敖汉旗有发展农牧林业的广阔天地，总土地面积为 1200 多万亩，宜农面积 300 万亩，宜牧面积 610 万亩，宜林面积 365 万亩，如果是全面合理开发利用起来，是大有前途的。为改变敖汉旗生产上的落后面貌，实现农牧林业全面发展提出如下意见。

1. 敖汉旗在今后发展农牧林业生产上，必须认真全面贯彻执行"以农业为主、农牧林结合、积极发展多种经营"的方针。林业上要抓好造、护、抚育、育苗。造林不能占牧场、农田，除国营大面积造林外，社队造林，除营造农田防护林和村屯、公路绿化外，主要是进沟、上山、入沙、下河滩。山要以封为主、种草为主，先草后林，封治结合，适于牧场的不能造林。每 50 亩造林任务要有 1 亩以上育苗地做保证。每年以 30 万亩速度造林，用不上 10 年就可以把现有宜林面积造完。林子生长起来之后，就能够起到保农、利牧的重大作用。

2. 全面规划，统筹布局，综合利用。通过规划发展农牧林业生产，在规划中应当从实际情况出发，根据农牧林业发展需要，全面考虑一业一业的规划，农牧林统筹兼顾、综合平衡、全面发展。首先摸清资源现状，这是规划的基础。为此必须深入实际，在落实方面充分发动干部群众，从生产入手，找出影响农牧林业生产的主要矛盾，自下而上地进行全面规划。生产规划必须包括农牧林副渔五业的全面安排，林业方面是以营造防护林为主，防护林、用材林、薪炭林、经济林互相结合。

3. 正确处理好农牧林关系，解决好远近利益。农牧林全面发展同时上马，从现实讲有一定困难，比如劳力问题、封育后烧柴问题、饲料问题，等等。这些问题必须解决，怎么解决？

（1）抓种草可以解决一部分饲草和烧柴，并能养地和肥田。

（2）造林成活三年后夏秋季应允许牧工和群众放牛放羊，允许有组织有领导地进林地打草搂落叶，以保证畜牧发展。

（3）牧场应实行轮封轮放，樵采场应实行有封有开，等等。

4. 规划长远狠抓当前，把长远规划和当前生产紧密结合起来，搞好山区丘陵坡地的治理，大力营造农田防护林，凡是有水利条件的地方，今秋都把农田防护林造起来，田间渠系配套建成方田化，缺乏水利条件的平地，也要有重点地营造防护林。

第三章　70年代生态环境治理三大工程

　　新中国成立后，敖汉旗为解决风沙干旱、水土流失的困扰，开始了有组织、有计划的种树种草。经过近20年的艰苦努力，已经上路，取得了很大成绩。由于历史遗留问题太多，加之60年代严重的自然灾害，仍无法形成抵御自然灾害的能力，风沙干旱水土流失并没有减缓脚步。又因人口的快速增长，生产条件没有明显改善，人民群众挨饿的问题日益突出。南部山区、北部沙区以及农业生产能力低下的平川区，部分社队"吃粮靠返销，花钱靠救济"已不是个别现象。在这日益严峻的历史关头，旗委、旗政府认真总结了20年来农业生产的经验教训，在70年代初，选择了三大重点工程，寻求突破。

　　一是为了改变生产条件，把水土保持与水利工程结合起来，充分利用水利资源，兴修库坝，开辟农田，增产粮食，解决农民吃饭问题。二是继续紧紧围绕"三料"（饲料、燃料、肥料）不足，大力开展人工种草。三是扩大植树面积，推广国社合作造林。三大工程的实施开辟了道路，创造了财富，锻炼了干部，考验了人民，为农村经济发展，生产条件改变，走上了一条艰辛的探求之路。

第一节　治水：改变农业生产条件的根基

　　农田水利工程是一项惠民工程，充分利用水利资源，主要用于改善基本农田生产条件，增产粮食，解决人民群众的吃饭问题，提高人民生活水平，保护和发展生产力，是发展农村经济必不可少的重要组成部分。同时水利工程拦河筑堤，建水库、修塘坝、疏浚河道、防汛调洪，对于大面积整治国

山湾子水库开工动员大会

土，按河流、按水系开展水土保持，对改善生态环境和保护当地人民群众的生命财产安全，又会发挥巨大作用。20多年的水利工程建设，锻炼培养了一代又一代、一批又一批敢于向自然开战，征服自然，改造自然，能征善战的干部队伍和科技人员队伍，为而后的大规模生产建设，尽快改变敖汉生态环境，做了充分的人才准备。

一、水库、灌区建设

新中国成立初期，敖汉旗农田水利工程几乎为零，从1951年开始，全旗陆续开始大规模水利工程建设。至20世纪70年代末，历经三十多年时间，水利工程建设取得了突飞猛进的发展，这些水利工程基本体现在水库、塘坝、灌区建设和河道治理上。

在敖汉旗的水库建设上，严格执行"以蓄为主、小型为主、社办为主"的水利建设方针，1958年，全旗有10个中小水库相继动工，万余人参加建设。当年即有8座水库告竣，成为敖汉旗水库建设的开端。

1974年10月，开始兴建山湾子水库，历时两年，于1976年8月竣工投入运行。山湾子水库控制流域面积690平方公里，由拦河坝、溢洪道、输水洞三部分组成。水库按50年一遇洪峰设计，总库容7880万立方米，兴利库容 537 万立方米，死库容 2070 万立方米，受益面积约 21 万亩。拦河坝为均质土坝，长 1175 米，坝顶宽 11 米，坝顶高程 534.2 米，最大坝高 29.2 米，溢洪道为开敞式，长 489.5 米，堰顶宽 24 米，堰顶高程 524.0 米，最大流量 1004 立方米／秒。输水洞长 112.3 米，尺寸为 2.6 米×2.0 米，洞底高程 512 米，最大流量 30 立方米／秒，是一座以灌溉为主，兼防洪、养鱼综合利用的中型水库。

截至 1976 年末，全旗水库多达 50 座，其中中型水库（总库容量 1000 万—10000 万立方米）6 座，小（一）型水库（总库容 100 万—1000 万立方米）21 座，小（二）型水库（总库容 10 万—100 万立方米）23 座。总库容达到 2.46 亿立方米。

1953 年冬，敖汉旗调动千余人开始施工，修建官家地灌区（今古鲁板蒿乡），1954 年 11 月 28 日竣工。是敖汉旗首处万亩灌区，设计灌溉面积 2.26 万亩。开渠长 25 公里，修建渠系建筑物 17 座（其中进、分水闸 14 座，渡槽 1 座，公路桥 2 座），筑铁丝石笼丁坝 6 道，完成土方 19 万立方米，国家投资 1.4 万元，贷款 0.1 万元。该灌区属热河省八大灌区之一，全旗重点工程项目。

1956 年春，以孟克河水为水源，修建长胜灌区。1957 年竣工，开渠 13 公里，试建成渠首有坝引水枢纽工程，未来得及利用，渠首取料滚水坝（由木桩、柳条、块石所填）垮于当年汛期洪水，引水的木桩草闸亦随之废弃。1958 年，于原渠首下游 100 余米处的长胜公社南坝外屯建成浆砌石渠首进水闸，筑临时土坝拦水。自此，长胜灌区既引清水浇地，又引洪水淤灌。长胜公社开始由过去连年吃返销粮变成向国家交余粮。1962 年，敖汉旗出现大水灾，长胜灌区被水毁。1963 年 5 月，恢复修建长胜灌区。1964 年，该灌区被列为敖汉旗重点水利工程项目，由昭乌达盟水利勘测设计队设计。长胜乡 6000 余人施工，修建了渠首进水闸及总干渠主要建筑物。1965 年 8 月竣工，国家投资 95 万元。截至 1985 年，长胜灌区有渠首进水闸 1 座，1 条总干渠，2 条干渠，4 条分干渠，27 条支渠全长 103 公里，排水沟 2 条 80 公里，支渠以上建筑物 107 座，控制灌溉面积 4 万亩。

小河沿灌区位于小河沿公社（今四道湾子镇）而得名，耕地为老哈河与蚌河冲积平原，沙土厚肥。1969 年前为无坝自流引水小型灌区。1970 年建成渠首滚水坝，发展成万亩灌区，并逐渐由自流引水发展为引提相结合、井渠双保险的灌区，成为赤峰市重要的水稻基地之一。小河沿公社的小河沿、

山湾子水库大坝合龙工地

潍县营子、二道湾子、四道湾子、白庙子、白斯郎营子、下树林子7个队1.3万余人受益。灌溉面积为2.5万亩河滩台地。截至1985年底，小河沿灌区有渠首引水枢纽工程1座，干渠2条、支渠17条共45公里，支渠以上建筑物160座，有排水干沟2条，支沟16条共82公里，干沟建筑物7座。

1969年前，小河沿灌区有旱田灌溉面积0.2万亩，灌溉无保证，每年靠筑临时土坝挡水自流灌溉，年投工日万余个。

1970年渠首滚水坝建成，当年实灌0.2万亩。1971年建成白斯郎营子滚水坝。1972年大旱，实灌1万亩，并引洪淤灌改良了盐碱地，将旱田改水田0.2万亩。1973年，有效灌溉面积达1.65万亩，小河沿公社由过去每年吃返销粮1000吨变成向国家交余粮2000吨。

敖汉境规模较大的"五一"灌区，位于下洼公社，分布在教来河两岸，因5月1日动工而命名。1966年5月1日，下洼公社组织4600人开挖北干区；1967年开挖南干区；1968年春，全旗平调民工修建"五一"灌区渠首引水枢纽工程，渠首位于敖吉公社老爷庙村附近。1972年并入南水北调工程，"五一"灌区渠首引水枢纽工程成为南水北调渠首工程。1976年山湾子水库完工，并入山湾子灌区渠首工程。北干区位于教来河左岸，控制灌溉面积5.5万亩，南干区位于教来河右岸，控制灌溉面积3万亩。1996年8月，山湾子灌区正式开工建设，1979年完工，控制灌溉面积21.2万亩。

二、河道疏浚整治工程

敖汉境内主要河流有 5 条，老哈河、教来河、孟克河属西辽河水系；牤牛河、老虎山河属于大凌河水系。主要特点是：夏季降水增多，河水充沛，冬春季降水量下降，河水相应减少。由于水土流失严重，各河流的含沙量均很高。

1952 年 4 月，敖汉旗人民政府组织力量对老哈河支流蚌河进行裁弯取直（维县营子至小河沿村北）治理。开挖新河道 1.35 公里，两侧填筑土堤 4 公里，堤防高出河床 3 米，顶宽 3 米。层土层夯。运夯工具为铁锹、扁担、土篮、木夯。旗、区政府动员小河沿、官家地、各各召、梧桐好来四个区 0.11 万人施工，完成土方 7.25 万立方米。该工程由热河省水利局设计，热河省水利局、旗农村科、区村政府派员组成 9 人治水委员会组织施工。小河沿村 0.7 万亩良田，200 亩林地，0.27 万人受益。

由于老哈河改道淹没小河沿街道，1954 年由热河省水利局设计并组织指导施工，修建小河沿村老哈河护岸丁坝，至 1956 年，共完成石方 0.565 万立方米，筑丁坝 42 道，护岸长 1 公里，热河省投资 1.40 万元。

1960 年红山水库大坝合龙蓄水滞洪，1962 年 7 月 26 日大水，老哈河下树林子水文站洪峰流量为 1.22 万立方米 / 秒，小河沿防洪治河工程冲毁殆尽，90% 的农户无处安身。大水后，修筑了小河沿堤防及护岸丁坝。1962 年秋至 1963 年春，小河沿公社组织修筑老哈河堤防。小河沿防洪堤，从白斯郎营子村起，经白庙子、小河沿、维县营子、二道湾子、四道湾子、下树林子 6 个村，到六道湾子村上，全长 22 公里。此后，不断对小河沿堤防进行加高培厚，1980 年 5 月，由昭乌达盟水利队勘测设计，敖汉旗水利队派员施工指导，组织旗农田水利基本专业队，维修加固小河沿堤防，新建护岸丁坝，堤防设计标准为十年一遇。目前，老哈河几近断流，小河沿堤防防洪能力在不断下降。

孟克河下游曾在 1955 年、1962 年、1963 年进行过三次河流改道与筑堤。孟克河下游河川平地开阔，民国时期，每逢雨季，洪水平地漫溢，改道频繁，梧桐好来区泡子遍地。1949 年，河道最宽处 5 公里，由于淤塞，河岸高不足 1 米，洪水连年泛滥。1953 年，河床已高出梧桐好来街 1.3 米。这年 6 月 25 日至 28 日发 4 次大水，河自然改道 2 次，梧桐好来村洪水成灾。灾后，梧桐好来区政府组织群众自行修建一些护屯、田堤防，但防洪能力极低。1954 年 6 月水灾，淹没梧桐好来小街镇，冲刷西泡子、乌兰巴日嘎苏、马架子、清河、长胜甸子、陈家围子等村 7.92 万亩良田，群众吃穿住遇到严重困难，粮、柴、草奇缺，红心菜、苣荬菜、酸不溜等野菜充粮。当年秋季，有 121 户，702 人迁往阿鲁科尔沁旗、奈曼旗等地。

1955 年春，新立屯区长青防洪堤及改河工程开始施工，敖汉旗动员民工 6186 人，挖掘青山坝子屯至小喇嘛甸子共 3 道大沙岭，疏浚新河道 800 米，筑堤防 30 公里，挖排水沟 3 条。总投资 11.2 万元，其中国家投资 7.5 万元。堤防保护 9 个村、1427 户、5600 人、2000 间房屋，5 万亩良田，拓出肥地 1.35 万亩。过去 10 万亩的长胜甸子非水淹则大碱泡，种地不足 6 万亩，单产 39 公斤。1955 年后大丰收，由缺粮变为向国家交余粮。1954 年搬走的户全部搬回来，又从外地迁入 67 户。1955 年至 1967 年，新立屯区（1958 年后为长胜公社）每年向国家交余粮 2500 吨至 6675 吨，占全旗的 40%。

由于淤积，到 1962 年，孟克河下游河道两侧地面高出 3 米多，群众称"悬河"。1962 年 7 月 26 日发生百年一遇洪水，超堤防能力 1 倍多，长青堤防 14 处决口，长胜公社堤段全部溃决，受灾万余人。

水利公程工地——畜力车拉土

1962 年 10 月，敖汉旗组织长胜公社民工 0.31 万人，利用两个月时间进行改道筑堤，完成土方 36.46 万立方米，改河道 25 公里，筑堤 12.4 公里。孟克河改回 1917 年的原河道，保护长胜、荷也勿苏两个公社和一个国营羊场的 3990 户、1.93 万人、0.9 万间房、702 眼水井、15.28 万亩良田、3.26 万头

（只）牲畜、9.27 万亩牧场、10.09 万亩成幼林。1963 年堤防护坡及丁坝护岸，国家共投资 12 万元。由于河改道，淹奈曼旗耕地 0.7 万亩，草场 0.9 万亩及 170 户，纠纷很大。

第二次改道后，鉴于河道流进榆树村子等大队淹地多，防洪困难的弊端，为使河流畅泄，引洪淤灌方便，敖汉旗又提出第三次改道报告。1963 年 5 月 12 日，内蒙古自治区水利厅副厅长徐仁海主持召集昭乌达盟、哲里木盟代表第二次协商关于孟克河防洪改道问题，取得了一致性意见，即奈曼旗舍力虎甸子作为孟克河滞洪区，经横河子注入西湖。6 月 8 日，内蒙古自治区水利厅批复准建。对第二次改道淹没奈曼旗个别村庄所受损失，内蒙古自治区水利厅按标准予以赔偿。同时，亦拨给敖汉旗榆树林子、平合、万发永 3 个队河道通过 1000 立方米 / 秒流量时被淹没的 790 户防洪逃险费 14.5 万元。

此外，在老哈河、教来河、老虎山河、牤牛河所属流域，新惠城区均修筑了一些防洪治河工程。

第二节　种草：农村经济发展的出路

敖汉旗是一个土地宽阔但又比较干旱的地区，境内地势既有山区、丘陵、沙漠，又有平坦的草原。南部山多草少，水土流失严重，北部丘陵沙漠，流动沙丘较多。在新中国成立初期，由于历史垦荒和过度放牧，敖汉旗北部沙化严重，南部天然草场稀疏。当时，全旗除了部分成片的草滩外，几乎已看不到大面积的草滩和天然放牧地。加之牲畜数量急剧增加而过度放牧，草原退化，草质变劣，草产量随之下降，饲料、燃料、肥料等"三料"问题日益突出。全旗草原生态系统严重失调。

一、20 世纪 50 年代末，人工种草开始

在新中国成立初期，全旗广大农牧民群众长期以来靠天养畜，抵御自然灾害能力差，农牧民群众牧业观念比较落后，尚没有人工种植饲草料的意识。

人民公社成立后，随着"三面红旗"以及全国"农业学大寨"口号的提出，全旗开始开展人工种草工作。

1959 年，敖汉旗大力提倡人工种草，并逐渐将其作为一项建设任务来抓。1 月，敖汉旗人民委员会下发了《改造沙漠筹划方案》，发至敖汉北部的羊羔庙、长胜、官家地、乌兰昭等 9 个公社，提出农田林网化、沙漠草木化、堤岸杨柳化、公路林带化、村庄公园化"五化"号召。

在当时，流沙受西北风及东南风影响，北部沙化严重，已经危害到农田牧场和群众的财产安全及生产生活。据统计，沙漠化在当时有三种类型，其一是流动沙漠，这些沙漠白茫茫一片，几乎没有任何植物生长，沙粒大且圆，随风流动，对农牧业生产影响较大。其二是半流动沙漠，植物覆盖率在 30%—50%，由于植被稀疏，具有风蚀作用，形态仍以流动为主。其三是固定沙漠，多呈起伏不平带状或不明显平坦沙漠，植被覆盖率在 60% 以上。乔灌木混生，有的调为牧场，有的被垦殖为农田。这三类沙漠在北部 9 个公社面积约为 113.7 万亩，占全旗总面积的 9.4%，其中流动沙地面积 29 万亩、半固定沙地面积 48.7 万亩，固定沙地面积 36 万亩。流动沙地多在羊羔庙、长胜、康家营子三个公社。

针对实际情况，当时敖汉旗委、旗政府提出的人工种草的主要方向还是改造沙漠化。在文件中提道："改造沙漠是根本改变敖汉旗自然面貌的一件伟大的共产主义建设事业，是我国园林化的重要组成部分。改造沙漠不仅要使沙漠全面固定，免除灾害，还要改良土壤，改变气候，使沙漠本身得到利用，变害为利，成为敖汉旗林牧业基地。"在做法上采取保护既有植被、合理利用草原牧场、封沙育林育草和种树种草。在种草上，采取的主要方法就是种植沙蒿。因为沙蒿根系发达、耐干旱、耐沙压、耐低温，是固定沙丘的最好植物。

到 1964 年，敖汉的种草工作有了很大的进步。这年的 5 月，昭乌达盟委员会向各旗县批转了沈湘汉、白俊卿的《关于榆树林子大队治沙种草的报告》。文件中说："一个大队经过三、四年时间就治沙种草 1.8 万亩，没有革命精神、没有一股革命干劲是不可能做到的。盟委同意沈湘汉、白俊卿二位同志的建议，可以树立榆树林子大队为全盟治沙种草的样板，所有有治沙任务的大队和人民公社都应该向他们学习。学习他们的革命精神，学习他们的治理方法和技术措施。"

这份向盟委和内蒙古党委提交的报告上写道：

4 月初我们和盟林业处金工程师、林业研究所的蔡工程师等到敖汉旗长胜公社榆树林子大队，除看了他们引洪淤地 8000 亩外，并实地观看了他们治沙的情况。

该大队有 7 万亩流动沙丘（俗称"白眼沙"）。过去春风一起，沙土飞扬，每年沙丘向南移动 10 多米。15 年间，就吞没良田 2800 多亩，赶走了一个村庄，埋掉了 110 多间房屋。

人民公社化后，从 1959—1963 年，这个大队在公社治沙站和各大队帮助下，主要依靠自己的力量，已治住流动沙丘 50 个，面积 1.8 万亩。其中人工治理 9000 亩，现在这些沙丘上长起了数十种植物。如黄柳、红柳、草木樨、苜蓿草、沙蒿、雪里注、蒺藜梗、狼尾草、骆驼蒿、好汉子拔等。我们去看他们所治理的沙丘那天，风很大，在村里和路上刮得人睁不开眼睛。但是一进种草沙丘，刮的却是清风，空中的尘土比树林里还小。在沙丘上种草栽柳条，除了能防风固沙外，他们从 1960 年到 1963 年还组织社员采集沙蒿籽 1350 斤，1963 年种了 2000 多亩草木樨和苜蓿草，因被水泡和刮坏外，现还有 1000 多亩，割了苜蓿草、草木樨 4 万余斤（干草），保护农田 2000 来亩，割柳 20 多万斤（连沙坑里自然生长共割了 50 多万斤）。现在他们从已治理的沙丘上得到的收入，可以维持治沙队的大部分开支。1963 年治沙队的劳动工日值是 1.2 元。

这个大队治沙的特点，就是坚持"奋发图强、自力更生"的方针。1959 年春，大队党支部书记杨占荣带头治沙成功后，秋天统一大干起来。据统计，这些年，他们在农闲期间（主要是雨天）共用人工 1.5 万多个，畜工 1300 百多个，车工 200 多个，用草籽 1 万余斤，柳条 3 万多捆。花费的代价虽然不小，但是除了邻队支援一些人工，旗里借给一些草籽外，他们从来没有伸手向国家要过钱，同时，这个大队从 1959 年治沙以来，从没有间断过，特别是 1963 年，他们在草原站的指导和帮助下，又在沙窝里播种了 2300 余亩草木樨和苜蓿草，成活 1000 余亩，第一年就收获草籽 4 万多斤。

报告中还总结了"先实验，再种植"等经验措施以及不足之处，提出将这一典型在全盟推开，通过典型引导，促进全盟群众性治沙运动开展，甚至作为内蒙古东部地区种草工作的样板。这是敖汉北部治沙种草的主要建设形式。

早在 20 世纪 50 年代末期，在敖汉旗南部的金厂沟梁、东井、新地等部分公社提倡种植苜蓿草和草木樨。旗政府要求这些公社把种植牧草作为改变山区面貌、提高山区人民群众生活水平的一项措施来抓。在 1959 年 8 月敖汉旗人民委员会下发的《关于当前收获牧草种子情况的通报》和《关于草籽调剂补助费的通知》两个文件反映了这一情况。但是，在这段时间内，干部群众对种草在思想上认识还不足，种植面积也不大。

在 1964 年末，时任旗委书记才吉尔乎向盟委报告了南部山区林家地公社的优良牧草、草籽丰收情况。在报告中写道："1962 年以来，这个公社突出抓了种植优良牧草，实行草田轮作，解决了燃料、饲料、肥料等'三料'问题。"报告中说，1963 年种植草木樨 2100 亩，当年产草 17 万斤，解决了全公社缺草的 40% 多。敖汉旗委、旗政府在 50 年代末，在南部山区社队发动了社队种草，1963 年大面积种草出现高潮。1964 年，这个公社将种草纳入国民经济计划之中，提出了粮草并重的口号，像抓种粮食一样抓种草，当年种草 8400 亩，并取得了大丰收。在德力胡同大队的韩家沟生产队，8 户社员，种 250 亩草木樨，收获草籽 3000 斤，每户分柴 1000 多斤，每户收入 110 元。文中总结了这个公社种草的成效时提到种草的三大好处，一是解决了农户缺柴、牲畜缺草，推动了牧业发展；二是扩大了收入；三是因为实行草田轮作，保持了水土，改善了土质，提高了粮食产量。

在 1965 年敖汉旗旗委下发的《总结经验，继续前进，关于林家地公社人工种草情况的报告》中对为啥要种草表述得十分详细，文件中说：

> 林家地公社是个山区。特点是：多山、缺草、少树、没有水、"三料"（肥料、燃料、饲料）缺乏、产量低。全社有名的秃山就有 103 个。主要干河沟 1020 条。在 5.9 万亩耕地面积中，山坡地即占 5.1 万亩。

> 为了彻底改变山区贫困面貌，从 1963 年特别是 1964 年开展大面积人工种草工作。两年来共种植人工牧草 1.7 万亩。治山治地 3 万余亩，植树造林 4600 余亩。通过采取种草与治山治地造林结合、种草与改造低产田结合、种草与发展畜牧业结合等措施，实践证明，它对解决燃料、饲料、肥料不足，对促进农牧业生产发展，对增加收入和壮大集体经济，都起到了直接与间接的作用，收到了草多、畜多、肥多、粮多、收入多的效果。

> 由于种草，饲草多了。1964 年共收优良牧草 250 万斤，不仅自给

还结余 50 余万斤。这样，牲畜的发展有了保障，连续两年牧业丰收。1963 年牲畜总增率 35%，纯增率 19.6%。接近 1959 年到 1964 年牲畜纯增总和。1964 年在各种疫病危害下，由于草足和及时治疗，这年出现了八个百母百仔畜群。现在又办起 10 处集体养猪场，有猪 99 口。

畜多了，肥也多了。1963 年总积肥 7350 万斤。1964 年达到 9124 万斤。有 45 个生产队实现了满肥化。今年积肥量又上升到 12560 万斤。77 个生产队都实现了满肥化。平均亩施肥都在 2700 斤以上。

由于种草，为大面积改造低产田，提高粮食产量创造了条件。1964 年搞 86 亩草田轮作实验，粮食平均亩产 136 斤，比种草前亩产 36.8 斤，增产 4 倍多。由于肥多和耕作技术的提高，粮食产量一直上升。亩产由 1962 年 42.8 斤，1963 年达到 70.3 斤，1964 年 104 斤。

由于种草，烧柴基本解决了。1964 年产草木樨秸秆 45 万斤，加上牧草替下来的农作物秸秆，解决了群众半年烧柴。

由于种草，增加了社员收入，壮大了集体经济。1964 年产柴、草、籽（23 万斤）三项折款达 14.4 万元，占 1964 年集体总收入的 31.3%，每户平均增收入 12 元。收入增加了，各生产队积极添车买马，增加生产力。据统计仅用卖草籽款买胶轮车 5 台，马 15 匹，牛 38 头，羊 158 只。

一年来的实践和亲身体会，人们总结了十大好处：产草量高，质量好，养分大，牲畜爱吃，是好饲料；产秸秆，量多经烧，是好燃料；肥田壮地，改良土壤，是好肥料；产草籽，增收入，壮大集体经济；收草叶是好糠料，可以大量发展养猪；牧草花是养蜂的好蜜源；节省工，收效大；绿化荒山土坡，保持水土，是控制水土流失的好方法；既有当前利益，又有长远利益，有着远近利益密切结合的重要意义；适应性广，山区、丘陵、平川、薄地、旱地都可以种。因此，群众说："草木樨、苜蓿草，浑身上下全是宝。"

林家地公社种草情况在全旗具有很强的典型性，也是南部山区大部分公社农业学大寨的普遍做法。

1965 年 8 月，敖汉旗委下发了《关于批转旗人委党组"关于大搞人工种草和保护、利用好牧场意见"的通知》，要求各公社党委，林场、农场党支部要大力发展人工种草和保护、利用、建设好牧场。要求各级党委把这一工作列入重要议事议程，必须像种农田一样种好牧草。必须改变种田靠老天，养畜靠自然的思想，通过种草解决畜牧业生产的基础，实现畜牧业稳定、高速地发展。

文件提出：

一是大搞人工种草。几年来，经过实践证明，大搞人工种草，是正确执行牧林结合，发展多种经营生产方针的一项重要措施，收效快，作用大。通过种草对于扩大植被，改造自然，控制水土流失，肥沃土壤地力，开辟了草、柴、肥源，从而直接促进了牧业生产发展，改善人民生活，并为植树造林提供良好条件。全旗种草面积现已发展到17万亩。由于抓住了这一关键性的措施，人工草面积不断扩大，收效十分显著。

大搞人工种草，是各级党组织一项不可忽视的任务。要和领导农牧业生产一样把它列入日常工作的重要议事日程。根据旗委要求，1966年全旗人工种草面积要发展到40万亩。具体到每个生产大队要达到千亩以上，每个生产队要达到100亩至200亩。社社要超万亩。要按照这个任务，同落实农牧业生产计划一样，要逐级地落实到生产队、落实到地块，并在今秋备足种子。在开展方法上，要抓住重点，全面启动，由点到面，普遍开展。集中力量打歼灭战。这是大搞人工种草工作中的一条比较成功的经验。为了解决草田与农田争地问题，主要是采取开边展沿，见缝插针，合理进行粮草轮作，挖掘一切土地潜力进行种草。

种田要做到精耕细作，种草田必须要加强管理。认为草不用管理，任凭靠天收，实际不行的。根据几年经验，必须在种、管二字上下功夫才能实现牧草、草籽丰产丰收。因此，必须继续贯彻"四个一样"的号召：抓草如抓粮一样，种草和种大田一样，管草如管田一样，收草如收获庄稼一样，争取粮、草双丰收。

总之，要狠抓大抓，一直抓下去。1966年作为大面积种草的开始，到1970年要发展到百万亩以上，每头大畜有人工草地2亩以上，每只小畜有人工草地1亩以上，这就为敖汉旗发展畜牧业生产提供了可靠的物质保障。并且可以生产大量的优良牧草、草籽，使全旗早日成为草籽繁殖基地，为建设现代化农业、牧业基地做出新的贡献。

二是关于保护和利用好牧场问题。敖汉旗牧场面积广阔，共有500多万亩。草质虽然不好，但潜力很大。进一步保护和合理利用，建设好现有天然牧场，对稳定、优质、高产地发展畜牧业有着极其重要的意义。从目前情况来看，也存有问题。首先，随着畜牧业生产的发展，在南、中部一些水草条件较差，连年遭受春旱和对天然牧场防护、建设跟不上去的社、队，牲畜连年增多而牧场不够用的矛盾就显得更加突出，这也是造成畜牧业发展不稳定的主要原因之一。其次，只重利用，不重保护和建设牧场，单纯地依赖自然，靠天养畜，因循守旧的经营方式存在，致使原来是很好的牧场，现造成了逐步退化，甚至沙化。再次，有个别社、队只顾眼前，不顾将来，用掠夺性方式放牧，把一些本来可以合理利用和建设好的牧场，因人为而造成了破坏。这些问题，必须严加克服。

为了保护和利用好现有牧场，今后必须认真贯彻执行内蒙古党委、人委提出的"全面规划，加强保护，合理利用，以草为纲，水、草、林、机相结合，大力进行草原建设"的方针和《内蒙古自治区草原管理暂行条例》，使现有牧场达到建设、改造、保护、利用相结合，提高载畜量，解决草场不足问题。要下力量大搞人工种草，逐步建立起巩固的人工牧草基地和稳产高产的饲料基地，增产优质牧草、饲料，发展牲畜数量，提高牲畜质量。今后不论南、北部要继续坚决贯彻保护牧场，禁止开荒的政策，已经在牧场开荒的，要普遍进行一次检查。凡是遇有或已经造成农牧矛盾的，要坚决封闭，以农还牧。农田确实不够的生产大队、生产小队，要在牧场中开荒建立饲料、饲草基地的，必须报经旗人委批准。不经批准，一律不准乱行开垦。

这是一份纲领性文件，对 1965 年到 1970 年期间的种草进行了完整的规划和部署。在 1965 年的种草报告中描述，当时全旗 24 个公社中，有 6 个公社种草面积超过万亩，有 18 个生产大队种草面积达到 2000—3000 亩。随着草田轮作、牧草达到生长周期等因素，到 1973 年末，全旗草田面积为 17.2 万亩，品种为草木樨、苜蓿草和沙打旺三个品种。

二、70 年代初，人工种草高潮兴起

1974 年，全旗又掀起一轮种草运动。当年的革委会下发的文件中指出，敖汉旗委、旗革委会历来重视种草工作，在 1973 年革委会第九次全委（扩大）会议上要求，全旗大搞人工种草，每头牲畜有半亩旱涝保收高产稳产的

敖汉苜蓿种植基地

基本草场，同年 9 月份三级干部会议上也要求，实现每两人一猪、"两头畜"，有一亩以上人工牧草。并要求各公社革委会在有条件的地方，都要大量种好苜蓿草，力争每口猪平均有 2 亩苜蓿饲料基地。1973 年末，草田面积达到 17.2 万亩，1974 年完成种草 34.6 万亩。

到 1978 年 8 月，旗革委会下发的《1978 年到 1980 年草原建设设计任务》中看到当时全旗围封草库伦 23.8 万亩，建设稳定高产的基本草场 4.4 万亩，人工种草 35 万亩。建设了古鲁板蒿 2 万亩基本草场，在 10 个半牧区、1 个牧区公社 27 个大队建设了草原站。任务还提出今后一个时间段种草的要求，计划在 1978 年到 1980 年间，全旗新建草库伦 26 万亩，改良草场 18 万亩，建设基本草场 9.5 万亩，在北部牧区、半牧区建设机械化草原站一处。随即，旗革委会在长胜公社建设牧草种子基地，在全旗实施种草、草田轮作、油草轮作战略。

在这段时间里，干部群众对种草的认识有了很大的提高。认为大搞人工种草是促进农、林、牧、副各业迅速发展的重要途径，是改变农牧业生产条件的一项战略措施，也创造了许多种草的经验和方法。各社队大力兴办草原站就是个好办法。

社、队办草原站，大种牧草，是改变牧业生产条件的重要途径之一。1973 年，在长胜公社长胜甸子大队建立了一个人工种草试验站，后改为牧草种子繁殖场，所经营的 2 万亩土地，多是沙丘起伏的不毛之地。旗畜牧局就在这里搞试点，和群众一起研究自然地理气候特点和牧草的习性。经过试验，终于在沙窝子里种出了人工牧草。发展人工牧草 5000 多亩，其中紫花苜蓿 4775 亩，草木樨 200 亩，沙打旺 25 亩。几年来共收获牧草 300 多万斤，收获草籽 12.5 万斤。这些牧草和草籽除场内自用外，还支援了外社队。有了草就能发展饲养业，大搞多种经营。这个场办了饲料粉碎加工厂一处，加工粉碎苜蓿草粉 120 多万斤，开始养猪、养牛、养羊、养鸡、养兔。仅这项事业，几年来累计纯收益就达 11.5 万元，除了扩大再生产外，还积累了 7.5 万余元。随着人工种草的发展，科学种、科学管必须赶上去。这个场搞了当地野生优良牧草栽培的驯化试验和不同品种牧草引种对比试验。1978年以来，还先后参加了全国燕麦品种区域试验和全国优良牧草基地区域试验活动。试验品种达 50 多个。他们的经验打开了沙窝子不能种草的"禁区"，大开了人们的眼界，解放了人们的思想，使北部沙漠丘陵牲畜比重大的半农半牧区一些社队得到了启示。

荷也勿苏公社荷也勿苏大队，从 1968 年以来，牲畜连续八年减产，减少了一半以上。几年中共买草 300 多万斤，花钱 15 万多元。1975 年建立了大队草原站后，当年用刺线围封草库伦 3.75 万亩。采取大区域围封，小区重点治理的办法，建设基本草场 2000 亩，种植人工牧草 2400 亩。在治理沙丘过程中，始终坚持小突击、大会战、专业队伍常年干的办法，在沙丘的迎风面上栽黄柳、雪里洼、沙蒿；在沙丘的背风面植树造林、种牧草等。现在已控制住了沙丘的流动，产草量逐年增多，仅 1978 年就收草 110 万斤，饲草基本达到自足。收获牧草种子 5300 斤。从 1976 年以来，牧业连续四年增产，递增率 6.9%。

岗岗营子公社前井大队是个半农半牧的地方。过去是依附自然，靠天养畜，牧场严重沙化，牲畜到奈曼借草场放牧，买草养畜。牲畜头数由 1971 年的 9815 头（只）到 1975 年下降到 7404 头（只），连续四年减产，平均每年减产 6.2%。1976 年，在旗畜牧部门的支持下，他们建起了草原站。当年刺线围封牧场 5000 亩，种苜蓿草 800 亩，后来发展到 5000 亩。在草原站带动下，各生产队也大种牧草，全大队共种牧草达 1.56 万亩，平均每头牲畜有人工种草 5 亩（小畜五折一），基本解决了牲畜缺草问题。1976 年以来，牧业连续四年增产，平均每年增产 7.8%。

从 1975 年开始，在牧区、半农半牧的各公社狠抓了队办草原站。到

1978 年全旗社队办草原站已发展到 34 个（其中有 7 个牧草种子繁殖场）。常年有专业生产人员 586 人，围封草库伦 29 万亩，其中造林围封和林带面积达 7.7 万亩，林网育苗 417 亩，种植人工牧草 8.3 万亩（其中苜蓿草 6.74 万亩，草木樨 1.35 万亩，沙打旺 1741 亩，水稗子草 1000 亩）。仅 1978 年收获牧草种子 6.5 万多斤，人工牧草 3000 多万斤。

大力发展人工种草，变不变，草上见。从 1959 年到 1979 年这 20 年中，敖汉旗对种草经历了由不认识到认识这样一个过程。经过了这 20 年实践，全旗上下认识到，种植人工牧草，实行粮草轮作，种草肥田，种草养畜，不仅是耕作制度的一项重大改革，也是思想领域里的一场深刻革命。根据敖汉这样的自然地理特点，不种草就不能改变自然面貌，不种草农牧业就难以发展。对全旗农牧业生产发展的历史进行研究，分析了 1958 年开始种草以来几起几落的情况，从中看到了种草肥田的前途。认识到要想彻底改变生产条件，普遍提高土地的肥力，必须把大面积种草当作改变全旗生产条件的头等大事来抓。于是 1976 年开始，敖汉旗正式把发展人工种草纳入国民经济计划。到 1978 年草田面积达到 45 万亩。

三、70 年代末，人工种草迅猛发展

1978 年 10 月，中共敖汉旗委员会、敖汉旗革命委员会做出了《关于大搞种草的决定》（以下简称《决定》）。

《决定》中首先总结了二十多年种草的经验，同时指出了在二十多年奋斗中走出了一条正确的路子。《决定》指出：敖汉旗的农业生产几乎年年是"害在旱上，少在水上，缺在肥上，差在土上"，粮食产量低而不稳，社员生活水平很低。要想尽快改变这种状况，除了大搞农田基本建设，努力改善生产条件外，另一项战略性的措施，就是大搞种草。这是彻底改变敖汉旗农业单产不高，总产不稳，促进增产的一条正确路子，同时也是改良牧场增产饲草，加快畜牧业的一条有效途径。如敖汉旗种草的典型林家地公社，以及四家子、新惠等公社，由于大搞种草实行草田轮作，逐步收到了"草多、肥多、粮多、蓄多、收入多"的效果，这条路子，要长期坚持下去。

《决定》明确提出：

一要提高对种草的思想认识。大搞种草实行粮草、油草轮作，既是农业耕作制度上一项重大改革，同时又是向自然做斗争的一场深刻革命。要充分认识在敖汉旗发展牧草是建设社会主义大农业的战略性措施，坚定不移地把

大搞种草当成改革耕作制度，促进农业高产稳产，加快改变敖汉旗贫困落后面貌的一项长远的战略性的措施，绝不是权宜之计。

二要把种草纳入敖汉旗整个国民经济重要组成部分。为保证种草任务的实现，由旗计委逐年正式下达播种计划。对于已经下达的种草计划，各社队必须严肃对待，保证完成。1979 年全旗种草面积在保留 30 万亩的基础上，再新种 60 万亩，另外要在河滩、沟壑、鱼鳞坑和幼林带内种草 10 万亩，达到 100 万亩。

三要和种大田一样种草田。科学种、科学管，草田才能多高产。今后必须把种好草田视为种农田一样来抓好，保证做到"四个一样"，即种好草田和种好农田一样，科学种草和科学种田一样，繁殖牧草种子和繁殖粮食种子一样，推广种草先进技术和推广农业先进技术一样。

四是搞好种草规划。发展人工种草事业和搞其他建设事业一样，一定要把规划设计搞好，才能做到方向明、决心大、步伐快。从全旗角度规划，在丘陵山区的中南部公社，以种草木樨为主，沙区的公社以种苜蓿、沙打旺为主。轮作以草木樨为主，养畜以苜蓿、沙打旺为主，牧区、半农半牧区新开的荒地要搞种草，如果种粮也要把腾出来的地种草，要尽量做到不过多地压缩现有粮食、豆类面积搞种草。要充分利用荒坡、丘陵、沟壑、河滩、地埂、坝沿、幼林地、林间果间种草。

五是要加强种草的领导。大搞种草，搞好利用，关键在于各级党委、革委会提高认识，加强领导，切实安排，狠抓落实。要把大搞种草当作落实农业"八字宪法"的一项关键环节，当作农业生产一项经常性的基本建设，当作农业学大寨的一项重要措施，纳入工作议题，重视起来抓紧抓好。

本《决定》认真客观地总结了新中国成立后 30 多年种草取得的成就，使广大党员干部形成了共识，统一了行动。《决定》中提出了五项措施，指明今后的工作方向，具有重要意义。其一，直接推动了 80 年代种草的第三次高潮的兴起。其二，种草从 60 年代初的解决"三料"短缺，到 70 年代成为水土保持、防风治沙的重要举措，使农村各业协调发展，进入 80 年代，种草作为一种产业（草籽和草粉加工）进入了国内外市场，成为广大农牧民脱贫致富的重要手段，到 90 年代的生态建设，占据了半壁江山。其三，《决定》对农村经济发展，加强生态建设，起到了承先启后的作用。为建设农村生态文明，走出了一条协调发展、绿色发展、永续发展的路子，做出了卓越贡献。

第三节　植树：国社合作造林的创举

敖汉旗的合作造林，最早是在新中国成立初期，国家投资与个体农民合作造林。正式成为一种造林模式是从国营林场与社队合作公路绿化开始的。

1963 年 2 月，敖汉旗人民委员会批准了敖汉旗农林牧水利局关于新惠—长胜公路绿化设计任务书，该公路从新惠至长胜菱角泡子，方位接近东南西北方向，全长 69.1 公里，贯穿新惠、双庙、双井、羊场、长胜五个公社，本公路区内地势是漫长的丘陵、山荒、沙荒起伏不平，西南端较高，东北略低。按旗委要求在 1963 年春秋两季一次性完成。

绿化中要求：

1. 整地，要坚持不整地不造林，造林前必整地，各公社分段营造，整地后一定种上作物防止荒芜，整地深度 40 厘米左右，防止过浅保证质量，整地要深要细。

2. 造林技术上，为了提高成活率，由林业技术人员传授造林六项技术要求，适地适树，细致整地，良种壮苗，适当密植，抚育保护，改良工具。同时各公社分址地段在栽植上保证苗木吃饱喝足，造林株行距各为 1 米，每亩 666 棵。

3. 抚育保护上，造林后一定要执行间种，没有条件的要本着一年除草两次，连续抚育三年，各段设专人保护，定出切实可行的护林公约，争取五年内树高 3—4 米，起到护路和道路林荫的作用。

1964 年 4 月，敖汉旗人民委员会发布了关于绿化长胜—青沟梁公路的方案。长胜—青沟梁公路是敖汉南通朝阳、北通长胜的交通要道，也是唯一的公路干线，总长 160 公里，贯穿着四家子、林家地、新地、新惠镇、双庙、双井、长胜 7 个公社和三义井、新惠 2 个国营林场，22 个生产大队。公路造林时间：全旗统一确定在 4 月 5 日至 20 日为公路绿化突击旬，各社队可根据林地规划、种苗准备、劳力畜力的安排情况，提前或错后采取集中优势兵力，一举歼灭的战术。栽植结束后要由各公社社长负责进行一次检查验收。路基的勘测规划确定由工业交通科负责。

1964 年 4 月 5 日至 20 日，沿线 7 个公社、2 个林场组织社员开展规模宏大的公路绿化大会战。树种以杨、柳、榆树为主，南部四家子、林家地、新地等靠山的地段栽植部分油松。杨柳树采取埋干造林，用大犁顺道开沟，挖深坑然后植入树苗，培土踏实。护路林宽度根据地势而定。对承担护路林任务的社队实行"三包"：包栽、包抚育、包保护；"三保"：保成活、保长大、保成材；"三定"：在保证质量的情况下定投资、定种苗、定责任。在管护方面，沿途各社队在充分听取群众意见的基础上，制定护林公约；每 5 公里确定一名专职护林员；设立护林标记。

强有力的管理措施，保证这条贯穿南北的干线公路很快形成绿化效益，成为全旗绿化的骨干工程。北部春秋沙阻现象明显减少。新惠以南属山丘区，也是全旗水土流失最严重的地区，每到雨季，公路林也无力阻挡山洪危害，绿化公路两侧山地，减少山洪下泄，再次被提上议程。

一、新地国社合作造林林场的建立

1971 年 2 月，敖汉旗革命委员会生产指挥组批转《新地国社合作造林林场工作试行方案》，为加速敖汉旗—朝阳公路沿线两侧山区绿化，经革委会常委研究决定于 1970 年 11 月份正式建立新地国社合作造林林场。

关于几个具体问题：

1. 国社合作造林宜林地的划定：要从加速公路两侧沿山地区的绿化出发，所以公路两侧的山坡、沟壑原则上都应作为国社合作造林的宜林地，并由合作林场按年度提出造林规划，按社队分配营造任务。原来属于哪个社队的土地，原则上仍由哪个社队营造。

2. 合作造林苗木的供应由国家负责，国社合作造林林场要根据每年国社合作造林任务的需要和实际可能，本着造多少林育多少苗，造什么林育什么苗，哪里造林哪里育苗的原则，积极为合作造林培养大量的苗木。

3. 承担国社造林的社队，要以自己力量为主，国家投资为辅的原则，积极安排劳力，按照技术要求承担造林整地、栽植、抚育、保护、病虫害防治等工作。

4. 造林后的抚育、保护、病虫害防治等项工作均由社队集体负责，林副产品收入一律归集体，林业主产品收入（包括主、间伐木材）按双方提成比例分红。

5. 国社合作造林林场要加强对合作造林的技术指导工作，传授林业技术，为社队培养林业建设人才。社队集体要积极接受林场对合作造林的技术指导，按技术操作规程从事各项林业建设。

6. 对造林成活率达不到 75% 以上的林地，进行及时的补植作业，补植造林所用之苗木由林场负责，所投入之劳力由社队集体负责。

1971 年成立"新地国社合作造林林场"后，全面绿化新惠至朝阳公路敖汉旗段，包括新地、林家地、四家子三个公社。这一路段位于努鲁尔虎山山区，每年因山洪暴发，多段公路被冲毁，造成交通中断。当时敖汉旗属于朝阳经济区，农副产品输出、工业品输入基本都靠这条公路。合作林场成立后，要求林场对公路两侧山区进行全面规划，除留够必要的放牧场外，公路两侧的山坡、沟道原则上都作为国社合作造林的宜林地。由林场按年度提出造林计划，土地属于哪个社队，由哪个社队完成造林任务。林场根据造林需要和可能组织育苗，造什么林育什么苗，造多少林育多少苗，哪里造林就在哪里育苗。

二、国社合作造林的发展

当时，全旗有 3 个国营林场，有苗圃、林研所、治沙林场、果园各一个。由于社会和技术因素制约，导致全旗社队造林普遍地存在着缺乏全面规划、合理布局，形成粗植滥造、零星分散、树种搭配不合理等问题，造成全旗林业生产的"两少两多"，即造得少、活得少、毁得多、小老树多，平均年造林保存面积为 6.8 万亩，每个劳动力年平均造林面积不足一亩。由于林业生产上不去，在一定程度上也直接影响了农牧业生产的发展。

为了改变这种状况，1974 年，旗委、旗政府通过调查研究，总结了多年来正反两个方面的经验，确定了全旗的主攻方向：改土、治水、种草、造林。同时，自力更生，开始在教来河流域的中上游兴建库容量为 7880 万立方米、控制面积 21 万亩的山湾子水库。为此，决心从 1975 年起，在三年内将山湾子水库上游的克力代、金厂沟梁、贝子府三个公社绿化。在这样大面积的荒山荒地植树造林，任务是十分艰巨的。为了达到这一目的，1974 年冬，旗委指定旗林业局组成工作组首先到克力代公社搞绿化试点。但是，大面积绿化，既缺乏技术力量，又缺少苗木，怎么解决这个矛盾呢？借鉴 60 年代以来公路绿化和 70 年代国社合作造林绿化敖汉至朝阳公路的经验，于是引出了大规模组织国社合作造林的办法，即由国营大黑山林场出苗木、出技术指导员，克力代公社出土地、出劳力。造林后场社按投资比例分成。这样，经过 1975 年春季的造林大会战，克力代公社一举造林 5.35 万亩。共绿化了 374 个山头，330 条沟。一春的造林面积等于建社以来保存面积的 2.2 倍。

借鉴这个典型经验，从 1976 年春开始，在全旗推广。本年度林家地、王家营子两个公社完成春季国社合作造林 3.5 万亩，占全旗春季造林的 22%。

1977 年春，金厂沟梁、新地两个公社，搞国社合作造林 10.1 万亩，占全旗春季造林面积的 20%。

1978 年春，贝子府、四德堂两个公社搞了国社合作造林，完成 9.77 万亩，占全旗春季造林任务的 38%。

1979 年春季，丰收、四家子两个公社搞国社合作造林完成 7.7 万多亩，占全旗春季造林面积的 40%。

可以看到，国社合作造林政策出台的大环境是，划拨给国有林场的宜林地已基本造完，要扩大营林规模苦于没有宜林地，与社队合作造林，能够按投资比例分到一片属于自己的林地。社队造林，多年来虽然造了很多林，但苦于缺乏一套完整的造林技术，加之普通百姓真正认真造林的也不多，应付差事式的劳作，何谈造林质量？树苗质量也是一大软肋，之前多年，各级政府一贯政策是强调社队育苗，就地取材，就地育苗，就地造林。育苗是一门绝不同于种地的技术，思路逻辑很现实，结果大相径庭。一个是造林技术，一个是树苗质量，因为年年造林不见林，挫伤了群众积极性。国社合作，优势互补，各负其责，各得其利，得到双方的认可。

以大黑山国营林场为例。据统计资料显示，国营大黑山林场和克力代等四个公社四年造林 21 万亩，等于该林场和这四个公社从 1949 年到 1974 年 26 年造林保存面积的 116%，除 1976 年大旱外，每年成活率均在 75% 到 85%，保存率在 70%。

实践证明，国社合作造林是高速度发展林业的一种行之有效的好办法。

国社合作造林有利于调动国营林场和社队两方面的造林积极性。当时国营林场造林缺劳力、缺造林地，社队则缺造林资金、缺技术。两家一结合，互通有无、取长补短，解决了矛盾、克服了困难，大面积造林就搞起来了。

国社合作造林能大大增加造林速度。全旗国社合作造林从 1975 年开始，不满 5 年就造林 42 万亩，9 个公社基本完成了绿化任务。在这 5 年里，集体造林 38 万亩，国营林场单独造林 21 万亩，加上国社合作造林 42 万亩，共完成造林 101 万亩，平均每年 20 多万亩，这 5 年比前 20 年造林速度平均快 3 倍多。

国社合作造林质量好、成本低、见效早、收益快。1975 年以来，国营林场从国社合作造林中分得 12 万亩，每亩直接造林费仅仅为 4.5 元，而国营林场自己造林每亩直接造林费需要 7.5 元，节省了大量成本。而过去社队造林缺资金、缺苗木、缺技术、造林质量差，成活率低。国社结合，造林质量显著提高。到 1979 年，国社合作造林的公社已见成效。克力代公社植树造林的山区，洪水已经基本不下山。同时，群众烧柴不足的困难已初步解决，大小家畜缺草的局面也逐步得到扭转。

国社合作造林有利于全面规划，解决农、牧、林之间的许多矛盾。过去，社队造林零星分散，布局不合理。采取国社合作造林后，在公社党委的统一领导和国营林场的指导下，宜林荒山荒地统一规划，本着立足当前、着眼长远的原则，宜农则农、宜林则林、宜牧则牧，实现了山、水、田、林、路综合治理，同时，在造林中由于实行统一领导、统一指挥，集中时间、集中人力搞大会战，一个公社的宜林荒山荒地一年就基本搞完，改变了过去年年造林不见林的状况。

国社合作造林，便于护林管理，促进了社队林业的发展。由于国社合作造林的兴起，随之出现了场社合作护林，互相扩大了护林员队伍，改变了过去林场和社队各护各互不关心的状态。再加上林权明确，林、牧场界限清楚，健全了护林组织，完善了护林公约，基本上克服了人、畜破坏的现象。此外，还建立了由 375 名牧工组成的兼职护林员队伍，使护林工作大大加强。随着国社合作造林的发展，促使社队加强对林业的领导和管理，相应地建立社队林场。壮大了专职林业队伍，为后续的林业发展创造了良好的条件。

三、国社合作育苗

国社合作造林时间短、面积大、速度快，这样，苗木不足的矛盾就显得特别突出了。为了适应国社造林出现的新情况，在国社合作造林的基础上，敖汉又搞起了国社合作育苗。国营林场（圃）提供种子、化肥、工具、农药、提水用电（油）等费用和技术指导，社队出人工、车工、农家肥和育苗地，二年苗木出山时按投资比例分成。双方签订协议，各负其责，优势互补，相辅相成。各大队的苗圃发展起来，不仅满足本公社的苗木需求，还销售到外地区。

以丰收公社杜力营子大队苗圃为例，过去，他们自己培育油松苗已经六七年了，但因为技术一直没过关，种子浪费不少，成本很高，但育苗效果不好，这些苗木仅仅能造 6 亩油松林。1978 年，这个苗圃实行国社合作育苗，培育油松 30 亩，到 1979 年每亩可出床苗木 8 万棵，能营造油松林 1 万亩。

国社合作造林，合作育苗，是敖汉旗探索林业生产规律，总结林业发展经验，积累造林技术、育苗技术的新阶段，造林技术、育苗技术等全面趋于成熟，为80年代以后敖汉旗林业高速度高质量发展奠定了坚实的基础。从80年代中期以后不再提国社合作造林，合作造林结束了它的历史使命。一是国营林场（圃）开始调整林种结构，转向发展速生丰产林、经济林，在保障生态效益和社会效益的前提下，探索提高经济效益的新途径。二是国家"三北"防护林建设工程启动，国家投资主要用于社会造林的苗木补助，不再需要国有林场投入。三是国社合作造林总面积中，国有林场分成部分分布在合作造林的各个大小队，比较分散，国有林场还要承担防护费用，成为国有林场的一项负担。权衡利弊，林场最终放弃了分成部分的所有权，全部交给社队，同时也终止了防护费用。

国社合作造林得到上级业务部门的认可。1978年7月，辽宁省林业局（1969年7月—1979年7月原昭乌达盟隶属辽宁省管辖）在敖汉旗召开现场会，推广敖汉旗国社合作造林的经验。1980年1月，原昭乌达盟公署又在敖汉旗召开现场会，推广敖汉旗国社合作育苗经验。1980年7月17日，《人民日报》在头版报道了敖汉旗国社合作造林、合作育苗的经验：敖汉旗国营林场与社队合作造林，既发挥了国营林场的骨干和示范作用，也调动了社队的积极性，造林速度快、质量好。

国社合作造林、合作育苗虽然结束，但它的作用是非常巨大的，它开启了敖汉旗林业生态建设的一个时代。

林间抚育

第四章　国营林场：不朽的丰碑

　　敖汉旗国营林场（苗圃）始建于 20 世纪 50 年代末、60 年代初，历经合作化、初级社、高级社、人民公社，不断成长壮大，由于敖汉旗地理位置的特殊性，南部山区，北部沙区，中部丘陵，各林场处在不同位置，不同的立地条件，直到 80 年代体制改革，栉风沐雨，苦心经营，艰苦创业，为敖汉农村经济建设顶起了一片天，为敖汉林业建设做出了杰出贡献，披荆斩棘开辟了一条道路。敖汉旗国营林场（苗圃）作为林业生产的根据地、大本营，不仅出产品、出效益、出成果、出技术、出经验，还为以后生态建设打下了家底，同时也锻炼了一支特别能战斗的生力军，担负起了时代赋予的责任。他们用辛勤劳动和智慧

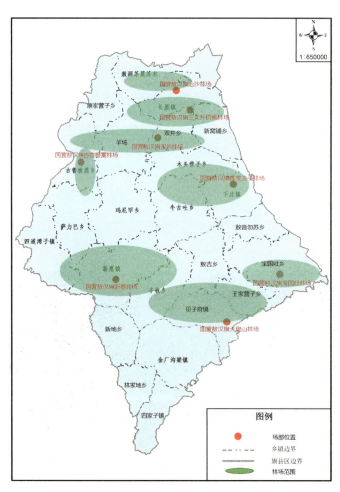

20 世纪 80 年代前国有林场范围示意图

谱写了可歌可泣的壮丽史诗，在人民心目中树起了不朽的丰碑。（此章下延至 1984 年 12 月国有林场体制改革）

第一节　敖汉北部的风沙障：三义井林场

三义井林场位于敖汉旗中部，北部为科尔沁沙地南缘，南部为燕山北麓丘陵山地。东与通辽市奈曼旗接壤，西到老哈河东岸的古鲁板蒿乡，与翁牛特旗隔河相望。林场总面积 35 万亩，区域范围包括敖汉旗下洼镇、牛古吐乡、新窝铺乡、木头营子乡、双井乡、哈沙吐乡、古鲁板蒿乡，总面积 3500 多平方公里，占敖汉旗总面积的 40%，对敖汉旗生态环境的影响至关重要。

三义井林场始建于 1954 年 3 月。此前已先后建立了陈家洼子林场、小河子林场、三义井林场和下洼苗圃，经敖汉旗政府批准，1959 年三个林场作为分场和一个苗圃共同组建三义井林场，林场总面积 80 万亩，宜林面积 55 万亩，是以营造用材林为主的造林林场。1964 年，国家林业部正式批准国营三义井林场为机械林场。之后又相继建立双井分场、马头山分场、古鲁板蒿分场、木头营子分场等共 7 个分场。1984 年，三义井机械林场撤销，7 个分场分别独立建场，隶属于敖汉旗林业局。

一、最早建立的以造林治沙为主的造林林场

新中国成立初期，百废待兴。风灾沙害对农牧业的危害，很快引起各级党委和政府的重视。原热河省林业厅组建林野调查队，对现有森林资源进行调查，对无森林资源而且风沙灾害严重的地区，则是对用地状况进行调查，根据人口、牲畜等经济状况，对所有土地分别划分出农业用地、牧业用地和林业用地。对地广人稀，群众无法治理的严重沙化地区，主张建立国营林场，利用国家的财力物力进行治理。

艾树柏是被热河省林业厅派来的林野调查队成员之一。他说："1953 年来到敖汉旗，主要任务是林野调查，重点是配合'东北、西满'防护林建设搞规划。那次规划，跑遍了敖汉旗所有的地方，敖汉旗的行政区划图就是在我们规划测量的基础上搞出来的。那时从东部的下洼开始一直到西部的古鲁板蒿，站在高处看，除了少数坟茔地有几棵树外，几乎见不到树，遍地都是

活动的沙坨子。我的老家是河北兴隆县，我们那的农户一般都有个院子，来到敖汉旗，除了南部外，中北部的农户几乎都没有用院墙围起来的院子。老乡说有院墙也没用，一场风院墙就会被沙子埋上。当年盖的房子，经过冬春两季，沙子就埋上大半截，再有二年房子后堆的沙子和房子一样高。牛羊上房是很常见的事。夜间走路，说不准走到人家的房顶上。有的地方的柴草垛得用石头垫起来，便于沙子从底下流走，不然沙子就会将草垛埋上。春季种地时，农民都不敢早种，种早了不是遭风揭就是被沙埋，有时候一春要种四五遍，很多农户到六七月份时，才在沙地上种些晚田作物。"

为改变贫穷落后的面貌，地方政府号召群众大力植树造林，治理风沙灾害。利用地方财力，扩建新惠、下洼、官家地、西荒、小河沿等5处国营苗圃，用培育出的树苗同农民合作造林。面对茫茫的黄沙，落后的生产方式，分散的个体农民，根本无力同恶劣的自然环境抗争。另外贫困到极点的农民们，个个都被眼前的温饱困惑着，哪里还有"十年树木"的信心？虽然国家无偿供给苗木种子，还要补贴些诸如小米等劳务费用，但造林成活率很低，成活的幼树也难以保存下来，政府植树造林的愿望成效甚微。

面对恢复农牧业生产，改善人们生活的严峻的现实，新生的各级政府决定利用国家的财力物力，在最难以治理的沙地上植树造林，在风口沙尖上率先建起绿色屏障。1954年3月，敖汉旗第一个国营林场——陈家洼子林场成立，从此开始了敖汉旗通过国营林场植树造林治理沙地的历史。

开始筹建陈家洼子林场的老工人齐彦说："最早建场的场长是赵继印，副厂长刘珍，还有马海超、雷胜久、高景云等，他们都是管理人员，苗成、于瑞林、张永申我们是从苗圃来的工人。临时住在被分地主陈斌的老院子，安顿下来后，就开始造林。林场的人不够就雇当地农民，开始时人们还觉得很新鲜，有的人穿新衣服新鞋上山，干了几天后谁也不穿了，这年春天造林90亩。万事开头难，组织一帮人进沙地整地、栽树，怎么管理？定额定多少合适？都没依据。我每天出工，除了劳动外还有一项额外的工作，就是记日记。内容包括阴天、晴天、雨多大、风多大等气候内容，每人每天的劳动量，干部、工人的出勤情况。这些都成为日后管理的基础资料。"

马海超（原林业局局长）在回忆林场初建时说："在沙地上植苗造林，没有任何经验可借鉴，虽然有技术干部介绍一些书本上的造林技术，但应用的效果并不好。只能一边干一边琢磨，不断地总结完善。1954年春，在没有任何整地措施的情况下造林90亩，通过一夏天的观察总感到不对劲，种地还要把地翻翻，土壤疏松才长庄稼，栽树不同样如此吗？那年秋季开始整地，所谓整地，在当时就是用牛拉的双轮双铧犁翻地，双轮双铧犁不够就用种地用的犁杖翻。1955 年春，先在翻过的地上挖坑造林，之后是边翻地边造林。春季造林结束后继续整地，整过的地种一茬晚秋作物，1956 年春再造林。连续三年试验了三种方式，直接造林，整完地再造林，整地后种茬庄稼再造林。直观地看，整地比不整地的好，种一年庄稼的比整地的还要好。1962 年做了一次检测，1954 年没经过整地栽植的树，8 年平均树高 2.5 米，1955 年整地栽植的树，7 年平均树高 4 米，1956 年种过一年作物栽的树，6 年平均树高 5 米。从此，整地造林就作为林场的一项基本要求，不整地不造林。那些年一门心思想造林，整天琢磨事，每项技术、每个环节都想。边学边干，边琢磨边干，因为可学的东西太多。"

栽树时得雇用周边的农民，在林场技术人员指导下，严格按技术要求去做，不能有丝毫的马虎。当然，雇用上百人造林，有时也有监督不到的地方，后来采取林场同生产队挂钩，用包整地、包栽植、包成活、包抚育的方式，一包三年，然后按作业项目付给报酬。这种办法激发起大小队干部和农民的责任心，当然技术人员的技术指导也必须跟上。效果很不错，成活率平均达 80% 以上。

齐彦回忆当时如何检查造林质量时说："检查树苗栽得实不实，技术人员拿上一杆秤，一头拴在树上，像称东西似的往上提，秤砣达到 15 斤就合格，达不到 15 斤就不合格。"听后大家不禁捧腹大笑，看来当时为栽好树，人们真是绞尽脑汁。

一切按技术要求去做，没成活的下次造林时及时补植，所以成活保存率很可观。更主要的是造林后采取严格的保护措施，禁止一切人畜破坏，每年还要像侍弄庄稼那样，给幼树除草，每行树一面搒 0.4 米，两面就是 0.8 米。然后是中耕，每行树两边各耕出一条垄沟来，达到蓄水保墒的作用。那些年雨水较多，小树长得非常好，当年就有 1 米高。尤其是林场造林，集中连片，规格整齐，甚为壮观。

国营林场的造林成就，众人瞩目。人们真切地看到，这些成就的取得，是林场人不怕苦、不怕累，管理严格，操作认真的结果。可是，还有人们没有看到的，却能真正体现林场人精神的，那就是他们是在饿着肚子的状态下取得这些成就的。人高马大的老工人王会说："从 1960 年到林场上班，直到 80 年代初，都是饿着肚子在干活。春天饿着肚子造林，夏季饿着肚子搒树，冬天饿着肚子平茬，几乎没吃过饱饭。春天在山上造林，中午就用一个洋锅子煮粥吃，喝完一碗稀粥，碗底剩下一层沙土。"齐彦说："有个老杨头，是个单身汉，这人饭量很大，供应的粮食总也不够吃，饿得没办法，他用自己的行李在老乡那里换了10斤西番谷籽。他本应炒一下再吃，他不会，而是像煮小米粥那样用清水煮，清汤清水地喝。我发现后向场里汇报，场里用几毛钱又把他的行李换回来。"困难程度可见一斑。

林场造林成功，给各级党委政府以极大的鼓舞。1957年，敖汉旗又决定在陈家洼子林场的西北30公里的三义井建一处林场，之后继续向西先后建起小河子林场。三个林场统一为三义井林场，陈家洼子、三义井、小河子更名为造林作业区。

60年代末，根据上级要求，三义井林场业务上划归昭乌达盟直属、场部设在翁牛特旗的鸭鸡山国营机械化林场管理。当时的决策者认为，有必要在赤峰市境内的科尔沁沙地南部建立一个规模较大的国营林场，利用机械化的优势，加快造林速度，尽快改变这一地区恶劣的生态环境，建成一处森林生态屏障。因此，敖汉旗中部、松山区东部、红山区等全部纳入鸭鸡山林场规划范围。但后来由于受到行政体制的掣肘，国营鸭鸡山机械化林场发展受到阻碍，最后又重划归各旗县管理。鸭鸡山林场统一管理时间虽然不长，三义井林场便从一个以人工造林一跃成为全部机械化的林场。在广大农村还没见到拖拉机啥样时，三义井林场光拖拉机就有好多台。1964年，经国家林业部批准，三义井林场变成机械化林场，达到国家大型林场的标准。

向西，继续向西。1970年建古鲁板蒿分场，1972年建木头营子分场。至此，三义井林场覆盖了整个敖汉旗中北部地区。

在总场下属分场的体制下，三义井林场推行了"六定、三保、二奖、一验收"的生产责任制。六定是：定地块、定劳力、定耕畜、定工具数量和使用年限、定物料消耗、定经费。三保是：保任务、保质量、保成本。二奖是：超产奖、节约经费奖。一验收是：定期检查验收。在实际作业过程中，采用计件小包工的办法，有效促进了林业发展，年均造林10多万亩。

机械化造林的优势在平坦的沙地上得到充分的发挥，一些成功的造林技术在国有林场得到充分的推广，国营林业的管理优势得到充分的体现。株株幼树组成片片绿洲，展现出前所未有的治沙奇迹，标志着国营林场造林获得极大的成功。

二、育苗：直播育苗—扦插育苗—良种壮苗

"当初造林最困难的是没有树苗，更没有好树苗。"马海超回忆介绍说，"1952 年春，我在下洼苗圃搞育苗，苗圃准备搞一些杨树插条育苗，我和赵印松拿着砍刀，赶着一辆马车，从下洼出发向南到敖吉，过梁到贝子府、金厂沟梁等地，见着能做插条的就砍，走了半个月一百多里路，转了一大圈，仅仅拉回半车插条。虽然知道杨树插条育苗要比直播种子育出的苗好，但就是没有用于插条的材料。只能靠直播杨树种子和榆树种子培育直生苗。为了保证造林需求，全旗除 5 个直属大苗圃外，每个林场都得建一个或两个场属苗圃。"

徐永文是从事育苗时间最长的一位。一生 42 年的林业生涯，有 23 年专职从事育苗工作，即便是后来当场长，也要经常过问育苗工作，因为树苗的好坏关系到造林的成败。在总结几十年育苗的过程时，他说："早期以杨树、榆树直播育苗为主，苗高不过三五十厘米。到 70 年代初，各苗圃基本上都培育了自己的采穗圃，少则四五十亩，多则一百多亩，插条来源有了保证，插条育苗才开始代替了直播育苗，树苗质量有了很大提高。80 年代后，引进了很多优质杂交树种，育苗技术也在不断完善。到 90 年代，全旗苗木生产达到了良种壮苗的要求。种苗的质量决定着造林的质量，种苗成为推动敖汉林业发展的重要因素之一。"

早期的直播育苗，种子全来源于当地的乡土树种，一是小叶杨，二是榆树。在敖汉地区，如今春末夏初时节，飞絮扬花已成为烦人的一景，而在20 世纪 50 年代初，除榆树种子还能采集一些外，杨树没有一处成规模的采种基地。好在邻近的奈曼旗有个青龙山，当时还保存一块面积较大的小叶杨母树林。每到春季，各苗圃、林场都要派出多人到青龙山或亲自采集，或收购当地农民收获的杨树种子。曾担任陈家洼子林场党支部书记的刘银对收购杨树种子很有经验，他说当年的种子颜色发黄，上年的陈种子颜色发灰，陈一年的种子发芽率低得多。所以收购老乡家种子一定要小心，种子采集收购完成后要及时发运回来，途中运输还要格外小心，要不时地检查温度，上下翻一翻，温度太高时，就得采取泼水等降温措施。

杨树育苗最难，芝麻粒大甚至没有芝麻粒大的种子，播种时须拌上点沙土，拌均匀后撒在做好的苗床上，先用磙子压后用脚踩，盖上柴草。然后每天喷水不断，从上午 9 时到下午 4 时。育苗多是些女孩子，光着脚丫在地里

来回跑，直到树苗出土，才改喷水为浇水。到秋季苗高一般是 30 厘米左右，最高不过 50 厘米，粗度也不够。每亩地出产 3 万—4 万株。前几年觉得产量越多越好，后来才总结出产量高质量就差，要提高树苗高度和粗度，就要减少产量。

不管咋说，直播育苗不如插条育苗。过去苦于缺少插条，育苗面积上不去，各苗圃不得不将仅有的插条用在采穗圃的扩大上，用来自繁自育。不论是当地的小叶杨，还是引进的杂交杨，首先培养自己的采穗圃，待有一定规模后再用于插条育苗。通过造林试验，一些杂交新树种生长状况明显高于当地小叶杨，各苗圃又逐渐淘汰了小叶杨育苗，一律培育杂交新树种。北京杨、新疆杨、白城杨、少先队、加拿大杨、小城黑、赤峰 34、赤峰 36 等不下十几个新树种。

开始发展插条育苗时，亩产最高 1.5 万—1.8 万株，产量比直播育苗降低了一半多，但树苗质量比直播苗要高得多。造林实践表明，树苗质量越好，品种越优，造林成活率越高，生长量也越多。要造好林，要求树苗越好。于是育苗单产指标一降再降。最后降到每亩 1 万株以下。待到后来营造速生丰产林时，每亩育出的杨大苗只有 1000 株，在苗圃地里就成了小树。取得当年植树当年成林的效果。

山杏育苗是从 80 年代初开始的。原来营造山杏林都是直播的方法，漫山遍野种杏核，即便是发芽出土，也要被害虫、山兔吃掉，成林效果很差。为提高山杏造林质量，敖汉旗开始发展山杏育苗。

山杏育苗，种子处理是关键。在技术人员的指导下，冬季将杏核与湿沙混合冷冻，第二年 4 月，置于温暖地方进行催芽，有的育苗工人为保证种子发芽快且均匀，把睡的土炕腾出来，自己睡在板铺上。山杏育苗效果十分明显，当年苗高竟达到七八十厘米，甚至 1 米。山杏育苗造林要比直播造林最少提前 5 年见效，还能节省很多种子。

历史经验证明，搞林业首先搞苗子，树苗抓不好，造林没法搞好。敖汉林业发展快效果好，原因之一是始终在育苗上下功夫：一是插条育苗代替了直播育苗；二是选择了一批适合敖汉地区生长的杂交优良树种代替了当地的小叶杨、小青杨；三是建立了育苗需要的良种采穗圃。

三、JK45—50 型开沟犁的诞生

从 1954 年国营陈家洼子分场建立到 70 年代末，三义井林场经历了人工

造林、机械造林两个阶段。其中机械造林是在原鸭鸡山林场带动下，配备了十几台拖拉机和机械植树机，造林效率有了很大提高。20多年，全场累计造林面积35万亩，能在沙地上造起这么多的树，国营林场功不可没。国家及地方各级政府力图通过成立国营林场达到治沙的目的得到圆满实现。

但三义井林场的管理者们，他们既为创造的成就感到自豪，又为自己的工作感到不足。"20多年的树本来应该成材了，可是眼前的却是成林不成材的小老树"，他们的心里总是纠结着这件事。想得最多的是先后担任林场场长的马海超、张国臣等人，他们不放过一切机会寻找答案。哪个地方的树长得好，哪棵树长得好，他们总会用心观察，几个人碰到一起的时候还要议论一番，终于有一天他们从诸多的信息积累中得到启示：栽得浅。

"你看，为啥农户家院墙边的树长得好？为啥树长高后下面存沙子多的地方树长得好？那是因为打院墙时取土挖出一条深沟，填满土后再栽树，树根就扎得深。在成片林中如树下有积沙子的地方，积一层沙子就长出一层根，根系多，扎得深，吸收的水分多营养多，树长得肯定好。"马海超说。

怎样才能深栽呢？人工挖大坑？费工太多不现实。这些年机械造林，开沟深度最多30厘米。30厘米的栽植深度，在干旱和半干旱地区土壤墒情是有限的。假如机械开沟达到50厘米，再把原来机械自动植苗改为人工在坑内挖穴植苗，栽植深度就会提高一倍多。探讨的目标集中在深栽上，关键要有能在拖拉机的牵引下开出50厘米深的大犁来。

抗旱造林系列技术——大犁开沟

1979年冬闲时节，在场长马海超的带领下，副场长张国臣、机修师傅王铎等组织十来个人的攻关队伍，集中研制大型开沟犁。借鉴原来使用的开沟犁，先琢磨出个图纸，用薄铁做出模型，然后照着模型制作。工具是锤子、扳子、电焊机等，没有锻压设备就用砧子砸，黑天白日地干了一冬天，做出一台来。第二年春天试验，开沟的深度宽度都不错，只是牵引阻力大，一般的拖拉机带不动。在改动时，一是调整犁壁角度，二是改善犁身的起落装置，使牵引负荷变小。以后又继续做了一些改进，终于研制成全悬挂和半悬挂两种机型。

实践检验：使用这种开沟犁，一台拖拉机每天可开沟整地150亩，掘土量6600立方米，相当于1000人一天的劳动量。开出的"V"形沟上宽120厘米，深50厘米。简直难以想象，几个常年栽树的人竟然研制出一种栽树的机械来。

1984年，担任三义井林场场长的张国忱和工程师杨秀川，经过抽样调查检测，总结撰写出《开沟造林效益初探》一文。文中指出，由于大犁开沟造林因速度快、质量好、省劳力、易保护等优点，很快被推广到全旗社队造林，1980年开始试验时只有2300亩，1981年就扩大到2.8万亩，1982年4.4万亩，1983年达到16万亩。造林地从平地和风沙地扩大到丘陵缓坡地，造林树种由阔叶树扩大到针叶树。

造林效果：

1. 造林成活保存率高。1980年秋季，马头山林场在一块特别干旱的地段实施开沟造林，并与一般造林做了对比，开沟造林成活率和一年后存活率均为75%，而一般穴植造林成活率为60%，一年后保存下来的不过三分之一。

2. 幼林的地上地下生长量均高于一般穴植造林。1981年春在团山子同一块地、同一树种、同一时间对比造林，同生长一年后检测结果：开沟造林全高148.5厘米，侧枝总长901.9厘米，叶片总数1909片；一般穴植造林全高115.3厘米，侧枝生长115.8厘米，叶片总数217片。地下生长一年后检测结果：垂直根数各4条；侧根总数：开沟79条，穴植27条；根系总长：开沟2192厘米，穴植926厘米；冠幅：开沟71.9厘米，穴植13厘米。

大犁开沟造林的优点：

1. 栽植点深，可以借墒。多年来抽样检测表明，根层土壤含水量高于一般穴植浅栽根层土壤含水量6.5%—77.2%。

2. 减少地表径流，蓄水保墒。通过沟内拦截的地表径流，使土壤含水量增加 36.4%—93.3%。

3. 沟内杂草明显减少。土壤孔隙和枯草、落叶、畜粪等有机物增加，既利于保墒，又改良了土壤，提高了肥力。

4. 受自然力的影响，翻出的生土逐渐熟化回填，促进了根系发育，增根效益明显，增加根量达 34.4%。

5. 沟埂相间，减少畜害，对幼树起到保护作用。实践证明：机械开沟造林成活率比一般穴植提高 15%—30%，保存率提高 15%。

开沟造林的成效引起从事林业工作的各级领导和专家的关注和好评。1982 年就在全市推广 20 台，1983 年就推广到辽宁省的建平县及内蒙古的库伦旗、奈曼旗。中国林业科学院研究员陈丙浩评价说，这是干旱地区造林方法的一个创举。

人们把科学技术称作第一生产力，是对科学技术作用的最精准概括。生产实践中，每一项技术进步，都会带来生产上的飞跃。三义井林场研制的大型开沟犁，仅仅是对原来使用的开沟犁做一些改进，其作用不仅加快了造林速度，提高了造林质量，还为改革造林模式奠定了基础。

过去造林以片为主，大片大片的林地既影响树木生长，也无法将农牧业置于林业的有效保护之中。自从有了开沟犁后，敖汉旗率先在中部几个乡

机械植苗造林现场

的范围内，营造起规模宏大的防护林网，农田、牧场、人工草地全部置于树木的保护之中。在林网的保护下，以往根本无法耕种的土地被改造成基本农田，或是成为人工草地。作为牧场的网格，还能做到有序轮牧，从根本上解决以草定畜，良性循环。站在高处极目远望，方方正正的绿色林网如诗如画，贫瘠的土地显现出勃勃生机。

1988年这台命名为 JK45—50 型开沟犁获得内蒙古自治区科技进步三等奖，被推广到"三北"地区应用。

四、从小老树到速生丰产林

从1954年到1980年，三义井林场完成国家投资847万元，获得造林保存面积35万亩。原来划给国营林场的宜林地造林已基本完成，标志着依靠国家拨款造林治沙的使命已经结束。造林任务结束，造林经费中断，意味着林场干部工人的工资收入没了保障。

也就在此时，国家开始对计划经济体制进行改革，取而代之的是鼓励竞争、效率优先的市场经济体制。国营林场既然完成了造林任务，就应该转向以营林为重点，实行企业化管理，自负盈亏。三义井林场虽然有35万亩的有林面积，但80%成为成林不成材的小老树，每亩木材蓄积量不足0.2立方米。作为生态屏障是十分可贵的，作为经济资源却是十分有限的。靠树木供养林场的职工，显然是不可能的。

正是此时，《赤峰日报》刊发了一篇小散文，题目是《小老树》，摘要如下。

> 我知道，当它们还在园圃的时候，是那样的亭亭玉立，娇柔媚艳。它们大概也曾想象自己能够很快成为栋梁之材。可是，当它们走出园圃，进入大地，遇到的却是贫瘠的土地，干旱的气候，更有无情风沙的蹂躏。它们那弱小的身躯受到摧残，但它们仍然顽强地同严酷的自然环境抗争着。
>
> 一年两年，十年八年，它们终于用那畸形的身躯筑起一道道绿色的长城，孕育出一片片绿洲。尽管不能成为人们所希望的"有用"之材，但却默默承担起一个神圣的职责——抗御风沙，保持水土。十几年来，敖汉旗的一些地方再也见不到黄沙滚滚，遮天蔽日的风灾，不正是小老树的功劳吗？

1979 年林业部召开全国国有林场场长培训班，林业部的领导在培训班开始时到场讲话，其中有这么一句话让参加培训的马海超很在意："国有林场应是木材生产的基地，如果每亩林生产不出 2—4 立方米的木材来，这样的林场就该撤掉。"马海超想，站在国家的角度，这样的要求无疑是正确的。用这样的标准要求诸如三义井这样的以治沙为目的的林场，未免有些过。当时建林场时最大的愿望就是治沙，能把沙子治住就是最大的功绩，哪敢期望在滚滚的沙地上长出木材来？讨论时，马海超结合三义井林场建场的背景、发展过程、目前的效益及今后的打算等做了认真介绍。他的发言引起了林业部领导的重视，之后部领导又找马海超进行了一次详谈。也许正是这次与部领导的直接沟通，让部领导对沙地造林有了更全面的认识。

理由可以讲，但栽了几十年的树，没有多少成材的，总是说不过去。马海超也不是找借口混日子的人。其实早在几年前，所有关注林场发展的人，包括工人、干部、技术人员，就开始总结形成小老树的原因，探讨如何在沙地上栽好树。学习班上参观北京大东流苗圃，那里营造的速生丰产林给他极大的启示。

培训班结束后正值春节。马海超利用休息时间将学习内容进行认真的整理。春节过后，他就组织召开分场以上的所有党员、干部会议，介绍参加林业部学习班的学习内容和学习心得，中心议题是三义井林场今后应以营造速生丰产林为突破口，增加木材产量，改变落后面貌。

1980 年春，三义井林场第一次营造 900 亩速生丰产林。每年营造面积都在增加，自此以后，马海超、张国臣等人就把全部精力用在谋划营造速生丰产林上。包括杨树大苗的培育，造林地的平整，水利设施的建设等。之后几年，每年营造面积都在增加，最多达到 2000 多亩。

1984 年 8 月，三义井林场曾对发展速生丰产林做过详细的总结。

关于小老树的成因，总结归纳了两条：一是在干旱的立地条件下，自然输送给树木生长的能量小，满足不了生长发育的需要；二是人为的经营活动技术措施不佳，诸如树种选择不当、密度不合理、经营强度弱等。

第一条属于客观原因。降雨量是人们无法改变的，但充分利用可利用的水资源，在能灌溉的地段搞一些必要的水利设施，不利的干旱环境就能改变。

第二条属于主观方面的原因。早在建场初期的五六十年代，他们还没有见过什么是优良的杂交树种，还处在有啥树采啥种育啥苗的阶段，直到 1974 年才开始引进优良树种。至于栽植密度要看树苗的质量，试想初期培育的直播杨树苗或榆树苗，高不过 30 厘米，粗的和卫生香一样，这样的树苗要稀植在茫茫的沙地上，能否保存下来都难说。至于经营强度、抚育措施，要靠多年的经验积累。

不过，能够从主观上找不足，看到努力的方向，这是三义井林场最大的可贵之处。

经过全面规划设计，全场规划出 15.5 万亩有水源保证的地段，其中自流灌溉 10 万亩，提水灌溉 4239 亩，二阴地 1307 亩，用于营造速生丰产林。

营造速生丰产林的措施有以下几条。

1. 细致整地。在造林前的一两年，对土地进行全面的平整和翻耙，使土壤充分疏松熟化。平整的标准为地面高差不超过 10 厘米，顺栽植行的纵向落差不超过 0.2%，对缓坡地采取沿等高线修筑梯田，阶梯内的平整度也要达到平川地的标准。平整后进行全面深翻 25—30 厘米，并耙平、压细。达到加厚活土层、促进土壤微生物活动、加速有机质分解，进而提高土壤保水保肥能力。

2. 选用良种。从 1974 年引进杂交树种以来，同样的立地条件，某些树种十分可观的生长量，让林场的人大开眼界。根据观察，他们选择了北京杨、健杨、昭林 6 号杨、赤峰杨、少先队杨、昭盟小黑杨、白城杨等主栽品种。

值得一提的是，因各个树种的长势不同，同一块地上必须选择一个树种，才能保持林相的整齐。对这一点当时特别在意，绝不会在一块林地中出现参差不齐的现象。

3. 精心栽植。

（1）沟下栽植。在平整土地的基础上，按预定的行距用林场新研制成功的开沟犁开沟，沟深 45—50 厘米，上口宽 120 厘米，沟底宽 30 厘米的 "V" 形沟。然后在沟底挖栽植坑，坑的标准是长宽各 100 厘米，深 80 厘米。

（2）精选树苗。用于营造速生林的树苗均为三年根两年干的大苗，苗高 3 米以上，无病虫害，无机械损伤，苗干充实，芽子饱满的壮苗。在苗圃进行一次分级和检疫后，到造林地还要进行第二次分级，做到苗高、茎粗、品种一样。还要进行修根、剪冠、剪顶尖。

（3）浸泡树苗。选好的树苗要放在水里浸泡 3—5 天，增加树苗的含水量。据试验，经过浸泡的树苗，增重 20%，把这部分水蒸发掉需 57 天，从而大大提高了抗旱能力。造林成活率均在 95% 以上，大部分地块达到 100%。

（4）合理密度。自 1980 年到 1982 年，他们共设计了三个密度模式，

2.5 米 ×4 米，4 米 ×4 米，3 米 ×5 米。实践证明，第一种密度过大，株间早期郁闭，影响光照，形成偏冠。第二种栽植比较费工，提高了造林成本。第三种较好地避免了前两种弊端，是理想的密度模式。

4. "集约"经营。"水、肥、气、热"是树木生长的必备条件，缺一不可。内容包括：中耕锄草、灌水、追肥、三铧犁耕、深松、开沟犁耕、重耙松土、整枝、抹芽。次数根据树龄而定。

5. 建立专业队伍抓速生林建设。总场和各分场选拔专业人员 10 名，具体负责速生丰产林的规划设计、组织营造、抚育管理等一切工作。在管理方面实行了"三定一奖"制度，从而进一步降低了营造成本，提高了投资效益。

6. 贷款支持。三义井林场营造速生丰产林是在国家大幅减少造林经费，林场处在十分困难的情况下开始的。为保证造林投入，他们向敖汉旗农业银行申请贷款支持。1982 年和 1983 年，三义井林场两年共使用农行贷款 47 万元，建筑大小闸门 49 座，开挖渠道 14500 米，购置提水设备 7 套。这些水利设施的建成，可控制灌溉面积 11300 亩，有了银行贷款的支持，加快了营造速生林的速度。

不难看出，三义井林场营造速生丰产林，是 20 多年造林经验、造林技术、造林管理的全面升华，是在系统总结多年造林实践的基础上提炼出来的。没有以前 20 多年的造林实践，仅从外地经验和书本上是不会有如此完美的造林方案的。

造林方案一公布，人们就看到了希望，看到了未来。人们甚至估计，用不了 10 年就能长成檩材，15 年就能长出柁材。因此在营造时，人们的干劲，人们的认真态度，都是少有的。一春 40 多天，没有回家的，不是在场部，就是在野外搭个窝铺，一门心思研究如何造好速生林。

林场人不辜负大地，大地也没有辜负林场人。一株株一片片挺拔青翠的速生丰产林，彻底改变了原来造林的形象。全场人都满怀成功的喜悦，从速生林中看到未来的希望。场长张国臣作为营造速生丰产林的主要领导者，对树木生长更是格外用心，1984 年他根据几年的观察记录，写成《杨树速生丰产林生长指标初探》一文，详细表述了不同树种、不同树龄的生长量，株行距的差异，甚至根系增加多少、总长有多少等。此篇论文获赤峰市林学会论文一等奖。

敖汉旗国有林场在沙地营造速生丰产林成功的消息，也引起上级主管部门的关注。1987 年 8 月，国家林业部组织有关专家、教授、技术人员对敖汉旗的速生丰产林进行验收。通过实地检测，认为营造面积、规格、质量、经营措施等各项指标均达到部颁标准，列东北四省区之首。

五、体制改革推动林场二次创业

从 20 世纪 80 年代开始，以市场为取向的国家经济体制改革步步深入，原来以国家计划为主导的经济体制及其相应的管理机制面临改革的冲击。毋庸讳言，中央集权式的计划体制在过去 30 年中起到非常巨大的作用，这在林业生态建设方面表现非常突出。没有国家集中人力、财力、物力兴办国有林场，敖汉地区的荒漠化不可能在 30 年中发生根本性改变。但是，计划经济体制下形成的各种生产要素不会随着市场经济的建立而顺畅改变，甚至成为不小的负担，这在国有林场表现尤为突出。最主要的是，过去国家财政拿钱招收了大量的农民进入国有林场，成为林场的固定职工。造林计划完成，造林经费中断，这些职工生活出路靠什么？为完成造林计划，层层设置了众多的管理机构和管理人员，当没有了造林计划，机构将不复存在，管理人员又何去何从？

改革的第一步，是撤掉原来由 7 个分场组成的三义井机械林场，7 个林场分别成为独立的、自负盈亏、自主经营、自我发展的新型林业企业。改革方案出台后，7 个林场分别根据各自实际制定实施细则。1984 年敖汉旗人民政府批准了敖汉旗国营林场（苗圃）改革方案，1985 年开始操作。

《赤峰日报》以《茫茫林海擎旗人》为题，报道了陈家洼子林场场长王振生领导改革的过程。报道说，其一，确立了场长负责制的管理体制。场长不再是完成国家计划的组织者，而是要担负起"自负盈亏、自我发展"职责的经营者。其二，对场内组织机构进行改革，合并组室，管理人员由 19 人减少为 9 人。其三，原工资标准一律进入档案，将场内可利用的生产资料配置给职工，如承包商店、承包苗圃、承包土地等，实行联产计酬制。各组、室负责人与各业承包职工效益联系，场长、书记与全厂职工收入挂钩，并交纳两个月的风险金。

报道说，改革细则出台，立刻在全场引发一阵波澜。尤其那些多年来以工资为生的职工，突然改变为自食其力的劳动者，必然在情感上产生巨大的波动。化解矛盾，淡化情绪，推动事业不断向前发展，是对场领导班子的考验。陈家洼子林场的领导者竭尽全力，帮助职工解决生产中的困难，组织职工互帮互助，好在那几年比较的风调雨顺，改革的政策符合实际，当年获得历史上最好的收成，职工收入都远远超出原来的工资总额。

陈家洼子林场的改革只是每个林场改革的缩影，其他林场也是如此。生产发展，收入增加，很多矛盾都得到化解。说生产发展、收入增加，其实还是建立在 20 多年培育起来的林草资源上。

王义当时是双井林场场长，在接受采访时说：1984 年的改革，减少了很多管理人员，打破了原来的工资标准，让很多人思想上不理解，转不过弯来。其实正是从那时起，不仅林场职工收入大幅增加，周边群众也从林场获得更多的收入，林场可以说进入了发展的黄金期。30 多万亩的林地开始进行改造，虽然小老树收入少，但地值钱。每个林场都要有计划地改造小老树，采伐后让人们耕种一年，耕种的过程也是对林地进行整地的过程，为提高粮食或油料产量，承包林地种粮的人还要施肥，因此，既节省了整地的费用，又增加了林地的肥力。小老树更新后，大多采用"双行一带"的造林模式，带间 8—15 米，还能间种粮食、油料、牧草等。80 年代后的林地早已不是造林时的沙化土地，有几十万亩林地的保护，风沙危害已不再发生，五六十年代好一点的地块只能种些荞麦、小黑豆、谷子等低产作物，每亩不过七八十斤。很多都是寸草不生的硬板地。1985 年后普遍能种玉米、高粱等高产作物，那些年降雨量也多，又有林地的保护，亩产达到七八百斤，是

新中国成立初期北部沙区面貌

过去的十倍到十几倍，不能说成为稳产高产农田，起码达到稳产中产。职工很富有，林场也很富有，对外发包土地，每年每个林场都收入几十万，邻近的双井乡缺钱都到我们林场来借。

1980年营造速生丰产林的成功，让林场人受到启示。20多年的造林实践，也为林场人积累了大量的造林营林经验。更主要的是他们对当地的自然环境有了更深入的认识。他们都出身于农民，过去他们是站在农耕的角度去认识自然环境，20多年的造林实践，教会了他们站在营林的角度去认识自然环境。站在农耕的角度，无遮无拦的沙地是无法耕种的。而站在营林的角度，沙地是容易栽好树的，因为沙地含水多、积温高，只要有良种壮苗，有一套适宜的造林技术，干旱的沙地也能长出成材的树来。有了这样的认识，对30多万亩的小老树进行改造也就有了方向。

经过一番酝酿之后，提出在单株占地面积不变的基础上，采用大小垄配置，充分利用边行效应，制定了"两行一带"造林模式。

第二节　守护敖汉中部的一片绿：新惠林场

新惠，敖汉旗政府所在地。新惠林场是以新惠为中心，覆盖东西50公里、南北80公里，覆盖四道湾、萨力巴、四德堂、玛尼罕、新惠、高家窝铺、新地、林家地8个乡镇的区域范围。

新惠林场始建于1962年，总面积32万亩，宜林面积25万亩，是在国营新惠苗圃的基础上，以造林固沙为主要目标而建立起来的造林林场。1966年扩大到乌兰召作业区，1970年，建立巴尔当作业区（后改称高家窝铺分场），1974年，将原新地合作造林林场并入新惠林场。到1985年，有林面积18.4万亩。

一、新惠北梁，让人困惑的沙子梁

建场之前，敖汉旗北部的科尔沁沙地已经南侵到新惠镇内，并在新惠镇西北部不足4公里的地方形成一道沙子梁，沙子梁南北宽有7公里，东西长约10公里。成为科尔沁沙地南侵的最前沿。所说的沙子梁，不是已经固定的沙子梁，而是一道流动沙丘，几乎没有任何植物生长。

敖汉地区，以西北风居多，有那么一道流沙形成的沙子梁，只要大风刮起来，沙子就会无遮无挡地进入新惠镇。20 世纪 70 年代之前，每到冬春时节，风多沙狂，遮天蔽日，新惠镇内常常出现白日点灯的现象。在赤峰商校的卢佩兰教师说，50 年代末，她在新惠中学读书。有一次正上课时，突然狂风骤起，天昏地暗，房顶的瓦砾声和沙子敲打窗户声让人毛骨悚然。学生们赶紧关紧窗门，教室里逐渐变得漆黑一片。全班学生先是惊慌失措地喊，后来是鸦雀无声。十几分钟过去后，外面渐渐亮了起来。人们发现课桌上、书本上已经落了一层沙土。新惠中学如此，整个新惠镇及其周边的乡村就可想而知了。

那个时期在春季多风时节，经常会出现那样的天气。据敖汉旗气象资料记载，从 1958 年到 1978 年的 20 年中，平均每年 8 级以上大风有 60 次，这些 8 级以上大风，多数发生在春季 3 个月中。其中 1969 年到 1972 年的 4 年中，8 级以上大风天数竟然达到 97 次、89 次、112 次、118 次。大风平均速度为每秒 6—6.5 米。风力之大，速度之快，大有无坚不摧之势。如此大风和地面活化的沙子碰到一起，那情景就可想而知了。

环境如此，生活如何？且不说当时物资匮乏，人们的收入多少，就是一日三餐能够把饭做熟，寒冷的冬季能够把土炕烧热的烧柴也让人们费尽心机。

当时新惠镇内不足万人，每到秋季，镇内居民就要同周边农民展开一场抢夺烧柴的争斗。河边树林中的落叶、庄稼茬子、秸秆树枝等都是当时人们争夺的主要燃料。每个村子都要安排几名护秋人员，不仅要看护好庄稼，更要在夜间看护好茬子（庄稼割倒后留在地上三四厘米的秸秆儿和地下的根须），要不然就要被镇里的居民连夜刨走。抢收柴禾，常常引起新惠镇居民与周边农民的矛盾纠纷。

那时收入多点的城镇居民虽然已经改烧煤为主，但烧煤也得有"引柴"吧？家在当地，乡下又有亲属的职工还好一些，亲属进城时拉些柴禾。外地人或离自己的老家远一些的职工，就要自己想办法弄柴禾，不去抢收农民的秸秆儿茬子，就得到农贸市场去买。当时新惠镇农贸市场，卖柴禾的摊子要占一大半。那个年代，对镇内居民来说，烧柴比吃粮还重要，粮食由国家定量供应，不管多少，人人有份。烧柴就要靠自己想办法。

很明显，烧柴越缺乏，越加剧对周边植被的索取；索取得越多，越加重周边的荒漠程度。沙丘上只要长一点杂草，都要被人们收回来当柴烧。耧草，大概是敖汉旗新惠以北地区独有的一项劳动。立秋之后，长在沙地上的青草已有一些干物质成分，晒干之后能够点燃。这时人们用锄头一片一片地将草除掉，再用耙子搂起来，作为烧柴挑回家去。不难想象，锄头耪过之后，沙子必然更加活化，活化的沙子在冬春多风的季节，该是什么样子？

二、恢复新惠苗圃，组织群众造林

新中国成立后，中共中央和国家各级人民政府更加注重造林治沙工作。1949年，敖汉旗人民政府决定，将伪满洲国时期的新惠苗圃收归国有，成立国营苗圃。国营新惠苗圃成立后，进一步扩大苗圃面积，招收人员专门从事育苗工作。这年，原热河省林业厅委托承德农业专科学校举办育苗培训班，培训旗县以上国营苗圃人员，到1962年成立新惠林场时，育苗面积已从15亩增加到80亩。

有了树苗，就有了造林的前提。政府制定的造林政策是实行股份制造林，即按土地、树苗、劳力三项投入分成，一般是土地按二成，树苗按二成，劳力投入按六成。造林成活后发放该林地的股票，相当于林权证。

时任新惠地区林业站站长的陈子章，对治理北沙子梁费尽了心血。他组织当地农民在沙子梁栽树种草，树苗不够，就到河边大树上砍树枝，一垄一垄地埋在沙地里，被称为"埋干"造林法。但面对大面积茫茫流沙，小小的树苗在风力的推动下，不是埋死就是被揭走，造林成果甚微。当然，也不排除有些人为了生计，为了煮熟饭烧热炕，刚刚成活的幼树就被砍掉的行为。造了很多年，就是不见林，沙害越来越严重。

三、成立新惠林场，首先绿化北沙子梁

到1962年，国营三义井林场已组建8年，治理效果非常显著。新惠镇作为敖汉旗政府所在地，没有理由栽不成树，治不住沙。成立国营林场，成为必然的选择。这年，敖汉旗政府决定在新惠苗圃的基础上组建国营新惠林场。主要担负敖汉旗南部的防沙治沙任务。张凤元任第一任党支部书记、场长，陈子章任副场长。新惠林场的第一项任务就是在北沙子梁建立作业区，治理北沙子梁。

最早进入北梁作业区的是张玉珍、崔忠、张振奎三人。张玉珍回忆说：林场建立之初做的第一件事，就是同各生产队、生产大队和相关公社签订土地协议书。旗里定了，以沙子梁为重点划给林场造林。但具体地块还要同各大队、小队协商。周边居住的农民很多，他们为了自身的生计，只要植被条件稍好一点的都不愿给林场，只有那些寸草不长的流沙地才同意划给林场。

确定了边界，签好协议，就开始造林整地了。

三义井林场建得早，已有七八年的时间了。对造林已经积累了一些经验，首要的一条是先整地后造林。我们就直接借鉴他们的经验，怎样造好林就怎样做。几年前三义井林场就开始使用拖拉机整地，拖拉机能翻 30 厘米深，这对提高造林成活率很有好处。我们场还没有拖拉机，我们就到邻近的辽宁省建平县小塘公社三家大队雇两台拖拉机整地。没有走不整地就造林的弯路。

造林技术曾采用苏联郭洛索夫植苗法，挖三锹，再在当中别开一道缝，将树苗栽进去踩实。后来觉得这种办法不能有效借助地下墒情，也不能在雨季起到蓄水的作用，对树苗成活和幼树生长都不利。我们就改为挖植树坑的办法，植树坑长、宽、深各 30 厘米。树苗栽上踩实后，四周铲出 60 厘米见方的边沿。这种办法虽然慢一些，但效果好得多。

造林都是找当地的农民，每造一棵树给 3 分钱。林场的人负责从苗圃组织调运树苗，检查质量。从新惠苗圃拉树苗到北沙子梁，路上全是沙子，拉苗的马车上必备一把铁锹，很多地方是扒一段走一段，锹不够就用手扒。走得快一点大半天，稍慢一点就得一天或两天才能到达造林地。

树栽上以后，就是管护，这是最难的。临近都是村庄，牲畜又很多，稍不留意就会被牲畜毁掉。护林员每人一匹马，看上去很神气，其实真辛苦。每天顶着星星走顶着星星回，十几个小时都在山上转。护林要面对各种各样的人，有要横的，有说好听的；有素不相识的，也有亲戚朋友。不论什么态度什么人，谁都得按规定处理，不按规定处理放开口子，下次就不好办。

4 年的时间，终于在 4 万亩的北沙子梁栽上了树，那几年雨水多，据气象资料记载，1962—1965 年，新惠地区降雨分别是 531.2 毫米、357.3 毫米、491.1 毫米、459.1 毫米。加上管护好，绿油油的小树彻底改变了沙子梁的颜色。周围老百姓栽了十几年树，也没栽成，林场 4 年时间就全部绿化了沙子梁，国营林场的绿化力量让周边社（人民公社）队（生产大队、生产小队）真真正正看到社会主义制度的优越性。

四、转战乌兰召

北沙子梁的造林成果首先被乌兰召公社党委领导看好。他们找到旗林业局的领导说，我们公社有几块沙地，尤其是海力王府那块沙地越来越厉害了，你们建个林场吧，我们一定全力支持。

海力王府就是后来的乌兰召，并以乌兰召的名字成立人民公社。其实公社所在地在萨力巴村，距离乌兰召有五六公里。乌兰召位于北沙子梁的西部，北沙子梁的沙源大部也来自乌兰召一带。

治理好乌兰召一带沙地，要在新惠镇的北部和西部形成一个完整的绿化带，为新惠镇再建设一个挡风阻沙的绿色屏障。乌兰召公社主动提出建立国营林场，这是天大的好事，敖汉旗林业局很快作了答复。乌兰召公社还委派专人全力协助新惠林场组建造林作业区。

1966年，刚刚在北梁作业区见到造林成效的张玉珍，又奉命来到乌兰召公社的乌兰召大队筹建作业区。乌兰召地区直到清朝末期，仍然是蒙古族聚居地区，以牧为主。沙质土壤，草原景观。从历史记载看，最晚在1648年，这里就是蒙古郡王治所。几百年的王府治所，必然集聚过大量的人口，人多牲畜就多，对植被的消耗必然过大。因此这一带的沙化要比其他地区严重得多。张玉珍回忆说：

我们去乌兰召时新惠以南庄稼都很高了，但到那一看，那的农民还在种地。放眼望去，白茫茫一片，除喇嘛庙里有几棵树外，四外不见一棵树。有人说："嫁到这的外地姑娘，回娘家时总不忘带个烧火棍儿回来。"也有人说："你别小看蒙古人门前的拴马桩，那可是这家人形象的象征，有拴马桩的户，表明生活很富裕，没有拴马桩的户，表明这家生活很困难。因此，这的蒙古人丢匹马可能都不在意，但是拴马桩要是丢了，非急眼不可。"这些半真半假的话，无非是说这里树木奇缺。有一名叫张国锋的乡间医生对我说，这里沙子一年比一年大，你们来栽树，恐怕也白费劲。我说，那你就走着瞧吧，你看栽活栽不活。

安顿下来以后，就着手栽树。那是一块稍有偏坡的沙地，挖坑的时候挖出一锹，随后就溜回半锹。人们只得叉开两条腿用脚挡着挖，才勉强把树栽上。春天风大沙多，野外干活都睁不开眼，必须戴风镜，风镜是家家必备的物品，每家都有一两副，但栽树时因为来的人多，人人都得戴，结果造成风镜一时脱销。在环境好的南部，春夏之交时家家都有青菜吃，乌兰召那就没有，风揭沙埋种不出菜，要吃就得出去买。尽管困难多多，但总是能挣点现钱，一听说给林场栽树，人们都愿意去。上百人几天的工夫，就栽了400多亩。

栽完树就开始筹备建房。那地方上面是风刮来的沙子，下面是黑黏土，所以要先清理出沙子，挖下面的黑黏土打墙盖房。盖上5间土房，林场作业区有了落脚点。之后便开始全面规划，同样是农牧民不愿治理又无法治理的沙地都划给林场，一层一层地签署土地划拨协议。有了造林地，还要有苗圃，没有苗圃培育不出树苗咋造林？好在公社、大队很支持，调整出一块最好的耕地给林场当苗圃。从此，一年两季造林在乌兰召全面展开。

经过土地改革和社会主义改造及人民公社之后，农村牧区土地已逐步改变为集体所有，人民公社或生产大队具有绝对权力处置管辖的土地。相对于土地私有，与千家万户协商划拨土地要相对容易得多。多年的沙化，沙地已经失去可利用的价值，而且活化的沙子造成的危害越来越大。周边农牧民多年来的造林尝试都未成功，对治沙也已经毫无信心。多种因素促成建立国营林场势在必然，将沙地所有权划归国营林场，各地都没有太大的阻碍。

乌兰召地区蒙古族多，牲畜多，林地保护才是最为困难的一件事。凡是造林的林地，都实行全面封禁，全面封禁后，不光树长起来，草也很茂盛。在白茫茫的荒沙中出现一片绿洲，牛羊见着都拼命地往那跑，好在那时的牲畜绝大多数属于生产队集体所有，只要把羊倌牛倌管住就没问题。乌兰召大队党支部书记巴根是个非常开明的蒙古族干部，他说："我们这地方再不植树造林改变环境，以后就没法生存了。看到你们栽活了树，还长起了草，我看到了希望。我们就是有天大的困难也要挺住，以后肯定会越来越好。"有巴根书记为林场撑腰，羊倌牛倌都不太敢让牛羊进林地。他们还不断压缩牛

北部沙区护林

羊的数量，减轻牧场的压力。对个别人偷着到林地割草砍树的，大队更是毫不留情地进行处理，有的甚至送到公安机关劳动教养。尽管这样，管护工作仍不能有丝毫松懈，技术员天不亮就出去，带点干粮和水，中午也不回来，直到晚上很晚很晚才回家。无论冬夏，几乎天天如此。

树长起来了，草也逐渐多起来。秋天群众可以到林地内打草修枝，每家的草垛一年比一年大，烧柴更不成问题。要知道，在那个时候，能有这两项收入，就能使家庭生活提高一大块。有了饲草，就能多养几只羊，一家如有十几只大绵羊，在当地就是富裕户。没造林时，各家缺柴缺得厉害，一年中很多时间去拾柴。树长起来后，每年修枝打杈子，提供给人们的烧柴逐年增多，起先林场还收点钱，后来白送都修不完了，林场给当地人带来了实实在在的利益。

1970年，乌兰召作业区大面积造林已基本完成。这年，敖汉旗政府将国营四道湾子苗圃划归新惠林场，由乌兰召作业区管理。与此同时，在四道湾子成立造林作业区，造林范围扩大到蚌河流域。

蚌河发源于辽宁省建平县，由南向北流经原敖汉旗的四德堂公社，在四道湾境内汇入老哈河。由于蚌河汇入老哈河的入河口面向北部的沙区，受北部流沙的影响，在蚌河流域的浅山丘陵区堆积成一条约40公里的沙带。四道湾作业区就是要在这条沙带上造林。

经过20年的治理，到20世纪80年代初，划归新惠林场的20万亩沙地已全部栽上树，其中杨树、榆树占八成，其余为油松、山杏等，有林面积18.8万亩。在敖汉旗中部最为严重的沙化地区形成一片片绿色屏障。新惠镇内从此结束了风沙蔽日、沙子堆满屋檐的历史。

五、背负沉重的包袱进行二次创业

20世纪80年代，新惠林场下属已有北面的北梁分场、西面的乌兰召分场、四道湾子分场、东面的高家窝铺分场、南面的新地分场，还有以新惠苗圃为中心的其余5个场属苗圃。职工人数达到200多名，包括家属子女在内，场内林业人口达到500人。社会主义集中力量办大事的优越性在生态建设方面得到充分体现，然而计划经济体制下的劳动用工制度却让林场背上了沉重的包袱。

严酷的现实，逼着林场人不得不为自己的生存再次拼搏。三义井林场酝酿营造速生林的消息，对新惠林场也是一个启示。在自己没有思路时，跟着别人走也是一种积极的对策。况且，与过去造林相比，营造速生丰产林也仅是造林技术进一步优化，不存在弃旧扬新的深层跨越。凭林场自身的实力，是无力投入大量资金去营造速生丰产林的，好在有银行贷款的支持，起码保证眼下人们有活干。

1981 年，赵印松从国营三义井林场调任新惠林场任党支部书记、场长。在三义井林场经历了两年营造速生丰产林实践，赵印松对新惠林场营造速生丰产林，改造小老树有更多的理性思考。

1982 年，新惠林场第一次营造速生林 455 亩。和三义井林场不同，新惠林场是在没有深入研究、充分准备的情况下，照葫芦画瓢式地营造。这第一次营造速生丰产林效果不太好，原因是有些树苗长途运输，又没有严格的保湿措施，降低了树苗质量。营造技术也不完善，成活率不是很理想，教训只要认真吸取也是宝贵的。从此，他们从树苗、良种抓起，应用大犁开沟等先进生产技术，对有水源条件的地段，经规划治理，到 1983 年已营造杨树速生丰产林，共 1549 亩。

在此基础上，新惠林场开始筹划对"小老树"进行全面改造。有望能成材的地块，组织人力物力，加强抚育；成材无望的地块，每年皆伐更新几百到上千亩。对更新地块，有的改变原来片状的造林模式，采用"双行一带"的模式，营造杨树重点用材林；有的改造成山杏，力求年年有收益。到 2000 年，旱地杨树重点用材林发展到 9.3 万亩，山杏面积 2.5 万亩。

据记载，1981—1985 年期间，共皆伐改造小老树 12463 亩，生产木材 3200 立方米，平均每亩只有 0.25 立方米。而改造后的旱地重点用材林和速生丰产林，每亩生产木材达到 5—8 立方米。这个显著效益应是对赵印松带领新惠林场职工二次创业所做贡献的诠释。

第三节　南部山区生态孤岛：大黑山林场

一、敖汉旗最丰富的种质资源库

大黑山林场位于赤峰市东南部，与辽宁省朝阳市接壤。是燕山北麓七老图山脉向东延伸的努鲁尔虎山仅存的一处天然次生林区。林区总面积 85 万亩。由于大黑山林区在清朝时由敖汉蒙古王府和北票蒙古王府共同管辖，所

大黑山国家级自然保护区

以在新中国成立后，敖汉旗和北票市分别在大黑山林区建立林场，共同经营管理这片天然次生林。

林区山势陡峭，峰高谷深，徒步攀援，可谓是"难于上青天"。也许正是这一原因，在方圆几十里的周边早已被开辟成农田的情况下，这一地区的天然植被才得以保留。被农田包围的大黑山林区，动植物繁衍生息几乎与外部环境相隔绝，因此被生物学家称为生态孤岛。

这里是华北、东北及内蒙古高原植物的交汇地，还是阔叶林与草原交接过渡地带，因此植物种类十分丰富。据普查，林区内植物种类达600余种，其中，野大豆、胡桃楸、蒙古黄芪为国家珍稀濒危保护植物。甘草、防风、五味子、黄芩、远志为国家重点保护药用植物。按用途分，药用植物364种，优良牧草73种，观赏及园林绿化植物117种，食用植物41种。此外还有大量的地衣、苔藓、菌类等资源。

此外还有国家一级保护鸟类——金雕，国家二级保护鸟类21种，包括鸢、雀鹰、红脚隼、黄爪隼等，黄爪隼还被列为国际受威胁的鸟类。

大黑山林区是大自然留给人类的一份宝贵遗产，在我国生物多样性保护中占有重要地位。为保护这一地区的天然植被，内蒙古大学生命科学院院长雍世鹏教授和邢莲莲教授、杨生贵副教授，内蒙古教育学院刘书润教授等分别到大黑山考察，并对保护对象及其保护价值进行论证。

2001 年，经国务院批准，以大黑山林场为中心，包括周边地区建立国家级自然保护区。

二、建国营林场，恢复重建天然次生林区

大黑山林区是大凌河和西拉沐沦河的水源地，北坡流域汇集成教来河，向北流入老哈河；南坡流域汇集成小凌河，向南流入大凌河，在涵养水源方面具有重要作用。新中国成立后，1950 年春首先封禁了大黑山和长力哈达两处次生林区，1958 年在大黑山建立了贝子府公社社办林场。1962 年在原社队林场的基础上成立国营大黑山林场，总面积 23.3 万亩，有次生林面积 4.7 万亩。从此，大黑山林区进入了保护、恢复、更新、改造的新时期。

国营大黑山林场第一任场长是肖臣，副场长朱凤云，林场成立后首要任务是抓管护，与林区附近的社队负责人建立好关系，制定护林公约。那时不光靠近林区的农民进山砍柴，远离十几里的农民搭个猪窝羊圈也到林区去砍。大树几乎没有了，只在山顶地方还有数量不多的杨树和桦树，多数是苦丁香、柞树、橡树、虎榛子等灌木。

另一项主要任务是建苗圃，大黑山山里没有一块平地，稍平一点的就是多年形成的河道，选一块宽一点的河道，捡走大块石头，垒条拦河坝，把水引向一边，然后推土垫地。头一年垫出 5 亩，第二年增加到 8 亩，每年都扩大一点。有了树苗开始对次生林进行改造和更新。

有了苗圃地就开始育苗，全育松树苗。大黑山不可能栽杨树，只能栽松树，土质也喜松树，尤其是油松。育苗虽然是技术活，但旗内还有几个苗圃已经育了十来年，有了一定的经验，打个招呼就来帮忙。

育出树苗后就开始造林。林场的人没事就栽树，从苗圃挖出一筐树苗就上山。哪个地方看着秃就往哪里栽。每到雨季就要突击造林，这时农田的活也没多少了，雇周边的农民到山里来造林。每天都要听天气预报，只要预报有雨，就到生产队去发动人。每人给一块塑料布，除非下大雨，小到中雨都顶着雨干。雨季造林成活率特高，栽上就活。

大黑山林场造林一年四季除冬季外春夏秋三季都造林。雨季造林比较容易，"挖小坑，靠壁栽，脚踩实"即可。春季秋季造林比较难，一般都要坐水栽。先挖出鱼鳞坑，栽上树苗踩实，然后每个坑浇上一舀子水。有专人从山下往山上挑水。山里人能挑就挑，一担水稳稳当当就挑到山上去。挑一担水给一角五分钱，挑到山上发一个票，到时候凭票到林场结算。挖坑栽树的

是另一伙人，栽完后用计数器一棵一棵数，每 100 棵给五分钱。阴坡栽松树，阳坡种山杏。从场部周边开始，逐步向外扩展。

为春秋坐水栽树，林场光购买水桶、水舀子就装了满满两间屋。可想而知栽树的人有多少。方圆几十里的农民都来栽树，为的是挣点现钱。从这个角度看，国有林场的造林为周边群众带来很大的收入。

栽上树还要及时抚育，尤其是春季造林，树坑都变成活土，到雨季时，杂草疯似的长，树苗哪有草长得快？如不及时铲掉，小树就会被欺侮死。那个劳动量不比挖坑栽树少。冬季还要给小树防寒，砍些柞树等小灌木夹风障，把小树挡起来。真跟伺候孩子那样照顾每一棵小树，松树又不像杨树，几年就长很高，松树四五年了才出坑。不过每当早春时节，草木还没复苏时，看见那些成片成片青翠的幼小的松树，人们心里也特高兴。它虽然没有高大挺拔的松树健美，却有着孩童般的稚嫩，看着朝气蓬勃，让人产生无限的希望。

到 1974 年，次生林区更新性造林基本结束，原来的"天窗"被重新造上林，土质较好而没有乔木的地块被改造成成片的油松林，人工造林面积达到 4 万多亩，相当于原有次生林的一倍。经过十几年的恢复及抚育更新，原有植被也得到很快恢复，再次形成多层复合的森林植被，生态功能进一步完善。

1974 年，孙志文担任大黑山林场党支部书记兼场长，到任后第一件事就是扩建苗圃。他认为，大黑山林场特定的气候土壤条件，是培育松树苗最理想的地方，大黑山林场应该在松树育种、培育松树苗方面有所作为，要为社会造林做出更大的贡献。

扩建育苗地的唯一办法还是清理河床上的大块石头，然后从远处拉土垫地，在完成正常的营林生产后，他们利用一切可利用的时间，从 1.5 公里外的碾盘沟拉土，一点一点地扩大苗圃地，这年，苗圃地增加到 50 亩。

苗圃地扩大了，还要有一眼水量充足的大井来保障育苗用水。有人说，多年前有人在此沙金，为充分利用河水，在河中夹了两道柳条坝，在坝中间沙金，只要找到那两道柳条坝，在坝中间打井准有水。根据这一线索，场部立刻组织人在河道挖一条一米多深的横沟，终于找到那两道柳条坝。打井时，上面有 5 米深的流沙，下面是岩石。一位老干部回忆说："当年林场打井时我们分三班倒，我顶两班。每天回到家棉袄都湿透了，母亲就要尽快给我烤干，不然的话，再上下一班时就没啥穿的了。看我实在太累了，就让我喝点酒解乏。"

前些年育苗技术不过关，好年景每亩产苗五六万株，差一点的只有三万多株，卖的苗钱没有投入的多。这年春，孙志文在苗圃蹲了 40 多天，帮助改进育苗管理措施，秋后每亩产量达到 13 万株，育苗人挣到了钱非常高兴。其中最主要的是研制出羽翼式喷灌机，这种喷灌机是在手扶拖拉机的带动下，用于苗圃育苗喷灌，具有省时省水、速度快、雾化好、喷洒均匀的优点。一台机械每天可喷灌 105 亩次，而人工用喷壶只浇灌 2 亩次。育苗机械的革新，不仅提高了育苗的劳动效率，还提高了树苗的质量和数量，最后让育苗人也得到了实惠。

三、率先发起场社合作造林

1974 年，敖汉旗自力更生在教来河中部建设山湾子水库。这是一座设计蓄水 7880 万立方米的中型水库，其中兴利库容 537 万立方米，控制下游 9 个公社 2 个国营林场 20 多万亩水浇地面积。对十年九旱、年年春旱的敖汉旗来说，这是一处非常重要的水利设施，对保障敖汉旗粮食生产具有举足轻重的作用。但是水库上游流域多为光山秃岭，水土流失非常严重，据当时测算，洪水含沙量每立方多达 82 公斤。如果不把上游的水土流失治理好，减少泥沙淤积量，水库的寿命就会大大缩短。为保护好这一重要的农业命脉，敖汉旗委将水库上游的绿化任务交给了大黑山林场和上游流域金厂沟梁、贝子府、克力代三个公社，要求他们要在 3 年内完成。

3 年完成几十万亩的荒山绿化任务，无论对林场还是对社（人民公社）、队（生产大队）都是巨大的挑战。从新中国成立以来，全旗山丘区绿化还没有这方面的成功典型。1974 年秋，在敖汉旗林业局主要领导的主持下，大黑山林场首先与克力代人民公社共同坐在一起，研究商讨完成绿化任务的良策。借鉴 60 年代绿化新—长线、长—青线两条公路和 70 年代绿化敖汉—朝阳公路，1970 年 2 月正式成立新地国社合作造林林场的经验，经过全面筹划后，"国社合作造林"这一新的造林形式在克力代公社开始了。

1974 年初冬，在敖汉旗林业局协助下，大黑山林场十几名干部、林业技术人员、克力代公社干部与各大队及小队干部、农民代表等组成规划队，开始对全公社山、水、田、林、路进行全面规划。规划采取自上而下与自下而上相结合的办法，逐川逐沟逐山进行一次全面规划，根据农、林、牧统筹兼顾的原则，分别确定出农、林、牧三项用地。既做到因害设防，达到治理的目的，又要连接成片，便于管理。规划初步意见出来后，让群众反复讨论，然后进行补充修改。规划用 28 天时间，落实造林地块 8 万亩。规划结果使领导者们更加心中有数，指挥有依据，也让社员们接受一次造林总动员。

1975 年春，林场十几名管理干部、技术人员进入克力代公社，组成由公社党委书记、林场场长为总指挥的指挥部。指挥部率先进行造林前技术培训，社队三级干部和选拔出来的先进分子 100 多人参加培训，国有林场多年来积累的造林适用技术、组织管理经验，在培训班上得到全面阐述，三级干部的组织林业生产建设的水平大大提高。培训后立即进入各大队，以大队为单位组织一次前所未有的造林大会战。据统计，日参加人数达到 4000 多人，占全公社总人口的 39%，声势之大、规模之广、气氛之高都是空前的。二龙台大队 69 岁老党员石宝天，造起林来干劲十足，哈巴气大队 70 岁的刘国荣，在 25 天的造林大会战中坚持出满勤，苇子沟大队朱镇，从部队复员回来的当天就参加造林，下河套教师刘景和的继父去世，他做通亲属工作利用夜间埋葬，第二天照常参加造林。

这年春季完成造林面积 5.3 万亩，雨季完成 9900 亩，秋季完成 1.8 万亩，全年共完成 8.16 万亩。其中造油松 3.65 万亩，山杏等阔叶树 4.5 万亩。绿化了 574 座山头、533 条沟。全年造林面积等于新中国成立以来到 1974 年造林保存面积的 3.5 倍。一个人口并不多的公社一年造林 8 万多亩，让全旗上下无不震动。

首战告捷。大黑山林场一鼓作气，相继参与了贝子府、金厂沟梁、王家营子三个公社的造林。四年时间，与四个公社共合作造林 22.74 万亩，其中，按约定划归林场所有的林地 4.9 万亩。等于从建场到 1974 年 13 年时间造林总面积的 74%。

国社合作造林，开启了敖汉旗造林史上的里程碑。1978 年，原昭乌达盟隶属于辽宁省，辽宁省林业局专门组织全省林业管理部门在敖汉旗召开现场会，推广国社合作造林的经验。1980 年 7 月，《人民日报》对敖汉旗国社合作造林进行了报道。

这的确是一个创举，苗圃的树苗找到了宜林荒山，迫于绿化但又不会绿化的农民学到了技术，而各级领导者从此有了动辄组织几百人几千人造林的经验。以公社为单位统一规划，达到一次性绿化，这种大规模造林的方式，也便于统一管护，使造林成活率、保存率大大提高。绿化成果让所有人都感到兴奋，人们真切地看到光秃秃的山有了绿化的希望。

山湾子水库上游有了国社合作造林这个基本绿化框架后，此后又经过几年的治理，使上游 690 平方公里流域面积的水土流失得到很好的控制。据山湾子水库提供的数据，从 1976 年到 1990 年，15 年间年均淤积 126 万立方米，占设计淤积总量的 50%。而从 1991 年到 2000 年，年平均淤积总量只有 32 万立方米。70 年代和 80 年代年均降雨量分别是 410.8 毫米和 438.2 毫米，90 年代平均降雨达到 445.5 毫米，在降雨增加的条件下，水库淤积大量减少，足以证明这个流域的治理效果。由于有效减少了淤积量，水库的服务年限增加 20—40 年。与山湾子水库相配套的山湾子灌渠有了可靠的水源保证后，1999 年被列为国家大型灌渠，并批准投资 1.5 亿元，兴修防渗渠道，保证灌溉面积达到 40 万亩。

四、更加完善的林区管护

同过去一样，要让这里青山常在绿水长流，最重要的是管护。如果说过去管护主要是制止人们滥砍滥伐，新中国成立后的管护，还增加了防治病虫害、防止火灾等内容。

1952 年开始同北票的大黑山林场建立联合护林防火组织，每年召开联防会议，制定或修改联防公约，交流防护经验，并把每年的 10 月 1 日到第二年的 4 月 30 日定为防火戒严期，建立防火站。

1963 年大黑山林场在东北面最高处建一个瞭望塔，几乎俯视 60% 的次生林区。

原来有十来个护林点，护林人员全靠走着巡护，腰里别着一把斧子，既护身又当开路的工具。早晨出去带点干粮，中午不下山。1991 年时正式护林员 8 人，加上雇当地护林员，现有护林员 29 名。

防火是大黑山林场的重中之重。除了周边有很多人居住外，305 国道从林区穿过，每天有上百台大小汽车、畜力车通过，防火难度可想而知。他们说，这里山高坡陡，一旦发生火灾根本没有办法救。因此，几十年来这个林场都十分注重防火，每到防火期非常严格地执行防火制度。

预防火灾的一个最具体最有效的方式是层层签订责任状，旗政府与林场签，场长与护林队长签，最主要是护林队长与护林员签订的管护合同和护林员与牧工、坟主签订的预防火灾保证合同。引起火灾的主要因素：一是牧工抽烟，二是上坟烧纸。护林员对分担的责任区内有多少群羊、多少坟地都要十分清楚。每到防火期护林员要同所有牧工签一份合同，而到 3 月 15 日，护林员要找到区域内所有的坟主，宣传火灾典型，签订防火保证书。这样每年在关键期敲响一次防火警钟，效果非常的好。

五、孤独难耐的瞭望员

瞭望塔建成后，都有专人在瞭望塔值班，职责是定时观测，每天做好观测记录，发现火情及时向场部和旗防火办报告起火点，并密切注视火势情况。林树春是 1993 年到这个瞭望塔的，那年他才 30 岁，每天与山林为伴，与鸟兽为邻。

常年远离人烟的林树春最难的是山上没水，吃水到山下去挑，相距约 1 公里。晴朗天气还好，到山下挑水还不是难事，如果是雨天雪天就难了，偏偏大黑山降雨降雪的次数要比其他地方多得多。实在无法挑水就接雨水化雪水，沉淀后再吃。在山下任何地方，水是任意挥霍的东西，可在林树春这，水是最应该节省的。1999 年，原来的平房不能住了，林场翻盖新房，买一头毛驴往山上运材料，新房盖好后，这头毛驴就留在了山上，此后，毛驴成了他的好帮手，下山驮水买粮，免去了身背肩挑的劳苦。如果是冬季积雪太多，毛驴也招架不住。有一年春节前，林树春踏着积雪到山下买年货，一袋米、一袋面、一桶油。回来的路上，毛驴驮着米和面，林树春拎着一桶油，4 公里积雪的山路深一脚浅一脚，步步艰难，走到半山腰，毛驴趴在地上咋也不走了，林树春也筋疲力尽，躺在了雪地上。

今天的大黑山已成为旅游风景区，游客们到这里尽情地享受着林海松涛、山花遍野的天然氧吧，可谁知道这美好的生态环境是因为有人在默默地守护着。

第四节　北部流沙带上的明珠：治沙林场

敖汉旗治沙林场原为荷也勿苏治沙站，承担敖汉旗北部 1.3 万亩流动沙地治理任务。位于敖汉旗北部，科尔沁沙地腹地的南部边缘，区域内分别有敖润苏莫苏木、长胜乡和新窝铺乡。治沙林场分北场子和东场子两处，北场子建于 1962 年，位于敖润苏莫苏木西部；东场子建于 1970 年，位于长胜乡东北部。1972 年场部从敖润苏莫苏木迁到长胜乡烧锅地村，1982 年更名为敖汉旗治沙林场。之所以取名为治沙站或治沙林场，顾名思义就是以治沙为主。一般的造林林场是以造林为主，通过造林达到防风治沙改善生态环境的目的。治沙林场则是以治理流动沙丘为主，达到不让流沙再流动的目的，显然，治理流动沙丘要难得多。林场经营总面积虽然只有 4.5 万亩，有林面积只有 3.7 万亩，但却最早在科尔沁沙地南缘的流沙带上筑起一道绿色的固沙屏障。沙地南部的长胜乡是敖汉旗境内的孟克河和教来河共同形成的冲积平原，被称为敖汉旗的粮仓。在沙地活化期，流沙成为这片肥沃土地的最大威胁。位于长胜乡境内的东场子，过去都是平整整的良田。后来沙子越聚越多，沙丘最高有 2 米，最低处也有半米。有人说，没有治沙林场，长胜那块平地都得变成沙地，就没有敖汉旗最大的产粮基地长胜乡，此话确有一定的道理。

一、敖润苏莫的今昔

原荷也勿苏治沙站，站址在如今的敖润苏莫苏木所在地。清朝时这里曾有一处宏伟的建筑——阳高庙。

据阳高庙庙仓档案记载：早在清雍正初年（1723），这里还是一个水草丰美、繁华富庶的地方。然而，随着这一地区人口激增，生态开始恶化，美丽富饶的科尔沁草原逐渐演变成名副其实的科尔沁沙地。每一场大风过后，都要给寺庙的围墙下积留下大量的黄沙。到 1940 年，这座曾经辉煌的庙宇就被黄沙淹没。旧庙被淹没后，各仓又筹集资金，重新建起了新的阳高庙。新庙的规模比原来的庙小得多，住的喇嘛也少得多，但每年刮进庙里的黄沙比过去还要多。"文革"期间，这座庙宇被毁掉。

这一地区过去何以"沙柳浩瀚，柠条遍野"？又何以在百年的时间变成草木衰竭，黄沙滚滚？这要从这一地区的环境说起。

发源于燕山山脉的老哈河经宁城县、喀喇沁旗、松山区、敖汉旗，一路向北进入科尔沁沙地，而后折而向东与西拉沐沦河汇合，这向东 50 公里的南岸就是敖汉旗的最北部敖润苏莫苏木。发源于敖汉旗南部山区的孟克河和教来河也一路向北进入科尔沁沙地南缘。三条河的河水流经或流入沙地，使沙地里的地下水极为丰富。尤其雨季，大量的洪水冲出河岸，漫过沙地，在沙地中形成若干泡沼。当地人说："这儿的沙子是油沙子，长东西。"其实是上游山区的洪水带来大量的有机质，培肥了这一地区的沙地。加上优越的光热条件，孕育了这一地区肥美的草原，沙生植物长势十分茂盛。

茂密的沙生植物覆盖着沙地，沙地就成为"长东西的油沙子"。而当地表的沙生植物消失时，沙子就成为吞没农田、埋没村庄的恶魔。因此，保护和合理利用沙生植物最关键。近百年来，敖汉地区由于人口大增，人畜对沙地植被的过度利用，导致草原逐渐退化，风口处的"死沙子"最先变成活沙子。

到 20 世纪 50 年代，沙地南部的肥沃农田中逐渐形成一条从西北走向东南的沙带，沙带长约 8 公里，宽 3 公里。沙带上有上百个沙丘平均高度在 10 米。沙丘波动起伏，变化无常。沙丘上生长最多的是当年生的草本植物蒺藜梗，覆盖度不过 0.5%，几乎就是寸草不生。沙丘在风力的作用下，每年以 5—10 米的速度向东南方向移动，侵吞了大片草场、农田，甚至淹没村庄。

二、流沙带上的攻坚战

1962 年敖汉旗政府决定，在敖润苏莫苏木建立国营治沙站，重点治理已经形成的流动沙带，减轻和控制周边草场的风沙危害。

在治沙林场工作的一位老场长回忆说："当时划给林场的沙地全是沙头，因沙头流动性强，所以沙丘上的植被也非常少。要治理沙头，首先是埋沙障，阻碍沙子流动，把沙子固定下来。雨季时，在沙障里播撒沙蒿、山竹子、柠条等沙生植物，如果赶上雨水多的年份，当年就长很高。尤其是山竹子，这种植物应该是治沙的先锋树种，第二年就开花结实，种子落地后又长出一片，几年就在沙子上形成一层植被。而且这种植物的根直上直下地长，不与周围的植物争水肥，有利于培养后续目标树种。而柠条的根在地表向四外生长，固沙的作用很强，但也容易造成沙地板结，不利于培养目标树种，当然从丰富植物群落角度讲，各种植物都应该有一些。"

建场初期，刚满 16 岁的孙殿和就到治沙林场当工人，经历了初期治沙的过程。他说："首先在沙子流动的迎风口上铺上柳条、玉米秸等，盖住沙子不再向前流动。然后在裸露的沙地上播种沙蒿、柠条、杨柴等种子。在水源条件好的沙坑栽种杨树、黄柳、沙枣等乔木。"

在流动沙地初步有了植被后，开始造林。孙殿和说："要造林就须有树苗，北场子地下水较深，育苗困难较大。1970 年场子迁到水源充足的长胜镇烧锅地村，开始筹建一处较大的苗圃。划出的苗圃地是一块露沙地，种荞麦都不长。为改良这块沙地，我们赶着牛车到 20 多里地的老鸹泡子拉黑土，整整拉了 2 年，才垫出那块 20 亩的苗圃地。拉完土后，我又开始养猪，用猪粪培肥地力，每年养猪都达到三四十头。靠拉土和每年的猪粪投入，使这

沙地樟子松培育基地

块最为贫瘠的沙地成为周边最为肥沃的土地。"

　　苗圃建成后，林场治沙就有了更多的苗木，尤其是适合沙区的树种，如山竹子、沙棘、柠条、胡枝子等，都可以做到苗圃育苗，沙地移栽，对丰富沙地植物、加快治沙步伐起到重要作用。尤其是樟子松育苗以及在沙地上营造樟子松的试验，是治沙林场最为成功的杰作。为后来敖汉旗大面积推广栽植樟子松做出了贡献。

　　樟子松是欧洲大陆北部生长较广的树种。我国天然分布于大兴安岭北部，海拉尔以南的伊敏河、锡尼河流域的沙地间，尤以红花尔基一带生长较密集，所以在我国又称海拉尔松。成立于1952年的辽宁省治沙研究所（基地位于彰武县章古台），率先将樟子松育苗及造林引入科尔沁沙地获得成功。这一成果，改变了我国沙地造林以灌木为主的历史，此项成果曾于1978年获得全国科学大会奖。

　　章古台治沙研究所是1974年到敖汉开展治沙研究的，以治沙林场为中心，又在长胜镇乌兰巴日嘎苏、韩家窝铺设两个实验点。开始时，直接在沙地栽植，但成活率非常低，即便是成活的，也保存不下来。后来采用营养袋栽大苗的办法，效果非常好，成活率达到百分之七八十以上。办法是从远处拉来较肥沃的土，拌上农家肥，进行必要的杀菌消毒后装进塑料袋。然后把当年的樟子松苗栽植到塑料袋里，继续放回苗畦中，在苗圃里再生长一到二年的时间。此时的樟子松苗一般都能长到 30 厘米左右，然后移栽到沙地里。移栽时把塑料袋底部撕开，便于根系向四周伸展。

容器育苗早在上百年前的发达国家就已经推广应用，但在落后的敖汉地区，只能借鉴容器育苗的原理，因陋就简地予以应用。那时还没有加工塑料袋的热机，他们就把塑料布买回来，裁成一块一块的，然后用缝纫机缝制成 20 厘米高的塑料袋。虽然简易，却包含了容器育苗的所有技术要求，在敖汉旗针叶树育苗方面向前迈出一大步，开创了敖汉旗大面积栽植樟子松的历史。

春季移栽樟子松时全是坐水栽植。当时沙坑里的地下水丰富，挖下一二米深就见水，四周用柳条笆圈起来，就能用水桶往上提水。遇到干旱年份，就用这些小井挑水浇树。因此，凡栽植樟子松的地方，都有个简易小井，林地面积大一点的地方，有两三个，都是造林时留下的。

冬季为防止樟子松幼树被冻死，立冬之后小雪之前要把幼松用沙子埋成土堆，土堆上插一个木棍做标记，第二年清明后谷雨前再扒出来。时间一定要把握好，扒早了有可能被风沙吹死，扒晚了有可能被捂死。

治沙林场不仅栽植樟子松获得成功，还在栽种保护樟子松过程中获得沙地治理的新措施。樟子松栽植成功后，在冬季白茫茫的沙地上增添了点点绿色，吸引着牲畜、山兔，幼树顶端的生长点一旦被咬掉，这棵树就长不成材了。为防止牲畜或山兔啃咬幼树，在林地的周围夹柳条杖子，把幼林地圈起来。谁想到第二年那些柳条杖子竟成垄成垄地活了。

这意想不到的收获，让治沙林场的人喜出望外，以往治理流动沙地，都是将黄柳铺盖在沙子上，阻止沙子流动。既然深栽的柳条能成活，何不深栽柳条，上面保留一定的高度，确定合理的行距，既能阻止流沙的流动，又能很快形成再生生物沙障？经过试验，心想事成。从此以后，再不用在沙地上铺柳条压沙，而是插黄柳做沙障，先是成垄地插，后来设计成方格状。密密的网格状沙障像一张大网，将流沙彻底罩住，网格内栽植的柠条、樟子松等后续树种也相继长了起来，固沙、绿化相得益彰。此种办法后来被命名为生物沙障治沙技术。

三、护林员的艰辛谁知晓

对治沙林场来说，采用生物措施治沙不是一件难事，最难的是管护。尤其是处于牧区之中的北场子，牧区特有的生产生活习惯，都对林场的管护造成威胁。当沙带上寸草不留时，人们希望林场治沙。而当林场一面治理一面强化保护，沙带上出现植被以后，牧民们又千方百计进林地放牧。因此保护与利用的矛盾总是随着植被的增减而增减。

曾经担任多年护林队长的潘信说："1971年到治沙站，从事护林工作，护林点在山上搭个窝铺，除冬季外，我们就常年住在窝铺里。刚到时场长是刘凤瑞，对工作特认真。经常骑着个毛驴到山上检查，只要见不到护林员在山上，这个护林员轻则挨顿批评，重则被开除。护林员就是吃饭时看到或听说林地里有牲畜，也要放下饭碗往外跑。敖润苏莫苏木羊少但牛马多，牲畜多数都是生产队的。一个马群或是一个牛群，少则二三十，多则五六十。而且哪个生产队也没有牲畜棚圈，都在外撒着，有时夜间就跑到林地找草吃，吃饱了再回去喝水。牧民个人也有一部分自留畜，多数是羊和牛。个人的牲畜虽然有棚圈，但草场上的草不够吃，牧民们就不管黑天白日，总想到林地里放，多数时候在天不亮时就得出去，发现有牲畜群就往外撵。因近处是农田，远处才是牧场，我们只能往牧场里撵，一般都有二三十里或三四十里。经常在夜间巡视时发现畜群，骑着马往外赶了大半宿，第二天我们回来时间不长，畜群也回来了。那个时候我们护林员其实就是个下夜班的牧工，给生产队看护牲畜。刚成立治沙林场时，沙子上没东西，等沙子上有了植被，而周边更加沙化后，他们总想把牲畜赶到林地里放。林场和乡镇、苏木共同召开联防会多次进行协商，统一落实管理办法。后来我们圈起了一个圈牲畜的大圈，发现牲畜群就赶回来圈在圈里，等牧工或生产队长来找，借此机会进行教育或罚款，通过这种办法把林草的损失程度降到最低。"

经过十几年的治理和严格管护，治沙林场4万多亩沙地已变得林高草茂郁郁葱葱，周边一些牧民再也忍耐不住了，代表全大队百姓利益的大队干部们也禁不住群众的呼声。这年秋天打草时，附近某大队干部在群众会上终于开了口子，说出了"不限边界，各显其能"的话。许多农民就肆无忌惮地到林场林地里割柳条打贮草，刚刚恢复的植被再次遭到破坏。林场无奈之下通过司法程序向法院起诉，敖汉旗司法部门运用法律武器，对毁林毁草案件进行立案处理。那位大队干部被认定为渎职罪判刑2年。此后还拘留了一个生产队长。据悉，这是敖汉旗因毁林而被判刑的第一位村干部。

第二部分

生态立旗，建设秀美山川

（1981—1999）

第一章　种树种草，恢复生态平衡

新中国成立后，敖汉旗各族人民在旗委、旗政府的领导下，经过 30 多年的艰苦奋斗，紧紧围绕水土保持、防风固沙，开展了种树种草行动，取得了一定成绩，积累了许多宝贵经验，找到了适合敖汉发展的路子，进入了快速发展的阶段。1982 年 3 月，敖汉旗旗委、旗政府做出了《关于种树种草的决定》，提出种树种草，恢复生态平衡，标志着敖汉的生态建设的第一次历史性大跨越。《决定》出台后，敖汉旗旗委、旗政府做了三件大事：一是继续做好林草业的资源调查与区划，摸清现实底数，以利规划决策；二是林业生产推行了新惠公社"三定"政策，调动劳动者的积极性；三是划出 100 万亩宜林荒山荒地给社员，打开了种树种草新局面。

第一节　种树种草的历史跨越

1978 年 12 月，中共十一届三中全会召开，重新确立了党的实事求是的思想路线，将全党的工作重心转移到社会主义现代化建设上来。在国民经济的调整期、转型期，国家提出既要抓经济建设，也要抓环境保护；既要注意经济规律，也要注意自然规律。以邓小平同志为核心的党的第二代中央领导集体，更加注重林业建设，将环境保护上升为我国的一项基本国策，同时注重组织机构建设、法制化建设，奠定了我国环境保护法制化、制度化和体系化的基础。邓小平同志把毛泽东同志"绿化祖国"的号召丰富和拓展为"植树造林，绿化祖国，造福后代"的新举措、新目标和新使命，首次就一项事业，提出了"坚持一百年，坚持一千年，要一代一代永远干下去"的新要求。1978 年改革开放之初，党中央国务院做出关于在我国西北、华北、东北风沙危害和水土流失严重的地区，建设大型防护林工程——"三北"防护林体系建设工程的决策，此工程以"防风固沙，蓄水保土"、构筑我国北方绿色屏障为宗旨，规划用 70 年时间造林 5 亿余亩，开创我国生态工程建设的先河。1981 年 12 月，第五届全国人大四次会议，审议通过《关于开展全民义务植树运动的决议》。1982 年 11 月，邓小平同志在会见外国友人时说，"我们准备坚持植树造林，坚持二十年五十年。今后才算是认真开始，以前这个事情耽误了。"

1981 年 7 月，党中央总结内蒙古经济社会发展的实际，提出了坚持"林牧为主，多种经营"的发展方针，1982 年 3 月，内蒙古党委出台了《关于大力种树种草加快绿化和草牧场建设的指示》，党中央和内蒙古党委的决策，指明了敖汉生态建设的方向（当时称恢复生态平衡）。敖汉旗 30 多年的种树种草抵御风沙干旱，减少水土流失取得了重大成就，缓解了风沙干旱，水土流失，同时积累了一些经验，如苗木培育，树种改良，速生丰产林建设，抗旱造林系列技术，病虫害防治，梯田建设，人工种草以及科学管理等有效办法，特别是发挥人民公社体制的作用，组织群众生产劳动集中会战，推动了发展进程。敖汉取得的成绩是显著的，干部群众在探索中奋斗过，付出过，流过汗，流过泪，流过血，最大的收获是找到了路子，种树种草，恢复生态平衡。

为此，1982 年 3 月中共敖汉旗委员会、敖汉旗人民政府做出了《关于种树种草的决定》。

《决定》要求全旗广大党员干部、人民群众进一步提高对种树种草意义的认识：新中国成立以来，敖汉旗各族人民在党的领导下，农业生产建设取得了很大成绩，对国家做出了应有的贡献。30 年来，造林保有面积已近 200 万亩，尤其是党的十一届三中全会以后，每年种草在 30 万亩，每年保有返青面积在 20 万亩以上，取得了显著效果并积累了一些经验，但是长时期地不顾自然条件，违反自然规律，使敖汉旗的农业生产条件遭到破坏，沙漠流动沙丘仍在不断扩大。农田、草场沙化退化，农田粮食产量低，草场载畜量低，农业生态环境没有根本改变，不仅严重地阻碍生产发展，也威胁到各族人民群众的生存。

《决定》进一步明确林草等绿色植物是农业生态系统平衡之核心，是改善敖汉自然状况和生产条件的途径，这一客观现实早认识、早行动、早收益，不认识、不行动还将受到大自然规律的惩罚。旗委向全旗各族人民发出了普遍号召：广大党员、干部和各族群众都要从科学道理上深刻领会种树、种草的意义。发展农业生产，坚持"林牧为主，多种经营"的方针，大力种树种草，绿化山川，建立新的生态平衡，是从根本上改变贫困落后面貌、繁荣经济、提高人民生活的唯一出路。要彻底摆脱只顾眼前，因循落后的习惯势力的束缚，要提高自觉性，下定决心以实际行动为种树种草做出贡献，争当"绿色英雄"。旗委、旗政府积极组织落实好以下四项重点工作。

一、大力种树种草，建设农业生态平衡

从 1982 年起，每年造林 30 万亩，用 10 年或再长点时间使敖汉的森林覆盖率达到 30%—40%，并逐步向均衡覆盖方向发展。今年起在 10 年内每年新种草 40 万到 60 万亩，每年保存面积由 20 万亩达到 50 万亩。

每年种树种草面积，由旗计委列入国民经济计划，加快绿化步伐必须开展群众性的植树造林运动。按照内蒙古党委和自治区人民政府的规定：每年 4 月 1 日至 5 月 1 日，10 月 15 日至 11 月 15 日为全区造林月，人人植树造林，长期坚持下去，形成社会风气。全旗干部、职工、学生和人民解放军指战员，每人每年植活 3 棵树，多者奖，无故不履行义务者罚。

植树造林要因地制宜，从实际情况出发，适地适树，乔灌结合，尽快把农田、草牧场防护林营造起来。同时大力营造薪炭林、饲料林、防风固沙林和水土保持林，还要积极营造速生丰产用材林、经济林。旗、社、队的街道、村屯应优先安排在二年内绿化起来。

种植牧草明确方向，平川和丘陵山区社、队以种草木樨为主，沙丘区社、队以种苜蓿草、沙打旺为主，轮作种草肥田的以种草木樨为主，养畜以种苜蓿草、沙打旺为主。农耕地块以清种为主，粮草、油草间种或混种，结合当年压青。草牧场以清种为主，结合围封补播。幼林地、水土保持林地必须林草结合，充分利用荒山、荒沟、沙间、河滩地种草，滥开的牧场沙地，必须退耕还牧种草。

种树种草必须十分注意解决苗木、种子问题，满足造林、种草的需要。除国营育苗外，各社、大队、生产队都要舍得好地育苗。办好已有苗圃和新建苗圃，还要鼓励扶助机关单位和社员群众培育苗木，每年育苗应保持在相应数量。林业、畜牧和供销部门发动群众积极收购林木种子，国营、国合、社队和群众培育的苗木可以有偿地余缺调剂。

搞好草籽繁殖工作。农业、畜牧部门与社队共同努力，办好草籽繁殖场，已有草原站不能撤销，改进经营管理，切实办好。还要积极新建草原站或专业队、户。各大队、生产队都应注意繁殖草籽，力争自给有余。

二、科学种植牧草，提高经济效益

1982 年中央一号文件《全国农村工作会议纪要》指出，"农业生产应和其他各部门一样，十分重视经济效益原则，强调发掘内涵性潜力。"无论种植业、养殖业、农村工副业，都必须强调提高单产，提高劳动生产率。种树种草面积数量，强调接受和完成国家计划，同时更强调质量，实事求是。讲究质量，把住质量关重在造林成活率和造林保存面积。植树造林要求成活率在 80%，保存面积在 75% 以上，提前成林成材时间。种草密度合理，提高产草、产籽量，多年生牧草返青面积应在 90% 以上。

要求科学造林，提高造林成活率，讲究实效。大力推广造林植树的六项措施：适地适树、良种壮苗、精细整地、密度合理、精心栽植、抚育保护。森林保护是巩固造林成果、提高经济效益的重要环节。一是防止人畜机械损伤破坏；二是防止病虫害的侵染。虽然经过多年筛选出具有一定抗性的（抗寒、抗旱、抗盐碱）树种，但没有抗斧子砍、锯子拉、牲畜啃、防盗伐的"超级抗性"树种。

人工牧草，虽然是草，但毕竟是人工种植的优良牧草，同样需按照农业生产"八字宪法"的法则来种植、管理。特别强调精细整地、适时播种、施用磷肥、中耕除草、防治病虫、注意管护、促使返青等技术措施。种草科学种、科学管，做到种好草田和种好农田一样、繁殖牧草种子和繁殖粮食种子一样、推广种草先进技术和推广种粮先进经验一样。切忌粗放种植、只种不管、有种无收的现象。

三、落实种树种草政策，调动群众种树种草的积极性

根据上级政策规定，为了调动群众种树种草的积极性，有关种树种草政策重申以下规定。

国营农场、牧场、林场，水库的林地，草牧场，耕地属于国有，社队和个人不得侵占。权属不明有争议者应保护生产，通过协商解决。国合造林者林地权属应及时明确划定，加强管理，今后还发展国社合作造林。社队范围内的集体和个人林权，应尽快颁发林权证书。社队范围内的草牧场明确划给社队，并明确使用权。给社员划定草地的工作，各公社统一组织力量协助

大队、生产队工作，在 1982 年春播前完成。划给社员的种树种草的林权草权归个人所有。社员个人利用指划给的荒山、荒地、荒沙、荒沟发展树木和牧草，只要遵守政策法令，不剥削他人，不侵犯集体利益，均应受到法律保护，城镇居民种树同样以此对待。机关、团体、学校、工矿企业在保证完成应承担的绿化任务外，还可以承包荒山、荒地、荒沙种树种草，谁种归谁，其收益可用于单位集体福利事业，也可直接分给职工一部分。国家有关部门扶助群众种树种草，对种树种草成绩显著的单位给予奖励。各级党、政组织和广大群众，都要贯彻执行国家森林法令，加强森林的管理和保护。从行政、法律上保护种树种草成果，建立健全护林护草责任制度。社队都要设护林员、护草（场）员，或与专业户订立联产承包合同，制定乡规民约，男女老少人人护林护草。各公社、大队按照国家规定申明树木砍伐批准手续，杜绝乱砍滥伐，对已经出现的树木破坏事件，要追究责任。

四、加强对种树种草工作的领导

大力种树种草，绿化山川，建设草原，建立新的生态平衡，是从根本上改善敖汉旗生产条件的一件大事。这是科学的生产决策，调整农业结构的长远大计，也是以实际行动落实中央对内蒙古工作的指示和 1982 年中央一号文件精神的具体内容。必须加强领导，克服软弱不力状况。把种树种草列入各级党组织的重要议程，经常布置、检查、总结这方面的工作，把它搞得扎扎实实，卓有成效，不能可做可不做。把搞好种树种草工作，列入考核评比干部的内容。旗、社、大队三级领导干部深入实际调查研究，每个人都抓一个点，抓好典型，以点带面，坚持不懈地抓下去。在旗委领导下，成立绿化委员会，公社也要成立绿化委员会，负责指挥造林绿化的事业。农业各部门把种树种草列为重点工作配合行动，同时经常宣传种树种草的好处，注重思想教育，不断解决认识问题，提高干部群众的自觉性，并学习种树种草的科学技术，推广先进经验。在造林运动月和种草时间里，宣传、广播部门，农、林、牧部门，政法部门，利用各种形式，宣传种树种草的好处，管理知识和护林护草法令、政策，造成强大的宣传声势与社会舆论，并以精神文明带动种树种草。还要尽可能帮助社队和群众解决种树种草中的具体问题，认真落实有关种树种草的政策规定，调动、保护和发挥广大群众种树种草、绿化山川的积极性。

第二节 林草资源与林草业区划

为了进一步摸清敖汉旗林草资源和搞好林草区划，为将来林草生产提供可靠依据，旗委、旗政府决定，由旗林业、畜牧部门组成调查队，于1981年8月至1982年8月深入农村、牧区实地踏查，摸清了全旗林草资源现状，进行林草区划。

林业资源与林业区划（节选）

一、基本情况和自然特点

敖汉旗全旗总土地面积1215万亩，其中农业用地282万亩，占总土地面积的24%。林业用地365万亩，占总土地面积的30%。牧业用地514万亩，占总面积的42%。其他用地（包括水面、道路、村庄等）54万亩，占总土地面积的4%。

1. 社会经济情况

现有25个公社（场、部）、国营场（国）五处，共有315个大队，3190个生产小队。共有9.5万户、总人口48.6万人，其中农业人口46.4万人。整、半劳力15.2万个，其中整劳力13.1万个。

2. 地形地势

敖汉旗地势起伏大、地形复杂，南部是山区，北部是沙漠、沙荒丘陵，中部是半山半川地区。沿河两岸有冲积平原、海拔高度在350—800米，相对高度100—300米，努鲁尔虎山脉由西南入境，总的变化趋势由西南向东北倾斜。

3. 气候

敖汉旗属于半干旱大陆性气候，气温变化剧烈，雨量集中，蒸发量大。夏秋酷热，冬季严寒，年平均气温6℃—7℃，无霜期平均140天（115—170天），年降雨量400毫米左右，蒸发量大于降水量4—6倍，风多且大，春季尤甚。

由于全旗整个自然条件差，北部风沙干旱、南部水土流失，十年九旱。

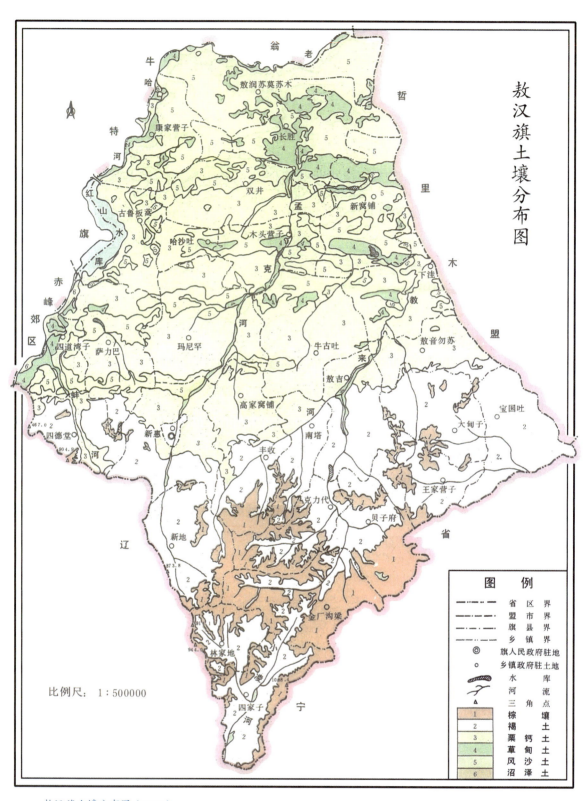

敖汉旗土壤分布图

比例尺：1:500000

图　例

	省　区　界
	盟　市　界
	旗　县　界
	乡　镇　界
◎	旗人民政府驻地
○	乡镇政府驻土地
	水　库
	河　流
△	三角点
1	棕　壤土
2	褐　土土
3	栗钙　甸土土
4	草甸　沙土
5	风沙　土
6	沼　泽

敖汉旗土壤分布图（1984）

粮食产量在两亿多斤左右。人口较多，开荒种粮较早，植被逐年被破坏，造成生态比例失调，林业产值仅占农业总产值的 13%。但是由于敖汉旗土地资源广阔、党政领导重视，坚持走"以林牧为主、多种经营"的道路，是正确的选择。多年来总结了正反两方面的经验教训，荒多、山多、人多对大力开展林业生产有广阔前景。

二、林业资源

1. 林业用地面积和林木蓄积量

据这次资源调查和区划统计，全旗林业用地面积 365 万亩，占总土地面积的 30%。在林业用地中现有林地面积为 176.6 万亩（其中国营 67.4 万亩），占林业用地的 48%。在现有林地中用材林 119.6 万亩，占现有林面积的 67.7% 强；防护林 36.8 万亩，占现有林面积的 20%（其中，农田防护林 5 万亩，牧场防护林 0.7 万亩，防风固沙林 14.6 万亩，水土保持林 2.7 万亩，护疏林 7.2 万亩，其他 6.6 万亩）；经济林 18 万亩。在现有林地中灌木林地占 4.6 万亩，疏林地占 4.8 万亩，未成林地占 29.8 万亩。全旗育苗 0.68 万亩。林木总蓄积为 125.1 万立方米。尚有宜林荒山荒地 187.6 万亩。

2. 树种资源

敖汉旗主要用材树种为杨树、柳树、榆树、油松、落叶松等，其次还有少量的次生林（柞、椴等），主要分布在中南部。灌木林树种主要有棉槐、黄柳、红柳、锦鸡儿、胡枝子、沙蒿等。经济林树种主要有山杏、文冠果及各种果木，另外在敖汉旗不同地区还另分布少量的沙枣、榛柴等。

3. 土地资源

敖汉旗林业用地面积中河滩两岸和有灌溉条件适合营造速生丰产林的地块近 10 万亩，有大量的村旁、路旁、水旁亟待绿化，还有近百万亩的流动和半流动沙丘等待治理，今后绿化的任务还是十分艰巨的。这些荒山荒地中大部分是在高山、远山、石质山区和沙漠地带，造林难度大，用工多，所以必须搞好造林前规划，做到心中有数，调整林种和树种的布局，适地适树搞好科学造林。

三、林业生产现状及存在的主要问题

1. 林业生产现状

新中国成立以来，敖汉旗林业生产有很大的发展，从 1950 年到 1980 年营造人工林 430 余万亩，现保存面积 166.96 万亩，保存率为 39%，人均 3.4 亩，加上原有天然林 9.7 万亩，全旗覆盖率达 14.5%。

从 1965 年以来大力营造农田防护林，现有农田防护林 5.01 万亩、保护农田 92 万亩。对保护农田，增加粮食产量起到重要作用。如古鲁板蒿公社古鲁板蒿大队，在 1972 年前亩产不足百斤，春季翻种不止几次。从 1972 年开始营造农田防护林网，到 1974 年初见成效，至今粮食产量稳步上升，随着林带林网逐步发挥防风效益，加上水肥管理，现亩产已达 600 斤以上。林带树木一部分又间伐，增加了集体收入。可以看出农田防护林不但是平川地保证农业高产、稳产的重要措施，同时也是解决木材短缺的一个有效途径。1975 年以来，敖汉旗实行国营林场和社队合作造林，大大加快了荒山绿化步伐。1975—1981 年春，先后由三个国营林场与 16 个公社合作造林 81 万亩，现保存面积 27.3 万亩，保存率达 33.7%。克力代公社 1975 年营造的 3.6 万亩油松，现已郁郁成林，下洼、牛古吐公社与三义井林场实行合作开沟造林，成活率达 80% 以上，一次成林。

随着林业的发展，敖汉旗林业专业组织也逐步扩大起来，全旗有林业专业组织 188 处，专业人员 1453 人，经营面积 6472 亩，有育苗地 3000 亩到 4000 亩，为林业生产提供了苗木来源和组织保证。

敖汉旗无论是在南部山区还是在北部沙漠地带，从育苗到造林、治沙几方面都涌现出一批先进典型。古鲁板蒿公社位于敖汉旗的北部，是个半山半川的沙荒地区，总土地面积 74 万余亩。自然条件较差，一到春季风沙滚滚。1970 年，公社党委提出"要想风沙住，必须多栽树"的口号，首先在农田林网建设上下功夫。向全公社发出号召，自力更生大搞育苗。下决心办起了三级（公社、大队、小队）育苗网，由 1969 年育苗 27 亩增加到 1000 余亩，全公社形成了三级育苗体系，做到了种苗自给有余，为绿化全公社打下了雄厚的物质基础。有了苗先营造起农田防护林 2.8 万余亩，主副带 164 条，形成网眼 482 个。从 1974 年开始林网逐渐发挥了效益，再加上其他措施的管理，据调查，古鲁板蒿大队 1972 年粮食亩产不足 100 斤，到现在已提高到 600 斤以上。长胜公社乌兰巴日嘎苏大队位于敖汉旗的北部，是一个流动和半流动沙丘地区。多年来始终坚持不懈地向沙漠开战，采取的办法是封育和治理相结合，主要经验是大队干部责任心强，定出制度，奖惩严明，造林取得可喜的成果。

2. 林业生产存在的主要问题

虽然新中国成立以来敖汉旗林业有较大的发展，但与国民经济的发展和人民的生活需要还远远不相适应，存在着许多问题。存在着盲目性，缺乏科学性，没有统一规划和合理布局，粗植滥造，有些单位造林面积不实、质量不高。总之取之于林的多，用之于林的少，造成木材缺乏、烧柴紧张的局面。

（1）林种结构不合理

敖汉旗的大量林业用地多为荒山荒坡，土质瘠薄、水源缺乏，加上气候干旱、风沙大，营造的大量用材林长期不能成材。多数都成了"小老树"，而防护林、经济林和薪炭林的比重很小，产值甚低，林木的直接效益不大。全旗有林面积共176.6万亩，用材林就占119.6万亩，占现有林的68.85%。而薪炭林只有2万亩，占现有林的0.1%，农民烧柴问题长期得不到解决，造成不应有的困难。经济林占18万亩，占现有林的11%。防护林占36.8万亩，仅占现有林的20%。大量的农田、牧场得不到保护，逐步沙化、水土流失极为严重。

（2）林业发展缓慢，森林覆盖率低

敖汉旗经过三十几年的建设，森林覆盖率仅为14.5%，生态结构比例仍然失调，自然气候仍然没有多大变化，近几年每年造林都在30万亩左右。而实际保存面积才十几万亩，照这样的速度，20—30年才能实现全旗绿化。

（3）树种单一

由于过去有啥苗造啥林，谈不上合理布局、适地适树，没有采取科学造林的方法，在敖汉旗南部山区是纯油松林，在北部是杨树榆树。林地大量病虫害发生，现已发生40万亩左右，已成灾的就有20万亩。

（4）重造轻管，保护不当

过去由于林木管理混乱，很多单位随心所欲，采育关系摆布得不正，砍树不是从育林出发，不是疏稀、去劣留优，而是单纯为取材卖钱，采取"一扫光"的砍伐方式。还有的社队由于兴修水利、办电、架线、购买农机、建房等需大量资金，没钱就去砍树，结果砍伐量大大超过了生长量。类似以上现象至今未有刹住，甚至有的单位比以前还严重。

四、调整林业布局

敖汉旗地广人稀，草场退化，恢复生态平衡必须提高森林的比重，发挥林业的优势，扬长避短，加快绿化步伐，改变落后状况。按照以营林为主的方针，因地制宜、适地适树，对林业生产布局进行调整。

1. 提高林业用地的比重

中共中央确定内蒙古自治区走以"林牧为主，多种经营"的建设方针，这完全符合敖汉旗的实际情况。想恢复生态平衡，敖汉旗在基本完成绿化时，森林覆盖率要达到40%，没有林业的保证，牧业发展是不可能的。

2. 林业生产实行封、造、护并举

敖汉旗的沙荒、山地通过封育，可生长起灌木和蒿类，特别是北部的沙荒地经过恢复天然植被，加上人工措施便能实现绿化。实行封山育林、人工造林相结合，造林和抚育保护并举，使之早见成效。

3. 统筹兼顾、突出重点

根据敖汉旗的自然特点，面对现实存在的问题，造林时应该突出重点，首先抓什么？就当前看，大量农田、牧场逐步沙化，水土流失极为严重，农民烧柴极为困难，木材短缺现象甚为严重。所以扭转过去那种为了造林而造林、不顾客观情况的被动局面，必须扬长避短，发挥自然优势，因地制宜地大量营造防护林（农田牧场防护林、水土保持林）、薪炭林和速生丰产林。

五、林业区划

为合理利用资源，发挥森林的直接和间接效益，必须根据不同地域的自然条件进行区划，以便因地制宜，分类指导。

分区的原则以地形地貌为主导，同时考虑土壤气候条件及林业现状、发展方向和技术措施的相似性，保持核实单位的完整性。根据上述原则，按照地理位置、地形特点和营林方向，全旗划为三个区，分别命名为北部浅沙坨沼防风固沙林区、中部黄土丘陵农田牧场防护林区、南部浅山丘陵水土保持林区。

1. 北部浅沙坨沼防风固沙区

本区包括荷也勿苏、古鲁板蒿、双井、乌兰公社的部分大队，另有国营种羊场、治沙林场、三义井林场的双井分场、古鲁板蒿分场、新惠林场的乌兰召分场。本区总土地面积为277.2万亩，占全旗总土地面积的23%。其中农业用地42.2万亩，林业用地82.9万亩，牧业用地142.9万亩，其他占地9.1万亩。地形起伏较小，一般坡度4°—7°，海拔高度350—400米，相对高度100米左右；气候干旱少雨、年降雨量350毫米左右，春季少雨而风沙

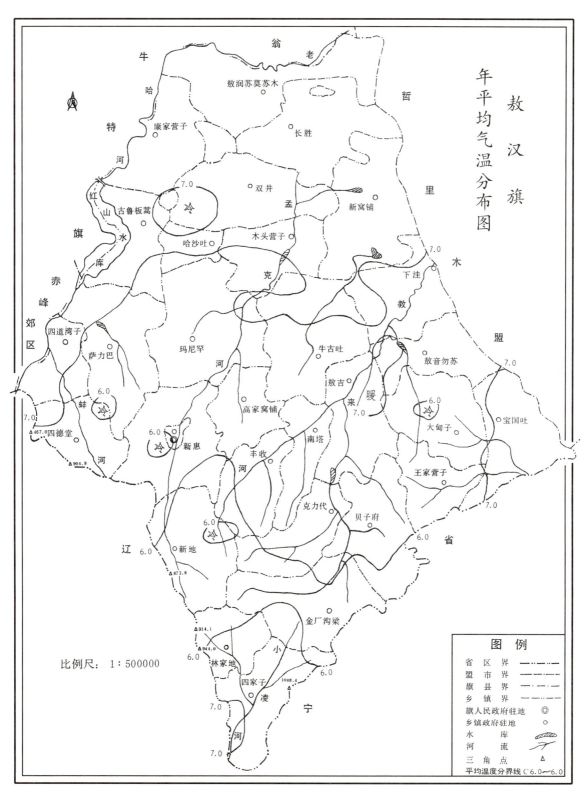

敖汉旗年平均气温分布图（1984）

大。土壤沙性大，比较瘠薄。主要为淡褐色土和沙土，分布着 40 万亩左右的流动和半流动沙丘，丘间甸坨相隔。

本区有林面积 33.8 万亩，占全旗有林面积的 19%。其中用材林 23.9 万亩，防护林 9.7 万亩，经济林 0.31 万亩。在有林面积中，疏林地占 0.38 万亩，灌木地占 0.7 万亩，未成林地占 4 万亩。森林覆盖率 12.2%，林木总蓄积量为 22.19 万立方米。尚有宜林荒山沙地 48.9 万亩（沙地 40 万亩）。

新中国成立以来，本区的林业生产有较大的发展，但是总的来看还是很薄弱，发展缓慢、成林不多。本区在气候恶劣，牧业比重较大的情况下，存在着造林成活率低，保存率低的现象。本区应更好地摆正林、牧关系，采取发展林业来养牧业，林业生产应该以防风固沙为主，加强农田牧场防护的建设。在有条件的地方还要发展速生丰产林（古鲁板蒿林场和乌兰召林场发展到 1 万亩左右，其他社队也相应发展，解决木材短缺现象），适当发展薪炭林、用材林，大力开展封沙育林、育草，充分利用天然更新，积极进行流沙治理。

在防风固沙林配置上，老哈河沿岸在原有林的基础上，以人工栽植为主，结合天然更新逐步营造一条宽 50—100 米的护岸林带；中间以三义井林场现有林为基础，连接成线，形成一道较大的防风屏障，同时也是用材林基地，加强抚育管理，尽快成林成材。对现有林进行分类管理，对"小老树"逐步进行改造。

2. 中部黄土丘陵农田牧场防护林区

本区包括长胜、岗岗营子、双庙、小河沿、四德堂、新惠、新惠镇、牛古吐公社，下洼、双井、乌兰公社的部分大队。另有国营三义井林场的三义井分场、马头山分场、小河子分场、陈家洼子分场，新惠林场的新惠分场、敖吉苗圃、小河子国营农场、小水流儿果园。本区总土地面积 417.7 万亩，占全旗总土地面积的 34%，其中，农业用地 111.7 万亩，林业用地占 129.6 万亩，牧业用地 160.9 万亩，其他占地 15.5 万亩。本区多为起伏状的丘陵，沿河两岸有冲积平原分布，大部分是缓慢状丘陵及环境的盆地。加上较大的沼甸地，构成本区的地形特征。海拔高度 500—600 米，相对高度 150 米。气候冬季少雪，春季普遍降水少。降水分布不均，蒸发量大于降水量 5—6 倍。土壤十年九旱，春风多而力强，风沙天多见，土壤因受风蚀严重，有机质含量低，肥力逐年下降，地面受风蚀水蚀均很严重，草牧场质量低劣，趋于沙化。

本区林业生产基础较差，现有林面积达 67.6 万亩，占全旗现有林面积的 38%，其中用材林 46.5 万亩，防护林 17.7 万亩（农防林 2.9 万亩，牧场防护林 0.66 万亩），经济林 2 万亩。在有林面积中，木材林地占 3.7 万亩，疏林地占 2.4 万亩，未成林地占 9.2 万亩。林地分布不均，多在沿河、沟川平地及四旁呈片状或带状分布。林木质量差，有"小老树"若干。造林多年，产能低微，覆盖率仅达 16.2%，尚有宜林面积 61.5 万亩，林木总蓄积量 49.1 万立方米，尚有宜林荒山荒地 61.6 万亩。本区现有农田面积 111.7 万亩，草原和牧场面积 16 万亩。在防护林建设上距要求还相差很远，是今后重点建设项目之一。在重点建设防护林的同时，兼顾其他林种。此外还将速生丰产林纳入议事日程，作为重点项目之一，使全旗达到 6 万—10 万亩，尽快缩短林木利用的周期，快出材，出好材，为国家多做贡献。加紧营造农田牧场防护林，构成体系，防御风沙，控制沙化。

在本区杜绝开荒，减少轮耕地面积，扩大林业用地。本区将来森林覆盖率逐步达到 40%。在搞好苗木生产的基础上，在有条件的地块大力实行开沟（深沟）造林和大坑整地栽植油松及其他树种（乔木），适当配置灌木树种，提高早期收益，解决急需的烧柴和饲草问题。

3. 南部浅山丘陵水土保持林区

本区包括新地、林家地、四家子、贝子克力代、金厂沟梁、王家营子、大甸子、宝国吐、丰收、敖吉公社，下洼公社的南部山区大队，另有国营大黑山林场、新惠林场的新地分场、巴尔当分场，总面积为 528.4 万亩，占全旗土地面积的 43%。其中农业占地 128 万亩，林业占地 155 万亩，牧业占地 216.1 万亩，其他占地 29.3 万亩。

本区现有林面积为 75.1 万亩，占全旗有林面积的 43%。其中用材林 49.2 万亩，防护林 9.7 万亩（水土保持林 1.1 万亩），经济林 15.6 万亩，其他 0.6 万亩。在现有林地中灌木林地占 0.15 万亩，疏林地占 2 万亩，未成林地占 16.4 万亩，森林覆盖率达 15%。林木蓄积量为 53.8 万立方米。有宜林荒山荒地面积 77.2 万亩。

本区虽然在发展林业生产上有一定的基础，多以油松幼林为主，但还起不到涵养水源、保持水土的作用。人民群众用林烧柴等问题还没有解决。天然次生林在大黑山一带有较大面积的分布，以柞、椴为主，其次有山黄榆、油松、山楂等。

本区由于地形起伏较大，沟壑纵横，加上不合理整治、多年雨水冲刷而造成水土流失。今后以重点营造水土保持林为主，兼顾其他林种，适当发展木本粮油等经济树种。

本区大部分山荒由于土层浅，坡陡，想今后提高成活率，必须在造林前提前整地，以水平沟和大鱼鳞坑形式，对坡度 15°—20° 的坡地应退耕还林，封山育林。在坡脚上端应大力营造油松，在坡脚下有土质坡面除营造油松外还应栽耐瘠薄的其他树种，上游再配上紫穗槐，实现坡地和林木多样化，使该区覆盖率达到 35%。有效地控制雨水侵袭和冲刷，达到保水、保土、保肥的目的。

六、今后林业生产发展的规划

1. 坚决贯彻内蒙古自治区走以"林牧为主，多种经营"的生产建设方针，大力发展林业生产。根据敖汉旗的具体自然环境特点和所处的地势条件以及在林业生产中的不同特点，已划分三个林业区划类型，根据各区的自然特点，发挥优势，因势利导，突出重点。有计划、有步骤地进行建设，并且将开荒的轮耕地和坡耕地立即退耕还林、还草。

2. 认真贯彻"依靠社队集体造林为主，积极发展国营造林和鼓励社员个人植树"的方针。落实谁造归谁有的政策，稳定林木所有权。以稳定民心，取信于民，同时搞好和落实林业生产责任制，调动各方面的积极因素，发挥国营、合作、集体和个人四股力量的作用。

3. 加快林业生产，必须有一支稳定而有力的骨干队伍。旗林业部门应充实技术力量，以区建站，以便建设一支专业化的技术干部队伍。整顿好社队林业专业组织，加强技术培训和实践活动，实行专业队伍和群众运动相结合的办法，集中人力、物力、资金，有组织、有计划地建设三五年，将敖汉旗速生林和农田、牧场防护林建设迅速搞上去，早见成效。

4. 适当增加林业建设的投资，植树造林是一项周期较长的建设，要有一定的资金做保证，除国家的补助投资外，旗、社、队都应该拿出一定的资金投入林业建设当中。

5. 坚持国营林场与社队合作造林的路子，搞好规划设计，加强种苗工作，为合作造林及全旗绿化，建立专业化苗圃，按计划提供苗木来源。

草业资源与草业区划（节选）

一、草业资源

全旗天然草场地处西辽河干草原带与努鲁儿虎山地森林草原过渡带，总面积为 514 万亩，占总土地面积的 42.3%。草场饲用牧草种类丰富，据中国科学院内蒙古宁夏综合考察队和采集的标本鉴定统计，有 400 余种。按草场植被和地形特点的不同，全旗草场可分为六大类。

1. 山地森林草原草场

以努鲁尔虎山地北为主，森林与草原交错分布，土壤为褐土。植物种类复杂，草本植被以半旱生植物为主，有大针茅、鹅冠草、羊草、赖草、野豌豆、地榆、沙地委陵菜、黄花菜等。森林为针阔混交林，有油松、山杨、椴椴、蒙椴、辽东栎等；灌木、半灌木有山杏、苦丁香、绣线菊、虎榛子、胡枝子、照白杜鹃等。

2. 低山丘陵草原草场

植物种类较丰富，植物组成以旱生多年生草木为主。主要植物有大针茅、鹅冠草、羊草、白草、隐子草、胡枝子等；灌木有万年蒿、绣线菊、山杏等。总覆盖度 50%—60%，草层高 10—40 厘米。亩产鲜草 90—200 公斤。

3. 黄土丘陵草原草场

发育在黄土丘陵上，土壤为沙黄土，以"百里香草原"著称，牧草以旱生植物为主。主要有百里香、达乌里胡枝子、针茅、白草、糙隐子草、硬质早熟禾以及一些蒿属植物，草种类单纯，草层低矮为 10—20 厘米，产草量低，亩产鲜草波动在 50—300 公斤。

4. 沙地干草原草场

该类草场分布地区农牧林业互相交错：长期轮荒撂熟，原始植被已经彻底破坏，绝大部分属于荒地植被。饲用植物以杂类草为主，主要牧草植物有甘草、达乌里胡枝子、扁蓿豆、赖草、冰草、毛芦苇、狗尾草、虎尾草、虫实、猪毛菜、沙莲、苍耳和蒿属植物。一年生植物占优势，总覆盖度为 60%—70%，草层高度 20—40 厘米，亩产鲜草 150—560 公斤。草场地表平坦开阔，土壤为风沙土，质地松散脆弱极易沙化，而且耐牧性较差。

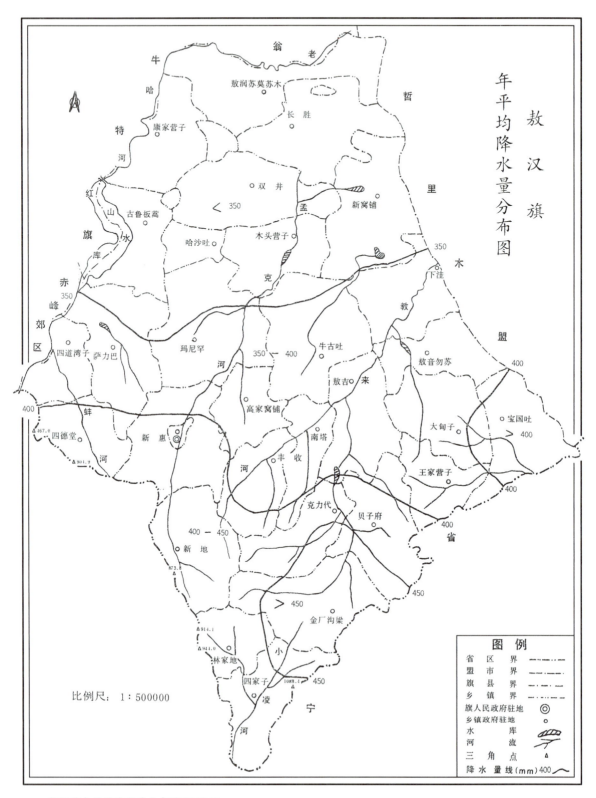

敖汉旗年平均降水量分布图（1984）

5. 流动半流动低平地草原草场

这类草场主要沿老哈河南岸分布，土壤为沙土，牧草植物以灌木、半灌木及杂类草为主。主要有小叶锦鸡儿、山竹子、达乌里胡枝子、扁蓿豆、斜茎黄芪、黄柳、小红柳、沙蒿、黄蒿、羊草、白草、芦苇、糙隐子草、拂子茅以及虫实、猪毛菜、鹅绒委陵菜、白颖苔草等。但由于沙丘起伏，流动性大，经常遭受风沙干旱的威胁，无论是季节间还是年度间产草量都很不均衡，牧草抗灾能力低。只有小叶锦鸡儿等灌木、半灌木是该类草场上的救荒牧草。

6. 河漫滩草甸草场

这类草场面积很小，主要分布在老哈河、教来河沿岸。土壤为草甸土。植被以湿生植物为主。主要有芦苇、香蒲、小香蒲、野稗、莎草、藨草、苔草等。植株高大，产草量高，质量差、利用率低。因为湿度较大，各种寄生虫易于滋生繁衍，放牧家畜易遭寄生虫病的侵袭。近几年来，部分地区被垦为水田，发展水稻种植。

二、动物资源

全旗饲养的家畜（禽）有牛、马、驴、骡、驼、绵羊、山羊、猪、鸡、鸭、鹅、兔、鹿等十余种，野生动物有为数少量的狼、狍子、山兔、黄鼬、黄羊、野鸡等十余种。

绵羊的主要优良品种是敖汉毛肉兼用细毛羊（简称敖汉细毛羊），具有体大毛长、产毛多、毛质好、繁殖性能和产肉性能较高、适应性强、耐粗饲、耐寒暑、抗风沙、遗传性稳定等特点。

牛的主要品种是当地蒙古牛和杂种牛。蒙古牛体小结实，发育慢、适应性强、耐粗饲，有一定的役用能力。

生猪品种结构趋于乌兰哈达杂种猪，其适应性强、耐粗饲、繁殖率高。据调查，1981 年约有 2.6 万口，占猪饲养总数的 10% 左右。

马的品种多为蒙古马和部分阿尔登、卡巴金的杂种马。驴是本地土种，体大、繁殖率高、耐粗饲、抗病力强、役用多工种。

山羊本地品种，白色较多，平均产绒量 2—3 两，体小健壮、性情温顺、适应性好、抗病力强、繁殖率高。

家禽以鸡为主，还有鸭、鹅。

三、草业区划

鉴于本旗自然条件复杂，土壤类型多样，因此反映在草场资源特点和分布上也存在着地区间的差异。根据地区自然、地形、土壤、经济特点及草场资源特点和畜牧业生产发展方向的一致性，考虑农、林、牧综合发展的合理布局，尽量与综合区划分区一致，将全旗 25 个公社（镇场）划为四个区。

1. 浅沙坨沼干旱草原草场区（浅沙坨沼区）

本区位于旗西北部：包括荷也勿苏、古鲁板蒿、羊场及双井公社的八个大队和乌兰召公社 3 个大队，即 5 个公社（场）37 个大队。草场总面积 138.98 万亩（可利用牧场 111.2 万亩），占总土地面积的 49.4%。

气候干旱少雨，年降雨量 350 毫米左右，春雨少，7、8、9 月份雨量集中。风大，一般在六级以上。由于土壤沙性大，年度间的雨量不均衡，草场生产力不稳，枯草期长，对牧业生产影响较大。除荷也勿苏公社与古鲁板蒿公社的北部是流动与半流动沙丘外，其他为固定沙丘坨沼地。农业上轮荒撂熟的落后制度，造成了草场大面积的退化与沙化。草场上一年生杂类草与小禾草已居首位，平均亩产干草 100—175 公斤，封护的草场内，秋季割干草可产 200 公斤左右，正常年本区草场（包括林下草场与宜林地草场）可贮草 2.5 亿公斤，可利用农副产物 1.1 亿公斤，合计可养畜 28.3 万只羊单位。

本区草场收草以一年生小禾草、杂类草、狗尾草、虫实、猪毛菜、沙蒿为主，饲草质量较低。本区适合发展绵羊和牛等草食动物。

今后大力营造防风固沙林、牧场防护林，严禁开荒，采取生物措施，固定住流动和半流动沙丘；大搞草原建设，在积极围封草牧场的同时，大种优良牧草，提高草原生产能力和载畜量。

2. 黄土丘陵干草原草场区

本区位于旗中西部，包括双庙、新惠、新惠镇、牛古吐、四德堂、小河沿公社和乌兰召公社的 7 个大队，丰收公社的 10 个大队，计 7 个公社 82 个大队。地形起伏不平，海拔 500—600 米，年平均温度 5.6℃—7.2℃，年降水量平均为 350—410 毫米，水土流失严重。本区内草场面积 68.41 万亩，占全旗草场总面积的 13.3%，以"百里香草原"为主，牧草低矮，植被稀疏，亩产干草 75 公斤左右，牧场狭窄，每个羊单位占有草场 2.6 亩，又缺乏割草场。本区为半农半牧区，农业、牧业发展都有一定的基础，农业提供可利用农副产物每年 2.54 亿公斤，再加宜林地和有林地的林下草场和落叶可载畜 18.68 万只羊单位。

近年来，本区养鸡养兔发展很快，今后要大力发展草原红牛，培育敖汉细毛羊和乌兰哈达猪，养鸡养兔要有较大发展，控制其他牲畜数量增长。

3. 浅山丘陵草原草场区（低山丘陵区）

本区位于旗南部，包括新地、林家地、四家子、金厂沟梁、贝子府、宝国吐、克力代、王家营子、大甸子和丰收公社的大部分大队，即 10 个公社131 个大队。

本区大部分为丘陵和低山，起伏不平，海拔 600—800 米，年降水量400—460 毫米，年平均气温 5.8℃—7.2℃。区内草场面积为 182.02 万亩，面积虽大，分布在山地的中上坡。部分为耕地间的零星草地，亩产草量一般在 50—75 公斤。水热条件良好，适宜于发展种植业。垦殖指数较高，为畜牧业生产每年还提供农副产物 2776.26 万公斤。

本区发展生猪有良好条件和基础，今后发展方向是提高个体重和出栏率，培养乌兰哈达猪，建立商品猪基地，培养敖汉细毛羊和良种驴。

4. 沿河平川草原区（沿河平川区）

本区位于旗东部，包括农区长胜、敖吉公社和半农半牧区的岗岗营子、下洼公社、双井公社东部的 3 个大队，即 5 个公社 67 个大队，畜牧业是本区的重要生产部门，牲畜数量较多，共有牲畜 14.36 万头（只），占全旗总数的 24.13%，其中大畜 2.7 万头（匹），小畜 11.65 万只，比重为 81.14%。敖汉细毛羊占全旗细毛羊总数的 28%。

本区要在充分利用农副产物的基础上，大力种植人工牧草，解决草畜矛盾，加速发展大畜、培育草原红牛，大力培养提高敖汉细毛羊。

四、发展牧草产业的方向和措施

充分利用天然草场资源，搞好草场保护、建设和合理利用，增强饲草饲料生产，积极建设草原生态平衡。

第一，认真贯彻执行以"林牧为主"的方针，调整农业布局，停止轮荒撂熟，农作物不保收的地块，坚决退农还牧，扶持和奖励种树种草。不论半农半牧区、农业区都要种植业、饲养业一起抓，走林牧为主的道路，发展生产。

第二，落实天然草场的使用权、管理权和建设权，严禁开荒，保护牧场，尽快恢复天然草场的生态平衡。

第三，因地制宜，搞好草原建设，流动半流动沙丘坨沼草场以治沙育草为主，防风固沙，保护和扩大丘间沼地草场，积极建设草库伦。建立以小叶锦鸡儿、山竹、岩黄芪、黄柳、沙蒿为主的灌木半灌木基本草场。

沙地干草原草场，以保护和合理利用为重点，封场育草、建设草库伦，逐步实现轮封轮牧，通过更新补播、施肥、灌溉等措施，搞好草场改良，培育人工草场，并在水热条件较好的地区建立一定数量的人工草场。在草种上，以栽培驯化当地野生优良牧草为主，引进外地牧草为辅。当地草种，如斜茎黄芪、野豌豆、达乌里胡枝子、扁蓿豆、羊草、赖草、冰草，引进草种，如紫花苜蓿、沙打旺、无芒雀麦、老芒麦、披碱草、鹅冠草等。

黄土丘陵干草原草场应以水土保持、防风固沙为主，大力发展种树种草，推广牧草种植。在搞好紫花苜蓿、沙打旺等优良牧草种植的同时，有步骤、有选择地建立一定面积的以旱生植物为主的人工草地（如达乌里胡枝子、草木樨、伏地肤、冷蒿等）。主要建设农田牧场防护林网。

低山丘陵灌丛草原草场区，应以封山育林养草为主，保护和合理利用现有植物资源。通过种树种草，治山治水，大力发展灌草相结合的山地草场，妥善解决林牧矛盾，做到林牧并重，同时并举。今后的草场建设中，特别重视因地制宜，适地、适树、适草，进行乔、灌、草结合，建设草场防护林，把林、牧业紧紧结合在一起，防止成片造林，减少草牧场现象。

第三节　落实林业"三定"政策

在搞好两区规划的同时，结合农村经济体制改革的起步，落实林草业发展政策是当务之急，从调整生产关系入手，解放生产力，调动广大农牧民种树种草积极性。

一、落实政策，稳定民心

林权制度改革，林权证的落实，是敖汉旗在植树造林上的一个创举，在全旗生态建设中的影响极其深远。

1980年，正是政通人和、百废待兴之时。联产承包生产责任制已经出现，家庭承包责任制还没有落实。但是敖汉旗在造林上却开始了先行探索。1980年1月23日，旗政府就出台了一个讨论稿，提出建立社队林业生产责

全旗林业"三定"政策落实动员会

任制的几点意见。

1. 农村牧区人民公社坚持三级造林、三级管理、三级所有的原则。公社和大队建立林场，生产队建立林业专业组，是实行林业生产责任制的基础和组织保证。

2. 公社和大队对所属林场（规模较大的林场对所属的作业区），生产队对林业专业组，不论是否实行单独核算，都要根据生产需要建立小组的或个人的生产责任制，实行定人员、定任务、定数量、定报酬、定奖惩的制度。

3. 公社和大队临时抽调生产队劳力进行短期突击，造林育苗也要建立责任制。生产队的林业生产一般不包给农业作业组，季节性突击性的林业生产由生产队在农业作业组中按比例抽调，集中一定时间组织全队劳力进行，常年管理由林业专业组负责。

4. 林业生产责任制的几种形式。

（1）定额管理，小段包工，按定额计酬。这种形式，一般用于短时的突击性的单项作业，如造林的整地、栽植、中耕、除草、育苗、田间管理等。

（2）常年包工到组，联系造林成活率计酬、评定奖惩。如造林从种植到管理，一包到底。这种形式，一般适用于社队对所属林场（或林场对下面的作业组）、生产队对所属林业专业组。

（3）包工到户，责任到人，联系工作质量、成活率计酬并评定奖惩。一般适于小量、小宗的林业生产。如小型苗圃、小片林、农田防护林的管理等，或个人单独完成的工作如护林等，由社员直接同生产队或林场承包。

（4）包产到组或包产到户。联系产量计报酬、评定奖惩。这种形式，适用于管理当年有收益的经济林、育苗林、薪炭林等林业生产。面积较大的包到组，小量的、零星分散的包到户，责任到人。

5. 实行生产责任制，定额合理。包工包产的各项指标适当，一般以前几年的平均水平为计算依据。使包工包产的小组或个人，有产可超，有利可得，多奖少罚。奖励一般奖工分，有的也可以奖实物（如木料、枝柴、果品等）。有条件的也可以奖部分粮、钱。

6. 实行包工包产到组。在组内贯彻按劳付酬、多劳多得的原则，严格实行定额管理、评工记分的制度。凡是能制定劳动定额的林活，都有劳动定额。按定额分配任务、检查验收、考核成绩、计算劳动报酬。对于个人独立完成的林活，建立岗位责任制。对于社员的工分经常公布。对于组内所得的奖励，根据每个人的劳动数量、质量、技术水平、贡献大小来评定，不能平均分配。

7. 合理处理农牧业作业组与社队林场或林业专业组人员之间的劳动报酬问题。保证参加林业生产的人员的劳动报酬和口粮标准不低于本生产队同等劳力的水平。同时给他们一定的时间经营好自留地和搞好家庭副业。

8. 建立林业生产责任制和建立农牧业生产责任制一样，是一项政策性很强的工作，在各级党委领导下进行。各级林业部门当好参谋助手。要走群众路线，加强思想政治工作。无论采取哪种形式的生产责任制，都要经群众讨论，不能由上面硬性规定。建立林业生产责任制是一项新的工作，各地要加强调查研究，注意总结经验，不断解决出现的新情况、新问题，使林业生产责任制在实践中不断地完善起来。

9. 建立林业生产责任制的工作，有计划有步骤地抓紧进行。没有搞过的地方，可先搞试点，总结经验，以后再逐步推开。要求在今年春季造林前，普遍把林业生产责任制建立起来。

林业生产责任制极大地调动了广大社员承包造林的积极性。各公社也在不断探索中总结经验。1980年出台的讨论稿并没有以文件形式正式下发。但是各公社、大队、生产队却在实践中逐步推开，而且有很多好的做法还受到旗委、旗政府的高度重视。新惠公社的"三定"造林，正是对责任制的一种有益探索和贯彻落实。

二、新惠公社林业"三定"工作

新惠公社总面积50万亩，地处孟克河上游，多数是丘陵山地。这个公社原有林 11.8 万亩，森林覆盖率为 23.6%。党的十一届三中全会以后，特别是 1982 年以来，他们认真贯彻中央 28 号文件，大力发展林业。根据旗委"不整地、不造林"的要求，全面规划，春播后到 7 月初整地 6.62 万亩。盟委在敖汉召开旗县委书记会后，他们又动员 3000 多人整地 2.42 万亩。春秋两季共整地 9 万亩。这些地明年全部造上林后，森林覆盖率将达到 41.6%。

从 10 月 20 日开始试点，开展了林业"三定"工作，到 11 月 15 日已基本结束，他们把全年整地 4.71 万亩（包括春秋两季已播上柠条的 1.56 万亩），划给社员个人，占造林整地面积的 52%。又把 154 条沟（3700 亩）也划给了社员。合计新划给社员造林地 5.08 万亩，加上社员原有林 1.1 万亩，共 6.18 万亩，占全公社宜林面积的 29%，户平均 13.2 亩，人均 2.8 亩。

红娘沟大队高家窑子生产队社员宋方这次共得荒山 64 亩，沟里又分得 4 亩，加上原有林 4 亩，共 72 亩，是全公社最多的一户。扎赛营子大队新划给社员造林地 9966 亩，加上原有的 2990 亩，共 1.3 万亩，户均 27 亩，人均 5.8 亩，占全大队宜林地的 53.3%，是全公社最多的一个大队。

规划完造林地就开展了发放林权证工作。全公社发林照 5260 张，4100 户。发证总面积 6.37 万亩，零星树木 12.34 万株。社员个人林地除极少数林权争议未解决外，都发了林照。新划给社员的造林地除扎赛营子大队已发林照外，都已登记造册，建立台账，第二年谁造上林，成活率超过 40% 的便由大队发给林照。

在林业"三定"工作中，进一步确定了林业责任制，社员个人林木自护自管；集体林木共确定专职护林员 53 名，负责看护，并建立了奖惩制度，同时确定林木承包户 58 户，承包面积 1700 亩，其中山杏 1050 亩。

新惠公社林业"三定"工作的具体做法：

1. 组织领导。采取集中领导，集中力量，集中时间，分兵把口，巡回检查的办法。他们在扎赛营子大队搞了林业"三定"试点工作，在进行方法步骤和时间安排以及遇到问题如何解决等方面摸索总结了经验。在全公社铺开前，又对未参加试点的公社干部和各大队主要负责干部进行训练。通过试点和训练，使参加林业"三定"工作的干部学会了方法，提高了林业政策水平。

2. 林业"三定"是山定权、树定根、人定心的工作，通过进一步落实党的林业政策，激发社员群众植树造林、绿化荒山的积极性，在这方面他们抓了两件事。

一是对"文革"期间收归集体的树木，尚未退还的，必须在此期间全部退给本人。"文革"前抵顶"三角债"的或林业社会主义改造收归集体的则一律不退。三中全会后社员在指定地块造的林，谁造归谁，进一步贯彻了谁造谁有的政策。但未经批准挤占官街伙道栽的树木则不承认，不发给林照。

二是划给社员的造林地占宜林地的 20%—40%，先划沟，再划荒山荒地，最后由造林整地补齐。社员划造林地的比例，以大队为单位计算，同时允许队与队之间、户与户之间有差别，有多有少；不愿意的，可以不要；有能力栽活管好的可以多分一些。凡划给社员的林地，社员可以间草混粮，一切收获归个人，但不准纯种粮食，不准转让他人，不准出租倒卖，违者扣粮罚款。先确定权属后发照，同时落实责任制。

3. 确定权属发林照，同时落实责任制。在发林照之前首先确定林木权属，工作组和大小队干部逐户逐地块丈量，不足二分地的数棵数，进行登记，建立台账。然后张榜公布，经群众干部审核无出入便发放林照。权属有争议的进行调解或裁决，一时不能解决的暂不发证，待查清后补发。原划给社员的造林地虽然也植了树，但成活不足 40% 的则不发证，经补植后再补发。今年新划的造林地，也待明年造上林（成活率必须超过 40%）再发照。

"三定"工作对林业发展的促进作用：

一是激发了社员植树造林的积极性。林业"三定"后社员造林解决了三件事：一是原有林有了林照，再不担心收归集体了，可以安心护理抚育了；二是又划给了新造林地，栽树有地了，同时大部分都已整了地，造上林就给发林照；三是造林有苗木了。明年实行国社合作造林，社队按比例分给国家一部分造林地。社员造林的苗木种子全由国家负责。所以有的社员林地刚划完，就上山整地。

二是有效地制止了乱砍盗伐林木现象。林业"三定"后，林木权属清楚了，社员看到了造林养树的长远利益，乱砍盗伐的事自然很少出现。林业责任制明确了，每片集体的树木都有人看管，又实行了群众监督，盗伐林木者无机可乘。集体毁林也必定减少或杜绝，去年这个公社毁林案件较多，哈达吐一个大队就非法砍伐成材树 2700 多棵。今年入秋以来，全公社基本未发现一起毁林事件。

三、"三定"政策的推行

敖汉旗委及时总结了新惠公社的"三定"做法，并向中共昭乌达盟委报告了工作情况。盟委对敖汉旗新惠公社林业"三定"给予了充分肯定，将敖汉旗委关于新惠公社林业"三定"工作情况的报告转发给各旗县参考。文件中充分肯定了新惠公社在落实"林牧为主，多种经营"方针上迈出了步子，走在了前面。抓得很紧，抓得扎实、具体，一面划定林权，一面发放林权证，一面落实林业责任制。并向全盟发出了号召，要求各旗县党委、各公社党委学习敖汉旗新惠公社的做法。

"三定"工作不但是一个时代的产物，更是一个时期的工作。1986 年敖汉旗委、旗政府对几年的林业"三定"工作情况进行了总结。充分肯定了这个对生态建设做出巨大贡献的做法。从 1982 年春开始到 1986 年 10 月末用近五年时间，采取利用农闲，集中力量突击等措施开展了林业"三定"工作，发放了林权证。

到 1986 年末，全旗 30 个乡镇苏木，4 个国营林场，均已结束林业"三定"工作，共发证 10 万张，发证面积 178.61 万亩，占现有林面积的 58.7%，发证株数为 574 万多株。其中发国有林权证 587 张，面积为 71.25 万亩，集体林权证 6721 张，面积 75.91 万亩，69 万株。个体林权证 9.35 万张，面积 31.44 万亩，505 万株。共发林权证 8.92 万户，占全旗户数的 86.3%，随着林权证的发放，各地根据现有的宜林荒山荒地面积的多少和经营能力等情况，划分宜林荒山荒地给农牧民群众，全旗共有宜林荒山荒地面积 155.8 万亩，划分给 101.08 万户 117.9 万亩，占宜林荒山荒地总面积的 75.6%。其中划给个人的宜林地面积现已造林 60.4 万亩，占划分面积的 51.3%。已达标面积大部分发了林权证，在山权、林权明确的基础上，本着因地制宜、因林制宜的原则，把责、权、利结合起来，实行了以作价归户为主的多种形式林业生产责任制。全旗有 109.39 万亩集体林，通过以下几种形式，基本上落实了林业生产责任制。

1. 作价归户。实行这种方法主要是按面积和株数作价卖给个人，林木的所有权归买主所有。全旗有 35.53 万亩集体林采用这种方法卖给了个人，占原有集体林的 32.5%。

2. 无偿划给。对于零散、生长不良、蓄积又低的树木，采用无偿划拨的方法，划给社员个人所有。全旗有 33.45 万亩无偿划给了农牧民，占原有集体总面积的 30.6%。

3. 承包到户，便于统一管理。已成林成材的农田、牧场防护林和固沙林，承包给个户或联产经营，全旗共有 9.78 万亩集体林承包给个人，占全旗原有集体林总面积的 8.9%。

4. 集体管理。采取这种形式的主要是村级集体林，便于集体管理的成材成片林，由集体统一管理。这种形式的面积有 18.98 万亩，占原有集体林面积的 17.4%。

采用其他形式的面积为 11.62 万亩，占全旗原有林面积的 10.6%。无论采用哪种形式，村、村民小组都设有专职护林员，进行统一管护。

各地在林业"三定"的工作中，通过做认真细致的调查研究工作，解决了大量的林权纠纷问题。据统计，自"三定"工作开始到 1986 年，解决了大小林权纠纷 137 起，给农牧民退回林地 2418 亩。通过林业"三定"工作，过去林业上遗留的问题绝大部分得到解决，为了保护森林资源，发展林业生产，对毁林案件，依据中发〔1982〕45 号文件精神和《森林法》，旗政府多次组织有公、检、法等部门参加的工作组，对发生和毁林案件进行查处，先后共查处毁林案件 92 起，毁林 14.86 万株，面积近 7000 亩，合木材 112.8 立方米，拘役 9 人，受行政、党政处分 5 人，追回赃款 2.29 万元，木材 506 立方米，罚 275 人，直接受到教育的有 552 人，打击了犯罪分子，基本刹住了乱砍滥伐的歪风，使林政管理出现了稳定的局面。

第四节　1983 年种树种草扎实推进

1983 年 3 月，中共敖汉旗委七届七次全委扩大会议讨论通过，从现有宜林荒山荒地中，今春划给社员个人种树种草地，在原有基础上达到 100 万亩，这是敖汉种树种草的一项重大举措，大大加快了建设生态平衡的步伐。对于圆满完成"六五"期间的种树种草任务，有着十分重要的意义。

党的十一届三中全会以来，党的农村经济政策得到认真贯彻落实，普遍推行了大包干的生产责任制，广大社员群众劳动积极性空前高涨，农村生产形势大好。经过落实党的林业政策，划分了林权，给社员增加了种树种草地，大部分社队完成了林业"三定"工作，调动了社员个人种树种草的积极性。为进一步提高社员群众对个人种树种草意义的认识，把过去主要靠集体造林种草的方针，改变为个人种树种草为主的方针，这样可以充分调动社员群众种树种草和抚育保护的积极性，从而加速绿化、增加植被、改善生态环境的步伐，达到兴牧促农、振兴经济的目的。为此旗委、旗政府结合当前实际情况提出三项重点工作。

一、认真落实政策，采取相应措施

1. 种树种草实行国家、集体、个人一齐上的方针，坚持以社员个人为主。

2. 全旗尚有 280 万亩宜林荒山荒地，在最近两年把三分之一或二分之一放给社员个人造林。今春在 1982 年末已划定 30 万亩的基础上，要划到 100 万亩。各社队要因地制宜，从实际出发，不搞平均主义。有的户几亩、几十亩或者几百亩。饲养家畜家禽的重点户、专业户，经济林重点户、专业户，可以多一些，在划定林地草地的同时，要按统一规划，留有合理牧场，以保证正常放牧。

3. 树地草地划定后，由公社或大队发给土地使用证，种树成活后发给林权证书。个人允许请人帮工互助。

4. 社员个人林地草地的使用，要签订合同，只准种树种草，不得单纯种粮（可林草粮间作）。单纯种粮者由队收回所划土地并罚款。二年内不种树种草者，由队收回另行分配。林草地个人有使用权，不得出卖转让或盖房。

5. 对社员个人种树种草，有关部门像过去支持集体那样，在种子、苗木、肥料、药物、机械以及技术上支持个人种树种草，同时鼓励社员个人育苗，并允许出售，调剂余缺。社员个人种草的草籽以自筹为主，也可以贷款购买。

6. 在农区要坚持草田轮作制。人均承包耕地一般在五亩以上者，特别是土地瘠薄地区，每年从耕地中拿出 20% 的面积种草，依次进行草田轮作，即草茬转为种粮，顶承包土地，从承包土地中拿出同等数量种草，循环往复坚持下去，为改良土壤提高地力，还大力提倡在河谷平川，特别是盐碱土地种粮，粮、油间混套种。

二、科学种树种草，提高经济效益

1. 普遍坚持整地种树种草，做到不整地不造林，不整地不种草。

2. 坚持适地适树适草，要草、灌、乔结合，一般可以先种草后种树，或者草树一齐上。

3. 实行林地草粮间作，以提高经济效益。

4. 种草与养畜结合，抓好牧草加工，充分利用牧草发展养殖业。

5. 草、粮、油结合，草地因地制宜间作粮食或油料。

6. 种草与兴办沼气结合，通过种草发展养畜增肥，大力兴办沼气。

三、落实中央方针，加快发展步伐

旗委、旗政府把社员种树种草地划到 100 万亩，是落实中央 1981 年 28 号文件的实际步骤，是加快林草建设步伐的重要措施。要求各级领导把指导思想统一到种树种草改善生态环境、种树种草兴牧促农带动多种经济方向上来，要教育广大党员干部提高认识，增强自觉性，勇于改革，做改革的促进派。旗委、旗政府号召在划分社员林草地中，要集中时间，集中人力，集中物力，从 3 月中旬到"五一"的 50 天时间，集中主要力量，抓好林草地划分工作，并要做到边划分边发动整地，在已整地的地块，及时组织种上树、种上草。为完成上述任务，旗委由书记挂帅，旗委常委及政府负责人分工包干一抓到底。除分工包重点公社和重点项目外，加强面上巡回检查指导，各级领导和部门负责人都要联系抓好三至五户种树种草的重点户，典型示范，推动全面。旗直有关部门要抽出相应力量，密切配合，保证这项工作顺利进行。

1982 年 3 月，敖汉旗委做出了关于种树种草的决定，到 1983 年已是第二个年头，敖汉旗种树种草全面落实，扎实推进。到 1983 年上半年，共造林 33.3 万亩（其中灌木 6 万亩）。新种牧草 29.2 万亩，加上返青牧草 10.2 万亩，有草面积近 40 万亩。

四、1983 年种树种草工作，有以下突出特点

1. 加强领导、突出重点、带动全盘

几年来，每年都确定重点公社和重点项目。做到突出重点带动全盘，1983 年在种树种草的布局上狠抓了两个公社和两个重点工程。即中部丘陵地区的新惠公社，北部风沙地区的双庙公社，东部山区山湾子水库上游克力代、贝子府、金厂沟梁三个公社的小流域综合治理工程，铁路公路两侧林草补植补种工程。

为了切实抓好这四个造林种草的重点，旗委责成一名副书记和三名副旗长，每人具体抓一个。并抽调十几名科、局长和 60 多名农业、水利、农机、畜牧、林业技术干部分赴四个重点工程进行现场踏查、规划，实行面对面的

组织领导和技术指导，这些领导同志和技术人员，从 3 月份就深入基层同社队干部一起，向广大社员群众宣传"林牧为主，多种经营"生产方针的重要性。大力开展种树种草，明确建立新的生态平衡的必要性和迫切性，从而提高了广大社员群众积极种树种草的自觉性。

新惠公社在造林期间出动 8113 名男女劳力 20 天造 8.1 万亩。接近于新中国成立到 1982 年的 33 年间造林保存面积的总和。人均造林 3.7 亩，户均 17.3 亩。同时，还在林间种草 4 万亩，双庙公社出动 8000 多名男女社员 25 天造林 4 万亩。春播后他们还直播灌木 4.5 万亩，种草 5.5 万亩。

在今春的种树种草工作中，把这项工作与开展小流域综合治理紧密结合起来。全旗开展小流域治理工程有 13 处，其中山湾子水库上游 3 个公社的小流域治理也于今年 4 月全线动工，这项工程今年需水平沟、鱼鳞坑和开沟整地 18.4 万亩。截至目前已完成 9 万亩，同时栽植黑松灌木 5000 亩，人工种草近 2 万亩。

由于抓住了重点公社、重点项目，所以带动了面上的工作，加快了全旗种树种草步伐。全旗一春造林达到 27 万亩，出现 7 个一春造万亩林以上的公社，其中新惠公社 8 万亩，双庙公社 4 万亩。

2. 落实政策，调动群众种树种草的积极性

发展生产，一靠政策，二靠科学。开展种树种草工作也是这样。今年在这方面注重了用政策调动群众种树种草的积极性，主要做了以下几方面的工作。

（1）给社员增划种树种草地，为在种树种草工作中体现个人、集体、国家一齐上的原则，今年 3 月，旗委召开第七次全委扩大会议，做出了把社员种树种草地划到 100 万亩的决定。这一决定，得到了基层干部和农牧民的拥护和赞成。到 6 月末统计，全旗已划给社员种树种草地 78.7 万亩。7 月初，召开了林业"三定"工作会议，据各公社安排，下一阶段，在全旗开展"三定"工作中，还将划给社员 80 万亩造林种草地。

（2）把生产大队、生产小队集体的林木和多年生草地承包到户或承包给专业户。鉴于集体所有林木和多年生牧草在经营管理上还有吃大锅饭的现象，立足于改革，在去年提出将生产队的林木承包到户的基础上，今年又提出将生产大队的林木和草地承包给劳动力多、责任心强的专业户或重点户。林权和现有林的价值仍属集体，收益按比例分成。

（3）在苗木和草籽儿的供应上为社员种树种草提供方便。今春造林个

人是大头儿，一般公社都采取了统一规划，统一组织整地，发给苗木，分户去造的办法。为扶持社员多种草，有些公社还给养兔户、饲养良种畜的户，增划了种草地，全旗为种草下发无息贷款 12.6 万元，借给社员草籽儿 54 万斤。

（4）在造林种草中坚持草、灌、乔的原则。过去在这项工作中的提法是乔、灌、草相结合。今年大力宣传了草、灌、乔一起上的原则。敖汉旗过去种灌木不多，今年已营造灌木林和直播灌木 6 万多亩，预计到 7 月末可达到 10 万亩，其中双庙公社直播灌木 4.5 万亩，预计可完成 6 万亩。他们已将这 6 万亩灌木林和今年已造的 3.7 万亩幼林全部划给了社员，加上社员原有的 1.5 万亩林地，共给社员划出种地种草 11.2 万亩，平均每户有草林地 25 亩，人均 5.2 亩。

（5）有关部门在物资和技术上给予扶持和指导。今年，林业、畜牧、农业等部门都在部分社队建立了联系点、联系户，并在整地、防治病虫害、使用化肥上给予一定的帮助。在技术上和这些联系点、联系户建立了技术联产承包合同。这不仅使这些地方在种树种草的基础上有了很大提高，而且也带动了附近社队和群众在技术上的进步。

3. 社员个人集资种树种草是一个新特点

由于造林方针由过去的"国家、集体、个人"改变为"个人、集体、国家"，加之进一步落实了谁种谁有的种草种树政策，群众对政策托了底，因而，一些社队和社员个人都千方百计地筹集资金，积极开展种树种草。今春全旗社队集体和社员共筹集种树种草资金 18.2 万元，其中个人就集资 16 万元。这些自筹资金主要用于造林、种草、整地、购置开沟犁和买苗木。双庙公社今春社员筹集资金达 5 万多元，古鲁板蒿公社个人筹集资金 4 万多元，小河沿公社吴家营子一个大队就筹集资金 1.2 万元。

由于造林方针改变为以个人为主，社员个人筹集资金，这是农村牧区在改革中出现的新形势下的一个新变化、新情况、新特点。这是加快敖汉旗种树种草步伐，建立新的生态平衡的一项有利因素，也是社员积极种树种草的一个重要标志。今春社员个人造林面积就达 18.8 万亩，占全旗春季造林总面积的 70%，社员种草近 30 万亩，占全旗有草面积的 3/4。

第五节　1984 年人工种草全面铺开

1984 年，敖汉旗牧业人工种草 12 万亩；饲草料加工厂、点发展到 729 处，其中年加工量在 2 万斤以上的饲草饲料加工厂 337 处，年加工草 3000 万斤，饲料 6000 万斤，新建草库伦 9 万亩；模拟飞播 67 万亩；草原灭鼠 1.5 万亩，灭虫 18 万亩；草场改良 0.84 万亩，其中牧场造林 0.24 万亩，浅耕翻 0.5 万亩，人工整地追肥 0.1 万亩。预计年产优良牧草 4000 万斤。各类草籽 80 万斤，其中苜蓿 30 万斤，沙打旺 40 万斤，锦鸡儿 7 万斤，山竹子 1 万斤。青贮 250 万斤。本年度国家农业部授予敖汉旗"全国种草第一县"。

一、人工种草

全旗人工种草保存面积已达 46.4 万亩，其中牧业种草 33 万亩。1984 年市站下达敖汉旗种草任务 12 万亩，7 月末全旗已超额完成，其中种植苜蓿 7 万亩，沙打旺 2.5 万亩，锦鸡儿 2 万亩，马蔺 0.5 万亩。

人工种草主要特点：

1. 领导重视，措施得力，落实有痕

春季以来，旗委、旗政府召开各乡镇（苏木）书记、乡镇长（苏木达）、业务干部会议四次，政府领导亲自布置任务、制定措施，在种草季节抽调 40 多名部、委、办、局领导和技术人员分赴各乡镇狠抓种草，帮助解决种草中存在的问题。各乡镇、苏木分别召开了"二干会""三干会"落实种草任务、规划地块、筹集资金、调运种子。多数乡镇把种草任务列为乡镇干部岗位责任制主要指标，还有的乡镇干部在种草季节分片定点，责任到人，一抓到底。萨力巴乡在 4 月份召开了"三干会"，统一思想认识，

中北部人工种草基地

组织村干部去新惠、双庙种草先进单位参观学习，开阔了眼界，使广大干部、群众认识到种草种树是改变萨力巴自然面貌治穷致富的根本出路。他们发动群众大念"草木经"。旗下达种草任务 1 万亩，他们利用 40 天时间计划完成 2.1 万亩。涌现出种草 0.3 万亩以上的村 3 个，户种草 100 亩以上的 8 户。

2. 狠抓重点，以点带面，推动全旗

当年集中资金、集中时间、集中人力、集中物力，重点抓了 7 个乡镇（长胜、萨力巴、下洼、南塔子、高家窝铺、敖吉、新窝铺）29 个村的人工种草，虽然春旱严重，但由于准备充分，广大干部群众的积极性高，通过抗旱播种、抢墒播种，出现了 7 个乡镇种草面积超万亩，其中新窝铺、长胜、萨力巴、南塔子乡超 2 万亩。出现了 29 个村种草面积达 0.3 万亩，其中八家、河西、杏核营子、齐家窝铺村种草面积超万亩。重点乡镇 1984 年人工种草面积 10 万亩，占全旗种草总面积 12 万亩的 83%。在这些典型的推动下，又涌现出种草新典型，南塔子乡的杜力营子村、贝子府乡的黄杖子村、丰收乡的凤凰岭村、北部沙地木头营子乡东湾子村。

3. 落实政策调动社员种树种草积极性，狠抓种草重点户

为保证种草任务的落实和完成，认真贯彻中央、自治区农村工作会议精神，并采取了一些行之有效的措施。一是落实中央一号文件，划荒山、荒坡、荒沟、荒滩、荒沙归户种草种树，15—30 年不变，谁种谁有，允许继承。二是打破平均主义，采取谁有能力承包多少，就允许包多少。三是对于种草 50 亩以上的重点户采取四优先的做法，即优先划给地块，优先供应种子，优先技术指导，优先给予安排资金。通过这些措施，使人民群众心里托了底，充分调动了种草积极性。据全旗统计种草户 3300 户，占全旗总户数的 3.2%，其中 50 亩以上的种草重点户 1200 户，占种草户数的 36.4%，种草面积达到 7.67 万亩，占总种草面积的 63.9%。南塔子乡杏核营子村，1983 年以来全村种草达到 1 万亩，其中 1984 年新种 7531 亩，同时涌现出一大批种草重点户。全村种草户 125 户，种草面积达 7200 亩，其中重点户 100 户（50 亩以上的 54 户，面积达 2993 亩；70 亩以上的 36 户，面积达 2046 亩；100 亩以上的 10 户，面积 1122 亩）。

4. 普及科学种草技术，努力提高种草水平

敖汉旗在开展种草工作中，通过各种形式向广大干部群众普及种草科学技术，从旗委领导到广大群众，形成了一个学科学、讲科学、用科学的良好

风气。1984 年以来，旗畜牧局主办重点种草乡、镇、村的种草技术学习班，同时还组织草原技术人员，通过社队草原站和重点种草乡、村，先后进行了草田网格、草地灌木带建设和油草混播，粮草间种，种子田间追肥和引种了多变小冠花、红豆草、早熟沙打旺 2 号和 4 号做栽培试验。由于在种草实践中应用科学种草技术，取得了"适地适草、加强管护"和"五种五结合"的种草经验，使全旗人工种草水平又大有提高，取得了显著的经济效益。

二、草库伦建设

在敖汉旗"南种北封、封种结合"的思想指导下，草库伦建设改变了过去的方法、规模，从牧区、半农半牧区实际情况出发，面向"两户"和商品生产的需要，以户建和联户建为主。全旗围封面积达 30 万亩。其中 1984 年新封 9 万亩，超市级下达任务 6 万亩的 50%。户建和联户建草库伦 600 户，面积 4 万亩。敖润苏莫苏木把荒山、荒漠承包到户，牧民户建草库伦的积极性更高涨。全苏木使用贷款和牧民自筹款 13.5 万元，购买刺线 34 吨，又多方筹集资金，聘请技术人员，办起小型刺线厂一处，加上自己生产的刺线，一举完成围封草库伦 7 万亩。

三、模拟飞播

敖汉旗从 1983 年开始实行模拟飞播，由点到面，由少到多，由固定、平缓沙地到流动、半流动沙丘。到 1984 年全旗模拟飞播面积达到 3.87 万亩。

敖汉旗的模拟飞播区，多选在流动半流动沙丘和严重退化、沙化的草场上，植被覆盖率仅在 10%—15%，年亩产干草 30—40 斤。根据土壤条件、气候条件，采取了翻、耙、压地面处理，同时进行精心选种、适时播种、加强保护，播种方法根据土质、地势采取条播、带播和手摇播种机漫播等方法。选用的牧草种子有锦鸡儿、草木樨、沙打旺和少量苜蓿。

通过模拟飞播的地区，植被覆盖率显著提高，草种增多，草质变好，产草量增加。1983 年模拟飞播区的毛古图，经过实测，三分之一的流动、半流动沙区基本固定或半固定，植被覆盖率上升到 20%—50%，产草量是同类天然草场的 4—5 倍。0.5 万亩的飞播区基本全苗，生长密度每平方米 20—25 株，二年生锦鸡儿株高 60—80 厘米，产草量增加 3.2—5.3 倍。

四、三个种树种草典型

下洼镇种树种草方兴未艾

1. 基本情况

下洼镇共有 8 个生产大队，1 个农科站。3886 户，19344 人。总面积为 33.4 万亩。其中耕地面积为 7.7 万亩，占 20%，现有林面积为 7.4 万多亩，覆盖率为 22.4%（不包括 1984 年春新造林）。如果包括林场在其境内的 4 万亩林地，覆盖率则为 30.7%。在全旗是覆盖率比较高的乡镇。从种草情况看，1983 年共种草 2 万多亩，其中草田林网林地面积 1941 亩。林网中草田是 3.7 万多亩（包括天然草）。到 1983 年底计算人均有林 3.9 亩，人均种

人工牧草收贮

草 1 亩多。该镇无论从造林、种草的数量和质量以及效益方面，都在全旗是数得着的。群众已经从造林种草上得到了实惠。比如这个镇的农科站，共有 87 户人家，437 口人，就有林木面积 2000 多亩，人工种草 5200 多亩。人均有林近 5 亩，人均有草 12 亩。而且，全部草田都实现了林网化。1983 年光在林网内就打草 35 万斤，由过去缺草一跃变为自给有余。同时，由于推广了粮草间作和油草混种的经验，当年收荞麦 4 万多斤，收获芝麻 4000 多斤。草田林网中的年总收入达 2.8 万多元。仅这一项平均每人收入近 70 元。该站周树忱一户种草 142 亩，加上林草间作，油草混种共收入 560 多元。由于有了饲料的保证，去年秋新买奶牛四头，将逐步成为养牛重点户。

更重要的是种树种草对防风固沙起到了决定性的作用。不但对农田、草牧场起到了防护作用，而且对公路的防护作用也很突出，大大有利于交通运

输事业，并随着林草的增多，给发展多种经营打下了坚实的基础。

下洼镇种树种草近年来年年有所发展，而且方兴未艾。下面是这个镇的近三年来种树种草的具体数字：1981年造林9743亩，其中草田林网210亩；种草7950亩，其中林网中草田4210亩。1982年造林7178亩，其中草田林网512亩；种草1.05万亩，其中林网中草田9500亩。1983年造林9210亩，其中草田林网1219亩；种草2.055万亩，其中林草中草田1.32万亩。

今年种树种草由于贯彻了1984年中央一号文件《关于1984年农村工作的通知》和中共中央、国务院《关于深入扎实地开展绿化祖国运动的指示》，调动了社员种树种草的积极性。到现在已造农田防护林1300多亩，15.5万多株。这些防护林都按速生丰产林的质量要求来营造的，完全用的大苗。另有一般造林4800多亩。不管是农田防护林和一般造林，都用大犁全部开深沟整地。

在种草方面，今年准备新种苜蓿和沙打旺9500多亩。还准备种些草木樨、灌木等。现在已在水浇地里种沙打旺1000多亩，形成了一股"沙打旺热"。

2. 讲究实效

他们抓了如下三个方面。

（1）草田林网。该镇三年来共造草田林网近2000亩，林地中的草田已达1.3万多亩，也有的天然打草场和牧场搞了林网。林网是本着因地制宜、因害设防原则设置的，行数一般是四至六行，有的宽达几十米。网眼，一般300亩至400亩。这样的好处是对草田和草牧场起到了防风固沙、改善小气候的作用。因而，提高了牧场的保苗率、产草率和天然草场的产草量，这个效果是很突出的。

（2）林地种草。一般在幼林阶段种植草木樨和沙打旺。这样搞的好处是，不影响牧草正常生长。同时对林地有好处，一般林地牧草都种豆科牧草，其根部除有大量有机质外，还有大量的根瘤，给林木提供了营养。因而，对改善林地土壤起到很好的作用。

（3）粮（油）草结合。一种是草地里种荞麦、糜黍、芝麻等作物。当年即可有很好的收益。如该镇农科站，草地里收荞麦4万多斤，收芝麻4000斤，折款1.1万多元。该站社员田万生在沙打旺地间种荞麦，八亩共收荞麦1200斤，平均亩产150斤。另一种形式是种粮食间作牧草，也有很好的效果。

3. 开沟造林

推广抗旱造林系列技术、整地种草也是一项主要经验。这是经过多年体会已肯定了的。因此，这个镇今年的造林，不管是农田防护林网、草田林网，还是片林都是开深沟来营造的。种草亦然，效果十分突出。

建设绿色长廊（交通系统"六五"期间公路绿化）

交通系统把绿化公路列入工作议事日程。局党委制订出总体规划，要求在"六五"期间内把公路绿化里程提高到80%，做到路成线、树成行，使干线公路变成一条绿色的彩带。

据1986年初统计，全旗交通系统共造护路林83.6万株，其中国家的66万株，集体的7.6万株。个人承包经营的10万株，公路绿化里程485公里。在"六五"期间投资2万元，建了两个交通苗圃（三官营子大桥处、小河子农场处），营造护路林37.3万株，绿化公路里程132.1公里，完成公路绿化里程的80%。这些任务的完成，主要采取以下措施。

1. 加强对营造护路林工作的领导是完成"六五"期间工作任务的关键。几年来，交通局领导始终没有把植树造林当作分外的工作，而始终当分内工作来抓。每到植树季节及时成立植树造林组织，为了把工作做到实处，不仅亲自指挥如何营造护路林，而且经常深入下去亲手营造护路林。在领导们的带动下，各工区、道班及各单位的领导都行动起来，亲自到造林第一线与广大养路员工一起营造护路林，在造林的第一线上解决造林中存在的资金、苗木、水源等实际问题。

2. 为了充分发挥国家、集体、个人三方面的积极性，把护路林营造好，采取了三种办法，一种是由公路自己营造，一种是公路与乡镇合造，一种是承包给当地有经营能力的社员营造，这几种办法，投资少，见效快。如敖润苏莫道班在牧区牲畜较多的情况下，他们想出了用刺线围封的办法栽了5公里，现在长势良好。

3. 把营造护路林当作进入文明工区、文明道班和创造优等路的必备条件。首先在各工区和道班中，实行了划片分段营造护路林的包干责任制，采取了定人、定点、定任务、定标准和定期评比检查的方法。保证了造一段成活一段，少一株补一株，达到了既能绿化又能美化公路的作用。

4. 在护路林的养护上，采取业务部门与当地政府和公安部门密切配合，以及专人养护和群众养护相结合的办法。首先由局里和公路段抽出两名专抓路政工作的同志，常年巡视在这几条干线公路上，配合工区、道班的养路员一起进行看护。这样一来就会使破坏路树的事件发现得早，处理得及时，也能够把损坏路树现象减少到最低程度。

这些护路林虽然直接经济价值达 50 多万元，但它的社会价值无法估量，不但在敖汉旗南部能起到防止公路水土流失的作用，在北部还能起到防风固沙的作用，最主要的是给人们创造舒适的环境和美的享受。

争取在"七五"期间，发扬愚公移山精神，除百分之百地完成干线公路绿化外，还要完成乡镇公路营造护路林任务。

依依碧草谢春风（木头营子乡种草）

木头营子乡从一个"有树的地方"（蒙古语译）变为一个风沙肆虐的瘠薄之地，再变为今天这样一幅美丽的写意山水画，其实敖汉的历史又何尝不是如此呢？这其间又蕴含着多少厚重的东西值得我们去反思、去审视、去探寻呢？

现在，我们可以共同提出一个疑问——木头营子乡究竟是靠什么彻底改变了生存环境。乡领导的答案很明确：生态建设，简单说就是种树种草。敖汉旗是个种草大旗，敖汉种草全国闻名，木头营子乡可以说是敖汉的一个种草大乡。踏上这块土地，见得最多的东西恐怕就是草，在山上、在田野、在坡地、在平原、在乡内、在村间，不管走到哪里，映入眼帘的都是大片大片返青的碧草，阳光下、细雨中、微风里，婀娜多姿，形态极妍，正如一粒粒娇翠欲滴的明珠，又如寥廓星空璀璨夺目的星星。强烈地感受到没有理由不溯流而上，去追寻十几年种草不止而留下的坚实足迹，去了解和体味发生在他们身上的与草相关的故事。

80 年代初的一个早春时节，敖汉旗委发布了《关于种树种草的决定》，种树种草迅速在全旗掀起高潮，也就是从那时起，木头营子人发动了一场重塑山川的

敖汉细毛羊养殖基地

持久战。

乡宣传委员介绍说，如果要了解那时种草的情况，可以去一下东湾子村。于是我们骑上一辆摩托车前往距乡政府约 10 公里的东湾子村。进入村里时，已是下午 3 点多了，村路两旁，杨柳依依，不知谁家的院子里不时地传出几声鸡鸣狗吠，驶向村外的三轮车、摩托车频频与我们擦肩而过。樊景龙家住在村子的中间，通向屋门口的是一条砖砌路，两边是菜园，院子干净而整齐。樊景龙，这位当年的村支书，今年也已 48 岁了，现在在乡林业站工作。对于当年种草的事，他记忆犹新，向我们娓娓道来："当时种草的动机倒是很简单，因为再不种草环境就完了，有地也打不出多少粮，地都白费了。加上当时乡党委、政府的高度重视和全力支持，我们村干部觉得心里有底，因此积极性也就高。要说那时最苦最累的要数戴书记，就说 1984 年吧，那年我们村从 4 月 22 日开始规划，到 5 月 7 日全部种完，一下子种了 1 万亩，戴书记愣是扎在村里跟我们一起跑了这半个月。每天谁也不如他起得早，谁也不如他睡得晚，帮着我们规划，跟着我们栽种，我们种了 1 万亩的草，他差不多跑了 1 万亩的路。当时还赶上他闹肚子，我们村里几个干部都劝他回乡里休息两天，他说什么也不答应，半个月下来，人瘦了一截。当时我也正闹眼病，但看着人家戴书记那股子精神劲，我这个村支书还有什么可说的，一句话，就是得使劲干。""当时你们种草遇到过什么阻力吗？""怎么没遇到，最大的阻力就是一些老百姓不接受。要说也难怪老百姓不接受，经过那么多年的盲目开垦，老百姓的生态意识已经相当淡薄了，再者说，当时面对荒沙秃岭，老百姓改变现状的信心也不足了。举个例子吧，马玉乐，是我的表弟，他开始的时候就不认可，嚷嚷说，人总得吃粮，咋也不能吃草；有这样看法的人还不在少数。戴书记和我们几个村干部挨个儿做这些人的工作，总算赢得大多数人的支持。一、二两个组村民 450 口人，承担了 6000 亩。那一年老天爷作美，刚种完就下雨，后来草长到齐腰深，6000 亩草集中连片，一望无际，真是壮观。当时旗里多次组织队伍到这里拉练参观。"说到这里，樊景龙满脸的自豪劲，停了停，他又接着说，"我们这没有甸子地，老百姓的生活水平却逐年提高，靠啥？就靠种草、养畜、肥田。草多了，养畜就有了基础。两年的时间，村里的牛就由 10 头发展到 100 多头，羊由 400 多只发展到 1500 多只，粮食产量也逐年上升。两年后，马玉东上门找到我，主动要求包地种草，就是这么回事，有了效益，人们自然而然也就认可了。"

听了这位樊支书当年的一番"草木经"，我这个从未有过种草经历，也从未接触过种草题材的"文人"，仿佛一下子对这些东西熟悉了许多，而当我见到刘国江时，心里的感觉就不仅仅是熟悉了。

刘国江，东湾子村五组的村民，党员，今年已是一位 71 岁的老人，头发花白，但身板硬朗，精神矍铄。就是他，1984 年春，居然在已完全沙化的大梁上包种了 500 亩草，而且还自筹资金 1000 元雇用拖拉机整地播种，草的长势相当好，市、旗的领导都曾亲自来观摩。当时刘国江一家 13 口人，平均每人有草达 38 亩。1984 年 8 月 24 日，《赤峰日报》在第一版对此予以报道。

在那个许多人对种草还不认识的年代，他敢于个人投资承包 500 亩风蚀沙地去种草，这在当时确实是需要勇气和胆略。老人自己说："庄稼人整啥别胡整，要整就得整点正事。"看着坐在我对面的这位淳朴的老人，心里充满了一种敬佩之情。

从东湾子村回乡时，已是傍晚时分，村里炊烟袅袅，农人荷锄而归，一群群羊也被赶回了各家的院子，其情其景，很自然地想到陶渊明笔下的田园风光。摩托车带起缕缕清风，挟着沁人的草香，让人觉得暖丝丝的……

晚饭后，乡里人为我找来了木头营子乡政府写于 1984 年 10 月 20 日的一份类似于总结的原始资料，内容如下。

> 乡党委和政府在 1984 年狠抓了草牧场建设。一是草场围封。今年巩固和新建草库伦围封工程两处，各 1 万亩。木头营子村将 7500 亩草库伦维修好，并扩建到了 1 万亩；哈沙吐村经过一段时间规划和实测于 7 月份重建了万亩草库伦。二是人工种草。乡村两级班子组织和发动群众在东湾子村实现人工种草 1 万亩……通过 1 年的实践，凡围封草场和人工种草的村，家家都有了大草垛，以前家家缺饲草，现在户户冬春饲草自给有余……

看到上面的记述，我们不难发现，在木头营子乡 80 年代的草业发展过程中，1984 年是个非常重要的年份，是值得木头营子人重笔勾勒的一年。其实，如果注意一下在这个期间敖汉全旗草业发展的情况，也就不难发现为什么木头营子乡的种草会在这个时候取得长足进展。

自 1980 年以后，敖汉旗人工种草平均每年以 10 万亩的发展速度推进。1980 年至 1984 年，全旗种草面积达 46 万余亩，而且由原来的草木樨为主变为苜蓿草为主，由集体经营为主转为专业户、重点户为主。在利用上，也由单一利用转为综合利用。同时，全旗优良牧草繁育基地如雨后春笋般发展起来。到 1984 年，全旗已有紫花苜蓿、沙打旺、小叶锦鸡儿、山竹子等优良牧草基地近 50 个，面积总计近 10 万亩。草籽产量也大幅度提高，从1982 年到 1984 年，连续 3 年，全旗年收获优良牧草种子都超过 12.5 万公斤，极大地促进了全旗各地人工种草的发展。一些种草大乡纷纷涌现，除木头营子乡外，下洼、南塔、萨力巴、四德堂、玛尼罕等乡镇各领风骚，更有一些村因种草而董声旗内外、市内外、区内外，乃至全国，东湾子、罗家杖子、八家、齐家窝铺等村脱颖而出。

如果不是在这样的环境中、在这样的背景下，或许，木头营子乡也会去做文章，但是，毋庸置疑，假如真的失去了这环境、这背景，那么这篇文章也就失去了其创作的源泉，也正如那断了线的风筝，没有办法飞得太高、飘得太远。这个道理很简单，任何事物只有植根于丰厚的土壤中，才可能不断地向上伸展。其实，人生天地间，又何尝不是如此呢？（刘志军）

第六节　80 年代初种树种草成效显著

在 1984 年 12 月召开的中共敖汉旗第八次代表大会上，旗委书记蒋凤鸣在报告中指出：今后一定时期的路子是贯彻"林牧为主，多种经营"的方针，扭转农村牧区的落后局面。想开发敖汉、致富人民，必须从敖汉风沙干旱、土质瘠薄、水土流失严重的自然特点出发，坚持种树种草开路，多种经营起步，从这里蹚开路子，迈开步子，打开新局面。

从生态平衡的角度来思考敖汉建设，种树种草不但是一项生产任务，而且是关系到能否从根本上改变旗自然面貌和生产条件的重大战略问题。敖汉的共产党员革命干部必须从理论与实践的结合上认清：只有大力开展种树种草，才能逐步解决水土流失、草场退化、土质瘠薄、自然气候变劣的状况，才能建立新的生态平衡，促进饲养业的发展，彻底解决粮食产量低而不稳的问题。种树种草搞好了，多种经营搞活了，生产条件就会改善，生产水平就能相应提高，商品生产就会有个大发展。贯彻"林牧为主，多种经营"的方针，同发展粮食生产是一致的，随着种树种草的发展，生态环境和生产条件将会逐步得到改善。

一、完成情况

1981—1985 年是我国执行发展国民经济第六个五年计划期间，也是敖汉开展"绿色长城"建设的五年。在这五年，敖汉的绿化工作又取得了新的进展，造林绿化步伐大大加快，保存面积大幅度提高，防护林比重和灌木林比重均有增加。五年来，共造林 165 万亩，为上级下达任务的 132%。根据造林面积普查和抽样检查，五年保存面积为 103.6 万亩，保存率为 62.7%。从造林保存面积看，1978—1980 年造林保存率为 30.7%，1981—1983 年造林保存率为 43.5%，比前三年平均提高 12.8%；1984—1985 年造林面积保存率为 83.5%，又比上期提高 40%，所以五年来的绿化造林成果正朝着"一年比一年好，一年比一年扎实"的方向发展。

在重点完成"三北"防护林一期工程建设任务的同时，也注意了四旁植树和全民义务植树工作。五年来，共栽植四旁树 169.2 万株，成活 141.1 万株，成活率达到了 83.3%，完成全民义务植树 133.8 万株，按全旗年满 11 岁至 60 岁（女 55 岁）的公民计算，四年内每人年均义务植树 10.2 株。

二、主要做法

1. 统一认识，提高执行"林牧为主，多种经营"方针的自觉性，是搞好绿化造林的前提

旗委和旗政府在总结历史经验，确立了实事求是的思想路线基础上，经过若干次各种会议讨论，统一了各级干部的认识，认为"林牧为主，多种经营"的经济建设方针是符合敖汉实际的，它是指导敖汉经济建设具有战略意义的大事。为了集中全党全民的意志，在全旗上下进行了执行这一方针的广泛宣传，并提出了"林草开路，多种经营起步""草上肥、油上富、植树造林建宝库"等鼓舞人心的口号。动员各族人民积极参加造林、种草，治山、治水、治沙、治穷，走以林牧为主，多种经营，共同富裕的道路。同时，旗委在七届八次全委（扩大）会议上提出在经济工作中的两个突破之一，就是种树种草，对全旗绿化造林提出了具体部署和要求。在旗第八届人民代表大会上，讨论通过了今后每年造林 30 万亩的决定。在最近完成的农业区划中，旗政府又将原来提出的全旗森林覆盖率为 30% 的发展指标，调整到 38.6%，规定到 2000 年全旗有林面积达到 480 万亩，人均有林 8 亩。由于认识统一、目标一致，在行动上才取得了年年超额完成任务的结果。

2. 落实林业政策，推行各种形式的生产责任制，调动了全民绿化造林的积极性

五年来，根据党中央、国务院关于放宽政策，搞活山区经济，加快绿化速度的各项规定，首先在弄清山林权属的前提下，给全旗 9 万多户农牧民划定了 80 万亩自留山；给 84% 的村发放了林权证 70448 张，共计 200 万亩。并随着农村经济体制的改革，推行了各种形式的林业生产责任制；把以集体造林为主的方针，调整为以个体造林为主，个体、集体、国家一齐上的造林方针；把国家扶助群众造林的资金，由扶助现金逐步改变为扶助种苗并改收半价的政策。由于调整、落实了各项政策，调动了群众经营林业生产的积极性。1985 年个体造林比重已占全旗造林面积的 76.6%，并不断涌现出许多林业专业户、重点户和造林千亩以上的联合体，他们积极地向荒山、荒沙投资投劳搞开发性生产，在林业建设中起了骨干带头作用。

在落实各项林业政策中，我们特别贯彻执行了"谁造谁有，允许继承，允许转让"的政策，不仅受到广大农牧民群众的欢迎，也调动了各行各业的积极性。过去，农村牧区很多小学造林是生产队出地，国家出苗，学校出人，造林后归生产队；落实政策以后，过去由学校造的林，绝大部分退还给了学校。现在全旗中小学校造林，林权也全部归学校所有了。因此，调动了中小学师生造林绿化的积极性，他们除搞好校园绿化，美化环境外，还有很多学校营造了各种纪念林。现在全旗共有校林 8.5 万亩，办起小林场 120 个，其中有千亩校林的学校 40 所。通过营造校林不仅培养了学生爱祖国、爱科学、爱劳动的情操，有的已经从中得到经济收益，解决了部分办校资金。植树造林最好的四家子镇南大城小学，1983 年就用自己校林产的木材盖了 118 间校舍。

在落实农村各项政策的同时，对国营林场、苗圃也开始推行各种形式的承包责任制，使林场、苗圃在经营管理上发生很大的变化。各项生产超额完成，造林成活率和苗木质量提高，年年超支现象得到控制并且开始有了利润回收，职工个人收入也大部有所增加。

3. 统一领导，全面发动。领导机关和领导干部带头搞绿化，保证了造林绿化工作的进行

为了搞好全旗绿化造林工作，旗委和旗政府于 1982 年根据《国务院关于开展全民义务植树运动的实施办法》调整和加强了绿化造林领导机构，由旗委副书记和副旗长各一人挂帅，吸收林业、水保、城建、交通、教育、共

青团、武装等部门参加，组建了敖汉旗绿化委员会，统一领导全旗义务植树和整个造林绿化工作。委员会按时召开专门会议，按农村、城镇两条战线分工，并实行按部门分工负责制，明确责任，落实任务，加强了领导。每年造林季节，旗五大班子领导都分片负责，深入实地实行面对面的领导。如1984年春季，旗直属机关抽调150多名干部和32台汽车，组成了强有力的造林工作队。其中旗委、旗政府、人大、政协等主要领导干部10人，部、委、办、局领导干部23人，一般干部117人。采取主要领导干部包片、部门包乡镇的办法，实行岗位责任制，具体帮助乡镇领导全民绿化造林运动。一春完成造林33万亩，占全年任务的132.9%，实现了一年任务一春完。经过检查，全旗造林成活率平均达到90%以上。这是敖汉旗绿化造林工作一年比一年好的重要原因。

在全民绿化造林运动中，各级各部门领导率先垂范参加造林，领导造林，推动了运动的发展。如副旗长孙家理同志，自1981年领导七乡、二场一春完成铁路沿线造林3万亩以来，年年亲自领导"三北"防护林重点工程地区的规划、整地、造林工作，四年来，他领导的新惠、玛尼罕、萨力巴等三个乡造林20万亩，占同期全旗造林面积的17%，成活率达到80%以上。

在全民绿化造林运动中，旗直各领导机关也都带了好头，如旗委机关大楼于1983年建成以后，两年内就在院内栽种松、柏、杨、柳、果树229株，还修建了大小花坛和草地，现在机关院内除甬路、球场和停车场外，到处有树、有花、有草、绿荫覆盖，绿地面积占总面积的40%以上，达到了春花、秋实、冬青，创造了恬静而富有生机的优美工作环境。

实行部门分工负责制有力地推动了绿化工作。教育和交通是执行部门分工负责制较好的部门。教育局抽调专人在林业局设立了绿化办事机构，与林业局共同领导教育系统的绿化工作。旗交通局不仅制订了"六五"期间把公路绿化里程提高到80%的规划，还把修路、养路、护路、绿化一并列入议事日程。领导亲自到第一线与广大养路员工一起营造护路林。为了满足苗木需要，交通局还投资1.9万元开办了两处公路苗圃。他们还对各工区和道班实行造林责任制，把营造护路林的好坏列为"文明工区""文明道班"和"创优等路"的主要条件之一，定期评比检查。现在全旗由交通系统营造的护路林485公里，植树83.87万株，平均每公里1730株，不仅美化了敖汉大地，保护了公路，而且已经成了敖汉旗各行各业中的林业富户。据初步估算，交通系统的成材公路树价值在50万元以上。

4. 大力发展良种壮苗生产，满足绿化造林需要，种苗生产是造林工作的物质基础

敖汉旗近几年的苗木生产均在 5000 亩左右，其中国营育苗占 60%，集体和个体苗占 40%。总产苗 5000 万至 6000 万株，在全旗范围内调剂使用，达到了自给自足。

在群众育苗方面，除自产自用的以外，采取选户委托、定产包销、以质论价、允许自销的办法搞些委托育苗，以支持"三北"重点工程地区的造林。所以近年来也出现了一批育苗专业户、重点户。1985 年育苗 5 亩以上的重点户发展到 55 户，共育苗 553 亩，占全旗群众育苗 1800 亩的 30.2%。

为了达到良种壮苗的要求，于 1983 年通过敖汉旗林学会的活动，对适地适树和良种壮苗问题在旗内外进行了考察和研究，确定了"当家"树种，并对各树种的单位产苗量和出圃苗龄、苗高、径粗、根长等规定了适栽标准，强调了不合标准的苗木和产苗与用苗双方的检查验收制度，提高了苗木质量，为提高造林成活率打下了基础。

随着城乡经济体制的改革和农牧民生产生活的提高，从 1984 年开始试行了半价供应苗木的办法。实践证明，这种办法既扩大了资金来源，又能加强群众责任感，有效地促进了绿化速度和质量。

5. 狠抓关键性造林技术，大力推广开沟造林提高了造林成活率

根据外地经验，结合敖汉旗 30 多年的生产实践，使人们认识到在敖汉旗半干旱条件下，必须围绕"水"字做文章，采取各项抗旱保活造林技术，才能提高造林成活率。因此，近几年敖汉旗首先把造林前整地措施列为林业建设的基础工作。提出了"不整地不能造林"口号，并采取了"按整地面积供应苗木"和"不整地不按半价供应苗木"等经济手段，促进了造林前整地工作。五年来，全旗造林前整地面积 100 万亩，平均每年 20 万亩，等于年造林面积的 62%，除犯风的沙地外，基本都做到了提前整地。

开沟整地造林是敖汉旗重点推广的造林技术。它比一般穴植造林成活率提高 15%，比鱼鳞坑造林成活率提高 3.5%，而且省力、省时、省钱，最受群众欢迎。五年来，全旗用开沟犁整地造林 100 万亩，占同期造林面积的 59.2%，效果普遍比以前更好。

第二章 "三北"防护林一期工程建设
与三大基地建设

　　"三北"防护林建设是国家防风固沙的战略性工程，是新中国成立后敖汉旗第一大工程，工程推动敖汉旗生态建设的作用和意义无法估量。旗委、旗政府组织全旗各族人民充分利用现有条件，从实际出发，制定了一些切实可行的政策、办法，科学规划，科学布局，科技推动，使工程任务圆满完成，并获得国家诸多奖项。"三北"防护林建设的防护效益和生态效益，随着时间的推移越发彰显。三大基地建设切合敖汉农村经济发展实际，在"三北"防护林工程的带动下，不仅突出防护效益，而且与经济效益、社会效益有机结合，大力推动农村各业协调发展，广大人民群众高度认同、积极参与，发展态势良好。

"三北"防护林路林工程

第一节 "三北"防护林一期工程规划任务

　　敖汉旗地处科尔沁沙地南缘，是国家"三北"防护林工程的重要治理区。为了加快"绿色万里长城"的建设，彻底改变敖汉旗风沙干旱、水土流失的自然面貌，保障农牧业生产的正常发展，根据林业部关于建设"三北"防护林的指示精神及自治区、盟下达给敖汉旗的任务，结合敖汉旗的具体情况，对敖汉旗境内的"三北"防护林建设进行了系统规划和设计，进行了精心的组织实施。

一、基本情况

全旗南部丘陵山地，北部沙平原，年降雨量 300—400 毫米，森林覆盖率 19.7%，但南北气候差别大，林地分布不均。在北部风沙线上，森林覆盖率仅 9.1%。长胜、荷也勿苏、古鲁板蒿流动沙地集中的地方，年降雨量仅有 250 毫米左右。大风吹袭造成地势起伏，形成垄状沙丘和平缓流动沙地。沙丘高度一般 5—10 米，最高达 20 米以上。土质为松散的黄沙土，机械组成为中细粒沙，土壤酸碱度 7—8。

气候属于干旱大陆性气候。其特点是干旱少雨，变化剧烈，风大沙多，无霜期短。降雨量集中在 6、7、8 月份。春旱现象严重，常出现春旱秋吊。蒸发量在 2279—3049 毫米，为降雨量的 6—7 倍。风向多西南、西北风，风力强而频率高，大风集中在 3、4 月份，平均风速 4.5 米 / 秒，最大风速 18—28 米 / 秒，大风持续日数 100—150 天。风力一般在 4—6 级，最大 7 级以上。

因春风大，风蚀严重，流动沙地仅生长些曲力根等杂草，固定沙地、丘间地、沙丘的缓坡上生有黄柳、小红柳、雪里洼、山竹子等灌木，还生长沙蒿、叉巴嘎蒿、山苜蓿等。

沙地多为流动、半流动沙地，总面积 140 万亩。其中流动沙地 57 万亩，占 41%；半流动沙地 52 万亩，占 37%；固定沙地 31 万亩，占 22%。敖汉北部的 15 个公社和羊场均有沙地分布或受风沙危害。但流沙集中在荷也勿苏、长胜、古鲁板蒿等重点公社，这 3 个公社沙地面积达 92 万亩，流动沙地就有 53 万亩。

二、建设规模

为有效地抗御自然灾害，在风沙带经过的小河沿、乌兰召、古鲁板蒿、长胜、双井、双庙、牛古吐、岗岗营子、下洼、荷也勿苏等 10 个公社，和靠近风沙带边缘的水土流失严重的敖吉、丰收、大甸子、宝国吐 4 个公社进行规划治沙防护林的骨干工程。经过宝国吐、下洼、岗岗营子、长胜、荷也勿苏、古鲁板蒿等 6 个公社，林带宽度 100—1000 米，与农田牧场防护结合起来。总长达 170 多公里，这样和临界的翁牛特旗、赤峰县、奈曼旗、北票县防护林相连接，构成大型防护林体系。这一工程本着因地制宜、因害设防的原则设计，结合农田和草牧场基本建设在这一地区营造大型固沙林带。牧场防护林、农田防护林、水土保持林，形成一个带、片、网结合的防御风沙，保持水土的防护体系。规划从 1979 年到 1985 年，在以上地区营造防护林 104 万亩。其中治沙林 91 万亩，农田防护林 4.5 万亩，牧场防护林 8.5 万亩。整个工程到 1985 年完成。其中 1979 年完成 9.8 万亩；1980 年完成 24.9 万亩；1981—1985 年完成 70 万亩。造林以乔木为主，乔灌结合，固造并举。

全部工程以集体造林为主。这一工程由下列单位承担：下洼 9 万亩，长胜 9.1 万亩，小河沿 2.3 万亩，乌兰召 9.8 万亩，牛古吐 9.5 万亩，敖吉 6 万亩，丰收 5 万亩，古鲁板蒿 13.1 万亩，荷也勿苏 5 万亩，岗岗营子 7 万亩，新惠 5.2 万亩，大甸子 3.1 万亩，宝国吐 3.5 万亩，双井 9.1 万亩，双庙 7.1 万亩。

技术措施与经营方针：

营造以上各种防护林本着因地制宜，因害设防，封固结合，适地适树原则。根据具体情况，根据不同立地条件，选用优良树种，确定不同的技术措施，确定以下几种立地类型与典型设计。

1. 固沙林：流动沙地、半固定沙地、固定沙地、丘间地、低湿轻盐碱地、阴坡湿润厚层土、丘陵山地、慢蚀沟及山角平坦地。

2. 农田牧场防护林：一般风害类型、重风害类型、低湿轻盐碱地类型、丘陵山地。

三、"三北"防护林一期工程完成情况

全旗自 1978—1985 年共造林 256.83 万亩，造林保存面积 131.87 万亩，为第一期工程任务 129.5 万亩的 101.8%，其中 1978—1980 年完成任务的 66.9%，1981—1985 完成任务的 110.7%。

敖汉旗自"三北"防护林体系建设以来，特别是党的十一届三中全会以后，造林步伐大大加快，造林保存率大幅度提高，防护林比重、灌木树种比重、个体造林比重均有增加。1949—1977 年的 29 年造林保存面积为 124.41 万亩，年均 4.29 万亩，1978—1985 年的 8 年造林保存面积为 131.87 万亩，

年均 16.48 万亩，比过去快了 4 倍。

根据造林面积普查和抽样调查，1978—1980 年造林面积 91.47 万亩，保存面积 28.11 万亩，保存率 30.7%。1981—1983 年造林面积 86 万亩，保存面积 37.42 万亩，保存率为 43.5%，比前三年平均提高 12.8%。1984—1985 年造林面积 79.35 万亩，保存面积 66.33 万亩，保存率为 83.5%，又比上期提高 40%。

从林种上看，防护林比重逐渐加大，1949—1977 年防护面积占 16.8%，1978—1985 年新造防护林保存面积为 65.15 万亩，占同期林保存面积的 49.2%，使防护林在现有林中的比重上升到 42.8%。比 1978 年以前增加 26%，特别是经过八年的努力，平川地的农田已基本处在防护林的庇护之下。

从树种组成上看，近几年灌木树种的造林比重大有增加，1978—1985 年所造灌木树种的保存面积为 21.86 万亩，占同期造林保存面积的 16.5%，比 1978 年以前全部灌木树种的面积增加 12.6%。

从权属上看，近几年个体造林面积迅速增加，1978—1980 年个体造林比重占 33.8%，1981—1983 年个体造林比重占 63.4%，1984—1985 年个体造林比重占 76.9%。

据统计，敖汉旗"三北"一期工程建设各渠道共投资 1019.08 万元，以保存面积计算，每亩造林投资 7.8 元，其中群众造林每亩投资 5.17 元，无论早期或近期的造林，都在发挥着生态效益和经济效益。据调查统计，1983 年全旗林业总收入 1989 万元，占农村五业总收入的 15.97%。与 1957 年比较，全旗林业总收入增加二倍。除此之外，林业对改变自然面积，促进农牧业生产方面，也起了不容低估的作用。以下洼镇为例，1981 年 5 月中旬，该场地刮了一场 11 级的大风，丰原和高力板两村，无林带保护的农田被风揭沙埋 3000 多亩，而有林带保护的农田几乎没受损失。该镇河西村，总面积 7.36 万亩，其中耕地 1.2 万亩，占 16.3%，现有林 2 万亩，占 27.66%；在现有林中，有农防林 939 亩，防护 8500 亩基本农田，全村亩产由 1978 年的 352 斤，增加到 1985 年的 445 斤，平均增产 26.4%。该村从 1979 年以来，营造防风固沙林 1.59 万亩，牧场防护林 3448 亩，保护着 3.1 万亩天然牧场，加上近几年人工种草 1 万亩和围封草场，牧草产量逐年增多，造林种草为牧业生产提供了较好的条件。几年来，牧业生产稳定，1984 年有小畜 2429 只，比 1978 年增加 79 只，1984 年有大畜 845 头，比 1978 年增加 158 头，牧业收入由 1978 年的 2.13 万元，增加到 1984 年的 5 万多元，该村的林业收入也增加了

26.9%，全村人均收入由 1978 年的 53 元，增加到 1984 年的 198 元。

四、基本措施

1. 解放思想，实事求是，加强党对林业建设的领导

党的十一届三中全会以后，旗委和旗政府带领各级干部从敖汉的实际情况出发，确立了实事求是的思想路线，在总结历史经验的基础上，经过若干次各种会议讨论，统一了认识，认为党中央为内蒙古制定"以林牧为主，多种经营"的经济建设方针，是适合敖汉实际的。只有大力种草种树，发展畜牧，才能改变敖汉旗风沙干旱、水土流失的自然面貌，实现生态系统的良性循环，林多、草多、畜多、肥多才能多打粮食，才能够促进各种农牧林副产品的加工业和多种轻工业的发展，这是敖汉旗具有战略意义的大事。为了集中全党全民的意志，在全旗上下进行了执行这一方针的广泛宣传，并且提出了"林草开路，多种经营起步""草上肥、油上富、植树造林建宝库"等鼓舞人心的口号，动员各族人民积极参加造林种草，治山、治水、治沙、治穷，走以林牧为主、多种经营、共同富裕的道路。同时旗委在召开的党的七届八次全委扩大会议上，提出在经济工作中的两个突破之一，就是种树种草。在旗第八届人民代表大会上，讨论通过了今后每年造林 30 万亩的决定。在本次农业区划时，政府又将原来提出的全旗森林覆盖率 30% 的发展指标调整到 38.6%，决定到 2000 年全旗有林面积达到 480 万亩，林木蓄积达到 480 万立方米，人均持有 8 亩林，8 立方米木材。

2. 落实林业政策，逐步完善生产责任制，调动群众积极性

首先是在弄清山林权属的前提下，到 1984 年底已有 317 个村发放了林权证 7.04 万张，共计 198 万亩。其中国有林 7.13 万亩，集体林 105.24 万亩，个体林 21.48 万亩。

其次是为群众划拨用以营造薪炭林的"自留山"80 万亩。平均每户 8 亩。

再次是实行了各种形式的生产责任制：对集体林有的实行了作价归户的办法，其比重占集体总面积的 63%；有的实行了归户经营、利润提成或利润包干的办法；有的实行了统一经营、专人管护、规定报酬和奖惩的办法。

对集体的宜林荒山实行了造林承包责任制，承包数量根据经营能力可以不限，承包年限根据双方自愿而定，一般在 15 年以上。

与此同时，根据农村经济体制改革后出现的新形势，适时地把以集体造林为主的方针，调整为以个体造林为主，个体、集体、国家一齐上的造林

中南部丘陵区沙棘栽植工地

方针。把国家扶助群众造林的资金，由扶助现金逐步改变为扶助种苗并核收半价的政策。

由于政策对头，方法得当，调动了群众经营林业生产的积极性。近年来，个体造林比重不断增加，1985 年个体造林比重已占全旗年造林面积的 76.9%，造林质量明显提高，并不断涌现出许多专业户、重点户，仅 1985 年就出现林业重点户 160 户。其中造林 100 亩以上的 30 户，还有联户造林 1500 亩的联合体。他们积极地向荒山、荒沙投资投劳搞开发性生产建设。据统计，全旗 1983 年乡、村及个人集资买苗造林的达 16.5 万元，1984 年 26.11 万元，1985 年 57.26 万元。在落实农村各项政策的同时，对国营林场、苗圃也开始推行了各种形式的生产责任制，逐步向以家庭林场（苗圃）为主过渡。

3. 不断总结经验，提高科学造林水平

在"三北"防护林体系一期工程建设期间，除认真坚持"因地制宜，因害设防""适地适树，乔灌结合""以防护林为主，多林种结合""生物措施与工程措施结合""网、带、片相结合"等原则外，还在不断总结经验的基础上，重点抓了以下几项基础性工作，逐步提高了造林成活率和保存率。

（1）搞好规划设计。为了有计划、有准备地开展"三北"防护林体系一期工程的建设，遵照上级要求，于 1978 年组成 12 人的规划队伍，采取领导、群众、技术人员相结合，规划设计与宣传"三北"防护林建设意义相结合的方法，进行了工程的调查设计，逐一落实了地块、林种、树种及技术措施。在以后的施工各年度，还根据行政区域的变动、土地调整、新的经验以及群众需求等情况，于施工前进行修订、调整原来的规划内容，使之更符合"因地制宜，因害设防"的原则。现在，造林前的规划设计工作，已基本上成为敖汉旗"三北"防护林建设工程的基础性工作。

（2）造林必整地。近年来，敖汉旗把造林前整地措施列为林业建设的基础工作的第二项，提出了"不整地不能造林"的口号，并采取了"按整地面积供应苗木"和"不整地不按半价供应种苗"等经济手段，由于整地造林提高了造林成活率和保存率，群众看得见、摸得着，从中得到了好处，所以比较容易推广。近五年来，全旗造林前整地面积97.88万亩，平均每年19.57万亩，等于造林面积的62%，除犯风的沙地之外，基本都做到提前整地。

（3）发展种苗生产，选用良种壮苗。种苗生产是造林工程的物质基础，这一点已被各级领导所认识。在种子工作上，在国林场初步建起了油松、柠条、踏郎的种子基地和杨树采籽园，共计7500亩，除油松外，已能基本满足全旗需要。

在苗木生产上，以国营为主，国营、集体、个体一齐上，每年育苗5000亩左右，其中国营育苗面积约占60%，集体和个体育苗占40%。总产苗5000万—6000万株，在全旗范围内调剂使用，达到了自给自足。对国营育苗，采取定额补差的办法，所产苗木由旗包销。对国营林场除自育自造外，还要求承担委托育苗，为全旗造林生产更多更好的苗木，所产苗木由旗统一调剂使用。

对个体育苗和集体育苗，除自产自用的户外，采取选户委托，定产包销，以质论价，允许自销的办法。同时在种条、技术、资金等方面给以扶持，并通过价格调整使其能在正常产量下得到较多的经济实惠，因而出现了一批育苗重点户。

（4）宣传、普及科学造林技术。为了使干部、群众逐步提高对林业生产的认识，掌握科学造林技术，提高生产水平，除通过广播、板报宣传在林业生产中涌现的先进人物、先进事迹以及林业生产基本知识和造林技术外，还编印了《造林技术方案》《造林技术要点》《绿色之路》等小册子，发给旗内各乡、村，供学习宣传使用，收到了一定的效果。

近年来，每年都由旗里组织乡级干部、乡的林业干部和国营林场的干部进行不同形式、不同规模、各有侧重内容的参观，用事实宣传教育干部、群众推广科学技术。有些乡也仿效这一做法，组织乡村干部和重点代表进行参观学习。最经济而有效的宣传学习方法，比如推广的开沟整地造林、速生林和群众育苗都是经过参观后迅速推广开来的。

（5）造林前利用各种形式层层"练兵"。首先在旗里召开造林会议时，由林业局讲技术课，参加会议时旗长和乡长都接受技术训练；然后在乡级召开三级干部或两级干部造林会议时，由乡林业干部讲技术课。这样经过"练兵"先"练官"，增加了领导群众造林的基本技能，指挥起来就轻车熟路，检查质量有标准。

4. 用开拓精神营造杨树速生丰产林

面对敖汉旗遍地"小老树"的情况，面对国营林场的前途和出路，带着如何提高林木生长、增加经济效益的问题，几次去山西雁北地区和北京大东流苗圃拜师求经，通过参观学习，不仅学到了营造速生林的技术，更重要的是学到了一种精神，这就是开拓前进的精神。同时根据外地经验和敖汉具体条件计算，营造杨树速生林，实行集约经营，每亩投资150—200元，以10年成材林，亩产商品材7立方米，单价150元计算，每亩尚可得纯收入560元。20年则收入上千元。而过去营造的用材林，以三义井林场为例，生长较好20年生的一般用材林，每亩投资虽然很少，但亩蓄积只有0.54立方米，可见，无论从经济效益和生态效益上看，营造速生林大大超过一般用材林。因此，提出了营造用材林的力量主要用于营造速生林，并由国营林场开始营造了杨树速生林，结束了敖汉旗没有速生林的历史。敖汉旗从1980年开始到1985年，共营造杨树速生林16555亩，其中国营林场12182亩，群众联户营造4373亩。早期营造的林分，五年生树高11.7米，胸径13.2厘米，亩蓄积2.75立方米，可望达到10年成材、亩蓄积10立方米的指标。后期营造的也普遍良好，达到了预计生长指标。

第二节　京通铁路防护林工程建设

京通铁路（敖汉段）防护林工程，是"三北"防护林重要专项治理工程之一，京通铁路于1980年5月1日正式通车后，因沙阻停车事故时有发生。1981年春季，突然刮起了9级大风，最严重的一次把铁路掩埋了，个别路段积沙厚达2米，造成全线停车72小时。1982年春，为了保护京通铁路这一交通大动脉，旗委、旗政府把京通铁路沿线造林列为"三北"防护林建设一期工程，组织集中造林会战。由副旗长孙家理任总指挥，林业局局长马海超负责总技术，旗直相关部门与辖区内社队领导干部组成指挥部。8个公社沿线27个大队，179个生产队，418名干部，8679名社员，动用29台链式拖拉机，178台畜力车，奋战一春，完成造林3.1万亩，总长92.5公里，平均

京通铁路（敖汉段）防护林工程

带宽 151.9 米，造林成活率达到 88.6%，获得国家林业部科技进步三等奖。

百公里绿色长廊锁住了沙龙，从此保护了京通铁路敖汉段的正常运行，这是敖汉有史以来组织的最大规模的植树造林大会战，时间短，任务重，完成质量高，堪称奇迹，为以后农田水利基本建设、南部山区、北部沙区的治理提供了好的典范。

第三节　沙棘饮品基地建设

一、规划目的与指导思想

建设 10 万亩沙棘林园的目的，就是为了充分利用水土资源，变风沙干旱、水土流失之害为人民造福，治穷致富。国内外的实验研究证明沙棘浑身是宝，尤其是果实营养丰富，可制作高级饮料，也是食品和医药工业的重要原料，在经济上占有重要地位。沙棘不仅经济价值高，而且生态效益好，作用大，是防风、固沙、保土、保水和改良土壤的先锋树种。大面积栽植沙棘林是充分发挥当地自然优势，进一步落实植树造林草、灌、乔结合，提高生态效益和经济效益的实际措施。从总结敖汉旗中部丘陵区多年来造林经验教训看，单纯营造用材林不仅生长慢，而且多数变成"小老树"，起不到控制水土流失的作用。现有林面积虽然很大，但生态、经济效益很小。为了把水土保持工作落到实处，必须狠抓经济林的建设，使水保工作既达到生态治理效果，又能尽快获得最大的经济效益。

二、10 个乡镇建设 10 万亩沙棘林的基本情况

10 万亩沙棘林园建设有玛尼罕、萨力巴、牛古吐、古鲁板蒿、敖吉、高家窝铺、丰收、南塔子、木头营子、敖音勿苏 10 个乡，境内除 13 个村属风沙区，其余是丘陵沟壑区。所属 10 个乡有 97 个村，146169 口人，男女劳力 36647 个，总面积为 432.73 万亩。规划林业用地 133.83 万亩，现有林 61.27 万亩，有林面积占总面积的 14%。海拔在 600—1000 米。相对高度在 400 米左右。一般坡度在 10°—30°。多年平均降雨量在 350—400 毫米，无霜期 140 天左右。

三、建设 10 万亩沙棘林园的有利条件

建设 10 万亩沙棘林园的 10 个乡镇，基本属于丘陵沟壑地区。从气候土壤条件看，完全适合沙棘林的栽植和生长，并且有着大片宜林荒山荒坡尚待造林种草。如玛尼罕乡 1983 年栽植 500 亩沙棘，生长已达 1 米多高，有的已经结果，对防风、固沙、控制水土流失起到了示范作用。1985 年又栽植 1000 亩沙棘，成活与生长良好。活生生的事实引起了党政领导和有关部门的重视，刺激了群众迫切要求大面积栽植的积极性。这是建设 10 万亩沙棘林园的可靠保证。

四、沙棘林建设的整地方式与栽培方法

栽培沙棘的目的在于应用，尤其在科学技术日新月异向前发展的形势下，一是水保综合治理，草、灌、乔结合得到落实；二是充分利用其截水保土的特点；三是利用沙棘的经济价值。整地方式主要采取水平沟、水平阶、窄条梯田、较宽坡度的反坡梯田等高打埂、全面整地等方式，因地制宜地采取不同方式。在栽植上大部分采取植苗造林，也进行插栽试验。为了便于管理，根据地形、坡向划分小区，山区以水平等高成条带布置，划分 30—50 亩的小区，最大不超过百亩。并配有作业道路，在小区周围成带栽植杨、松、刺槐等乔木或适当混交，防护林和混交林占总面积的 30%，就是说纯沙棘林 7 万亩。并建立管理房、仓库、加工厂等永久性建筑物。

五、工程量和投资额的实施与效益

10 万亩沙棘林计划用两年完成，1986 年完成 5 万亩，1987 年完成 5 万亩，共用工 50 万个。需苗木费 25 万元，整地费 28 万元，管理房、仓库、加工厂费 9.6 万元，作业道路 1.02 万元。总款 78.12 万元。由敖汉旗自筹 15.62 万元，争取国家补助 62.5 万元。

沙棘林建成四年后即可得到经济效益。据山西右玉县资料，亩产值可达 300—500 元。按亩产值 300 元，六年后总产值可达 3000 万元。

六、实施规划的主要措施

1. 加强领导。10 万亩沙棘林园的建设是敖汉旗营造经济林上的一项突破。政府十分重视，组成领导小组抽专人组织科技人员实地规划落实、负责技术指导，各乡镇抽一名负责人挂帅亲自抓，一抓到底，必保完成。

2. 落实政策。搞好专业承包，把沙棘生产承包给专业户。采取"五定四包"的办法，即定任务、定面积、定数量、定时间、定产量；包投资、包整地、包栽培、包抚育。

总之，采取一切积极措施，调动各种积极因素，切实实施好本规划。

沙棘叶采摘

第四节　灌木饲料林基地建设

一、基本情况

敖汉旗灌木资源丰富，种类繁多，全旗灌木分布总面积约 215 万亩，占土地总面积的 17.27%，在南部低山丘陵区灌木分布面积有 19 万亩，平均盖度为 40%，主灌木种：山杏、胡枝子、绣线菊、山刺、平榛、沙棘、酸枣、荆条、紫丁香、虎榛子、照白杜鹃、欧李、树锦鸡儿、花木蓝、本氏木蓝、黄花忍冬、锦带花、六道木、接骨木、毛脉卫茅等。在北部浅沙坨甸区灌木分布面积有 66 万亩、平均盖度为 30%，主灌木种：小叶锦鸡儿、山竹岩黄芪、黄柳、小红柳、华北驼绒藜、东北针枝蓼、杠柳、枸杞、西伯利亚白刺等。

二、规划方案

灌木适应性强，用途广泛，是发展畜牧业生产、进行小流域综合治理、防风固沙、绿化荒山的宝贵资源。根据敖汉旗灌木资源分布现状，建设灌木生产基地主抓两条：一是加强保护，采取切实措施保护和利用好现有灌木资源；二是加快建设，逐步建立稳固的灌木生产基地。"七五"期间把建设重点放在南部低山丘陵区和北部浅沙坨甸区，在南部低山丘陵区以开展小流域综合治理、绿化荒山秃岭为主。从 1986 年起，对新地、林家地、四家子、金厂沟梁、贝子府、克力代、王家营子、大甸子等乡镇严重退化的 95.5 万亩荒山秃岭进行重点治理。在治理方法上坚持因地宜制、就地取材的原则，宜封则封，宜种则种。在树种选择上主要选用山杏、沙棘、胡枝子、荆条、锦鸡儿等经济价值较高的灌木。力争到 1990 年使 95.5 万亩荒山秃岭植被率恢复到 60% 以上，亩产量达到 1000 斤以上。在北部浅沙坨甸区以防风固沙、建立灌木饲料生产基地为主，从 1986 年起，重点对康家营子、古鲁板蒿、敖润苏莫、双井、长胜、新窝铺、木头营子、哈沙吐等乡镇苏木的 110 万亩流动半流动沙地进行综合治理。在治理方法上，坚持封种结合，逐年增加植被。在树种选择上，以小叶锦鸡儿、山竹岩黄芪等饲用价值较高、耐旱灌木为主，适当发展沙棘、黄柳、华北驼绒藜等灌木，力争到 1990 年

使 110 万亩流动半流动沙地基本得到固定，植被恢复到 50% 以上，亩产量
达到 1500 斤以上，其中可饲用亩产量达到 100 斤以上。

三、实施步骤与措施

1. 1986 年首先在敖润苏莫苏木荷也勿苏嘎查、阳高庙嘎查、康家营子
哈拉勿苏村建立起以小叶锦鸡儿、山竹岩黄芪为主的灌木生产基地 2.5 万
亩，1987 年进一步发展到 5 万亩。

2. 进一步落实完善"畜草双承包"责任制。三处灌木生产基地认真贯
彻"谁建设，谁管理，谁受益。允许继承和转让"的政策，以自力更生为
主，国家扶持为辅，集中人力、物力、财力，统一规划，统一施工，分户管
理，分户受益。

3. 采取人工播种、机械播种和飞机播种相结合的办法，加快治理速度。
畜牧、林业、科技等部门为基地建设提供优质技术服务。精心组织，精心指
导，精心施工，确保建设质量。基地建设单位加强对基地的管理与保护。建
设初期严禁放牧、打柴。认真做好鼠、病、虫的防治，务求做到种一片，活
一片，成林一片。

4. 积极开展灌木综合利用，不断提高灌木的经济效益。1986 年先在基
地上建设三处饲料加工厂。搞好灌木的加工粉碎和膨化，为保证牧业生产稳
定发展，提供充足的优质饲料。

5. 总结经验，以点带面推动全旗灌木生产不断进展。在"七五"期间，
根据全旗各地自然经济条件，逐步建立一批具有不同特点、不同经济用途、
高质量、高效益的灌木生产基地，为恢复生态平衡，改善生产生活环境，发
展农村牧区经济做出新的贡献。

第五节　杨树速生林基地建设

营造速生林，已经成为林业建设中不可缺少的组成部分，它对于加快林
业建设，保证木材供应，发挥经济效益，都将起到非常重要的作用。为此，
根据敖汉旗的具体情况和条件，在二期工程建设期间，作为一个重点来搞好
沿河平川杨树速生用材林基地建设。

一、建设依据

自然情况：敖汉旗有三条较大的河流，即老哈河、孟克河、教来河。三条河流源远流长，经敖汉旗 15 个乡镇 46 个村，总面积为 197.57 万亩，其中有林地 48.15 万亩，宜林地 7.2 万亩。在林地中，有 15 万余亩分布在沿河两岸，这些宜林地块地势平坦，土壤肥沃，水分充足，且多有灌水和淤灌条件，多数地块具有光照充分、热度适宜、气候稳定的特点，土壤为冲积淤土和浅沙壤土，酸碱度适中，地下水位在 1.5—4 米，土层

杨树速生丰产林

厚度在 1.5 米以上，通气性良好，营造速生林具有非常优越的条件。沿河两岸有部分用材林和防护林分布，林木长势良好，10 年生杨树已经成材或接近成材，全旗木材产量多出产于此。

社会情况：靠近沿河平川中下游的 46 个村，共有 18168 户，90473 口人，男女劳力 27266 人，人均收入 1686 元，林业收入占农业总收入的 10%—20%。近几年来，由于林业政策的落实，群众造林的积极性空前高涨，群众已营造速生林 3800 余亩，仅 1985 年一春就完成 2953 亩。自己出钱整地、买苗（半价）的个体户越来越多，已经形成一股强大的"速生林热"。另外，国营林场营造速生林的经验对于实现这一重点建设，也起到带头作用。

全旗现有开沟大犁 100 余台，链轨拖拉机 70 余台，机械完备和劳力充足，为完成这一工程提供了保证。

二、设计内容

1. 建设规范：在"三北"防护林二期工程规划的基础上，在这三条河

流中下游的沿岸平川，设计营造用材林 5 万亩，老哈河沿岸 1.65 万亩，孟克河沿岸 1.6 万亩，教来河沿岸 1.75 万亩。敖汉旗立地条件差，造林多年，难以成材，尽管有林面积 200 多万亩，但就其现状来讲，全旗仍然木材紧缺，林业生产效益差，所以解决全旗民需用材，是林业生产的当务之急。充分发挥沿河平川、滩地和四旁自然条件优势，在较短期间内解决民需和建筑用材，是敖汉旗林业发展的战略重点。在沿河流域选择条件好的 5 万亩（包括部分残次林）为杨树速生用材林地。这一地区沿河两岸有林分低劣的残次林 2 万余亩，多为过熟林，没有培育价值，养下去浪费土地，得不偿失，将其更新，却是营造杨树速生用材林的优良的林地。为此，在二期工程期间，在抓好全旗林业建设的同时，重点搞好这 5 万亩速生丰产林建设。

2. 建设时间：这一重点工程项目，在 1986—1990 年完成。

3. 营造树种：根据几年来营造杨树速生林所采用的品种来看，初步确定为加拿大杨、小城黑杨、小美杨、健杨、白城 41 号、北京 0567 杨，为满足群众用材品种的需要，安排部分河南白榆。

4. 技术措施：林木速生丰产，必须采取先进的科学技术措施，从始至终进行集约经营。

（1）选择造林地：首先从造林规划入手，确定地块，进行细致的规划设计，凡营造速生林地块，均要求地势平坦，土质肥沃，水源充足，碱度适中，不提倡过分的集中连片，充分利用这一地区的空地、大面积的河滩地，建筑必要的水利设施，能排能灌。

（2）栽植方法：栽植前一年进行土地平整，第二年春季栽植时采用大犁开沟，深 45—50 厘米。沟内挖大坑，采用中心植苗。

（3）栽植密度：根据不同树种确定不同密度，按敖汉旗现在速生林培育观察，株行距 4 米 × 4 米或 5 米 × 3 米为宜。

（4）苗木要求：苗木以自育为主，均为三年生大苗。根据林地选择合适品种，栽植前均用水浸泡（72 小时以上）。

（5）成活标准及抚育措施：当年营造成活率 97% 以上，补植后做到不缺苗。整个栽植过程和经营过程进行较高水平的管理和病虫害防治，按要求达到株株成活，棵棵成材。

5. 生产指标：10—15 年为一个轮伐期。从栽植第二年起，4 年郁闭成林，10 年后成材可伐。

第三章　80 年代水土保持工作

20 世纪 60 年代，全国开展农业学大寨，敖汉旗开始了向农田水利基本建设进军。拦河筑坝、开渠引水，建设基本农田，一经发起，迅速进入高潮。农田水利工程与水保工程同步进行，对改善农业生产条件，提高粮食产量和人民生活水平起到了极其重要的作用。一些大型水利设施如水库、堤坝等能否长久持续发挥防汛调洪，保护人民生命财产和引水灌溉的功能，做好河道上游两侧的水土保持工作显得尤为重要。进入 80 年代后，敖汉旗再一次启动水土保持工作，首先在山湾子水库上游，开展了小流域治理。水利部门对西辽河上游（敖汉段）的水土保持进行了细致周密的长远规划，自此，敖汉旗的水土保持进入了系统化、整体化治理的新阶段。

第一节　山湾子水库上游流域治理

1983 年，内蒙古水利厅与敖汉旗政府签订了山湾子水库小流域治理承包合同。经过一年时间的努力，除完成造林整地 18.4 万亩任务外，还提前完成 1984 年梯田任务 1000 亩，18.4 万亩造林整地，在 1984 年春季全部造上了林。

1984 年的任务：新修、维修水平田 2 万亩，牧场改良 5 万亩，闸沟修谷坊 1500 座。为了完成任务，旗政府的具体做法如下。

一、调整指挥机构，加强集体领导

为完成山湾子水库上游流域治理任务，旗委、旗政府调整充实了小流域治理指挥部，由旗委副书记任指挥，抽一名副旗长，水利、林业局局长任副指挥。农业、畜牧局局长及三个承包乡镇的党委书记为指挥部成员。指挥部

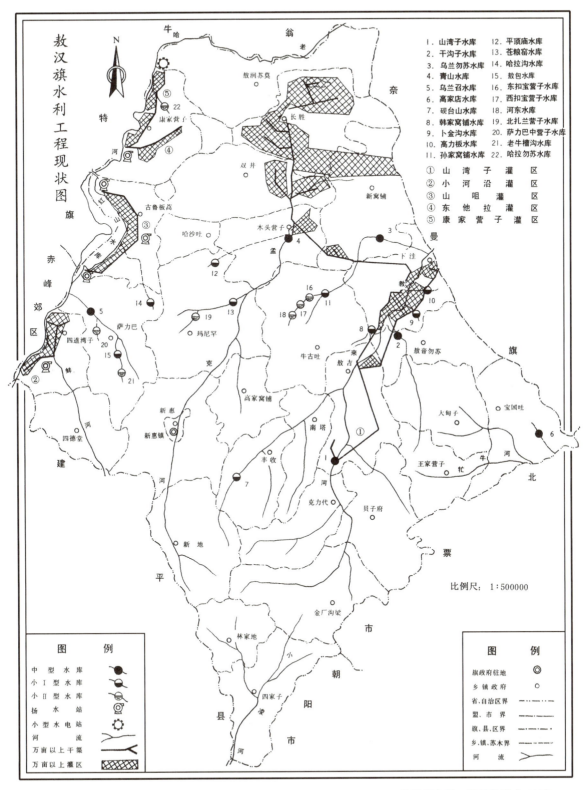

敖汉旗水利工程现状图（1984）

下设办公室，由水利局局长任主任，责成水保站负责人直接执行具体工作，以达到小流域治理的有机配合。乡、村也层层建立领导小组或指挥部，都由主要负责人挂帅亲征。把小流域治理列为三个承包乡镇全年造林种草的中心任务，并以完成任务的好坏来检查、考核乡镇村干部。

二、工作部署及措施

1. 落实任务，进行承包。为了明确任务，1983 年秋季就把任务落实到三个承包乡镇，由乡镇把任务落实到村、组和承包户，由旗水利局向乡镇、队（村）签订了承包合同，对承包户发给资源使用证。

2. 常年坚持，季节突击。新修梯田坚持常年搞，凡适宜农业用地的坡地分期修建水平梯田，维修梯田除随时补修外，主要放在秋后一次性彻底维修。由于春旱现象异常严重，新修梯田的任务大部分也在秋后进行。闸沟修谷坊抓住土质湿润的条件，采取突击，在秋割前全部完成。汛期修谷坊，由上而下，在坡面工程已达到初步治理的沟壑上进行，原则上先治毛沟，后主沟，修一个成一个。

3. 放宽政策，认真搞好承包。认真落实 1984 年中央一号文件和敖汉旗有关具体规定，把修建谷坊工程的沟沟壑壑全部划给社员，对新治理的沟坝地按工程大小、投资多少，确定使用年限。分别在不同年内不征不购不纳农业税。不论修梯田或建谷坊，都是以户承包或者联户承包，用政策来调动群众治理荒山沟壑的积极性。

4. 搞好机械施工，加快施工进度。兴修梯田，除人工打埂外，主要靠机械施工，水土保持部门积极向外地联系，购置一批兴修梯田的农机具。对机械施工方法认真研究和解决，提高机械施工效率。

三、工程规格和质量

1. 水平田：按合同规定，5 度以下坡田面宽 20 米；5°—15° 坡田面宽 10 米；田面必须平垫，梯田埂必须高出地面 30 厘米，有灌溉条件的梯田设计 1/300—1/500 的比降。

新修、维修水平梯田都要保证好表土，不打乱耕作土层，达到梯田修成后当年增产的效果，用增产的实效来鼓励社员修梯田的积极性。

2. 谷坊：按合同规定，谷坊工程设计按十年一遇洪水标准保安全。谷坊是在沟道中横向修建的土坝，它是治理沟壑的主要措施。做到截水蓄水，减少洪水造成的危害。

谷坊工程大约分土、石、木料等几种，实际普遍应用的是土，石谷坊修建时因地制宜，就地取材。应考虑治理的目的、人力、物力等不同条件，甚至考虑沟底利用的远景规划。治一沟成一沟，除对已治坡面的支毛沟集中治理外，准备有计划地治一些主干沟，充分利用沟壑这一水土资源，大力营造沟底防冲林，使之成为山区发展用材林、薪炭林基地。在修建土谷坊时层层压条，抓住修建谷坊的几个主环节：一是清基，就是把修谷坊地面上的虚土、草皮挖掉，露出坚实土层，然后再沿谷坊轴线挖一结合沟；二是填土夯实，土料湿度一般以含水率 14%—17% 为宜（用手能成团，且土团落地即散）；三是开挖溢洪道，土谷坊绝不允许洪水没顶。总之就是一座小水库，一定要重视主施工环节，否则就有冲垮的危险，这个教训一定记取。

3. 牧场改良，采取工程措施，挖好水平沟，严禁放牧和打草，对一些牧业用地，通过不同整地方式，提高天然草、人工种草的数量，发展畜牧业生产。

四、充分发挥补助费的促进作用

1. 新修梯田每亩补助 5—8 元，维修梯田每亩补助 2—3 元，采取分期预拨，最后验收结算。

2. 按合同规定 1.15 万座谷坊 45 万立方米，国家补助 5.25 万元，每座 300 立方土，这样每立方土补助 0.116 元，根据坝的高低，取土远近，大小谷坊补助标准不一致，以任务按村为单位进行调整使用。为了达到平衡，乡镇自行调节，目的是为了以劳取酬。

五、搞好检查验收

为明确责任，保质保量完成任务，由水土保持站与承包单位签订治理合同，对完成的时间、数量和质量要求有规定。认真检查验收，分为两步，首先乡镇自己验收一遍，最后由指挥部统一部署，由业务部门统一验收，进行补助结算。

山湾子水库上游小流域治理，1985 年继续和内蒙水利水保部门签订合同。执行 1985—1987 年第二期小流域综合治理合同书。

按与内蒙水保处签订合同规定，再完成新修水平梯田 1 万亩、牧场水平沟 1 万亩、水保林 3.8 万亩、种植多年生牧草 0.7 万亩、沟坝地 300 亩、谷坊 100 万立方米、育苗 300 万株、封山育林 2 万亩，总治理面积 8.88 万亩。

第二节　全旗水土保持总体规划完成

敖汉旗人民政府于 1985 年 6 月制订了西辽河上游（敖汉旗）水土保持规划。

敖汉旗全旗总水土流失面积 703 万亩，农耕地 200.8 万亩，其中坡耕地 150 万亩以上，侵蚀模数在 5000 吨／平方公里的耕地面积就占有很大比例。平均每年流失表土 200 万吨以上。现有天然植被仅有 15%—30%，森林覆盖率仅 25%，加上水风侵蚀严重，土地有机质超过 1% 的仅有 100 万亩。因水土流失严重，土壤肥力逐年减退，严重地影响农牧业生产的发展。

一、水土保持任务规划

规划指导思想为"以农林为主，农牧林结合多种经营"。本着因地制宜，扬长避短，发挥各地区优势，突出重点，全面开发综合治理的原则，搞好全面规划，搞好布局，抓好商品性生产基地；积极开展多种经营生产，逐步建成一个合理的农业生态系统，变恶性循环为良性循环，提高人民生活水平。

四种类型区生产发展方向：

土石山区：确定为农、林、果综合发展区。大力种草、种树涵养水源。增加覆盖率，改良土壤，提高粮食单产。大力发展商品生产油料等经济作物，特别是南部山区，多种一些干果、鲜果，就地加工，提高商品生产率，增加人民收入。

丘陵沟壑区：为农林综合发展区。利用现有沟谷荒山，大力种树种草，加强农田基本建设。逐步缩小耕地面积，还林还牧。发展多种经营，防止水、风侵蚀的危害。积极发展草食牲畜，提高皮毛的质量。发展养殖业、家禽等事业。

风沙区：确定为林牧区。粮食生产达到自给。主要精力放在林牧业生产上。大力植树造林种草。防风固沙，改造牧场，使森林覆盖率达 40% 以上。牧业生产应发展肉毛兼用的牛羊。逐步变为本旗牧业生产基地。

河川平地区：以农林为主，加强农田基本建设，逐步增加灌溉面积，使一般农田变为水田，加强稻谷生产，争取为城市提供更多的商品粮。

增加土壤有机质，大力发展畜牧业生产，增加肥料来源，提高粮食产量，加强用材林，农田防护林的经营，改变生态环境。

二、水土保持措施规划

1. 规划后 15 年中水土保持治理任务

土石山区：水土流失比较严重，一般位于水库上游，是小流域治理的重点区，为此做了重点规划，提出治理方案，计划造林 85.71 万亩，种草 24.3 万亩。修梯田 15.1 万亩，打坝淤地 8.9 万亩。牧场改造 49.1 万亩，沟头防护 213.4 万立方米。修谷坊动土石方 4771.1 万立方米，丁字坝 106.9 立方米，河滩造地 165.6 万立方米，完成上述任务后，占该区水土流失面积的 85% 以上。

丘陵沟壑区：计划造林 87.8 万亩，种草 16.5 万亩，修梯田 11.8 万亩，坝地 9.7 万亩，牧场改造 58.34 万亩。沟头防护 137.65 万立方米，修筑谷坊 1331 万立方米，丁字坝 20.3 立方米，河滩造地 73.6 万立方米，完成上述任务后，占该区水土流失面积的 80% 以上。其方法是"五结合，三间作"：上下游结合、沟坡结合、灌乔结合、植物与工程措施相结合、近期与长远利益相结合；林粮间作、林油间作、草林间作等综合治理措施。

风沙区，河川平地区，不列入本次水保规划治理任务。

2. 措施及布局

土石山区：在缓坡地上，修筑梯田或坡式台地，超过 15° 的坡地，根据载畜量确定牧场改造，人工种草，牧场围封。山峁陡坡地带，造水土保持林，主树种以黑松为主，乔灌结合。沟谷河滩营造用材林，土层厚、地下水条件好的地段营造经济林及用材林，适应淤地条件的进行裁弯取直打土坝淤地，主沟道可适当修筑塘坝及小型坝库，解决人畜用水及扬水灌溉农田。因此，层层设防，处处堵截，水土流失即可控制，同时也改变了生态环境，相应地提高了人民生活水平。

丘陵沟壑区：在缓坡地上修水平梯田、台田，沟底修土坝、谷坊。在主支沟搞河滩造地及沟坝地拦洪引洪淤灌。在适应条件的荒坡上划为牧场，并进行人工改造，提高产草量及载畜量。在适合水流调节地段营造水流调节林及沟壑水土保持林，起到涵养水源和保持水土的作用。

三、实现规划的措施

1. 加强领导，统一规划。各级政府领导应有专职负责同志去分管水土保持工作。农、牧、林、水、财政各有关单位应紧密配合，进行综合治理。

2. 实行合同制，加强经济管理。水保各项措施的实施需国家补助或贷款的，必须由接受补助或贷款的对象（具体由旗属有关业务部门负责）签订合同。明确接受补助或贷款后，必须完成任务。保证数量、质量、时间。不执行合同者，按规定严肃处理，保证国家投资能有效地促进水保工作的开展。

3. 培训技术力量，加强技术指导。培训的办法结合当前生产工作需要，培训乡村领导干部，要求水平比较高的掌握水土保持技术，以便领导水保各项工作的开展。举办短期训练提高科学技术水平。认真落实党的政策调动干部群众的积极性，认真学习中央一号文件，宣传治理水保小流域的重要性。以国家集体为基础，大力提倡、支持以户为单位的小流域治理。

4. 培养典型，以点带面，推动全局。抓好典型，利用典型起示范作用，国家从技术上和物质上给予适当的援助，起到示范作用。

5. 开展水土保持科研工作，解决关键性的技术问题。一是有实验科学数据等资料；二是掌握水保治理技术，执行水保标准。

第三节　80年代水土保持工作突飞猛进

一、全旗小流域综合治理的基本情况

敖汉旗是赤峰市水土流失重点旗县之一。据资料测定表明，全旗每年冲走悬移质2937万吨，相当于50厘米厚表土的耕地8.8万亩。由于年年流失，土壤被冲带走大量养分，土壤有机质氮、磷、钾元素贫乏。全旗耕地平均有机质含量仅0.056%，非耕地0.058%。速效磷平均含量耕地3.6毫克/公斤，非耕地2毫克/公斤，速效钾平均含量耕地是110毫克/公斤，非耕地92毫克/公斤。土壤肥力的下降造成了耕地农作物长势弱，粮食产量低。造成了非耕地有地不长草，牧业发展受到影响。有地不长林，人民生活用材林和燃料问题不能得到解决，人民生活水平不能提高。更为群众所不能理解的是，全旗在20世纪六七十年代修建了小塘坝53座，仅十几年时间，有33座被淤平，失去了蓄水能力。砚台山水库是全旗重点小（一）型水库，1970年建成，到1971年，仅一两次洪水就把兴利库容淤平。仅此一次经济损失70多万元。严重的水土流失，一时流掉了一部分人的勇气，感到治山治水的前途渺茫。

1980 年，水利部颁布了《水土保持小流域治理办法》。同年，召开了全国第四次水土保持工作会议，号召全国人民开展小流域综合治理，旗政府积极组织水利行政主管部门实施。在全旗范围内，掀起了小流域综合治理的高潮。经过九年的治理，广大人民群众对搞小流域综合治理满怀热情，积极投入，对生活充满着信心。据统计，到 80 年代末全旗共计完成小流域综合治理面积 165.81 万亩，其中梯田 4.32 万亩，水保林 144.67 万亩，沟坝地 0.14 万亩；种草 16.8 万亩，是 1980 年以前的 2.1 倍，占全旗水土流失面积的 17%；牧场水平沟 3.4 万亩，修工程作业路 24.5 万米，修谷坊 2.2 万座，动用土石方 6488.64 万立方米。由于干部群众的努力，小流域综合治理取得了可喜的成果，受到了自治区的表彰。金厂沟梁刘杖子小流域综合治理通过鉴定，由国家和自治区专家、教授组成的鉴定委员会一致认为，刘杖子小流域综合治理的各项指标均达到或超过水利部颁布的五条标准，经济、生态、社会效益显著，创造了半干旱土石山区小流域综合治理的配套体系，而且治理措施合理，达到国内同类地区小流域综合治理与开发的先进水平。走出了一条贫困山区脱贫致富的新路子，树立了样板，对国内其他类型区也有重要参考价值。

二、近十年来，主要抓了六项工作

1. 认真总结经验教训，不断提高对开展小流域综合治理的认识。敖汉旗对 30 年来农业的发展进行了认真的总结和回顾。新中国成立初，敖汉旗的农业发展较快，但由于植被恢复较慢，给以后的农业留下了隐患。1957—1980 年，全旗的粮食产量一直在 2 亿—2.5 亿斤之间。人均持有粮 400 斤，人均收入 50—100 元，不但对国家没有贡献，而且 20 多年共吃国家返销粮约 10 亿多斤。造成这种贫困现象的原因是多方面的，但其中主要的一条就是在发展农业上指导思想不对头，单纯在广种薄收上找出路。在全旗 962 万亩水土流失面积上，有 140 多万亩坡耕地，很少投入，更没有在水土保持综合治理上下功夫，植被遭到进一步破坏，生态失去平衡，生产条件恶化。全旗的粮食主要靠 30 万亩水浇地解决。根据这样的实际情况，全旗广大干部群众认识到，改变恶劣的生产条件，种树种草进行小流域综合治理是唯一的出路。

2. 以典型引路带动全旗的小流程综合治理。几年来，抓了新惠乡、双庙乡、克力代乡、贝子府乡、金厂沟梁镇、牛古吐乡大五家村、大甸子乡吴家窝铺村、新地乡木杖子村等重点乡镇村。其中重点抓了山湾子水库上游（克力代、贝子府、金厂沟梁）的小流域综合治理。

　　山湾子水库上游克力代、贝子府、金厂沟梁等三个乡镇总面积 125 万亩。其中平地面积不足 3 万亩，境内峰峦起伏，沟壑纵横，丘陵山区占总面积 90% 以上，水土流失面积约 100 万亩。加之年降雨量少，地下水源奇缺，土壤贫瘠、植被稀疏，新中国成立以来单产不高，总产不稳，畜牧业发展缓慢。多种经营无门路，是有名的花钱靠贷，吃粮靠返销过日子的穷山沟。党的十一届三中全会以后，农村实行了生产责任制，调动了农民生产的积极性，基本解决了吃饭问题，但山还秃，水土流失日渐严重，敖汉旗在 70 年代自力更生兴建的山湾子水库，到 1980 年已淤积 500 多万立方米。

　　1983 年，山湾子水库上游三个乡镇作为小流域重点，旗委、旗政府成立了山湾子水上游小流域综合治理指挥部，协调农业、林业、畜牧、水利、农机等有关部门，三个乡镇也相应地成立了指挥部。小流域综合治理工作以水利部门为主，抽调农业、林业、畜牧等有关部门干部、技术人员 43 名，规划工作队深入三个乡镇基层，给村干部、村民小组长讲水土保持规划知识，培训农民技术员 40 多人。旗乡又调配技术力量编成规划组，以村为单位对荒山荒坡进行粗线条测量，统一规划，逐年实施。到 1988 年底，山湾子水库上游三个乡镇完成小流域综合治理面积 36.44 万亩，占水土流失面积 36%。

　　木杖子小流域综合治理于 1988 年春正式开始实施。他们虽起步晚，但他们靠动员群众投入劳务积累工，超额 1.4 倍完成下达的治理任务，加快了

中南部丘陵山区水保工程

小流域综合治理的步伐。共完成造水保林 5670 亩，人工种草 7475 亩。其中坡耕地清种和开荒、穴坑种草达清种标准的 5050 亩。坡式梯田 200 亩；修山间作业路 5000 延米，谷坊 389 座。动土方 9090 立方米，栽植果树 70 亩，造山杏林 680 亩。完成这些工程，群众共投入劳务积累工 25814 个。

由于以小流域为单位进行综合治理，贯彻了"防治并重，治管结合，因地制宜，全面规划，综合治理，兴利除害"的水土保持方针，坚持综合治理，集中治理，连片治理，取得了十分明显的社会、生态、经济效益，为全旗树立了典型。这些典型有力地拉动了全旗小流域治理工作。

新地乡水土流失面积较大。乡党委政府通过参观小流域综合治理的典型，做出了《关于新地乡种树种草若干问题的决议》。决定在"七五"期间，全乡每年造林 1.8 万亩（人均 1 亩）。自 1985 年以来，全乡已完成水保治理面积 6.3 万亩，动用土石方 230.6 万立方米。投工 41.3 万个。特别是 1987 年和 1988 年在国家没给投资的情况下，群众投工 25.6 万个，动用土石方 129 万立方米，完成梯田 1.3 万亩，造水保林 3.3 万亩，人工种草 15 万亩。两年治理总面积相当于前 30 年治理总面积的 50%。

3. 在治理路子上实现了由单一治理到综合治理的转变。1986 年，把山湾子水库上游 80 个小流域综合治理点压缩到 12 个点。在治理方法上，在较大流域中以小流域为单元，先吃掉各个独立的小流域，最后吃掉一个较大的流域。在具体治理中，逐步实现了集中连片，先山后坡再沟、路、河的综合治理。保质保量地治一片成一片，治一山成一山，治一个流域成一个流域。做到了工程系统化、完整化，同时做到工程先行，林草后上，即今年搞的水保工程翌年上林草。这样布局既实现了工程措施和生物措施的结合，又达到了以短养长、长短结合的目的，群众当年得到了实惠，又看到了希望。

4. 适地适树，适地适草，做到了生态效益、社会效益、经济效益三者的统一。几年的实践认识到，尽管工程措施和生物措施结合了，但如果违反了植物的生长规律，是要受到惩罚的。前几年在生物措施上，不分地区有工程就栽榆杨，只栽树不种草，结果出现了许多"小老树"，人民生活所需的燃料和牲口所需的饲草未能解决。1985 年开始，按各区域的立地条件，逐步做到了适地适树和适地适草。在树种上，南部地区以黑松、山杏、杨树为主，中部地区以灌木为主（如沙棘、柠条等）。在小流域综合治理中，种草以工程种草为主，南部地区以苜蓿草、草木樨为主，中部地区以沙打旺为主。牛古乡大五家村地处敖汉旗中部，属黄土丘陵山区，从 1980 年开始搞小流域综合治理，到1985年造杨树14860亩、河南白榆4000亩、松树800亩。混交林面积6330亩，田防护林带38条，面积1100亩。牧防护林带13条，面积500亩，并采取林间种草。尽管做到了近期效益和长远效益相结合，工程措施与生物措施相结合，但由于违背了植物的生长规律，结果造成了杨榆松等树成龄不成林，全成了"小老树"。五年时间长得不足1米。1986年通过认真总结经验，终于走出了一条灌草为主的防护体系，共种柠条1.38万亩，沙棘4000亩，种沙打旺3.1万亩，保存面积1.05万亩。灌草长势喜人，五年时间，柠条高达2米以上，沙棘有的已经结果。柠条每年产籽1.1万公斤。产条子24万公斤，总价值可达2.5万元。每年产干草225万公斤。为发展牧业打下了坚实的物质基础。适地适树、适地适草，能使工程蓄水，促进植物生长，植物涵养水源，促进了良性循环，发挥了经济效益。

5. 小流域治理以"户包"为主。生产责任制的落实，为搞好小流域治理，注入了新的活力，群众的积极性得到了充分发挥。根据党中央的有关政策，对群众因势利导搞小流域综合治理。从1984年起重点抓了"户包"小流域综合治理，实行统一规划、统一规格、统一质量、统一验收的管理办法。"户包"治理小流域形式有两种：一种是先治后分，即治理完了，按出工数或人口均分，这种形式全旗达到56235户，占农户的50%以上，每年治理面积都在20万亩左右。另一种形式是自己提出要求，经乡政府和村委会批准，在指定地点进行治理，这种形式在全旗仅巩固住8户，效益优于上一种形式。克力代乡大哈布齐拉村的王立平，1985年承包荒山250亩，当年治理完。1986年栽上树种上草，做到了长期效益有林，近期效益有草，每年平均产人工干草1万斤，获草籽平均每年3000斤。到现在已发展到养羊52只。其中公羊14只，母羊38只。通过小流域治理，几年来平均年收入4000元。

6. 抓了梯田建设。在全旗222万亩耕地中，有140多万亩坡耕地是水土流失面积。因此，狠抓了梯田建设，年年把梯田建设列为农田基本建设的重要范畴。梯田是山、水、田、林、路工程措施和生物措施相结合的综合性的治理开发。它在保土蓄水，改善山区农业生态环境中是有重要战略意义的。全旗九年共计完成梯田4.32万亩，每亩增产100斤。增产效益为400万斤，折合人民币80万元。通过保水蓄土，增加农业后劲，解决山区农民口粮，发展经济林、用材林、牧业，增加收入。

水土保持梯田建设工地

三、找准差距，加强工作力度

为推动水土保持工作发展，在总结近十年成就的基础上，提出了下一步工作安排。

1. 农田水利积累工制度尽管建立起来了，但只是雏形。还有很多工作需要进一步调整。最突出的是各乡镇苏木对这项工作的认识不一致，1988年曾出现了有的乡镇苏木行动快，投工多，成效好。人均投入农田水利建设的劳务积累工100个左右。而有的乡镇苏木行动迟缓，每个劳动力投入农田水利建设的劳务积累工才几个。因此，必须搞好农田水利建设的规划，各乡镇苏木必须能上什么项目就上什么项目。去掉懒惰、依赖思想，靠自己的力量搞好农田水利基本建设。

2. 进一步以法治水。《中华人民共和国水法》已颁布一年，这是水利工作的一件大事，对今后水资源的开发利用、水域和水利工程的保护，用水管理，防洪、防汛、法律责任等，都有明确具体的规定，有法可依。因此，在水利建设中，坚决贯彻执行，加强对水法的宣传，运用法律手段保护水利建设的顺利进行，在条件成熟时，成立水利监察队伍作为保证执行水法的工具。

3. 加强水资源保护和水土保持，保护和改善生态环境。近几年来，全旗水土保持工作有了可喜的进展，但当前突出的问题是边治理边破坏，在许多地方水土流失面积有扩大的趋势。必须采取有力措施加以制止，加强预防保护。将水土保持工作重点转移到预防上来，按照《水土保持条例》的有关规定，依法搞好监督。巩固和发展户包小流域综合治理。实行工程措施、生物措施和蓄水保土耕作措施紧密结合，不搞单打一。按每年 20 万亩的治理速度，搞小流域综合治理，重点抓好梯田建设，增加农业的后劲。

第四节　敖汉旗人大常委会调研水土保持工作

敖汉旗人大常委会十分重视敖汉旗的水保工作，于 1989 年 8 月 16 日至 19 日，对敖汉旗新地乡的木杖子、老虎沟村，金厂沟梁的四六地、刘杖子村，贝子府乡的黄杖子村，大甸子乡的吴家窝铺村的小流域综合治理情况及长胜水利枢纽施工工地进行了视察。实地视察后，视察组成员又利用一天的时间，就这次视察的观感、收效、看法以及今后治理意见或建议等进行了座谈。

一、敖汉旗小流域综合治理的成功做法及其效果

新中国成立以来，党和国家对水土工作极为重视，敖汉旗也出现不少坚持大搞治山治水、山水田林路草综合治理取得显著成效的先进村、组，尤其是所视察的这几个典型单位的成果更为突出，使人看后所受启示和鼓舞溢于言表。这些单位成功的做法：

1. 把水土保持当作治本措施和发展山区生产的方向来认识，来对待

金厂沟梁镇刘杖子村未治理前是荒山秃岭，沟壑纵横，自然灾害频繁，水土流失十分严重，粮食亩产 100 多斤，人均收入不足百元。村支部把搞好这里的水土保持作为发展生产的根本途径来抓。从 1955 年开始坚持治理，1980 年后经"统一规划，综合治理"，陡坡挖鱼鳞坑，缓坡修梯田，大沟建塘坝，小沟筑谷坊，河谷修台田，河套两岸栽杨柳，沟沟岔岔栽灌木，阳坡背风栽果树，高山阴坡栽黑松，缓坡土薄种牧草，改良牧场，挖大水平沟等。总投工达 21 万个，累计治理面积 2.2 万亩（占水土流失面积的 80%

以上），从而使这里的面貌发生了深刻的变化，全村共有 1600 口人，有林
2.1 万亩，3200 亩耕地单产达 600 斤以上，360 多头（只）牲畜，人均有畜
2.29 头（只）。人均有树 13 亩，人均产粮 1500 斤，人均收入 600 多元。真
是生活富足、环境优美，使一个贫困的穷山沟走上了富裕之路。

刘杖子变化的实践证明，想从根本上控制水土流失，使害水变成利水，
必须实行治山治水相结合、工程措施和生物措施相结合，也就是山水田林路
统一规划，综合治理，并在治山治沟上多下功夫。种树种草、封山育林、绿
化荒山，同时大力开展农田基本建设，修水平梯田、闸沟造地、建塘坝、筑
谷坊等，尽快改变自然条件。按照山区的自然规律办事，宜农则农，宜林则
林，宜牧则牧，全面治理，充分发挥和利用山区资源优势，做到农林牧副渔
全面发展，建设富庶的新山区。由此可见，搞小流域治理保持水土是一项治
本措施，是山区人民由穷变富的必由之路。

2. 推广小流域综合治理，是一项成功的经验

为了延缓敖汉旗山湾子水库使用期限，从 1983 年起敖汉旗在教来河上
游的克力代、金厂沟梁、贝子府三个乡镇搞了 18.4 万亩小流域综合治理。
这种按水系集中连片治理，起到了以点带面、全流域统一行动、速度快、变
化大的作用，治理效益十分显著。如金厂沟梁镇的四六地村未治理前是个典
型的贫困山区，从 1983 年开始被列入小流域综合治理重点村，六年来共计
完成造水保林 1.9 万亩，人工种草 2000 多亩，修水平田 1600 亩，坡式梯田
1400 亩，改良牧场 200 多亩，总投工达 18.7 万多个。经治理的小梁前许杖
子、黑沟山上的草木都长起来了，放眼望去郁郁葱葱，连成了一片绿色的波
涛。据测算，通过教来河上游小流域综合治理，已减少山湾子水库泥沙淤积
量达 800 多万立方米，可延长水库使用期限 10—15 年。这种成功的综合治
理，也同样适用于敖汉旗其他流域的治理。所以说，在水土保持工作中摸索
出一条按一个流域一个流域地进行综合治理的路子，这是水土保持工作的新
发展。

3. 通过小流域综合治理，特别是种草种树面积增加，保证了牧业发展

贝子府乡黄杖子村从 1983 年起列入小流域综合治理重点村，经过 7 个
年头的努力，把一个山秃不长草、沟多没有树、地薄不打粮的地方逐步建成
一个草旺林茂粮增产的新山村。全村累计治理面积 2.1 万亩（占水土流失面
积的 55%），全村 1700 口人，有林面积已达到 2.1 万亩，人均有林 13 亩，种
草面积已达到 1.5 万亩，人均有草地 9 亩多。由于林草茂密，已做到了家畜

半舍饲。现在全村大小畜已达到 3100 多头（只），比 1983 年的 1030 头（只）增加了两倍以上。全村养羊 40 只以上的有 25 户。瓦盆窑村袁水 3 口人，养羊 48 只，年收入 2400 元，人均收入 800 元。西郭村李国生 4 口人，养羊 45 只，加上养猪、鸡，总收入达到 4000 元，人均收入 1000 元。全村正呈现出树多、柴多、草多、畜多、肥多、粮多、收入多的"七多"景象。

这些事例足以说明，只要坚持大搞小流域综合治理，坚持种草种树，就能促农保牧，这已成为各地的一条定理。当然，一开始治理的时候，由于压缩耕地和牧场的面积，将会产生牲畜缺少牧场的现象，不过这仅是一种暂时的过渡现象，只有横下心来，坚持度过两三个年头的难关，待林草生长起来以后，就能保证牧业持续稳定地向前发展。

4. 为了加快小流域综合治理速度和保证质量，就要大力推行科学治理

搞好这项事业也和发展农业生产一样，一靠政策、二靠科学、三靠投入。尤其是靠科学更显得重要。刘杖子分三步走的做法，第一步前 10 个年头，1955—1965 年，治河治川，杨柳埋干；第二步中间 5 年，1966—1970 年，治山保水土，栽松又插灌（小灌木）；第三步后 19 个年头，1971—1999 年，治沟治坡，种树种草，闸沟造田，改良牧场。其间，从 1980 年开始转入按总体规划进行，按流域综合治理和"先治沟里、后治沟外，先治山、后治川，先治坡面、后治沟壑"的治理原则，都是很讲究科学的。木杖子、老虎沟采取动土就种草、挖沟就压条，并且提出"林草丰满"的治理口号，也是很实际、很科学的。吴家窝铺推行"工程养生物、生物护工程，松杏混交、林草间种，大沟建塘坝、小沟筑谷坊，拦住天上水、封住山上水"，这对缺少水源而干旱的山区来说，也是很成功的。黄杖子做到"自上而下、先山后川，生物措施与工程措施并举，缓坡修梯田、陡坡挖水平沟，大种林草、草田轮作，变'三跑田'（水肥土）为'三保田'"的治法，也是从当地实际出发，有效地控制了水土流失。

上述地区这些科学的搞法，都是通过多年来反复曲折而总结经验教训后所创造出来的。可以肯定地讲，这是成功的结晶，只要结合本地的实际，推行这些科学方法，就能在小流域综合治理上少走弯路，多取捷径。

5. 关键是有一个好的班子，贵在持之以恒

凡是小流域治理先进地区，都是有一个好班子，其中又有一两位吃苦耐劳的领头人，当作一项奋斗的事业来办，坚持不懈，持之以恒，否则是别无成就的。拿刘杖子这个典型来说，是经过三四十年、两代人的努力，才搞

出现在的成果。他们真正地做到了常抓不懈，持之以恒，领导可调，规划不变，班子可换，搞水保事业不间断。吴家窝铺过去是个响当当的穷地方，此流域未治理前的状况：秃山起伏，沟壑纵横，形如鸡爪，秃如光头，岩石裸露，支离破碎，植被稀疏，满目凄凉，加之乱垦山荒，水土流失极为严重。群众无法生活下去，有些户只好背井离乡。在两届村支书的率领下，250 名男女劳力以愚公移山的意志，从 1980 年开始，10 年来共投入人工 20 多万个，治理面积 2.3 万亩，占全村水土流失面积的 65% 以上，硬是把穷山恶水换上新装。群众讲，这里之所以发生这样巨大的变化，除了苦干外，就是有一个好支书的领导。

总之，小流域治理好不好，关键是班子，重点在领导。这正如毛泽东同志所说的"政治路线确定之后，干部就是决定的因素"。

二、视察组对小流域治理的审议意见

1. 解决认识和领导问题。加强对这项工作的领导。做到思想统一、看法明确、步调一致，把广大干部和群众真正地带起来、发动起来。

2. 搞好小流域综合治理规划。规划实事求是、因地制宜，一条流域一条流域地进行。

3. 加快治理速度。下达的计划不准掉头、不准流产。更应纳入各级领导干部岗位目标责任制之内，以限期保证治理任务的完成。

4. 注意生物措施与工程措施相结合。30 多年的经验告诉我们，搞好水土保持，必须生物措施与工程措施相结合。在光山秃岭上开挖种草造林水平沟，以拦截水土。

5. 因地制宜修建梯田。全旗坡耕地占很大比重，也是水土流失、泥沙俱下的主发源地。今后应逐步地把坡耕地面积退下来，特别是禁止乱开荒，把成片的坡耕地改造成小块梯田。

6. 大力改良牧场。

7. 草田轮作真正地轮起来。

三、三个水保治理典型

大甸子乡吴家窝铺

这个村地处敖汉东部的黄土丘陵区，耕地全在山坡上，平均坡度 20 度。由于过去多年的垦荒种粮，植被稀疏，水土流失严重。沟沟岔岔有林面积不

足 200 亩，仅占总土地面积的 0.66%。日趋恶化的自然条件给群众的生产、生活带来了严重的困难，1980 年以前，粮食总产量最高年份只有 30 万斤，人均 400 斤；最低年份仅产 5 万斤，人均 70 斤，九个生产队几乎年年吃返销粮，有的生产队连种子饲料都靠国家供应，饲草也是年年借贷款买进 10 万斤，群众烧柴一年比一年困难，搂毛柴的竹笆子换上了铁笆子，后来铁笆子也用不上了，干脆用扫帚上山去扫，生活无着落，迫使一些群众背井离乡。从 1973 年到 1979 年，就有 13 户迁往外地。

1980 年，这个村开始种草种树，进行小流域治理。他们把 3 万亩土地划出 1.85 万亩种草种树，留出 5000 亩牧场，3000 亩耕地。第一步，治理荒山荒坡，从 1980 年到 1984 年，用五年的时间在 1.85 万亩的规划治理面积中，已治理了 1.65 万亩，挖水平沟 44 万个，鱼鳞坑 250 万个。分别栽上了松树、杨树、白榆、棉槐等，成活率达 90%，成林覆盖率已达 53.3%。5000 亩牧场已治理了 2500 亩。挖成大水平沟，栽上了沙棘。在 1.1 万亩林地中间种了苜蓿、沙打旺、草木樨等牧草；在部分耕地上种草，实行粮草轮作，每年保持 800 亩种草面积。第二步，从 1985 年开始闸沟防洪，共动用 75 万方土石，在十多条沟里，修了大小谷坊 2.1 万多个。

六年来，吴家窝铺村采用农忙少干，农闲大干，季节突击的办法，在小流域治理上投入近 6 万个劳动日，每个劳动力平均每年投工 60 多个。他们发扬愚公移山的精神，艰苦奋战六年，虽然只完成了总工程量的一半，但是，已收到明显的经济效益。全村坡地种树 1.6 万亩，其中，1.1 万亩林地间种牧草，年产草约 80 万斤。800 亩清种草地产草 8 万斤，加上谷草、豆秸等，每年共产饲草 126 万斤。草多畜多，1980 年这个村有大小牲畜 900 多头（只），到 1986 年 6 月末已增加到 1300 头（只）。饲草充足，大畜可常年舍饲，小畜舍饲六个月以上。西沟村民组，200 亩多年生苜蓿产的草和打的野草近 7 万斤，靠这些草，大牲畜由 1980 年的 14 头增加到 1986 年的 32 头，羊由 60 只增加到 120 只，畜多、肥多。工程措施和植被作用减少了水土流失，从根本上改善了农业生产条件，促进了粮食生产，去年全村粮食总产量达 64 万斤，人均 800 多斤，收入也大幅度增加。过去，吴家窝铺山秃、沟深、人穷，远近闻名。现在是粮食增产，牧业发展，群众生活水平大大提高。据不完全统计，现在全村有收音机 91 台，自行车 89 辆、手表 234 块，缝纫机 55 架，人们的温饱问题解决了，开始向"小康型"的生活上迈进。

在回顾六年来走过的路程时，村党支部书记赵树廷同志说："人家别的地方开矿办厂，没条件，就得在山上下功夫。现在看这条路走对了。"全村的群众通过小流域治理看到了希望。一个老农说得好："别看这地方去了山就是沟，只要多栽树，多种草，多养牲口，多打粮食，发家致富敢和大川比。"（周梦然）

新地乡木杖子村

木杖子村位于敖汉旗西南部新地乡的中北部，属燕山余脉努鲁尔虎山北麓的浅山丘陵区，是敖汉旗三大河流之一孟克河源头的一个小支流域。全村总面积 18640 亩，140 多户人家，5 个自然村 6 个村民组，沿着沟沟岔岔居住。有大小山头七八十个，各自然村和村民组的名字都冠以"山"或"沟"字，有敖包山、草帽子山、房申沟、羊奶沟、苇塘沟、后窑沟、水泉沟、庙子沟、大东沟、小北沟、辘辘把沟等。在百年前，这里也曾林草满山，植被茂密，由于近代的乱砍乱伐乱垦，到 20 世纪五六十年代，林草已被损失殆尽，山越来越秃，沟越来越深，地越来越薄，气候越来越恶劣，人也越来越穷。

新地乡是植树造林搞绿化比较早的乡，从 70 年代初就开始植树造林绿化荒山。1986 年开始，乡政府和旗水利局、水保站决定把这个村当成小流域综合治理的重点来扶持。旗水保站很快派技术人员刘丙杰、王荫民、袁海等人几次来这里踏查。当时的旗水利局局长李玉堂也亲自几次到这个村来了解情况。1987 年春天，旗水利局把内蒙古林学院水保系 "83 届"实习的大学生派到这个村来搞规划。35 名大学生，利用 35 天时间，跑遍了这里的山山坡坡、沟沟坎坎，绘出了小流域综合治理详细的规划图。旗水保站工程师刘富等技术人员又结合当地实际情况对规划做了悉心的修改。拿出来切实可行的规划：计划用 5 年时间，即从 1987 年到 1992 年，对全村的山水林田路进行综合治理，先治山，再治沟，后治河。山上挖水平沟，沟内植树造林，草灌乔相结合，沟塘砸谷坊，防止水土流失，部分坡耕地退耕还林还草，留下的坡耕地修水平梯田。建成一个工程措施和生物措施相结合的防治体系，形成合理的耕地利用结构，近期效益与长远效益相结合，使全村的生态面貌和贫困面貌初步改观。并为今后的继续建设和脱贫致富打下良好基础。

1987 年 7 月 21 日，一场艰苦卓绝的治山治水的会战打响了，21 天会战，完成治理面积 1500 多亩。首次会战强攻，锻炼了人们的意志，增强了组织性，也让人们看到了希望。1988年以后，村里每年三次集中会战，5年的攻坚战和7年的续建，12年的治山治水生态建设，山清水秀，生态好了，小气候也好了。雨水也增多了，那些山脚下无名的沟沟岔岔，春天都会冒出一股股清泉来。（周梦然）

贝子府镇黄杖子村

黄杖子村位于敖汉旗东南部燕山余脉努鲁尔虎山东段北麓，属西辽河水系教来河的支流域。全村有13个自然村，16个村民组，1660多人，400户人家，多数人家是沿沟或沿河岸而居。这里在百多年前，也曾是山深林密、草木榛榛的原始次生林区。近代的兵变战乱、乱砍滥伐、开荒种地，破坏了植被，造成了恶劣的生态环境。到新中国成立初期这里已是山光岭秃，沟壑水土流失严重，河川洪水泛滥，自然气候恶劣，少雨水多冰雹。人民生活极端贫困，缺吃缺烧。人们铲草根、扫草沫、捡羊粪蛋，还是不够烧。洪水肆虐，河道越冲越宽，危及人家，一些户只好搬迁。

早在20世纪六七十年代，黄杖子人就开始认识到这一点，并在旗委、旗政府和乡党政领导下，开始了植树造林绿化荒山的活动。不过，那时迈的步子不大，建设速度不快，植树造林多在近山缓坡，每年造林数量也不算多。到1983年，全村已有各种幼林12200亩，占全村总土地面积的24%。

时不我待，想要尽快改变山河面貌彻底拔掉穷根，就得加快步伐前进，就得增加科学含量全面进行小流域综合治理。这一点，在1983年初，至少有三个人首先看到了，那就是当时的村党支部书记高景友和乡派到这个村蹲点的乡水管站干部尹献军，还有乡党委书记许兆峰。在村的主动争取下，乡党委、乡政府经报旗批准，决定把黄杖子当作全乡、全旗小流域综合治理的示范点，立项支持。旗水保站、水利局又上报自治区水利厅予以立项支持。

立项之后，旗水保站、乡水管站的技术人员来到这里协助党支部、村委会进行了详细的踏查规划，绘出了小流域综合治理、快步改善这里生态环境的宏伟蓝图。计划用7年时间，全面综合治理山水林田路沟河。荒山自上而下治理，水保工程和生物措施相结合，草灌乔相结合，治成一片，收益一片。农田草牧场林网与修梯田相结合，压缩耕地面积还林还牧，合理调整土地利用结构。先治山、再治沟、后治河，山沟河道治理相结合，使整个流域基本形成一个完整的防护体系，为彻底改变贫困面貌打下坚实的水保生态基础和农田水利基本建设的基础。规划是科学可行的、振奋人心的，蓝图美景是诱人的，可把它变成现实就需全村人付出艰苦的劳动，需全村人坚韧不拔地苦干实干。一场为时 7 年艰苦卓绝的治山治水的持久战，从 1983 年春天开始打响了。这以后，每年春夏秋三次大会战，每次会战 20 多天。每当会战，全村 800 多名劳力全都上山，最紧张的时候，男女老幼齐上阵，多数人家是锁头看家。年过七十的老人上山了，刚过门的新媳妇上山了，小学生们上山了，连来走亲或串门的亲朋好友也上山助战。会战期间，人们起早上山，中午带饭不下山，饿了在山上吃口干粮，渴了就喝一口凉水。贪黑才下山，远处得贪黑走几里山路才到家，真可谓披星戴月了。

7 年奋战，终结硕果。到 1990 年，工程项目胜利完成。经上级验收，治理标准超过了国家水电部颁布的标准。此期工程完成后，黄杖子成为全市、全区小流域综合治理的先进典型。（周梦然）

丘陵山区小流域治理工地

第四章 建设生态平衡，七年绿化敖汉

进入 20 世纪 80 年代，全旗各族人民以旗委种树种草的决定为引领，开展了扎扎实实、轰轰烈烈的生态建设，全面完成了"三北"防护林一期工程设计任务，二期建设任务正在实施，三大基地建设也初见成效，80 年代水土保持又绽新枝，鼓舞人心。旗人大常委会审时度势讨论通过了敖汉旗人民政府《关于七年（1989—1995）实现全旗绿化的规划》，规划提出的奋斗目标，符合敖汉旗情，催人奋进，全旗绿化规划的开始实施是敖汉生态建设的第二次历史性大跨越。继之，开展了规模宏大的黄羊洼草牧场建设工程。90 年代初，在完成了平原绿化工程建设的基础上，又对 10 年来生态经济型防护林建设做出了客观总结评价，明晰了今后发展方向。

第一节 80 年代末林业发展的大好形势

党的十一届三中全会以来，特别自开展"三北"防护林体系建设以后，由于坚持了深化改革，执行新政策、推广新技术，加快了林业生产的建设步伐，从而使全旗林业生产建设进入了一个新的发展阶段。据统计，到 1988 年末，全旗有林面积已达 350 万亩，占全旗总土地面积的 28.1%，占全旗规划的宜林地面积 480 万亩的 72.9%。全旗现有活立木蓄积达 172 万立方米。全旗人均有林 6.76 亩，人均有活立木蓄积 3.17 立方米。在全旗 30 个乡镇（苏木）中，已经基本上实现绿化的乡镇 8 个，占乡镇（苏木）总数的 27.7%；达到绿化标准的行政村 140 个，占行政村总数的 43.5%。有万亩林以上的村 103 个，占总村数的 32%；5000 亩林以上的村 106 个，占总村数的 32.9%；千亩林以上的村 113 个，占总村数的 35.1%。有林业重点户和专业户 1714 户，其中有林面积最少的 50 亩，最多的 2500 亩。

敖汉旗的林业生产建设事业，也和其他事业一样，随着政治和经济形势的发展，科学技术的进步，建设速度不断加快，生产水平逐渐提高。全旗自 1949 年到 1978 年的 25 年中，造林保存面积 124.4 万亩，年平均保存 4.3 万亩。在"三北"防护林第一期工程建设期间（1978—1985）的八年中，造林保存面积为 131.8 万亩，年平均保存面积为 16.5 万亩，与前 29 年相比，年平均保存面积提高了三倍。进入二期工程后（1986—1988）的三年中，造林保存面积为 36.9 万亩，年平均保存 28.97 万亩，又比一期工程年平均保存面积提高 75%。党的十一届三中全会后的 10 年中，全旗新增加有林面积 232.6 万亩。森林覆盖率提高了 13.3%，林木蓄积增加了 44.7 万立方米。

敖汉旗的林业生产不仅发展速度快，而且生产质量不断提高。全旗带、网、片相结合的防护建设体系日趋形成。中南部地区已营造水土保持林近百万亩，中北部地区，已营造防风固沙林 150 余万亩。沿河阶地杨树速生丰产林基地，已营造近 3 万亩。北部牧区和一些半农半牧区，建立了以柠条、踏郎为主的灌木饲料林基地，已营造了 6.8 万亩。在原有近 20 万亩山杏资源的基础上，在中南部地区建立了山杏经济林基地，此外在南部地区（包括大黑山林场）正在积极发展山楂和其他果树生产基地。

近些年，由于注重推行工程造林，实行集约经营，使全旗林业生产建设，正在有计划地向着规范化、基地化、多树种、多林种、多功能的方向发展。由单纯的生态型，正在向生态经济型转变，从而较好地发挥了生态效益、经济效益和社会效益。对防风固沙、保持水土、改善自然环境、促进农牧生产发展、提高人民生活水平，发挥了越来越显著的作用。全旗的林业生态建设，所取得的一系列成就，得到了上级政府和业务部门的肯定。"三北"防护林第一期工程，曾被国家林业部评为先进旗县之一，在二期工程中期检查中，敖汉旗工程造林的成活率、保存率又居全区之首，再次受到了自治区人民政府的表彰奖励。

全旗的林业生产建设，所以能够得到迅速发展，科学技术的进步发挥了巨大的推动作用。全旗广大林业科技工作者和做林业工作的干部，多年来坚持科研与生产紧密结合、科研为生产服务的原则，取得了一系列的可喜成就。例如，自主发明和制造的 JK45—50 型开沟犁已通过自治区级鉴定，其造林效果已获得自治区科技成果三等奖；敖汉旗营造的杨树速生丰产林，经国家林业部检查，从营造面积和规格质量以及经营措施上，列东北四省

（区）之首，并获得栽培技术奖；敖汉旗在京通线敖汉段营造的铁路防沙林工程，其建设规模、质量、速度和效益等经综合考评，被认定在全区和"三北"地区处于领先地位；敖汉旗开展的松毛虫综合防治技术，也通过了自治区级的技术鉴定，在全国同类地区处于领先地位。除此之外，正在继续开展的抗旱造林系列技术研究、双行一带造林技术、杨树扦插覆膜育苗、山杏早产丰产抚育改造技术、樟子松大棚育苗等科研项目，这些新技术应用与推广，必将进一步推动敖汉旗林业生产更好地向前发展。

10 年来，敖汉旗林业生产取得辉煌成就，一是领导重视，旗、乡两级政府都加强了对林业工作的领导，为林业工作提供了组织保证；二是动员全社会力量大办林业；三是集中力量抓重点，实行工程造林、集约经营；四是落实林业政策，调动群众积极性；五是改进造林方法，推广抗旱造林技术。

第二节　旗人大常委会通过七年实现绿化的规划

1989 年 9 月 13 日，敖汉旗第十届人民代表大会常务委员会第十三次会议，认真审议了旗人民政府的《关于七年（1989—1995）实现全旗绿化的规划》。会议认为，这个规划是切合敖汉旗的实际，提出的目标和措施也是积极可行的，会议决定批准这个规划。

为使《关于七年（1989—1995）实现全旗绿化的规划》在全旗上下得到认真的贯彻实施，会议特做出如下决议。

一、各级人民政府要提高认识，加强领导，把实现七年全旗绿化规划当作保农促牧，恢复生态，振兴敖汉，致富人民，造福子孙后代的战略措施，并提到日程上来。持之以恒，常抓不懈，一抓到底，务求必胜。做到领导可调，制订的规划不能变，班子可换，实施规划不能间断，决不能因领导人的变更而改变。

二、实施这个规划，要各行各业统一思想，统一意志，统一行动。用七年的时间，实现全旗的基本绿化，时间紧迫，任务艰巨，仅仅靠林业部门是难以完成的。因此，各行各业在人力、物力、财力、资金、技术各方面予以大力支持和协助，把实现这个规划变成全旗各族人民共同的自觉行动。

三、实施这个规划，要合理布局，突出重点，适地适树，生态效益同经济效益并举，近期效益和长远效益并举。在南部山区以水土保持为重点，用材林可适当增加黑松面积。北部以防风固沙为重点，可以适当增加柠条、踏郎、黄柳面积。农、牧、林统筹兼顾，合理安排，珍惜每一寸土地，力争生态效益和经济效益双丰收。

四、实施这个规划，要注重吸取敖汉旗多年来林业生产的成功经验。在组织领导上，采取集中力量打歼灭战的方式；在技术措施上，采用开沟整地、壮苗大苗、苗木保水、全株浸苗、扩坑保墒等抗旱造林技术措施。以保证造植一处，成功一处，收效一处。

五、实施这个规划，要坚持"谁造谁有"的原则，大力提倡和鼓舞群众房前屋后造林。同时机关、学校、厂矿和企事业单位都把自己的环境绿化起来，达到有村就有树，有田就有林，以改善环境，保护生态。

六、实施这个规划，要严格按照《森林法》的要求，依法加强管理。在人民群众中逐步树立"种树光荣，毁树可耻"的思想，让群众明白"三分造，七分管"的道理。建立健全管护林草的各项规章制度，建立起一支勇于负责、兢兢业业的护林护草队伍。有关部门要采取适当的形式，对护林护草中取得显著成绩的集体和个人予以表彰，对于破坏林草的典型案件予以严厉查处，以营造一个植树造林人人有义务、保护林草人人有责任的大气候。

会议号召，全旗各族人民积极行动起来，同心同德，群策群力，艰苦奋斗，勇于开拓，自觉地投身到实施这个规划中去，为发展敖汉旗的林业生产贡献力量。

附：敖汉旗人民政府《关于七年（1989—1995）实现全旗绿化的规划》

敖汉旗总土地面积8294.14平方公里。风沙干旱，水土流失，土质瘠薄，是制约全旗农牧业生产发展的主要因素。新中国成立以来，全旗人民在党和政府的领导下，改变自然面貌，促进生态平衡，保障农牧业生产稳定发展，积极植树造林，取得了显著成效，积累了丰富经验。到1988年末，全旗有林面积（含未成林造林地）已达359万亩，占总土地面积的28.8%。活立木蓄积量173万立方米，人均有林面积6.7亩，人均占有活立木蓄积3.17立方米。有8个乡镇140个村实现基本绿化，有林5000亩以上的村209个，万亩以上的村103个。特别是1986年以来，采取全面规划，综合治理，以"三北"防护林工程为中心，建设生态经济型防护林体系，重点突出，步步为营，一年绿化几个乡。总结历史经验，实行科学造林，落实林业政策，充分调动群众造林积极性等一系列有效措施，使林业生产再登上一个新台阶，为加快全旗绿化步伐，提前实现林业区划规定的目标提供了极为有利的条件。

根据《森林法》的有关规定和敖汉旗的实际需要与可能，从 1989 年到 1995 年，用七年时间，基本实现全旗绿化。这次规划的基本指导思想为，贯彻"林牧为主，多种经营"的生产建设方针。从实际出发，本着充分开发利用土地资源的原则，合理确定各业用地，坚持以"三北"防护林工程建设为中心，农、牧、林同时规划，综合治理，协调发展的路子，实行造林与水土保持综合治理相结合，造林与草原建设相结合。建设生态经济型林业，达到兴林保农，兴林促牧，兴林致富的目的。在这一思想指导下，现制订七年规划目标和完成规划的十项措施。

一、目标

1. 任务

奋斗七年，全旗新增有林面积 121 万亩，有林面积累计达到 480 万亩，占总土地面积的 38.6%。提前二年完成林业区划规定的指标，实现全旗基本绿化。

2. 布局

（1）总体布局

建设一个体系，抓好三个基地。

一个体系是：以平原绿化、防风固沙、水土保持林为重点的防护林体系。

三个基地是：以山杏、沙棘为主的经济林基地；以柠条、踏郎为主的饲料林基地；以杨树为主的速生丰产用材林基地。

（2）林种布局

防护林、经济林、用材林、薪炭林大体按 4∶3∶2∶1 的比例发展。

防护林，北部继续完善农田、牧场、林网和防风固沙林；中南部本着工程措施与生物措施并重的原则，搞好水土保持林工程。

用材林，高坡地一般不再安排用材林，一般平地或缓坡地适量营造旱作用材林，抓住沿河阶地及有灌溉条件的地区重点营造杨树速生丰产用材林。

经济林，从实际出发，本着大、中、小片合理安排，建果园与村旁、庭院、分散栽植相结合的原则，做到平地坡地充分利用。在有水利条件的地方，建设一批苹果、梨、山楂为主的适度规模的新果园。

（3）树种布局

松、杏、沙棘上山，杨、柳、白榆下川，柠条、踏郎进沙，其他树种适地安家。

3. 进度

绿化速度：

年平均造林 25 万亩，年净增有林面积 17 万亩。

绿化步骤：

全部绿化工程分两步完成。

第一步，到 1991 年完成中北部平原绿化和农田草牧场防护林建设。

第二步，到 1995 年全面完成一个体系三个基地建设，实现全旗基本绿化。

具体安排是：

从 1989 年开始每年至少完成三个乡绿化工程造林。

1989 年完成牛古吐、木头营子、敖音勿苏、敖润苏莫四个乡（苏木）农田草牧场防护林建设。

1990 年完成四德堂、敖吉、大甸子、哈沙吐四个乡的绿化。同时继续完成牛古吐、敖润苏莫、敖音勿苏三个乡（苏木）的后续工程。

1992 年开始重点南移，着重建设中南部乡镇的水土保持林和经济林。各年绿化重点单位的确定，按照领导和群众积极性高低，资金、种苗等准备充分的乡镇优先的原则进行安排。

4. 效益

在规划实现后，全旗有林面积 480 万亩。用材林总蓄积达到 420 万立方米。人均有林 9 亩，占有活立木蓄积 8 立方米。将实现民用材、烧柴、饲料三有余。林产品商品率、粮食增产率、牧场载畜量、水资源四增加。

到本世纪末，在全旗造就土不下山、水不冲川、沙不南移、风不成灾的生态条件，自然面貌得到基本改观。到那时，敖汉大地将实现林茂粮丰、六畜兴旺的美好景象。

二、措施

1. 加强对绿化工作的领导

在旗委的领导下，旗政府具体组织实施。旗绿化委员会统一领导指挥，监督检查年度规划设计和实施组织协调。搞好评比奖惩等工作。各乡镇（苏木）相应地加强领导，搞好本地区的绿化工作。

2. 实行领导任期绿化目标责任制

各乡镇（苏木）领导都签订绿化责任状，每年述职纳入目标化管理。

旗级各部门的领导，都要对本部门、本系统的绿化负责，绿化面积不少于占地面积的 20%。各级领导都要抓好全民义务植树。

3. 大力搞好宣传工作

各级各部门都深入宣传《森林法》和各级地方性法规，大讲植树造林的意义、作用、形势、政策，普遍提高广大干部群众对林业建设的认识。采取讲典型、看典型、学典型的方法，用事实教育群众，凡重点乡造林规划前，均应到较好的地区参观学习，开阔视野，统一意志，为造林、护林、发展林业建设奠定基础。

4. 用政策调动群众造林护林的积极性

林业用地统一规划，一次到户，签订承包合同，限期绿化。过期收回或收缴荒芜费。在权益上认真执行"谁造谁有，长期不变"的政策，允许转让继承。对不便承包到户造林的地块，鼓励联户造林或统一抽义务工集体造林，造林资金本着自力更生为主，国家扶助为辅的原则，林权归谁谁投资，鼓励林间种粮种草、以耕代抚。

5. 充分发挥主管部门的职能作用

搞好各方面配合和协作，林业部门及时提出年度计划及工程设计，抓种苗生产供应，搞好技术培训。

旗直各行政事业单位在造林季节，都要为造林服务。凡有大、小汽车的，都要听从旗绿化委员会的统一抽调；农机石油生产资料等部门做好燃油、化肥、农药、塑料薄膜的供应；财政金融部门为造林做好信贷工作；交通等部门在运输车辆上为造林绿化提供方便。今后造林和水土保持做到三统一：统一规划和施工，统一安排人力、物力，统一使用经费，做到协调行动，各记其功。

6. 保证重点，集中力量打歼灭战

旗政府每年对确定的重点乡，在人力、物力、财力、技术上实行倾斜，并抽调一定的领导力量进行指挥。造林重点乡从规划设计到检查验收，都要按工程造林管理办法进行，按规划设计，按设计施工，做到不规划设计不施工。造林设计，一要服从全旗规划；二要农牧林水各业协调一致；三要草灌乔、带网片、多林种结合，乔灌、针阔树种之间混交。非重点乡镇也确定本乡镇每年的重点绿化项目。

7. 加强种苗生产

在坚持国营育苗为主，乡镇、集体和群众个人育苗为辅的原则下，做到栽什么树育什么苗，栽多少树，育多少苗，提倡哪里造林哪里育苗。旗林业

局对造林的种苗供应采取半价收费的方式。对群众造林给以扶助。各苗圃都要培育壮苗，今后造林坚持不用三等苗。

8. 全面实行抗旱造林系列技术

凡是参加指挥造林的各级干部都要先学会造林技术、统一造林方法和质量标准。全面实行开沟整地、壮苗大苗、苗木保水、浸苗补水、扩坑保墒、适当深栽、分层踩实、培抗旱堆的抗旱造林系列技术。

9. 严格执行检查验收制度

对参加造林的各级干部赏罚分明。对于成绩优秀者给予奖励，对领导不力的予以通报及必要的处置。对于造林不合格者坚决返工，对严重违反技术规程及不听劝告者，可视情节收回其承包的造林地。

10. 依法治林，抓好林牧保护

认真地执行《森林法》和内蒙古自治区颁发的《森林管理条例》，全面加强林木管护工作。在依法治林的思想指导下，第一，加强组织领导。一方面抓紧建立林业工作站、林业公安等森林管护专业机构。另一方面抓好群众性护林工作。乡村两级建立保护森林的领导小组，配备护林员，制定护林公约，采取"四定三查一上墙"的措施，即定护林人员、定看护地段、定护林报酬、定奖惩制度。乡、村、村民小组三级干部定期检查。将护林公约发到户，公布上墙。第二，依法护林。对纵火烧山、乱砍滥伐、倒卖滥运、破坏森林的犯罪分子及殴打护林人员的违法分子坚决依法制裁。第三，特别做好森林防火和病虫害防治工作。第四，严格限额采伐，全面做好林牧管护工作。

本规划经旗人大常委会通过后实施。要求各级干部都要为规划的全面实施尽职尽责，各族群众都为敖汉的绿化尽义务。全旗上下统一意志，统一行动，奋斗七年，实现规划，改善生态，造福子孙。

在七年绿化敖汉的决定出台一年后，1990 年 12 月旗委书记张立华在中共敖汉旗第十届代表大会上的报告中，在提出今后任务时进一步强调：必须组织和动员全旗各族人民继续发扬艰苦奋斗的精神，努力改变生产条件，狠抓基础建设。振兴敖汉是一个长期艰苦的创业过程，需要几代人坚持不懈地努力奋斗，不断增强自我发展和自我改造能力，倡导愚公移山、坚韧不拔的精神，自力更生，艰苦奋斗改变敖汉面貌，不如此，我们就愧对子孙。

第三节　黄羊洼草牧场防护林建设

　　黄羊洼地处敖汉旗北部，科尔沁沙地南缘，燕山山脉向松辽平原过渡地带，位于敖汉种羊场的六分场境内，距种羊场总部约 20 公里，西辽河水系的老哈河在其境内。黄羊洼地区覆盖范围包括康家营子乡、古鲁板蒿乡、双井乡、种羊场、双井林场、古鲁板蒿林场等三乡三场，总面积 216.3 万亩。很早以前，这里曾经沙柳浩瀚，水草丰美，常有成群的黄羊出没，因此而得名黄羊洼。黄羊洼从前是优良的牧场，由于过度开垦放牧，人畜破坏，树木殆尽，风沙吞噬草地农田，土地沙化退化严重，其中沙化面积 45 万亩。生态环境变得异常恶劣，农牧业发展缓慢，当地群众生活陷入贫困。

　　1989 年，敖汉旗委、旗政府启动实施了黄羊洼草牧场防护林建设一期工程，对三乡三场进行了统一规划，坚持因地制宜、因害设防的原则，以带网片、乔灌草相结合的方式对沙化草牧场进行了综合治理。三年共营造草牧场防护林 5.08 万亩，形成 50 米宽的主副林带 294 条，构成 500 米 × 500 米和 500 米 × 400 米的网格 877 个，总长度 726 公里。

　　草牧场防护林建成后，取得了明显的生态效益、社会效益和经济效益。但随着防护林乔木树种的增长，防护效益不断增强的同时，其弊端也日益暴

黄羊洼草牧场防护林工程

露出来，防护林的防护效益不能覆盖全网眼，而且部分草牧场已开始退化、沙化，防护林的综合效能达不到设计要求，并存在草场进一步沙化的危险。因而，黄羊洼草牧场防护林网眼过大是比较突出的问题，改造草牧场防护林势在必行。根据以上情况，敖汉旗对黄羊洼草牧场所涉及的古鲁板蒿乡、康家营子乡、双井乡、种羊场、双井林场的 52 个网眼，1.81 万亩地进行了规划设计。

1997—1998 年两年实施二期工程，在原网格内穿加"十"字带，共对218 个网格进行改造，营造接班林 2.19 万亩，营建 150 米 × 150 米小网格80 个，在小网格内建灌木饲料林 1.78 万亩。二期工程共建成小网格 1204个，开沟造林总长度为 1885 公里，新增造林面积 4 万亩。

经过治理，黄羊洼变得林带纵横，行列整齐，大地织锦，草海无垠，目力所及，绿带连天，气势恢宏，令人叹为观止！昔日黄沙滚滚的不毛之地，变成了沧海绿洲。黄羊洼草牧场防护林体系的建成，实现了人进沙退，满目苍翠的林地草海，极大地改善了当地生态环境和生产生活条件，发挥了显著的生态效益，三乡三场粮食总产量达到 5000 万公斤，平均亩产在 600 公斤以上，是治理前的 10 倍，人均占有粮食达 1250 公斤，成为敖汉旗主要产粮区。工程区年产饲草 1.27 亿公斤，可饲养草食牲畜 17 万个羊单位，现有大小畜折合 10 万个羊单位。实现了人进沙退，生态与经济良性循环，二期工程也因此成为全旗生态建设样板工程。

1992 年 5 月，"三北"局领导称黄羊洼草牧场防护林工程是"三北"地区绿化的大样板。

1996 年 6 月，联合国防治荒漠化公约秘书处官员卡尔·波马顿先生考察后，盛赞黄羊洼草牧场防护林工程"这里像法国的庄园"。

1997 年 7 月，温家宝同志视察黄羊洼时，高度评价敖汉旗走出了一条"林多草多—畜多肥多—粮多钱多"之路，并且指出他们的经验不仅适用于敖汉旗，而且适用于赤峰市，甚至于内蒙古自治区。

第四节　平原绿化工程建设

敖汉旗农田防护林建设始于 1952 年，根据东北人民政府"营造东北防护林的决议"开始营造，当年春热河省林野调查队对敖汉旗防护林带（热北防护林带）进行了调查设计，共设计农田防护林带 91 条，沿老哈河右岸护岸林带一条，总长 81.93 万米，带宽 30—50 米，每隔 200 米设副带一条，宽 15 米，副带之间设林网 7 条，总面积 6.75 万亩。

1953 年又完成 7860 亩，主要分布在下洼、小河沿、梧桐好来、官家地等几个区。

1957 年，采用公私合作、群众合作、个人营造等方式，营造农田防护林 16887 亩。

1958 年人民公社时期，利用大兵团作战方式，出现了建设农田防护林高潮。

1960 年，营造 80139 亩。

1961—1965 年，纠正单纯数量的做法，坚持少造一点，多抚育一些的原则，又造 46661 亩。

1970—1973 年，三年营造农田防护林 2.7 万亩，主体林带 164 条，长达 10 万米，构成林网 482 个，防护农田 5 万余亩。

1976 年，全旗 24 个公社营造农田防护林 94287 亩，保护耕地 267124 亩。

1978 年，随着"三北"防护林工程开展，推动了农田防护林建设。从 1978 年到 1985 年营造农田防护林 4.5 万亩，到 1989 年全旗宜建林网农田 61.0 万亩，建成农田林网 8.6 万亩，保护农田 54 万亩，农田林网化程度达到 87.5%。到 1991 年全旗耕地面积中，平原区适宜农田防护林网面积 62 万亩，已造林网 56.21 万亩，占宜林网面积 96.7%，达到了平原绿化标准。

1991 年，国家林业部授予敖汉旗"全国平原绿化先进单位"。

平原绿化——农田林网工程

第五节　生态经济型防护林建设

1991 年 1 月，敖汉旗人民政府对 10 年来生态经济型防护林建设进行了总结，为今后的发展打下了基础，指明了方向。

党的十一届三中全会以后，特别是在"林牧为主，多种经营"的经济建设方针的指引下，旗委、旗政府认真总结多年林业生产建设的经验教训，进行反复的研究和分析论证，确定了"从林草建设入手，恢复生态平衡，改善生态条件，实现经济腾飞"的指导思想，注重经济效益和生态效益相结合；合理利用土地资源，增强商品意识，使改变生态和人民脱贫致富相结合，把生态经济型防护林体系建设作为根本的战略措施来抓。动员全旗各族人民行动起来，打一场改善生态环境、治穷致富的持久战，得到了各族群众的积极响应。实践证明，这一决策，为生态经济型林业建设奠定了基础，对推动敖汉旗农业经济的发展具有重大的意义。

一、合理布局，打好基础

为搞好生态经济型防护林体系建设，调整了林业生产布局和内部结构。根据林业区划，将全旗划分为四个建设区，即中北部沿河平川杨树防护、用材林区；北部浅沙坨沼柠条、踏郎防风固沙、护牧林区；中部黄土丘陵杨树、沙棘农牧防护林区；南部低山丘陵油松、山杏水土保持经济林区。根据各建设区的自然特点、立地条件、发展方向分别制订发展规划，逐年实施。这一规划布局体现了生态效益、经济效益并举的指导思想。在总体布局上，重点抓好一个体系、三个基地建设。即以平原绿化、防风固沙、水土保持为重点的防护林体系。以山杏、沙棘为主的经济林基地；以柠条、踏郎为主的灌木饲料林基地；以杨树为主的速生丰产用材林基地。在林种布局上，突出经济林所占的比重，在树种布局上，确定了松、杏、沙棘上山，杨、柳、白榆下川，柠条、踏郎、黄柳进沙滩的适地适树原则。

为确保总体规划布局的实现，首先抓了育苗这个基础生产，育苗服从规划，造什么林，育什么苗，同时在选择良种、培育壮苗上下功夫。以杨树为例，从 1982 年砍掉了小叶杨，并根据试验确定了适合敖汉旗的赤峰杨、白城杨、小城黑等几个优良主栽品种。为培育壮苗，除了加强管理，增加投入外，重点是压低苗木单产。如杨插条由过去的亩产 2 万—2.5 万株减少到 1 万株，保证了苗木质量，提高了造林成活率，增加了经济效益。

二、统一规划，集中突破

统一规划，集中突破是敖汉旗林业建设的成功做法，在这些年的生态经济型防护林建设中，每年确定了 3—4 个重点乡，确定重点乡的原则：急需治理，易于治理，基层领导重视，群众积极性高，能自筹部分资金。对于确定的重点，在综合区划和林业区划的基础上，按照因地制宜、因害设防、带网片相结合、乔灌草相结合、生态效益和经济效益相结合的原则，进行农、牧、林、水综合规划设计。为确保总体规划的落实，在实施中抓了以下几个环节。

1. 制定切合实际的政策，用政策调动群众植树造林积极性，在认真执行"谁种谁有，长期不变，允许继承和转让"的林业政策的基础上，结合敖汉旗林业生产实际，总结几年来的实践经验，制定了有关的具体政策。

一是在宜林地的分配上，采取"统一规划，一次到户，过期不补，限期绿化"的办法，根据农牧林业总体规划，统一调整土地，把造林地一次落实到户，一次完成造林。这样大大激发了群众争相购买种苗，留地造林的积极性，广泛筹集了社会资金，保证造林任务的如期完成。

二是在造林补助费的使用上，实行"补物不补钱，不造林不享受补助，苗木收半费"的政策；通过这种资金的滚动使用，广泛筹集了资金，扩大了造林面积，同时使造林者珍惜自己的生产投入，有利于提高造林育苗质量，增加经济效益。

三是在林地使用上，实行"鼓励林粮、林草间作，谁地谁种，谁种谁收"的政策，这样不仅便于管护、提高造林保存率和促进幼林生长，同时可使群众获得近期效益，使长短利益结合。

2. 领导真抓实干，率先垂范。在重点乡造林中，旗委、旗政府、人大、政协、纪委五大班子挂帅，分兵把口、坐阵指挥，变组织指挥为面对面服务、协调，抓育苗和管护，不仅抓动员和培训，而且抓检查和验收。通过五大班子强有力的领导，推进了全旗生态经济型林业的建设和发展。

3. 动员全社会力量，实行全民大办林业。每年造林时，由政府牵头，抽调各机关得力干部组成造林工作队，协助乡镇造林。旗石油、农机、农行、科委、交通等部门通力协作，为植树造林开"绿灯"。每到造林及整地季节，农民出工 10 万多个，抽调旗直干部 200 人以上，指挥车 20 余台，苗木运输车 50 多台，出现全旗上下轰轰烈烈植树造林的可喜局面。这种抓住重点、集中突破、分片绿化的做法，有效地克服了过去那种全面开花、打消耗战、年年造林不见林的弊端，收到了造一片、活一片、巩固一片的效果，生态效益和经济效益十分明显。

三、科学造林，集约经营

在生态经济型防护林建设中，坚持科学造林，实行集约经营，加强工程项目管理，采用了以开沟整地为基础，由"开沟整地、良种壮苗、苗木保水、浸苗补水、扩坑保墒、适当深栽、分层踩实、培抗旱堆"为主环节的抗旱造林技术，保证了造林质量，提高了造林成活率和保存率。实现一次达标，降低了投资。为加快林木生长、提高经济效益，普遍实行林粮、林草间作的抚育措施，在造林后 3—4 年的幼林行间间种农作物。这样以耕代抚，既节省了抚育成本，加大了抚育强度，促进林木生长，又便于管护，同时可使群众得到收益，近期内收回投资，以短养长，相得益彰。

四、因地制宜，建设基地

为了促进敖汉旗生态经济型防护林建设的发展，按照"三北"防护林建设的要求，大力开展基地建设。依据立地条件和自然特点，分别建立了杨树速生丰产林基地，山杏经济林基地，沙棘、柠条经济林基地，灌木饲料林基地，果树基地和山楂园。这些基地有的已初具规模，有的正处在发展建设中。

杨树速生丰产用材林基地建设是走生态经济型林业路子的起点。由于过去造林受单纯生态效益的观念支配，所营造的杨树用材林，因品种、密度、经营管理的问题，大部分形成"小老树"，亩蓄积仅 0.3 立方米，经济效益极低。为提高经济效益，1980 年首先在国营林场开始营造杨树速生丰产林并逐步向乡镇发展，截至 1990 年，全旗速生丰产林已发展到 2.75 万亩。其中国营 1.52 万亩，乡镇群众 1.23 万亩。通过几年集约经营，林木长势良好，各项指标均达到设计要求。有的已开始采伐利用，如三义井林场营造的 6 年生健杨，平均胸径达 16.1 厘米，平均高 14.1 米，亩蓄积 5.7 立方米。按设计 10 年为一个轮伐期，每亩可产木材 7 立方米，以 200 元 1 立方米计算，每亩产值可达 1400 元。扣除投资 270 元和物价上涨因素，每亩可盈利 1000 元。经济效益十分显著。

山杏，是敖汉旗的乡土经济树种，广泛分布在敖汉旗南部山区。近几年来，着力山杏经济林基地建设，现已造山杏经济林 25 万亩，每年产杏核 150 万斤，经济效益比较显著。在山杏经济林基地建设中，首先，对原有的山杏低产林进行改造，加强抚育措施，促进其早产丰产。其次，大力营造山杏经济林，把直播改为植苗造林，缩短结实年限，提高经济效益。现在每年山杏育苗 200 余亩，年产合格苗木 500 万株以上。最后，开展杏仁的加工利用；全旗建立了杏仁罐头厂和杏仁饮料厂，把资源优势转化为经济优势，经济社会效益显著提高。

在果树基地建设上，从实际出发，本着大、中、小合理安排。建立果园与庭院分散栽植相结合的原则，建立以苹果、梨、山楂为主的果树基地，现已营造 2.3 万亩，每年水果产量达到 150 万公斤，效益比较显著。

林业的发展，带来了显著的生态效益和经济效益。全旗有 70 万亩的农田、50 万亩的草牧场在防护林带的保护下，提高了粮食单产和牧草产量。有 513 公里的铁（公）路在林带的保护下，不受风沙危害，保证了道路畅通无阻。与 60 年代相比，年降雨量增加了 64.3 毫米，无霜期延长 4 天，平均风速由 5.8 米 / 秒减少到 4.9 米 / 秒。土壤侵蚀模数由 1.01 万吨 / 年·平方公里减少到 2200 吨 / 年·平方公里。

据推测计算，全旗林业总价值达到 2.1 亿元，相当于每人平均存款 400 元。民需建筑用材自给有余，80% 的农户燃料问题得到了解决。同时林业为饲养业提供了大量的饲料，推动了效益型畜牧业的发展，敖汉旗牧业产值已由 1978 年的 1483 万元提高到现在的 4206 万元。由于林草业生态效益的逐步提高，对农业生产条件的改善作用日益加强，使农业总产值由 1978 年的 7300 万元增加到 1.7 亿元。

第六节 "三北"防护林二期工程规划任务

一、基本情况

1. 位置范围

"三北"防护林二期工程期选择西起萨力巴乡东至新窝铺乡，南起玛尼罕乡草绳营子村，北至长胜共 9 个乡 72 个村，为这一重点工程项目的建设

"三北"防护林二期工程

范围。敖润苏莫苏木沙带由于那里地广人稀，多为流沙，难度较大，暂不具备治理条件，安排后期进行重点治理。

2. 现有林分布状况

这一区有 62.69 万亩，其中农田防护林 3.27 万亩，牧场防护林 2.91 万亩，固沙林 22.79 万亩，用材林 29.11 万亩，薪炭林 4.15 万亩，其他林 4500 亩。由于过去在林业建设方面存有盲目性，致使这里的林木林地布局不合理，林分质量差，尽管造了些林，但未能形成防护林体系，防护能力很低。

二、建设任务

这一重点项目建设"以造林为主，造、封、管并举"，发挥广大群众植树造林的积极性，提高造林成活率和保存率，着眼于生态效益和经济效益，本着因地制宜、因害设防的原则，实行林、田、牧场、道路统一规划、综合治理。造林上片、网、带结合，以防护林为主，实行多树种结合、新造与现有林相结合，构成防护标准体系。树种安排根据适地适树的原则，以灌木为主，新造林中灌木不少于 70%，乔草结合，宜乔则乔，宜灌则灌，宜草则草。提倡林粮、林草间作，在以林为主的前提下，使群众在近期能得到一些经济效益。

根据上述原则设计，在 1986—1989 年新造林 35 万亩。

1. 农防林 7000 亩，牧防林 7.6 万亩，固沙林 19.95 万亩，薪炭林 4.25 万亩，用材林 1.6 万亩，四旁植树 9000 亩。

2. 树种比例：灌木 24 万亩，占 68%。乔木 11 万亩，占 32%。

3. 造林年度计划：1986 年完成 10 万亩，1987 年 10 万亩，1988—1989 年 15 万亩。

三、"三北"防护林二期工程完成情况

1. 二期工程完成情况

二期工程期间（1986—1995），上级下达给敖汉旗的计划造林任务 120 万亩，封育 10 万亩。敖汉旗实际造林面积 204.85 万亩，年均造林 20.49 万亩；造林存活面积 177.05 万亩，年平均保存面积 17.7 万亩，造林保存率为 86.9%，比一期工程提高了 33.7 个百分点。二期工程完成封育 10 万亩。到现在，全旗林地面积达到了 458.24 万亩，占总土地面积的 36.8%，比一期工程末 1985 年的 28.53% 提高了 8.27 个百分点。全旗实现基本绿化的乡镇 24 个，村 270 个，分别占乡、村总数的 80% 和 83.6%。林地面积 5000 亩以上的村 284 个，其中万亩林以上的村 226 个。

2. 效益情况

绿色屏障的建设，改善了敖汉旗的生态条件。全旗带网片结合，草灌乔结合的防护林体系已颇具规模。中北部形成了以杨树、柠条、山竹子为主体的防风固沙林体系，全旗受风沙危害比较严重的农田、牧场基本实现林网化，15 万亩的农防林、18 万亩的牧防林保护着 56 万亩农田、136 万亩草牧场免受风沙侵害；中南部浅山丘陵区以油松、山杏、沙棘为主体，形成了水土保护林体系，基本达到了土不下山，水不冲川。据统计与测定资料表明：现在与 70 年代相比，年降水量平均增加 19 毫米，1994 年增加了 120 毫米；无霜期延长 5 天；大风日数年均减少 9.4 次，1994 年比历年减少 17 天，年平均风速降低 0.52 米 / 秒。据典型调查，在同等降雨条件下，最大洪峰量由过去的 31.7 立方米 / 秒，降低到 6.03 立方米 / 秒；土壤侵蚀模数由 1 万吨 / 年·平方公里减少到 2200 吨 / 年·平方公里。全旗各种自然灾害如旱灾、风灾、霜灾、雹灾等明显减少，危害程度也显著降低。生态环境的好转，改变了农牧业生产和农牧民生活条件。70 年代被风沙撵走的东荷也勿苏嘎查 37 户牧民，现在又迁回原地，安居乐业；全旗境内 256.5 公里铁（公）路彻底免除了风沙阻路、洪水冲毁的威胁，保证了畅通无阻。1981 年，因风

沙阻路，造成京通铁路敖汉段铁路停运 72 小时的事件将不再重演。农业生产连续五年获得大丰收，粮食产量由 60 年代的 1 亿斤增加到现在的 8 亿斤。牧业产值 1991 年首次突破亿元大关，1994 年达到了 1.6 亿元。

植树造林不仅改善了敖汉旗的生态环境，而且也获得了较好的经济效益和社会效益。1994 年，全旗林业总产值 7261 万元，人均 129.7 元；全旗活立木蓄积量 426 万立方米，人均 7.6 立方米。据初步测算，全旗林木总价值已达 6 亿元，相当于人均在"绿色银行"存有保值储蓄 1071 元。木材自给有余，远销辽宁、河北、北京、天津、赤峰等地。全旗 98% 的农户烧柴问题已彻底解决，结束了 80 年代前"扫草沫，捡粪蛋，笆子搂，楼草根"做柴烧的历史。林、副产品年可创收 2500 万元，仅山杏一项收入就超过 400 多万元。林、副产品的增加，促进了敖汉旗第二产业经济的发展，以山杏仁、沙棘果为原料的赤波集团饮料厂年创产值 5700 万元，实现利税 500 多万元，成为全旗骨干企业之一；以小径材枝桠加剩余物为原料的中密度纤维板厂 1995 年开始投资新建。

由于敖汉旗二期工程建设取得显著成绩，所以近十年中先后四次受到国家有关部委的表彰和奖励，有四人获得了"全国绿化奖章"。

第七节 种苗生产在"三北"防护林和三大基地建设中的作用

自开展防护林体系建设以来，敖汉旗林业建设日新月异。尤其是人工造林每年都以不少于 26 万亩，保存面积不少于 20 万亩的高速度发展。截至 1992 年末，全旗林地面积已达到 456.8 万亩，占总土地面积的 36.7%，比新中国成立初期增加了 26 倍，在全旗 30 多个乡镇苏木、323 个行政村中，实现基本绿化的乡镇 17 个，村 240 个，分别占乡、村总数的 56.7% 和 74.3%；林地面积万亩以上的村 226 个，人均林地 8 亩。1993 年，敖汉旗借助改革的春风，又新造林 30.25 万亩，与此同时，与之相适应的种苗生产作业不断迈上新台阶。育苗面积由 1978 年前的年均不足 1000 亩，发展到现在的每年育苗 4000 亩左右，产各类合格苗 4600 万株以上。同时，采取了增加投入、强化集约经营、控制单产等措施，使一级苗的比例由 17% 提高到了 78%，满足了抗旱造林系列技术对良种壮苗的要求，也满足了敖汉旗建设生态型林业及其规模发展林业的要求。

但是，根据逐步建立社会主义市场经济体制和建设生态经济型林业的要求，敖汉旗已经清醒地认识到，过去的育苗生产布局、品种结构，在不同程度上已经不适应了，必须认真加以调整，使其切合敖汉旗实际。为此，在1993年度，敖汉旗采取了强力措施，大力调整育苗结构，强化育苗生产的科学性、合理性，以适应今后林业上新台阶的需要。

一、大力调整育苗结构，增加经济树种育苗比重

敖汉旗林业存在的一个重要问题，就是经济效益不显著，这主要是林种组成中经济林所占比重过小所造成的。为此，今后将着力发展经济林，建设生态经济型林业，提高林业经济效益。为了适应这一今后林业发展构想，在1993年度，对敖汉旗育苗结构进行了大力调整。首先，调整了育苗面积。加大了山杏、樟子松、杨大苗、大扁杏育苗比例，发展了山地阔叶树种、果树育苗，适当压缩了杨插苗、油松等树种育苗面积。其次，丰富了育苗品种。在过去杨插条、杨大苗、油松、山杏、柠条、沙棘、樟子松等几个树种的基础上，又新发展了色树、大枣、落叶松、刺槐、大果李子、梨、青草兰、小叶林等树种，为敖汉旗育苗生产走向市场、参与市场竞争创造了条件，也为敖汉旗发展多林种、多树种的生态经济型林业奠定了基础。

二、继续坚持"两条腿"走路，国营、乡镇育苗一起抓

为做好育苗调整工作，并切实抓出成效，采取了"国家、集体、个人"齐上阵的一贯做法，坚持"两条腿"走路，以国营育苗为主，启动乡镇育苗发展，用乡镇育苗补充国营育苗不足。为了保证1993年度育苗任务如期完成，重点抓了乡镇群众育苗，已充分挖掘出巨大的潜力。在发展形式上，采取了村与乡林工站联办、户与户联办、户与林业站联办、村与户联办等多种育苗形式；在具体做法上，于1992年秋季农田基本建设尚未开始前，发出了认真落实好1993年度育苗地块的通知。根据通知要求，各乡镇苏木人民政府在统一调整土地之际，发挥"统"的功能，结合土地资源条件，认真落实了育苗任务，并把其落到了实处；在育苗品种布局上，把全旗作为一盘棋，通盘进行考虑安排，以充分利用育苗土地资源，充分利用地力。1993年度，敖汉旗完成育苗3327亩，是市下达任务的100.8%，其中乡镇完成1412亩，国营完成1916亩。

三、用政策调动群众育苗的积极性

一方面，继续实施了"统一包销、苗木按比例收费"政策，另外对果树、大扁杏等经济树种苗木和杨大苗允许放到市场进行自由销售。实施这一政策，调动了群众和国营苗圃育苗的积极性，也保证了调整育苗结构的顺利进行。这样做的好处：一是解除了育苗者怕产出苗后卖不出去的顾虑；二是相应地增加了育苗者的收入。另一方面，还实行以质论价，优质优价，提高一级苗价格，拉开一、二级苗价格档次的做法，进一步激发育苗者为提高一级苗比例而不惜投入的积极性。此外，适当提高了部分苗木的价格，加大育苗经济效益，增加育苗的吸引力。

四、坚持科技育苗，提高育苗质量

为了培育优质大苗壮苗，今年把实行集约经营、加强技术管理作为调整育苗结构的一件大事来抓。具体做了以下几方面工作。

1. 增加投入，切实抓好经济树种育苗

为切实抓好经济树种育苗，以保证1994年营造经济林用苗，从经济树种育苗成本高的特点出发，积极争取项目，增加育苗资金投入。1993年春，从金融部门申请贷款支持，用于发展经济树种育苗，从而保证了经济树种育苗任务。

2. 引入了先进的育苗技术

今年，推广应用大扁杏嫁接育苗技术、容器育苗、化学除草育苗等，进行了喷施宝育苗、稀土育苗、ABT生根粉育苗等科学试验，不同程度节约了劳力和资金，降低了育苗成本，提高了育苗质量。

3. 统一了技术标准

在内蒙古自治区、赤峰市颁发的育苗技术规程基础上，根据全旗实际情况，结合调整育苗结构的特点，统一了技术标准，进一步明确了苗木产量和质量标准，确定了苗圃作业程序，坚持控制苗木单产。山杏每亩地产量不能超过3.5万株，杨插条每亩地产量不能超过1万株，油松单产不能超过4.5万株，从而扩大单株营养面积，保证了育苗质量。

4. 加强育苗技术指导和培训工作

为了切实调好育苗结构，能够在生产过程中实行集约经营，充分利用了1992年冬天的时间，加强了育苗技术培训工作。旗林业局和乡镇林工作站人员一道对乡镇育苗人员进行了全面细致的培训。在培训过程中，采取了室内培训和实地指导相结合、理论讲解和实践示范相结合、分散培训和集中培训相结合的办法进行了层层培训，直到学员学会为止。在育苗过程中，林业局派出技术小组深入育苗点进行重点指导，手把手地进行传授。通过采取这一措施，敖汉旗育苗质量得到了保证，先进的、实用的育苗技术得到了推广和应用。

总之，就如何抓好1993年度育苗生产，以适应建设生态经济型林业的需要，敖汉旗采取了一些举措，促进了育苗生产的开展。但是，按照社会主义市场经济的要求，这些做法还有待于进一步提高和发展。计划在积极吸取其他地区发展育苗的好经验、好做法的同时，坚持以市场为导向，积极拓宽思路，大力发展群众育苗，把育苗生产推向市场，进行公平竞争，真正实现优质优价的目的，从而使敖汉旗育苗生产真正活起来、育苗者富起来。

宝国吐乡高家店水库流域治理工程

第五章 90 年代初两大重点工程

20 世纪 90 年代，正值内蒙古自治区组织开展以农田水利草原基本建设为中心的"金龙杯"竞赛活动和赤峰市组织的"玉龙杯"竞赛活动，敖汉旗结合落实 80 年代末提出的七年绿化敖汉的奋斗目标，生态建设围绕两项重点工程全面展开。其一是生态经济沟建设工程，在水土保持工作完成山体坡面治理后转入大规模的经济沟建设，把生态效益与经济效益结合起来，是生态建设的一大进步。其二是荒漠化治理工程，在认真总结党的十一届三中全会以来治沙成绩的基础上，制订了 1992—2000 年的治沙计划，确定了治沙工作的时间表和路线图。

第一节　生态经济沟建设总体规划和基本模式

1992 年 6 月，敖汉旗人民政府制订了全旗水土保持工作统领 90 年代的生态经济沟建设规划。

生态经济沟建设是水土保持小流域综合治理的延伸和发展，是在山丘区进行综合治理过程中，保证生态效益、经济效益、社会效益的稳步提高。突出经济效益，融生态建设与经济开发为一体的高层次小流域综合治理和开发。具有流域完整、规模适当、治理措施灵活多样，便于管理、建设速度快、经济效益突出的特点。同时生态经济沟建设是贫困山区脱贫致富的一条根本途径。

敖汉旗山地沟道资源丰富，生态经济沟建设条件得天独厚，为充分挖掘沟道资源潜力，尽快发展壮大贫困山区农业经济，敖汉旗广泛开展了生态经济沟建设。为切实搞好生态经济沟建设，保证建设的顺利进行，根据赤峰市生

中部丘陵区生态经济沟治理工程

态经济沟建设意见，结合敖汉旗实际情况，制订敖汉旗生态经济沟建设规划。

一、经济沟建设的总体规划

运用生态经济学原理，融生态建设与经济开发为一体，坚持高标准、高质量、高速度、高效益；坚持山、水、田、林、路综合治理，林、草、瓜、果、粮、药多种经营，立体开发；坚持近、中、远效益相结合，中、远效益为根本，突出近期经济效益；坚持因地制宜，治理开发同步进行。

生态经济沟的总体规划目标是，在"八五"期间建成 100 条沟，建设面积 10 万亩，新增产值 200 万元，水保治理面积达 449.32 万亩。到 20 世纪末建成 300 条沟，建设面积达 35 万亩，累计产值 1000 万元，水保治理面积 600 万亩，使全旗的水土流失区治理程度达 81.0%。

二、敖汉旗生态经济沟建设的基本模式

敖汉旗地貌由南部土石山区、中部黄土丘陵区、北部风沙区和河川平地区四种类型组成，地势南高北低，气候、土壤、植被、水文、地质、社会经济情况等条件都存在着很大差异。为因地制宜地配置生态经济沟建设中的各种治理措施，将全旗的南部土石山区和中部的黄土丘陵区划为两个重点建设类型区，并提出相应的治理模式，北部风沙区和河川地区不作为生态经济沟建设的重点。

1. 治理模式

（1）南部土石山区。这一地区属努鲁尔虎山东段，总面积 426.19 万亩，占敖汉旗总面积的 34.2%，所辖范围涉及 14 个乡镇，海拔高度在 600—800

米之间，相对高度 200 米以上，多年平均降水量 411.6 毫米左右，多年平均气温 6.4℃—7.2℃，无霜期 148 天左右。低山丘陵沟壑地带，地下水一般埋深 3—7 米，地势切割破碎，冲沟多，山体上部为岩石裸露或基岩风化物的残积物、坡积物，岩石以酸性岩为主，山体中下部为黄土或土状物质，山间河谷、河床两岸冲积阶地上为壤质洪积—冲积物，土壤以棕壤、褐土为主。

根据本区的自然条件，提出相应的治理模式，在山体部挖鱼鳞坑，营造油松、沙棘等分水岭防护林。山体中部以挖水平沟为主，坡地带挖"围山转"，植物以山杏经济林为主，可混交油松、柠条。

山体下部以果树条田、水平梯田、方块状果树畦田整地为主，可栽植大扁杏、苹果、苹果梨、桃、李等，在果树行间套种薯类、大豆、药材、矮棵粮食作物等，也可在行间套种豆科牧草，压青做绿肥。

在沟道里闸土石谷坊，用沙棘、紫穗槐护坡，沟底可营造速生杨作为沟底防冲林。

（2）黄土丘陵区。本区总面积 425.06 万亩，占敖汉旗总面积 34.1%，涉及 15 个乡镇，本区海拔高度在 500—600 米之间，相对高度在 150 米左右，地势起伏不大，被深厚的黄或红黄土覆盖，土壤以碳酸盐褐土和栗钙土为主，多年平均降水量在 408.1 毫米左右，多年平均气温在 5.8℃—6.4℃之间，无霜期 145 天左右，地下水的补给主要靠降雨，由于水土流失极为严重，有密而深的冲沟排泄，降低了地下水位，一般都在 20 米以下。

针对本区的自然条件，制定如下治理模式。

山体上部以鱼鳞坑、水平沟整地为主，植物为油松、山杏，个别地区可混交沙棘。

山体中部挖围山转，反坡梯田、水平槽，种植山杏、大扁杏、大枣、柠条、沙打旺、紫花苜蓿等植物护埂。山体下部修果树条田、水平梯田、反坡梯田，种植苹果梨、苹果、山楂等，可在行间种植粮、油、豆、瓜、药、菜等矮棵作物。

沟道进行沟头防护，修筑封沟埂，用沙棘、紫穗槐封沟。在沟道里闸谷坊，沟坡沟头实行台田化，在台田上栽植果树，种植土豆、瓜豆类等经济作物。

另外，在本区引水上山解决果树需水问题，已经成为各业务部门迫切努力的方向。

上述两种治理模式只是范围上、大方向上的宏观控制模式，各地区在生态

南部山区水保整地

经济沟建设过程中，应在此基础上因地制宜、灵活掌握，切勿模式化、教条化。

各措施实施时，应在水土保持小流域综合治理的基础上，做到工程治理措施和生物开发措施相结合，切忌无工程治理措施的掠夺性经营方式，工程治理措施应坚持因地制宜、因害设防的原则，做到治满治严高标准。工程形式要多样化，生物措施要灵活。应以长、中期经济效益为根本，突出近期经济效益，对过去有治理基础的经济沟，在不破坏原有生态平衡的前提下，合理调整各业结构，从而突出经济效益。

2. 建设标准

根据赤峰市生态经济沟建设标准，结合敖汉旗自然、社会、经济情况制定出敖汉旗生态经济沟建设标准。

（1）经济沟面积一般控制在 600—2000 亩范围内，条件比较好，流域比较完整的地方可适当加大；

（2）三年治理水土流失面积累计达到 70% 以上，林草面积占宜林宜草面积 80% 以上，经济林、经济作物种植面积占总面积约 50% 以上；

（3）工程标准按防御 20 年一遇，24 小时最大暴雨设计施工；

（4）新开辟的生态经济沟力争三年建设完成。

生态经济沟建设当年经济收益在每亩 2—5 元，第二年要达到每亩 5—10 元，三年后达到每亩 10—15 元。

三、敖汉旗生态经济沟建设的主要措施及做法

1. 做好全面细致的规划，并且赋予法律效力，保证其连续性。
2. 提高认识，加强领导，团结一致共建生态经济沟。

3. 做好宣传工作，转变群众思想观念，利用广播、电视、报刊等宣传工具，变强制性为自觉性。

4. 加强技术培训，做好技术指导。

5. 建立与生态经济沟相配套的产供销综合服务体系。

6. 多层次、多渠道集资，实行政策倾斜。

7. 做好检查、验收、评比工作。

第二节　生态经济沟建设取得的突出成绩

1993 年 7 月 15 日，召开了全旗生态经济沟建设工作会议，会议的主要任务是，总结 1992 年度生态经济沟及整个农田草原水利基本建设工作，研究讨论在建立社会主义市场经济体制、切实减轻农民负担的新形势下，怎样继续开展生态经济沟和农田草原水利基本建设的政策和措施。会上，与会人员参观了贝子府、丰收等地生态经济沟建设先进典型，听取了四德堂、丰收、林家地等乡的经验介绍，起到了开阔视野、拓宽思路、提高认识的作用。

一、1992 年敖汉旗农田草原水利基本建设成绩突出

1992 年的农田草原水利基本建设创造了几个历史之“最”。一是生态经济沟建设面积最大。1992 年开始起步的生态经济沟建设，迅速被广大干部群众所接受，超额完成了 100 条 10 万亩生态经济沟的建设任务，完成面积达 10.74 万亩。二是整修梯田面积最大。通过留地造田、秋季会战等方式，完成水平梯田 11.22 万亩。三是新增保灌面积最大。年内打机电井 322 眼，及其配套设施 254 眼，打小电井 1000 眼，结合农业二期开发和商品粮基地建设，新上一批扬水站等农田水利工程，增加保灌面积 4.35 万亩。四是节水灌溉技术推广面积最大。全旗完成衬砌渠道 104 公里和部分自流灌区的田间配套工程，增加高标准节水灌溉面积 1.7 万亩。此外，全旗新修畦田 9.87 万亩，维修完善畦田 28.13 万亩，全旗保灌面积基本实现了畦田化，新增水草林机相配套的小草库伦 100 处，牧区棚圈基本实现了塑料暖棚化等。由于这些成绩的取得，敖汉旗荣获了 1992 年度内蒙古自治区“金龙杯”竞赛三等奖；四德堂、长胜、丰收三个乡在全市“玉龙杯”竞赛中获奖，其中四德堂乡获得了“玉龙杯”三连冠的殊荣；在前不久召开的全市生态经济沟建设

表彰暨农田草原水利基本建设工作会议上，又有四德堂、贝子府、林家地、大甸子四个乡获"愚公杯"竞赛奖。

总结 1992 年的农田草原水利基本建设工作，有以下几个突出特点：

1. 广大干部群众对开展农田草原水利基本建设的认识不断深化，行动趋于自觉

由于坚持不懈地开展农田草原水利基本建设，综合生产能力迅速提高，突出表现在粮食大幅度增产，去年全旗粮食产量达 6.3 亿斤，一般年景全旗粮食产量已可稳定在 5 亿斤左右。事实和成果已使广大干部群众不断受到启发和教育，人们对农田基本建设的认识日益深刻。以水平梯田为例，1990年，费了九牛二虎之力，只修了标准不够高的水平梯田 5 万亩。在具体工作中，有的村民组认准宁可白出工给别人修，也不愿"祸害"自己的地。梯田大多修在远地、薄地上，留地造田更是难上加难。而到 1992 年，群众发动比往年容易得多。全旗完成水平梯田 11 万多亩，其中有近两万亩的留地造田。梯田大都修在近地、好地上，有的村民组认准了，即使管饭也要先为自己的组修。这就说明群众的认识有了很大的提高。各乡镇苏木也都坚持把农田草原水利基本建设工作作为加快经济发展的战略措施和实现小康目标的自觉行动来抓。一些乡镇不等旗里开会布置，会战即已开始，还有的乡为争取列入全旗综合治理重点乡，乡人大向旗人大提交了议案等。

2. 建设规模不断扩大，治理速度不断加快

为适应当前经济发展和实现小康目标的需要，各地都增强了加快农田草原基本建设的紧迫感，加大了建设规模，提高了治理速度。"玉龙杯"竞赛"三连冠"得主四德堂乡，三年修水平梯田 3.2 万亩，1992 年一年修水平梯田 9500 亩。林家地乡东井村在流域面积达 3600 亩的老鹞子沟流域搞起了生态经济沟建设，投工两万多个，动用土石方 9 万多立方米，砸谷坊 5000 多座，并且全部上了生物措施。四道湾子镇一年衬砌渠道 28.5 公里，8000 亩保灌面积基本实现了节水灌溉。全旗总地看，规模、效益也是一年比一年大。1990 年前，敖汉旗只有低标准梯田 15 万亩，几乎没有畦田。三年来，建成水平梯田 26 万亩，全部保灌面积基本实现了畦田化，小流域综合治理面积由 1989 年的 260 万亩上升到现在的 370 万亩。成百上千亩集中连片的梯田、畦田，生态经济沟随处可见。

3. 质量标准提高，经济效益突出

规划设计是保证质量的前提。在农田草原水利基本建设中，旗、乡、村

三级始终把规划设计作为一件大事，提前安排，做到了兵马未动、规划先行。水利部门结合敖汉旗具体实际，下发了《水平畦田建设技术要点》《生态经济沟建设方案》等技术手册，去年夏季连续举办生态经济沟、井灌渠道衬砌、自流灌区田间配套工程、科学推广用水等四个方面的培训班七个，培训技术骨干2000多人次，使水利科技服务延伸到村组、地块，大大提高了工程质量。在实践中，各地还因地制宜，采取了多样化整地方式，突破了过去那种一种尺寸的水平沟从山顶一挖到底的单一模式。据水利部门总结，共有鱼鳞坑、水平沟、集流式水平槽、台田、谷坊、果树方畦、反坡梯田等14种之多。多样化的整地方式使适地适树、适地适草、适地适作物真正成为现实，为在流域内构成防御系统工程、全方位开发体系奠定了基础。

回顾小流域综合治理的历史，搞过"沟沟绿"，搞过"治满治严"，但大都没有离开追求生态效益这个目的。从去年开始的生态经济沟建设，不能不说是思想上的一次飞跃。事实也让群众认识到，荒山荒坡不再是穷山恶水，而是一笔可以利用的财富。正因为如此，生态经济沟建设方案一经提出，就得到了广泛的支持和响应。一些先进典型不断涌现，经济效益十分可观，如四德堂盖子山生态经济沟，每亩纯收入17.55元；丰收乡新丘村百灵山生态经济沟，当年将全村人均收入一下子提高40多元。

4. 政策逐步完善，措施具体得力

根据上级有关规定，各乡镇苏木普遍建立了劳务积累工制度，坚持了"谁投工谁受益"的原则；正确处理了"统"与"分"的关系，采取统一规划、统一治理、分户承包管理的统分结合的办法，突出了"统"的功能，体现了"分"的作用。由于保持了政策的稳定性和连续性，前些年一些承包小流域治理的户已取得明显的经济效益。如典型户李成秀，从1989年开始承包500余亩经济沟，现栽植松、杏、沙棘等混交林350亩、苹果20亩、山楂30亩、速生杨3000株，现山楂已有累累果实。通过林粮间作、果树育苗、种植药材等多种经营去年人均收入1250元，1993年可望达到1700元。

二、坚定不移地继续抓好生态经济沟建设

1993年初，市人大常委会审议通过了《赤峰市生态经济沟建设纲要》，根据这一纲要要求，敖汉旗制订了生态经济沟建设规划。规划的主要目标是，"八五"期间建成生态经济沟500条50万亩，并以此增加丘陵山区人均收入100元；到20世纪末，建成生态经济沟1500条、150万亩，增加人均收入 200—250 元。实现这些目标，任务是艰巨的，这就需要坚定信心、励精图治，以前人所没有的决心和气魄，以更大的规模、更快的速度、更高的质量、更好的效益，把生态经济沟建设深入持久地开展下去。

1. 提高认识，明确目标

敖汉旗是多山地区，丘陵山区占全旗总面积的 68.3%，20 世纪 80 年代初的水土流失面积 700 多万亩，水土流失造成的危害是十分严重的，敖汉旗水土流失地区有难利用土地 45 万亩，过去曾是茂密的森林，现在却岩石裸露。敖汉旗侵蚀沟面积近 60 万亩，过去大多是上好的耕地，现在却支离破碎，等于中南部山丘区每口人减少 1 亩多耕地。水土流失给生产、交通也带来极大的困难，对一些水利工程如水库等构成巨大威胁。美国的巴尔尼博士评价中国农业时说：“黄河流走的不是泥沙，而是中华民族的血液；也不再是微血管破裂，而是主动脉破裂。”而敖汉旗在一些丘陵山区的水土流失程度不亚于黄土高原，据估算，每年全旗流失的土壤养分相当于化肥施用量的两倍以上，何况有很多元素是化肥所不可能替代的。国家已于两年前颁布了《水土保持法》，从敖汉旗实际出发，坚持不懈地治理水土流失是一个长期不变的农村工作方针。

2. 正确贯彻落实家庭联产承包责任制和统分结合的双层经营体制，进一步完善生态经济沟建设的各项政策

从多年来小流域综合治理的实践看，由于一个流域的面积往往很大，少则几百亩，多则上千亩，靠少数人的力量搞零打碎敲，短时间内难以奏效，也不利于形成全局性的综合治理格局。因此，一直坚持了统一规划、统一标准、发动群众统一治理的办法。在这一点上，全旗各地都做得比较好，积累了一整套的经验，完成了许多规模宏大的工程，今后的生态经济沟建设中仍要继续坚持。然而，在生态经济沟的经营管理上，全旗的情况却各有不同，有的由村里组成专业队，集体经营；有的搞了劳务股份制；有的平均划分给各户管理，不收承包费；有的搞户包或联户承包经营。甚至也出现了一些仗权承包，人为垒大户的现象。旗委、旗政府通过学习会议文件、总结典型经验，认为这种办法符合党在农村的现行政策，符合敖汉旗丘陵山区的实际情况和生产力水平，有利于将这项事业深入持久地开展下去。因此，旗委、旗政府决定，在今后的生态经济沟的经营管理中，要普遍推行这种办法。

敖汉旗要结合实际，因地制宜，制定各种利于生态经济沟建设的政策。对 20 世纪 80 年代初期户承包治理，现已治理完毕，见到了效益的荒山，要

稳定政策，鼓励和支持他们继续承包，保护他们的积极性。对于承包合同快到期的，可以续签合同，根据实际对承包费作适当调整，由于超出农户经营能力需分解给其他户的，要对原承包户的投入给予合理补偿。对新治理的生态经济沟，可由集体组织统一治理，然后采取招标、租赁等方法分到各户、联户或划分几片承包；对一些面积较小的流域，可以招标承包、租赁或直接承包到户，由个户或联户承包治理和经营管理；对一些过去由集体统一治理，由集体统一经营管理，但效益不好的生态经济沟，可作价转让或租赁。无论哪种承包方式，都要签订承包合同，合同期限要适当放长一些。还要坚持有偿的原则，收取适当的承包费，偿还群众统一治理时投入的工，抵减集体提留、统筹，留作集体积累等。

3. 走出一条高产、优质、高效发展的路子

（1）要因地制宜选择苗木作物品种。要综合考虑气候、土壤、降水、地形等自然因素，尽管有些经济林木、药材或其他农经作物效益高、见效快，但若不适宜当地自然条件，就一定不要栽种，防止道听途说，盲目上一些不适合的树种或经济作物而劳民伤财。尤其是在苗木种子紧缺、价格昂贵的情况下，更应该注意这个问题。敖汉旗大部分丘陵山区，都比较适合栽种山杏、大扁杏，应大力发展。同时应提倡与油松、落叶松、沙棘等混交，这样有利于防止病虫害。

（2）要以市场为导向选择苗木品种。要考虑到市场需求，产销对路，多种一些市场畅销的品种，提高经济效益，让农牧民群众尽快得到实惠。每条生态经济沟要有自己的主导产品，宁专勿杂，形成规模，以便将来闯市场、占领市场。

（3）要搞好苗圃建设。要把苗圃建设作为生态经济沟服务体系建设的重要内容，承包经济沟的户可搞一点自己的苗圃地，不但节约开支，多余的还可以外销。乡水管站、林业站也可参与承包生态经济沟，建设育苗基地，把苗圃办成实体，保证生态经济沟所需苗木的供应。

（4）要近、中、远效益结合。效益接力，既植三四十年见效的松树，又栽十几年成材的杨树；既造两三年受益的杏果，又种当年见效的瓜药粮经，并突出近、中期效益，让农民尽快见到回头钱，调动他们的积极性，吸引他们投资投劳。

4. 提高生态经济沟建设标准和质量

标准和质量是生态经济沟建设的生命，标准和质量高低，直接影响到生

态经济沟的生态、经济、社会效益。

要提高工程建设质量,严格工程标准。坚持工程措施与植物措施相结合。以工程养林草,以林草护工程是过去小流域治理的核心内容,对这一点,不但要继续坚持,还要在标准上加以提高,还要坚持"二十年一遇"不能变,治满治严不能变,等高作业不能变,石质山区熟土回填不能变。

要坚持工程措施和植物措施多样化。各项治理工程措施布局要合理,坚持综合治理,既能够保持水土,又能利于各种作物生长。一般的要以道路为骨架,坡面上部、中部采取鱼鳞坑、水平沟等,坡面下部采取水平梯田、水平条田等整地工程,再配合以沟道工程,形成"山上青松戴帽,山中两杏缠腰,山下两田垫脚,沟道瓜果梨桃"的典型布局。另外,道路设计要合理,防止新的水土流失。

第三节　新地乡生态经济沟建设及农田水利建设

新地乡地处敖汉旗中南部,为孟克河发源地,境内地形破碎,沟壑纵横,岩石裸露,属于土石山区。年降水量 460—500 毫米,有效积温 2800 ℃—2900 ℃之间。全乡总面积 46.6 万亩,现有成、幼林 16.8 万亩,森林覆盖率 36.1%,耕地 7.8 万亩;辖 16 个行政村,151 个村民组,1.89 万人;1993 年粮食总产 1300 万公斤,人均持有粮 650 公斤,人均收入 778 元。

小流域治理工作是从 1985 年起步的。9 年来,在旗委、旗政府的正确领导下,在业务部门的大力协助支持下,共完成小流域综合治理面积 12.2 万亩,顶凌种草 6.4 万亩,保存面积 4.5 万亩。从 1992 年开始,开发建设生态经济沟,在战略上走向了生态效益和经济效益并举的路子。建设中加大了科技含量,注重实效,以中长期效益为根本,突出了近期效益,从而使全乡的山区建设在历年治理的基础上,又迈上了新台阶。

一、生态经济沟、农田水利基本建设概况

1. 生态经济沟建设取得了突破性进展

随着小流域治理的不断深入,旗政府提出了生态经济沟建设这一新的目标,这对南部山区来说是一个新的课题。生态经济沟建设完全符合新地乡的实际,搞好生态经济沟建设对于进一步巩固和调动群众积极性,加快山区建

新地乡梯田建设工程

设步伐有着重要意义。为此，他们反复地将生态经济沟建设的目的和意义向群众进行宣传，使干部群众提高认识，统一思想。为了加强领导，乡成立了生态经济沟建设指挥部，农口各站紧密配合，在上级业务部门的指导下，坚持高标准、高质量、高速度、高效益，对每条生态经济沟都进行了规划。

1992年、1993年两年，共初步建成生态经济沟10条，建设面积9800亩，修水平梯田9600亩，共动用土石方161.8万立方米，投劳务积累工64.7万个。生态经济沟规模较大的有煤窑沟、田家沟、下梨树沟、王祥沟、平安铺后沟、魏杖子沟，面积最小的也在500亩以上。在整体建设上坚持了"三个结合"，即工程措施与生物措施相结合，封、管、造结合，农林牧结合。生物措施上，本着适地适树、适地适草的原则，整地后第二年春季全部栽上树，种上草，部分种上粮食和其他经济作物。工程措施上，坚持二十年一遇标准，治满治严，即使在石质山上，也绝不降低标准，山体上部为水平沟，营造黑松、沙棘水土保持林，中部为牧场水平沟或反坡梯田，以山杏经济林为主，下部为条田、梯田，作业路两侧配有路边林，做到了草、灌、乔结合。煤窑沟等经济沟已在经济沟内打了机电井，并搞了引水上山工程，今春已全部栽上了果树，初步形成了符合当地实际的山区建设模式。上梨树沟经济沟始建于1992年夏季，1993年除栽植沙棘、山杏、油松混交林外，又栽上了800株果树，活土层种草间套芸豆，条田种荞麦，鲜草当年亩产450斤，粮食作物获得较好的收成，实现了近期效益与长远效益的有机结合，而且突出了近期效益，并且工程措施的类型、标准、质量不断提高。

1993 年，根据旗生态经济沟建设工作会议精神，结合新地乡实际，在旗业务部门的指导下，对整个工程做到了精心设计，精心施工，工程的类型、标准、质量都有新的提高。几年来连续治理，集中治理近山，容易治理的山已基本治满治严，这样就形成了远山作业，石质山较多，施工难度大，特别是要按生态经济沟建设标准施工，要高标准、高质量就必须行动早、行动快。去年挂锄后，全乡抽调 40 名乡村干部，95 名乡村两级水保技术员，从 7 月 5 日规划设计，7 月 10 日以村为单位搞大会战，截至 8 月 10 日利用一个月的时间，完成治理面积 1.5 万亩，为 1994 年春上植物打下了基础。为了保证工程质量，统一印发了各类工程技术标准，统一培训了技术人员，要求乡村组三级干部先学会技术，再组织施工。全乡 16 个村都配备了水准仪，施工中，坚持二十年一遇标准，坚持等高作业，坚持熟土回填；坚持治满治严，对不合格的工程不搞折合，乡组织验收时不顶任务。对各村完成的工程量，逐地块进行验收，实地丈量面积，然后排出名次，并依次作为村干部年终工资和乡干部评优的主要依据。

2. 基本农田建设有新突破

新地乡 95% 以上是坡耕地，为加快建设步伐，1989 年新地乡就坚持了春秋两季修梯田。春修梯田作为全年会战的战役来打，大田作物基本结束后，抓住农闲的有利时机，及早组织搞留地造田。1993 年春季全乡共完成 2420 亩，并全部种上晚田。这样，既加快了建设速度，又不影响当年效益。秋季农田基本建设大会战，从 10 月 10 日到 11 月 10 日，共一个月时间，新修梯田 4600 亩。在基本农田建设上，认真抓了质量标准，把"宁要高标准的一亩，不要低标准的一坡"作为行动的口号。乡农田基本建设指挥部根据夏季生态经济沟建设制定的奖惩制度，制定了严格的岗位责任制，实行领导干部包片、乡干部包村、村干部包具体任务的办法。会战期间，乡、村、组三级干部无特殊情况不准请假，离岗一次罚款 8 元，完不成任务的户，可以以资代劳，无故不出勤的劳动力，每天罚款 10 元，当时兑现。乡政府抽调乡机关干部 80 多人，深入村组，发动组织群众进行会战，和群众同吃、同住、同劳动，既当指挥员，又当战斗员。

二、几点收获

经过几年来的小流域治理、生态经济区建设和农田基本建设的实践，有以下几点收获。

1. 开发荒山，搞好水土保持是一项必须长期坚持的伟大事业

从 1985 年起，新地乡根据本乡特点，就确定了从流域综合治理起步、大力发展林草业的经济发展战略，充分发挥山多优势，走以山养林草、以林草促牧兴农、农林牧协调发展的良性循环路子。为解决认识问题，先后几次组织乡、村、组三级干部到喀喇沁旗通太沟、樱桃沟、狮子沟和金厂沟梁刘杖子等地参观学习，广大干部开阔了视野，提高了认识，增强了信心。几年来，乡党政班子几经换届，但治山治水的目标始终没有变，群众见到了效益，尝到了甜头，经过多年的集中治理、连续治理，生态环境有了明显改善。孟克河洪峰减弱，为下游的防洪减轻了压力。随着林草业的发展，改变了当地的小气候。16.8 万亩成幼林，4.5 万亩优质牧草郁郁葱葱。1993 年搞青贮牧草 106 万斤，为发展农牧结合提供了饲草保证。

2. 认真落实政策，是搞好山区建设的重要保证

在多年来的小流域治理建设中，制定了一系列相应的政策，来调动群众投资投劳的积极性，1989 年乡人代会通过的《关于在全乡范围内大力发展林草业的决定》中，提出了现有荒山"统一规划、任务到户、限期治理、谁治理谁受益、允许继承和转让"的措施。对远山、小流域通过大会战形式治理，由村委会统一经营，作为集体经济巩固下来。对于前几年承包给个人的荒山无力经营的，或没有治理的，由村委会统一收回治理或转包他人。所有这些政策，对鼓励集体和个人大搞山区建设，加快治理速度起到了积极作用。

3. 强化系统的功能，是搞好山区建设的重要手段

小流域及生态经济沟建设，涉及面广，难度大，要想处理好长远利益与近期利益的关系，就必须采取强化手段，否则就不能形成系统化，达不到目标，劳民伤财。因此，每次会战都坚持"六统一"的治理原则，即统一规划、统一标准、统一组织、统一指挥检查、统一技术指导、统一验收。根据各阶段的会战情况，制定奖惩制度和暂行规定，实行政策调动与行政干预手段，保证了各项工程建设任务的胜利完成。

4. 坚持劳务积累工，是加快山区建设的有效措施

大规模的山区建设，在没有资金扶持的情况下，调动群众的治理积极性，就要采取劳务积累工的办法，根据上级有关规定，将劳务积累工制度，作为一项基本政策、基本制度、基本措施，认真抓好，劳务积累工的使用，

做到定工、定时、建账、验收、兑现。多年的实践证明，坚持谁投资谁受益的原则，坚持劳务积累工制度，是加快山区建设行之有效的措施。

三、今后两项工作的进展设想

1993 年，旗委、旗政府授予新地乡农牧林水综合责任状一等奖。为肯定成绩，鼓励干劲，乡党委、乡政府在 1994 年春季召开的三级干部会议上，要求广大干部、群众在荣誉面前戒骄戒躁，发出继续大干苦干，继续抓好农业基础建设，提前达"小康"的号召。在会后及早部署，狠抓落实。4 月份，以造林种草、留地造田为中心，打响了全乡农田基本建设第一战役。全乡营造水保林 1.2 万亩，其中生态经济沟造林 0.4 万亩，工程种草 1.2 万亩，新栽果树 2.0 万株，大扁杏 2.1 万株，留地造田 2100 亩，垫地 98 亩，引洪淤地工程 2 处，春季各项工作的完成，为 1994 年全年的工作奠定了良好的基础。

新地乡党委、政府率领全乡人民继续大搞农田水利基本建设和生态经济沟建设，尽快地发展本乡的农牧经济，对今后发展的总构想：到"八五"期末全乡实现人均有林 10 亩，有草 5 亩，人均 10 株果树，平川村人均 1 亩水浇地，山区人均 2 亩基本农田，人均增收 300 元。在今后的工作中，将继续贯彻十四大精神，以小康为目标，以市场经济为导向，以提高经济效益为中心，强化农业的基础地位，大力发展两高一优农业，加快发展乡镇企业，积极发展第三产业，为实现提前达小康的目标奠定基础。为实现上述目标，一是要坚定信心，对农田水利基本建设及生态经济沟建设的指导思想毫不动摇，直到彻底改变本乡的农牧业生产条件为止。二是逐步制定和完善生态经济沟建设的经营管理政策，从政策上加强对农田水利基本建设和生态经济沟建设的引导，进一步调动广大群众投资投劳的积极性，使这项利在当代、功在千秋、造福子孙的伟大事业坚持下去。三是在减轻农民负担的新形势下，

新地乡梯田修筑工地

处理好减轻农民负担与加强劳务积累工管理的关系，把农民投工投劳直接与建设效益有机地结合起来，对规模大的远山流域继续采取集中会战形式，治理后承包到户或联户进行经营管理，实行统分结合的双层经营体制。

第四节　十一届三中全会以来治沙工作的进展

1991 年 5 月，敖汉旗人民政府对十一届三中全会以来的治沙工作做了全面系统总结。

敖汉旗位于科尔沁沙地南缘，总面积 1245 万亩，全旗辖 30 个乡镇苏木，总人口 53.8 万人，以农牧业经济为主体，总面积中，沙丘和沙化面积 259 万亩，分布在北部的 12 个乡镇苏木。风沙干旱是敖汉旗气候的一个显著特征，也是困扰敖汉旗农牧业经济发展的主要因素。为此，根治沙害、开发沙地就成了敖汉旗长期的战略任务。

从 20 世纪 70 年代开始，就把根治沙害、改变生态环境作为长期战略任务。开展了以造林种草为中心的治沙大决战。特别是十一届三中全会以来，加快了治沙步伐。在沙区造林 207 万亩（全旗共有林 430 万亩），占沙区总面积的 34.2%，沙区人工、飞播牧草保存面积 115.5 万亩（全旗人工、飞播牧草面积 160 万亩），使沙区有一半以上的土地得到了绿色植物的保护，十几年间林草覆盖率提高了 35%，取得了明显的治沙效果。1991 年全国绿化委员会、国家林业部、国家人事部授予敖汉旗"全国治沙先进单位"。

一、治沙取得的显著成绩

1. 生态环境改观

到 20 世纪 80 年代中期，沙化面积基本控制在 259 万亩之内，不再扩大。沙地类型由流动半流动沙丘向固定沙地逆转。到去年末，流动沙地由 15 年前的 57 万亩减少到 45 万亩，半固定沙地由 171 万亩减少到 64 万亩。固定沙地则由 31 万亩增加到 150 万亩。随着植被的不断恢复，生态环境好转，大风天数年减少 9.4 次，风速降低 0.52 米 / 秒，无霜期增加 5.3 天，降水量增加 22.9 毫米。

2. 社会效益显著

沙区的 70 万亩农田，150 万亩牧场得到了有效保护。人工种草大大缓解了牧场的沙化程度，以老哈河右岸的古鲁板蒿乡为例，这里过去是沙荒丘陵，几十里见不到一棵树。风沙滚滚吞没了刚刚播下的种子。农民万般无奈，只得在地边上打墙御沙，常常要到"立夏鹅毛住"才敢种，而且只能种些荞麦、糜黍之类的晚田，亩产不足百斤。玉米、高粱等高产作物根本无法种植。全乡也没有一亩水浇地。通过20年坚持不懈的努力，现在这个乡有林面积已达12.9万亩，占总土地面积的31.7%。其中农田防护林2.8万亩，主副带164条，构成482个网格，灌溉面积扩大到2.2万亩，平均单产在1000斤以上，成了"林成网，田成方，沙荒变为米粮仓"的好地方，是敖汉旗商品粮基地乡之一。素有"敖汉粮仓"之称的长胜乡，过去也是"沙漠巨广，树木罕稀，旱涝稍加，辄成灾区"之地，通过建设，现有农田林网289个，主副带850条，人工、飞播治沙11万亩，有效灌溉面积达8万亩，使这个乡成了全旗粮食产量最高的乡。预计"八五"期末可跨入"亿斤粮"乡的行列。这个乡的牧场面积在全旗最少，但由于有丰富的林副产品和人工牧草，饲养牲畜最多，大小畜达到4万多头（只），占全旗的十分之一，是敖汉细毛的主要繁育基地。敖汉旗唯一的牧区苏木——敖润苏莫苏木，总面积58.2万亩，70%的土地为流动沙丘，过去牧民生活十分困苦。1985年全苏木有122户，人均不足一头畜，有43户牧民无畜。1988年、1989年两年这个苏木造林4.3万亩，人工种草3.65万亩，飞播牧草10万亩，昔日的漫漫黄沙变成了莽莽绿洲，饲草连年有余，牲畜头数显著增加，牧民生活得到改善。

3. 经济效益突出

种树种草本身也给敖汉人民带来了直接的经济效益。现在，12个沙区乡镇苏木人均有林9.7亩，人均占有活立木蓄积5.1立方米，总价值8500万元，等于每人向"绿色银行"存款536元。随着树木的生长，这个数额还将逐年增加。过去，沙区用材奇缺，盖房搭屋，胳膊粗的木材也得上百里之外去买。因此只好搭"马架子"凑合，沙区以"马架子"为地名的地方不下四五处。现在，沙区木材销往辽宁、河北、山西等地。沙区畜均人工牧草2.1亩，年产优质牧草2亿斤以上。牧业完全摆脱了靠天养畜的状况，1989年大旱之年，牧业生产仍夺得前所未有的丰收。光草籽一项，年收入可达150万元，一些农牧户年草籽收入就达千元以上。此外，各沙区乡的13处柳编厂年产值85万多元，柳编产品打入了国际市场。1990年，全旗农业总产值达到1.9亿元，比治理前的1972年提高300%多。

二、治沙工作的突出特点

1. 强化领导、转变作风是治沙工作的根本

从 20 世纪 70 年代末开始，敖汉旗委、人大、政府、政协等几大班子领导统一思想，拧成了一股绳，对种树种草齐抓共管，并常抓不懈。尽管班子几经换届，主要领导几经更迭，这一战略从未改变。1978 年和 1982 年，旗委、旗政府两次做出了种树种草治理沙化的决定。1989 年，旗人大批准了旗政府《关于七年绿化敖汉的规划》，第一次把种树种草、治理沙化以地方法规的形式固定下来。几大班子的领导成员每个人在乡镇都有联系点，春季造林种草、夏季规划，都深入基层，真抓实干。这些领导同志一蹲就是几十天几个月。如全国"绿化奖章"获得者、政协主席孙加理同志带领旗政协全班人马，1990 年在四德堂乡抓种树种草，全年蹲点超过 200 天，这个乡获得赤峰市"玉龙杯"竞赛一等奖。旗人大副主任李儒同志，在离休前三年，带领工作队在敖润苏莫苏木治沙三年，使这个苏木"锁住沙龙"，基本实现脱贫，可他却病倒在岗位上。旗委、旗政府还把林草建设工作作为考核旗、乡、村三级干部政绩的一个主要指标，将治沙工作纳入各级党委、政府的议事日程，动员和组织群众积极投身到治沙事业中去。

2. 动员全社会力量，搞"治沙大合唱"是治沙成功的基础

治沙工作是群众性、社会性强的事业，必须通过政策、行政、经济等各种手段动员全社会力量共同努力，才能搞好。为此，采取了这样几项措施。

（1）加强宣传，典型引路。利用会议、广播、电视、标语简报、印发材料等尽可能利用的形式，为种树种草、治理沙害大造舆论，宣传先进典型。如春季造林，除旗里要召开动员大会外，各重点乡都要召开乡村组干部、党团员、人民代表等几百人参加的动员会议。组织到先进典型参观学习，同

北部沙区治沙工地

时，刻印小报、办橱窗，在大街小巷刷写标语，开展种树种草宣传月活动。通过大张旗鼓地宣传，在大气候上形成了"山雨欲来风满楼"之势。

有的群众说，种树种草治沙是"旗策"，咱们不干不行。农闲时节，全旗日出动十几万人，形成了群众性的轰轰烈烈的造林整地和治沙运动。通过宣传，也使各部门、各机关认识到在敖汉这样一个以农业经济为基础的旗县里，治沙工作不仅仅是林业部门的事，而是全社会的任务，需要形成合力，共同治沙。所以每到造林种草季节，各单位有人出人，有车出车，不讲任何条件，在全旗上下形成"治沙大合唱"。

（2）政策吸引和行政干预相结合。在治沙工作中，坚持了"谁治谁有，一次到户，过期不补，长期不变"的方针，用政策调动群众积极整地、筹款买种买苗，保证了治沙任务的如期完成。对造林所需种苗，改过去的无偿供给为半价扶持，使群众能够珍惜自己的生产投资，从而提高了质量。由于多治理多受惠，一定程度上也提高了群众的积极性。对一些人工草地和全部的飞播草地则推行了有偿使用。自1985年以来，已回收苗木资金150多万元。回收飞播经费141万元，这些资金再投入到治沙中去，有效地利用了资金扩大了治理面积。还鼓励群众搞林粮草间作，增加了群众收入。在全旗普遍推行了劳务积累工制度，各乡镇根据实际严格制定了各项规章。如群众不愿干的让地，干部不积极的让位，不出工的以资金拉平找齐，并坚决予以兑现。这些措施都有效地调动了干部群众的治沙积极性。

（3）集中力量突出重点。过去，敖汉旗存在着"造林不见林，种草仍无草"的现象，究其原因主要是地块分散，不易组织领导和监督质量，不易管护，也不能发挥整体防护治沙效果。为此，从急需治理、易于治理、干群治理积极性高的地区入手，采取重中有重的领导方法，"攥起五指为拳"集中力量，突出重点。每年确定几个重点治理乡镇，实行农牧统一规划，综合论证，提前搞好地块、树种、草种、权属、资金"五落实"，实行领导力量、时间、技术、种苗、物资"五集中、五倾斜"，一年大干，二年续建，三年扫尾。搞一批，成功一批，巩固一批。治沙战略上的持久战、战术上的歼灭战，保证了治理的效果和质量。重点沙害区的萨力巴乡是1985年抓的造林种草重点，一春完成造林4万亩，种草万亩，又经几年来的综合治理，有林面积达到19.35万亩，林木覆盖率由1983年的13%提高到31%。人工种草10万亩，林草面积达到30万亩，占总面积的43%。农牧场基本实现了林网化，繁茂的林带已发挥了防护效益，控制了风沙危害，亩积沙量由1984年前的 5 立方米下降到 1 立方米以下。

3. 科学规划综合治理是治沙成功的关键

治理沙地是一项系统工程，需要在大农业的背景下进行综合治理，而综合治理要以科学规划为基础，在科学治沙工作中着重抓了这样几个环节。

（1）山水林田路统一规划，农牧林水综合治理。在每年春季林结束后即确定第二年的综合治理重点乡镇，组成专门的规划队伍，由几大班子负责同志带队，对这些乡镇进行一次全面的踏查。经过分析论证，确定农牧林各业用地比例（农业用地上限为总面积的 20%，林业用地的下限为 40%，牧场的一半用于人工与飞播种草）。制订规划要细，在规划中通盘考虑气候、土壤、水利、人口、牲畜数量和畜群结构、经济状况等诸因素，兼顾长远利益，宜农则农、宜林则林、宜牧则牧，因地制宜，因害设防。确定后，就马上严格实施。一些乡镇为了保证实施，将规划拿到乡人民代表大会上讨论通过，科学规划为综合治理指明了方向，奠定了基础。牛古吐乡大五家村过去人均耕地 10 多亩，土壤沙化严重，是全旗有名的穷村。1980 年进行综合规划，压缩耕地，栽乔植灌，兴修水利，现在人均耕地虽只有 5 亩，人均收入却达到了 500 元。

（2）乔灌草合理配置。在治沙实践中，发现在乔木林带里风沙仍能贴地面侵入，若在林带两侧配置灌木，防沙效果则更理想。因此，根据不同情况，合理配置林草，如在植被盖度较高的沙地上栽植乔木；在植被稀疏、退化沙化严重的牧场上进行人工种草并增设林网；在大面积不易治理的半流动沙丘上飞播牧草和灌木；在流动沙丘上则采取围封育草和夹防风障，播种一些抗逆性强的沙蒿等植物，先增加植被盖度，然后再上乔、灌树种。针对过去沙区"植树一律杨家将，种草就是沙打旺"的林草品种单一的状况，有目的地引进推广了樟子松、沙棘、山竹子和禾本科牧草等树（草）种，结合乡土品种沙柳、柠条等，适地适树，适地适草。在带网片的配置上，也进行了不懈的探索，使林草布局趋于合理。由于采取草灌乔相结合、带网片相结合、造封管相结合、多树草种相结合、工程措施和生物措施相结合的治沙方式，其效果十分显著。如敖润苏莫苏木东荷也勿苏嘎查采用围封、飞播、播种灌木，造林种草等综合治理措施，共飞播牧草灌木 7.4 万亩，人工栽植灌木 2.5 万亩，营造乔木 6800 亩，围封草场 8.9 万亩，通过治理封护，大部分流动沙丘被封固，草牧场植被由原来的不足 30% 恢复到 60% 左右，草牧场产草量达到 1000 多万公斤，比综合治理前提高 5 倍多。在 1988 年、1989

年连续两年大旱的情况下，牲畜饲草仍自给有余，从而极大地促进了畜牧业的发展。牲畜数由 1987 年的 2700 头（只）增加到现在的 4469 头（只），人均收入也由 1987 年的 175 元上升到 400 元。

（3）全面推广抗旱造林和草业开发系列技术。在长期的治沙造林、治沙种草实践中，敖汉旗的林业工作者摸索出了在风沙干旱地区以大犁开沟为基础的抗旱造林系列技术。这项技术的推广大大加快了造林治沙速度和林木的生长速度，提高了林木成活率。近几年，每年新造林面积都在 20 万亩以上，每年造林面积相当于全旗解放初期的有林面积。1980 年至今，敖汉旗开沟造林 153 万亩。即使在 1989 年的特大旱灾之年，造林合格面积达 80%。过去沙区群众种草多以卖草籽为主要目的，70 年代中期草籽价格下跌，人工种草保存面积曾呈下降趋势。为使种草保持稳定增长势头，敖汉旗广大科技人员经过多年努力，研究出以顶凌种草、草田轮作、青刈青贮为内容的草业系列开发技术。近年来人工牧草保存面积稳步上升，特别是豆科牧草单独青贮的成功，填补了国内的空白。为实现绵羊舍饲提供了物质技术准备。敖汉旗豆科牧草年青贮已达 700 万公斤。它的发展势必引起敖汉旗畜牧业的一场革命，同时舍饲将使牧场得到休养生息、减少沙化。飞播牧草技术则使 50 多万亩沙丘得到了迅速治理。因此，科学营林兴草是治沙成败的关键。

4. 以提高经济效益为中心，建设生态经济型大农业是治沙工作的根本目的

过去，敖汉旗在治沙工作中曾吃过重生态效益、忽视经济效益的苦头。如国营三义井林场从建场到 1980 年的 26 年间造林 50 多万亩，70% 以上成了"小老树"，亩材积量平均不足 0.2 立方米，虽然有不可否认的生态效益，但每年却需国家拿出 40 万元的补贴养活这个林场。树越栽越小，路越走越窄。现实使我们逐渐认识到必须克服"有毛不算秃"的单纯生态型的观念，大力发展生态经济型林草业。几年来，在北部沙地营造速生丰产林 2.5 万亩，总价值 6000 多万元。如陈家洼子林场营造的九年生杨树胸径达到 16 厘米，亩蓄积量达到 6.15 立方米，等于该场有了十几万元的存款。现在，沙区的"小老树"正逐渐被速生型林种所取代。为提高商业经济效益，沙区乡镇还营造了果树、山杏等经济林 2.4 万亩，如长胜乡长青村去年在荒沙里开辟果园 500 亩。

本着"因地制宜、综合治理、防用并重、治用结合"的原则，近些年来在沙区里进行了区域性的农业综合开发。种植业上结合打井修渠、建扬水

站、畦田化、引洪淤地等农田基本建设，大力发展了高产作物和细粮作物。沙区的 12 个乡镇苏木已有保灌面积 19.8 万亩，占全旗的 60% 多，有 6 个乡镇被确定为商品粮基地乡。在沙区开发稻田 4.9 万亩，占全旗稻田的 61%，小麦达到 3.5 万亩，占全旗麦田的 51%。一批农业适用技术在沙区得到了大面积推广，养殖业上以粮草转化为突破口，大力进行了畜禽的商品生产小区建设。沙区里有 20 多个村依靠人工牧草，推行了绵羊的舍饲和半舍饲，不仅使牧场得到休养生息，也为种植业提供了大量的有机肥料，初步实现了"草多—畜多—肥多—粮多"的循环。在牧区则大力进行了小草库伦建设，已建成小草库伦 150 处。同时在沙区小草库伦中打小柴油机井，并用于灌溉草场和饲料地，这样不仅有效地控制了沙化，使牧民的收入也大大增加了。

5. 加强管护，是巩固治沙成果的保证

多年来，敖汉旗始终把保护森林草原、巩固治沙成果作为林草建设的首要任务来抓，过去提倡"三分造，七分管"，现在则提到了"一分造，九分管"的认识高度。旗乡两级政府都把这项工作列入重要日程。层层建立岗位责任制，制定严格的规章制度，建立了护林护草队伍，沙区乡镇苏木基本都建立了护林护草站，专兼职护林员已达 1915 人。各乡镇专门印制了护林护草公约，张贴在各户。出现毁林毁草事件，严格按规章办事，有的村墙上的标语写的就是"牲畜进入草地一次，罚款五元；啃树一棵，罚款十元"，这些措施在管护上都起到了保证作用。

1989 年、1990 年，旗政府还连续两次召开护林护草防火表彰大会，对先进单位给予了表彰。旗人大、旗政协还不定期组成视察组，到各乡镇视察治沙工程管护工作，发现问题，及时反馈给政府。对治沙工程管护不力的单位和个人，视情节轻重，分别给予通报批评、经济处罚等，有的还追究了领导责任。这些措施有力地巩固了治沙成果。

三、再鼓干劲，努力使治沙工作上新台阶

根据全国治沙工作会议精神，敖汉旗治沙指导思想：全面规划，分类指导，防治并重，综合开发，以科技为先导，以保护和增加林草植被为核心，彻底根除风沙危害，全面提高沙地效益。治沙目标：在 20 世纪末沙区 12 个乡镇苏木通过造林、人工、飞播种牧草，封沙育林育草，改良牧场等措施，使 260 万亩沙地全部得到完全治理，形成以林业为骨架、以草业为依托、以农牧业为主体的农牧林协调发展的现代化大农业的新格局。建立起新的、多

层次、高水平的防风固沙体系。在实施步骤上分两步走。第一步，在"八五"期间，通过造林种草、围封改良草牧场和调整农牧产业结构等综合措施，将北部沙地全部固定，同时完成整个沙区的农田、牧场草地防护林建设和村屯、公路绿化，使沙区人民实现稳定脱贫。第二步，从"九五"初到20世纪末在巩固"八五"治理成果的基础上，着眼点放在提高沙区综合治理效益上，通过农牧林水各业的协调发展，使北部沙区的生态环境发生根本性的变化。林草覆盖率达到60%，形成系统的生态农业，沙区群众生活达到小康水平。

为实现这一目标，要采取以下几项措施。

1. 要继续发扬持之以恒、坚持不懈的奋斗精神，继续坚持全党动员、全社会治沙的成功做法，继续运用突出重点、集中力量治沙的有效方式。

2. 要努力增加对治沙的投入。除积极鼓励群众向沙地投工投劳外，全面推行林草地的有偿使用，扩大治沙成果，做到"取之于土、建设于沙"。

3. 根据全国治沙会议精神，落实治沙总体规划，实行分类指导，对于已经建立起农田草场防护林网、沙化得到基本治理的地区要从巩固治沙成果，完善治沙措施入手，按照"治理与开发并重"的方针，优化产业结构，发展商品经济。对于未得到治理的流动沙地，则根据不同类型，进行沙、水、田、林统筹规划。采取人工种树种草、飞播种草、建小草库伦等综合措施予以根治。同时，要以治理促开发求效益，将科技贯穿于治沙工作的始终。

4. 进一步明确治沙目标责任制，制定和完善严格的奖惩措施。采取行政手段和经济手段相结合的办法，保证治沙任务的完成。要继续将治沙目标列入乡镇党委、政府任期目标责任制中，旗委、旗政府与乡镇签订治沙绿化责任状，并将其作为考核乡镇党政领导干部政绩的主要内容之一，增强领导干部的治沙责任感，使每个领导干部都做到"为官一任，治沙一方，致富一方"。

5. 依据《森林法》和《草原法》，研究制定切合敖汉旗实际的治沙工程管理办法，并由人民代表大会讨论通过，以尽快把治沙管理纳入法治化轨道。同时，进一步强化管理队伍建设，完善三级联网管护体系。对于破坏治沙工程的现象要追究领导责任，并对当事者给以严厉惩罚。

6. 大力调整农业的内部结构，搞好农林牧水的综合开发，向沙地要效益。具体措施如下。

种植业上，首先要杜绝广种薄收现象。大力压缩轮耕地，在集约经营、提高单产和建设基本农田上做文章。大力推广适用技术，并结合积造农家肥、秸秆还田、大周期的草田轮作等措施培肥地力，提高土壤有机质含量，丰富植被，防止因耕作引起土地沙化。

畜牧业上，要以种植优良牧草为基础，大力发展养殖业，对人工草和秸秆进行多功能、多渠道、多层次的加工利用，以获得最佳效益。

林业上，要建设完全的生态经济型林业，做到空间布局合理，林种比例合理，大力提高经济林的比重。樟子松达到18万亩，果树、山杏等达到25万亩，林业年产值达到8500万元，本世纪要达到占农业总产值的20%以上。

此外，在沙区还要大力发展庭院经济和农副产品加工业，乡镇企业产值要达到1亿元。

第五节　敖汉旗1992—2000年治沙总体规划

1991年12月敖汉旗人民政府制订了《敖汉旗1992—2000年治沙总体规划》。

一、基本情况及自然概况

敖汉旗北部沙地系科尔沁沙地南缘，分布在10个乡镇苏木的93个行政村嘎查，沙区总人口为170769人，共有劳力46505个，截至1992年沙区总面积为471万亩，其中农业用地84.3万亩，占17.9%。林业用地221.2万亩，占46.9%。牧业用地116.6万亩，占24.7%。其他用地49.5万亩，占10.5%。沙区总面积中有沙地259万亩，占沙区总面积的54.9%。按沙地类型分：固定沙地151万亩，占58.3%；半固定沙地62万亩，占23.9%，流动沙地46万亩，占17.8%。流动沙地多集中在沙区北部，形成沙丘。沙区南部则为固定、半固定沙地，该沙区土壤主要为非地带性的风沙土、草甸土和盐碱土。

党的十一届三中全会以后，敖汉旗委、旗政府加强了对"三北"防护林和治沙工作的领导，贯彻了各项林业方针、政策，推广了先进技术，广泛发动群众造林治沙，加快了治沙步伐，明显地改变了沙区的自然面貌，取得了一定的经济、生态和社会效益。现在，沙区的10个乡镇现有林已达到81.7万亩，占沙区总面积的17.3%，有5个乡镇现有林已占本乡总面积的35%以上，治沙造林在敖汉旗虽然取得了一定的成绩，但仍有108万亩流动、半流动沙地尚未固定。仍有19.1万亩土地潜在着沙化的可能。沙区仍有一部分群众受着风沙的危害。

二、治沙任务

按照"山水田路综合治理，统一规划，因地制宜，防治并重，治用结合，突出重点，讲究效益"的治沙方针，在旗有关部门的领导下，组成了规划队伍，对沙区逐地进行了实地规划设计。从 1992 年到 2000 年，共治理开发沙地 100 万亩，其中人工造林 21.5 万亩（含防风固沙林 16.5 万亩、速生用材林 2 万亩、经济林 3 万亩），封沙育林育草 33 万亩，飞播造林种草 25 万亩，人工种草及草场改良 20 万亩，开发利用水面 0.5 万亩。

建立西辽河流域杨树速生林基地 2 万亩，主要分布在古鲁板蒿乡 0.3 万亩、长胜乡 0.3 万亩、新窝铺乡 0.22 万亩、康家营子乡 0.25 万亩、双井乡 0.24 万亩、四道湾子镇 0.25 万亩、萨力巴乡 0.28 万亩、玛尼罕乡 0.21 万亩。

建立西辽河流域樟子松基地 5 万亩。主要分布在古鲁板蒿乡 0.5 万亩、长胜乡 1.5 万亩、新窝铺乡 1.0 万亩、康家营子乡 1.5 万亩、双井乡 0.5 万亩。

建立西辽河流域固定半固定沙地综合利用开发区 55.5 万亩，其中敖润苏莫苏木 13.97 万亩、长胜乡 7.9 万亩、新窝铺乡 6.46 万亩、双井乡 2.2 万亩、古鲁板蒿乡 2.22 万亩、康家营子乡 10.66 万亩、四道湾子镇 4.8 万亩、萨力巴乡 4.6 万亩、玛尼罕乡 2.59 万亩、治沙林场 0.1 万亩。

1992—2000 年治理沙地 100 万亩中，"八五"期间完成 58 万亩。其中人工造林 6 万亩（即防风固沙林 6 万亩）、封沙育林育草 30 万亩、飞机播种

北部沙区治沙造林工地

造林种 14 万亩、人工种草及改良草场 8 万亩。在"八五"期间完成的 58 万亩任务中，1992 年应完成 15.5 万亩，其中人工造防风固沙林 1.5 万亩、封山育林育草 8 万亩、飞播造林种草 4 万亩、人工种草及改良草场 2 万亩。

"九五"期间完成治沙任务 42 万亩，其中人工造林 15.5 万亩、封沙育林育草 3 万亩、飞机播种造林种草 11 万亩、人工种草及改良草场 12 万亩、开发利用水面 0.5 万亩。

三、实施措施

1. 加强领导，放宽政策

为了确保治沙任务列入乡党政目标责任制中，旗政府与乡镇苏木政府签订治沙绿化责任状。并将其作为考核干部政绩的主要条件之一，增强领导干部的治沙责任感，同时旗委、旗政府等几大班子领导也要深入基层，真抓实干。在加强领导的基础上进一步宣传落实党的各项林业政策，落实"谁造谁有谁受益，允许继承转让"和"一次到户，过期不补，长期不变"的政策，鼓励群众向沙地投资投劳，承包沙地进行造林种草，由旗到村层层签订责任状，兑现奖惩。

2. 集中力量，突出重点

每年抓 1—2 个乡，集中领导，集中时间，集中技术力量，集中树苗，集中资金，一切向重点乡倾斜，实行重点突出，一年大干，二年续建，三年扫尾。搞一批成功一批。

3. 搞好规划，依靠科技搞好治沙

因地制宜安排林种、树种和具体措施。措施上要先固定后造林，先草灌后针阔；在技术方面要先从抗旱风沙出发，采取开沟造林、沙障固沙造林以及飞播造林种草等。同时引进优良耐沙的树种、草种，引进先进的治沙技术，开展科学试验，提高造林治沙的速度和质量。

4. 多方集资，加强治沙的投入

采取国家扶持、地方配套、自筹相结合的办法广集资金。敖汉沙区人口少，沙乡任务重而经济贫困，需要国家扶持。但要克服依赖思想，树立自力更生的精神，将国家补助的资金一方面通过给种苗不给钱、使用种苗付半费的办法，作为国家扶持的一种形式，鼓励和调动群众拿钱买苗造林的积极性，扩大资金来源；另一方面，要重点使用，避免"撒胡椒面"，主要用于重点乡和重点项目（如飞播、围封）。

5. 建立种苗基地，大搞采种育苗

在现有种子基地的基础上，选择品种好、产量高的集中连片的易管理的地块，增加小叶锦鸡儿、沙打旺、山杏的采种面积。固定地块，采取集约经营、集中管理、专人看护，保证种子自足，争取援外。在苗木基地方面，以巩固国营苗圃为主，国营育苗与委托育苗（集体或个人）结合，加强技术管理，保证培育出适应性强的优质苗木，以满足治沙的需要。

四、治理目标

1. 生态效益

到 20 世纪末全旗沙地面积由现在的 108 万亩减少到 8 万亩，有林地增加 64.5 万亩，草场增加 35 万亩。其中增加防风固沙林 14.5 万亩，速生用材林 2 万亩，经济林 3 万亩，灌木林 45 万亩，随着植被的恢复，生态环境将大有改观。

2. 社会效益

通过治理，沙区的 84 万农田 116 万亩草牧场将得到有效的保护，从而改变沙区单一的农业，结束"立夏鹅毛住"才种大田的历史。亩产也将在过去不足百斤的基础上大幅度提高。

随着生态建设的发展，草牧场也向良性发展，鲜草产量由过去的不足 50 公斤 / 亩，提高到 800 公斤 / 亩左右。昔日的漫漫黄沙变成了莽莽绿洲，饲草连年有余，牲畜头数显著增加，农牧民的生活得到改善，到 2000 年，现在的沙区将成为"林草茂盛，牛羊肥壮，粮食丰收"的鱼米之乡。

3. 经济效益

种树种草治理沙漠也给敖汉人民带来了直接的经济效益，光牧草一项每年就可创造价值约 155 万元，使沙区年人均收入增加 9 元。随着树木的生长，三年之后可以解决部分烧柴。每年修枝按 1200 万公斤计算，可以增加收入 60 万元。同时，林木三年后也起到了一定的防风固沙作用，有效地保护了农田，从而提高了粮食产量。每年增产粮食按 77.5 万公斤计，可增加收入 31 万元，两项合计又可使沙区年人均收入增加 5.30 元。

从 1992 年到 2000 年，可以使沙区人均现有林增加 3.8 亩。人均占有活立木蓄积增加 1.3 立方米，等于每人向"绿色银行"存款 195 元。随着林木的成材，这个数目逐年增加。同时，随着牧场的改良，人工、飞播牧草的增多，使牧业生产摆脱靠天养畜的状况，沙区畜均牧草增加 1.4 亩。

总之完成 100 万亩的沙漠治理任务，不仅给敖汉人民的生产条件带来很大改善，也使人民的生活水平得到很大提高，平均可使沙区人均年收入提高近 50 元。

第六节　90 年代初五年生态建设的承启作用

1995 年 7 月 26 日，在夏季小流域治理动员大会上，旗委、旗政府对五年来敖汉旗生态建设的现实和今后的任务，进行了认真分析总结，进一步提出做好下一步工作要有清醒的头脑和继续奋斗的准备。

一、今后的任务

进入 20 世纪 90 年代以来，全旗各族人民在旗委、旗政府的领导下，经过艰苦的奋斗和不懈的努力，在农业基础建设上，特别是在生态建设上取得了令人瞩目的成绩，在很多方面已处于全市、全区以及全国的领先行列，多次受到了上级领导的表彰和奖励。从生态建设的总体看，敖汉面临的任务仍然是相当繁重的。

1. 在小流域治理上，全旗 703 万亩的水土流失面积中，现已治理 433.9 万亩，占 60% 以上，还有近 40% 的流失面积需要治理，按照每年 30 万亩的治理速度，最少还要十年才能治理完毕。

2. 全旗现有林地面积 458 万亩，还有 102 万亩的宜林地需要绿化，加之更新林种结构、进行残次林改造等任务，林业生产任务仍很繁重。

3. 全旗 259 万亩的沙漠化面积中，仍有 30 万亩流动沙丘没有治理，在已治理的 229 万亩沙漠化面积中，还有相当的数量受到重新沙化的威胁。

4. 全旗号称现有人工种草和飞播种草面积 150 万亩，据初步调查统计，已有 50% 的草地严重退化，加上人为毁草种粮等因素，说得严重一些，实际保存面积可能不足 60%。

5. 全旗现有水浇地面积 42.2 万亩，保灌面积 41.7 万亩，其中井灌面积 12.6 万亩，渠灌面积 29.1 万亩，水浇地面积仅占 222 万亩耕地的 19%，人均不足 0.8 亩水浇地面积。

6. 全旗现有水平梯田 49.8 万亩，只占耕地面积的 22.4%，其中标准较高能有水源保证的只占四分之一。

通过分析形势，对比今昔，查找不足，为的是正视现实，统一思想，继续增强农业基础建设的信心和决心，彻底从思想上解决满足情绪、厌战情绪和畏难情绪，决不能放松农业基础建设，一旦放松了，其他工作就失去了生存和发展的坚强基础。

二、做好六个方面工作

1. 加强领导，必须在班子内部形成共识

面对全旗农业基础建设出现滑坡趋势，旗委、旗政府已经从认识上统一了思想，决定加大工作力度，决不放松。在刚刚结束的旗委常委民主生活会上，常委们就农业基础建设问题进行了认真的讨论和分析，根据存在的问题，决定开展深层次的调查研究，准备从政策、措施上出台一个新的方案付诸实施，以此来推动农业基础建设再上新台阶。总之，农田草原水利基本建设上，步子不能缓，劲头不能减，质量不能降，措施不能软。实践证明，只要领导重视，工作就有成效。

2. 完善领导干部责任制

今后继续实行县处级领导干部包乡、乡镇领导干部包村的领导干部责任制，而且一包几年不变。旗委正在着手制定方案，按城乡两条线，今年30名县处级干部实行一人一乡、一人一村、一人一厂，一定数年。在此期间，人员变动，新上的人员接着包接着干。今年夏季一个月主要做好六件事：雨季造林4万亩，造林整地30万亩（其中国营3万亩），新建生态经济沟14万亩，草库伦50处，新打配井30眼，棚圈建设3500处，还有些水毁修复工程等。包点领导干部要对全年农业基础建设进行统筹安排，按照规划全年分段落实，突出重点，抓好当前的原则，搞好整个工作阶段任务的衔接。一些工作不要再等旗委的安排，不要等旗委下达任务再组织落实，这样只能是被动地工作，没有主动性和创造性。今后的农业基础建设大致可以划分为这样几个阶段，即春季造林—地膜工程—夏季小流域治理—农牧结合—秋冬农田建设会战，每位包点干部都要按照这几个阶段，抓好统筹规划，集中力量分阶段安排工作，明年造林任务能否完成，主要条件要看今年的造林整地，如果今年完不成整地任务，那么，明年的造林就是一句空话。

3. 认真搞好规划工作

规划工作是一项基础性工作，规划搞好了，在工作安排上才会有条理。从一些较好的乡镇来看，之所以工作开展得好，主要是规划做得细，有措施，有标准，有任务，有检查。而个别乡镇工作开展不力，原因之一就是没有规划，领导心中无数，任务不明，始终处于被动位置，所以要求各乡镇都要制订和完善规划，重新明确任务，重新制定措施，重新落实奖惩，把规划制订到年度上，制订到地块上。就是每年会战、每次会战都完成什么任务，完成多少任务，达到什么样的标准，采取什么样的措施，都要做到心中有数，一目了然。在规划中要求做到，水保治理与造林整地相统一，组织领导与技术服务相结合；水保想到造林，造林想到树种。规划和实施要坚持治满治严，先上后下的治理原则，先啃骨头后吃肉。

4. 要下力量抓好典型

各个乡部要抓好每个类型的典型最少一个。典型要有规划，高标准，规划科学合理，起码要有作业路，一是参观要方便，二是将来作业时方便。旗农委要注意发现和总结几个过硬的典型。

5. 加强监督检查的力度

监督检查是一种行之有效的办法，也是过去的成功经验。加强监督检查，首先要转变各级领导干部和主管部门的工作作风，走出办公室，到群众中去，到会战现场中去指导工作，切忌把加强领导落实在会议上，落实在口号上，要真正体现在行动上。为了便于检查管理，各地都要继续完善规划图，建档立卡，实行规范管理。以后检查，也可能是由乡里带路，也可能是抽档看卡。旗委、旗政府要组织几个专门小组进行检查评比，采取分期监督检查的办法，从会战开始，监督检查就要随即进行，每隔一段时间，就要进行认真的监督检查，这样便于发现问题，及时补救。如果等到会战结束了才进行检查，虽然发现了问题，也无力进行补救了。这次会战，旗里将成立三个检查组，深入基层随时进行检查，要求乡镇也要成立检查组，加强质量检查。这次在检查中对好的典型要进行表扬，对工作开展不力的地方要进行严厉批评和教育，决不迁就。

6. 要加强宣传工作的力度

现在有的同志认为，扎扎实实干工作，不用宣传，这是对必要的形式和实际内容的一种误解。要看到没有一定的声势，就没有充足的干劲，没有充足的干劲，也就不会有实际效果。要求宣传部牵头，开动所有的宣传工具，造成轰轰烈烈的声势，求得扎扎实实的效果。

第六章　生态立旗，全力推进"五个一工程"

　　党的十一届三中全会以来，中国经济发展高速增长，生态环境问题日益突出，党中央把生态环境的治理放在实施可持续发展的战略高度予以重视。1992 年 10 月召开的党的第十四次全国代表大会，提出，"要增强全民族的环境意识，保护和合理利用土地、矿藏、森林、水等自然资源，努力改善生态环境。"1995 年 9 月，江泽民同志在党的十四届五中全会闭幕时的讲话中明确提出，"在现代化建设中，必须把实现可持续发展作为一个重大战略。"1996 年 7 月 16 日，江泽民同志在第四次全国环境保护会议上强调，"经济的发展，必须与人口、环境、资源统筹考虑，不仅要安排好当前的发展，还要为子孙后代着想，为未来的发展创造更好的条件，决不能走浪费资源和先污染后治理的路子，更不能吃祖宗饭，断子孙路。"1997 年 9 月十五大报告中进一步强调，"我国是人口众多、资源相对不足的国家，在现代化建设中必须实施可持续发展战略。"在江泽民同志的重视下，2002 年 11 月党的十六大正式将"可持续发展能力不断增强，生态环境得到改善，资源利用效率显著提高，促进人与自然的和谐，推动整个社会走上生产发展、生活富裕、生态良好的文明发展道路"写入党的报

南部山区生态治理工地

告，并作为全面建设小康社会的四大目标之一。

20 世纪 80 年代以来，旗委、旗政府带领广大人民群众，开展了一场旨在改变生态环境和生产条件，以植树种草为主要内容的艰苦创业工程。生态建设取得巨大的成就，七年绿化敖汉的伟大目标已经实现，生态效益，经济效益，社会效益明显。林草业已经成为富民、富旗的重要产业，成为敖汉旗立旗之本。到 1997 年底，全旗有林面积达到 510 万亩，现存人工与飞播牧草面积 75 万亩，有林面积占全旗土地面积的 41%，259 万亩沙地基本得到有效治理，小流域综合治理面积达到 520 万亩，水浇地面积发展到 45 万亩，水平梯田 30 万亩，人民群众的生存环境和生产条件大大改善，农牧业综合生产能力大大增强。但是，从总体上看，敖汉旗在治理水土流失、建设生态农业方面还存在很多不足。1998 年 1 月，中共敖汉旗委员会、敖汉旗人民政府做出了《关于加强生态农业建设的决定》（五个一工程），坚持生态立旗不动摇，提出走好可持续发展之路，实现敖汉大地绿起来、活起来、富起来的奋斗目标，这个决定的出台标志着敖汉旗生态建设的第三次历史性大跨越。随着"五个一工程"的推进，涌现出一大批先进典型和精品工程。六道岭精神和十大精品工程是这一时期生态建设成果、经验的生动写照。

第一节　学习六道岭精神，推动一年三季会战

1996 年 7 月 5 日，旗委、旗政府召开全旗夏季农建会战现场会议，会上总结推广了王家营子乡六道岭村开展农田草原水利基本建设的典型经验，布署落实了当年夏季农田草原水利基本建设任务：进一步动员全旗广大干部群众按照已经确定的主攻方向和任务目标，坚定不移，振奋精神，鼓足干劲，保质保量完成农建会战任务，使敖汉旗农牧业基础建设再上新台阶，再创新水平，同时为明年农牧业生产打好基础。

通过多年的农田草原水利基本建设实践，敖汉旗各地涌现出一大批先进典型和成功的建设模式，如刘杖子、吴家窝铺、大五家、六道岭等的小流域治理，盖子山、百灵山、张家沟、窑子沟、萝卜沟等的生态经济沟建设，这些不仅是各级党委政府加大领导力度的结果，也是广大干部群众和工程技术人员不断实践的创举。

会上旗委、旗政府第一次提出学习六道岭。王家营子乡六道岭村，是近

年来生态建设中涌现出的一个突出典型，它充分体现了敖汉人民脚踏实地、苦干实干、不怕困难、挖山不止的精神。这是敖汉旗的治山治水的骄傲，也是敖汉旗的植树造林的动力，更是敖汉旗生态建设的前进方向。今后农田建设就是要大力弘扬这种精神，从根本上改变生态环境与农牧业生产条件。

学习六道岭，就是要学习他们脚踏实地，立足实际，不等不靠，自觉进行山区开发建设的精神。六道岭并没有得天独厚的自然条件，相反，过去这里山河破碎、沟壑纵横，水土流失面积占总面积的95.3%，每平方公里沟道长15公里，水土流失侵蚀模数达到5000吨/年·平方公里，属最严重的水土流失区。在这种恶劣的自然条件下，他们没有怨天尤人，积极主动地向荒山开战，从而找到了一条适合自己的也是唯一的一条脱贫致富之路。对照六道岭的这个典型，就要找到自己的差距，认识到开发"五荒"、建设"五荒"是最大的脱贫工程，最广阔的致富之路，增强开发"五荒"、建设"五荒"的紧迫感和责任感。

学习六道岭，就是要学习他们苦干实干、不怕困难的精神。一个只有200多户、900多口人、300多名劳力的小村，在短短的三年时间里，动用土石方40多万方，治理荒山近万亩，而这些荒山大多是远山、石质山，治理难度很大，看了他们的典型，有助于克服存在于部分同志头脑中的畏难情绪，增强领导广大群众大干快上的信心。

学习六道岭，就是要学习他们不满足于现状、挖山不止、勇往直前的精神。1993年至1994年，他们投工3.6万个，动用土石方30万立方米，历时125天建成了700多亩的第一经济沟；1995年秋天又奋战50天建成了第二经济沟，今年又开始实施沟道工程，基本达到了治满治严。对照六道岭精神，绝没有理由产生自满情绪、厌战情绪，从而导致行动上故步自封，裹足不前，而是要坚持过去的成功经验，坚持一届接着一届干，换届不换蓝图，换人不换目标，一张蓝图绘到底。还要清醒地看到，虽然敖汉的绿化工作取得了较大成绩，但与先进地区相比，仍然有很大差距。广东全省消灭了荒山，河南、湖北的一些县市，绿化面积占总面积的70%以上，和相邻的辽宁省建平县比，从直觉上看，荒山绿化就比敖汉要好得多，切不可在成绩面前沾沾自喜、骄傲自满。

六道岭的生态经济沟建设，应用了多年搞小流域综合治理积累的经验，并有自己的创新，他们的治理标准比较高，坚持了几个结合：一是工程措施与生物措施的结合，工程措施结束后，马上上生物措施。这里值得提出的是，近年来部分地区搞小流域治理忽视了种草问题，这是既不讲科学又不讲效益的做法。人类对生态环境的破坏顺序总是先大后小，即先砍树，后除灌，终搂草，而对生态的恢复则须反其道而行之，以草灌乔为序，这样有利于迅速恢复植被。二是生态效益和经济效益相结合，现在，六道岭村的两条经济沟70%以上为经济林，预计到 2005 年，产值可达 200 万元左右，户均 1 万元，人均 2000 元，这是相当可观的数字。三是长期效益和近期效益相结合。六道岭的经济沟内，既有三五十年见效的松树，又有三五年获利的果树，还有当年即可获得收益的粮经作物，长短结合，有利于调动群众治理与管理的积极性。他们的这些经验，都值得去学习，以便应用于今后的治理会战。

会议提出了夏季会战时间和任务的基本要求：时间是 7 月 20 日到 8 月 20 日。具体任务是完成小流域治理 30 万亩，建设生态经济沟 13 万亩，打配机电井 20 眼，雨季造林整地 18.2 万亩，人工种草 22.75 万亩，棚圈建设 2500 处，建设五配套小草库伦 40 处，积造农家肥 14 亿公斤，完成新惠至长胜 70 多公里的公路改造。

旗委、旗政府要求各乡镇深入实地搞好规划，规划是先导，是实施各项会战任务的重要依据。切合实际的规划能够正确地指导全旗有效地开展工

南部山区六道岭生态综合治理工程

作，减少盲目性，减少失误和被动。从现在起，农口各中心和有关部门要抽调大批技术人员深入乡镇、深入实际，制定出切实可行的规划方案，造林整地前要全面搞好规划，严禁不经规划就盲目施工，防止劳民伤财现象的发生。规划设计要图、表、书俱全，形成技术档案，作为检查验收的一项主要内容。这项工作时间长、任务重、涉及面广，水利、林业、畜牧等部门都要提前上岗，集中精力，抢时间，争速度，务必于会战前完成规划任务。

山区沙区水利建设规划，要突出为明年地膜覆盖坐水点种的水源工程规划设计，如现有工程的挖潜改造规划，有计划地修复、更新，旧井、扬水站等，有效地扩大灌溉面积；山泉水、小溪水、冰雪水等零星水源的拦蓄规划；根据水源修建各类型蓄水池、方塘的规划；利用水库、塘坝、河流、渠道水，发展小型扬水站的规划；小土井的打配规划等。要做到工程项目水源可靠，技术可行，经济合理，以小为主，先易后难，突出近期经济效益，尽量缩短坐水点种运水距离，充分发挥各类水源工程的最佳效能。

各乡镇苏木在搞好规划的同时，必须根据旗里的方案、建设重点及任务，制定切实可行的处处有着落的夏季农田草原水利建设规划方案，以此为基础和依据，推动今年夏季农建工作扎实开展，保证圆满完成既定任务。

第二节　贯彻全国、全区生态建设会议精神，推出"五个一工程"

1997 年 10 月 15 日，旗委书记张智在全旗夏季小流域治理拉练检查与秋季农田水利基本建设动员会上的讲话，分析了敖汉旗生态建设存在的主要问题，提出了实施"五个一工程"生态建设的设想。

1997 年 8 月 13 日，全区山区、沙区生态建设现场会在赤峰召开，会议重点参观了敖汉旗山区、沙区生态建设先进典型，明确指出：两区建设的深远意义及指导思想、奋斗目标、建设原则、政策措施。8 月 29 日—9 月 1 日，国务院在陕北召开了全国治理水土流失、建设生态农业现场经验交流会，传达江泽民同志、李鹏同志关于治理水土流失、建设生态农业的重要批示，会议提出要深刻领会批示精神，统一思想认识，加强改善生态环境的紧迫感和责任感。在这个大背景下，会议认真总结了敖汉旗几十年生态建设的经验和教训，就如何贯彻落实全国、全区会议精神进行了部署，提出"不移创业之志，再固立旗之本"，完成 20 世纪山区治理面积 510 万亩，造林保存面积 560 万亩的既定目标，再现一个"沙柳浩瀚、柠条遍野、鹿鸣呦呦、黑林生风"的敖汉旗。

一、敖汉旗生态建设存在的主要问题

1. 在旗乡村三级干部群众中，或多或少地、或明或暗地产生了自满情绪、厌战情绪、畏难情绪。有的认为干得不错，别人撵也得撵一阵子，露出了骄傲自满的苗头；有的认为干得差不多了，可以松口气、歇一歇了，产生了简单应付的心理。个别乡村干部干脆声称没有宜林地了，不需要再治理了；有的地方治理任务较重或较难治理，产生了畏难情绪；还有的人认为大力发动群众治山治水和 1996 年的中央 13 号文件减轻农民负担的精神不符，不敢放手发动群众大干。这几种情绪是认识上的主要差距，也将成为下步工作的最大障碍。

2. 建设过程中产生了一些新的矛盾和问题。从小方面讲，农、林、牧三者之间出现了新的矛盾，造林种草占了牧场，短时间内都需要封育起来，已成林的地块又没有放开，使牧业发展受到了限制；生态建设使部分地块又重新具备了起码的耕作条件，使种植面积重新膨胀起来，广种薄收、粗放经营的现象重新抬头。

3. "两区"建设的难度越来越大。主要表现在以下三方面：一是地块分散，多为远山、石质山，仍处于强烈发展中的流动沙地，治理起来费时费力，发挥效益慢。二是治理任务大的地方多数恰恰是人口较少，如敖润苏莫苏木，总人口不足 5000 人，尚有十余万亩流动沙丘需要治理。三是资金投入很难有大的增加。国家投入在逐年减少，地方财政困难，农牧民收入增长不快，自筹能力低下，村级集体经济薄弱甚至"空壳"，而育苗成本不断增加，苗木价格提高，治理缺乏必要的机械而无力购置等，将对治理的速度与效果产生较大的影响。

4. 偏重于生态效益。对经济效益注重得不够，综合治理、综合开发的程度低，缺乏生态经济社会三大效益显著、规模大、标准高、质量好的精品工程。就目前而言，有林面积已占总土地面积的近 40%，但林业产值只占农业总产值的 10%，虽然初步解决了"绿起来"的问题（并不是说很好地解决了绿起来的问题），而远远没有解决"活起来""富起来"的问题。在治理模式上没有达到山水田林路综合配套，往往是坡面工程过硬，沟道里没有什么工程，啃掉骨头丢了肉，缺乏陕北那种治满治严的精神。

5. 基本农田建设的差距太大。敖汉绝大部分水平梯田和考察所见的对比，充其量只能算作"埂田"，过分强调"埂如线"，宽幅整齐划一，使田面平整的土方量变大，结果很难做到"平如镜"。归结起来是"标准低、数量少、步伐慢、地块散"，能够有灌溉条件的更是少之又少。北部的沿河平川区，也需要大力平整土地，整修渠系，搞节水灌溉，使本来很贫乏的水资源未能得到很好的利用。

6. 需要有一套比较完整的政策措施和生态农业发展规划。过去曾经有过一些地方制定的林草政策，也切实发挥过巨大的威力。而生态建设发展到今天，老政策已显得与现在的情况不相适应，全旗上下思想还不够解放，"五荒"拍卖工程进展很慢。现在的情况：行政干预多于政策调动，被动应付多于效益吸引，大多数情况还是"要我干"而不是"我要干"，群众的投资投劳积极性没有得到充分的发挥。1989 年，旗政府制订的《关于七年绿化敖汉的规划》，经人大常委会批准实施后，目前已基本实现，下步生态建设如何搞，达到一个什么样的目标，亟待制订一个科学合理的规划。

二、贯彻全国全区生态建设会议精神

根据全国、全区生态建设会议精神，学习陕北经验，结合敖汉实际，下一步工作总的奋斗目标：实施生态建设"五个一程"，使敖汉进一步绿起来、活起来、富起来。为此提出以下几点：

1. 反骄破满，进一步增强搞好生态建设的责任感、紧迫感

（1）要正确对待生态建设上取得的成就。成就巨大，值得自豪，上级给了很大的荣誉，充分肯定取得的成就，区内外不少旗县来敖汉旗参观、考察，这些都是极大的鼓励和鞭策，同时也提出了一个必须认真回答的问题："全区学敖汉，敖汉怎么办？"

一定要有清醒的头脑，进一步增强责任感、紧迫感，重新认识自己，重新认识旗情，一定要注意克服骄傲自满情绪，要防骄，要破满。全区会议、陕北会议已将生态建设、可持续发展列为国家、各个地方特别重要的议事日程，肯定会有大动作、大力度、大发展，一念之差，就会落伍。

（2）要有强烈的历史责任感。历史已经把这一代人推到了各级各类领导岗位上，这是上级领导的信任，人民群众的期望。为官一任致富一方，干部的责任和义务就是让这一方绿起来、活起来、富起来，否则将愧对上级领导的殷切希望，愧对家乡父老。实现敖汉绿起来、活起来、富起来，也是敖汉

的旗情所决定的，这是实现可持续发展，进一步拓展生存空间的需要。由此可见，保护生态、保持水土、植树造林的重大意义在于，它是农业、经济、社会发展的前提，是为子孙留下生存之本的唯一选择，是治理江河、防灾抗灾的治本之策，是扶贫攻坚的根本，是改善生态环境的主体工程。历史的责任就要求必须作为长期坚持的基本方针，坚持不懈、锲而不舍、义无反顾、深入持久地抓下去。这项工作只能加强、不能削弱，只能前进、不能后退，这是历史赋予的责任，也是人民群众的永久企盼。

（3）要有强烈的现实紧迫感。从现实看，离绿起来、活起来、富起来还较远。沙化和水土流失并没有彻底控制住，有些地方甚至还很严重，特别是还有近300万亩的荒山需要治理，困难重重，任重而道远，没有紧迫感是不行的。

2. 尽快制定和完善政策措施，制订规划，确定奋斗目标，打一场攻坚战

陕北的经验表明，一条好政策，一个好规划，是打胜攻坚战的关键，这是应该认真借鉴的地方，当前应解决好三个事情。

（1）由旗委办牵头尽快起草制定一个《关于加快全旗生态建设的决定》，决定的起草要广泛征求各方面的意见，各乡镇、各部门集思广益，献计献策。

（2）关于奋斗目标的提法，要抓好生态建设"五个一工程"。即到2002年，五年内全旗完成新造林合格面积100万亩，种草保存面积100万亩，高产高效基本农田达到100万亩，牲畜饲养量达到100万头（只），农牧民人均增收1000元。

实施"五个一工程"，经过奋斗是能够实现的。第一，全旗现有林面积510万亩，按绿化达标到20世纪末达到560万亩，森林覆盖率为45%，还有60万亩的任务量，但现在全旗还有近300万亩的治理面积，宜林面积100万亩以上，同时再搞退耕还林，在五年内完全有可能完成115万亩，使有林面积达到625万亩，森林覆盖率将达到50%。第二，过去的种草保存面积曾经超过100万亩，只是近几年有所减少，只要搞好退耕还草和扩大新的种草面积，必能恢复到100万亩的保存面积。第三，现在讲有50万亩水平梯田，但合格的也就是30万亩，还有70万亩的任务，按乡分配每个乡2.33万亩，五年中每年5000亩的任务，按300个村分配每个村2300亩，五年中每年500亩的任务，如按150个村分配每个村5000亩，五年中每年1000亩。如果走留地造田的路子，肯定能完成任务。第四，牲畜存栏100万头（只），这是旗委提出第二次创业的目标，只要搞好秸秆转化和走舍饲的路子，也是能实现的。第五，农牧民人均年增收200元是自治区党委提出的，这本身就

是经济工作的落脚点。虽然是五年任务，但有的要力争三年内完成，即到20世纪末，特别是提出的灭荒目标，要在三年内实现。上述任务要分解到各乡镇苏木，对于提前完成的给予重奖。任务的分配不是平均的，因地制宜，分类指导，有造林重点乡镇，有修田重点乡镇，有治沙治水重点乡镇。

（3）认真搞好规划。即实施"五个一工程"的规划，把任务分解到乡镇苏木。规划的制订要自下而上，上下结合，年底完成规划的制订。规划出来后，要在春节后召开专题会议进行研究，逐乡镇进行敲定，然后经过旗、乡两级人代会讨论通过，以法律形式确定下来付诸实施，作为一届接着一届干的蓝图。此项工作要求各乡镇苏木从现在起，就要抽调专人组成规划组，逐村查清总面积、现有林面积、现有耕地面积、现有草地面积、村庄道路占地面积、裸露岩石面积、放牧场需造林治理的面积。各乡镇在此基础上，提出五年治理规划，经旗里确认后，批准规划的实施。为了搞好规划工作，旗政府办、农牧委要牵头负责，农、牧、林、水、机、土地等部门配合工作。

3. 突出建设重点，实施分类指导

由于各个乡镇的情况不一样，不能强求划一，要根据任务的差异，突出各自的建设重点。北部几个治沙任务大的乡镇，要把治沙作为重点；中部几个治田任务大的乡镇，要把治田作为重点；南部几个治山任务大的乡镇，要把治山作为重点。当然这是就全旗而言突出的重点，有的乡镇可能有两个重点，一个乡镇各村的情况也不一样，所以要求实施分类指导。每年将确定一批造林重点乡，亦是水保重点乡；确定一批基本农田建设重点乡，其中要有扩大水浇地重点乡和修水平梯田重点乡，集中力量打歼灭战。然后实施重点转移，全面完成造林、基本农田建设各100万亩的攻坚任务。

4. 要敢于组织大会战，打歼灭战

这是陕北、延安的一条重要经验。延安枣花流域四个乡33个村连乡大会战，得到了姜春云同志的肯定。敖汉的一些地方非常适合连乡会战，如王家营子、大甸子、宝国吐、敖音勿苏就可以搞连乡的流域会战，北部的敖润苏莫、长胜、新窝铺、双井、康家营子等乡则可搞防沙治沙连乡大会战。要充分发挥社会主义制度的优越性，在农村生态资源国有或集体所有的条件下，全旗党政机关、各级干部要解放思想、放开手脚、相信群众、依靠群众，用好劳务积累工等相关政策制度，敢于担当、敢于组织较大规模、各种形式的集体生产劳动，来解决前进道路上的重大疑难问题，做好做成几件大事，以推动生态建设的健康发展。

要让广大群众知道，今天从事的事业，是一项造福子孙后代的事业，是历史赋予我们的责任和义务。

5. 发扬敖汉光荣传统，真抓实干

搞好生态建设，最根本的是各级领导带头苦干，发动群众苦干。各级领导干部要发扬敖汉光荣传统：一届接着一届干，换班子不换规划。今后可以建立各级领导干部生态建设政绩档案，让老百姓作证，让青山作证，以激励自己，激励他人。一级干给一级看，发挥领导的表率作用，特别是通过抓典型，发挥辐射带动作用。今后旗、乡、村三级干部都要抓好造林绿化点、山区治理点、扶贫开发点、农牧结合点、脱贫致富奔小康的典型。特别是要抓重点工程，并使之成为"精品工程"，书记、乡长、分管乡长、水利站站长、林业站站长都要有自己的"精品工程"。

会战期间，旗里将不再召开会议和组织外出考察活动，要求各乡镇也要按此要求认真执行，领导干部必须坚守岗位，少休假日，不能周一去周五走，像个"走读生"，这一问题应引起组织部门的重视。

6. 生态建设一定要打总体战

推动全旗生态建设再上新台阶，既是一场攻坚战，又是一场总体战，需要全旗上下树立"一盘棋"的全局观念，有关部门各尽其职，各负其责，协调配合，动作一致，各出其力，各记其功。要淡泊名利，谁干得好，谁干得坏，老百姓是最清楚的，天地之间有杆秤，历史是会记住的。作为共产党人，人民的公仆和勤务员，没有必要去争名夺利。

7. 加快科技兴林步伐

敖汉是科技兴林示范县，这是一次良好机遇，要抓住这个机遇加快科技兴林步伐。

（1）加快"小老树"更新改造的步伐，营造经济林、速生丰产林，以获取经济效益。更新改造需要有计划地进行，绝不能像个别地区林地皆伐后，沙子又卷土重来，以破坏生态为代价。

（2）要调整林种草种结构，增加经济林、灌木林的比重，改变树种草种比较单一的状况。自治区副主席张延武在看了黄羊洼后，动员要以灌木林和经济林为主，有关部门可以考虑能不能落实。各有关部门要有目的地建立一些植物园、新品种培育基地，引进各类树草品种，哪些品种适应性强、见效快，经济效益高，就重点推广哪些品种，在这方面各级都要舍得花一点本钱。

（3）要搞好森林病虫害防治工作，以保护多年的建设成果。

第三节　坚持"三大、三高"总体要求，实施"五个一工程"

1998 年 1 月 8 日，中共敖汉旗委员会、敖汉旗人民政府做出了《关于加强生态农业建设（五个一工程）的决定》（以下简称《决定》）。

《决定》科学总结了五十年来生态建设的形势，指出，经过几代人数十年的艰苦奋斗和不懈努力，敖汉旗的生态建设取得了令人瞩目的成就，实现了第一次创业的伟大目标。但是，从总体上看，敖汉旗在治理水土流失、建设生态农业方面还存在很多差距：一是风沙干旱、水土流失、土质瘠薄的生态环境尚未彻底改变，仍然是敖汉旗农牧业经济发展的最大制约因素，现还有 200 万亩水土流失面积未得到根治，且地块分散，多为远山、石质山，还有 14 万亩流动半流动沙地亟待治理，还有 100 多万亩宜林地块尚未植树造林，一些已上工程措施的流域因后续措施没跟上也不同程度地遭到破坏，生态建设的难度越来越大。二是在旗乡村三级干部群众中，不同程度地存在着自满情绪、厌战情绪和畏难情绪。三是农林牧三业间出现了新的矛盾，牧场变小，广种薄收、粗放经营现象重新抬头。四是偏重于生态效益，对经济效益注重不够，综合治理综合开发水平低，缺少生态、经济、社会三大效益显著、规模大、标准高、质量好的精品工程。五是基本农田建设标准偏低，水平梯田建设任务很大，节水灌溉力度较小。六是产业链条太短，农牧林各业仍然是一个不断重复的简单再生产过程。

《决定》明确生态农业建设的指导思想：遵循生态平衡规律和市场经济规律，巩固农林牧三元结构的大农业格局，以土地资源为依托，以科技为先导，实行山水田林路综合治理，农林牧副渔全面开发，追求经济、社会、生态三个效益的统一，逐步实现产业化，走通一条"林多草多—畜多肥多—粮多钱多"的可持续发展之路，实现敖汉大地绿起来、活起来、富起来的目标。

《决定》明确生态农业建设的奋斗目标是实施生态农业建设"五个一工程"，从 1998 年开始，用五年的时间，再造林 100 万亩，人工种草保存面积达到 100 万亩，牧业年度牲畜存栏达到 100 万头（只），高产高效基本农田达到 100 万亩，农牧民人均增收 1000 元。

《决定》要求解放思想，树立几种新的意识：

要树立可持续发展意识。要正确处理生态农业建设同人口、资源、环境的关系，坚持走可持续发展之路。要把全旗干部群众的思想统一到加强生态农业建设上来，加快生态农业建设步伐。

要树立农、林、牧三元结构意识。农林之间的相互依存关系、农牧之间的互补制约关系、林牧之间的交错连带关系，构成了农、林、牧三元结构大农业格局中各业间紧密而复杂的内在联系。"三业"围绕土地资源的开发利用做文章，必须实现彼此交融、相互促进和协调发展，是敖汉旗生态农业建设的根本方向。

要树立综合开发和综合效益意识。生态建设必须坚持农林牧副渔全面开发，山水田林路综合治理，从而获取最佳综合效益。

要树立科教兴旗意识。真正把经济建设转移到依靠科技进步和提高劳动者素质的轨道上来。

一、《决定》提出了"五个一工程"的保证措施

1. 坚持因地制宜，实施科学规划

与全旗国民经济和社会发展总体规划、全旗城乡建设总体规划相呼应，出台切合旗情、具有敖汉特色的生态农业建设总体规划，明晰全旗生态农业建设的指导思想、建设方针、总体布局及主攻方向。针对北部沙漠沱沼区、中部丘陵半山区和南部山区的不同区域、不同特点，分门别类搞好踏查和规划。规划的制订要自下而上，上下结合，反复研究，充分论证，逐乡镇进行敲定，经旗人代会讨论通过后付诸实施。

2. 退耕还林还草，建设基本农田

各乡镇苏木要根据各自实际情况确定各村组的人均耕地面积，总的要求是人均耕地面积不超过6亩，个别贫困村可适当增加，并坚持长期不变。15°以上的坡耕地一律退下来种树种草，五年内退耕50万—60万亩；3°—15°之间的坡耕地，要按计划建成水平梯田。宜林宜牧的，可以开辟成人工灌木疏林牧场。

3. 加强林业建设，实现绿化达标

植树造林要坚持规划科学化、苗木良种化、生产正规化、质量优良化的要求，做到项目落实、任务完成、质量合格、效益达标。要改变单一树种结构，大幅度增加速生丰产林和经济林比重，把发展工业原料林提上日程，以满足林产品加工业的需求。

加快治理进程，大打绿化灭荒攻坚战，力争在三至五年内，把境内荒山荒坡全部造林覆盖，到 21 世纪初实现绿化达标，森林覆盖率达到 45%。林业部门要负责灭荒的总体规划、技术指导和检查验收，水利部门要负责渠道、库区绿化，农业部门要搞好农田林网建设，交通部门要与有关部门密切配合搞好"4411"绿色通道工程建设，城建部门要搞好城区绿化，共青团、妇联、武装部门要在林业部门的指导下组织开展好"户造一亩林"活动。

4. 追求三大效益的统一，搞好小流域综合治理

努力实现生态型向生态经济型的转变，小流域综合治理要坚持生态、社会、经济三大效益并重，突出抓经济效益，做到规模一次到位、治理一次成功、质量一次达标，体现综合治理、综合开发和综合效益。要鼓励林农、林牧、林草、林药等立体种植和复合经营，向坡面和沟道要效益。

小流域综合治理要严格坚持二十年一遇的标准不能降，治满治严的要求不能变，要做到工程措施和生物措施一齐上，只上工程措施未上生物措施的一律不予验收。治理顺序可以先山上，后山下；先坡面，后沟道；先支沟，后主沟；先治山，后治田。每年要以村为单位搞留地造田。

5. 坚持一年三次大会战，实施生态农业建设接力赛

继续不遗余力坚持每年三次的生态农业大会战，每年旗里都要根据不同情况确定造林重点乡、小流域综合治理重点乡、基本农田建设重点乡、农牧结合重点乡，按各自的规划打攻坚战，精心组织，狠抓落实。

梯田建设联村会战工地

为了解决人口偏少与治理面积和难度比较大的矛盾，加之水平梯田建设任务比较大，可以在全旗范围内以乡、村为单位搞联乡、联村大会战，大打生态建设歼灭战，采取"出工记账、以工还工、大体平衡"的办法，集中会战，轮流受益。

要继续保持"一任干给一任看，一级带着一级干、一张蓝图绘到底"的优良传统，实施接力赛，打一场生态农业建设的持久战，不获全胜不罢休。

6. 多渠道筹措资金，努力增加投入

坚持国家、集体、个人一起上，以群众投资投劳为主、国家投入为辅，多层次、多形式、多渠道筹措资金，旗、乡两级财政要根据财政收入情况，不断加大对生态农业建设的投入。

要解除发动群众搞生态建设是不是增加群众负担的疑虑，依靠群众自力更生为主。加快生态建设不是增加群众负担，而是群众彻底摆脱贫困、改变子孙后代命运的根本利益所在。要制定合理的劳务积累工定额标准和投工数量，完善劳务积累工制度，凡用于生态农业建设的积累工不视为增加群众负担。

7. 实行优惠扶持政策，调动各方面积极性

生态农业建设必须坚持以家庭联产承包责任制为主的统分结合的双层经营体制，对所治理的土地实行谁治理、谁开发、谁受益以及允许继承、转让和长期不变的政策，多种经济成分并存，多种经营形式并有。积极推行股份合作制，鼓励并允许乡镇苏木、村嘎查和社会各部门、单位及个人，以土地、劳力、资源、资金、种苗、机械、技术等为股份，合作治理开发，共同投入，共同管理，共同受益。

对于荒山、荒沟、荒沙、荒滩、荒水（以下简称"五荒"），要积极鼓励和推行家庭承包、联户承包、集体开发、租赁、股份合作和拍卖使用权等多种方式，加快治理开发。对集体所有的"五荒"资源，要统一规划、统一管理，可以实行谁治谁有、长期不变、一次到户、限期治理的政策，也可以统一建设、分户经营。允许城镇单位、个人和外地单位、个人承包"五荒"，并享受同样政策待遇。"五荒"谁买谁治、谁治谁有，由村级集体经济组织发包或拍卖，乡政府审查并登记造册，由土地、林业等部门颁发土地使用证和林业产权证。"五荒"使用权一定50年不变。

8. 加大执法力度，依法保护和管理生态建设成果

林业、水利、农业、畜牧、土地、环保、宣传、教育、司法、新闻等

部门要广泛深入开展生态农业建设法律法规的宣传教育，树立防沙治沙、改善生态、保护家园和林业立旗意识，教育和引导人们依法自觉保护生态建设成果。

要加强执法队伍建设，加大执法力度，严厉打击和查处破坏生态、破坏植被的违法行为。

9. 加强组织领导，实行生态农业建设责任制

旗委、旗政府成立生态农业建设协调领导小组，小组办公室设在农牧委，由农牧委履行统筹协调职能，主要负责统一规划、调查研究、经验总结、情况通报、综合协调和监督检查。各有关部门按照"各负其责、各投其资、各记其功、各受其益"的原则，实行分工协作责任制。林业部门负责造林绿化、封山封沙育林、林种更新、育苗等林业生产任务。水利部门负责水利工程、节水灌溉、水面开发、水平梯田建设、小流域综合治理等任务。农业部门负责中低产田改造、农业技术推广等任务。畜牧部门负责飞播种草、人工种草、改良草场和发展农牧结合等任务。计划、财政、金融部门负责按计划安排资金和贷款，扶贫开发、交通、邮电、农电等部门按照各自的职能负责相应的任务。各乡镇苏木接此《决定》后，要抓紧制定《实施意见》上报旗委、旗政府。

10. 强化新闻宣传，营造良好舆论氛围

要注重地方精神的提炼与宣传，大力弘扬"不等不靠、石硬山硬也敢碰；干就干好，不让子孙骂祖宗；不骄不躁，老牛拉车一股劲；行动一致，心中装着六道岭"的六道岭精神，鼓舞人们的斗志，激励和引导更多的人积极投身到生态农业建设的伟大事业中来。

新闻媒介要强化对生态农业建设中先进典型、先进人物的宣传报道，可以是新典型，也可以是老典型，重点宣传其典型经验、先进事迹和苦干实干精神，增强人们改变山河面貌、共建美好家园的信心和决心。

二、会议提出了实施好"五个一工程"，打好攻坚战的总体要求

1998 年 1 月 10 日，旗委十一届四次全委会，号召实施"五个一工程"，努力打好生态农业建设五个攻坚战，实现全旗经济的新突破。

1. 认识上要有大战略

要真正认识到"生态是经济、社会发展的基础，保护生态环境就是保护生产力，改善生态环境就是发展生产力。生态环境是经济，特别是农业发

展的生命线，是人类生存的生命线"。没有这样的认识，工作中就可能满足现状，停滞不前，就会产生厌战思想和畏难情绪，就会成为攻坚中的最大障碍。

2. 政策上要有大举措

一是认真贯彻落实 1998 年旗委 1 号文件《关于加强生态农业建设的决定》，这是今后全旗生态农业建设的一个行动纲领。这个决定经过了全旗上下干部群众的认真讨论，符合敖汉的实际，指导性强，要求各级党委和政府要认真贯彻落实决定精神，使群众充分相信政策，依靠政策来调动群众的积极性。二是要认真编制好《敖汉旗生态农业建设总体规划》，做到科学合理，具有可操作性，经过旗、乡两级人代会通过后，以法律程序的形式确定下来，尽快付诸实施，作为一届接着一届干的蓝图。三是各乡镇、各部门都要制定贯彻旗委 1 号文件的实施意见，拿出具体实施规划方案，抓好落实。要把"五个一工程"列为 1998 年责任目标的重点考核内容。四是继续稳定和完善党在农村牧区的基本政策，认真做好稳定完善土地承包关系工作，同时完成草牧场"双权一制"落实工作，继续开展"五荒"拍卖，加快治理进程。

3. 治理上要有大规模

坚决制止零敲碎打，突出连片开发，打破乡村界限，做到一道沟、一面坡、一座山、一条川、一个流域连片的规模治理。今年重点要抓好三个流域的规模治理，一是王家营子、大甸子、宝国吐、敖音勿苏等南部山区乡镇的小流域综合治理。二是四道湾子、萨力巴、新惠乡、新惠镇等沿 111 国道的小流域综合治理。三是敖润苏莫、长胜、新窝铺、双井、康家营子等北部乡镇防沙治沙的规模治理。要敢于组织连乡、连村大会战，集中力量打歼灭战，倡导轮番治理，分期受益。要从舆论层面上解决"治山治河是增加群众负担"的错误论调，理直气壮地强调依靠群众自力更生为主，加快生态农业建设，非但不是增加群众负担，而是带领群众彻底摆脱贫困，这是改变子孙后代命运的根本之所在。创造良好的生态环境，只能靠苦干，不能苦熬，苦熬是永远不会有出路的。要大力弘扬"六道岭精神"，学习陕北老区的艰苦创业精神，加快建设步伐。

4. 进程上要有高速度

虽然生态农业建设是一项长期的艰苦创业活动，但必须立足于一个"快"字，以一种"只争朝夕"的干劲，增强责任感和紧迫感，加快治理进程。要力争三年实现灭荒任务，五年实现绿化达标，要坚持因乡制宜、分类指导的原则，从今年开始区别不同情况，确定造林重点乡、小流域治理重点乡、梯田建设重点乡、增加水浇地及畦建设重点乡、种草重点乡。集中时间，集中力量，实行专项推进，限期完成任务。进程上要有高速度，需要各有关部门在旗委、旗政府的统一领导下，协调配合，各尽其责，各投其资，各记其功，各受其益，严防相互扯皮和拆台。进程上要有高速度，必须做到资金汇流，今后要把各专项支农资金、扶贫开发资金和以工代赈资金捆起来使用，制订资金使用计划，最大限度地发挥资金使用效益。

5. 质量上要有高标准

要坚持先规划后治理，项目跟着规划走的原则，严格执行《敖汉旗生态农业建设总体规划》，坚持山、水、田、林、路综合治理，宜林则林、宜农则农、宜牧则牧、宜草则草、宜果则果，实现工程、生物、技术措施一齐上，三大效益一起抓。要突出抓好"精品工程"，发挥典型示范辐射作用，旗、乡两级领导干部及业务主管部门的负责人和工程技术人员都要有自己的"精品工程"，治理面积都要在1000亩以上。设立"精品工程"奖，实行以奖代补。

6. 产出上要有高效益

生态农业建设就是应用生物技术，建设人工生态链，使农业生产迅猛发展，自然资源连续利用，自然环境美化净化，达到经济、社会、生态三大效益良性循环，从而获得最高效益。获得高效益，必须注重科学技术在生态农业建设中的积极作用，坚持科技是第一生产力，加大适用科技的推广力度。大力发展"阳光农业"和"霜期农业"，提高科学种田水平。广泛推广良种良法配套的饲养业适用技术，提高畜牧业整体效益。加快科技兴林步伐，发展节水型农业。要注重发挥农牧业机械在生态农业建设中的作用，有计划地扶持、引导乡镇村和农民购买新型农机具，增加拥有量，提高建设和经营水平。以"种子工程"为主攻方向，加快种植业、畜牧业、林业优质新品种的引育和推广，加快科技进步解决贫困人口的温饱问题，是生态农业建设攻坚战的一项重要内容。

第四节　1998 年生态建设的狂飙行动

1998 年，在敖汉生态建设历史上是不平凡的一年，在敖汉人民的心中留下了永恒的记忆。到 1998 年末，全旗有林面积已达 514 万亩，占总土地面积的 41.4%；人工种草保存面积达到 101.4 万亩，小流域综合治理面积已达到 555.2 万亩；259 万亩沙地得到有效治理；流动沙地由 20 年前的 57 万亩减少到 9 万亩，半固定沙地由 171 万亩减少到 40 万亩，固定沙地由 31 万亩增加到 210 万亩，丘陵区水土流失速度大大低于治理速度，全旗土壤侵蚀模数平均下降到每年每平方公里 20 吨；水浇地已达到 48 万亩，高标准水平梯田达到 37.7 万亩。随着生态农业建设和强化农牧业基础建设，植被不断恢复，生态环境明显有所改善，水、旱、风、沙灾害明显减少，平均风速降低 0.52 米 / 秒，无霜期增加 5.3 天，降水量增加 19 毫米，给敖汉旗的人民带来了巨大的生态、经济和社会效益，使敖汉旗的农村经济步入林多草多、畜多肥多、粮多钱多的良性发展之路。农牧业综合生产能力得到大大增强。1998 年全旗粮豆总产达到 6.4 亿公斤，创历史新高，居全市前列。全旗林业产值到 1998 年达到 1.4 亿元，成为继农、牧两业之后的第三支柱产业，全旗人均活立木面积蓄积量 8 立方米，等于全旗人均在"绿色银行"存款 1000 多元。全旗人工种草保存面积超百万亩，每年饲草加工调制利用 1.6 亿公斤左右，以农牧结合为中心的第二次创业取得了丰硕成果，到 1998 年，全旗累计建标准化棚圈 40085 处，全旗农牧结合户累计达到 4240 户，成为"全国畜产品生产先进县"之一，牧业产值和毛、蛋、肉产量比 70 年代有了大幅度提高。1998 年农牧民人均纯收入达到 1369 元。

一、生态建设的指标完成情况

1. 全年共完成劳务积累工 1031 万工日，劳均 50 个；共完成土石方量 4453 万方，劳均 22.7 方。

2. 完成防沙治沙面积 33.6 万亩，占市下达 19 万亩任务的 177.2%，其中集中连片 5000 亩以上的精品达 13 处。

3. 完成小流域综合治理 35.2 万亩，占市下达 31 万亩任务的 113.5%。其中，完成水保造林面积 21.5 万亩，占市下达 20 万亩任务的 107.5%。使去年夏季造林整地面积全部绿化，并都以拍卖、租赁、划拨等形式分到各户，建设集中连片精品工程 12 处。

4. 完成春季造林绿化面积 25.68 万亩，占市下达 20 万亩任务的 128.4%，完成 1998 年度造林整地 27.94 万亩（含秋季插黄柳 3.078 万亩）。集中连片整地 3000 亩以上的精品工程达 18 处，退耕还林 10 万亩。

5. 完成路林建设 4411 工程年度绿化 139.8 公里，其中 111 国道年度绿化 18.7 公里，占市下达 18 公里任务的 104%，其中大苗成活率达 96%，当年保存率达 92%，完成当年公路林整地 125 公里。

6. 完成河道治理总长度 40.5 公里，动用土石方 86.9 万方，并且都上了沙棘等生物措施，且全部以承包形式落实了管护责任。

7. 山丘区"两围"建设。完成年度水平梯田合格面积 7.7 万亩，占市下达 6.0 万亩任务的 128.3%，其中水浇地梯田达 3.4 万亩；完成山丘区水源建设 1652 处，占市下达 495 处任务的 334%，其中建扬站 11 处，爬坡引水工程 10 处，塘坝 50 处，打配机电井 60 眼，截引潜工程 2 处，建蓄水池 12 处，打小土井 150 眼，建水窖 167 处，可保证次年抗旱坐水种面积 10.2 万亩。

8. 草原建设。完成年度人工种草 28.6 万亩，占市下达 20.2 万亩任务的 141.7%，使敖汉旗到 1998 年末人工种草保存面积达 101.4 万亩。建设水、草、林、机、窖五配套小草库伦 60 处，占市下达 50 处任务的 120%，退耕还草 15.6 万亩。

9. 新发展有效灌溉面积 3.2 万亩，占市下达 2.1 万亩任务的 152.4%；新发展保灌面积 1.85 万亩，占市下达 1.2 万亩任务的 154.2%；新发展节水灌溉面积 3.58 万亩，占市下达 2 万亩任务的 162.7%。

10. 新发展农牧结合户 5024 户，使敖汉旗结合总户数已达 42443 户；新建设标准化棚 5610 处，使敖汉旗标准化棚圈累计达到 40085 处。

11. 退耕还牧 15.6 万亩，退耕还林 10 万亩。

二、生态建设的主体组织方式

为保证"五个一工程"的实施，打胜生态农业建设攻坚战，今年组织了三次大会战，取得了可喜的成绩。

1. 开展了以种树种草为中心的春季大会战

今年敖汉旗造林比往年提前 10 天，给播种腾出了更多的时间，争取了主动。全旗造林高峰时期每天出动劳动力 12 万人，车辆 1600 台次，仅用 15 天时间全面完成了春季造林任务。由于苗木质量好，抗旱造林技术得以大面积推广和应用，加之春雨比往年充沛，今年造林成活率好于往年。在种草工作上于 6 月份专门下发了开展人工种草的紧急通知，并且在四德堂专门召开了种草现场会，把 6 月份作为种草突击月，使今年种草任务得以超额完成。

2. 开展了以造林整地为中心的夏季农田草原水利基本建设大会战

利用 40 天时间，全面完成了市、旗两级下达的各项任务。会战期间，全旗日参加会战人数达 16.5 万人，占全旗农业人口的 31%，比去年同期增加 4.5 万人，旗乡两级干部下乡人数达 1920 人，日平均出动各种车辆 2.5 万辆，总计完成劳务积累工 531.08 万个，比去年同期增加 25%，完成土石方量 1725.7 万立方米，比去年同期增加 35.84%，建设生态经济沟 17.2 万亩，完成人工造林整地 23.33 万亩，建设抗旱水源工程 562 处，建设标准棚圈 3929 处。据不完全统计，整个夏季农建会战总投资约为 1612.07 万元，其

南部山区生态综合治理工程

中群众自筹 1370.37 万元。

3. 开展了以"两田"建设为主要内容的秋季农田草原水利基本建设大会战

敖汉旗今秋梯田建设取得了辉煌的战果。会战期间，日参加会战人数达 17 万人，完成劳务积累工 436.14 万个，比去年同期增加 28.4%。完成土石方量 1419.6 万方，比去年同期增加 2.8%，一举完成标准水平梯田 7.7 万亩，并建设出了一批规模大质量高的精品优质工程。据统计，今秋敖汉旗各地申请的精、优质工程共 36 处，梯田建设重点工程 20 处，2000 亩以上的达 14 处。为了加速敖汉旗沙地治理建设，更好地利用沙地资源，还适时启动了北部四乡（苏木）开展了秋插黄柳会战，今秋共完成插黄柳 3.0 万亩，对于加快敖汉旗防治荒漠化起到一定的作用。

4. 因地制宜，分类指导，注重科学，突出建设效益

在今年三次会战中，针对全旗不同地区不同特点，确定建设重点和主攻方向。一是通过落实土地二轮承包，坚持退耕还牧还林。二是在基本农田建设上，大搞"三沿"工程，扩大水浇地面积。今年，共新发展水浇地 3.2 万亩，仅古鲁板蒿乡今年就新发展 5000 余亩。山区和丘陵区重点抓了梯田建设，并坚持"两围"方针，发展灌溉梯田 3.4 万亩。狠抓高标准水平田建设和秋翻地建设，建高标准田 3.33 万亩。全旗完成秋翻地 160 万亩，基本消灭了白茬，完成明年地膜覆盖整地 42.68 万亩，麦粮间作整地 12.97 万亩。三是发展"五小"水利工程，走"三水归田"之路。今年，又新发展抗旱水源工程 1652 处，可保证明年抗旱坐水种面积 10.2 万亩。四是在林业生产上坚持科学规划，大幅度提高经济林和速生丰产林的比重，使林业生产的经济效益不断提高，今年营造经济林达 8.1 万亩，占造林总面积的 31.7%。五是大搞棚圈建设，发展人工种草和秸秆转化，发展草食家畜和猪禽生产，推进农牧结合，强化牧业基础建设。6 月末家畜存栏达 86.11 万头（只），种牧草 28.6 万亩，完成秸秆转化 166 万公斤。

三、坚持规划先行，注重施工质量

在敖汉旗今年生态建设的夏秋两季会战中，严格坚持了先规划后施工的原则，搞好规划设计是保证生态建设速度和质量的前提。夏季会战时，敖汉旗有很多乡镇都是在春播完了就进行了踏查和规划，秋季会战很多乡镇是在 8 月份就着手踏查规划和培训技术员。在秋季，由于坚持规划先行，注重技

术指导，甚至还出现了"争抢"技术员的局面。质量是工程的生命，在坚持科学规划的同时，也注重了狠抓施工质量。由于采取了一系列有效措施，严把质量关，使敖汉旗的造林种草质量、人工造林整地质量和梯田建设质量都得到明显的提高。

四、实行优质工程奖，狠抓重点工程

在生态建设中，不论是春季造林、夏季造林整地，还是秋季梯田建设，都把抓精品工程同全面完成任务结合起来，做到了数质并重。实行了优质工程奖。今年敖汉旗共计拿出了 20.2 万元，用以奖励在会战中出现的精品工程和优质工程。各乡镇在会战中都确定了部分的重点工程，在今年夏季会战中，敖汉旗生态建设的重点项目达 48 处，其中 5000 亩以上的重点工程 14 处，万亩以上的有 5 处。秋季梯田建设中，重点工程 20 处，2000 亩以上的达 14 处。由于注重规模，通过合理规划，高质量施工，突出高效益，建出了一批规模大、质量标准高的精品工程。

五、联乡联村会战，加快建设速度

今年夏季敖汉旗有治理任务的 24 个乡镇中就有 19 个乡镇采取了联乡联村会战。在秋季农建会战中，采取全乡会战的有 10 个乡镇，联村会战的有

联村会战工地午餐

16个，其中修梯田的 15 个，集中会战的工地 21 处。每处会战工地，少则几千人，多则近万人，由于采取了大兵团的作战方式，达到了治满治严的目的，加快了敖汉旗生态建设的步伐。而且在这种大场面的劳动中，出现了赛出工、赛技术、赛质量、赛速度的劳动竞赛场面，这种组织形式，一是克服了零打碎敲的局面，便于打歼灭战；二是形成了比、学、赶、超的局面，保证了质量，加快了建设步伐；三是便于领导力量集中；四是群众便于组织发动；五是保证了一些重点工程的限期完成和质量标准。

六、实行优惠扶持政策，调动干部群众建设积极性

为了保证生态建设和农牧业基础建设的良好发展势头，旗委、旗政府认真贯彻落实党在农村的各项方针政策，理顺和完善投融资机制，调动广大干部群众及各界人士开展生态建设和农牧业基础建设的积极性。一是按照党的十五大精神，落实土地二轮承包三十年不变的政策，有力地调动广大群众向土地投资筹劳建设基本农田的积极性；二是落实草牧场"双权一制"政策，使草牧场得到了合理的开发和利用，防止草牧场的沙化和退化；三是认真贯彻落实中共中央国务院关于减轻农民负担的指示精神，狠抓农村财务清理与审计工作，对一些上访的增加农民负担案件进行查处；四是继续实行"谁造谁有""谁开发、谁投资、谁受益，统一规划，一次到户，限期绿化，过期不补，允许继承、转让和长期不变"的政策，多种经营成分并存，多种经营形式并有，引导社会资金投入到生态建设上来，积极推行股份合作制，鼓励并允许乡镇苏木、村嘎查和社会各部门、单位及个人以土地、劳力、资源、资金、种苗、机械、技术等为股份，合作治理开发，共同投入，共同管理，共同受益；五是对于"四荒"积极鼓励和推行家庭承包、联户承包、集体开发租赁、股份合作和拍卖使用权等多种方式，加快治理开发步伐；六是对于联乡、联村会战采取"出工记账，以工还工，大体平衡，均衡受益"的政策机制；七是认真执行自治区党委政府《关于加快沙区山区生态建设步伐的决定》中提出的各项减免税费政策；八是实行生态农业建设资金汇流政策，对于各专项资金、各支农贷款、以工代赈、扶贫开发资金制订使用计划，最大限度地发挥使用效益；九是实行以奖代补政策，对于生态建设和农牧业基础建设搞得好的乡镇进行表彰奖励，不撒"芝麻盐"。

第五节　十个生态建设精品工程简介

一、牛古吐乡马场梁生态建设综合治理工程

始建于 20 世纪 80 年代初，建设区域包括木头营子乡、下洼镇、牛古吐乡、三义井林场小河子分场和三义井林场陈家洼子分场，区域总面积 258 万亩，可视面积 130 万亩，其中防护林面积 60 万亩。新中国成立前，这里水草丰美，常有各种野生动物出没，是优良的牧场，因此誉为马场梁。从 20 世纪六七十年代开始，由于人口增多后的滥垦滥牧，致使土地沙化加快，变成了"沙子梁"，无风沙满地，有风沙满天，风沙吞噬了农田，农牧业发展缓慢，群众生活贫困。

从 1989 年开始，敖汉旗委、旗政府启动实施了马场梁生态建设综合治理工程，对涉及的三乡两场进行了统一规划，坚持"因地制宜、因害设防"原则，以带网片、草灌乔、多树种相结合的方式进行了综合治理。1998 年境内牛古吐乡列为全旗造林绿化达标重点乡，在旗林业局工程人员的技术指导下，对全乡造林绿化进行了补充规划，对面积较大的丘陵山地补充了林网，对离村较远的土石山地进行了水保工程造林，对河道、塘坝、沿河护岸补植造林，还对面积较大的"天窗"补植造林。从 1996 年到 2000 年累计造

马场梁治沙造林工程

林 6.8 万亩，使全乡有林面积达到 28.5 万亩，与此同时下洼镇对西部两村进行补植，加强林木管护，从而到 21 世纪初，形成了满眼是绿，浑然一体的壮观景象。

二、王家营子乡六道岭水泉沟山地沟道综合治理工程

六道岭村位于王家营子乡政府的东南部，北与宝国吐乡接壤，西与刘家湾子村接壤，南与北票市北四家子镇毗邻，全村总土地面积 2.7 万亩，其中耕地 4000 亩，全村总人口 894 人。

该村在 1992—1997 年治理生态经济沟 2 条，面积达 7500 亩，为全旗生态建设树起了典型，受到旗委、旗政府好评，成为全旗生态工程治理的标兵。截至 2000 年底实现治满治严，总治理面积超万亩，沟道治理 2500亩。在大搞林业生态建设的同时，又精修了水平梯田。1998 年秋，通过联村会战，建成高标准水平梯田 3500 亩，使多村梯田面积达到 4100 亩，占总耕地面积的 91.7%，在全旗率先达到梯田化标准村。

经过 10 多年的奋战，将大面积坡地修成了梯田，实现了水不下山，涵养水源，改变了生态环境，调节了局部气候，生态建设突显成效。农业稳产高产有了保证，而且每年仅靠采摘沙棘果、松子、山杏核、松蘑等，人均收入达到 800 元，生态林业逐步向生态经济型林业发展，实现了全村脱贫致富。

三、萨力巴乡三十二连山山地综合治理工程

萨力巴乡黄花甸子村三十二连山流域，由 32 座山头相连而成，属于沙地向山地过渡治理类型，总面积 1.58 万亩。

从 1997 年开始，坚持高标准、高质量、高科技含量，对该流域进行山水田林路统一规划，综合治理。1997 年完成总治理面积 5800 亩，其中，夏季挖水平沟 1500 亩，鱼鳞坑 500 亩，果树台田 200 亩，条田 250 亩，修作业路 3.2 公里，投工近万个，共动用土石方 5.2 万立方米；秋季组织全乡十二个村的 7500 名劳动力集中会战 22 天，修成水平梯田 3050 亩，完成 5条农田防护带 300 亩造林整地，修成田间作业路 6.3 公里，建水窖 20 个，保灌面积 100 亩。1998 年春季，完成造林面积 1550 亩，其中，山地造林2450 亩，梯田坝埂栽植条桑 2100 亩。造林后，在造林整地行间完成工程种草 2000 亩；打机电井两眼，引水爬坡，实行管灌，保灌面积 300 亩；上滴灌 150 亩。1998 年夏季，又对主体工程进行了完善，完成治理面积 2500

萨力巴乡三十二连山梯田建设工程

亩，全部挖水平沟，砸谷坊 13 道，共动用土石方 7.85 万立方米。1999 年春，完成造林 2500 亩，在造林整地行间工程种草 1000 亩。至此，该流域全部实现治满治严。现在，该流域内粮食年增产 30 万公斤；条桑、山杏、沙棘等经济林直接经济收入近 8 万元；新增优质牧草 20 万公斤，优质草籽 2 万公斤，走上了良性循环轨道。

四、宝国吐乡大青山山地综合治理工程

大青山山区综合治理开发工程位于宝国吐乡东南部，距敖汉旗政府 100 公里，范围包括青山、嘎查、双山和兴隆洼四个行政村，总人口 6230 人，男女劳力 2210 人。

该工程建设面积 4.2 万亩，1991 年夏季到 1997 年春，工程区内的四个村以村为单位，共完成工程治理面积 2.4 万亩，挖水沟 180 余万个，栽植油松、沙棘、山杏三个树种 200 万株。

1997 年夏到 2000 年春，为加大山区综合治理开发力度，该乡组织五个村的人力物力打破行政界限，进行联村会战，出动劳力 20 万人次，共完成山地治理面积 9700 亩，修筑梯田 8300 亩，修作业路 30 公里，砸谷坊 1.3

万个（含土石方43立方米），治理高标准经济沟两条（即大青山第一、第二生态经济沟），动用土石方200余万立方米，在工程治理的第二年栽植油松、落叶松、柠条、山竹子、沙棘、枸杞、核桃、大枣、山杏、杨树、条桑、龙源李子、侧柏等14个树种100余万株，并在坑外土埂上种植牧草5800亩。

工程在建设工程中，坚持统一规划，统一施工，统一指挥，统一验收标准，高标准、严要求、优质高效，一次性治理，治满治严的原则。

该工程山地石质较多，砂石遍布，造林难度大。在树种栽植过程中，除严格按抗旱造林系列技术进行营造外，还采取了营养袋栽植法、客土栽植法、根宝Ⅲ号浸根法、坐水栽植法等措施，使造林成活率达96%以上。

五、公路林建设（4411公路绿化工程）

1995年8月17日，旗委、旗政府决定实施敖汉旗"4411绿色通道"工程。"4411绿色通道"工程即用四年时间（1996—1999），完成全旗国、省、县、乡四级公路1100公里的拓宽、裁弯取直和绿化美化。

1996年，敖汉旗"4411绿色通道"工程建设规划。"4411绿色通道"工程是敖汉旗林业建设的重点工程之一，也是敖汉旗科技兴林建设中的一项重要举措。工程涉及全旗三十一条国、省、县、乡四级公路的拓宽、裁弯取直和绿化美化的工作。相关乡镇要将工程列入生态建设重要任务之一，统筹安排，按期保质保量完成任务。

1. 工程建设的主要内容

（1）路基拓宽。国、省、县级路路基一律拓宽到12米，乡级路路基拓宽到8.5米。公路建设等级要求达到二级。

（2）绿化美化。除新惠镇向外旗县辐射路每侧路林占地9米，其他路每侧占地7米，栽植路林3行。使用杨大苗造林要求"四个一样"，即品种一样、径粗一样（2.5厘米以上）、苗高一样（3米以上）、冠幅一样的壮苗绿化。在栽植规格上，设计乔木株行距3米×3米，灌木间距1.5米。在树种配置上，乡镇所在地辐射路1公里配置花灌木；向外旗县辐射路每侧除栽2行杨树外，加1行常绿树，如云杉、侧柏、桧柏、樟子松、油松等；在风沙严重地段，在路林外营造100米宽的防沙林。

2. 建设目标

工程完成后，美化了路林，减少了车辆噪声，起到吸附尘埃、吸收废气，净化空气的作用。路林也对农田和牧场发挥防护作用，对提高粮食产量、改良草牧场都有十分现实的意义。公路的拓宽、防护林的营造对于减少交通事故，保障行车安全，招商引资，推动全旗经济发展都有重要作用。

六、敖汉旗东南四乡联乡八万亩山地综合治理开发工程

1998年9月，为如期实现"五个一工程"规划中的林业发展目标，探索山地综合治理开发途径，研究联乡会战的组织形式和运行机制，敖汉旗委、旗政府组织王家营子乡、大甸子乡、宝国吐乡、敖音勿苏乡东南四乡进行联乡会战，由旗林业局和有关乡镇共同完成了规划。

项目区位于敖汉旗东南部，四乡彼此毗邻，属低山丘陵区，水土流失严重，土壤类型主要为褐土。气候属中温带大陆性气候，项目区总土地面积146万亩，治理前有林面积45.2万亩，占总土地面积的31%；有宜林地面积25万亩，占总土地面积的17.2%。

1. 规划基本内容

共规划了七个林业生态工程，造林面积为8.1万亩、水平梯田面积为4710亩，因地制宜地根据造林目的选择整地方式和造林树种，1998年夏、秋两季完成造林整地和水平梯田建设，1999年春完成造林任务。

王家营子乡十二连山林业生态工程，规划造林面积1.9万亩，水平梯田面积1200亩；

大甸子乡卧虎岭林业生态工程，规划造林面积1.5万亩，水平梯田面积1010亩；

大甸子乡青龙山林业生态工程，规划造林面积1万亩，水平梯田面积1000亩；

大甸子乡黑煤山林业生态工程，规划造林面积4600亩，其中全面治理面积1330亩，封育改造2270亩，水平梯田面积500亩；

宝国吐乡马鞍山林业生态工程，规划造林面积1.6万亩；

敖音勿苏乡岱王山林业生态工程，规划造林面积1.1万亩；

敖音勿苏乡鸽子沟林业生态工程，规划造林面积5000亩，其中水平梯田1000亩。

2. 建设目标

经济效益：四年后，8.1万亩林地年均可获直接经济效益1107万元，4710亩水平梯田，亩均可以增产粮食100公斤，每公斤粮食以1元计算，每年可增加经济效益47万元。

生态和社会效益：该项目完成后，可增加林地 81110 亩，对改善项目区生态环境、抗御自然灾害、防止水土流失、改善土壤条件、净化空气、增加生产门路、消化农村剩余劳动力等将发挥巨大作用。

七、宝国吐乡马鞍山流域治理工程

马鞍山工程属国家重点治理区大凌河流域西沟小流域，东起石头井子杈树沟，西至西沟村周家杖子，北邻王家营子乡水泉村，南接北票市北四家子乡。整个工程东西长 10.5 公里，由马鞍山、杈树沟、卜家山、黑风岭四个分流域组成，有大小山峰 52 座，主峰卜家山海拔 602 米，各个山峰岩石裸露，艰险陡峭，工程治理十分艰难。

1998 年夏，全乡集中 9 个村的人力物力，联村会战，合力攻坚。从 6 月 24 日到 8 月 25 日，平均每天出动 5000 多人，机动车 450 多辆，经过 60 多天的奋战取得了会战全面胜利。小流域综合治理面积达 1.56 万亩，共挖坑 124.8 万个，砸谷坊 8620 道，修作业路 12 公里，总动用土石方 91.43 万立方米。

1999 年春，传承和借鉴 1998 年"大青山工程"造林的优良做法和经验，本着"再创精品，再创辉煌"的原则和目标，继续实施干部、群众双挂牌造林的方式，运用营养袋造林、垄穴客湿土、浇水栽植等技术，采取"统筹安排，跟踪管理，分步施工，循序渐进"的合理方法，树立质量第一的观念。自 4 月 11 日至 4 月 26 日，利用 15 天时间，完成 105.6 万株 10 余个品种（油松、落叶松、山杏、刺槐、大枣、杨插、沙棘、柠条、条桑、枸杞）苗木的栽植，并完成工程种草 1.4 万亩。

马鞍山工程既具有综合特色，又重点突出。整地施工中采取水平沟、鱼鳞坑、谷坊、沙石坝、台田、条田等方式。台田、条田等土层较厚、较肥沃地块按果树整地施工，准备栽植或嫁接新品种果树。造林施工中设置多种树种合理混交，其中经济树种比重较大，倾向于生态经济型林种。

加大科技投入，增加科技含量。采用营养袋造林近 2000 多亩，使用营养袋 12 万个、农家肥及腐殖质较高的黑色土壤 500 多立方米。整个工程 2/3 地块采取客湿土栽植。

马鞍山工程是山区造林成功的典范，是宝国吐乡十年来小流域治理经验的集合，联村会战，治满治严，一步到位，高起点、高标准、高科技含量的投入，为石质山区治理提供了方向和示范。

八、大甸子乡卧虎岭流域治理工程

卧虎岭位于大甸子乡中部，横贯东西，长约 10 公里，按村级区划属大甸子、莱草沟、哈布齐拉、永元号 4 村所有，受益 1483 户、5450 口人。

1998 年夏季，开始对该流域进行综合治理，坚持山水林田路统一规划，生态效益、经济效益统筹兼顾的原则，对整个区域的坡面、沟道、山脚坡耕地一步规划到位。工程从 6 月 21 日开始规划，7 月 3 日上人施工。由梁南梁北 7 个村进行联村会战。日出动 3800 人，机动车 80 辆，畜力车 1000 余台。参加会战的乡村干部 120 人，旗、乡两级技术人员 23 人。

工程具体治理内容为坡面挖水平沟，技术标准为行距 4—5 米，水平沟长 1.5 米、宽 0.7 米、深 0.5 米；山脚坡地修水平梯田，沟道砌谷坊。

工程内修建了完备的作业路，长约 15 公里，路宽 8 米，路边挖垂直于路的水平沟。

夏季工程到 8 月 20 日结束，历时 47 天，完成治理面积 1.2 万亩，砌谷坊 760 道；秋季又修建水平梯田 1400 亩。整个工程共动用土石方 78.5 万方，出动人工 16.2 万个。

1999 年春，按适地适树的原则，购进沙棘、油松、山杏、侧柏、条桑、杨插等苗木 94.5 万株。采取坡面沙棘、松树、山杏混交，沟道植杨插，路边植侧柏，梯田埂植条桑的模式，对工程全部进行了绿化。该工程分别被确定为全旗整地和绿化精品工程。

九、克力代乡上沟脑流域治理工程

上沟脑流域位于克力代乡西部，是教来河的发源地之一，与金厂沟梁镇、新地乡接壤，最高峰海拔高度为 1051.1 米，流域区内由 54 座山头、21 道山岭、大小 20 个流域组成，面积达 1 万亩。水土流失面积 8000 亩，每到雨季，山洪暴发，洪水泛滥，给当地人民群众生产、生活带来很大威胁。

为有效控制水土流失，在具体操作中，坚持集中治理，严格质量标准，科学规划，精心施工，从 1998 年 6 月初开始规划，5 个村联村会战治理，日出动 2000 人，占总人口的 25%。历时 75 天，截至 8 月中旬全部完成工程建设任务。

流域内实行坡沟兼治，坡面工程设有垒穴、鱼鳞坑、三角整地、一般水平沟、四米条田、果树台田、牧场水平沟等七种类型。沟道设有谷坊、沟头防护埂。工程作业路宽 5 米、长 8050 米。沟道内修筑谷坊 3124 座，整个工程动用土石方量 46.11 万立方米，其中石方量 31.188 万立方米。治理区内 5 个村会战人均完成土石方 59 立方米，劳均完成 133 立方米。

流域内坚持工程措施与生物措施的结合、林草结合，当年施工，当年种草 1500 亩，同时清、兼种粮食、菜类等农作物，当年获得直接收入 5 万元。

1999 年春季，克力代乡千方百计筹措资金，将工程措施内全部营造了山杏、油松、沙棘等林种，其中大部分为经济林，同时对适宜工程种草的地块全部进行种草。达到生态、社会和经济三大效益的统一。

上沟脑山地综合治理工程

十、敖音勿苏乡岱王山流域治理工程

岱王山流域位于敖音勿苏乡敖音勿苏村境内的西南部。流域总面积 2.5 万亩，1999 年 7 月，根据旗委、旗政府的指示精神，本着"上规模，上档次，创精品，治满治严，新老工程结合"的原则。全乡 8 个村劳力大干 35 天，完成流域治理 2.5 万亩。其中，返坡小坑 7000 个，鱼鳞坑 4000 个，垒穴 800 个，小坑削坡回填 9600 亩，沟边坑 900 亩，返坡大坑 600 亩，路边坑 313 亩，沟道坑 200 亩，砸谷坊 310 处，作业路 10 公里，动用土石方 85 万方，投入人工 18 万个。

2000 年春季，对治理流域全部植树绿化，共栽植各类苗木 20 万余株，整体达到了治满治严的标准。

第七章　再接再厉，坚定不移跨入新世纪

　　"五个一工程"是敖汉旗生态建设的跨世纪工程，体现了旗委、旗政府坚持"生态立旗"不动摇的战略定力。在推进过程中，既有政策上的与时俱进的调整和完善，也有策略上的"四个不变"的始终坚持，把北部的沙区治理和中南部的山地梯田建设以及草业工程建设提到了新的高度，"三北"防护林工程以其辉煌成就圆满完工。在旗委、旗政府的坚强领导下，生态建设不断推进，敖汉旗初步实现了经济、社会、生态的良性循环和协调发展，以全新的姿态、坚定的步伐跨入新世纪。

第一节　生态建设坚持"四个不变"

　　1999年3月20日，在春季造林动员大会上，旗委书记张智就全旗生态建设中存在的一些倾向性问题，强调指出坚持"四个不变"。

一、实施"五个一工程"的基本方针不变

　　1998年，旗委、旗政府做出了《关于加强生态农业建设的决定》，提出了实施好"五个一工程"，建设山川秀美的新敖汉。通过一年来的具体实施，"五个一工程"不但在开局之年奠定了良好的基础，更积累了成功的经验和做法，也更加坚定了实施好"五个一工程"的决心和信心。这个基本方针，符合党中央建设秀美山川的战略定位。因此，在推进"五个一工程"建设中，要继续按照"认识上要有大战略，政策上要有大举措，治理上要有大规模，进程上要有高速度，质量上要有高标准，产出上要有高效益"的总体要求，树立长期作战的思想，增强责任感和紧迫感，坚定"不移创业

之志，再固立旗之本"的信念，按照规划的年度目标，一步一个脚印地向前推进。

要从战略的高度处理好造林、种草、修梯田、增加保灌面积几者之间的关系，建设生态农业，是应用生物技术，建设人工生态链，使农业生产迅猛发展，自然资源永续利用，自然环境美化净化，达到经济、社会、生态三大效益的良性循环。"五个一工程"正是进行山水田林路综合治理的综合措施，不但要造林，还要种草，也要修梯田，增加保灌面积，也就是说"五个一工程"是由五个子系统组成的一个大系统，各子系统在大系统中的地位和作用同等重要，没有哪个重要哪个不重要的区别。现在有一种误解，自从人代会上做出了《关于加快梯田建设的决定》之后，好像造林、种草就成为次要地位的任务了。特别是在生物工程的布局上，强调要草、灌、乔相结合，但是在一些地方，林草并重的观念不强，重林轻草。这种认识上的偏差，必须认真纠正，否则生态建设的任务就不会很好地完成，甚至会产生误导。从敖汉的经验和陕北的实践都表明了种草在生态建设中的突出作用。敖汉的种草可以说先于造林，曾经是有名的种草大县，可以这样讲，种草为敖汉的林业生产、为敖汉的生态建设立下了不可磨灭的功劳。人们对种草的偏见认识在于它的周期性，它的存在没有林业那么显而易见。所以说，不论是过去，还是现在，甚至是将来，都要坚持生态建设，草业先行。在一些乡镇目前存在着重工程措施，轻生物措施的倾向，工程措施响当当，生物措施软绵绵，一"战"了之。所以要求今年在造林的同时必须种草，只强调造林而不强调种草是不可行的，是得不偿失的，有时甚至会成为劳民伤财之举。各乡镇、各部门在今春必须做到造林与种草同时部署，同时检查，同时验收，同时评比，同时奖罚。种草主管部门要向林业部门学习，在生产的关键时刻，要派出大批得力干部深入到一线去抓好落实。

从去年下半年提出实施生态建设工作重点转移，加快梯田建设，跨出生态建设第二步，并经人代会做出了决定。这是不是等于削弱林业生产，会不会影响林业生产，社会上产生了不少疑问。林业工作重点的转移，是根据"五个一工程"的阶段性任务而提出的，如果"五个一工程"不能同步实施，势必产生顾此失彼的现象，以致影响"五个一工程"的如期全面实现。山川秀美的新敖汉应该是一种什么模式，按"五个一工程"的要求，应该是"山山绿、坡坡平，沟沟香"，也就是"山头绿色戴帽，山坡梯田缠腰、山沟瓜果垫脚，五谷丰登六畜兴旺"，这才是绿起来、活起来、富起来的完整画卷。当前敖汉旗林业生产的任务仍很繁重，距离建立较完备的生态体系的目标还相差甚远，林业仍将是敖汉旗生态建设的强大骨架，是重头戏。

今年生态建设的重点，农村依然是一年三次大会战，完成"五个一工程"的年度规划任

联村会战工地午餐

务。城镇的重点是全面实施"绿色行动"，新惠镇内主要是"一街一路一中心"，具体工作由城建部门负责，按规划设计，认真组织实施，镇内各机关、各单位本着人民城市人民建的原则都要投资投劳，确保收到实效。新惠镇周围荒山的绿化美化工作是旗直机关年内一项重点工程，由新惠镇、新惠乡会同旗直机关党委认真搞好规划，夏季整地，然后组织各单位干部职工开展义务植树，使新惠镇内外增加更多的绿色。乡镇苏木所在地的绿化美化工作也要纳入各地方的"五个一工程"之中，要从根本上解决城镇没有农村绿的现象。

二、实施"联乡联村"的会战形式不变

实行联乡联村会战，连山连川治理，是集中优势兵力打歼灭战的一种有效攻坚方法，是一条成功经验。经过多年的治理，现在剩下的都是远山、石质山区，且多数集中在人口较少的村，靠他们自己的力量很难完成任务，是全旗生态建设的重点和难点。不实行集中会战，就完不成总体规划任务，就会延缓"五个一工程"的如期实现。当前对于这种会战形式，一部分领导干部对此颇有微词，认为这是劳民伤财，是加重农民负担，去听一听多数村因争不到工程而产生的意见，去到第一线领略一下敖汉老百姓的精神风貌，还有敖汉旗连续两年获全区农田草牧场水利基本建设以奖代补一等奖，上级给予的资金投入，大家就会明白这种做法是对是错。

实行集中会战，采取"推磨转圈、轮流治理、齐工找价、分别受益"的办法，始终强调一定不搞平调民力。集中会战提高了工程质量，这又是最

大的珍惜民力，避免了劳民伤财。当然这里面有一个联村范围的问题值得探讨，究竟以多少村为宜，要因地制宜，坚持就近方便的原则，能够适合几个村就搞几个村的，最重要的是把"磨"推快，提前受益时间。要按旗委、旗政府的要求，多做一些宣传群众、发动群众的工作，使基层的干部群众能够在建设秀美山川，实现可持续发展的问题上达成共识。今年我们在会战中继续实行集中会战保精品，分散会战保任务，这也是一种工作方法，就是把全面推进与重点突破结合起来。各乡镇要认真组织好，已经实行推磨转圈的一定不能停下来，没有实行的也要因地制宜地开展起来。敖汉的旗情决定只能这样苦干，苦熬永远没有出路，永远绿不起来，活不起来，更富不起来。

三、实施"以奖代补"的激励政策不变

在生态建设投入上，一直是国家补助、地方投入、群众自筹三个方面，以群众自筹为主，农民是投入的主体。1998年特大洪灾之后，国家和地方都增加了生态建设方面的投入，敖汉也在积极争取。关键是有限的资金如何充分发挥效益，多年来行之有效的办法：坚持资金汇流政策，实施"以奖代补"，向精品工程、优质工程倾斜。特别是通过去年一年的实践，这种激励政策在工作中形成了一种激励机制，就是比、学、赶、超的竞赛竞争精神，它有力地促进了生态建设上台阶、上水平。这次会议旗里又拿出一定资金以奖代补，出发点就是在生态建设上不干不行，干就干好，干好了就得奖，干不好就受罚。今年的几次会战仍然要坚持督查、核查、拉练检查，继续搞好以奖代补的激励政策的兑现。

各有关部门要积极向上级争取项目和资金，在生态建设方面，敖汉旗靠艰苦创

北部沙地治理工地

业的精神，靠过硬的精品工程，为争取上级的投资创造了有利条件，我们要充分利用这一有利条件，去争取更多更大的投资。去年松辽委的领导看了大青山工程，当即拍板把牦牛河流域纳入辽河防护林体系建设，这是敖汉多年争取都没争取到的。还有德援项目，外国专家考察后，给予了很高的评价。如何把创业成果让更多的领导和主管部门知道，关键有三点：一是加强信息报送工作，让领导了解到；二是加强新闻宣传工作，让领导听到；三是走出去把领导请进来，让领导看到。前年自治区党委书记刘明祖来敖汉看了黄羊洼工程后，提出要加强信息宣传工作。生态建设既要苦干，又要会干，让民力有更大的补偿。

四、实施"一票否决"的考核措施不变

尽管敖汉旗的生态建设取得了一定的成绩，但距离建成山川秀美的要求还任重而道远，必须把生态建设作为一项长期的战略任务，始终不渝地抓下去。各级领导干部必须克服畏难、厌战、自满情绪，发扬几十年如一日、一届接着一届干的接力赛精神，强化领导干部生态建设任期目标责任制，加大考核力度。市里已把生态建设作为基本市策，设立生态建设奖，对在生态建设中领导有方、组织得法、工作有实绩的旗县区、乡、村、场、个体承包者和各级干部、各级科技人员实行专项考评和奖励。生态建设是敖汉的立旗之本，这个本不能丢，仍然要实行"一票否决制"，作为领导班子实绩考核的一项重要内容，树立"不抓生态建设不能当干部，抓不好生态建设不是好干部"的观念，对完不成生态建设任务的乡镇、干部一票否决。在生态建设上有为才有"位"、无为则失"位"。

第二节 旗直机关干部秋插黄柳会战

1998 年初，中共敖汉旗委、旗政府做出了加强生态农业建设的决定，7月开始谋划新的治沙工程。10 月初，旗委、旗政府组织北 4 乡主要领导、农口相关局领导及林业工程技术人员赴巴林右旗巴彦尔登苏木考察学习利用植物再生沙障防治严重沙漠化土地的经验，旗政府提出了一个新的治沙方案。从 1998 年到 2001 年完成 15 万亩明沙治理，利用 3 年时间完成 9 万亩流动沙丘的治理，1998 年拿下 3 万亩任务。为此，北 4 乡（康家营子乡、

长胜乡、新窝铺乡、敖润苏莫苏木）成立了秋插黄柳会战指挥部，旗委书记张智任总指挥，旗林业局作为这次秋插黄柳的技术负责单位。认真制定了技术方案，提出了施工要点，认真组织实施。

10 月 23 日，会战指挥部一声令下，4 乡（苏木）的 1.5 万治沙大军，在连绵沙丘上开始摆黄柳阵，一场大规模的阻沙战役打响。4 乡镇苏木各自组织了治沙工程，经过 20 天治沙会战，北 4 乡（苏木）的广大农牧民，又为敖汉生态建设添了浓重的一笔，共完成治理面积 3.27 万亩，圆满超额完成了 3 万亩的计划任务。

1999 年 10 月，旗委、旗政府又组织旗直机关干部分两批赴敖润苏莫苏木三十家子嘎查参加秋插黄柳会战，第一批于 23 日开始，26 日结束，第二批于 27 日开始，30 日结束，先后有 80 个单位的 1283 名机关干部参加。这是敖汉旗生态建设的一个具体部署，也是敖汉旗委、旗政府提出"机关学农村，干部学农民"活动的一次集中统一行动，更是对全旗生态建设大会战的有力推动。在会战指挥部的周密策划和组织下，在旗直各单位的积极响应和紧密配合下，在敖润苏莫苏木和当地干部群众的大力支持下，会战取得了圆满成功，一举完成治理面积 1100 亩，无论是在治理速度上还是在治理质量上都创造出了一流的成绩。

一、这次会战的形式和特点

这次秋插黄柳会战，在距敖润苏莫苏木政府所在地东 7.5 公里的敖润苏莫嘎查三十家子独贵龙沙漠进行。采用集中联片会战的形式，分两批先后对划定地块进行治理，一次成型，实现了治一块严一块的预定目标。总结整个会战过程，突出表现为以下几个特点。

1. 组织部署周密

为了确保这次会战成功，旗委、旗政府成立了旗直机关干部秋插黄柳指挥部，旗长亲自任总指挥，两办主任、组织、人事、劳动、林业、机关党委以及敖润苏莫苏木党委政府的主要负责人为指挥部成员。又抽调精兵强将组成了五个工作组，即现场调度组、督查验收组、技术规划组、宣传报道组、后勤保障组，具体负责会战中的各方面工作。各旗直机关内部也明确了一把手的会战指挥责任，明确了内部的质检员和作业组。敖润苏莫苏木乡村组三级层层落实了责任制。旗会战指挥部几次召开会议，研究和部署了会战工作。各工作组，各单位以及敖润苏莫苏木乡村组三级都及时召开会议，落实了具体工作任务。可以说，从旗会战指挥部的主要领导到参加会战的每一名干部和农牧民群众都明确了工作任务，建立了责任制。从会战的规划、设计、施工到检查验收，都有一套完整的方案和科学的程序，各个环节部署周密，安排得力，因而整个会战过程进展比较顺利。用 7 天多的时间完成治理面积 1100 亩，实际作业面积 520 亩。

2. 宣传发动得力

10 月 21 日，旗会战指挥部组织旗直各单位主要负责人召开了旗直机关赴敖润苏莫苏木秋插黄柳动员大会。旗五大班子领导参加，旗长王国联在大会上要求，各单位的主要负责人必须亲自带队参加会战；所有参战人员，一律自带行李，自带工具，自带伙夫，自办伙食，除由苏木安排住宿地点外，一切费用自理；统一上山时间，统一技术标准。他还为这次会战提出了响亮的口号："机关学农村与农民同干，干部学农民向荒沙进军，干就干好。"会后各单位立即行动，各项准备工作如期完成，确保了会战期间人员按期到位。这次会战，要求出勤的 80 个单位全部按期出勤，要求参加会战的 969 名干部全部参加，不仅如此，在两批会战的高峰时，最多出勤人数比预计出勤人数高出 30%。有 71 个单位的党政主要负责人参加了会战，只有 9 个单位的主要负责人因公出差未能参加会战。参加会战的县处级领导有 17 人，科级干部 147 人。在会战工地还成立了广播站，从报社和电视台抽调了专业记者和播音员，编发稿件 60 多篇，及时宣传了好的典型，鼓舞了士气，增加了会战动力。

3. 规划科学合理

林业局 26 名技术人员在一名副局长的带领下，先行对会战地块进行了科学规划，按参加会战单位的大小合理搭配作业区，保证各单位会战地块相对集中，他们还在工地做了各种标记，方便了会战人员施工。

4. 施工规范有序

旗林业局专门制定并印发了《秋插黄柳技术要点》。在会战前，林业技术人员对参加会战人员进行了技术培训和现场示范；在会战中，每名林业技术人员承包 2—3 个单位，指导各单位按标准操作，对违反技术规程的及时进行纠正，因而，整个会战过程都是按技术标准的要求规范有序地进行的。

5. 现场督查到位

七名现场督查调度员分片包单位，监督检查各个单位的会战情况，协调解决施工中的具体问题，及时将会战出勤人数、会战进度和质量向指挥部领

北部沙区插黄柳工程工地

导汇报，及时向记者推荐好的典型。根据督查组的意见，对完工申请验收的单位，督查组及时进行现场验收，合格的当场签发《验收报告单》，不合格的限期返工，直到合格为止。不持有《验收报告单》的不准撤离工地，确保了会战的质量。

6. 群众配合紧密

敖润苏莫苏木抽调 3 个村民组的 340 名农牧民负责定点供应插条和填充料，每个农牧户都能积极主动地向会战工地供应材料，即使在 28 日的大风降温天气也未中断。苏木安排会战人员在农牧民家里住宿，这些农牧户都尽一切可能提供方便，尽一切可能帮助会战人员搞好后勤工作，因而保证了会战人员精神饱满地投入工作。另外，三十家子嘎查的一名个体医生以及旗第二人民医院的三名医生还自带药品，免费为会战人员现场出诊。

二、这次会战的主要收获

这次旗直机关干部参加会战，出动人员之多，治理面积之大，在敖汉的生态建设史上也是少有的，所产生的轰动效应对全旗的两个文明建设产生了深远的影响。

1. 推进了敖润苏莫苏木的治沙进程

机关干部参加会战一举治理 1100 亩，对于只有 4000 多人口的民族苏木来说，等于减轻了一个很大的任务量。高标准的治沙成果，也为该苏木今后科学治沙、走可持续发展之路提供了学习的样板。

2. 推动了全旗秋季农田水利基本建设大会战

旗直机关干部特别是处级、科级领导干部身先士卒投入会战，极大地调动了各乡镇参加会战人员的积极性，各乡镇纷纷表示，要以旗直机关干部为榜样，再鼓干劲，再掀高潮，夺取秋季会战的全面胜利。敖汉旗机关干部参加会战的做法，还受到了自治区林业厅、赤峰市政府领导的表扬，称赞敖汉旗的经验可以在其他地区大力推广。

3. 锻炼了干部

治沙是一项非常艰苦的工作，特别是在初冬季节，风大，天冷，但是参加会战的干部没有一个退缩，处级和科级领导干部带头坚守在一线，表现出了人民公仆为人民的高尚情操。通过这次会战，既锻炼了广大干部吃苦耐劳、全心全意为人民服务的思想，也磨炼了广大干部坚韧不拔的意志。

4. 转变了机关工作作风

这次会战，各单位除了留少数人员值班和应付紧急业务外，其余绝大部分人员参加了会战。在与荒沙的艰苦斗争中，培养了各单位职工脚踏实地、埋头苦干、团结协作、锲而不舍、无私奉献的工作精神，无疑为各单位转变工作作风，增强求真务实、高度敬业的观念提供了一次很好的教育机会。在这次会战中，畜牧局、乡企局、司法局、旗委办、政法委、电信公司等绝大多数单位交上了一份优秀的答卷。

5. 密切了干群关系

通过"三同"，群众看到的干部是真正来为人民群众造福的，所以对机关干部产生了好感和敬意。当地农牧民像迎接亲人一样，腾出最好的房子，烧好热水和火炕，尽其所能地为会战人员提供服务。热情的牧民还用蒙古族特有的风情民俗接待参加会战的人们。其情真，其意浓，拉近了干群之间的距离，密切了党群之间的关系。

这次会战总的来看，是一次非常成功的会战，同时也不失为一次爱国主义、集体主义和民族团结的教育活动，值得深刻总结，值得在全旗生态建设乃至两个文明建设中学习和借鉴。

第三节　水土保持工作又上新台阶

1998 年初，旗政府对水保工作进行了总结，部署了今后任务。

从 70 年代开始，敖汉旗就把根治水土流失、改变生态环境作为一项长期的战略性任务，坚持不懈地组织开展以小流域综合治理为中心的大会战。每年以 25.8 万亩的速度连片治理，经过 20 年的努力，完成水土保持面积

270 万亩，水平梯田 60.3 万亩，水保牧草保存面积 54 万亩，打坝淤地、向河争地 4400 亩。先后涌现出刘杖子、黄杖子、大五家等 10 余个小流域综合治理先进典型及六道岭、萝卜沟、张家沟等几个生态经济沟典型。其中，四德堂乡于 1990、1991、1992 年三年获得市政府"玉龙杯"一等奖，1996 年金厂沟梁镇刘杖子小流域治理获全国生态环境建设"千佳村"。

1997 年 8 月夏季，全区山区沙区生态建设现场经验交流会在赤峰召开，会议重点参观了敖汉旗生态建设典型工程。8 月 29 日—9 月 1 日，国务院在陕北召开了全国治理水土流失、建设生态农业现场经验交流会，又推出了陕北先进典型和先进经验。面对先进地区的治理成就，面对全区各地的追赶和超越，面对敖汉旗生态建设的严峻形势和艰巨任务，1997 年 10 月，旗委、旗政府全体常委和治理重点乡镇的主要负责同志组团到陕北进行了为期半个月的考察学习。考察回来后，在全旗上下进行了广泛而深刻的讨论，旗委提出了"不移创业之志，再固立旗之本"，推动了敖汉生态建设的大发展。

1998 年春季，在完成春季造林任务后，在夏、秋两季掀起了规模空前的小流域治理与农田水利基本建设高潮，以流域的治满治严为目标，绝大多数乡组织了联村会战，其中三个乡组织了全乡会战。去年夏季会战，宝国吐乡组织五个村会战大青山流域，治理面积 5540 亩，使 144 个山头 2.5 万亩流域基本治满治严。去年秋季会战，萨力巴乡在夏季会战小流域治理 2200 亩的基础上，大搞梯田建设，旗乡村三级干部 120 余人、群众 7000 余人、大小车辆 4000 余台，集中在三十二连山流域，奋战半个月，完成治理面积 3350 亩，其中灌溉式梯田 1050 亩，水平梯田 2000 亩，修农田防护林带 5 条，工程作业路 6000 延长米，完成土石方 35 万立方米。全旗组织春、夏、秋三次会战，坚持做到三点：一是抓重点工程。旗委书记、旗长，乡镇党委书记、乡镇长、分管乡镇长、水利站长、林业站长，都有重点工程，力争抓出"精品"。二是坚持联村联乡会战，流域面积大、任务艰巨的地区，集中力量，组织大兵团作战，打歼灭战。三是坚持督查、核查、拉练检查的"三查"监督考核机制。截至 1998 年全旗水土流失面积已有 54.9% 得到了有效控制，其社会、生态、经济效益十分显著，开始步入"林多草多—畜多肥多—粮多钱多"的良性循环。

一、水土保持的好成绩和新任务

1. 生态环境好转

到 1996 年末，水土流失速度已大大低于治理速度，全旗土壤侵蚀模数平均下降到 2500 吨 / 年·平方公里。随着植被的不断恢复，生态环境有了明显改善，水、旱、风沙灾害明显减少，大风日数年减少 9.4 次，风速降低 0.52 米 / 秒，无霜期增加 5.3 天，年降水量增加 19 毫米。

2. 社会效益显著

1996 年全旗粮食总产超过 5 亿公斤，比 70 年代十年平均总产翻了两倍，列自治区产粮"十强"的第五名。1997 年在敖汉旗大灾之年仍达到 4.1 亿公斤。在"第一次创业"的基础上，又开展了以农牧结合为中心的"第二次创业"，成为"全国畜产品生产先进县"之一，牧业产值和毛、肉、蛋产量比 70 年代有了大幅度增加，农牧民人均收入达到 1260 元。

3. 经济效益明显

全旗人均活立木蓄积量 8 立方米，等于全旗人均在"绿色银行"存款 1200 多元；万亩林以上的村达到 226 个，占全旗村嘎查总数的 71%，林产品加工业也随之兴起，林业产值逐年增加，1997 年达到 7500 余万元，开始成为继农牧两业之后的第三支柱性产业。

1998 年 1 月，旗委的十一届四次全委（扩大）会议，响亮地提出了要打好五个攻坚战，其中以生态建设为核心的"五个一工程"建设排在了各项攻坚战的首位。今后敖汉旗水保工作怎么办，如何实施好"五个一工程"，打好生态农业建设攻坚战，全旗确定了"三大三高"的指导思想，即认识上要有大战略、政策上要有大举措、治理上要有大规模；进程上要有高速度、质量上要有高标准、产出上要有高效益。树立可持续发展意识，正确处理生态农业建设同人口、资源、环境的关系，坚持走可持续发展之路，把全旗干部群众的思想统一到加强生态农业建设上来，加快生态农业建设步伐。要求树立农、林、牧三元结构意识。综合开发和综合效益意识以及科教兴旗意识，因地制宜，分类指导，制订切合旗情、具有敖汉特色的生态农业建设总体规划。退耕还林还草，建设基本农田，各乡镇苏木将根据各自实际情况确定各村组的人均耕地面积，总的要求是人均耕地面积不超过 6 亩，15° 以上的坡耕地一律退下来种树种草，耕地面积较少，实在退不下来的，必须经过治理后，方可耕种，全旗每年必保退耕 10 万亩，3° —15°

之间的坡耕地，要建成水平梯田或疏林牧场，大力加强高产高效基本农田建设和水源建设；大打绿化灭荒攻坚战，努力实现三年基本灭荒，五年绿化达标。

结合敖汉旗实际，经旗委、旗政府研究，敖汉旗今后的水土保持工作将完成四大重点工程：一是四道湾子到新惠 111 线东西两侧小流域综合治理工程，涉及萨力巴、新惠乡、四道湾子三个乡镇；二是王家营子到大甸子老宝线南北小流域综合治理工程；三是南塔乡 305 线二十家子北小流域综合治理工程；四是高家窝铺乡小流域综合治理工程。根据市委、市政府批示，确定建设宝国吐大青山、大甸子哈布其拉等十处万亩治山工程，确定建设萨力巴、新惠乡、康家营子、新窝铺、长胜、敖润苏莫六个乡（苏木）的六处万亩治沙工程，确定建设金厂沟梁罗洛营子、林家地东井等十九个乡镇三十条千亩生态经济沟。

在搞好水土保持综合治理的基础上，将积极创造条件发展水土保持产业，壮大水土保持部门自身实力和服务能力。今年水保部门将加强育苗地建设，繁育适宜本地区栽植的帝国杨、山杏及条桑等优良苗木，继续扩大大果无刺沙棘育苗规模，力争通过硬枝扦插、嫩枝扦插和根蘖苗繁殖，实现年出圃优质沙棘苗木 50 万株。在苗木基地建设基础上，积极拓展水土保持领域，加大养殖业生产和沙棘茶、沙棘油产品开发力度，完善管理机制，争当敖汉旗农业产业化的龙头企业。

二、为完成任务所采取的措施

1. 加强领导，明确责任，落实奖惩，强化宣传，严格考核

各乡镇苏木成立由一名党政主要负责人为总责任人的组织机构，明确任务，落实责任。对于重点工程建设，旗、乡两级都要成立由主要负责人参加的领导小组，确定专人，明确职责，1998 年四项重点工程分别由旗委、人大、政府、政协四大班子主要领导为总负责人，有关乡镇党政主要领导为分管责任人，旗水利局主要领导为技术负责人，在人员、资金、技术上予以重点保证。认真落实奖惩措施，旗设立生态建设奖励基金和精品工程奖，各乡镇苏木将制定相应的奖惩措施，并要严格认真兑现。加大宣传力度，继续大力弘扬"不等不靠、苦干实干"的六道岭精神，使广大干部群众齐心协力投身于生态农业建设攻坚战中来。继续坚持完善督查、核查、拉练检查的考核机制，保证生态农业建设的顺利实施。

2. 集中会战，突出重点，打大仗，打硬仗，大搞基础建设

敖汉旗每年都开展四次会战：春季的种树种草、夏季的小流域综合治理、秋季的"两田一地"（水平梯田、水平畦田、地膜整地）和水源建设、冬季的松毛虫防治等四次会战。根据具体情况，1998 年敖汉旗将把小流域综合治理作为今年的重点，实行全面推进、分类指导。重点工程确定玛尼罕、新窝铺、双井、康家营子、敖润苏莫等五个种草万亩以上重点乡（苏木）；确定宝国吐、大甸子、王家营子、新惠乡、牛古吐、木头营子等六个造林万亩以上重点乡；确定下洼、萨力巴、敖吉、古鲁板蒿、康家营子等五个扩大水浇地千亩以上重点乡镇；确定金厂沟梁、四家子、贝子府、敖音勿苏等四个修梯田三千亩以上重点乡镇。旗里要求梯田建设乡镇（苏木）必须留出应修面积的三分之一留地造田，建设区内的坟茔必须服从规划限期迁出，要继续坚持速度不缓、任务不减、质量不降、措施不软的原则，推行"小班卡"建台账等措施，把此项工作扎扎实实抓好，抓出成效。

3. 统筹规划，加快治理荒山、荒沟、荒坡步伐，推动水土保持工作走向深入

水土保持工作是生态农业建设的重中之重。1998 年水土保持工作要把加快消灭宜林荒山、荒沟、荒滩步伐与"户造一亩林"工作结合起来，采取重点突破，点面结合，全面推进的办法，一个流域一个流域地治理，一个山头一个山头地消灭，推进全旗灭荒进程。在河道治理开发上，开展以孟克河、教来河、老哈河三个流域为主的河道生态综合开发工程，进行综合治理，实行宜林则林、宜农则农、宜草则草、宜药则药，充分发挥土地资源效益，采取"五荒"拍卖、股份制等多种形式，多方筹措资金，增加投入，加快发展进程。

第四节　90 年代草业发展的两大工程

20 世纪 90 年代，敖汉种草已进入平稳发展阶段，期间 80 年代中期实施了两大草业发展系统工程：其一，飞播种草已进入常态化，90 年代又有新发展，飞播种草为敖汉旗生态建设做出极大贡献。其二，1985 年国家农业部草原处批准实施的草业系统开发实验项目，到 90 年代末取得了很大成绩。

一、飞播牧草

为加速科尔沁沙地的治理，用飞机播种牧草是固定大面积流动、半流动沙丘的有效措施之一。敖汉旗的飞播牧草是从 1986 年开始，由试验示范阶段转入推广普及阶段。面积逐年扩大，截至 1994 年，全旗共有 10 个乡镇苏木 39 个村（包括敖汉种羊场）实施飞播牧草，九年中共飞播牧草累计面积 70.28 万亩，其中有效面积 62.33 万亩。通过飞播，建立了大面积高产优质草地，创办了一批专业户和家庭示范牧场，繁荣了农村牧区经济，取得了良好的生态效益、社会效益和经济效益。

1. 飞播牧草成效显著

（1）有效地改善了生态环境。旗内原有流动半流动沙地 163 万亩，每到冬春季节，风沙肆虐，吞噬农田草场，掩埋房屋，阻断交通，危害十分严重。经过十年连续不断的努力，有近 80 万亩沙地得到良好治理，飞播草地植被盖度由播前的 20%—25% 增加到 70%—75%，草群平均高度由播前的 25 厘米左右提高到 70 厘米以上，有效地控制风沙，消除了沙害。

（2）大幅度提高了草场生产力，促进了畜牧业经济的发展。据实测，飞播草地亩产干草由播前的 30 公斤，提高到 200 公斤，每亩增产 170 公斤，70 多万亩飞播草地年增收牧草 1 亿公斤以上，同时飞播草地每年可收获牧草种子 20 万公斤以上，仅此两项，整个飞播草地每年可创产值 2420 万元以上，年创纯收入 1000 万元以上。由于飞播草地和人工草地的不断扩大，全旗已具备了年存栏大小畜 70 万头以上的综合生产能力。近几年来，旗畜牧业由于有充足草饲料来源，一直保持了稳定协调持续发展的好势头，尽管牲畜数量上没有增加，但是畜牧业的综合生产能力、主要畜产品产量都大幅度增加。畜牧业产值由 1986 年的 0.4 亿元提高到 1994 年的 1.6 亿元。

（3）加快了脱贫致富的步伐。敖汉旗的牧区——敖润苏莫苏木地处西辽河上游沙区的腹地，严重的风沙危害不仅对人们的生存条件造成了威胁，而且也严重地限制了地区经济的发展。1986 年以前，全苏木人均有畜 4 头，其中有 112 户人均不足一头畜，生活靠救济，生产借贷款，有 83% 的牧民尚未解决温饱。从 1986 年起，这个苏木作为飞播牧草治理改良沙地草场的重点，坚持年年搞飞播，十年来，累计飞播牧草 25 万亩，治理沙地 28 万亩，占全苏木沙地面积的 58.33%，占全旗飞播总面积的三分之一。经过飞播治理沙地，到处郁郁葱葱、碧草连天，牧民们赖以生产生活的基本条件得到根本改善，实现了饲草自给有余，十年来，这个苏木畜牧业经济稳步上升，牧民生活逐年改善，到 1984 年全苏木大小畜存栏达到 3 万多头（只），人均 7 头（只），牧民人均纯收入由 1986 年的 164 元，增加到 1994 年的 950 元，其中有 30% 的牧户，人均收入超过 2000 元，开始走上了致富之路。

2. 十年来，主抓以下重点工作

（1）多方筹集资金，加速飞播进程。经过 1986 年至 1987 年两年的试验示范，以后每年都超额或超额几倍地完成了计划飞播任务，其根本原因在于从本地经济实力出发，采取国家投资，社会各部门集资与农牧民群众自筹三结合的办法，广泛发动社会各部门、各阶层的力量，千方百计扩大资金来源，从资金上保证了飞播计划的顺利实施。十年来，广大农牧民自筹资金达 99.8 万元，占全部飞播资金的 50%。全旗各部门累计投资 20.7 万元，占飞播总投资的 10.4%；国家投资 79 万元，占总投资的 39.6%。同时还改变了资金使用管理办法，变国家无偿为有偿周转使用，在国家投入资金中，除试验示范无偿投入外，其余全部实行有偿投放，定期收回，周转使用。全旗共签订飞播资金有偿使用合同资金额达 56.43 万元，占国家总投资的 71.4%。

（2）坚持飞播草地全部有偿使用，建立草原建设自我投入自我约束的新机制。从 1986 年引进飞播牧草技术伊始，就借鉴天然草地和人工草地有偿使用的先进经验，在广大农牧民群众中广泛深入宣传"草地有价、使用有偿"的思想，坚持推行飞播草地有偿使用制度。现在全旗已建成的飞播草地，无论是乡村集体统一管护，分户利用的，还是承包到户经营使用的，已经全部落实了有偿使用制度。十年来共收缴飞播草地有偿使用费 200 多万元，除少部分上缴草原主管部门作为草原养护费和飞播投入资金外，绝大部分归草地权属单位，作为育草基金用于发展本地区草畜业。飞播草地有偿使用形式，各地不尽一样，大体有两种形式：一类是按使用面积直接收费，一类是以饲养牲畜头数交费，其收费标准，依据利用方式和草地生产能力的差异而有所不同。一般来说，秋季打草利用的每亩收费 3—5 元；冬季放牧利用的，每个羊单位收费 1—2 元；夏季青贮利用的，给予适当优惠，每亩收 2—3 元。几年的实践告诉人们，飞播草地有偿使用是深化农村牧区改革的一个重要内容，它不仅可以彻底消除"草地无主、使用无度"的糊涂认识和做法，有利于帮助群众树立土地公有观念，从根本上解决草牧场吃大锅饭问题，而且可以不断扩大集体积累，发展壮大集体经济，促进草原事业的发展。

（3）加强播区配套建设，开展牧草综合利用。飞播牧草为全旗建立了大面积优质高产草地，牧草年产量比过去有了大幅度增长，利用好这些牧草，全面提高飞播草地的综合效益是近几年来一直抓住不放的重大课题之一。围绕这一课题，重点抓了以牧草加工调制为中心内容的播区配套建设：其一，在播区建设草粉加工厂，开展牧草商品化生产，突出解决牧草秋季一次收割利用率过低问题。1990年以来先后在敖润苏莫、康家营子、长胜等重点播区建起草粉加工厂点20余处，年加工能力累计达到500万公斤以上，所加工的草粉除满足农牧民养畜自用外，每年可出售商品草粉200万—300万公斤，既提高了牧草利用率，又把草产品转化为商品，为发展沙区商品经济开辟了新的途径，增加了农牧民的收益。如新窝铺乡的乌兰勿苏、张家营子等村自1992年建起草粉加工厂以来，已出售草粉及草捆100多万公斤，收入达50多万元。其二，增加青贮机械和设施，大力推广豆科牧草青贮。豆科牧草的研制成功及在全旗的推广应用，在飞播牧草的利用上实现了新的突破。据测定，豆科牧草秋季一次刈割，利用率仅为46%，加工成粗草粉，利用率也只有69.2%，而豆科牧草青贮利用率可以提高到89.6%，同时生产成本低，营养保存完好，便于长期保存。自1990年以来，先后为重点播区配套青贮机械45套，修建永久性青贮窖200多座，仅飞播区完成豆科牧草青贮2500万公斤，占全旗青贮总量的35%。其三，因地制宜、灵活多样、多途径综合利用牧草，在猪禽生产重点区，一方面推广牧草青打浆，变牧草季节性利用为常年均衡利用；另一方面坚持发展混配饲料生产，扩大了牧草的利用范围。

（4）坚持草畜结合，发展稳定优质高产的畜牧业。大面积飞播牧草和人工种草，不仅解决了长期困扰全旗畜牧业发展的缺草问题，缓和了草畜矛盾，而且也为全旗进一步实现畜牧业的稳定优质高效益创造了条件和可能。木头营子乡东湾子村1992年飞播牧草1.2万亩，饲草的增多促进了畜牧业的大发展。在1992年以前，这个村大小畜饲养量最多仅为3000多头（只），而经过几年的发展，今年达到5500多头（只），人均有畜达2头以上，并涌现出一大批养畜大户，符合农牧结合标准的养畜户达180户，1994年全村畜牧业收入占人均总收入的40%，1995年达到50%以上。长胜乡马架子村村民王国太等四人于1993年承包6000亩沙地，自筹资金15万元，对沙地进行了飞播后，又营造防风固沙林2000余亩，购入母牛40余头，办起了家庭牧场，经过不到三年的时间，6000余亩沙地林网纵横、碧草连天，养牛数量达 70 多头，呈现出草茂牛肥景象，预计再过 3—4 年时间，其饲养量可达 300 头以上，年创产值可达 20 多万元。

到 1995 年统计，全旗已在播区建起家庭牧场 145 处，这些家庭牧场正以勃勃生机不断发展壮大，成了全旗家庭养畜之楷模。

实践证明，飞播牧草投资少、见效快，是一件值得大力推广的事业，但是由于开展这项工作时间较短，还存在一些问题。比如：飞播建设赶不上社会经济发展要求，尚有 30% 的沙地没有得到治理；老播区如何进行更新改造；飞播草地当家品种沙打旺病虫害严重，生长周期缩短；如何寻求替代品种；等等。对于这些问题，要在今后的实战中努力加以解决。

二、实施草业系统工程

草业系统工程建设是发挥贫困山区大搞天然草场改良，人工种草，退农还牧，实施以草业为龙头，带动养殖业，草产品加工业，使社会效益、生态效益、草地产值、粮食产量、经济效益和人均收入及人们的生活水平有大幅度提高，逐步走种养一条龙，贸、工、牧一体化经营路子，是使贫困山区尽快摆脱贫困的主要途径。

1985 年，由国家农业部草原处批准实施了罗家杖子草业系统工程，综合开发试验项目，建设农牧结合试点村，到 1997 年，十多年来取得了很大成就。在罗家杖子带动下，辐射全旗十个农牧结合村，他们利用草业系统理论方法指导生产，应用科学技术和科学管理，因地制宜地把农作物种植、动物饲养、产业加工和商品流通有机结合起来，从而建立多层次、多渠道开发，互为补充、多级循环的畜牧业生态系统。全旗草业系统的发展别开生面。下面将罗家杖子农牧结合村予以介绍。

1. 草业系统工程村的概况

罗家杖子村位于赤峰市敖汉旗东南部，辖四个村民组，是一个仅有 87 户 445 口人的村庄。全村总土地面积 2 万亩，其中农业用地 1150 亩，牧业用地 1.5 万亩，林业占地 1400 亩，其他占地 2700 亩，属于农牧经济类型区。1980 年以前，这里水土流失，风蚀沙化，土地瘠薄，生态条件十分恶劣，全村 70% 以上的天然草地沙化、退化，平均每公顷产干草不足 300 公斤。全村大小畜 270 头（只），生猪 139 头，鸡 500 只。1980 年前靠广种薄收，轮耕撂熟，粮食单产不足百斤。

由于自然条件很差，严重影响着农业生产发展，加之信息闭塞，文化低下，科学落后及种植业结构单一，即土地—粮食—人，单向循环。结果农业生态逐步恶化，人民生活十分贫困，当时全村人均收入只有 35 元。农民靠出外卖苦力打工赚钱来养家糊口，基本过着"生活靠救济、吃粮靠返销、花钱靠贷款"的"三靠"日子。党的十一届三中全会以后，罗家杖子村贯彻了"林牧为主，多种经营"的方针政策，从本村的实际出发，按照农、牧、林综合经济类型区规划，进行了退农、还林、还牧、开发草业，把发展草业作为自己的战略目标，科学地确定农、牧、林生产用地，最大限度地提高土地生产率和土地利用率，收到了较好的效果。

2. 实施草业系统工程的建设措施

草业系统工程首先是将不适宜种植农作物，易于风蚀、沙化，坡梁地（坡度在 25° 以上坡耕地）及弃耕地，水土流失严重的地块全部退耕还草，把地势低平的天然草地进行了封育禁牧，从而提高草地产量和质量。其次是养畜，使生产出来的大量饲草用于养畜，从而使草转化为畜产品而增值。利用草业系统工程综合功能，在以草为轴心，促进各业发展，初步形成"种、养、加、产、供、销"一体化的经营格局。

草业：建立人工草地是提高土地生产力和改善土地物理环境的重要措施，而且也是为养畜提供物质条件。首先对土地实行了科学规划，凡撂荒地和 25° 以上坡耕地全部退农还草。并采取了一个统一三个集中的办法，即"统一种草，集中规划，集中联合种植，集中管护"。全村人工草地保存面积 1.5 万亩（紫花苜蓿 1 万亩，沙打旺 2700 亩，柠条 2300 亩），户均草地 172 亩，人均草地 40 亩。

林业：70 年代，全村有林面积不到 570 亩，且多为小老树，开发草业以后，大力开展了植树造林，到目前为止，造林面积达到 3000 亩，其中速生丰产林 140 亩，是种草前的 4 倍，营造了农田防护林带 108 条，实现了农田、草地林网化。

种植业：人工草地的建成，要求必须改变广种薄收的传统习惯，合理调整种植结构，提高单位面积产量，把耕地压缩到 1000 亩，退出来的易风蚀沙化的土地进行了种草植树，并把 1000 亩的耕地进行农田基本建设，同时也调整了农作物种植结构，并以小麦、大豆和饲料作物为重点，以高产量、高产值为目的，最大限度地改善人们的食物构成，扩大经济作物种植面积。

养殖业：养畜是草业系统工程的主要组成部分，也是草地次级生产的初级阶段。使大部分饲草通过草食家畜转化为可供人们所利用的畜产品，增加经济效益。发展牲畜主要以良种畜和草食家畜为主，以敖汉细毛羊为主要发展对象，逐年提高猪、禽、牛的饲养量。村里还建立了畜禽防疫家畜改良服务体系，并且狠抓了疫病防治和家畜改良。

加工业：作为草业系统工程，有了草、畜，缺乏加工业，就无法保证系统工程的正常运转，把原料型畜牧业转化为加工增值型畜牧业，建起多环高效复合经济系统。因此，村首先建起了饲料加工厂，年加工粗、精、配合饲料 100 万公斤。从草原建设到饲料加工，从科学养畜到畜产加工，从林业建设到木材深加工，进行了多层次转化，为此，村里在下洼镇办起了羊肉馆、挂面厂。利用木材充足的特点，开办木材加工厂。

3. 实施草业系统工程后的变化

草业系统工程的实践证明，罗家杖子村基本形成了一个结构合理，功能协调，低耗高效，稳定优质的草业综合系统。

草业系统工程的实施，使人工种草保存面积达 1.2 万亩，草地生产力由原来的每公顷产不足 300 公斤提高到 2000 公斤，营养物质（粗蛋白含量）产量提高 8 倍之多。林木保存面积达到 3000 亩，其中速成丰产林占总面积的 14.96%，林草覆盖率提高 84%，全年大风日数由原来的每年 61 天减少到 34 天，最大风速由原来的 27 米/秒降到 16 米/秒，地表径流量减少 58%，土地冲刷减少 95%。牲畜头数由原来的 270 头（只）增加到 1173 头（只），猪 1000 头、禽 3000 只，达到了全配全改。畜牧业产值比种草前增加 15 倍之多。耕地面积由 8000 亩压缩到 1150 亩，土地有机质含量由 0.8% 上升到 1.7%。粮食产量由原来的 25 万公斤提高到 45 万公斤，粮食单产 391 公斤，人均持有粮 951.3 公斤。形成了草多—畜多—肥多—粮多—收入多的良性循环。

草业系统工程的实施，使全村的物质生活水平不断提高，衣食住行有了很大的改善，人均收入达 1085 元，食物构成从温饱型向营养型过渡，过去那种粗粮加青菜的结构已变为细粮。新式家具、现代化农机具有所增加，农民还清外债，并有存款。文化教育有了长足发展，全村基本达到无文盲，普及小学教育，儿童入学率达 100%。

罗家杖子村的变化表明，草业系统工程建设对农区、半农半牧区及黄土丘陵区开发草业，兴牧促农，闯出了一系列切实可行的新路，也是贫困山区脱贫致富的有效途径。

第五节　新世纪梯田建设总体规划

一、20 年梯田建设的简要总结

进入 80 年代，敖汉旗以大规模的种树种草、小流域综合治理为中心的生态建设取得了令人瞩目的成就。恶劣自然环境得到了有效遏制，生态条件、生产条件明显改善，生态效益、社会效益显著提高，粮食生产实现了自给有余。在生态建设实践中，全旗广大党员干部和人民群众更加认识到，把梯田建设作为"五个一工程"的重点，是跨出了生态建设的第二步，时机和条件已经成熟。在"五个一工程"中，压力最大、困难最多的就是梯田建设。敖汉的现实需要加大力度，造林绿化是立旗之本，梯田建设是稳粮之根，既要改善生存环境，也要改变生产条件，既要绿化，又要吃饭。但是，由于过去把主要精力放在治理荒山荒坡上，而基本农田建设速度相对缓慢。在全旗 287 万亩耕地中，水浇地面积只有 40 万亩，是全市人均水浇地面积最少的旗县，加上已修成的 41 万亩合格的水平梯田，全旗农村人口人均基

山地梯田工程

本农田仍不足 2 亩，离人均 3 亩的既定目标还相差很远。并且在分布上极不均衡，部分贫困山区人均不到 1 亩基本农田。因此，巩固敖汉旗生态建设成果，是夯实农业基础，发展集约经营和高产优质高效农业，进而解放农村生产力，推行农业产业化经营，直至实现农业现代化的关键所在。

自治区水利厅将敖汉旗列为梯田建设示范旗，这对于及时将农业基础建设重点转移到梯田建设上来是极好的机遇。全旗上下应该抓住这个机遇，大干快上，用六七年时间全旗实现梯田化。

二、明确发展目标，落实建设任务

敖汉旗尚有 60 万亩坡耕地待修梯田，计划用 6 年时间，即从 1999 年开始，以每年 10 万亩的建设速度推进，到 2005 年坡耕地基本实现梯田化，2006 年扫尾。届时全旗高标准梯田面积达到 100 万亩，全旗平均每个农业人口有 2 亩梯田，山丘区农业人口人均达到 2.7 亩。在实施建设过程中，要加大夏季留地造田的力度，按"夏四秋六"进行安排，即夏季完成 4 万亩，秋季完成 6 万亩。夏修梯田可以村、组、自然屯分散干，秋季可联乡大会战，夏季造田保任务，秋季会战创精品，每年每个农业人口完成 0.3 亩左右。要坚持搞好几个结合：一是要同退耕还林还草结合起来，退耕是推动梯田建设的首要措施，3°—15° 坡耕地全部修成水平梯田，15° 以上的坡耕地以及人均已经达 6 亩耕地以外的 33.2 万亩坡耕地一律退下来还林还草，五年内退完（每年退 6.64 万亩）。二是要紧紧同小流域综合治理结合起来。若山上得不到有效治理，坡面修梯田很难保存。要规划一次到位，治理一次完善，集中连片，成流域治理。三是要与水源建设结合起来，贯彻"两围"方针，即围绕水源建农田、围绕农田建水源，充分利用地上地下水，有条件的地方要搞爬坡引水建水浇地，没水源条件的要修建水窖，保证抗旱坐水种。四是人力与机械相结合，梯田建设工程量大，特别是丘陵山区的坡耕地，平整难度大，要通过上级扶持资金和自筹资金，购买一批大型拖拉机，实行人工筑埂，人机结合整地，以提高工效和加快建设速度。

三、坚持科学规划，保证建设质量

规划是建设的基础，梯田建设水平的高低，规划设计是关键。在施工前，各乡镇要组成强有力的班子，抽调得力的工程技术人员和熟悉本地情况、有经验的人员，深入基层实地踏查。在规划中要按山、水、田、林、路统一规划的要求，坚持国颁标准，难度大的也要坚持部颁标准。对于山头、坡面、侵蚀沟都要有科学的治理方案，凡是施工的地方，都要实行山头坡面兼治、坡沟兼治，一步到位，不留死角，使其得到完善治理，从而上规模、上水平、出精品。为保证梯田建设的质量和效益，有关部门要切实搞好技术服务和技术指导工作，广大工程技术人员要有高度的责任心和事业心，本着对山丘区人民高度负责的精神，使规划设计切合实际，坚决避免劳民伤财。在施工管理上，要大力推行工程技术人员承包责任制，牢固树立质量第一的观念，包标准、包质量、包效益，要下得去，蹲得住，及时解决施工中遇到的一些实际问题，保证建一处，成功一处，见效一处。不合格的工程坚决返工，造成重大损失的要追究有关人员的责任。

要加强已建梯田的管理和维修养护，要明确管护责任，原则上坝埂在哪家地就由哪家管，也可以以村民组为单位确定专门管护人员，每年汛后和降雨之后，对梯田进行全面检查，发现埂孔、穿洞或田面不均匀沉陷、浅沟集流时，要及时修整，要防止人为破坏和放养牧畜对梯田的破坏。大力提倡"三分建、七分管"，这一点是尤其重要的。

四、完善各项政策，健全投入机制

梯田建设是一个高投入高产出的项目，要调动一切积极因素，加大投工投劳和投资力度，充分发挥农民的投入主体作用，坚持自力更生为主，农民的自我积累、投入为主，国家、集体投入为辅的投入机制，扶贫、以工代赈、水利资金及其他可用于山丘区建设的资金要优先考虑安排，梯田建设及其水源工程建设仍坚持各有关部门"各负其责、各投其资、各记其功"的原则，资金集中起来使用，实行分工协作责任制。要坚持合理使用劳务积累工制度，严格实行出工记账，以工还工，集中会战、推磨转圈、轮流治理，先后受益，大体平衡。国家规定的劳务积累工，山丘区要保证70%用于梯田建设上，对于有劳不投或有资无劳户可实行以资代劳。并坚持"四集中""四统一"，即"集中领导，集中时间，集中劳力，集中地块""统一组织，统一规划，统一施工，统一质量"。认真落实好土地承包政策，继续完善统分结合的双层经营体制，已经签订承包责任制三十年不变的土地，要服从于梯田建设，建成后统一落实承包期，三十年不变。并和"五荒"治理开发有机结合起来，"五荒"资源可以改造为水平梯田的，要积极扶持与鼓励，实行谁治谁有，长期不变，一次到户，限期治理。鼓励城镇单位、个人和外地单位、个人承包"五荒"整修梯田。积极推行股份合作制，单位与个人投入，共同管理，共同受益。

五、建立奖励机制，推动赶超先进

　　政府每年拿出十万元，用于梯田建设奖励，奖励范围是在全面完成任务前提下，建设标准高、规模大的精品工程，并将其十分之一用于对负责具体规划施工科技人员的奖励。为加快梯田

人工梯田施工工地

施工步伐，要广泛开展"梯田村、梯田乡镇"活动，凡已修梯田占应修梯田90%以上，即可申报"梯田村、梯田乡镇"，届时旗政府组织验收予以命名确认，同时给予表彰和一定奖励。

第六节　"三北"防护林三期工程规划任务

一、防护林体系建设现状

　　"三北"防护林一期工程建设，首先解决沙通铁路沿线防沙造林和风沙危害、水土流失严重地区的绿化问题。到1985年末，全旗有林面积达到了172.4万亩，林木覆盖率达到了15.8%。二期工程建设中，采取了以点带面，步步为营的办法，开展全面绿化。到1992年末，全旗有林面积达到了446万亩，其中防护林83.3万亩，用材林140.5万亩，薪炭林13万亩，特用林675亩，经济林18.4万亩。疏林地2.8万亩，灌木林地20万亩；未成林造林地101.5万亩，四旁植树2837万株。

敖汉旗在开展"三北"防护林建设的 15 年中，造林保存面积 333 万亩，平均每年保存 22.2 万亩。全旗有 17 个乡镇，240 个行政村，实现了基本绿化。全旗活立木蓄积达到 203 万立方米，林木总价值达到 3 亿元，为敖汉旗农牧业稳产和水利设施发挥效能提供了保证，有效改善了地区的生产环境和农牧业生产条件。

根据敖汉旗林业发展情况和"三北"防护林建设总体要求，到 1995 年末，敖汉旗有林面积将达到 358 万亩，其中防护林 144.1 万亩，用材林 163.8 万亩，经济林 2.7 万亩（乔木经济林），薪炭林 14.3 万亩，特用林 675 亩；疏林地 2.5 万亩，灌木林 96 万亩，其中灌木经济林 55 万亩，未成林造林地 65.4 万亩，四旁植树 3612 万株，林木覆盖率达到 42.4%，全旗活立木蓄积达到 238.31 万立方米，林木总价值达到 3.4 亿元，从而圆满完成"三北"防护林二期工程建设任务。

二、规划任务

根据敖汉旗"三北"防护林体系建设情况和上级部署，对敖汉旗现有宜林地进行了规划，逐一落实了三期工程建设任务，其规划结果如下。

造林规划：

敖汉旗 1996—2000 年"三北"防护林三期工程规划建设任务为 66 万亩，其中人工造林 50 万亩，飞播造林 2 万亩，封山（封沙）育林 14 万亩。这次规划涉及全旗 16 个乡、镇、苏木，在建设顺序上本着急需治理的地块优先安排的原则进行安排，全旗每年造林 10 万亩。这一规划实施后，全旗有林面积在 1992 年 446 万亩的基础上增加到 547 万亩，林木覆盖率将达到 45.8%。

根据全旗宜林地现状，其三期工程规划按林种分为：

水土保持林：20 万亩；

防风固沙林：6.5 万亩；

草牧场防护林：1.5 万亩；

用材林：6.6 万亩，其中速生林 5 万亩；

经济林：15.3 万亩。

根据适地适树原则确定了主造林的树种有油松、樟子松、落叶松、杨树、山杏、杨柴等。其设计营造树种面积：灌木 27.6 万亩；针叶 12 万亩；阔叶 10.4 万亩；

三、重点建设项目规划

敖汉旗三期工程建设重点为科尔沁沙地防护林体系建设项目。该项目建设范围分布在全旗 17 个乡镇，总建设面积为 66 万亩。本着适地适树，集中治理，重点建设的原则进行的规划。

1. 科尔沁沙地樟子松人工林基地：主要规划在北部沙区，建设任务为 2 万亩。

2. 旱作杨树速生丰产林基地：主要规划在中北部的 8 个乡镇，总建设面积为 5 万亩。

3. 山杏经济林基地：主要规划在全旗宜林地条件比较好的 11 个乡镇，总建设面积为 15 万亩。

4. 水土保持林基地：规划在敖汉旗南部 5 个乡镇，建设水土保持林基地 20 万亩。

5. 果树基地：为发挥林业经济效益，在全旗 8 个乡镇规划建成果树基地 6000 亩。

6. 防风固沙林基地：在北部沙区三个乡镇建设防风固沙林基地 4.5 万亩。

7. 牧场防护林基地：在萨力巴乡和新窝铺乡建设牧场防护林基地 1.5 万亩。

8. 飞播造林：在北部沙区四个乡镇飞播造林 2 万亩。

9. 封沙育林：在敖汉旗四个乡镇规划封沙育林 14 万亩。

10. 用材林基地：本着适地适树的原则规划用材林基地 1.6 万亩。

四、林业名、优、特商品基地和林业资源开发利用规划

1. 山杏基地：在中南部 5 个乡镇建设山杏基地 10 万亩，建设年限为 3 年，建成后，年产杏核 100 万公斤，年可创产值 160 万元。

2. 木材加工：在中北部 10 个乡镇规划到 1996 年以后，年产板材 2 万立方米，3 年投资 20 万元，年产值达到 1200 万元。

3. 杏仁加工：根据市场需要，山杏基地的建设发展，1996 年可产杏核 2000 吨，因而将杏仁乳厂生产能力由年产 4000 吨扩建为 1 万吨，年可创产值 5000 万元。

4. 速生丰产林：在中北部 5 个乡镇结合低产林改造建设速生丰产林基地 5 万亩，建设期限为 5 年。

5. 森林旅游：敖汉旗大黑山次生林区地处敖汉旗和北票县交界处，此处次生林景观优美，山体俊秀，是旅游观光的理想景点。因而，在1996—1998年需投资30万元陆续建成森林旅游点1处，建设面积为16.5万亩。

五、林业科技成果和技术推广规划

根据敖汉旗地区特点，结合三期工程建设，为提高造林质量，主要推广以下技术。

1. 敖汉旗抗旱造林系列技术：全旗三期工程建设中，在14个乡镇的43万亩人工造林中推广此技术，需投资170万元。

2. 旱地杨树速生丰产林营造技术：为大力发展用材林生产，提高用材林建设质量，1996—2000年在8个乡镇的5万亩人工杨树用材林建设中推广此技术，需投资20万元。

3. 沙地樟子松营造技术：为提高沙地造林质量，加快沙地开发步伐，在敖汉旗北部沙区3个乡镇推广此技术，推广面积为2.0万亩，需投资8万元。

第七节 "三北"防护林工程成就辉煌

一、"三北"防护林完成情况

从1978年开始，敖汉旗被划入"三北"防护林体系建设范围内。敖汉人民抓住这一历史性机遇，坚持不懈地开展了大规模的以种树种草为中心的旨在改善生态环境和生存、生产、生活条件的生态建设大决战，林业生产建设得到了迅猛的发展。一期工程建设期间（1978—1985），8年新增合格造林面积130万亩，主要营造片林，以生态效益为主，重点解决风沙危害、水土流失严重地区的绿化问题。京通铁路沿线防沙林工程就是这一期间的一部杰作。二期工程建设期间（1986—1995），10年新造林合格面积170万亩，实行带网片结合，布局趋于合理。三期工程建设从1996年到2000年，5年新造林合格面积78万亩。流动沙地锐减到9万亩，半固定沙地40万亩，固定沙地210万亩。1978年到2000年的23年间，全旗造林保存面积达378万亩，年均16万亩。"三北"防护林工程的启动实施为敖汉林业的发展注入了动力，也为今后更好地建设和实施退耕还林、沙源、生态建设与保护、德援、意援项目打下了坚实的物质基础，积累了丰富的造林工作经验，从而加快了全旗的生态建设步伐。

几十年坚持不懈的努力，敖汉旗的生态环境已由过去的黄沙滚滚、荒山秃岭变为今天的绿洲片片、千峰叠翠，生产、生活条件也随之发生了根本性的变化。由于敖汉旗生态建设成就显著，国家有关部委先后授予敖汉旗"三北"防护林体系一、二、三期工程建设先进单位、全国治沙先进单位、全国造林绿化先进单位、全国平原绿化先进单位、全国科技兴林示范县、全国林业宣传先进单位、全国环保生态示范县等荣誉称号。

二、"三北"防护林建设的基本经验

1. 坚持综合规划，绘制宏伟蓝图

从 1980 年开始，敖汉旗以小流域为单元，坚持山水田林路统一规划、综合治理。1989 年 9 月，敖汉旗人大常委会通过了敖汉旗人民政府《关于七年（1989—1995）实现全旗绿化的规划》；1992 年，结合赤峰市生态经济沟建设方略的提出，敖汉旗生态建设实现了单一生态型向生态经济型的转变；1997 年制订了《敖汉旗水土保持规划》《敖汉旗生态建设近期规划》和《敖汉旗坡改梯规划》；1998 年，旗委以 1 号文件的形式下发了《关于加强敖汉旗生态农业建设的决定》；1999 年，敖汉旗第十三届人大一次会议通过了《关于加强水平梯田建设的报告》。这些规范性文件都不同程度地为敖汉旗生态建设绘制了近期长远发展的蓝图，提出了基本建设的目标和指导思想。

2. 坚持加强领导，发扬接力赛精神

敖汉旗历届领导始终用科学发展观指导生态建设工作，将生态建设作为立旗之本、生存之本、发展之本、振兴之本。从 1978 年开始，旗委、旗政府先后四次做出关于大力种树种草和治沙治山的决定，对每一发展阶段都进行了精心规划。在工作中，始终坚持党政一把手亲自抓，分管领导具体抓，几大班子共同抓，坚持"一届接着一届干，一张蓝图绘到底"的接力赛精神，换人不换目标，换届不换蓝图。20 世纪 80 年代初以来，敖汉旗委换了七任书记，政府换了七任旗长，生态建设不仅从未间断，而且形成了一任比一任建设得多、建设得好的势头。在干部使用方面，实行生态建设一票否决制度，几年来，有近百名在生态建设中做出突出成就的干部先后被

提拔任用。

3. 坚持服务社会，促进协调发展

敖汉旗始终把生态建设置于全旗经济社会发展大局中进行谋划，优先解决生态状况恶劣制约经济社会发展的"瓶颈"问题。如：针对农田牧场沙化退化，从 20 世纪 70 年代开始，集中连片地建设了农牧场防护兼用林，使 100 万亩农田、150 万亩草牧场实现了林网化，全国最大的草牧场防护林——黄羊洼草牧场防护林就是其中的典型代表之一；农田防护林对粮食和秸秆年均增产价值达 0.95 亿元，农牧民人均增收 178 元；草和草籽年均增产价值 0.49 亿元，农牧民人均增收 92 元。依托国家生态建设工程，围绕全旗产业发展，敖汉旗正着力打造杨树工业原料林、沙棘林、灌木饲料林、蚕桑、山杏林五大产业基地，以产业的大发展带动农牧民增收。

4. 坚持政策吸引，强化利益驱动

敖汉旗长期坚持"谁造谁有，一次到户，过期不补，长期不变，限期治理，允许继承和转让"的优惠政策，用政策调动群众积极整地、筹款买种买苗。同时，加大产权制度改革力度，大力发展非公有制林业。在种苗供应上，最初由财政无偿为群众供苗，1985 年后实行了半价供苗和以奖代补政策。在幼林期实行以耕代抚，不仅节约了抚育成本、促进了林木生长，而且增加了农牧民收入。进入 20 世纪 90 年代以后，采用家庭承包、联户承包、集体开发、租赁、股份合作、拍卖使用权和无偿划拨等多种形式治山治沙，利益机制得到充分体现，群众积极性空前高涨。随着国家对生态建设投资的加大，敖汉旗又把足额兑现国家政策充实到政策体系中，将"国家绿"和"群众利"有机结合起来。

5. 坚持典型引路，加快绿化进程

20 世纪 80 年代，南部山区的刘杖子、北部沙区的乌兰巴日嘎苏就已初显三大效益，是全旗最早的生态建设典型。90 年代，大规模的生态建设会战展开后，敖汉旗又出现了六道岭的精神、大青山的气魄、黄羊洼的规模、黄花甸子的模式等可资借鉴的典型。以及治沙英雄李儒、植树专家马海超、绿色使者孙家理等许多可歌可泣的英模人物。全旗有 7 人荣获全国绿化奖章，有 1 人荣获"全国十大绿化标兵"称号，有 1 人荣获"全国造林绿化劳动模范"称号。通过广泛宣传先进典型的成功经验和英模人物的先进事迹，全旗上下形成了"比、学、赶、帮、超"的良好生态建设氛围，进一步加快了造林绿化进程。

6. 坚持集中会战，实现规模治理

为了加快生态建设步伐，实现规模效益，从 20 世纪 80 年代起，敖汉旗采取了大兵团集中攻坚的办法，每年都确定三至五个乡为会战重点，集中联片治理。90 年代中后期，面对远山、石质山、大沙等治理难度大的流域，敖汉旗又采取了联乡联村会战的办法，几万人甚至十几万人集中在一个大的流域会战，各乡镇在特定的行政区域内，推磨转圈，轮流治理，以工换工，齐工找价，大体平衡。这样不仅加快了治理速度，而且形成了综合完善的工程体系。近几年，在国家投资加大的新形势下，很多乡镇又推出了集中会战和专业队治理相结合的全新生态建设组织形式，都取得了明显效果。

7. 坚持科技兴林，提高建设质量

敖汉林业的快速发展，仰仗了科技的全程支撑。"三北"防护林工程建设以前，大多采取埋干、埋条、直播、实生苗造林，造林成活率不足 40%，需经过 1—3 次补植，才能成林。"三北"防护林工程启动以后，敖汉旗发明、制造和应用了开沟犁造林技术，使造林成活率提高到 85% 以上，比传统方法提高 30%，大大加快了全旗造林绿化进程。在这一发明的启发下，敖汉旗提出了"不整地、不造林"的技术措施，形成了深沟大坑整地、良种壮苗、苗木保湿、浸苗补水、适当深栽、扩坑填湿土、分层踩实、培抗旱堆等八个以开源节水为中心的抗旱造林系列技术，为全旗林业快速发展提供了技术保证，在"三北"地区得到了广泛推广应用。从"九五"后期开始，敖汉旗造林进入攻坚阶段，宜林地多处于石质山、大沙，难度大、成活率低。为有效地进行治理，敖汉旗又在山地综合治理上，采取了客湿土、洇湿土、营养袋、覆膜、坐水栽植等造林新技术，大力推广应用 ABT 生根粉、根宝Ⅱ号、保水剂等植物生长调节剂，引进和推广黄柳网格沙障技术，使流动、半流动沙地一次性得到治理。

8. 坚持种苗先行，提供物质保障

在多年的林业生态建设中，敖汉旗坚持把育苗工作作为林业工作的首要任务来抓。一是以国有育苗为主、乡镇育苗为辅进行育苗。每年育苗面积都保持在 2000 亩以上，年产合格苗木 2500 万株以上，切实保证了全旗每年 20 万—30 万亩人工造林用苗。二是引进优良林木品种，调整树种结构。淘汰了部分树种，逐步筛选确定了一些适宜本地生长的速生抗逆杨树主栽品种。先后引进了落叶松、沙棘、条桑、枸杞和优质果树品种，使全旗造林工作步入了树种多样化和良种化发展的轨道。三是应用育苗新技术，提高苗木

质量。在育苗中推广应用了化学除草、地膜覆盖、容器育苗、ABT 生根粉育苗、叶面施肥、喷灌育苗等先进适用技术，同时，用扦插育苗取代了杨树直播育苗，大垅育苗取代了床式育苗，机械掘苗取代了人工掘苗，使苗木质量和作业质量都有了明显的提高，一、二级苗木占比由过去的不足 40% 提高到现在的 85% 以上。

9. 坚持保护优先，巩固绿化成果

敖汉旗把保护建设成果作为生态建设工作的重中之重，认真贯彻《防沙治沙法》《森林法》《野生动物保护法》等法律法规，坚持"一分造、九分管"，旗里成立了森林公安、资源林政等林业执法机构，各乡镇都成立了护林护草机构，全旗现有护林组织 82 个，共有专兼职护林护草员 3500 名。几十年来，没有发生重大毁林毁草案件。以对敖汉人民高度负责的精神，认真做好森林有害生物防治和森林草原防火工作，进一步加大了森林资源的保护力度。

10. 坚持产业开发，谋求持续发展

敖汉旗重点抓了木材深加工和山杏、沙棘开发利用等骨干项目，以拉长产业链条。1992 年，敖汉旗建立了年生产能力 1.2 万吨的杏仁乳厂，现在转为民营，年产 2000 吨，产值 1000 万元，上缴税收 100 万元；1994 年，利用沙棘叶成功地制出了沙棘茶后，建成天源茶厂，现年产沙棘茶 2 吨、沙棘油 200 公斤，产值 32 万元，上缴利税 2 万元；为了解决"小老树"更新利用和小径材销售难的同时，充分尊重生态平衡和水分平衡规律，因水定林，全旗所有林全部实行两个以上树种混交造林，大力优化林种树种结构，在营造林中充分兼顾农、林、牧三业的最佳组合，对人工造林进行全面质量管理，并开始对重点林进行集约经营，以全面提高林业建设的整体水平。敖汉旗始终把林业科技攻关放在科技兴林的突出位置，有 9 项林业科研成果获得省部级以上奖励，其中有 1 项获得国家科技进步三等奖。

第八节　进一步加强生态环境保护工作

到 20 世纪末，在敖汉旗生态建设取得重大进展的形势下，敖汉旗委、旗政府清醒地看到加强生态环境保护的重要作用。号召全旗广大党员干部、人民群众提高认识落实行动，提升敖汉旗生态建设的高标准进入新阶段，对新世纪生态环境保护提出更高要求。

　　1999 年 5 月 26 日，中共敖汉旗委印发了《关于进一步加强环境保护工作的决定》，为进一步贯彻落实环境保护这一基本国策，正确处理经济社会发展与生态环境和生活环境的关系，巩固敖汉旗国家级生态示范区建设成果，实施可持续发展战略，开创敖汉旗环境保护工作新局面，做出如下决定。

一、努力提高环境保护意识，增强紧迫感和责任感

　　良好的生态环境和生活环境是巨大的财富，是生活、投资的硬件，是敖汉经济社会发展的基石。近些年来，敖汉旗在环境建设与保护方面做了大量卓有成效的工作，特别是实施生态建设"五个一工程"以后，环境建设与保护工作取得了突破性进展，涌现出六道岭、黄花甸子、大青山等一大批生

南部山区碾盘沟旅游区

态建设与保护示范典型。但是，由于敖汉旗的产业化水平较低，经济基础较薄，人们的环保意识有待进一步提高，随着资源的开发和经济社会的发展，部分地区环境污染和资源破坏问题还时有发生，环保任务日趋繁重，因此，各乡镇苏木、各部门必须引起高度重视，要切实加强环保工作，绝不能走"先污染后治理"的老路；绝不能陷入"边治理边破坏"的怪圈。

二、严格执行环境保护法律法规，保护环境防治污染

切实抓好"一控一达标"工作。"一控"即全旗 2000 年主要污染物排放要控制在 1995 年水平；"一达标"即全旗所有工业污染达到国家或自治区规定的排放标准。此项工作已纳入各级政府工作目标。因此，凡在敖汉旗境内排放废水、废气、固体废物和噪声的企事业单位及排放油烟异味的饮食服务业及个体工商户，必须按时向环保部门申报登记，经审核后，领取《排污许可证》，并依法、全面、足额、按时缴纳排污费，执行环保第一审批权制度。凡是列入"达标责任状"的企业，采取有力措施限期达标。

加大治理力度，保护环境。新惠镇是全旗政治、经济、文化中心，要积极开展城市环境综合治理工作，编制城镇环境综合治理规划，科学合理确定城区功能，把城镇建设、改造与防治污染有机结合起来，要大力推广型煤和燃气，加快集中供热步伐，防治城镇大气污染，拓展烟尘和噪声控制区，严禁建筑施工单位、文化娱乐场所产生超标噪声，严禁工业企业、个体工商户产生超标扰民噪声。着力解决新惠镇污水净化问题，重点保护好与人民生活密切相关的生活用水水源，防治孟克河的水质污染。各乡镇苏木政府所在地也要开展城镇环境综合整治工作。

三、贯彻落实生态环境建设和保护的方针政策，确保"全国生态示范区"规划如期实施

1996 年，敖汉旗被列为国家环保生态示范旗。今年是全国国家级生态示范区建设试点地区验收考核命名年，为确保敖汉旗生态示范旗规划如期实施，全旗各乡镇苏木、旗直各部门必须把此项工作列入重要议事日程，着力做好以下几项工作。

要坚定不移地实施好生态建设"五个一工程"，要保质保量完成旗政府下达的生态建设与保护任务，多出精品工程。

环保部门要做好验收考核的各项准备工作，当好旗委、旗政府的参谋，要协调有关部门齐抓共管，软硬件并学，数质并重，强化对环境保护工作的监督管理。

各乡镇苏木、旗直各部门各司其职、各负其责，做到责任到位、工作到位、措施到位、人员到位。谁出问题追究谁的责任，单位一把手负总责、亲自抓。

四、加强环境保护工作的组织领导，努力开创敖汉旗工作新局面

要加强对环保工作的宏观调控，实行环保质量领导工作责任制，要把环境保护的主要目标纳入本地区国民经济和社会发展的总体规划，要层层建立环境保护目标责任考核制度，逐级进行考核。各乡镇、各部门要定期研究和部署环保工作，及时研究解决环保问题。要充分发挥环保部门的职能作用，支持他们严格执法并为他们提供必要条件。各环境保护成员单位，要加大环境保护工作力度，相互配合，坚定不移地把环境保护这一基本国策落到实处。

要抓好西辽河污染治理项目及"绿色工程"项目的立项和实施工作，这是一次机遇，也是环境保护与建设的重中之重。要积极开展生态环境监测工作，拓展监测范围，开展趋势研究，加大监测站的投入。要力争 2000 年前大黑山自然保护区晋升为国家级。

宣传部门和新闻媒体要把环境宣传作为一项重要职责和经常性任务列入本部门、本单位的工作计划，宣传教育的重点是党政领导干部、企业厂长（经理）和中小学学生，教育部门要面向社会、面向青少年，抓好环境基础教育。各部门积极配合、努力工作，在全社会形成自觉爱护环境，遵守环境法律、法规，创造优美环境的良好风尚。

第三部分

与时俱进，实现永续发展

（2000—2020）

第一章 绿化家园，一张蓝图绘到底

新中国成立以来，敖汉旗各族人民在旗委、旗政府领导下，传承了一届接着一届干，一张蓝图绘到底的光荣传统，发扬了求真务实，艰苦奋斗，持之以恒，无私奉献的创业精神，紧紧围绕"改善生态环境、改变农牧业生产条件，提高人民生活水平"这个中心，种树种草，从恢复生态平衡到生态立旗，使全旗走上了"林多草多—畜多肥多—粮多钱多"的良性发展之路，生态环境大有改观。到 20 世纪末，敖汉旗生态建设取得了显著成绩。国家相关部门授予"三北"防护林"一二三期工程建设先进单位""全国治沙先进单位""全国造林绿化先进单位""全国平原绿化先进单位""全国林业建设先进单位"等光荣称号，我们取得的成绩是有目共睹的，但是肩上的担子依然很重。

新世纪，敖汉生态建设又进入了新的高潮，实施的"五个一工程（1998—2002）"还在路上，到 2002 年才能完成。为实现"五个一工程"的最终目标，2001 年 2 月，中共敖汉旗委员会、敖汉旗人民政府发布了《关于加强生态建设的实施意见》，根据敖汉旗第十个五年计划，提出了生态建设的五年奋斗目标。新世纪，新步伐，艰苦奋斗的路子必须坚定不移地走下去。

第一节 众志成城，再擎巨笔绘蓝图

一、新世纪，新起点，新目标

生态问题是我国经济建设和社会发展面临的最严重的问题之一。针对我国严峻的生态现状，1997 年 8 月，中共中央发出了"再造秀美山川"的伟大号召。据此，制订了全国生态环境建设规划，把"再造秀美山川"作为我国现代化建设的重大战略任务。进入新世纪，敖汉旗委、旗政府充分认识到：再造秀美山川，是实现生态与经济社会协调发展，走出一条可持续发展路子的必然要求。敖汉旗委、旗政府积极践行"三个代表"，充分发挥了全旗上下的主观能动性，加快实现再造秀美山川的步伐。

2000 年 3 月，在全旗春季造林动员大会上，旗委、旗政府提出：生态建设是立旗之本，不能动摇，不能削弱。因此，在春季造林为开端的生态建设中，依然提出要发扬 20 世纪八九十年代的那股干劲，继续坚持"认识上要有大战略，政策上要有大举措，治理上要有大规模，进程上要有高速度，质量上要有高标准，产出上要有高效益"的总体要求，按照"五个一工程"的年度目标，一个脚印一个脚印向前推进，做到力度不减、行之有效的措施不变。

1. 一年三次大会战不变。这是敖汉旗生态建设的主要经验，要继续坚持集中会战创精品，分散会战保任务的做法。在三大会战中，春季造林无论是在模式上、经验上都已经相当成熟，一批先进乡镇率先垂范，带动了其他乡镇的建设速度和水平。全旗上下有充分的信心完成预定任务，也正因如此，更需要提高自我，探索新的路子。

2. 县处级领导包乡镇、办绿化点、抓生态建设的做法不变。县处级领导包乡镇抓生态建设，增强了领导力量和解决问题的协调力度，是保证生态建设质量和效率的重要方面。县处级领导办绿化点，成为一级干给一级看的直接体现，密切了党群、干群关系，调动了基层造林绿化的热情。同时，各县处级领导点面结合，对研究攻坚克难措施、完善生态建设决策、深入第一线，起到了重要作用。

3. 下派旗直科局工作队协助乡镇抓重点工程不变。今年重新调整了部分旗直单位联系点，抽调了小康工作队。各工作队要保证春季造林时节全力以赴，多抽人、抽强人到点上工作，至少要确保每个造林重点村和重点工程有一名工作队员，切实做到下得去、蹲得住、抓得实，完不成任务不收兵。

4. "三查制度"和奖惩措施不变。今年继续坚持督查、抽查、拉练评比检查的"三查制度"。除在规模和次数上适当控制外，还要在微观操作上进一步规范，坚决杜绝虚报浮夸，玩弄数字游戏。继续坚持"资金汇流、以奖带补"的政策，投入重点向优质工程和精品工程倾斜。继续坚持生态建设"一票否决"的措施，完不成年度造林种草任务，在敖汉就应否决，以体现旗委、旗政府"咬定青山不放松"的信心和决心。

5. 生态建设作为重点考核指标不变。要进一步强化领导干部生态建设任期目标责任制，加大考核力度。在目标考核中，还应考虑人均水平、难度系数等因素，使整个目标体系趋于科学、合理、完善。

在春季造林动员会上，旗委、旗政府明确提出：2000 年春要完成人工造林 20 万亩，4 月 1 日至 20 日全面开始实施。还提出了林业内部结构的调整、经济林的发展、平原绿化、加快农村产权制度改革、林草保护等一系列问题。

在旗委、旗政府的号召中可以看到，2000 年春季造林的具体实施办法中，突出了加快绿化达标乡镇建设。要按照平原、山区绿化达标标准，学习四德堂乡架子山工程模式，搞好新老工程的衔接，消灭死角和"天窗"，精品工程内的坡耕地必须全部退下来，用于造林和种草。沟道、河道的治理建设要逐步纳入生态建设的重点，实现沟沟绿，形成自然林网，提高经济效益。要学习大青山两条经济沟的治理经验，年内有治理任务的乡镇至少要抓好一条沟道的治理，创造模式，为今后大规模治理摸索经验。北部沙区要继续搞好秋插黄柳大会战，必保完成 3 万亩的治理任务。要继续搞好新惠镇城区绿化工作，以城镇周围山体绿化为基础，以道路绿化为网络，以小区、庭院绿化为依托，以公园、街头绿地为点缀，实施全民参与的绿色行动，为营造一个"城在林中，人在绿中"的生活环境奠定基础。要认真学习伊盟经验，营造灌木饲料林和工业原料林，建设果园和桑园，大力发展经济林。要抓住中央实施西部大开发战略的有利时机，加快林业种苗、草籽基地建设，形成一个新的产业。在木头营子、双井、下洼三乡镇绿化达标的基础上，年内再有一批乡镇实现绿化达标，达标后生态建设的重点要及时向调整林业内部结构、提高经济林比重转移，向更新低产林转移。

二、绿色，永远是这方热土上追逐的色彩

敖汉北部的敖润苏莫苏木一带是土地沙化最严重的地方。20 世纪，这里曾经有过沙进人退的现象，如果不是当时种树种草，有一些面积很有可能成为新的沙化土地。除了北部乡镇的沙化，还有南部乡镇的石漠化。石漠化是石质荒漠化的简称，是指植被破坏、水土流失后，岩石裸露类似荒漠的演变过程。

敖汉的山属典型的丘陵地貌，部分为重度石漠化地区。这些丘陵山地的山基岩裸露度高达 45% 以上，石山植被为少量的灌草，覆盖率不足 10%，这样不能涵养水源，会造成极大的水土流失。这样的地貌几乎覆盖全旗三分之

一的乡镇，由于几乎没有植被涵养水源、保持水土，每逢下雨，石漠化地区极易发生山洪、滑坡等地质灾害。而只要隔几天不下雨，这里就又缺水干旱。山穷、水枯、土瘦、林衰，水旱灾害频繁，恶性循环，是石漠化地区的写照。

土地沙化和石漠化是国土绿化中的"硬骨头"，是最难攻克的，也是最难啃的。面对困难，敖汉人没有退缩，艰苦奋斗的精神已经深入每个人的骨子里。在这里，艰苦奋斗从来不是喊口号，而是要落实到具体的行动上。全旗上下既不屈服于艰难困苦，也不懈怠于满足现状，而是始终保持昂扬的战斗精神、前进的锐气，始终奋发向上，与时俱进，开拓进取。牢固树立"生态立旗"的理念，团结一心，扛起国土绿化这面大旗。由此，一个全民参战描绘绿色敖汉、干群同心共绘秀美山川的热潮又一次在敖汉大地掀起。

在这次轰轰烈烈的春季造林中，各乡镇、林场针对实际，突出重点，行动可圈可点，可谓亮点纷呈。

从 2000 年 3 月 30 日开始，敖润苏莫苏木发动 4 个嘎查、15 个独贵龙的 1250 多名干部群众，开展了春插黄柳大会战。为了提高成活率，他们还探索出沙障固沙和螺旋钻打孔植树等方法。牧民群众将黄柳插成沙障，固住沙丘后再种植杨树、山杏等。据当时的治沙大户、蒙古族牧民鲍永新回忆，当时他们左手拿着一棵树苗，右手将铁头水管轻轻插进沙里，马上水流就在沙地上冲出一个 1 米来深的小洞。他们将杨树或杏树苗插入孔内，"这就成了挖坑、栽树、浇水一次完成，用时不到几分钟，成活率超过 90%。与传统方法比，效率提高了几倍。"鲍永新说，"没水的地方怎么办？那就用螺旋钻打孔。沙漠表层虽然干旱，深层也有地下水，用螺旋钻打孔方法植树，成活率也能达到 65%。"

古鲁板蒿林场全力投入造林。为造林工作制定了得力措施，严把苗木质量关，出土的苗木随时假植确保苗木墒情。运输苗木时，做好苗木沾浆，实行封闭，做到苗木保湿。栽植时使用植苗桶、随时浸泡苗木。还组织了社会劳力加入植树行列。每天出动拉水车拉水，保证每株杨树坐水 50 公斤，每株山竹子坐水 20 公斤。当年完成规划造林面积 5075 亩。

敖吉乡加大经济林比重。以 1999 年被旗委、旗政府评为"小流域治理精品工程"的金洞山和十八台大山为造林重点地区，栽植的树种由原来的生态型向经济型转变，多以山杏、落叶松、山竹子、柠条为主，因地制宜，达到栽严栽满。改变以往"一窝蜂""大撒手"的会战方式，以有计划、分期分批、一个村几个组的形式轮流栽植。同时，对参战人员进行现场技术培训，一春完成 7000 亩合格面积的造林任务，提高了成活率。

金厂沟梁镇重点抓了梁东大南沟和老庙沟、姜家沟重点工程两处，其中老庙沟、姜家沟造林重点工程面积 1600 亩，梁东大南沟造林工程 5500 亩，完成补植造林面积 2000 亩。同时做到了多树种配置，多种方式混交造林，完成造林作业面积 8000 亩、种草面积 4500 亩。同时动用劳务积累工 4000 个，动用土石方 1.7 万立方米，完成山杏抚育 4000 亩。

王家营子乡造林盯住成活率。严格执行乡党委、政府制定的春季造林种草奖惩制度，即实行乡干部抵押金制度，对村组干部和群众的罚款当场兑现。一律实行包组负责人和施工户双挂牌责任制，村挂牌责任人是包片领导、乡下派工作队、支部书记、村主任；组挂牌责任人是包组干部及村民组长。凡上山造林的一律带植苗桶，否则对包点干部予以惩罚。各村均建立植树台账，否则不予验收，并按台账和挂牌标志对各村的造林成活率进行检查验收，成活率每降低 1%，包村的乡、村、组干部各被罚款；植树户所栽植苗木达不到成活率要求的，每死一株苗木罚 1 元；成活率不足 60% 的，包片村干部降级使用或免职。新造林及补植成活率达到 95% 以上且完成种草任务的，奖给包村的乡干部、村干部、村民组长每人 200 元；经上级部门验收，重点工程地块创旗级精品工程的村奖励 1000 元，用于村组干部及造林典型户的奖励等。

宝国吐乡针对连续 3 年的大旱、土壤彻底失墒的实际困难，今春全面推行坐水造林，保成活，保精品，他们在旗林业局工程技术人员指导下，率先实行坐水造林。4 月 3 日召开了全乡春季造林动员会，落实了造林组织、制定了技术方案，杨树苗每株浇多少水，沙棘等灌木每株浇多少水都有规定。已做好了水源准备。旗、乡、村干部责任到村、到地块。现在全乡农户家家备下抗旱桶，4 个造林任务村约有 1500 户投入坐水造林。4 月 15 日造林作业全面展开，全乡计划完成造林任务 8000 亩。

高家窝铺乡本着生态效益与经济效益并重的原则，在东蒙古营子、龙凤沟两个村 1999 年新修的梯田埂上栽植条桑。为保证造林质量，提高苗木的成活率，植造中严格执行抗旱造林系列技术，林业局派来两位技术人员，为群众做示范，现场讲解技术要点。同时采用湿土植苗法，以提高苗木的成活率，造林过程中，乡党政领导现场指挥，精心组织，保质保量地完成春植条桑 2300 亩。

新惠镇机关单位日出动 1000 余人，车辆 300 多辆，开始了新惠镇内街路两侧绿化整地工作。在新西街、蒙中街、北出口栽植樟子松 126 株、馒头柳 121 株、杨树 1280 株；侧柏、白榆和绿篱 3400 延长米。并在蒙中街对往年栽植的 240 株垂柳坑内换土 500 立方米。

4 月上旬，全旗各乡镇（苏木）纷纷掀起植树造林高潮，平均每天有 10 余万干部群众抗干旱、战风沙，奋战在造林工地，全旗 23 万亩造林任务已基本完成。

生态绿化的接力代代相传，全民动员，全域植绿。每年春季，行走在敖汉大地上，映入眼帘的总是造林植绿的大干场景，每个乡镇都有各自的"大战场"，乡镇之间鼓起劲头比着干，给人留下全域推进植绿的深刻印象。

一年之计莫如种谷，十年之计莫如种树。敖汉旗在造林技术方面也下了不少苦功。全旗以干旱区造林技术攻关为重点，积极推广抗旱造林新技术，示范推广乔灌混交林、多功能复合兼用林等模式，加快林业新技术、新成果转化应用，坚持采用泥浆蘸根、截干修枝、铺膜保墒、拉水点浇等抗旱措施，确保栽一片、活一片、见效一片。

三、坚持农田草原水利基本建设不动摇

继春季造林完成后，在夏秋季节开展了农田草原水利基本建设，这将为今后的造林和农业生产打下更好的基础。

2000 年 9 月 6 日，旗委、旗政府在金厂沟镇召开全旗农田草原水利基本建设现场会，把生态建设作为全旗防止旱灾再度发生的一项重要工作，持续开展下去。要求全旗农建会战统一时间，将完成人工造林整地 16 万亩，其中新建生态经济沟 5 万亩，新建日光温室 1500 亩，青贮 3000 万公斤。

因为干旱，全旗农建会战比往年推迟了两个月。但是，旗委、旗政府坚持农田草原水利基本建设的决心不变。坚定不移地抓好以小流域治理为重点的生态建设与以农田草原水利建设为基础的水利建设，要求利用秋收前这段时间，突击会战，打一场生态建设速决战。会战采取联村会战与分村会战相结合的方式进行，有国家重点治理项目的乡镇，仍需采取集中会战的形式，坚持高标准，争创精品工程和优质工程。

在此次会战中，涌现出很多先进做法和先进典型。

四德堂乡于 10 月 5 日组织干部群众全力投入梯田建设和小流域治理会战，率先打响了全旗秋季农田草原水利基本建设大会战的第一枪。这个曾经荣获赤峰市"玉龙杯"三连冠的乡，几年来坚持大搞生态建设和农田基本建设会战，创建了一个又一个精品工程。今年，在遭受严重旱灾的情况下，全

春季植树工地

乡干部、群众遭灾不减志，积极努力进一步改善农业生产的基础条件。旗水利局、乡水管站、农业站等单位的技术人员提前进入工地进行规划，组织了9个村聚集在艮兑营子村 3000 亩梯田会战工地上，另有一个处在架海沟 2000 亩小流域综合治理工地上，确保实现创精品工程的目标。

北部四乡镇（苏木）干部群众灾年减产不减志，矢志灭沙不动摇。从 10 月 17 日开始，每天出动近万人，机动车千余辆，展开治沙攻坚战。截至 10 月末，历时半月时间，共完成埋设植物再生沙障 3.03 万亩。

第二节　目标明确，生态建设再创佳绩

进入新世纪，旗委、旗政府正确评价 20 世纪 50 年代以来全旗生态建设的成果，为圆满完成"五个一工程"的奋斗目标，于 2001 年 2 月，做出了《关于加强生态建设的实施意见》。

一、《意见》中进一步明确了奋斗目标

2001—2005 年，完成人工造林 60 万亩；更新造林 25 万亩；飞播造林 10 万亩；封山育林 15 万亩；人工草地保存面积达到 100 万亩；治理水土流失面积 140 万亩，其中新修梯田 35 万亩。

二、在总体布局上，全面推进六大工程

1. 北部沙源综合治理工程
要以项目为依托（包括国家沙源治理工程和德授项目等），采用生物沙

障和种树种草等方法加快流动半流动沙地治理步伐，每年治理 3 万亩，五年完成 15 万亩。

2. 南部石质山区封育工程

对林业分类经营区划界定的公益林和适宜地区，采取封育措施，禁伐、禁牧、禁樵，每年封育 5 万亩，五年达到 25 万亩。对水土流失区域，采取工程措施和生物措施相结合的办法进行治理。

3. 中部高标准综合开发工程

（1）加快低产低效林更新改造速度，每年改造 5 万亩，五年改造 25 万亩，营建高效商品林。

（2）利用生物治河技术和工程措施实施沟道治理开发，每年治理开发 5 万亩，五年 25 万亩。

（3）加强中幼林抚育管理，重点是山杏经济林，每年 10 万亩，五年 50 万亩。

（4）加大坡改梯力度，每年修梯田 7 万亩，五年 35 万亩。

（5）搞好小流域水土保持综合治理工程建设，每年完成工程种草 3 万亩，五年完成 15 万亩。

4. 丘陵山区退耕还林还草工程

对 15° 以上坡耕地有计划、有步骤地实施退耕还林还草，实行林牧复合经营，每年还林还草 15 万亩，五年 75 万亩。建高标准牧草种子基地 30 万亩。

5. 村镇道路绿化工程

坚持村镇道路绿化与小城镇开发建设相结合，城镇建设要留足 20% 以上的绿地和绿化带，用五年时间实现新惠镇城区和各乡镇、村嘎查街道绿化美化，实现全旗境内国、省、县、乡四级公路绿化达标。

6. 天然动植物保护工程

采取强有力的措施，对全旗现有各级资源保护区和境内野生动植物依法进行全面保护，禁牧、禁伐、禁捕、禁猎。

三、进一步厘清今后生态建设的思路

全旗今后生态建设工作必须坚持：高举一面旗帜，坚持五项原则，依托重点项目，推进六大工程，建设生态产业，树立绿色品牌。

高举一面旗帜，就是要高举生态建设这面大旗，把生态建设工作作为各项工作中最大最重要的基础性工作。

坚持五项原则，坚持建设与保护并举，治理与封育结合，造林与种草同步，生态效益与经济效益统一，近期效益与长远效益兼顾。实现由资源优势向经济优势的转化。

依托重点项目，依托西部开发的退耕还林还草项目、沙源项目、德援项目，使敖汉旗生态建设工作与项目结合，与项目对接，这样既补充了生态建设的资金，又通过利用外部技术，提高建设标准和工程质量。

推进六大工程，北部沙源治理工程，南部石质山区封育工程，中部高标准综合开发工程，丘陵山区退耕还林还草工程，村镇道路绿化工程，天然动植物保护工程。

建设生态产业，就是建设效益型生态产业，搞好生态建设成果的转化利用。重点建设以中密度纤维板厂为龙头的林产品系列加工业，以绿源公司为龙头的草产品系列加工业，以赤波集团为龙头的山产系列加工业，以大黑山国家自然保护区、小河沿鸟类自然保护区、黄羊洼牧防林等生态资源为依托的生态旅游业。

树立绿色品牌，就是以生态建设声誉为资本，以在新惠镇召开的"赤峰杂粮展销大会"为契机，把全旗诸多的地工产品建成绿色产品，以旗内的杂粮杂豆批发市场为基地，使地工产品走出敖汉，销往全国。

四、加大执法力度，依法保护建设成果

生态环境是经济、社会可持续发展的基础，国家对生态建设成果的保护极为重视，因此，要采取有效措施，切实保护好来之不易的绿色成果。

林业、水利、农业、畜牧、土地、环保、宣传、教育、司法、新闻等部门，要广泛深入地宣传生态建设相关的法律法规，大造舆论声势，树立建设与保护并重的意识，教育和引导干部群众自觉保护生态建设成果。

加强执法队伍建设，加大执法力度，严厉打击和查处破坏生态环境的违法行为。重点查处滥砍盗伐、毁林毁草种地、违法运输木材和法人犯罪行为。对上年度未完成更新造林任务、发生重大毁林毁草和火灾案件及大面积严重病虫鼠害未采取有效防治措施的乡镇，不予核发更新采伐许可证。典型案件，要公开曝光，限期整改。

树木和草场的更新要制订长期、短期规划，按规划科学地进行，并实行林草更新保证金制度。

强化火源管理，切实抓好森林草原火灾的预防和扑救工作。做好病虫鼠害的预测预报和苗木种子检疫工作，防止暴发性和检疫性病虫害在全旗传播和蔓延。

2001 年 11 月，在旗委、旗政府召开的生态建设工作座谈会上，首次确定了全旗生态建设工作的操作途径，即以水为基础，以林为支撑，以草为重点，坚持整体性、综合性、系统性。

生态建设工作必须以"水"为基础。水是制约全旗农业发展的主要因素，也是生态建设的主要制约因素。有了水，退耕还林还草 100 万亩的目标才能实现，才能保证生态建设工程的升级、结构的调整，才能保证培育出优质的林草品种，才能保证生态建设工作在取得生态效益的同时取得较大的经济效益。

生态建设工作必须以"林"为支撑，这是旗情决定的。敖汉旗风沙较严重，而防风固沙主要靠林，风沙治理不好，其他工作就无从谈起，林起到的是陆地生态的骨架作用。所以，在以后的生态建设工作中，植树造林和现有林的改造仍是主要内容之一。

要把"草"作为今后生态建设工作的重点。种草既有长远的生态效益，又有现实的经济效益。草的生命力较强，恢复植被速度快、效果好。种草的经济效益较高，在增加农牧民收入、加快农牧民脱贫致富方面，是一个风险小、见效快的项目。

这个文件和规定，将今后的生态建设纳入了整体性、综合性、系统性体系管控，打破地域限制、项目类型差异，可横跨行政区域；根据区域内的地形、地貌、地力，该上什么项目就上什么项目，不同类型的项目可以相互独立，也完全可以相互融合，互为条件，互为依托。不能为项目而项目，人为地将项目分割得支离破碎。在生态建设上各部门、各行业综合考虑，统筹安排，不能搞单打一，搞条块分割，人为地割裂各项目之间的联系，从而破坏项目的整体性，或增加项目成本。从而把生态建设真正地建设成一个大生态系统，包括林业生态系统、草原生态系统、农业生态系统、水利生态系统、城镇生态系统等，实现山水田林路沙的综合治理。

2001 年，全旗生态建设大会战紧紧围绕生态建设六大工程，坚持生态建设五大原则，完成人工造林 18.68 万亩，林业种苗地建设 200 亩，小流域治理面积 9 万亩，草库伦建设 200 亩，改良风沙区 5130 亩，人工种草 18.5 万亩，牧草种子基地建设 1700 亩。

2002 年夏季，小流域治理大会战如期展开，夏季小流域治理依然采取集中会战形式不变，旗政府领导在动员会上，对为什么要采取集中形式的会战给予了客观的解释。

第一，集中会战是敖汉旗几十年生态建设的成功经验和基本组织形式。早在 20 世纪 80 年代，敖汉旗干部群众就从急需尽快改变生态环境的实际出发，冲破当时政策束缚，排除各种偏见，以综合规划为前提，率先采取联村联乡会战的形式进行生态建设，既保证了建设质量，又加快了建设速度。

第二，集中会战解决了生态建设零打碎敲形不成规模效果不好的问题。80 年代前，全旗坚持搞分散治理，尽管一年也完成人工造林 10 多万亩，但是由于分散治理不成规模，成活率不高。有时一个流域、一座沙丘未来得及全面治理，工程就遭到流沙、洪水的破坏，达不到高质量，体现不了综合治理。1984 年，旗委、旗政府提出，变五指为一拳，突出重点，集中时间、集中劳力、集中地块，进行规模治理，收到了一次规划、一次治理、一次到位的成效。同时，集中会战便于从规划、施工到验收全程监督，有利于工程管护。集中会战这一组织形式是敖汉旗广大干部群众在几十年坚持不懈的生态建设中，摸索总结出来的行之有效的经验和方法，这一经验和方法已被外地广泛借鉴和推广。

第三，集中会战有利于凝聚人心，鼓舞斗志。集中会战使成百上千的干部群众集中到几座山头、一条流域，促使人们树立比、学、赶、超意识，形成千军万马齐参战的局面，有利于调动广大干部群众的积极性。

第四，敖汉旗现在比以往任何时候更具条件开展集中会战。过去，国家没有投入，我们通过集中会战的形式，建设了一大批规模宏大的精品工程。现在，国家有了大量投入，理所当然要运用好集中会战这一法宝，把生态建设搞好。况且，按项目实施要求，不搞集中会战，难以完成项目建设任务，完不成任务，国家不予投资，不仅影响敖汉旗生态建设水平的提高，挫伤群众搞生态建设的积极性，也影响敖汉的形象。

搞生态建设大会战是群众性的事业，是使群众彻底摆脱贫困，改变生产生活条件的大事业，群众是受益者。"谁投资，谁受益"，这是党和国家多年坚持的政策。群众自己投工、投劳、自己受益，这不是增加农牧民负担，这与税收改革政策并不矛盾。逐步取消"两工"并不是取消"谁受益，谁投资"的政策，况且，税费改革政策还允许今年使用 20 个劳务积累工。

旗委、旗政府关于加强生态建设的意见和坚持小流域治理采用集中会战形式不变的做法，进一步统一了全旗广大党员、干部的思想认识，形成了巨大的推力，推动了生态建设的蓬勃发展。

2002 年，《全旗夏季小流域治理大会战纪实》中是这样描述的：

> 放下锄头，抄起镐头。今夏，敖汉旗又是一场生态建设的鏖战，创造了绿色奇迹的敖汉人向"秀美山川"的伟大目标全力奋进。
>
> "不干不行，干就干好"，这一在生态建设实践中形成的敖汉人民的优秀品格和艰苦奋斗的誓言，在今夏会战中处处表现出来。
>
> 攻难克坚，啃硬骨头，是这次会战的突出特点。特别是中南部 7 乡镇围绕京津风沙源治理项目开展的会战尤为艰难。
>
> 说它艰难，是因为这一次治理大会战，是"补天窗""剃和尚头"的攻坚战，与以往的会战相比，治理的地方均为偏远山、石质山。新工程，山高坡陡，石坚土薄。新老工程结合部的岩石裸露，石多土少。
>
> 说它艰难，是因为正值三伏天，参战将士"足蒸暑土气，背灼炎天光"，超强度的劳动量几乎是在向人体极限挑战。
>
> **干就干好！各战区排兵布阵，气势恢宏。**
>
> 中南部丘陵山区 7 个乡镇，7 大战区，合理调配兵力，联村进行会战，将一块块、一片片荒丘裸山围而歼之。
>
> 金厂沟梁战区围歼面积 1.55 万亩，摆下 3 处战场，主战场为七协营子土城子流域。日出动参战将士 6300 多人。金厂沟梁战区是今夏会战的一个亮点，面积大，人员多，工程质量好。7 月 2 日，七协营子土城子流域开始修工程作业路，开山炮声、尖镐刨石的咔咔声、钢钎撬石的撞击声，与人的喧哗声，交替起伏，整个流域沸腾了。3 天时间，一条宽 5 米、长 85 公里的山间作业路缠在了山腰。
>
> 7 月 5 日，四六地、老庙沟、官营子和七协营子 4 个村的 1300 多名会战大军开始联村会战。奋战 17 天，挖水平沟 14 万个，鱼鳞坑 3.5 万个，在岩石裸露的陡坡地段垒穴 2.1 万个、挖果树台田 1600 个、果树坑 8000 个，修反三角水平沟 1200 个、沟顶防护埂 1000 米、导流沟 500 米，砸谷坊 12000 座。征服了大小山头 40 个，总动用土石方 20 万立方米。
>
> 妇女劳力是这次会战中最引人瞩目的，她们吃苦最多，贡献最大。为了创收弥补 3 年大旱的损失，男劳力大多外出打工去了，留下女人在

家，操持家务，管理农田，每天都忙得团团转。但接到会战命令，她们让放暑假的学生看家，一呼百应，积极出工。金厂沟梁镇老庙沟村是个只有900多口人的小村，全村363名劳力，外出打工的男劳力200多、会战开始后，全村150多名女劳力成了挑大梁的。

丰收乡在7月15日全旗现场会后，对已干完的2000多亩工程进行了复检，对全乡三级干部进行了再动员，重申了工程质量标准，人人树立精品意识，将福泉沟流域按精品雕刻。参战村数由2个村增至5个，调入5个治山专业队，放线施工，工程质量全线提升。放眼望去，一条工程作业路犹如挂在山间的玉带，串起3条沟谷、4道大梁、20多个山头排水保沟，构成了线条匀称美妙的画卷。

会战凝聚了人心，农民自发组织联村会战。丰收乡马架子村、凤凰岭村，按乡里安排在本村会战，在完成本村会战任务后，两个村的劳力70多人自发组织起来，到福泉沟流域主战区参加联村会战。两个村距工地25公里，他们每天早出晚归，中午不下山，顶烈日坐石板，吃凉饭饮泉水，每天劳动在12个小时以上。村民李志学、王建国说："我们既然来支援会战，挖坑闸沟干啥都行！"

7月，敖汉生态建设的大旗高高飘扬。13个乡的5万人，大干30余天，投入劳务积累工150万个，使20余万亩小流域达到了治满治严的标准。

七大战区，只是今夏会战的一个部分，还有四家子、南塔、萨力巴、王家营子、大甸子等乡镇，小流域治理会战乡镇达13个。

干就干好！各战区科学规划，建成精品。

6月中旬，水利、林业两大系统的上下100多名工程技术人员便走进大山，进行会战地块的踏查规划。

这些"全球500佳"的设计师，夺得大奖后，没有陶醉，他们认真审视亲手绘出的敖汉大地这幅山水杰作，用艺术家的目光，以科学的态度，找出了不足。这幅画还需再泼墨、再点缀，于是，他们再擎巨笔绘山川。

新惠镇环城区绿化美化工程，是水利、林业合作的艺术品。它包含京津风沙源治理项目、德援项目，范围包括环镇区的三宝山、房申、乃林皋、蒙古营子、呼仁宝和、喇嘛蒿等村，工程作业路总长61公里。今夏会战，新惠镇将主战场定在坤兑沟流域，规划面积达1万多亩。7

月 20 日，开始会战，完成土石方 7.5 万立方米，流域内的 660 亩坡地全部退耕。去年的工程与今年的工程有机结合，浑然一体，一个集生态、旅游于一体的精品工程，已初露端倪。

林家地战区工程进度快，标准高，干群大干 15 天，打了一场漂亮的攻坚战，令人刮目相看。

7 月 7 日，受益村热水汤村率先开战，承担了 5 公里长的工程作业路修建，苦战 3 天，按期拿下。

7 月 10 日，林家地等 5 个村的 2000 多人联村会战。挖水平沟 25.3 万个、路边坑 2625 个，闸谷坊 1200 座，修沟头埝 1800 个，总动用土石方 18 万立方米。几年来一直以生态建设的老本支撑门面的林家地乡，终于有了块像样的标准工程。

林家地乡南双庙村乡村干部以思想教育发动群众，认真组织，全村家家户户都出工了，480 户的村每天有 500 多人会战，并且进度快、质量好，仅用 8 天时间便完成了 500 亩会战任务，挖高标准水平坑 3 万余个，后进变先进。

会战不但农民干，乡镇干部也有组织地参加。林家地乡单独为乡直机关划出一个山头，100 多名干部与农民一样出工流汗，受到了农民的称赞，干部得到了锻炼。

林家地乡前德力胡同村 8 组，在组长杨井田的带领下，专拣急难险段干，他们早晨带上饭 4 点到工地，趁凉快干上几个钟头再吃早饭，午饭也在山上吃。因为他们的路程远，20 里地要翻两道大梁。被他们的精神所感动，乡村干部中午都吃在工地。

7 月 19 日上午，扎那副市长察看了林家地三峰山流域工程，望着错落有致的工程，激动地说："太好了！沟头描眉，沟沿镶边，生态作用大，又有美感。参战的将士，人人都成了工艺美术师，一座座大山，一条条流域，在他们手中变成件件艺术精品。"

干就干好！参战将士的精神，可歌可颂。

金厂沟梁镇老庙沟村党支部书记李树祥，50 多岁了，带领群众会战，每天在山上奔波，又遭了几次雨淋，双腿都肿了，他吃药顶着。他在全村动员会上说：什么是"三个代表"？组织群众治山，改善生存条件，就是代表了群众的最大利益，这就是实践"三个代表"。村民明白了，不再畏难，不再抱怨，积极出工。

　　小老庙沟组组长陈富，母亲病卧在床，已 8 天没吃东西了。会战开始后，他安排家人看护母亲，带领群众上山会战。他们组距工地 11 公里，他就套上自家的车，拉上村民。如果只干他家两个劳力的 80 个坑的活儿，依他的体格，4 天准拿下。但他又分任务，又检质，一直忙了 12 天。他对记者说，在山上会战的每一天，都十分担心家中病重的老母亲。

　　林家地乡干部张树林，患有股骨头坏死，林家地村支书孙宗芳患有肾结石，都带药参战。金厂沟梁镇干部朱国志、倪显明，在工地吃凉饭喝凉水，得了肠炎，晚上输液，白天上山。

因为是打硬仗，这样的故事多的是。

看到了敖汉大地一幅波澜壮阔的伟大画卷，看到了敖汉人践行党中央再造秀美山川精神的决心和意志，更看到了敖汉人在生态建设上艰苦奋斗、不屈不挠的精神。

在敖汉旗委、旗政府《关于 2002 年夏季会战情况的通报》上也写道："2002 年夏季，全旗上下抓住了荣获"全球 500 佳"环境奖的有利时机，加大宣传，强化领导，突出重点，狠抓精品，坚持"二十年一遇"标准和集中会战的有效组织形式，采取多种治理模式，沿"三河两线"进行规模治理，连片开发。经过一个月的不懈努力，共完成夏季小流域综合治理面积 19 万亩，其中造林整地 14.2 万亩，水保治理 4.8 万亩，完成封育 6.49 万亩，新增有效灌溉面积 0.63 万亩，新增节水灌溉面积 5 万亩，解决 13 万人、0.2 万头（只）牲畜饮水难问题，新建高标准日光温室 500 亩，涌现出了金厂沟梁镇七协营子、敖音勿苏乡苇子沟、新惠镇坤头沟、丰收乡福泉山、林家地乡半截沟、克力代乡炮手营子、新地乡架子山、四德堂乡黑山后等新的治理典型，生态建设形势一片大好。

第三节　二次创业，林业发展的新常态

　　敖汉旗提出实施第二次创业，始于 20 世纪 80 年代末，林草业发展势头正旺，敖汉人民找到了"林多草多—畜多肥多—粮多钱多"的可持续发展之路，特别是七年绿化敖汉的目标圆满完成，标志着第一次创业的伟大目标

全面实现，第二次创业已经起步。旗委、旗政府在 90 年代末，提出了实施"五个一"工程，即种树、种草、基本农田建设、牲畜存栏、人均收入五大目标，其中就包括第二次创业的重要内容。进入新世纪，随着生态建设与保护并重，林业产业的发展推进第二次创业，势在必行。

一、明确推进林业二次创业的意义

进入新世纪，敖汉林业发展的现状需要通过"二次创业"来提高。

敖汉旗的生存条件由 20 世纪五六十年代的黄沙滚滚、荒山秃岭变为今天的绿洲片片、千峰叠翠，生产、生活条件也随之发生了根本性变化。全旗 80% 的乡、镇、村实现了基本绿化，人均有林 10 亩以上，全旗已初步形成带网片、草灌乔相结合的防护林体系。但是，敖汉旗现有树种结构不合理，基本是"南松北杨"的格局，生态系统十分脆弱，一旦发生大规模病虫害，就有面临灭顶之灾的危险。全旗虽然现有林 500 多万亩，并发挥了巨大的生态和社会效益，但经济效益并不明显，林业产值仅占大农业总产值的13.4%，林业在国民经济和农牧民收入上的贡献率还很低。究其原因，其中主要一点就是对原有林的抚育管理、更新和改造力度小，以及林种、树种结构不合理。长此以往，必定会挫伤广大干部群众发展林业的积极性。敖汉林业的现实状况决定必须进行二次创业。

二、抓好林业二次创业要重点抓好的几项工作

1. "三围""两沿"建设

"三围"即围村、围山、围沙，"两沿"即沿路、沿河。这就形成了点线面相结合的林业生态体系，点就是村庄和乡镇政府所在地的绿化美化，线就是国、省、县、乡、村五级公路绿化美化和旗内主要河流护岸林建设及沿河滩地高标准林业开发，面就是搞好山区和沙区综合治理。

2. 退耕还林

全旗现有需退耕还林的耕地近 100 万亩，今后需抓住国家实施退耕还林政策的历史机遇，以每年 10 万亩左右的速度进行退耕还林。要在生态优先的前提下，正确处理退耕还林与林业结构调整的关系、退耕还林与农民脱贫致富的关系，确保"退得下，还得上，保得住，能致富，不反弹"，实现生态与经济双赢。

3. "小老树"、残次林、低价林的更新改造

敖汉旗现有"小老树"、残次林、低价林近百万亩，这部分林分虽发挥了巨大的生态效益，但经济效益很差，亩均蓄积不足 1 立方米。全旗防护林体系初步形成，加快"小老树"、残次林、低价林更新改造步伐的时机也已经成熟。全旗计划以每年 10 万亩的速度进行更新改造，因地制宜地建设用材林基地、高效经济林基地、灌木饲料林基地。更新改造要求是高水平的，而不是低水平的重复建设，必须营造混交林，搭配好树种，建设现代高效持续林业。

4. 沟道治理

敖汉旗几十年大规模生态建设，使大部分荒山得到了治理，为沟道治理、开发沟道综合效益提供了保障。敖汉旗现有未治理沟道 20 万亩，要坚持"疏通水路、留好道路、选好出路"的原则，采用条田、台田、鱼鳞坑、水平沟等整地方式，用谷坊、塘坝、沙坝、打井灌溉等配套措施，把其建设成大扁杏、山杏、核桃、大枣、山葡萄等高效经济林和杨树等速生用材林基地，充分发挥经济效益。从 2003 年开始，全旗计划每年治理沟道 2.5 万亩，力争用 8 年时间把现有沟道全部治理完。

5. 中幼林尤其是山杏经济林的抚育管理

敖汉旗正在逐步由造林大旗转向营林大旗。为加快这一历史性转变，必须强力推广先进的营林手段和技术，加强科技攻关，对现有林进行集约经营。

山杏林栽植工地

以山杏为例，全旗现有山杏经济林 69.5 万亩，其中进入盛果期的有 50 万亩，年产山杏核 200 万斤，亩均产杏核只有 4 斤左右，效益十分低下。为此，赤峰市林研所、市林工站、陈家洼子林场等单位对山杏丰产进行

了联合技术攻关。实验表明，山杏通过扩穴松土、追肥、修剪、喷硼、防虫等经营措施，人工山杏亩产杏核可达 13 斤，亩产值达 30 多元；如果能够攻克推迟花期或选出晚花品种，亩均产杏核预计可达 100 斤，亩产值可达 300 元。可见，营林工作已成为制约敖汉旗发挥现有林效益的关键因素，必须进一步加强。

三、尊重生态平衡规律，保证林业二次创业健康发展

在林业二次创业中，要充分尊重生态平衡和林分平衡规律，生态平衡要通过树种多样化途径解决。一是大力改变"南松北杨"的林业生态格局，南部山区要压缩油松造林比重，北部要适当降低杨树造林比重，加大灌木和常绿树造林比重。二是要大力挖掘乡土树种。三是科学慎重地引进外来树种，积极做好"北种南引"工作，选择耐低温、耐干旱，有一定经济价值的树种。四是抓好南部桦树造林和北部沙地云杉造林试验工作。五是实行多树种混交造林，今后造林要全部采取该方式，主要是带状混交。六是搞不规则混交造林，依据适地适树原则，搞块状混交（即根据具体地块、立地条件选择树种）。林分平衡要通过选择适宜造林密度来解决。一是根据现有树木生长情况确定初植密度；二是继续进行造林密度试验，确定合理密度。

第四节　新世纪初，五年来生态建设开新局

自 2000 年起，京津风沙源项目、德援项目、退耕还林（还草）项目逐步实施，大工程带动大发展。全旗重点抓了大批具有典型性和带动性的工程，如退耕还林工程、山区综合治理工程、沙区综合治理工程、沟道治理工程、宽带路林建设工程、黄羊洼草牧场防护林升级改造工程和环新惠城区生态建设工程等，这些典型都具有划时代的意义。

旗林业局认真总结这 5 年的生态建设成果：自 2000 年以来，在旗委、旗政府的正确领导下，敖汉林业按照"保护建设成果，提高建设水平，发挥经济效益"的总体思路，大力推进科教兴林和林业二次创业战略，创造了辉煌业绩，林业生态建设速度明显加快。5 年来，全旗完成新造林 132 万亩，其中，退耕还林 36 万亩，使全旗有林面积达 549 万亩，占总土地面积的 44%。完成飞播造林 7 万亩，封山封沙育林 21.4 万亩。5 年人工造林、飞播

造林、封山育林总面积达 160.4 万亩，占全旗总土地面积的 12.9%。

同时，生态建设水平进一步提升。在全市率先实现混交造林。坚持不混交不造林的原则，全部实现了两个以上树种混交造林。林业可持续发展理念深入人心。在造林上实现行带网片相结合、草灌乔相结合、造封飞相结合，林业建设模式和方式步入多元化轨道，林业建设质量明显提高。创新生态建设组织形式，实行集中会战、分散会战和专业队治理相结合，生态建设组织形式更加灵活多样，群众参与林业生态建设积极性空前高涨。变一年一季造林为春夏秋三季造林，保证了在连续四年特大干旱不利条件下的造林成活率。

通过生态建设，这 5 年，经济效益进一步提高。全旗围绕林业产业和农村产业结构调整，建设产业化基地。5 年来，围绕沙棘、杏仁饮料加工，新建沙棘基地 12 万亩，山杏基地 26 万亩；围绕中密度纤维板生产，新建速生丰产原料林基地 6 万亩；围绕优质高效畜牧业发展，新建灌木饲料林 33 万亩。突出沟道治理，将其作为敖汉旗绿起来和富起来的结合点，加快治理步伐，发展沟道经济，5 年共完成沟道治理 6.6 万亩。加大退耕还林力度，推动生态改善和农牧民增收"双赢"，5 年共完成退耕地造林 18.5 万亩，行间种草 13 万亩，为畜牧业发展提供了牧草支持。加快低产林更新改造步伐，完成"小老树"改造 14 万亩。林业产权制度改革进一步推进，5 年共完成林业产权制度改革 45 万亩，民间资本参与生态建设的积极性得到了释放，林业经济效益得到了一定发挥。生态建设思路更加明晰，遵照中央重要批示精神，集中专家力量，进入新世纪敖汉旗政府制订了《敖汉旗生态建设规划（2001—2010）》，勾画了 21 世纪头 10 年生态建设蓝图，为今后全旗生态建设开辟了道路。

生态建设这 5 年中，取得的成就是辉煌的。在这 5 年中，对 1998 年提出的"五个一"工程进行全面落实，全旗圆满完成了国土绿化任务。2005 年后，随着各种项目的落地、农村义务工和劳务积累工的逐步取消，大会战的形式不复存在，作为时代的烙印，这 5 年也是全旗生态建设大会战的终结篇章。

在 2004 年 9 月的《敖汉旗生态建设调研报告》中，认真总结了自十一届三中全会起，25 年来全旗生态建设取得的成绩：20 世纪 70 年代初，敖汉旗沙化土地面积达到 259 万亩，严重水土流失面积达 962 万亩，面对恶劣的生态环境，敖汉旗开展了大规模的以种树种草为中心的旨在改善生态环境和生存、生产、生活条件的生态建设大决战，1978—2003 年的 25 年间，全旗造林保存面积 425 万亩，年均 17 万亩。目前，全旗有林面积达 516 万亩，占总土地面积的 41.4%，是新中国成立之初有林面积的 34 倍，是 1978 年前的 4 倍。全旗人工种草保存面积 140 万亩，全旗保存治理水土流失面积 490 万亩，治理程度达到 51%；全旗重点治理小流域土壤侵蚀量减少 80%，蓄水量提高到 85%。

在肯定成绩的基础上，着重查找了生态建设存在的重要问题，主要有七个不足：

一是"两低"，即林草单位面积产出低和总体利用率低，核心是经营方式滞后。经济林比重偏低，1978—1995 年，新造林面积 300 多万亩，主要是生态效益为主。从 1996 年开始才注重经济效益。目前，全旗生态建设生态效益突出，社会效益显著，但经济效益较低，农牧民人均收入较低。

二是"两突出"，即林牧、林工矛盾突出，核心是林业结构不合理。生态总体布局上南松北杨，林种草种过于单一，树种搭配不合理，乔、灌、草没有实现优化配置，需要按适地适树适草的原则进行调整。

三是残次林、低产林需要更新和抚育。如杨树小老树面积 80 万亩；60 万亩沙棘、100 万亩山杏的挂果率不到常规产量的 40%；由于连续五年干旱，致使林木大面积死亡，草牧场大面积退化。全国最大的牧场防护林黄羊洼防护面积 43 万亩，林带面积 9 万亩，由于干旱造成 1/4 全株或半株死亡。

四是投入产出效益低。全旗大部分土地比较贫瘠，至今仍有 366 万亩的水土流失面积、120 万亩的沙化面积、180 万亩的"三化"（退化、沙化、盐碱化）草地面积亟待治理，待治理的山（石质山、远山）和大沙，治理难度大，投入产出近期无效益，远期效益低，投资者难找。

五是国家退耕还林还草项目结构欠合理。敖汉旗及我市绝大部分旗县都处在年降水 400 毫米线以下，很多地方不适宜种植乔木。按退耕条例要求，大比例种植乔木效益低或见效慢，特别是匹配的荒山造林，执行退耕还林标准，投资者收效低，难以调动投资者进行生态建设的积极性。

六是生态环境建设管理费不足。由于地方财政紧张，根本不能全部配套，缺少专项经费，地方政府生态建设积极性不高。

七是组织大会战集中造林难度增大。税费改革后，2005 年国家取消劳务积累工和义务工，再靠行政命令难以组织起联乡、联村大会战。

第二章 审时度势，生态建设的历史性转折

1998 年，开始实施生态建设"五个一工程"，到 2002 年末圆满完成，敖汉生态建设取得了决定性胜利，第一次创业的目标已全面实现。为此引发了社会和融媒体的广泛关注，2002 年 6 月，获得了联合国环境规划署"全球 500 佳"环境奖。21 世纪初，旗委、旗政府抓住国家西部大开发的机遇，开始了京津风沙源、退耕还林还草、中德、中意等国家项目，5 年来又取得了重大进展，同时也凸显一些问题，敖汉的生态建设进入了历史转折关头。2003 年 2 月，敖汉旗人民政府制订了《敖汉旗造林绿化规划（2003—2010）》，对进入新世纪的敖汉生态建设描绘了新的蓝图，任重而道远，奋发才有为，敖汉旗迈入了生态建设的新征程。2003 年 12 月，中共敖汉旗委、旗政府做出了《关于加强生态保护的决定》，决定中对敖汉生态保护工作做出了战略性部署，敖汉旗生态建设迎来了历史性的转折。建设与保护的并重，要求生态建设要快马加鞭，生态保护必须扎扎实实。生态建设的思维方式、决策机制、管理形式、操作方法也必须随之转变。

第一节 敖汉生态建设引发高端关注

几十年来，敖汉旗委、旗政府带领全旗广大干部群众团结协作，知难而进，开展了以种树种草为中心的大规模生态建设，取得了辉煌的成就。进入 21 世纪，敖汉旗的生态建设引起了上级领导和国内高端新闻媒体的密集关注。国内各大媒体纷纷报道敖汉旗生态建设成果、成功经验、典型事迹、模范人物。敖汉旗生态建设这曲绿色的壮歌，从默默无闻，渐渐唱响整个世界。

2000 年 4 月以来，我国北方地区连续出现了几场沙尘暴和大风扬沙天气，中央电视台《焦点访谈》栏目敏锐地抓住环保这个焦点，在了解到敖汉旗生态建设取得很大的成绩后，5 月 14 日，该栏目组记者翟树杰、刘庆生专程来敖汉旗采访生态建设情况。他们对黄羊洼牧防林工程、长胜镇乌兰巴日嘎苏村沙地治理工程、萨力巴乡南河水库梯田建设工程、高家窝铺乡巴尔当村西河水库灌溉工程、山湾子水库、大黑山自然生态保护区、金厂沟梁镇梁东村大南沟小流域治理工程等进行了现场采访，同当地干部群众详细了解了敖汉旗境内植被恢复、水土资源利用情况。

同年，中央电视台《焦点访谈》栏目播发反映敖汉大搞生态建设、保护生态环境专题片《尊重自然，保护自然》。这期《焦点访谈》播出后引起了很大的反响。

同年，新华社内蒙古分社、《农民日报》《科技日报》驻内蒙古记者站联手自治区、赤峰市主要媒体组成"西部大开发内蒙古万里行"采访团到敖汉采访生态建设工程。

2001 年，《人民日报》、《中国国防报》、《中国环境报》、中央电视台七套先后刊发或播出了敖汉生态环境建设的成果，客观地总结了敖汉旗 30 多年生态建设的宝贵经验，认为敖汉旗的治理模式值得在全国同类地区推广。这些成果引起党和国家各级领导及环保部门的关注，一些国外环保组织和专家团队也来敖汉旗考察、参观防风治沙、水土保持、种树种草的典型工程，给予了一致好评。

2002 年 6 月，敖汉旗获联合国环境规划署"全球 500 佳"环境奖荣誉称号。《人民日报》驻内蒙古记者站站长郅振璞深入敖汉进行采访，在《人民日报》刊发《绿染沙海撼天歌》。文章对敖汉的历史背景和当时的种树种草情况进行了全方位的报道，高度地评价了敖汉旗艰苦奋斗、不屈不挠的精神，对获得"全球 500 佳"荣誉称号给予了高度赞扬。通过前后的对比，把绿潮激荡的 20 年写成了一曲撼天赞歌。

2003 年，《人民日报》发表《敖汉旗树起治沙一面旗帜》。新华社刊发通稿，敖汉旗获国家绿委会、国家林业局"再造秀美山川先进旗"称号。新华社每日电讯发表新闻《三五年后，敖汉旗将不再是沙源》。新华社刊发新闻《敖汉旗绿色宝库生钱了》。

深圳特区报社、香港大公报社等 7 家媒体记者来敖汉采访。《香港大公报》记者王志民说，我第一次来内蒙古，没想到敖汉的生态环境这样好，说明敖汉人为之付出了巨大的艰辛。看到黄羊洼草牧场防护林的壮观景象，《深圳特区报》记者谭大跃先生感慨地说，这里像江南。问及深圳与敖汉于2022年同获"全球500佳"环境奖有何区别？谭先生毫不掩饰地说，深圳城市环境的改善是靠钱堆出来的，敖汉生态环境的改善是靠人干出来的。一座座山头一片片翠，一道道梯田一层层绿。在三十二连山小流域综合治理工程山顶上，来自澳门卫视的两位记者忙得不亦乐乎，扛着摄像机不停地拍摄。

2003年，新华社、人民日报社、中央人民广播电台、中央电视台等组成中华环保世纪行记者团来敖汉采访。7月在中央电视台播出《今昔对比话敖汉》，描述了20年前与现在的对比，还描绘了敖汉的绿色：在敖汉，看山山绿，看沟沟绿。敖汉大地上究竟有多少棵树，谁也说不清楚。有土的地方有树，没土的地方也有树。平原上有树，山沟里有树，四野四周是树，村落周边是树，没有不绿的地方。这一描写把敖汉的生态成果画面跃然展现在读者眼前。

"一边干、一边总结、一边宣传"，敖汉旗充分发挥了集中宣传的聚变效应，运用大工程、大成果带动大宣传，让绿色成为一张对外交往的名片。

这些宣传也引起了国家的高度重视。

2001年7月，时任内蒙古林业厅副厅长邹立杰来敖汉旗进行生态建设调研，先后调研了黄羊洼牧场防护林工程、敖润苏莫植物再生沙障工程、高家窝铺架子山造林工程、新惠林场种苗建设基地以及大黑山自然保护区等林业建设工程。邹立杰实地视察了敖汉旗林业建设工程后，给予其极高的评价。他说，敖汉旗不愧是全国的林业先进县，内蒙古林业精华在赤峰，赤峰的林业精华在敖汉，敖汉的林业已走出赤峰，走向自治区乃至全国。敖汉林业的许多经验如抗旱造林技术、育苗技术、大会战经验等已在全区得到大面积的推广。当前是生态建设的最好时期，要组织各级干部，组织好老百姓，抓住这个机遇，争取林业有更大的发展，要争取出经验、出精品，争取在沟道治理上、沙地治理上有突破性进展。同时，要制定好林业生态建设的总体思路，落实好林业政策，实行产权到户，发展个体林业，确保个体林业要有大的发展，活立木流转要有大的发展。

2002年4月，姜春云同志一行到敖汉视察生态建设工作。在实地考察萨力巴乡三十二连山生态建设工程时，听到旗委领导汇报敖汉旗有林面积已经达到532万亩，是全国人工造林第一县，人工种草保存面积达到120万亩，居全国县级首位，已获得全国生态建设示范县，全国造林绿化先进县，科技兴林示范县，平原绿化先进县，"三北"防护林一、二、三期工程建设先进县，全国治沙先进单位和全国环境保护示范区等"七块金牌"，并是内蒙古唯一获得全区农田草牧场水利基本建设金奖三连冠的旗时，姜春云同志非常高兴地说："七块金牌"了不起，不容易。你们实施绿色战略不动摇，"一届接着一届干，一张蓝图绘到底"的精神值得提倡、值得发扬！虽然当天刮着五六级大风，并带有沙尘天气，但看着眼前层层的梯田、排排的水保坑和大片大片的杏花，姜春云同志显得很兴奋，他说：水源工程要配套，要选择适宜的树种，要搞产业化。要发挥生态效益、经济效益。

同年，赵南起同志带领国家计委、环保、林业等部、委、局的负责同志来敖汉旗视察防沙治沙工作。冒着大风，赵南起等同志登上了位于康家营子乡境内的黄羊洼草牧场防护林工程馒头山段，望着一望无际的林带网格，听取了旗委领导关于防沙治沙生态建设的工作汇报后，对敖汉旗在生态建设实践中总结形成的"实施一大战略不动摇、坚持一张蓝图绘到底、弘扬一种精神聚人心、形成一套机制增活力、创造一种模式搞攻坚、锻造一支队伍创伟业、推行一套技术上水平"的"七个一"经验给予了很高的评价，认为其具有很好的借鉴作用。

同年，邹家华同志对敖汉生态建设做出批示：建议国家计委、扶贫办等有关单位对敖汉多帮一把。

时任国家林业局领导周生贤、李育材、杨继平、祝列克等同志分别在局治沙办呈送的报告上就敖汉林业生态建设做出批示："敖汉旗代表着赤峰，也代表我们东抓赤峰的成就，应该大力宣传。敖汉植树造林、治沙治山治水的经验和精神，要进一步挖掘提炼。林业所产生的生态、经济、社会效益要进一步总结。"

2002年8月15日，法制日报社原编辑部主任冷英和她的丈夫胡溪涛在敖汉热水汤疗养期间，看到《人民日报》7月4日刊登敖汉旗荣获联合国环境规划署生态环境"全球500佳"的消息后，写了一篇关于敖汉温泉开发利用的文稿，并在《法制日报》发表。8月20日，胡溪涛写了一份关于敖汉经济社会发展与生态建设方面的简要材料，并附上冷英的稿件，呈送给温家宝同志办公室。

9月4日，时任中共中央政治局委员、书记处书记、国务院副总理温家宝同志获悉联合国授予敖汉旗"全球500佳"环境奖消息时，十分欣慰并做出重要批示：敖汉人民几十年艰苦奋斗，植树造林，治山治水，改变了生态

北部沙地春季造林工地

面貌，荣获"全球 500 佳"光荣称号，成绩来之不易。要再接再厉，制定长远目标和规划，努力把敖汉建设成秀美山川。对敖汉这个好典型，内蒙古自治区和中央有关部门要给予关心指导和帮助。

在温家宝同志批示后，旗委、旗政府表示："全球 500 佳"环境奖，圆了敖汉几代人的梦想。温总理多次对敖汉旗做出批示，给敖汉带来了千载难逢的发展机遇。国家有关部门和区市党政主要领导对敖汉旗做出了一系列重要批示和指示，国家林业局、计委、旅游局、自治区计委都派出调研组深入敖汉旗实地调研、帮助研制规划，研究支持经济发展具体事项，确定扶持重点。对敖汉旗在项目、资金、政策等方面进一步给予了大力倾斜与支持，为全旗经济发展带来了强大的动力。面对这些契机，旗委、旗政府紧紧围绕"生态效益如何转变为经济效益，生态优势如何转变为经济优势"这一战略性课题，在上级项目、资金、政策的支持下，举全旗之力，集全旗之智，乘势而上，全方位树立敖汉的崭新形象，努力书写新的篇章。

第二节　敖汉生态建设连获殊荣

没有耕耘就没有收获，汗水从来不会辜负艰苦创业的人。敖汉的生态建设从一点一滴做起，正是"合抱之木，生于毫末；九层之台，起于累土；千里之行，始于足下"。敖汉人艰苦卓绝，以莫大的毅力，默默无闻地奋斗了半个世纪，有播种就有收获，进入新世纪敖汉旗屡获殊荣。

2000 年 3 月 3 日，国家环境保护总局《关于命名第一批国家级生态示范区及表彰先进的决定》（环发〔2000〕49 号）对在生态示范区建设中工作成绩突出的单位给予表彰。敖汉旗荣获第一批国家级生态示范区命名表彰。

国家环境保护总局
关于命名第一批国家级生态示范区及表彰先进的决定
（2000 年 3 月 3 日）

各省、自治区、直辖市环境保护局：

建设生态示范区是实施可持续发展战略的重要举措，是解决当前我国农村生态环境问题、实现区域经济社会与环境保护协调发展的有效途径。

1995 年以来，全国先后建立了 154 个省、地、县级规模的生态示范区建设试点。在各省、自治区、直辖市环境保护局的指导和帮助下，各试点地区党委、政府高度重视生态示范区建设工作，按可持续发展战略要求，精心编制和实施生态示范区建设规划。通过生态示范区建设，一些试点地区积极调整产业结构，寓环境保护于经济社会发展之中，发展适应市场经济的生态产业，探索建立了多样化的现代生态经济模式，取得了良好的经济、社会和环境效益，推动了环境保护基本国策的贯彻落实，初步实现了经济、社会、生态的良性循环和协调发展。

1999 年，在省、自治区、直辖市环境保护局初审的基础上，我局组织对申报验收的 33 个试点地区进行了现场考核。结果表明，参加验收的试点地区工作成绩显著，示范效果明显，达到了预期的建设目标。经研究，我局决定对通过验收的试点地区进行命名，对在生态示范区建设过程中工作成绩突出的个人和单位进行表彰。

希望被命名的国家级生态示范区和获表彰的单位与个人再接再厉，争取更大成绩。同时，也希望全国生态示范区建设试点地区的广大干部群众，向被命名的国家级生态示范区和获表彰的单位与个人学习，为保护和改善我国的生态环境，实现社会经济的可持续发展，不断做出新的贡献。

第一批国家级生态示范区名单

北京市　　　延庆县

内蒙古自治区　　敖汉旗

辽宁省　　盘锦市　盘山县　新宾县　大连市金州区　沈阳市苏家屯区

吉林省　　东辽县　合龙市

黑龙江省　　拜泉县　虎林市　庆安县　省农垦总局 291 农场

江苏省　　扬中市　大丰市　姜堰市　江都市　宝应县

浙江省　　绍兴县　磐安县　临安市

安徽省　　池州地区　砀山县

江西省　　共青城

山东省　　五莲县

河南省　　内乡县

湖北省　　当阳市　钟祥市

湖南省　　江永县

广东省　　珠海市

海南省　　三亚市

宁夏回族自治区　　广夏征沙渠种植基地

新疆维吾尔自治区　　乌鲁木齐市沙依巴克区

2000 年 7 月 6 日，内蒙古自治区人民政府（内政字〔2000〕161 号）对敖汉旗生态建设通报表彰奖励。

内蒙古自治区人民政府
关于表彰奖励国家级生态示范区敖汉旗的通报

各盟行政公署、市人民政府、自治区各委办厅局：

　　赤峰市敖汉旗是我区唯一被国家命名的国家级生态示范区旗县。近年来，在敖汉旗委、旗政府的领导下，全旗各族干部群众大力开展生态环境保护建设，植树造林，治沙种草，使全旗的生态环境发生了巨大变化，取得了可喜的成绩。为表彰先进，弘扬"敖汉精神"，自治区人民政府决定对敖汉旗人民政府予以表彰，并奖励人民币 5 万元。

　　希望敖汉旗人民政府珍惜荣誉，发扬成绩，再接再厉把本地区的生态环境建设推向更高的水平。同时，号召全区各族干部群众学习他们不畏艰难、锐意进取的创业精神，增强对党和人民高度负责的责任感和使命感，积极参与西部大开发，为建设山川秀美、富强文明的内蒙古做出新的贡献！

2001 年 6 月，大黑山自然保护区顺利通过国家级自然保护区评审委员会评审，成为国家级自然保护区。

大黑山自然保护区以其独特优势，唯一获 23 个评委的全票通过，国家立项 1500 万元用于保护区生态建设与保护，同时，国家每年将有专项财政拨款来支持保护区。

大黑山自然保护区在我国生物多样性保护中占有重要地位，对研究全球环境演变具有重要价值。十几年来，旗委、旗政府十分重视这里的环保工作。1996 年，大黑山自然保护区被列为旗级自然保护区，并成立了大黑山自然保护区管理局，制定了《大黑山自然保护区管理办法》，出台了《加强大黑山自然保护区建设与管理的决定》，各业务主管部门高度重视和支持，保护区管理局做了大量基础性工作，在保护区内设置了永久性宣传牌，建立

国家级大黑山自然保护区

了标本馆，编辑了宣传画册。在保护区实验区推广了舍饲畜牧业，对保护区流域实行了分片管理，并通过新闻媒体进行大力宣传，提高了保护区的知名度，增强了全民环保意识，提高了保护区的保护、建设和管理水平，出现了动植物比例协调、植被丰富、风光旖旎的景象。

为了全面了解保护区内的自然状况，敖汉旗从国家和自治区有关部门聘请动植物专家学者 30 多人次，对大黑山自然保护区资源进行了科学考察。结果表明，保护区境内有 5 个植被类型，14 个群系，主要有草原植被、森林植被、灌丛植被、半灌丛植被、草甸植被；有鸟类 16 目、41 科、81 属、142 种，其中国家一级保护鸟类金雕一种，国家二级保护鸟类鸢、雀鹰、红脚隼、黄爪隼等 21 种；哺乳动物 6 目、13 科、29 种，其中黄羊为国家二级保护动物；昆虫 7 目、30 属、158 种；野生维管束植物 82 科、301 属、600 余种，还有两栖类和爬行类以及大量的真菌、苔藓，生物多样性十分显著。

敖汉旗被国务院批准为国家级自然保护区，正式挂牌成立。它的晋升，使敖汉旗自然保护区的"南山北水"工程落到了实处。

2001 年 8 月，敖汉旗被国家水利部、财政部授予"全国水土保持生态环境建设示范县"称号。

在获得此项荣誉后的一篇新闻报道中，详细地介绍了敖汉旗水利水保生态建设情况。文章介绍：以 1997—1999 年连续三年获自治区农田草原水利基本建设一等奖为主要标志，敖汉旗水利事业在全市全区频频领先，业绩骄人。

全旗水利事业紧紧围绕生态建设、夯实农牧业基础这一工作中心，创造性地开展工作，水利事业不断取得新进展。新增有效灌溉面积 13.94 万亩；新增保灌面积 9.67 万亩；新增节水灌溉面积 14 万—15 万亩；完成水土保持治理面积 172.78 万亩，其中新修水平梯田 34.38 万亩；新打配机电井 596 眼，新打小土井 6298 眼；完成灌溉草库伦 143 处，建水窖 2246 处；在主要河流建扬水站 44 处。"九五"期间，先后建成了小山水电站、响水水电站，完成了山湾子二期工程、青山水库冲沙闸工程等重点骨干水利工程。共向上级争取水利投资近 6000 万元。2000—2002 年，敖汉旗虽遭受了大旱，可是干部、群众遭灾不减志，再次夺得了全区农田水利草原基本建设三等奖，2003 年获全区农田水利草原基本建设二等奖。

全旗始终坚持生态环境建设作为立旗之本，制定了一系列加强和鼓励生态建设的方针，按照旗委、旗政府 2001 年《关于加强生态建设的实施意见》

文件中提出的"六大"工程，水土保持生态建设得到进一步加强。在治理过程中，呈现出以下明显的转变。由分散治理向重点突破与整体推进相结合的集中连片规模治理转变；由单一坡面治理向山水田林路沟综合治理转变；由偏重长期效益向以经济效益为中心，立足近期效益，面向长远利益，将近中远期效益相结合转变；由重治理、轻预防保护，向防、治、管结合转变。

在规模治理上有较大的突破，大打攻坚战，形成许多跨乡连村的万亩以上水土保持治理工程。一批先进的生态建设运用技术得到推广和应用，工程规模更趋于科学合理，工程措施、植物措施有机结合，建设质量、科技含量进一步提高，治理成效更加突出。

2002年初，国家林业局和国家计委在北京联合召开"三北"防护林体系建设表彰动员大会，会上，敖汉旗被授予"'三北'防护林工程建设先进集体"光荣称号。

"三北"防护林工程建设期间，敖汉旗开展了大规模的以种树种草为中心的生态建设，一期工程建设期间（1978—1985），8年新增造林合格面积130万亩，主要营造片林，以生态效益为主；二期工程建设期间（1986—1995），10年新增造林合格面积170万亩，实行带网片结合，布局趋于合理，也以生态效益为主；1996年至今，新增造林合格面积78万亩。到2000年末，全旗现有林面积达502万亩，占总土地面积的40.3%，分别是新中国成立初有林面积的31倍和1978年前的4倍。敖汉旗在三期建设期间屡屡名列前茅。

2002年6月4日，在深圳举行的2002年世界环境日国际纪念大会上，我国深圳市和内蒙古敖汉旗于2002年6月4日被联合国环境规划署授予"全球500佳"环境奖。环境奖又称为"联合国环境保护奖"，是联合国环境规划署1987年设立的，每年颁发一次，目的是表彰全球在环境保护方面做出突出成绩的集体和个人。同时获得本年度"全球500佳环境奖"称号的还有来自约旦、菲律宾、美国、厄瓜多尔和安哥拉等国的组织和个人。敖汉旗是全国唯一获此殊荣的县级单位。

联合国环境规划署代表在大会颁奖典礼上表示，敖汉旗是半干旱地区治理沙漠化的成功典范。

据会议介绍，敖汉旗位于内蒙古科尔沁沙漠南缘，属半干旱气候，自然条件相当恶劣。自20世纪70年代以来，敖汉旗为了抵御沙漠的侵袭，开展了大规模的种树种草活动，与沙漠进行了长期不懈的斗争。经过30多年的努力，敖汉旗成功地将 3.8 万公顷的移动沙丘减少到目前的 6000 公顷，建立了 14 个自然保护区，土壤流失量削减了一半。目前，全旗森林覆盖率已达 43.5%，粮食产量比 70 年代增长了 8 倍，国内生产总值增长了 10 倍，人均年收入增长了 16 倍。

对此殊荣，2002 年 6 月 4 日，内蒙古自治区人民政府发出表彰通报。

内蒙古自治区人民政府关于表彰奖励
荣获 2002 年环境保护"全球 500 佳"的赤峰市敖汉旗的通报

各盟行政公署、市人民政府，自治区各委、办、厅、局，各企业、事业单位：

长期以来，赤峰市敖汉旗历届旗委、旗政府团结和带领全旗各族干部群众，认真贯彻执行环境保护基本国策，坚持污染防治和生态保护并举的方针，实施"生态立旗、产业化强旗、工业富旗、科教兴旗"四大战略，建立了多种类型的自然保护区，狠抓污染防治和小流域综合整治工作，开展了大规模的种树种草活动。目前，全旗有林面积达 502 万亩，森林覆盖率达到 43.5%，全旗环境保护工作取得了突破性进展，为全区生态环境保护和建设提供了成功的经验。

2002 年，敖汉旗被联合国环境规划署授予环境保护"全球 500 佳"荣誉称号。"全球 500 佳"奖是联合国环境规划署主办的最高层次的环保评比活动，具有很高的权威性，至今国际上只有 7 个城市获此殊荣。为此，自治区人民政府决定通报嘉奖敖汉旗，并奖励人民币 50 万元。希望敖汉旗再接再厉，为全区的生态保护与建设做出更大的贡献。同时希望全区各地以敖汉旗为榜样，学习他们在经济发展与环境保护中始终坚持"保护与建设并重保护优先"的方针、严格按客观规律办事的科学态度和艰苦奋斗的精神，为把我区建设成为山川秀美的绿色北疆而努力奋斗！

联合国环境规划署"全球 500 佳"环境奖是敖汉旗生态建设中获得的最高荣誉，它为全旗在生态建设史上写下浓墨重彩的一笔，为全旗 60 万干部群众几十年的奋斗画上了一个圆满的句号。敖汉旗自此名扬天下！"全球 500 佳"已成为全旗生态建设和经济社会发展的一个新的里程碑。

2003 年 2 月 19 日，全国绿化委员会和国家林业局联合发文，命名敖汉旗为"再造秀美山川先进旗"。

全国绿化委员会　国家林业局关于授予
内蒙古自治区赤峰市敖汉旗"再造秀美山川先进旗"的决定
全绿字〔2003〕2号

各省、自治区、直辖市绿化委员会、林业（农林）厅（局），各有关部门（系统）绿化委员会，中国人民解放军、中国人民武装警察部队绿化委员会，内蒙古、吉林、龙江、大兴安岭森工（林业）集团公司，新疆生产建设兵团林业局，国家林业局各直属单位：

在再造秀美山川的历史进程中，中国万里风沙线上涌现了众多可歌可泣的先进典型。内蒙古赤峰市敖汉旗就是这些先进典型中的优秀代表。自20世纪50年代以来，敖汉旗一直是全国林业建设的试点示范单位，是全国林业系统学习的榜样。多年来，敖汉旗始终坚持把造林绿化、改善生态环境放在首位，发扬自力更生、艰苦奋斗的光荣传统，同恶劣的生态环境进行长期不懈的抗争并取得了令人瞩目的成就。目前，全旗林地面积已经达到502万亩，是新中国成立初期的31倍，其中人工林面积493万亩，森林覆盖率达到37.6%，人工种草保存面积130万亩，人工造林、种草均居全国各县（旗）级前列。长期的生态建设，使敖汉旗生态环境明显改善，人民生产生活水平显著提高。为了表彰其生态建设取得的突出成就，全国绿化委员会、国家林业局决定授予内蒙古赤峰市敖汉旗"再造秀美山川先进旗"荣誉称号。

新中国成立初期，敖汉全旗有林面积仅16万亩，风蚀沙化、水土流失严重，至70年代中期全旗森林覆盖率不足10%。面对恶劣的生态环境，敖汉旗委、旗政府等几大班子团结协作，知难而进，以非凡的胆略和气魄，带领全旗广大干部群众开展了以种树种草为中心的大规模生态建设。从1978年到2002年，敖汉旗造林保存面积378万亩，平均每年以16万亩的速度递增。其中2001年造林面积达22.79万亩，2002年造林面积达25.31万亩。全旗林木经济价值已达14亿元。

敖汉旗先后荣获"三北"工程（一期、二期、三期）先进单位、全国造林绿化先进单位、全国科技兴林示范县、全国林业生态建设先进县、全国防沙治沙先进单位等荣誉称号。2002年6月敖汉旗被联合国授予"全球环境500佳"光荣称号，在敖汉发展史上树立起了一座不朽

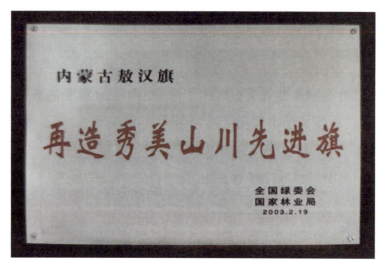

全国绿化委员会和国家林业局授予敖汉旗"再造秀美山川先进旗"

的丰碑。敖汉旗坚持不懈植树造林，改善生态环境的先进事迹，为我国生态建设树立了一面旗帜，成为全国学习的榜样。

要学习敖汉旗历届领导班子真抓实干、持之以恒的精神。敖汉旗历届旗委、旗政府以对党和人民高度负责的精神，狠抓生态建设。始终把造林绿化、改善生态环境作为立旗之本、生存之本、发展之本和振兴之本，实行一把手生态建设负责制，把加强领导作为振兴林业的关键，对旗、乡主要领导实行生态建设一票否决制。几十年来，敖汉旗始终坚持领导带头，一届接着一届干，一级带着一级干；坚持换人不换蓝图，换届不换目标，一张蓝图绘到底。

我们要学习敖汉旗人民众志成城、团结协作的精神。敖汉旗在生态建设中，充分发挥人民群众主力军作用，坚持实行联乡联村集中会战、连山连沙统一治理，人人动手，众志成城，共建绿色家园。他们每年都集中人力、物力和财力，开展春、夏、秋季三次生态建设大会战，重点突出，攻克难点，有效地加快了生态建设步伐。

我们要学习敖汉旗人民尊重科学、勇于探索的精神。在长期的生态建设实践中，敖汉旗不断总结经验，勇于开拓创新，探索总结出了一系列林业适用技术和生态建设模式。敖汉人发明、研制和推广应用的JKL—50型开沟犁，使造林成活率达到85%以上，比传统方法提高了30个百分点；敖汉旗总结研究的抗旱造林系列技术，填补了"三北"地区抗旱造林技术的空白；敖汉旗黄羊洼退化沙化草牧场防护林建设模式；

宝国吐的山区综合治理模式等成为半干旱地区生态建设的典型模式。

我们要学习敖汉旗人民艰苦创业、无私奉献的精神。敖汉旗林业建设取得的成就，是几代务林人汗水和智慧的结晶。敖汉旗的林业队伍在长期的生产实践中不断成长，在他们身上凝聚了善打硬战、敢打恶战、无私奉献的崇高品质。改革开放初期，以李儒、马海超等为代表的敖汉人克服了条件艰苦等重重困难，背着行李徒步下乡，饿着肚子上山植树。造林大会战期间，林业干部职工与群众同吃同住同劳动。全国六大林业重点工程启动后，敖汉林业职工抓住机遇，以更高的热情苦干实干，平均每人每年下乡 200 多天。林业干部的扎实工作、朴实作风，受到广大群众普遍称赞。

全国绿化委员会、国家林业局号召，全国绿化、林业、治沙战线的广大干部职工要以敖汉旗为榜样，肩负起林业在全面建设小康社会中的历史重任，高举邓小平理论伟大旗帜，努力实践"三个代表"重要思想，全面贯彻党的十六大精神，为推动林业六大工程、五大转变和跨越式发展，再造祖国秀美山川做出更大的贡献。

"再造秀美山川先进旗"称号的获得是全旗上下落实党的方针政策的最好写照，是对敖汉旗 50 多年生态建设成就的褒奖和肯定。

第三节　敖汉生态建设新世纪布局

经过数十年的探索拼搏，敖汉旗委、旗政府充分认识到，只有在生态建设上合理布局、突出重点，在不同阶段制订出相应的规划，才能完成生态建设任务。因此，每届班子在生态建设上都是规划先行。对旗情再认识、再分析、再把握，对目标再审视、再衡量、再构筑。通篇谋划，统筹安排。对敖汉的山山水水，高起点规划，高起点安排，为下一步的生态建设绘制出发展蓝图。2003 年 2 月，敖汉旗林业局编制了《2001—2010 年敖汉旗造林绿化规划》，审视这些年的生态建设，秉承着"一张蓝图绘到底"的精神，全旗的生态建设按照既定方针前行，一场大规模的生态建设仍在继续。

中部丘陵区山地综合治理工程

2001—2010 年敖汉旗造林绿化规划

一、当前生态建设的必要性和紧迫性

1. 所处地理位置十分重要

敖汉旗东南临我国东北重工业基地，西南临京津唐地区，其生态环境直接影响首都北京和环渤海经济圈的环境质量，这个地区处于科尔沁沙地南缘，是阻挡科尔沁沙地南进的前沿阵地。专家曾经预言，如果不对科尔沁沙地进行有效治理，那么 100 年以后，它可以吞并东北第一工业重地沈阳。从这个意义上讲，加快敖汉林业发展不仅是改善当地生态环境、提高群众生活水平、实现经济社会可持续发展的需要，也是维护周边地区特别是环渤海经济圈生态安全的战略需要。

2. 现有生态系统比较脆弱，急需改造和提高

敖汉旗林业从树种布局上，形成了"南松北杨"的格局，树种比较单一，纯林较多，生态系统不稳定。在林地分布上，分布不均，有的村有林面积占总土地面积比例已达到 60%，而有的村不足 30%。农牧场防护林建设

需进一步完善、改造和提高，接班林建设任务繁重，生态系统脆弱，如遇干旱、病虫害等自然灾害，会发生大面积死亡和林分退化，改造工作任重道远。

3. 今后造林难度加大，建设任务重

目前，敖汉旗中南部浅山区还有 300 多万亩水土流失严重的荒山、荒沟、荒滩坡耕地有待于全面造林绿化。北部沙地，还有 120 万亩流动、半流动沙地及潜在沙化土地急需治理。这些宜林地立地条件差、造林整地难度大，敖汉旗林业生态建设已到了攻坚阶段。

护林防火、病虫害防治、中幼林抚育任务比较重，种苗基础需要夯实，资源优势还没有得到充分发挥。

二、规划总体思路

1. 指导思想

坚持生态立旗发展战略，以京津风沙源治理工程为依托，生态建设、资源保护、产业开发协调推进。创一流景观，打生态建设品牌，全面提高生态建设档次，不断推动敖汉生态环境持续好转。实施"二次创业"，大力发展生态产业，努力实现生态、经济、社会三大效益有机统一，促进全旗经济和社会可持续发展。

2. 基本原则

坚持统一规划、综合治理、突出重点的原则；

坚持因地制宜，因害设防，科学合理配置工程和生物措施的原则；

坚持依靠科技进步，提高生态建设速度和质量的原则；

坚持国家投资与群众投工投劳相结合，创新机制，全社会参与的原则；

坚持兼顾长远与当前、整体与局部利益三大效益统一的原则；

坚持建设与保护并举、保护优先、生态建设与产业协调发展的原则。

3. 奋斗目标

在规划期内，以京津风沙源治理工程为依托，以实现生态环境持续好转为目标，分两个阶段进行实施。

第一阶段（2001—2005）：通过采取封山（沙）育林、人工造林、飞播造林、退耕还林还草、小流域综合治理等多种措施，用五年的时间，使全旗生态建设体系基本得到完善和初步提高，全旗有林面积占总土地面积的 46.8%。

第二阶段（2006—2010）：在加强生态建设综合治理的基础上，以提高生态建设质量，调整林种、树种、草种结构为重点，通过五年的建设，有林面积占总土地面积的48.2%，建立生态、经济、社会三效统一稳定的生态体系，初步形成产业化体系，从根本上改善当地的生态环境。

三、建设任务与分区治理重点

1. 建设任务

通过10年建设，全旗完成林业建设面积118万亩，其中，人工造林92万亩（退耕还林50万亩，沙源项目人工造林32万亩，农田、牧场防护林10万亩）；封山（沙）育林15万亩；飞播造林1万亩；林木采种基地10万亩；建设标准化苗圃4000亩。

上述建设任务分两个阶段实施：

第一阶段（2003—2005）建设任务。利用三年时间完成林业建设91万亩。其中：人工造林5万亩（退耕还林50万亩，风沙源项目人工造林15万亩，农田、牧场防护林10万亩）；封山（沙）育林15万亩；飞播造林1万亩；建设林木采种基地10万亩；建设标准化苗圃4000亩。

第二阶段（2006—2010）建设任务。完成人工造林17万亩，对低产林进行合理更新改造，并加大森林保护和林木抚育力度。

2. 分区治理重点

敖汉旗地貌类型和气候条件区域差异大，根据全旗农牧业综合区划和农、林、牧、水各专业区划，将全旗分为三个治理区域：

（1）北部科尔沁沙地综合治理区。包括康家营子、敖润苏莫苏木、长胜、新窝铺和双井等五个乡镇苏木。总面积403.5万亩，占全旗总土地面积的32%，总人口1027万人，占全旗总人口17.3%。土壤类型多为风沙土，气候干旱、多风，植被稀疏，是全旗沙漠化危害最严重的地区。

该区生态建设的重点是防风固沙、综合治理沙地。主要治理措施是封育禁牧，辅以生物沙障、人工补播、飞播等措施进行治理。对沙化退化的草牧场和沙质耕地，通过退耕还林还草、人工造林种草、舍饲禁牧等措施，增加地表植被，控制沙化进程。充分利用地表水，合理开发地下水资源，加快沙地治理开发步伐，提高治沙效益，逐步将该区建设成以牧业为主的农牧业产业化基地。

（2）中北部黄土丘陵水保防护林区。包括萨力巴、四道湾子、古鲁板蒿、哈沙吐、双井、木头营子、玛尼罕、高家窝铺、牛古吐、下洼等10个乡镇。总面积424.5万亩，占全旗总土地面积的34%，总人口16.2万人，占全旗总人口的27.3%。由于大部分为黄土覆盖的丘陵和台地，土层较厚，水源不足，人均占有耕地面积较多，是全旗水土流失比较严重的地区。

该区生态建设的重点是坡耕地和荒山荒地治理。主要治理措施是退耕还林还草，大搞农田牧场防护林和坡面径流调控工程，围绕水源修梯田，围绕梯田上水源，改进耕作技术，推行草田轮作，发展旱作节水农业，建设商品粮基地；建设山杏、柠条、条桑等灌木为主的灌木林基地，加大种草力度，发展舍饲畜牧业，逐步将该区建设成为农牧林相结合的综合产业化基地。

（3）南部低山丘陵水土保持区。包括四家子、林家地、新地、金厂沟梁、贝子府、克力代、南塔子、丰收、新惠、四德堂、敖吉、敖音勿苏、王家营子、大甸子、宝国吐等15个乡镇。总面积426万亩，占全旗总面积的34%，总人口32.82万人，占全旗总人口的55.4%。由于均为丘陵山地，人口密度大，人均占有耕地面积小，水土流失较严重。

该区生态建设的重点是防治水土流失。主要治理措施是坡面径流调控工程、增加林草植被。丘陵坡面采取多种整地方式，沟道建设谷坊、塘坝、淤地坝等水土保持工程，修建水平梯田，实施封山育林、补植补播、抚育改造等措施，提高林草植被。注重生态景观建设，发展生态旅游业。

四、重点工程建设项目

以国家重点建设工程为支撑，从敖汉旗实际出发，规划期内重点建设好以下六大工程项目：

1. 京津风沙源治理工程

敖汉旗是国家确定的京津风沙源治理工程建设旗。是以治理沙化土地、改善京津地区的生态环境为目的，以造林种草、恢复植被、治理沙源为主要建设内容。规划期内人工造林32万亩，营造农田牧场防护林10万亩，封山（沙）育林15万亩，飞播造林1万亩。

2. 退耕还林工程

该工程是京津风沙源治理工程的重要建设项目之一，是对现有低产坡耕地、沙化农田停止耕种农作物，实施退耕地还林。因其在敖汉旗建设任务重、涉及面广，单提出来作为一个重点工程。该工程包括29个乡镇，14个国有农、林场（苗圃），规划期内实施退耕还林50万亩。

3. 低产林改造和中幼林抚育工程

有计划地对旗内 20 世纪六七十年代营造的低产林进行改造，调整林种、树种结构，将其建成林业产业化基地。每年改造 7.5 万亩，8 年完成 60 万亩。

敖汉旗人工造林面积大，中幼林所占比重达到 50% 以上，必须对林地实行分类经营。对于那些立地条件较好，便于作业的地块，以强化中耕除草、压青和扩穴抚育为主进行土壤管理；对生态、经济兼用型树种强化树体管理；对乔木树种进行修枝抚育。通过抚育管理，促进林木生长，提高经济树种的坐果率。每年抚育面积 150 万亩次。

4. 城镇及公路绿化工程

该工程以旗政府所在地为重点，结合新惠城区建设，利用 6 年时间，建设城区绿地面积 40 万平方米，人均 8 平方米。其中街道、孟克河两岸绿化 25 万平方米，建设草地 15 万平方米。

以国道 305、111 线和境内骨干公路为主，将公路绿化与乡镇及沿路村屯绿化相结合，实施绿色通道工程，建设宽带路林（路两侧每侧 50 米），10 年完成 1200 公里，实现四级公路畅、洁、绿、美。

5. 林业种苗工程

为满足全旗生态建设需要，充分发挥全旗林草资源优势，为西部大开发提供优质林木种子和苗木，实行规模化生产、集约化经营。在 10 年内建立优质杨树、柠条、山杏、樟子松、油松采种基地 10 万亩，新建标准化苗圃 2 处，计 2000 亩，改造老苗圃 2000 亩，以确保生态建设工程使用优质种子和苗木。

6. 生态产业建设工程

在生态工程建设中，集中建好产业基地。通过沙源、退耕还林、低产林改造等项目的实施，全面提高生态建设的经济效益。建设好 7 个产业基地。即 20 万亩灌木饲料林基地，1 万亩工业原料林基地，10 万亩旱作杨树用材林基地，20 万亩仁用杏基地，40 万亩条桑基地，1 万亩山葡萄基地，3.5 万亩 123 小苹果（蒙古野果）基地。

这份《规划》调查深入、重点突出、指导思想正确、建设目标明确、空间布局合理、基础资料翔实、建设规模适宜、树种选择科学、技术措施得当，具有科学性、前瞻性和可操作性，将造林绿化建设与山、水、田、林、草、路有机融合，通过山、水、田、林、草、路的综合治理，提升全旗的生态建设水准。《规划》针对全旗不同的生态功能要求，一方面依托项目，重点解决荒山荒地绿化的问题，提升森林系统的生态功能，提高生物多样性；另一方面通过保障措施，重点保护现有生态建设成果，实现生态建设的可持续发展，达到三效合一的目标。

附：《敖汉旗林业：“十二五”规划和中长期规划》（节选）

2009年，敖汉旗林业局编制了《敖汉旗林业："十二五"规划和中长期规划》。

"十二五"期间（2011—2015），林业发展的总体目标是：有林面积达到590万亩，建成比较完备的林业生态体系、比较发达的林业产业体系和比较健全的林业管理体系。生态经济型林业全面发展，生态环境得到优化。林业一、二、三产业协调发展，成为全旗经济实现可持续发展的重要支柱之一。到"十二五"期末要达到以下主要指标：

——林业用地面积稳定在600万亩，森林覆盖率达到46%。

——建成30万亩用材林基地、30万亩经济林基地、30万亩能源林基地。

——结合森林城市建设，使通道绿化率达到90%以上，农田林网控制率达到100%。

——建成绿色城镇16个，建成绿化示范村100个。

——活立木蓄积量达到750万立方米。

——林业产值达到6亿元。

2016—2025年10年间，林业发展总体目标是：林业现代化建设目标。全旗林业用地面积稳定在600万亩，森林覆盖率达到47%以上。建立公益林398万亩，商品林179万亩，森林蓄积量达到1218万立方米。建成比较完备的林业生态体系、比较发达的林业产业体系和比较健全的林业管理体系。生态经济型林业全面发展，生态环境得到优化，森林的防风固沙、保持水平和净化空气等生态功能明显增强。林业一、二、三产业协调发展，成为全旗经济实现可持续发展的重要支柱之一。

2026—2050年25年间，林业发展总体目标是：到2050年，全面实现山川秀美，生态环境全面好转，步入生产发展、生态良好、生活富裕的文明社会。全旗林业用地面积稳定在600万亩，森林覆盖率达到48%以上。森林的生态功能完备，步入生态、经济良性互动的全新时期。

围绕"十二五"总体目标,为促进林业生态建设达到合理布局,功能齐全,采用分区施策、分类指导的原则对全旗林业生态薄弱区域进行大规模的治理,按敖汉旗地理特点将全旗分为北部沙区、中部丘陵区、南部浅山区三个总体建设区。北部沙区以用材林和能源林建设为主,中部丘陵区以用材林、能源林、经济林建设为主,南部浅山区以经济林、用材林建设为主。"十二五"期间,完成退耕还林50万亩、低产低效林改造50万亩、沟道治理20万亩、沙地治理20万亩,完成封育60万亩;结合低产低效林改造、沟道治理、沙地治理完成30万亩用材林,30万亩经济林,30万亩能源林基地建设;结合森林城市建设,使通道绿化率达到90%以上,农田林网控制率达到100%,废弃矿山治理率达到100%。建成绿色城镇16个,建成绿化示范村100个;在清洁发展机制(CDM)下,积极参与国际碳汇贸易,扩大生态建设成果的影响力。

在林业生态工程建设中,继续实施"南封北治"战略,南部山区治理以封育为主;北部沙区加大治理力度,造封飞并举,使沙地治理再迈上一个新的台阶。全面实行混交造林,推广乡土树种造林,发展近自然林业。同时,重视培育优势树种,在南部山区灌木林中补植针叶树种、封育地块适当配置针叶树种,形成复层林,改变林种树种单一的状况。把公益林建设放在更加突出位置,维护全旗生态安全。

关于林业产业化的发展:

一是建设六大产业基地。

结合用材林、经济林、能源林基地建设,通过人工造林、封山育林、低效林改造,建设杨树防护兼用材林、仁用杏、沙棘、叶用桑、饲料及能源林转化灌木林、种苗基地等六大林业产业基地。主要布局是:中南部沟道和三河(教来河、孟克河、老哈河)沿线河道开发治理,新建设杨树防护兼用材林基地20万亩、沙棘基地20万亩、叶用桑基地2万亩;中部丘陵区仁用杏、饲用和能源转化灌木林建设,新建设仁用杏基地8万亩、饲用和能源转化灌木林基地15万亩;北部沙区杨树防护兼用材林、饲用和能源转化灌木林建设,新建设杨树防护兼用材林基地10万亩、饲用和能源转化灌木林基地15万亩。

二是建成五大产业。

通过招商引资、争取上级投入、制定优惠政策等措施,全力培育建成五大林业主导产业。

（1）重点培育以木材和"三剩物"为主要加工原料的木材深加工企业，提高现有加工企业技术含量和产品档次，着力扶持和培育资源利用率高、经济效益好的木材加工企业。到 2015 年，使年产值稳定在 500 万元以上木材加工企业达到 5 家。

（2）重点培育林副产品加工业，扩大以山杏仁、沙棘果、沙棘叶为主要加工原料的饮品加工企业生产规模。

（3）建设和引进灌木饲料林系列加工利用企业。

（4）用足用活国家产业政策，加大林木质能源开发力度。

（5）利用生态品牌、生态精神和人文资源，主动融入和挂靠全市旅游平台，发展生态旅游，建设大黑山、清泉谷、小河沿湿地、萨仁诺尔、环新惠镇城区、沙区人工生态系统等六处生态旅游区，做强做大生态旅游业。

第四节　关于加强生态保护工作

一、现实呼唤，干旱引发的生态保护的思考

1999—2003 年，敖汉持续干旱。特别是 2000 年，敖汉旗遭受新中国成立以来最严重的特大干旱。90% 的地区持续 400 多天无雨雪，全旗性的透雨发生在 7 月 27 日，有近 70 万亩耕地没能下种，播种的 200 万亩仅有一类苗 10 万亩。粮食产量比 1999 年减少 3.25 亿公斤，受灾人口 49 万人。

林业也蒙受巨大损失。特别是杨树枯死数量较多。当年敖汉旗有林面积达到 532 万亩，其中杨树占现有林面积的 43.2%。80% 的杨树分布在北部沙区，大部分属于防护林和用材林。防护林大部分是 20 世纪 80 年代营造的，已发挥了较高的防护效益，对于北部防风固沙、改善农牧业生产环境起到不可估量的作用。但是，由于连续的干旱，自 1997 年以来出现个别枯株和大量枯梢现象。2000 年，持续干旱造成大量树木枯死。据不完全统计，枯死面积 6.4 万亩，半枯梢面积 4.66 万亩。黄羊洼防护林网受灾严重；12 个国营林场新造林面积 3.67 万亩，因干旱死亡面积达到 3.12 万亩；过去的成材林也大片死亡。同时，松毛虫、杨树黄斑星天牛病虫害大面积暴发，对本来就很脆弱的生态环境造成了很大的冲击。

从生态建设状况看，全旗的生态建设工作还存在许多不足。主要表现在：

从格局上看，全旗林业形成了"南松北杨"布局，这是一个极不稳定的生态系统；

从林种上看，林种种植单一，混交林少，不足以抵抗病虫害的侵袭；

从分布上看，林地分布极不均衡，有的村林地面积占总土地面积的60%，而有的村不足30%；有些受风沙危害的农田、牧场还没有防护林庇护；过去造的林密度相对较大，最近三年特大旱灾已发生大面积死亡和林分退化，改造任务艰巨。

从现有的情况看，南部山区尚有300多万亩荒山存在严重的水土流失现象，大量的荒沟、荒滩有待治理；北部还有30万亩的流动、半流动沙地急需治理。生态产业的链条太短，很多生态资源都是以出售原材料为主要形式，有的处于闲置浪费状态，生态产业对敖汉旗国民经济增长的贡献率还很低。全旗尚有13万人、15万头（只）牲畜存在饮水困难，严重缺水地区有56处，涉及25个乡镇56个村组；全旗生态缺水相当严重，致使许多牧草枯死；局部地区水土流失仍十分严重，亟待治理。

从规划上看，生态建设的长远规划不够，生态建设项目的储备不足。

当时，还有几种思想在影响生态建设的前行。一种思想认为，人工造林会对生态造成破坏，力主植被自然恢复；一种思想认为，必须加大造林力度，无论是平地还是山坡，都要种树种草；还有一种思想认为，经过几十年来植树造林，敖汉旗从乡村到城镇，从路边到村民庭院、从荒原到高山，形成了一场轰轰烈烈的"绿色革命"，敖汉这些年树没少栽，但局部地区仍然存在着"植树不见树，造林不见林"的现象。

这些问题引起敖汉决策者的思考，生态建设的管护问题应该越发引起重视。过去说，"三分造七分管"，在这样的形势下，"一分造九分管"的政策推出了。

2001年，中共敖汉旗委员会、敖汉旗人民政府印发了《关于加强生态建设的实施意见》，已意识到这一问题的严重性，提出了生态保护很有刚性的具体措施。

2002年，旗政府下发了〔2002〕年57号文件《敖汉人民政府关于加强林业资源保护的决定》。《决定》提出，一是坚决打击乱砍盗伐、毁林开垦和乱占林地行为。要严格采伐管理，建立采伐对生态环境的影响和评估制度，进行科学采伐；保持常年严打的高压态势，坚决刹住乱砍盗伐、毁林开荒和乱占林地的歪风；加强对木材加工厂的管理，违法经营的要依法严肃处理；要认真做好林权证的发放。二是强力推行舍饲禁牧。要求从 2003 年起，绵羊实行阶段性舍饲，山羊实行全年舍饲，中幼林和项目区严禁放牧。从 2004 年开始，所有草食家畜要实行全年舍饲。三是加强森林病虫害防治。四是狠抓森林防火。五是强化林木采种和抚育管理。

这份文件对林业资源的保护有了全面的阐述，并且有一个重要的决定，就是敖汉旗的舍饲禁牧。自这份文件提出后，从 2003 年正式执行一直延续到目前，对全旗的生态保护起到了至关重要的作用。

二、生态建设进入了保护优先的历史发展阶段

2003 年 12 月，中共敖汉旗委员会、敖汉旗人民政府审时度势，做出了《关于加强生态保护工作的决定》。

1.《决定》中首先提出了加强生态保护工作的必要性

全旗生态保护工作亟待加强。当前全旗生态保护工作面临的形势十分严峻，乱砍滥伐林木、乱垦滥占林草地、乱捕滥猎野生动物、乱采滥挖野生植物、毁林开矿以及畜牧业传统饲养方式，使全旗生态环境遭受了一定程度的破坏，森林草原火灾和病虫害对林草业的威胁仍很严重，梯田坝埂人畜破坏现象时有发生，水利资源利用不够合理等问题亟待解决。另外，由于经济结构不合理，传统的资源开发利用方式仍未根本转变，部分干部群众生态保护意识不强，仍存在重开发轻保护，重建设轻管理现象，加之生态保护工作投入不足，个别乡镇和部门监管薄弱、执法不严、管理不力等问题，极大地制约了全旗生态保护工作的正常开展。

2. 明确奋斗目标和主要任务

奋斗目标：实现生态与生产良性互动、协调发展；实现人与自然和谐相处；改善生态状况，拓展生存空间，维护全旗生态安全。到 2010 年，全旗有林面积达到 600 万亩，一切能够绿化的地方都绿化起来，基本实现山川秀美。

主要任务：实施封育禁牧，保护好现有林，推动生态平衡；巩固好梯田建设成果，充分发挥"三保"作用；发展好人工种草，促进草畜平衡；利用好水源，维护水平衡；管理好矿产开发，实现资源永续利用。

3. 出台了一系列新政策，进一步明确了生态保护十项重点工作

（1）加强护林护草队伍和制度建设。各乡镇苏木、各有关部门和国有农牧林场及其他集体组织要建立健全护林护草防火机构，建立护林护草防火公

约，制定护林护草防火机构人员岗位责任制，明确其责、权、利，做到定人员、定地块、定责任、定报酬、定奖惩。

（2）强力推行舍饲禁牧。自 2004 年开始，全旗实行全年全境禁牧。各乡镇苏木要加大退耕还林还草、水浇地种草、草田轮作、种植青贮饲料作物和秸秆转化力度，人工和天然草要采取人工刈割或机械收割的方式进行利用。以群众投资投劳为主，充分利用退耕还林还草、暖棚圈、舍饲禁牧等国家投资项目，为舍饲禁牧提供资金支持。畜牧部门要强化技术服务指导和推广普及工作，为舍饲禁牧和畜牧业提质增效提供科技支撑。

（3）严格林政资源管理。加强林木采伐审批管理，科学采伐。大面积皆伐要确定合理的采伐方式，留足防护带。皆伐更新要收取更新保证金。加强古树名木的登记建档工作，严格保护，禁止破坏和采伐。对重点名山、重要人文和生态景观减少采伐。严格审批挖掘中幼林外卖。严格控制木材经营加工厂的审批。加强征占林地管理，严格履行程序依法报批。

（4）严厉打击各种毁林、非法开荒和破坏水利设施等各类破坏生态违法行为。严禁毁林开垦、毁林建房、毁林开矿等毁林行为，要按照谁破坏谁恢复的原则，限期还林。加大对乱砍滥伐、无证采伐、少批多伐、异地采伐、非法运输等违法行为的打击力度。

（5）严禁破坏野生动植物。禁止一切形式的非法捕杀、猎取和销售国家和自治区重点保护的益虫、野生动物和一切鸟类。林业、工商等有关部门要加大对农贸市场出售和餐饮服务场点食用野生动物和鸟类的打击力度，鼓励野生动植物的驯养、繁育，加强野生动植物资源开发管理，坚决打击滥挖具有重要固沙和水保作用的各类野生植物。

（6）做好森林草原病虫害防治工作。加强森林草原病虫害预报监测工作，强化乡镇苏木虫情监测队伍建设，做到早发现、早除治。对于成灾不报、玩忽职守的，要依据有关规定严肃处理。森林草原病虫害防治要坚持"谁经营、谁防治、谁受益、谁投资"的原则，病虫害发生时，有关部门或单位要及时组织除治。加强种苗疫情的监测，把疫情控制在发生地，严禁疫情通过种苗传播和蔓延。任何单位或个人从外地购进或向外地销售林木、林副产品、种苗等必须到有关部门进行病虫害检疫，防止检疫病虫害的引入和扩散。要建立森林草原病虫害防治基金制度，多渠道筹集资金，用于大规模爆发性病虫害防治。

（7）加强森林草原防火工作。敖汉地区防火期为每年 9 月 15 日至翌年

森林草原防火专业队

6月15日。防火期，野外用火须报旗森林草原防火办公室批准。防火戒严期内，严禁一切野外用火。各乡镇苏木要加大防火宣传力度，在乡村所在地和林业重点工程设立永久性护林防火宣传牌，积极修建防火道、防火隔离带，新造林要同时建立生物防火隔离带和林道，实现与造林同步设计、同步施工。建立乡镇苏木、国有农牧林场的联防联控机制。一旦发生森林草原火灾，各级政府要积极组织扑救，切实防止人员伤亡和减少火灾损失。坚持火情当日上报制度，禁大火小报、有火不报。

（8）强化林草种子采收管理。加强对柠条、杨柴、山杏，沙棘、油松等主要林木种子及优质牧草种子的采收管理。林业、畜牧部门要制定林草种子采收管理办法，科学确定林草种子采收期。乡镇苏木党委政府和林业部门要严格林草种子掠青管理，发现有掠青行为，要按有关法律法规进行严肃处理。

（9）加强矿产资源开发管理。要本着先审批后建矿、先征占后开工的原则，推行"谁开发谁保护，谁破坏谁恢复，谁使用谁付费，谁受益谁投资"的制度，收取森林植被恢复费和保证金，并落实生态建设成果保护措施，尽量避免和减少对生态建设成果的破坏，尽量减少破坏面积和减轻污染。已造成破坏的，经营管理者必须限期恢复。矿山停产或关闭后，经营管理者要在一年内恢复森林植被。

（10）加快生态建设成果产权制度改革进程。大力发展非公有制林业、草业、水利设施等，调动各方面参与生态保护的积极性，利用产权制度改革拍卖或租赁资金建立生态保护基金，实行村有乡管，专款专用。

三、落实生态保护，设立组织机构，明确工作职能

按照旗委、旗政府关于加强生态保护工作的要求，全旗生态资源保护管理实行法治管理。在林业局森林公安股升级为森林公安局的基础上，根据旗委、旗政府《关于坚强生态保护工作的决定》和旗政府《关于印发〈敖汉旗生态保护工作实施办法（试行）的通知〉》文件精神，组建敖汉旗生态监察大队。

敖汉旗生态监察大队主要职责：

1. 大力宣传和认真执行生态保护与建设的法律法规；

2. 指导生态监察中队的工作，监督检查生态工程保护、禁牧舍饲和草畜平衡等工作；

3. 督查和协调旗直有关生态保护的执法单位对各类破坏生态案件的处理工作；

4. 对全旗范围内破坏生态案件进行监察和处理；

5. 对生态监察人员进行有效的管理和指导；

6. 保护和奖励举报破坏生态案件的单位和个人。

自此，森林公安、生态监察与林业资源林政协同作战，坚持依法治林、依法护林、依法兴林的原则，不断强化生态资源管理力度，严厉打击盗伐、滥伐林木、违规放牧等行为，使生态资源管理工作走向正规化、规范化、法治化，有效地保护了全旗生态资源。

第三章 项目推动，生态建设高质量前行

20世纪末，敖汉旗就陆续开展了京津风沙源、退耕还林还草、中外合作等国家项目，开局良好。2003年2月敖汉旗林业局编制的《敖汉旗林业"十二五"发展规划》，为推动这些项目的进展提供了有力保证，并取得了很大成绩，收到了预期效果，全旗生态建设高质量运转，把一个更新更美的敖汉展示在世人的面前。

第一节 京津风沙源工程

一、京津风沙源工程一期工程的实施

2000年以来，我国北方地区连续发生12次较大的浮尘、扬沙和沙尘暴天气，其中有多次影响首都。其频率之高、范围之广、强度之大，为50年来所罕见，引起党中央、国务院高度重视。国务院领导在听取了国家林业局对京津及周边地区防沙治沙工作思路的汇报后，亲临河北、内蒙古视察治沙工作，并指示，"防沙治漠刻不容缓，生态屏障势在必建"，并决定实施京津风沙源治理工程。

为了认真落实党中央、国务院指示精神，自治区党委、政府在2000年5月召开了京津周边地区内蒙古沙源治理工程紧急启动会议，敖汉旗被列为京津风沙源周边地区沙源治理工程项目区。

对此，敖汉旗委、旗政府高度重视，印发了《敖汉旗沙源治理工程安排意见》，对敖汉旗的沙源治理工程进行了全面系统的安排部署，并将实施方案上报自治区政府。

生态屏障——敖润苏莫苏木沙地樟子松基地

从内计农字〔2000〕798 号文件《关于对京津风沙源周边地区沙源治理工程敖汉旗 2000 年实施方案的批复》中看到，2000 年，敖汉旗沙源治理建设任务为 2 万亩，总投资 424 万元，主要建设内容是人工造林 1.3 万亩，人工种草 0.7 万亩。项目建设地点主要在北部的长胜镇和新窝铺乡境内。

在旱情较严重的情况下，项目区克服困难，按照作业设计要求完成株距为 0.5 米的 4×4 网格状秋插黄柳生物沙障 8000 亩，人工播种柠条 5000 亩，种植沙打旺 7000 亩，从而拉开了敖汉旗京津风沙源治理一期工程的帷幕。

2001 年，国家投资 1800 万元用于敖汉旗的京津风沙源治理项目，这是新中国成立以来敖汉旗获得的最大的单项投资。具体任务是：人工造林 19.18 万亩，林业种苗基地建设 200 亩，总投资 1274 万元；小流域综合治理面积为 9000 亩，草库伦建设 200 亩，苗木基地 200 亩，改良风沙区农田 5130 亩，国家投资 300 万元；人工种草 1.85 万亩，牧草种子基地 1700 亩，国家投资 200 万元。有 14 个乡镇苏木和 8 个国营林场承担了京津风沙源工程建设。由此，全旗依托项目全面地开展了生态建设。

从 8 月开始，围绕生态建设"六大工程"及京津风沙源治理项目，大力开展沙源造林整地、水源工程建设、设施农业建设、雨季容器苗造林等工作，并坚持生态建设"五大"原则，努力完成京津风沙源治理项目工程、大凌河流域重点治理项目工程、项目区退耕还草任务和明春造林整地工作。

经过全旗 12 万多群众的艰苦奋战，各乡镇共完成人工造林整地 9.2 万亩，生态经济沟建设 3.5 万亩，雨季造林 3.4 万亩，完成秋季整地 2.9 万亩，荒山荒地人工造林 7.3 万亩，飞播造林 1 万亩，完成封山封沙育林 104 万亩，人工种草 39.7 万亩，新建日光温室 493 处 163 亩，各工程总动土石方 988 万立方米，投入劳动总工日 250.8 万个。

各乡镇都有重点地加强了骨干工程建设。体现了尊重自然规律、工程因地制宜、因害设防、不搞花架子、注重实效性的原则，科技含量显著增加。

克力代乡二龙台 3000 亩小流域治理工程，以单位面积大、标准高，再次受到人们的好评。

四德堂乡以全乡集中会战的形式主攻架子山北坡，完成治理面积 7000 亩。

宝国吐乡继续加强日光温室建设，会战期间完成日光温室建设 95 处、面积 270 亩，同时，还以村为单位完成小流域治理 4000 亩，建设生态经济沟 4090 亩，封山封沙育林 3.5 万亩。

新窝铺乡充分发挥土地资源优势，加大退耕还林还草力度，积极发展人工种草。新种 1.26 万亩，补种 1.3 万亩，全乡人工牧草面积已达 8 万亩。

四道湾子镇的风沙源治理项目区主要是以造林为主，作业面积 5800 亩，项目区落实节灌工程 476 亩，雨季已完成直播柠条 1700 亩，沟道治理完成 270 亩。

资料显示，2001—2003 年，敖汉旗的生态建设取得了突飞猛进的效果，京津风沙源治理工程取得了阶段性的成果。

特别是在 2003 年农田水利草原会战中明确提出：要以京津风沙源治理工程、退耕还林还草工程、德援项目为重点，突出水土保持工程建设。建成一批面积大、标准高、质量好、措施完备、效益突出的优质、精品工程。全旗要完成 3—5 个 3000 亩以上的小流域综合治理工程。每个乡镇要抓 1 条 200 亩以上的沟道治理工程，全旗抓 6 条 300 亩以上的经济沟精品工程。

在京津风沙源治理工程建设过程中，敖汉旗 2001—2003 年计划实施人工造林 23.3 万亩，占下达计划 23.3 万亩的 100%；实施人工模拟飞播造林 4.0 万亩，占下达计划 4.0 万亩的 100%；实施封山（沙）育林 14.99 万亩，占下达计划 14.99 万亩的 100%；实施农田林网（农防林）2.7 万亩，占下达计划 2.7 万亩的 100%；建设林木种苗基地 500 亩，占下达计划 500 亩的 100%；实施人工种草 16.935 万亩，占下达计划 16.935 万亩的 100%；建设牧草种子基地 0.52 万亩，占下达计划 0.52 万亩的 100%；飞播牧草 3.3 万亩，占下达计划 3.3 万亩的 100%；实施围栏封育 4.55 万亩，占下达计划 4.55 万亩的 100%；建设棚圈 5.94 万平方米，占下达计划 5.94 万平方米的 100%；购买饲料加工机械 410 台（套），占下达计划 410 台（套）的 100%；实施禁牧舍饲 40 万亩，占下达计划 40 万亩的 100%；完成水源配套工程 318 处，节水灌溉工程 139 处，均占下达计划 318 处、139 处的 100%；实施小流域综合治理 7.91 万亩，占下达计划 8.16 万亩的 94%。

三年来，京津风沙源治理工程项目计划在敖汉旗投资 7565.9 万元，经过各项目区严格按设计施工，现在除了飞播、封育建设时间较长的项目没有完成外，其余项目均已按设计时间完成，累计完成投资 7495.5 万元，占下达计划的 99.1%；其中，林业工程项目完成投资 3340.3 万元，占下达计划的 100%；畜牧项目完成投资 2628.1 万元，占下达计划的 100%；水利项目完成投资 1527.4 万元，占下达计划 1597.4 万元的 95.6%。

二、京津风沙源工程一期完成情况

1. 沙源治理工程建设基本情况

自京津风沙源治理工程实施以来，截至 2012 年末，敖汉旗累计完成沙源治理工程项目建设任务 229.68 万亩。其中：完成沙源治理工程人工造林 80.16 万亩，人工模拟飞播造林 5 万亩，封山（沙）育林 78.49 万亩，草种基地 0.03 万亩，退耕地还林 35.5 万亩，荒山匹配造林 30.5 万亩。项目建设总投资 72714 万元，其中：项目基建投资 22779 万元，退耕还林补助资金 49935 万元。

2. 精品工程介绍

（1）干沟子小流域治理工程

干沟子小流域位于丰收乡东 10 公里，总面积 1.2 万亩，其中水土流失面积 0.9 万亩，现有林地 0.15 万亩，耕地 0.2 万亩。

该流域被列为 2009 年京津风沙源治理工程项目，规划设计紧紧围绕改善生态环境和涵养地下水资源这一主题，将治理与开发相结合，开发利用与景观建设融为一体，以沟道治理为重点，从源头治理开始，对坡面及各级支沟进行全面规划，立体开发。工程总投资 120 万元，规划治理面积 6000 亩，其中：小流域坡面工程 3000 亩，主要工程形式为等高聚流沟、水平沟；沟道工程 3000 亩，以沙坝和谷坊为主。

2009 年夏季，在旗林业局工程技术人员的指导下，由乡林工站技术人员组成专业规划组对沟道进行规划，共规划治理面积 2400 亩。根据不同地段、地理条件、地理特点进行多种形式整地。

以道路为整个工程骨架，建 5 米宽作业路 12000 米；在道路两侧筑高 2 米、顶宽 1.5 米拦水沙坝 331 道；在沙坝格内挖株行距 3 米 ×4 米规格为 1 米 ×1 米 ×0.8 米的植树栽植坑 9.8 万个；在支沟口砸塘坝 16 座、在毛沟口砸谷坊 165 座；沟道坡面修水平阶 17000 延长米；缓坡面建台田 3000 立方米。

工程历时 37 天竣工，共动用土石方 33 万立方米，完成等高聚流沟 10000 米、水平沟 2500 亩、谷坊 30 座、沙坝 5 万米，修作业路 3 公里，栽植杨树、山杏、沙棘、文冠果、油松等 33.3 万株，并且林间种紫花苜蓿草 2000 亩。工程收到明显的蓄水保土效益。

（2）石碰沟小流域治理工程

石碰沟小流域位于新惠镇三家村，孟克河上游，距新惠镇 12 公里，属于典型的土石山区地貌类型，总土地面积 12550 亩，其中水土流失面积 10040 亩，占总面积的 80%。治理前土地支离破碎，沟壑纵横，一经暴雨，历时短而湍急的洪水夹杂着大量的泥沙迅猛地涌向下游，威胁当地群众的生产、生活环境。该流域作为旗政府"孟克河上游生态综合治理工程"的一部分，2009 年列为京津风沙工程小流域综合治理项目。工程总规划治理面积 6750 亩，国家投资 90 万元。工程建设以工程作业路为骨架，以充分拦蓄地表水、涵养水源为主要目标，坚持科学规划、因地制宜、突出重点、兼顾效益的治理原则，将各类工程相结合，特别是根据流域的现实情况，首次试行了坡面等高聚流沟骨干工程，收到最大限度地保护现有植被、最大限度地实现新老工程结合、最大限度地涵养水源三大功效。

工程修高标准作业路 9 公里，配置路边挖路边坑 4000 个，挖等高聚流沟 8200 米，完成水平沟整地 5000 亩，完成鱼鳞坑整地 1350 亩，修沟头防护埂 3570 米，治理沟道 400 亩，筑塘坝或谷坊 22 座，栽植落叶松、山杏、柠条、棉槐、沙棘、杨树、文冠果、桦树、五角枫 10 个树种 40 万株，动用土石方 30.5 万立方米。工程建成后，水土流失治理程度达到 86%。

（3）三义井林场 2009 年京津风沙源精品工程

三义井林场精品工程位于京通铁路南，五林班 212 小班，面积 240 亩。

2009 年，三义井林场根据立地条件类型、自然状况，选择树种配置形式为两行杨树两行樟子松，杨树为一年生Ⅰ级杨插条，樟子松为四年生容器苗，株行距2米×5米。

2008年，进行规划设计及整地。2009年4月进行机械开沟，上口宽110厘米，深40厘米。栽植方法为：杨树在沟内挖60厘米×60厘米×60厘米的栽植坑，栽植时将苗木直立坑中，客湿土回填1/2处，提苗舒根浇水，每株浇水50千克，沉实后用湿土填满坑踩实。樟子松在沟内挖40厘米×40厘米×40厘米的栽植坑，将容器苗去袋后直立坑中，保证不掉坨、确保不散坨，四周用湿土回填20厘米踩实后浇水，每株浇水50千克，沉实后再用湿土填满坑后踩实。同时，还进行了三种覆盖模式和使用保水剂、生根粉处理造林，一种模式为不做任何处理，造林后培抗旱堆；第二种模式是用生根粉和保水剂处理后造林，并在树下覆盖锯末为树木保墒；另一种是用生根粉和保水剂处理后造林，并覆盖地膜为树木保墒，确保造林成活率。

三、京津风沙源工程二期建设

二期工程（2013开始，在建）建设的实施，使整个工程区经济结构继续优化；可持续发展能力稳步提高，林草资源得到合理有效利用，全面实现草畜平衡，草原畜牧业和特色优势产业向质量效益型转变取得重大进展，工程区农牧民生产生活条件全面改善，走上了生产发展、生活富裕、生态良好的发展道路。京津风沙源工程建设之所以取得如此大的成果，就在于规范的管理、科学的投入和认真的管护。

在京津风沙源建设项目上，实施了超前规划，保证工程按期施工。沙源工程，特别是退耕还林工作是一项政策性强、涉及广大农牧民切身利益的工程。因此，在工程建设中，旗政府提前落实项目建设任务，逐地块、逐户进行初步规划，在工程项目计划下达后，认真地对已落实的地块进行调整、按照先难后易、先远后近、贫困优先，按流域、按村组一次性退耕到位的原则落实当年建设任务，并进行规划设计，确保工程项目建设在当年春季施工。同时，在项目建设中，以乡镇苏木为单位做好短、中期规划，在每年的6月前做好项目前期规划落实工作，在退耕还林项目上广泛征求农牧民意见，把退耕地块和荒山荒地造林地块一次性落实到位，为项目有条不紊地实施奠定了良好的基础。在项目建设中，从优化树种结构入手，科学合理地配置造林树种，在树种选择上，在充分征求建设单位和退耕户意见的基础上，按照适地适树的原则，坚持不混交不造林。由于退耕地立地条件较好，把山杏和杨树作为主栽树种，所占比例一般不超过 50%，从而保证八年后林草的收入不低于耕种收入，从而实现退得下、稳得住、不反弹、能致富的目标。

依托京津风沙源治理、退耕还林工程，建立了抗旱造林、沙地生物经济圈治理、生物活沙障治沙示范区。推广应用抗旱造林系列技术、沙地生物经济圈治理技术、生物活沙障治沙技术、ABT 生根粉造林技术、高效抗旱稀土保水剂造林等五项技术。示范区建设对工程项目建设起到了强烈的示范辐射作用，在科技支撑项目实施过程中，培训管理人员和技术人员 4 次，培训人数 200 人（次），培训农牧民 10 次，受训人员 3500 人（次）。

坚持建设与保护并重原则，加大工程项目管护力度。坚持"一分造，九分管"，在搞好工程建设的同时，做好工程建设成果的保护工作，所有工程建设项目区全部实行禁牧、封育。同时，加大了管护执法力度，各乡镇苏木人民政府都建立了管护队伍，实行责任人制度，旗林业局定期或不定期对各项目区进行检查，发现问题，及时处理，最大限度地提高工程的生态、经济和社会效益。

四、京津风沙源工程二十年成绩显著

1. 沙源治理工程建设基本情况

自京津风沙源治理工程实施以来，截至 2020 年末，全旗累计完成营造林 291.86 万亩。其中，完成人工造林 113.06 万亩，人工模拟飞播造林 5 万亩，封山（沙）育林 111.89 万亩，草种基地 0.03 万亩，退耕地还林 36.94 万亩，荒山匹配造林 30.5 万亩。项目建设总投资 107205 万元，其中，项目基建投资 35789 万元（退耕还林种苗补助 3495 万元），退耕还林补助资金 71416 万元。

2. 沙源治理工程建设取得的成效

（1）生态环境改善。自京津风沙源治理工程实施以来，大幅度的植树造林使全旗有林面积增加 21 个百分点。有效控制风蚀沙化面积 152.7 万亩，遏制水土流失面积 106.45 万亩。通过京津风沙源治理工程项目的实施，实行多树种混交造林，使全旗的树种结构得到调整，林分分布趋于合理，生态系统更加稳固，生态效益显著提升，基本形成水不下山、土不出川的良好生态格局。

（2）经济效益明显。随着生态环境的不断好转，农牧业生产条件逐步改善，粮食产量、牲畜饲养量大幅度增加。国家累计投入资金62960万元，其中，种苗及造林补助费4452万元，补贴资金59660万元。农牧民人均增收近1000元。

（3）社会效益突出。通过京津风沙源治理工程在敖汉旗启动实施，有效地遏制了风蚀沙化和水土流失，优化生态环境，农牧民保护生态意识明显增强，植树造林、保护生态环境的积极性空前高涨。特别是退耕还林工程的实施，有效地增加了农民收入，优化农村产业结构，进一步促进农村经济建设，改善生态环境和不合理生产方式，使部分劳力从低产田的低效劳动中解放出来，集中经营好高产田或从事第三产业，农闲时劳务输出增收。

3. 沙源工程建设中的经验和主要做法

（1）建立组织，落实责任

为实施好项目工程建设，旗政府成立了由政府旗长任组长，政府办、发改局、财政局、审计局、扶贫办和农口各局等有关部门负责人组成的工程建设领导小组。林业局设置造林办公室，具体负责防沙造林、林木种苗基地建设工程项目的作业设计、项目实施与质量监督。项目验收由旗政府牵头，各部门技术人员按小班验收。各项目区均成立了工程建设领导小组，成立了生态办，专人负责、专人管理。政府旗长为项目建设第一责任人，乡长为各项目区第一责任人，旗长与各乡镇项目区第一责任人签订了责任状，制定了责任制，并实行工程建设质量责任追究制度，层层落实责任，对重点工程第一责任人负有终身责任。明确规定，对所有工程必须进行全面补植，以保证达到项目建设要求。

（2）严格项目和资金管理

在项目和资金管理上，坚持以效益为中心，严格实行"两制"，严把"三关"，抓好"三个控制"。以效益为中心，就是在项目区的选择上优先选择那些危害较重、生态效益显著、治理难度较大的作为项目区。注重把生态效益与经济效益、社会效益结合起来，在切实保证生态效益的前提下，保证工程建设最大限度地发挥经济效益。在项目施工中实行"两制"，即招投标制和合同制，对重点项目选择有资质的施工单位，实行招标制并签订合同。在材料管理上严把"三关"，即材料设备及种子种苗采购关、工程施工质量关和资金拨付关。材料设备的采购中均实行招投标制，好中选优。材料设备均有合格证及相关说明书；种子、种苗实行政府采购，并严格执行两证一签，即检验证、检疫证和产地标签。在资金管理上，实施"三个控制"：即在资金使用上，严格按照上级有关文件精神，实行"三专一封闭"管理，并实行报账制，坚持前期工程阶段、施工准备阶段和施工阶段的资金控制。工程建设资金到达旗财政后，旗财政部门根据林业局的验收结果，及时将资金拨付到各项目区，并严格按设计和实施情况进行报账和列支，把资金全部用于项目建设，有效地杜绝挤占、挪用和滞留现象发生。同时，资金审计办公室对各个资金使用环节进行跟踪审计，确保项目资金用在刀刃上。

（3）注重科技培训，增加工程建设的科技含量

连续几年罕见的旱灾，给工程施工造成了很大的难度。因此，造林各项目区坚持不混交不造林、乔灌草相结合，适地适树的原则，进一步优化树种结构。采用了客湿土座水栽植、营养袋、根宝Ⅱ号、ABT生根粉、覆膜造林等系列抗旱造林措施，平均成活率达80%以上。旗林业局多次举办培训班，加强基层技术人员及农牧民造林技术的培训，使他们充分了解和掌握工程建设的技术要求，把造林新技术应用到实际造林中，确保工程建设质量。

（4）创新机制，提高工程建设质量

2009年开始，项目建设实施了"先造后补造林、合同制造林、招投标制造林"等造林新机制，与造林户签订造林合同，对封山（沙）育林项目实施招投标，以造林成活率和封育整地及基础设施建设标准为项目资金的兑现依据，有效地提高了工程建设质量，增加全旗营造林的科技含量，实现了造林成活率有保障、工程基础设施建设质量有保障、管护及抚育有保障，为项目的管理及造林质量注入了新生血液。

（5）建设与保护并举，加大工程项目管护力度

坚持"一分为建，九分为管"，在搞好工程建设的同时，突出工程建设成果的保护工作，最大限度地提高其生态、经济和社会效益，加大了管护执法力度，各乡镇苏木人民政府都建立了管护队伍，并责任到人。旗林业局定期或不定期地对各项目区进行检查，发现问题，及时处理。所有工程建设项目区全部实行了禁牧、封育，实行舍饲、圈养。

第二节　退耕还林（还草）工程

退耕还林是我国实施西部大开发战略的重要政策之一，其基本政策措施是"退耕还林，封山绿化，以粮代赈，个体承包"。退耕还林是指从保护和改善西部生态环境出发，将易造成水土流失的坡耕地和易造成土地沙化的耕地，有计划、分步骤地停止耕种；本着宜乔则乔、宜灌则灌、宜草则草，乔灌草结合的原则，因地制宜地造林种草，恢复林草植被。

敖汉旗抓住国家西部大开发的机遇，作为内蒙古自治区的试点旗县之一，在全旗实施退耕还林还草工程，这一工程为"生态立旗"注入了强劲动力。

2001 年，内蒙古自治区下发了《内蒙古退耕还林（还草）工作管理办法（试行）》，共 20 条。

并规定，退耕还林（草）工程实行各级政府负责制，盟市旗县（市、区）人民政府对当地退耕还林（草）工程负总责。同时，要建立政府领导、部门领导、实施单位、承包主体目标管理责任制，层层签订责任状，并认真进行检查和考核。负责退耕还林（草）工程的各有关部门，要在本级政府统一领导下，按照各自职能，各司其职，各负其责，密切配合，共同做好工作。计划部门会同林业等有关部门负责总体规划审核、计划的汇总、年度计划的编制和综合平衡；财政部门负责中央财政补助资金的下达和监督管理；林业部门负责总体规划年度实施方案、作业设计的编制、技术指导、督促检查监督和种苗管理供应工作；粮食部门负责粮源协调、调剂和发放工作。各部门主要领导要对本部门工作完成情况负直接责任。

退耕还林（草）工程实行目标、任务、资金、粮食、责任的"五到旗县（市、区）"。旗县人民政府主要领导为第一责任人，对本旗县退耕还林（草）工程负总责。主要职责是组织各有关部门和群众完成国家下达的退耕还林（草）任务；负责监管乡镇和有关部门的工作，协调解决工程实施中存在的困难和问题，保证国家投资按时、足额拨付到位。在工程前期准备、施工组织、检查验收、资金使用、政策兑现、建设成果保护等方面负主要责任。

退耕户和承包宜林荒山荒地造林种草的单位、集体、个人均为承包责任人。必须按作业设计要求、退耕合同的内容和国家、自治区有关规定完成退耕还林（草）任务。在任务的完成、建设质量、后期经营及管护等方面负有具体责任。

其原则是生态优先、综合治理、建设与保护并重、政策引导和农民自愿结合、适地适树七个方面。

一、20 年退耕还林工程是一场绿色革命

按照相关规定和要求，敖汉旗全面实施了退耕还林还草工程。20 年来，退耕还林还草给生态脆弱的敖汉旗带来一场"绿色革命"，生态环境进一步优化，产业结构得到进一步调整，群众生产生活方式发生深刻转变，实现了山变绿、地变平、水变清、人变富的目标。在退耕还林还草中，旗委、旗政府坚持"生态立旗"方针不动摇，"一届接着一届干，一张蓝图绘到底"，坚持把"政绩"写在荒山高坡上，把丰碑树在沙漠荒地深处，引领干部群众弘扬勇于探索、团结务实、锲而不舍、艰苦创业的精神，坚持领导苦抓、干部苦帮、群众苦干的作风，积极投身改土治水、植树造林的生态环境治理行动。

按照"退耕还林（草）、封山绿化、个体承包、以粮代赈"的措施，描绘了"10 年初见成效、20 年大见成效、30 年实现山川秀美"的蓝图，奏响了一曲曲建设"生态敖汉"的激情乐章。

为了提高退耕还林质量，确保全旗生态建设顺利进行，敖汉旗坚持"因地制宜、分类指导、先易后难、稳步推进"的原则，以小流域为单元，山、水、田、林、草、路统一规划，梁、峁、沟、坡、塬综合治理，工程、生物、耕作措施相结合，整座山、整条沟、整个流域集中连片，规模治理，一次到位。宜林则林，宜草则草，宜田则田，乔灌草镶嵌配套，形成了北部沙地围封固沙、中部生态经济林、南部水源涵养林的区域格局。

退耕还林还草，加快了国土绿化进程。林草局总结中表述，2000 年，敖汉旗实施了前一轮退耕还林，现在累计完成退耕还林面积 66 万亩，其中，退耕地还林 35.5 万亩，荒山匹配造林 30.5 万亩。2015—2017 年，敖汉旗实施了新一轮退耕还林，累计完成退耕地还林面积 1.44 万亩。截至 2019 年末，退耕还林累计完成投资 74991 万元，其中，建设投资 3765 万元，补助资金 71226 万元。惠及全旗 56000 余户 30 万农牧民。退耕还林工程是我国林业生态建设史上涉及面积最广、政策性最强、规模最大、任务最重、投入

中部丘陵区坡地治理工地

最多、群众参与度最高的生态建设工程，也是对农业生产力布局的一次战略性调整，工程实施以来，已经取得了良好的生态、经济和社会效益，是一项富民工程、德政工程，得到了广大群众的高度赞誉。

山还是那些山，却多了满坡的树林。人还是那些人，却过上了全新的生活。在敖汉的退耕还林还草工程区，退耕还林带来的变化，有目共睹，有实可据。退耕还林还草工程的实施，由坡面到沟道，组织了系统的治理，成效显著。

二、精品工程简介

1. 龙凤沟治理工程简介（2007 年）

龙凤沟生态综合治理工程位于国道 305 线小四家子收费站东北方向，涉及 2 个乡镇、4 个村、5 个自然屯，区域总面积 2.63 万亩，规划治理面积 1.5 万亩，是一个以治沟与治坡、工程措施与植物措施、新工程与老工程相结合为主的综合治理工程。

整个工程布局分为山间作业路、天窗补造、小流域综合治理、退耕还林四大工程。2006 年春季，重点实施了山杏、沙棘基地退耕还林工程，依托项目投资、产权杠杆，推行专业队治理模式，实行整地造林。完成机械开沟整地 1810 亩，反坡小坑形式人工整地 420 亩。全部按敖汉地区抗旱造林系列技术坐水栽植。整个工程建设用水 2500 吨，使用苗木 25 万株，出动劳动力 5000 人次，机动车 300 辆次。

2007 年，新惠镇与丰收乡采取新老工程结合方式，对龙凤沟流域进行了完善，实行专业队治理，日出劳动力 120 人，历时 40 天时间，完成造林预整地 4900 亩，修 5 米宽作业路 4 公里、沟头防护埝 4 公里，砌谷坊 80 道，共动用土石方 23 万立方米，使该流域零散工程连接成为 1.5 万亩的大工程，防护效能进一步增强。

龙凤沟生态综合治理工程，就是近年来全旗不断提高生态建设水平，促进生态建设"三效统一"的一个缩影。

退耕还林还收到了显著的社会效益。退耕还林工程的实施，改变不合理生产方式，使退耕户的劳动力从地产田的低效劳动中解放出来，使他们集中经营好基本农田或从事其他商业性经营，农闲时间通过劳务输出增加收入。

退耕还林工程改写了"越垦越穷、越穷越垦"的历史，取得了显著的生态效益、社会效益和一定的经济效益，并在解决三农问题和推进新农村建设方面发挥了重要作用。

近年来，通过巩固退耕还林成果，实施了基本口粮田的建设，提高了粮食单产，增加了农民收入，促进了农村劳动力的有序流动，使其真正成为一项"扶贫、富民"工程。实施巩固退耕还林成果工程，使来之不易的生态建设成果得到了进一步巩固，是确保国家生态安全、维护生态平衡、实现可持续发展目标的根本保证，工程的生态效益大于经济效益，长期效益大于短期效益。同时，各地依托退耕还林还草培育的绿色资源，大力发展森林旅游、乡村旅游、休闲采摘等新型业态，绿水青山正在变成老百姓的金山银山。

2. 热水汤西沟沟河道治理简介（2009 年）

（1）沟河道的基本情况

该沟河道主沟长 6 公里，长 500 米以上的支沟 7 条，主支沟总长计 12 公里，主河道宽 50—150 米，支沟宽 20—80 米，约合面积 1100 亩；该沟河道上游流域面积 4.5 万亩，沟道上的坡面工程措施和生物措施较为完备，植被覆盖度大，雨季地表径流较小，沟河道内几乎没有工程措施和生物措施，所以治理主要以沟河道为主，其他支毛沟治理和完善坡面治理为辅。

（2）工程治理的工程量及投资

此工程从 2008 年 6 月开始进行沟道治理，共修建沙坝 23100 米，动用沙方 17 万立方米，出动劳力 120 个工日进行人工修坝，形成 532 个独立治理单元，能够蓄水 32 万立方米，投入资金近 20 万元；今春共栽植杨大苗 55000 株，沙棘 20000 株，棉槐 16000 株，栽植投入资金 67.1 万元（规划每株 0.5 元，挖坑 3.5 元、苗木 4 元、客土 2 元、栽植 0.5 元、浇水 1 元、填土踩实 0.5 元、覆膜 0.2 元）。

（3）工程治理措施

河道治理措施：

河道上道路设计，此沟道较宽，上游生态治理较为完备，只有在强降雨时才有山洪，但水流不大，所以河道与道路可为一体，既可通洪，又可供车辆出行，下游主道路设计 8—12 米，上游河道设计 4 米，河道的设计能取直的要取直，尽量使道路设计在河道的一侧。

拦洪沙坝的修建是在河道的平缓地段，每隔 27 米修建一座拦洪沙坝，特殊地形根据实际情况可缩短或延长沙坝间距，沙坝的规格是坝高 1.5 米以上，坝顶宽 1.2—1.8 米，内坡比（迎水坡）为 1∶1，外坡比（背水坡）为 1∶1，坝底宽 5—6 米。上游河道水流较小，沙坝走向与水流方向成 60° 夹角，下游河道水流汇聚较大，沙坝的走向与水流方向成 75° 夹角。

支毛沟治理措施：

为防止河床下切、沟岸扩张，在支毛沟内按顶底相照的原则布设谷坊；谷坊断面规格为：坝高 1—3 米，顶宽 1 米，迎水坡比为 1∶1.5，背水坡比为 1∶1，间距视实际情况而定。合理布设溢洪口，标准为 0.5 米，深为坝高的 1/4，自上而下分别左右布设。

（4）工程治理生物措施

采取早动手、早规划，在今春从 3 月 15 日开始至 5 月 1 日结束，整个过程采取规划、挖坑、客土、栽植、浇水、回土、覆膜分别施工。

在沙坝之间栽植杨大苗，杨大苗工程整地规格是坑长 80 厘米 × 宽 80 厘米 × 深 80 厘米，株行距 3 米 × 4 米或 3 米 × 5 米。

在沙坝两侧和坝头靠近沙坝处采取生物护坝措施，主要是栽植一行沙棘为主，其次在行内栽植棉槐，规格是株距 1.5 米。

（5）工程治理的机制

此工程采取公开向社会发包方式，由 4 户承包者联户进行治理，在发包过程中，充分兼顾承包经营者的经营能力，合理划分发包单元。发包后由村委会与承包者及时签订规范的承包合同，明确建设标准，完成时限及双方的责、权、利。

三、敖汉旗 2000—2017 年退耕还林工程取得的成绩

按照内蒙古自治区林业和草原局《关于对退耕还林还草实施情况进行全面自查的通知》，敖汉旗林草局对敖汉旗 2000—2017 年承建的退耕地还林（草）工程项目逐小班（地块）进行自查，结果如下：

1. 工程完成情况

2000—2017 年，全旗累计承建退耕地还林（草）任务 39.99 万亩，其中 2000—2006 年前一轮退耕还林面积 35.5 万亩；2015—2017 年，新一轮退耕还林面积 1.44 万亩，退耕还草面积 11.05 万亩。经自查，退耕还林（草）完成面积 37.58 万亩，保存面积 37.57 万亩，征占面积 45.2 亩，未完成面积 4083 亩。一是 2000—2006 年，前一轮退耕还林面积 35.5 万亩，经自查完成 35.5 万亩，保存 35.49 万亩，被征占 45.2 亩（征占用手续齐全）；二是 2015—2017 年，新一轮退耕还林面积 1.44 万亩，经自查，完成 1.44 万亩，保存（合格）1.44 万亩；三是 2015—2017 年，退耕还草面积 1.05 万

北部沙地植树造林工地

亩，经自查，完成 6417 亩，保存（合格）6417 亩，未完成 4083 亩，已上报市林草局退回建设任务。

2. 资金拨付情况

2000—2020 年，全旗累计完成退耕还林（草）面积 375817 亩，累计补助资金 73356.8 万元。经自查，截至 2021 年 7 月末，累计兑现资金 72960.7 万元，剩余未兑现资金 396.1 万元计划于 2021 年末完成兑现。一是 2000—2006 年前一轮退耕还林补助资金 71000 万元，经自查完成兑现资金 70820 万元，未完成兑现的 180 万元为 2006 年退耕还林任务，经验收后于 2021 年末完成兑现；二是 2015—2017 年新一轮退耕还林补助资金 1728 万元，经自查完成兑现资金 1596 万元，未完成兑现的 132 万元为 2017 年新一轮退耕还林的第三次补助，计划 2021 年验收后于年末完成兑现；三是 2015—2017 年退耕还草补助资金 628.8 万元，经自查完成兑现 544.7 万元，未完成兑现资金 84.1 万元。2021 年验收后于年末兑现。

第三节　中德合作造林项目的实施

一、中德合作造林实施情况

中德财政合作造林项目是中国政府和德国政府共同筹措资金在中国中西部贫困地区实施的林业合作项目，是中德两国政府关于发展援助政策合作混合委员会，1990 年 12 月在北京举行的第八次会议上确定的 1990 年度财政合作项目。该项目以林业为主体，是一个农林水牧相结合、综合治理的系统工程，最终目标是恢复生态环境，控制水土流失，改善小气候和农业生产条件，增加当地农民经济收入，实现生态良性循环。

在国家、自治区有关部门的关心支持下，经过三年多的不懈努力，2001 年 6 月，中德合作内蒙古赤峰市造林项目正式启动实施。敖汉旗于 10 月召开了德援项目启动实施动员大会，全旗德援项目正式启动。

10 余年的德援项目建设，为敖汉旗增添了一抹绿色，留下了大面积的高标准林地。

截至 2010 年末，全旗共完成德援项目造林 22.83 万亩，其中，固沙林 5400 亩，防护林 6.69 万亩，水保林 1.12 万亩，封育 14.47 万亩。项目总投资 2846.89 万元，其中德方报账 1835.17 万元，赤峰市配套 683 万元，敖汉旗配套 112 万元，群众投劳折资 216.6 万元。

2002 年，新惠镇平房村德援项目封育工程项目。该项目封育总面积 2233 亩。封育区内主要树种有油松、柠条、山杏等树种十余种。项目总投资 111650 元。参与项目户数 30 户。目前，项目区生态效益显著，为敖汉旗生态建设树立了典型，该项目区被敖汉旗政府列为城区旅游休闲景区，巩固了项目建设成果。

为开发利用灌木资源，加工灌木饲料，解决项目区牛羊舍饲和禁牧问题，促进畜牧业发展，为农牧民增收创造了良好的条件。自 2008 年开始，敖汉旗在敖润苏莫苏木三棵树嘎查德援项目区实施了灌木青贮加工利用项目。该项目建设青贮窖建设总容积为 900 立方米，农牧民 22 户；在每年的 8 月末 9 月初，灌木山竹子及柠条嫩枝叶未完全木质化之前进行采割，与玉米秸秆按 1∶3 的比例混合加工青贮饲料。目前，已累计加工青贮混合饲料 270 万公斤。

此项工程实施，一是通过对项目区灌木的有序采割，对灌木可达到平茬复壮的目的，能够发挥更大的生态效益；二是合理利用灌木资源，有效地解决了项目区舍饲禁牧问题，提高了农牧民参与项目的积极性，促进了项目的可持续性发展；三是增加了当地群众的经济收入，使群众真正认识到德援项目是一项扶贫富民工程。

二、敖汉旗德援项目 2006 年度工作总结（选择年度）

工作完成情况如下。

1. 德援项目参与式工作完成情况

为切实实施 2006 年度德援项目建设工作，敖汉旗项目办严格按照参与工作指南操作，从 2005 年秋季就开始进行 2006 年度项目计划建设地块的参与工作。2006 年，共有 13 个乡镇、1 个国有林场参与德援项目造林。旗项目办共完成 29 个行政村（嘎查）、1 个林场的参与式规划工作。共完成规划面积 5.64 万亩，完成作业设计 34 份、规划造林小班 106 个、签订造林合同 106 份，项目参与户 423 户。

2. 春季造林工作完成情况

2006 年春季，共完成德援项目造林 5.64 万亩。分林种完成面积如下：

固沙林完成 226 亩；敖润苏莫苏木完成 226 亩。

防护林完成 11540 亩：其中敖润苏莫苏木 5025 亩、长胜镇 4295 亩、古鲁板蒿乡 500 亩、双井乡 180 亩、玛尼罕乡 90 亩、康家营子乡 580 亩、新惠镇 300 亩、牛古吐乡 70 亩、敖吉乡 400 亩、大甸子乡 100 亩。

封育完成 41600 亩：其中金厂沟梁镇 6000 亩、长胜镇 6300 亩、治沙林场 4500 亩、敖润苏莫苏木 2 万亩、四德堂乡 4000 亩、克力代乡 800 亩。

水保林完成 3101 亩：敖吉乡 1560 亩、克力代乡 1041 亩、玛尼罕乡 500 亩。

3. 项目监测工作

2006 年 7 月，经市项目监测中心监测，敖汉旗德援项目造林共通过监测面积 5647 亩。分林种面积如下：

固沙林 226 亩：敖润苏莫苏木 226 亩。

防护林 1.15 万亩：其中敖润苏莫苏木 5025 亩、长胜镇 4295 亩、古鲁板蒿乡 500 亩、双井乡 180 亩、玛尼罕乡 90 亩、康家营子乡 580 亩、新惠镇 300 亩、牛古吐乡 70 亩、敖吉乡 400 亩、大甸子乡 100 亩。

封育 4.16 万亩：其中金厂沟梁镇 6000 亩、长胜镇 6300 亩、治沙林场 4500 亩、敖润苏莫苏木 2 万亩、四德堂乡 4000 亩、克力代乡 800 亩。

水保林 3101 亩：敖吉乡 1560 亩、克力代乡 1041 亩、玛尼罕乡 500 亩。

4. 劳务费发放工作

敖汉旗项目办从 2006 年 10 月开始，按市项目监测中心的监测报告进行劳务费的发放工作。共发放德援项目劳务费及水费开沟费计 146 万元。

三、德援项目工作中的具体做法

1. 德援项目宣传到位

敖汉旗始终把德援项目的宣传工作当作一件大事来抓，与项目同步。自 2005 年秋季参与式工作开展以来，重点抓好三个会：即村两委班子会、村组长及代表会、群众大会，要求各级干部特别是受益者的手中都有一份旗项目办印制的"德援项目明白纸"，做到明确权利，明白义务。同时，结合劳务费的发放工作进行项目宣传、讲解。每个项目参与的受益户都有一个"明白袋"，袋里装上项目明白纸、受益户须知、宣传手册等项目宣传资料，真正做到使项目宣传内容家喻户晓。

2. 组织领导到位

旗里成立以旗长为组长、由有关部门领导组成的德援项目领导小组，多次听取旗项目办关于德援项目工作汇报。对于配套资金、垫付资金等事项局领导多次找有关部门、旗长作重点安排。旗林业局局长兼任德援办主任，分管领导专门抓，德援办工作人员全力以赴，责任到人，精心组织，切实保证项目落实到户、到职工、到地块。

3. 目标责任到位

敖汉旗德援项目内业及参与式土地利用规划等方面工作责任落实到每个工作人员，分别管理固沙林、防护林、水保林、封育四个造林模型。外业组织施工的村主任、场长就是德援项目在该地区的第一责任人，要求乡村包片干部、林场工作人员包地块、包组、包到户，责任落实到每个人。对于在工作中领导不力、责任心不强、敷衍了事、未按德援项目技术规程操作、质量把关不严，导致验收不合格或通过不了验收，均要受到相应的处罚。

4. 管理措施到位

旗委、旗政府把德援项目作为生态建设的重中之重来抓，无论是干部还是项目区群众，都有一个共同的认识，德援项目既是一项生态工程、富民工程，同时又是形象工程、示范工程。在造林前，项目办分别召开项目区德

外援项目乔灌混交林建设工程

援项目工作会和德援项目区技术人员培训班等，重点培训德援项目种苗管理、造林技术、项目管理等方面的知识，为德援项目的正常运行打下良好的基础。

5. 检查督查到位

造林工作是德援项目中的一个重要环节，造林质量好、成活率高是报帐基础，在施工中各项目区严把质量关，实行科技造林。一方面，提高科技含量，确保成活率，各项目区根据实际因地制宜地采取了营养袋造林、客湿土造林等先进造林技术，大力推广应用了保水剂等植物生长调节剂；另一方面，以抗旱保成活为中心，实行坐水栽植，坚持无水不造林，杨大苗每株浇水 80 公斤，灌木、松树等其他树种浇水 40 公斤。同时，旗、乡都加大了检查督查的力度，及时发现问题及时解决，确保成活和验收。

第四节　中意、大中亚项目的实施

除了京津风沙源、退耕还林还草、德援项目外，还有外资合作造林项目建设。

一、2005 年的中意合作 CDM 造林项目

为了减缓全球气候变化速度，保护人类生存环境，1992 年，在巴西里约热内卢召开的联合国环境与发展大会上，签署了《联合国气候变化的框架公约》，2001 年 7 月通过的《波恩政治协议》和《马拉喀什协定》，同意将造林、再造林作为"清洁发展机制（CDM）"框架下的第一承诺期内的项目，即发达国家可以在发展中国家实施 CDM 造林、再造林项目以抵消其部分温室气体（CO_2）的排放量。

《京都议定书》于 2005 年 2 月 16 日开始生效后，意大利政府加快了与中国政府关于碳贸易的合作。2005 年 4 月 24 日，意大利政府批准了与中国政府合作的工作计划。项目建设期为 8 年，即 2005—2012 年。《项目合作协议》中规定造林面积 45000 亩，主要分布在敖汉旗 8 个国有林场。项目总投资 152.8118 万美元，其中意大利政府投资 135.24 万美元，中方配套资金 17.5718 万美元。

大中亚区域荒漠化植被恢复工程

二、大中亚区域森林资源综合管理规划项目

为了促进大中亚区域经济体林业的协同发展，加快荒漠化防治进程，亚太森林组织于2017—2019年，在内蒙古赤峰市敖汉旗三义井林场实施大中亚区域植被恢复与森林资源管理利用第一期项目建设。

大中亚区域森林资源综合管理规划项目体验区位于三义井林场，始建于2017年，基地实施面积1050亩，项目总投资74.4万美元。

项目区立足生态建设现状和林场创新经营机制发展要求，以提高职工收入为目的，根据立地条件类型、自然状况，选择造林树种为樟子松与新疆杨混交林450亩，文冠果与樟子松混交林600亩文冠果，株行距为3米×3米，栽植坑长、宽、深均50厘米，将苗木直立坑中，填土提苗，填土踩实，以经济林的管理模式对待，栽植后马上铺设经济林膜下滴灌毛管并安装滴头，进行浇水，浇水后整形覆膜，同时打头套袋。高标准的管理措施及合理的树种配置，使该区域的生态防护效能进一步增强。

通过营造樟子松与文冠果混交林，建立文冠果油料能源示范林基地，发挥项目区防护林的多功能作用。大中亚区域森林资源综合管理规划项目体验区建设项目，是在积极探索敖汉旗生态建设模式的基础上，兼顾生态和经济效益，采取采种基地、林苗一体化的模式，营造樟子松纯林和混交林，经济效益十分可观。

项目一期撰写了《赤峰市防沙治沙典型模式研究报告》，全面总结了赤峰市沙地治理典型模式。

2019年12月27日，大中亚区域植被恢复与森林资源管理利用示范项目第二期工程正式签约，2020年启动实施，项目建设单位为内蒙古敖汉旗三义井林场。

项目实施面积3450亩，其中建设半干旱荒漠化区植被恢复示范林1085亩，建设沙生树木示范园150亩，建设低效林改造示范林580亩，提升一期项目综合效益与示范成效1635亩，建设荒漠化防治成果展览室500平方米。

项目总预算1029.392万元人民币，其中申请亚太森林组织资助811.636万元人民币，敖汉旗三义井林场自筹217.756万元人民币。

项目二期建设将继续秉承"促进亚太区域森林恢复、提高区域森林可持续管理水平"这一宗旨，总结一期项目建设的成功经验，开展防沙治沙、半干旱荒漠化区植被恢复示范林建设，扩大区域森林面积；实施低效林改造示范，提高林分质量和综合效益；营建沙区植物示范园，展示沙生树木的植物多样性；建立亚太项目荒漠化防治成果展览室，展示大中亚区域植被恢复与森林资源管理利用示范项目一期、二期建设成果，以及敖汉旗和赤峰市荒漠化防治经验；继续开展专业技术与经营管理培训工作，全方位提升职工的业务技术素质与项目建设单位的经营管理水平，从而为本地区以及大中亚区域同类地区防沙治沙、植被恢复提供较成熟的经验和示范模式，为大中亚区域同类地区植被恢复与森林资源管理利用建立多层次、多功能的典型示范。

第五节 草业发展提质增效

一、21 世纪初人工种草蓬勃发展

敖汉旗作为畜牧业大旗，种树种草不仅是生态建设的重要内容，草业发展也是促进畜牧业的重要基础。种草在敖汉的生态建设历史上始终占有举足轻重的位置，并且随着生态建设的开展，也不断加强了对草业发展的探索。

自 2000 年以来，敖汉旗抓住国家实施西部大开发、京津风沙源治理项目实施的机遇，抢占草业开发制高点，以科技为先导，以改善优化生态环境和提高经济效益为目标，以人工种草和牧草种子基地建设为重点，大力发展以草为核心的生态产业，调整经济结构，推动地区经济发展，促进社会进步。

从 2002 年的新闻媒体中可以看到这样的报道。

2002 年，木头营子乡始终坚持立草为业，年内新增人工种草 2 万亩。

这个乡从 6 月 8 日开始，以会战的形式，采取切实可行的措施，组织全乡干部群众进行人工种草。这个乡在落实种草任务时，分工明确，层层落实了责任制，严把质量关；重点地块，尤其是项目区种草，责任到人，实行谁分管谁负责，真正抓出成效，抓出精品。截至 6 月 29 日，全乡的 2 万亩人工种草全部播完。其中，风沙源治理项目 5000 亩，退耕还林、荒山造林的行间种草 8000 亩，草地更新 2000 亩，退耕还草 5000 亩。

同年，敖音勿苏乡在扩浇保粮的前提下，大力推行退耕还草，实现人均种草 2 亩的目标。由于近两年来，该乡狠抓了水源建设，稳步实现了万亩水浇地的目标，（人均 1 亩），粮食生产有了可靠保证后，乡党委、政府提出的"进一退二"的战略得以顺利实施，即扩浇一亩，退耕还林还草 2 亩。加大了种植结构调整的力度，调动了群众人工种草的积极性。乡党委、政府因势利导，抓住 3 个有利时机组织群众种草，使今年的人工种草普遍好于往年。一是抓了顶凌播种。二是把 5 月确定为种草突击月，重点抓了项目区种草。三是抓了 6 月中旬的雨后抢种。由于

不失时机，截至 6 月末，保质保量完成人工种草 2 万亩，人均 2 亩。

几十年来，敖汉旗坚持"以农为本、草业先行"的发展思路，为养而种、为牧而农，加快了农田草业建设步伐，促进了草场的永续利用和农牧交错区畜牧业的可持续发展。随着敖汉旗草业的发展，全旗涌现几十个万亩草业村，这些村以草业先行为保障，实行以草定畜，全面推动草畜平衡，推动畜牧业的稳步发展。

2002 年，敖汉旗"走进万亩草业村"系列宣传报道中，通过一些典型报道，可以真实地还原 20 世纪初草业蓬勃发展的势头。

种草养畜看山咀

入伏首日，热浪灼人。傍晌时分，我们走上山咀村街道。虽然酷热难耐，但此时的情景却吸引着我们不愿离去。正是圈羊的时候，一群群羊鱼贯入村，每群都有八九十只，胖墩墩的。村干部说，全村有羊 4200 多只，人均 1 只。问及村民对养羊的认识，他们的回答很朴实："养羊赚钱，这是几代人传下来的，过去养羊撒荒放牧，如今养羊靠人工牧草。"

山咀村，隶属古鲁板蒿乡，位于红山水库南岸，地肥水美，粮食生产水平高。近几年，他们适时调整农业内部结构，将荒坡退耕种草，草业迅速发展，带动以养羊为主的畜牧业效益逐年提高。今年，返青牧草 8600 亩，新种牧草 4500 亩，保存面积达 1.31 万亩。新种的草全部整地、施肥、机播，6 月 17 日开始突击抢墒播种 11 天，旗畜牧局对 2000 亩项目种草每亩给草籽 0.5 公斤、钾肥 3.5 公斤。

山咀村的牧草品种优、营养全，80% 为紫花苜蓿。亩产干草 100 多公斤，满足了全村 4200 多只羊冬春季节及春末夏初两个半月的舍饲期食用。草籽又是一项收入，亩产草籽可收入 240 多元，每年有一半面积的牧草打籽，收入可达 100 多万元。

旗畜牧局指导村民发展效益畜牧业，加大出栏比例。张海军饲养小尾寒羊，2000 年买了 5 只，当年出售 10 只，收入 3800 元，还自剩 17 只母羊；2001 年，卖羊收入 5500 元，自剩 70 只饲养；2002 年，计划出售 50 多只，可收入 1.6 万多元。张海军承包了 400 亩草地，8 年租期地本 4.8 万元，又投资 1.45 万元整地、施肥、播种，舍得投入。

远近闻名的屠宰小区前白音海组，现在既屠宰又养羊，存栏羊1700多只，王占军、张瑞华、张海军等6户存栏羊都在100只以上。这个组每年自己出栏的加上外买的，屠宰数量达5000多只，形成了一项产业。

山咀村种草养畜，富了村民，村民有的加工草粉出售，有的收购皮毛赚取利润，有的成了贩羊经纪人。全村养羊一项收入占人均收入的30%。

万亩他拉绵羊肥

站在黄羊洼草牧场防护林的敖包山上，向北眺望，尽收眼底的是一片茫茫绿色，棋盘似的大网格内牧草郁郁葱葱，充满勃勃生机，向人们展示着这里是真正的草牧场。在这片绿色中，有1.1万亩是康家营子乡东他拉村的人工草牧场。这片绿色带给东他拉村人的不仅仅是生态条件的改善，还有丰厚的经济效益和农业、畜牧业的巨大变化。

东他拉系蒙古语，意为4个草甸子，位于康家营子乡东南部，全村人口2004人，总土地面积5.7万亩，全部在草甸子上。说是草甸子，那是过去很久远的事，前几年没有多少像样的草。全村除了耕地、林地、村庄外，其余的多为光板牧场，急需改造。1998年，乡党委、政府组织东他拉人对牧场进行改造，实施大规模的人工种草。当年人工种草面

人工种草推动畜牧业发展

积达 4000 亩，第二年就有了回报，牧草不但对生态环境改善发挥了作用，而且有了经济效益，每亩产籽 17.5 公斤左右，每公斤价格 12 元左右。2002 年，全村种草面积已达 1.1 万亩。草业的繁荣，带动了畜牧业的发展，这个村成了典型的养羊村，全村养羊 3000 多只，均为敖汉细毛羊，人均 1.5 只。养羊的收入在农牧业收入中占据了相当的比重。养羊与种草紧密结合。这个村的李洪生养羊 110 只，种草达 50 亩。人们种草、养羊、攒肥、种田，形成了良性的生态农业链条。所以，群众的种草积极性高了，因为他们得到的收获与草直接挂上了钩，草粉加工、草叶草秸秆出售均可以得到好效益。

旗绿源草业公司已将该村确定为牧草基地。自春季开始就组织打井灌喷，现已完成 4 眼，将来的草地将变成水浇地，草地增产增收指日可待。优势在草、潜力在牧，随着草业的发展，畜牧业将会迈上新的台阶。东他拉人将在这片绿色的草地上播种绿色的希望。

二、京津风沙源工程草原生态保护与建设项目简介

1. 实施时间 2001—2022 年，其中一期工程 2001—2010 年，二期工程 2013—2021 年。

2. 建设地点，敖汉旗各乡镇以北部沙地为主。

3. 建设内容

（1）人工种草

（2）牧草种子基地建设

（3）草原围栏封育

（4）饲草料基地建设

（5）暖棚圈、贮草棚、青贮窖建设等。

4. 建设规模（2001—2021）

（1）人工种草 23.5 万亩，2002—2005 年人工种草 25 万亩，重点集中在木头营子乡、古鲁板蒿乡、牛古吐乡、下洼镇。2005—2007 年，飞播种草 10 万亩，主要集中在敖润苏莫苏木、康家营子乡，每飞播区规模 1 万—5 万亩。

（2）牧草种子基地建设 1.2 万亩，主要品种为沙打旺、柠条、山竹子。

（3）草原围栏封育 15 万亩，2008—2010 年，重点为康家营子乡、新窝铺乡、敖润苏莫苏木。

（4）饲草料基地建设 12 万亩，其中沙地种草 6 万亩，种植青贮 6 万亩，沙源二期主要分布在北部乡镇：敖润苏莫苏木、萨力巴乡、玛尼罕乡、新窝铺乡、木头营子乡、康家营子乡。

（5）暖棚圈 45 万平方米。

（6）贮草棚 13.5 万平方米。

（7）青贮窖 11 万立方米。

5. 生态资源保护

（1）进行人工种草等草原基础性建设，具有增加草原植被、涵养水源、防止水土流失、防风固沙的作用。生态建设草业先行，其生态作用显而易见。

（2）进行暖棚圈等畜牧业基础设施建设，不仅可以通过改善发展畜牧业基础条件，实施畜牧业饲养方式的变革，进而实现草原传统畜牧业向舍饲现代畜牧业的转变，而且舍饲可以使草原得以休养生息，恢复草原植被，提高生态效益。

6. 牧草种子基地建设

（1）自 2000 年以来，总建设规模 3.6 万亩，其中 2002 年实施 1.0 万亩，品种为沙打旺；新惠林场 4500 亩，三义井林场 3500 亩，木头营子乡 2000 亩。2006 年实施 1.2 万亩，品种为紫花苜蓿；其中木头营子乡 6000 亩，康家营子乡 3000 亩，新窝铺乡 3000 亩。2007—2015 年，实施 1.4 万亩，品种为紫花苜蓿，主要分布在三宝山 1200 亩、乌兰章古 1000 亩、羊场 8500 亩、木头营子 1500 亩。

（2）通过牧草种子基地建设工作的实施，敖汉旗已成为蒙东地区牧草种子的主要产区，2000 年以来，每年向旗外出售牧草种子 100 万斤以上，可满足 100 万亩人工种草的需要，有力地支援区内外友邻地区生态建设工作。

7. 项目建设带来的新变化

随着项目的实施，草业发展在不同时期也存在不同的变化。

2005 年，京津风沙源治理工程草业建设项目，有人工种草、飞播牧草、棚圈建设、饲料加工机械购置四个项目，分布在全旗各乡镇苏木 170 个项目区。项目中人工种草 3 万亩，草种为敖汉苜蓿、沙打旺；飞播牧草 1.8 万亩，草种为沙打旺、小叶锦鸡儿、山竹子、草木樨；棚圈建设 38000 平方米，模式化封闭半封闭暖棚圈；饲料加工机械 680 台套；中型青贮机械 420 台套；多功能饲料机械 200 台套；青贮裹包机 1 台套（60 台中型青贮机械折一台青贮裹包机）。项目总投资 1168 万元，其中国家投资 976 万元，群众投工投劳折资 192 万元。

2018—2019 年项目：草原生态保护建设项目，建设围栏封育 1.5 万亩，贮草棚 7300 平方米，青贮窖 5000 立方米，暖棚 3 万平方米。项目总投资 777.6 万元，其中国家投资 621.6 万元，群众投工投劳折资 156 万元。围栏封育投资 30 万元，其中国家投资 24 万元；暖棚投资 600 万元，其中国家投资 450 万元；贮草棚投资 87.6 万元，其中国家投资 87.6 万元；青贮窖投资 60 万元，其中国家投资 60 万元。

这些年，在草业种植上，一是坚持因地制宜、适地适草的原则。宜草则草，宜灌则灌，统一规划分区治理。北部沙区应以饲用灌木及沙打旺牧草为主；中部黄土丘陵区以沙打旺和苜蓿为主；南部山区以苜蓿为主。二是坚持集中连片、退耕还草的原则。项目区每块作业面积要达到 200 亩以上，其中中北部黄土丘陵和沙区每块面积要达到 400 亩以上。项目区要选择地势平坦、土壤条件较好的地段，一般以退耕地为主，以确保种草质量。三是坚持科学种植、科学管理的原则。种草前要深翻整地，耙耱镇压；种子要求使用根瘤菌包衣种子，播种时要施用牧草专用肥，并及时除草、防虫、中耕培土，提高田间管理水平。四是坚持建设与保护、生态效益和经济效益相结合的原则。要把草地保护列为重要议事日程，推行舍饲禁牧，加大执法力度，防范和减轻对草地的人为破坏。要把生态建设与农牧民增产增收结合起来，强化牧草田间管理，使草地产出达到较高水平，让广大农牧民在生态建设中获得效益，从而积累了高质量的牧草资源，为敖汉旗的牧业发展和草业经济打下了坚实的基础。

8. 项目建设坚持的新标准

（1）实施人工种草。以退耕种草为主，品种为敖汉苜蓿和沙打旺，选择地势平坦，集中连片，土层较厚，有林网设施地块，每块面积不少于 200 亩。种植上实施机械深翻整地；牧草以敖汉苜蓿和沙打为主，并实施种子包衣，追施牧草专用肥，采取条播方式，行距 35—40 厘米，播量 0.75 公斤 / 亩；及时进行施肥、除草、中耕、防虫、培土等田间管理措施。

（2）进行飞播牧草。选择严重退化沙化的流动半流动沙地，人工种草难度大、劳力较少的北部科尔沁沙地项目区。以治理沙化退化草场为主，选择半流动沙地草地，植被盖度少于 30% 的地段进行播种；品种为沙打旺、柠条、山竹子、草木樨。播前进行地面处理、深翻或清除地面杂物；播期为雨季来临前的 6 月中旬，播量 1.00 公斤 / 亩；播后及时覆土和补播；采取网围栏方式对飞播地块实施围栏。

（3）大力建设牧草种子生产基地。以退耕地为主，选择地势平坦、土壤肥沃、适宜节水灌溉、宜机械化作业的地段，品种为敖汉苜蓿，与同类牧草间隔距离 500 米以上，要精细整地，深翻细耙。种子选择一级种，并实施包衣处理，采取条播，行距 50—60 厘米，播量 0.5 公斤 / 亩，及时进行除草、补播、中耕、施肥、间苗、灌溉、防虫等田间管理措施。实施打井、配电及节水灌溉配套设施，配套田间管理、种子收获、加工机械设备及时进行种子收获、加工、包装、贮藏。

（4）广泛开展围栏封育。选择种子基地、人工草地和过牧草场进行围栏封育。围栏式为网围栏，网高 90 厘米，六道钢丝，丝距 15 厘米，竖丝为铅丝，丝距 40 厘米，顶层一道刺线。水泥桩为钢混结构，横截面为三角形，边长 12 厘米，桩距为 4 米。对沙化退化较重地块实施补播。

（5）加大暖棚建设。主要用于肉羊、肉牛小区高标圈舍，以养畜大户为主，建设模式为砖、木、石结构。

（6）积极进行贮窖。与暖棚圈配套建设，一处建 10 立方米，砖混结构。

（7）购买饲料加工机械。为肉羊养殖小区购置小型饲草加工设备，机器类型为粉碎机、除草机。

在草地形式上主要是天然草牧场、旱地人工种草和水浇地人工种草三大类。旱地人工种草和水浇地人工种草大部分是沙打旺和苜蓿草。

2012 年政协的一份《敖汉旗紫花苜蓿发展情况的调研报告》中提到：全旗现有草牧场 174 万亩，其中依托退耕还草等工程种植的紫花苜蓿 34 万亩，沙打旺 3 万亩。调研文章在分析种草与种植农作物的对比后提出：要加大基础建设投入、加强种子基地建设、发展种植大户，按照"扩大规模、拉长链条、做强产业、提高效益"的思路，用产业化的思维和循环经济的理念谋划草业发展，努力把敖汉旗建设成草业大旗、草畜强旗。

全旗建成了头份地、东塔拉、东湾子等 10 余个万亩草业村，引入了内蒙古黄羊洼草业发展有限公司、天津津垦牧业集团有限公司等种草企业，通过龙头带动，壮大草业发展。

三、京津风沙源工程 2004 年飞播造林典型简介

在旗委、旗政府的正确领导下，在上级业务部门的大力支持下，经过承担飞播任务的敖润苏莫苏木、康家营子乡和国有治沙林场的广大干部群众按照旗林业局编制的飞播作业设计进行施工，飞播造林的各项工作任务得以全

面完成，现将有关情况总结如下：

1. 项目完成情况

按市林业局下达的飞播造林任务，以京津风沙源治理工程为依托，分别将任务落实到了承担沙源治理项目的康家营子乡、敖润苏莫苏木和国有治沙林场，并于 5 月实地进行了规划设计。6 月中下旬，项目区根据飞播地块立地条件的不同情况，均采用人工模拟飞播的方式进行播种，三个播区共完成飞播造林 1 万亩，占市局下达任务的 100%。飞播树种为山竹子、柠条和沙打旺。播种方法为播种前将三种经统一包衣的种子按比例进行均匀混拌，再拌上 2—3 倍的细沙，按 4 米播幅依次作业，飞播工作由承担项目单位统一组织播种，播后分户用钉耙普遍搂一遍。1 万亩飞播造林共用种子 15000 斤，其中山竹子 6000 斤，柠条 6000 斤，沙打旺 3000 斤。

3 个播区均属于京津沙源治理项目区，播区为流动、半流动沙地，只有丘间少量分布一些山竹子和沙蒿。沙丘平均高 3.5 米，沙丘密度 70%。播区采用人工模拟飞播的方式进行播种。敖润苏莫苏木播区在海布力嘎嘎查，面积为 5000 亩。由承担项目的海布力嘎嘎查统一组织施工，专业队作业。播种时，将三种种子按比例混均，再掺入 2—3 倍的细沙，作业线路沿沙丘走向排列，播幅 4 米，然后，嘎查统一组织劳力人工用铁耙子搂一遍。经检查每平方米落种量为 215 粒。播种的树种为山竹子、柠条和沙打旺，每亩播种量 1.5 斤，其中山竹子 0.6 斤，柠条 0.6 斤，沙打旺 0.3 斤，共用种子 7500 斤，其中踏郎 3000 斤，柠条 3000 斤，沙打旺 1500 斤。

康家营子播区在李家营子村，面积为 2000 亩，播区属流动、半流动沙地，沙丘平均高 2.5 米，沙丘密度 65% 以上，植被盖度在 15% 左右，植被多为沙蓬等一年生植物。播种采用人工模拟飞播的方法，由承担项目的村统一组织播种，专业队作业。播种方法与敖润苏莫苏木相同，共使用种子 3000 斤。

国有治沙林场播区面积为 3000 亩，播区属流动、半流动沙地，沙丘平均高 2.5 米，沙丘密度 65% 以上，植被盖度 15% 以下，多为沙蓬等一年生植物。播种采用人工模拟飞播的方法，由林场组织职工统一播种，专业队作业。播种方法与敖润苏莫苏木相同。播种时间为 6 月中旬，共使用种子 4500 斤。

2. 飞播的特点

由于今年的飞播区均为国家建设项目，旗政府、林业局和项目建设单位非常重视，播种作业质量上了一个新台阶，总的来说，具有以下几个特点。

（1）作业质量高。在今年的飞播作业中，认真地总结了敖汉旗 1992 年以来飞播的经验，使用了 1992 年飞播的成功做法，即采用人工撒播，播后用钉耙拖一遍，使种子有 1—2 厘米的覆沙，有利于种子的萌发。同时，采用专业队作业，不把建设任务一次分到户，使播种比较均匀，作业质量比较高。

（2）作业组织和技术服务到位。飞播作业前，林业局两次派技术人员协助播区落实地块，研究播种方法，并在乡、村召开了专题会议，提前按设计要求进行了全面规划，划分播种小区，每个小区都确定 1—2 名乡村干部负责，旗林业局和乡林工站技术人员分区进行技术指导，从而保证播种按规划和技术要求施工。

（3）紧紧抓住了最佳的播种时机。从 6 月上旬开始，各播区陆续都有了不同程度的有效降雨、各播区都在雨前进行了精心准备，落雨后即进行播种，播种后项目区又有较强的降雨，今年飞播造林将达到预期效果。

3. 采取的主要措施

（1）加强领导，认真组织。项目区确定后，承担项目的乡、村都由主要负责人牵头，成立了领导小组，在播前即进行全面规划，划分飞播小区，并按小区落实责任人，由村统一组织专业队进行播种，分村民组按小区用钉耙拖一遍，从而在组织和施工上保证了作业的一次性成功。

（2）强化了技术服务。在播前，旗林业局派专人同乡林业站技术人员深入播区进行规划设计，在施工中进行实地培训，讲解技术要点，并跟踪服务，严格检查，从而为施工提供了可靠的技术保障。在充分准备的前提下，抓住了飞播的最佳时机，保证了飞播的成功。

（3）加强管护。播后，各播区都派专职护林员进行看护，严禁牲畜进入，并制定了严格的看护制度和奖惩办法，对播区进行有效管理和保护，三个播区都按设计进行了围栏封育。

四、敖汉旗紫花苜蓿的主导地位

1. 敖汉苜蓿简介

敖汉苜蓿于 20 世纪 50 年代初引自甘肃省。敖汉旗属于中温带半干旱草原区，主要气候特点是无霜期较长，光照丰富，降水适中，水热同期，气候温和，四季分明，非常适合豆科牧草种子生产，经过在敖汉旗 30 多年之久

紫花苜蓿种植基地

的栽培驯化，培育出具有产量高，籽实饱满，抗旱能力强，越冬率高，抗逆性、适应性能力强，品质优良，营养成分含量达标，抗病虫害等优越品质的敖汉旗自己的苜蓿品种，并于 1984 年通过国家验收，被国家牧草育种委员会命名为"敖汉苜蓿"。同年，由国家牧草品种审定委员会颁发"敖汉苜蓿"资格证书。1999 年，全国牧草品种审定委员会编辑出版的《中国牧草登记品种集》中，"敖汉苜蓿"载入其内。

（1）植物学特性

苜蓿属多年生草本植物，株型直立，根系入土深，根瘤较发达。叶片小，茎叶上疏生白色柔毛。花冠淡紫色，荚果螺旋形，种子肾形，色淡黄。

（2）生物学特性

生育期 100—105 天，抗旱、抗寒性强，抗风沙、耐瘠薄，适应性广，适宜旱作栽培。每公顷产干草 52500—82500 公斤，种子 300 公斤。全年平均温度 5℃—7℃，最高气温 39℃，最低气温 –35℃，≥10℃年活动积温 2400℃—3600℃，年降水量 260—460 毫米的我国东北、华北和西北各省、区均宜栽培。

（3）生产力

敖汉苜蓿产量高而稳定。敖汉苜蓿播种当年一般可刈割1—2次，两年后可增加到2—3次，条件好的还可增加刈割次数。由于水热等气候条件和生长年限的不同，敖汉苜蓿的生产能力也有不同。在赤峰地区，六、七月雨水增多，气温增高，敖汉苜蓿的生长速度显著加快，同时，产草量还随生长年限的延长而不断提高，特别在2—4年产量是高峰期，如条件好，第6年仍可保持很高的产量。一般正常年份刈割两次的情况下，可产鲜草达2000—3500斤。花期一次刈割鲜草达1800多斤。在长胜乡原草籽场水肥条件较好的试验小区亩产鲜草可达3500斤左右。

敖汉苜蓿生长发育快，刈割后再生性能强。生长发育快慢及再生性强弱随外界自然条件的不同而异，但在旱作及土壤肥力不大好的条件下，敖汉苜蓿仍能表现出很强的再生性能。

（4）种子产量

敖汉苜蓿花序较长，小花数较多而结荚率高。在旱作条件下，大田亩产种子20—40斤，田间管理好的可达50斤左右。敖汉地区在旱作条件下，播种期常延到雨季来临之前（5—6月初）或雨季，播种当年只有部分植株开花结实。第二年以后大量开花结实，其结实高峰期与产草高峰期相一致。

2. 敖汉苜蓿高产栽培功效

苜蓿是一种优良豆科牧草，并具强大的根系，可以利用根部共生的根瘤菌固定空气中游离的氮素，增加土壤中的氮素营养和有机质，改良土壤的物理性状，是轮作中的一种重要作物。苜蓿固定的氮和对土壤有机质的增加直接对后作产量的提高和品质的改良有贡献。苜蓿对土壤理化性质的改善和轮作时病虫草害的减少以及对后作产量的提高有间接作用。

（1）提高后作产量和品质

苜蓿茬可提高大麦产量的17.4%—40.4%、小麦18.2%—136.1%、玉米20.0%—206.8%、谷子22.2%—87.5%、高粱48.9%—67.3%、水稻158.0%、大豆72.0%—110.0%、向日葵51.3%—100.1%。而且还可以提高谷物的品质，表现在小麦、高粱、玉米等谷物籽粒的含氮量和蛋白质含量增加。苜蓿茬后耕作随着种植年限的增加，在不施肥的情况下，其产量逐渐降低，一般可维持3—4年，甚至更长一些。

（2）增加土壤有机质

随着苜蓿种植年限的延长，苜蓿根和根冠量增多，翻耕到土壤中的有机质和氮量增多，从而使得种植作物的产量提高。一般来说，苜蓿生长 3—7 年就应该翻耕来种植作物，并且以 3—5 年为宜。

（3）改良土壤

苜蓿根瘤能固定空气中游离的氮，据估计，苜蓿结合到土壤中的氮 7—20 公斤 / 亩，比普通作物地和天然草地高，氮循环是正值，而且，随着苜蓿年限的增加而增加。苜蓿庞大的根系，可改善土壤的物理性质，增加土壤水稳性团粒指数，降低土壤容重，增加土壤孔隙度和导水性能，提高土壤的保水能力。

苜蓿根深叶茂，需水量大，表现在蒸腾系数高，随着苜蓿生长年限的增加，降低土壤含水量从而引起地下水位的下降。在新疆，生长 3 年的紫花苜蓿可以降低地下水位 0.9 米。种植苜蓿可以防止因地下水位上升而引起的次生盐渍化，这同样也适用于沿海滩涂和内陆的盐碱地。苜蓿是中等耐盐植物，种植苜蓿可降低土壤中的含盐量，特别是在轻度盐渍化的土壤中种植苜蓿，对改良土壤作用很大。苜蓿降低土壤含盐量是通过生物脱盐和土壤淋溶来实现的。

（4）保持水土

种植苜蓿，可以防风固沙、防止水土流失，特别是在水土流失非常严重的黄土高原，种植苜蓿尤为重要。研究表明，在黄土高原陇东地区 20° 的坡地种植苜蓿，比耕地减少径流量 88.4%，减少冲刷量 97.4%，比 9° 的坡耕地减少径流量 58.18%，减少冲刷量 95.6%。

（5）减轻农作物的病虫草害

合理的苜蓿—作物轮作可以减少作物的病虫草害，增加苜蓿茬后作产量。相关专家在山西南部对一年生作物（6 年）茬、苜蓿（4 年）茬和一年生作物（10 年）茬种植向日葵地的杂草数量进行了研究，发现苜蓿茬向日葵地的杂草数量明显减少。

3. 敖汉旗苜蓿营养价值与饲用价值

紫花苜蓿营养丰富，适口性好，各种牲畜均喜食，可青饲，也可制备干草或加工成草粉掺入饲料饲喂，是畜禽很好的蛋白质和维生素补充饲料。据测定，在苜蓿干物质中，含粗蛋白 15%—25%，含赖氨酸 1.05%—1.38%，还含有丰富的胡萝卜素、维生素 B 族、黄色素等。尤其是苜蓿叶中含粗蛋白质比茎中高 1—1.5 倍，纤维少 50%。

紫花苜蓿青饲是普遍的饲喂方法，但紫花苜蓿的营养价值与生长阶段和收割时期有很大的关系，因而要选择最佳的收割时期，即在初花期收割后进行青饲价值最高。饲喂时最好与禾本科草混饲，因为苜蓿青草中含有大量的皂素，能在反刍动物的瘤胃内产生持续性泡沫，使其发酵产生气体发生瘤胃鼓胀。

紫花苜蓿干燥后制成草粉，以适当的比例添加在畜禽的日粮中，对畜禽的生产性能影响不大，因而可以降低畜禽的饲养成本。6周龄前的蛋雏鸡日粮中可添加1%—2.5%、7周龄至产蛋期添加2.5%—5%；肉仔鸡添加控制在1.5%—2%，生长肥育猪可占日粮的5%—15%，母猪占日粮的10%以上，兔日粮可达40%—70%，牛羊日粮可高达50%—80%。

4. 敖汉苜蓿种植产业发展状况

2012年，敖汉旗相关部门对全旗紫花苜蓿情况进行了深入细致的调研。

调研组从6月下旬开始，利用半个月的时间，对敖汉紫花苜蓿产业发展情况进行了专题调研。调研组先后深入木头营子、玛尼罕、牛古吐、古鲁板蒿、萨力巴、长胜、敖汉种羊场等七个乡镇（场）和黄羊洼草业、芳源草业两个牧草企业，通过实地察看、召开座谈会、重点走访等形式，对当前全旗紫花苜蓿产业发展现状、经济效益对比及草地保护情况进行了调查了解。

2012年，全旗紫花苜蓿产业发展现状。全旗现有草牧场面积174万亩，其中依托退耕还林和水土保持工程种植紫花苜蓿20万亩，京津风沙源治理项目种植紫花苜蓿14万亩。通过调研发现，在敖汉旗发展紫花苜蓿种植具有很大的优势，一是全旗种植苜蓿历史悠久，从20世纪80年代，就大力发展人工种草，现有黄羊洼草业、芳源草业等大型龙头企业两家，并成功培育出敖汉紫花苜蓿知名苜蓿品种。二是全旗畜牧业的异军突起，带动了牧草产业的良性发展。特别是草食家畜的规模扩大，使苜蓿的用量大增，市场需要增加。三是苜蓿一年种多年生，相对投入低、产出高。四是改良土壤，据资料显示，每亩苜蓿可积累2.5公斤氮素，对土壤有较好的改良效果，能够有效促进生态环境的改善。

在几十年的草业发展上，敖汉旗成为草业大旗。牧草的品种很多，但是，在这些牧草中，唯一形成规模的就是"敖汉紫花苜蓿"，紫花苜蓿在几十年的草业发展中一直占有主导地位。

第六节　水土保持改革创新

一、水土保持治理工程

2001—2020 年，敖汉旗水土保持工作主要依托国家风沙源项目，按照国家提出以封育、补植、管护等措施为主，水土保持由生态重建、人工治理为主向生态自我修复转变的原则，开展坡面工程、沟道工程和生物措施三大工程。1997 年，敖汉旗政府制订了《敖汉旗水土保持规划》《敖汉旗生态建设近期规划》《敖汉旗坡改梯规划》。1999 年初，敖汉旗第十三届人民代表大会第一次会议批准通过了旗政府《关于加强水平梯田建设的报告》，决定利用五年时间将 3°—15° 的坡耕地修筑成水平梯田，将 15° 以上坡耕地全部退耕还林还草，面积 400 平方公里。2001 年初，旗委、旗政府又出台了《关于加强生态建设的实施意见》，这些规范性文件从不同时期为敖汉旗水土保持生态建设提出了基本建设目标和指导思想。

荒山荒地治理整地工地

这些规范性文件对技术标准的要求：

一是梯田工程。敖汉旗在 3°—15° 的坡耕地上修筑梯田。1994 年前，梯田工程以水平梯田为主，兼有少量的坡式梯田。坡式梯田只修建坝埂，不平整土地，水土保持效果不大。1995 年后，所造梯田全部为水平梯田，设计防洪标准为二十年一遇。

水平梯田建设以道路、防护林管网为骨架，横向林带间距 200—300 米，按等高布设，纵向林带间距 300—400 米，与横带垂直，尽量与坡面集水沟相结合，以减少工程量。林带宽 12—18 米，两侧留生产作业路，路宽 4—6 米，根据水源条件，布设提、蓄水工程。

二是荒山荒坡治理工程。15° 以上荒山荒坡以造林前整地工程为主。在裸露岩石或经封育植被覆盖度达 40% 以上的地段，按十年一遇 24 小时最大暴雨设计，每亩拦蓄径流量 33 立方米，其他坡面按二十年一遇 24 小时最大暴雨设计，每亩拦蓄径流量 44 立方米。

造林前整地工程以水平沟为主，兼有小部分的鱼鳞坑、垒穴、台田、条田、竹节壕、等高台埂、水平阶等。

三是沟道工程。沟道治理防洪标准，小型支毛沟为二十年一遇，主要支沟或主沟为五十年一遇。治理工程以封沟埂、谷坊为主。封沟埂控制沟道溯源侵蚀，保护沟道工程以及实施的各种措施。

生物措施：在 15° 以上荒山荒坡上，以生态建设为主，草、灌、乔相结合，主要栽植水土保持防护林，涵养水源，改善生态环境；在阳坡、山麓的台田、条田及沟道处，以栽植水土保持经济林为主，获取生态与经济双重效益；在坡耕地上退耕还草。

2001 年后，敖汉旗水土保持治理工程转入依托国家基本建设项目开展，设立项目法人，以专业队承包形式进行水土流失治理。依托京津风沙源工程，一期工程（2001—2012）共涉及新惠镇等 19 个乡镇苏木（办事处）、228 个行政村，均属西辽河流域水土流失重点地区。总计完成 95 条小流域，综合治理面积 30.7 万亩，总投资 9560.24 万元。二期工程（2013—2020）截至 2018 年，总计完成 17 条小流域，综合治理面积 1.2 万亩，总投资 5250 万元。

在水土保持工程建设中，涌现出 20 多处以沟道为主的小流域治理精品工程。如：

2008 年，治理霍家沟小流域。该流域位于新惠镇城区南 5 公里，总面积 2.23 万亩，其中，水土流失面积 1.87 万亩，现有林地 0.98 万亩，耕地

0.48 万亩。该流域被列为京津风沙源水土保持综合治理项目，规划治理面积 0.6 万亩，其中，沟道治理面积 2010 亩，修水平梯田 300 亩。该项目区规划设计紧紧围绕改善新惠城区生态环境和涵养地下水资源这一主题，以塘坝建设为重点，对坝体上下游沟道及坡面进行全面规划，立体开发。治理与开发相结合，开发利用与景观建设融为一体。塘坝按小Ⅱ型水库设计，坝高 12.88 米、坝长 101 米、顶宽 5 米，主坝体填筑 6.42 万立方米。防洪标准二十年一遇，设计库容 34.56 万立方米，水面面积 120 亩，初步设计投资 168.0 万元，不足百天时间，主体工程竣工。其他配套工程按照设计高起点、质量高标准、施工高速度的规划设计要求，6 月末，开始抽调得力技术人员实地规划定点。核定工程量，采取招投标施工。7 月 8 日开始，人机结合施工，利用半个月时间，完成塘坝左侧坡面治理面积 500 亩，沟道工程坝下部分完成作业路 2 公里；排水渠 2 公里；推横向沙坝 8000 米、改河垫地 200 亩、完成栽植坑 4000 个，占设计任务的 36%；修水平阶 2 万立方米，动用土石方 13.5 万立方米，投资 20 万元。植物措施配置在满足水土保持小流域综合治理标准的基础上，进一步引进具有观赏价值的园林绿化树种及灌木、花卉，依托塘坝水面，建成具有一定旅游休闲价值的小规模景区。

2010 年，新惠镇梨树沟小流域沟道治理面积 2470 亩，主沟一条，支沟 4 条，采取以机械作业为主、人工为辅的作业方式，动用装载机、挖掘机 6 台，人工 500 工日，历时 25 天，完成总土方量 12 万立方米，推沙坝 1.9 万米。治理沟道 11 公里，挖栽植坑 5.5 万个。2011 年春季，栽植杨树 5 万株，沙棘 8 万株，总投资 80 万元。

水土保持工程的实施，产生了很好的生态效益和经济效益。治理了 100 多个小流域，治理水土流失面积 30 万亩，项目区林草覆盖率提高了 28.5%，林草面积占宜林宜草面积的 85% 以上，治理程度提高 35.2%，水土流失得到了有效控制，年消减泥沙 7.2 万吨，累计土壤侵蚀量减少 5.6618 万吨 / 平方公里 / 年，拦蓄径流 146.5 万立方米；项目实施后，新增加有效灌溉面积 9.14 万亩，增产粮食 200 公斤 / 亩，累计增产粮食 2.55 万吨。按 2 元 / 公斤计，价值 5100 万元，项目区人均纯收增加 1876 元。

二、梯田建设和坡改梯工程

在几十年的生态建设中，敖汉一直重视梯田建设，但追溯到 20 世纪 80 年代，直到 2010 年，梯田建设均处在集中人力修梯田的模式，水平低下，规模过小。

2006 年 11 月，敖汉旗被国土资源部确定为国家基本农田保护示范区之一。为实现基本农田保护示范区建设目标，全旗按照"总体有规划、年度有计划、建设有方案"的原则和"田成方，林成网，路相通，旱能浇，涝能排"高效农业示范区的基本农田建设目标，规划 2006—2010 年建设基本农田保护示范区 20 万亩。其中，国家投资项目区建设面积 10 万亩，新增耕地 5000 亩，新增耕地占项目区面积的 4.87%。在此基础上，2007 年 11 月，敖汉旗被又被列为开展基本农田保护与建设规划试点工作旗县。

据 2010 年统计，敖汉旗共有耕地 350 万亩，有效灌溉面积 98 万亩，水浇地仅占耕地面积的四分之一，坡耕地占耕地面积的四分之三，全旗坡耕地近 200 万亩，水肥流失，土壤瘠薄，粮食单产低而不稳。2010 年前的 200 万亩坡耕地中，存有的几十万亩梯田地，还是 1995—2000 年生态建设大会战期间人工建设的梯田，且当时技术落后，建设水平低，保水保肥能力差，服役年限短，现在大多数梯田已经破败，失去梯田的作用。2009 年大旱，200 多万亩旱坡地全部绝收，农业损失惨重。治理坡耕地，尽最大努力提高粮食产量，是脱贫攻坚、乡村振兴战略的需要，迫在眉睫。

2013 年，敖汉旗被确立为全国坡耕地水土流失综合治理工程试点 150 个旗县区之一，也是自治区被确立为实施全国坡耕地水土流失综合治理专项建设工程项目的 11 个旗（县）区之一。2013 年 6 月末编制成《赤峰市敖汉旗坡耕地水土流失综合治理工程专项建设方案（2013—2016）》，4 年建设耕地治理面积 3.3 万亩，全部为土坎梯田，其中 5°—8° 土坎梯田 1 万亩、8°—16° 土坎梯田 2 万亩、10°—15° 土坎梯田 2660 亩。配置田间作业路 54.32 公里，坡面截水沟 21.84 公里，建谷坊 260 座（折 2.56 公里），打机电井 40 眼，新增管灌 40 处，每处 150 亩，发展保灌面积 6000 亩，新建标志碑 10 块。项目总投资 5000 万元，中央补助 4000 万元，地方投入 1000 万元。工程 2013 年立项，旗委、旗政府高度重视，成立了坡改梯建设领导小组，责成水利局认真研究，周密安排部署，结合安全坡耕地现状实际，以优先"选择坡耕地水土流失面积大、水土流失严重、人地矛盾突出、粮食保证困难的地区，优先安排水土保持机构健全，技术力量有保证的地区"的原则，选择具有一定梯田建设基础、乡镇领导重视、群众积极性高、坡耕地资源较丰富的地区为建设地点。

工程坚持突出重点，规模治理原则。坡耕地水土流失综合治理工程建

坡改梯施工工地

设要因地制宜，集中连片，形成规模整体推进，以实施项目区为单元，山、水、田、林、路、沟、村统一规划，综合治理，以梯田建设为重点，坡面水系、水源利用与田间道路等措施相配套，确保"改一片，成一片，见效一片"。以水平梯田建设为中心，山、水、田、林、路、沟统一规划，集中连片综合治理；按照"近村、近水、就缓、就低"的原则开展项目建设。

项目批准后，旗委、旗政府责成水利局秋收后开展了项目试点工作。10月14日—11月3日，旗水利局派出8名水保工程技术人员，从开始规划、施工到验收全程指导服务，那些天，雨雪交加，他们战在山上，吃住在村，出动5台机车平地、筑埂，节省了劳力，亩动土方量较大，达到260立方米，实行梯田、机电井、沟道、作业路、防护林等统一规划，综合治理，奋战20天，在新惠镇新地村东梁修建"国家坡耕地水土流失综合治理试点工程"样板梯田500亩，为今后大面积推广做出样板。

与此同步的是，旗水利部门工程技术人员分头指导四家子镇扣河林村、东井村、新惠镇新地村、四道湾子镇二道湾子村三处坡地施工。机车往来，人头攒动，彩旗飘舞，尘土飞扬，"国家坡耕地水土流失综合治理试点工程"与"京津风沙源治理工程"两个大项目春季修梯田会战正酣。扣河林村工地每天出动18台机车作业，新地村工地每天出动14台机车作业，二道湾子村工地每天出动 8 台机车作业，完成"国家坡耕地水土流失综合治理试点工程" 4190 亩，完成"京津风沙源治理工程" 4143 亩，两个大项目春秋两季完成坡耕地综合治理梯田工程 8333 亩。

2013 年，新惠镇新地村、四家子镇东井村坡耕地水土流失综合治理工程专项建设项目投资 1250 万元，集中布设土坎水平梯田 8333.33 亩，打深井 10 眼，铺设 PVC 节水管道 7650 米，生物封沟 305.4 亩，植物护埂 370.37 公里，发展节水灌溉面积 3165 亩；修田间道路 18.57 公里，截水沟 9.82 公里，砌谷坊 14 座，建标志碑 2 座。通过项目实施，各项水土保持措施全面发挥效益后，具有显著的保水保土、生态、社会和经济效益。经计算，各项措施年蓄水能力可达 35.56 万立方米，蓄水率达 100% 以上，年保土能力可达 2.28 万吨，保土率达 98% 以上。项目区内大量坡耕地实现梯田化和水利化，人均基本口粮田由 1.54 亩增加到 4.09 亩，土地土壤结构得到改善，田间持水量得到增加，从而使项目区内土地的生产能力得到明显提高，坡改梯后粮食单产量由 300 公斤 / 亩，提高到 400 公斤 / 亩，水浇地梯田提高到 700 公斤 / 亩。项目实施后粮食产量增加 118.62 万公斤，受益地区群众年人均增加纯收入 1980 元，年人均纯收入达到 7175 元。项目累计净效益可达 5285.7 万元，投资回收年限为 5 年。

由于这一项目是多措施并举的综合治理工程，工程得到了各乡镇党委、政府的高度重视，受益村积极配合，农民更是抢着修梯田。全旗优先坡耕地水土流失综合治理，优先安排坡耕地面积大、水土流失严重、粮食保证困难的地区。各地的坡改梯增产增收典型一个个涌现。

2014 年 5 月 8 日上午，自治区发改委党组书记、副主任张磊带领调研组来敖汉旗检查指导项目建设，在检查了四家子镇扣河林与东井两个村的坡改梯工程后，认为其符合项目要求，给予其高度评价。

2014 年 11 月 10 日，中央电视台记者在四家子镇东井村采访了正在村头打场的村民吴占志，说起梯田，他是兴高采烈，赞誉有加："真没想到新修的梯田当年能有这样好的收成，一亩地打了 800 多斤谷子，真的神了！"吴占志响应镇村号召，春季将 4.6 亩坡地修成了梯田，种了 3 亩红谷子，1.6 亩玉米，玉米每亩地也打了 1500 多斤。

萨力巴乡城子山村项目区位于老哈河流域，耕地坡度均在 15°，项目区水资源较贫乏。2015 春，完成新修水平梯田 4333.35 亩，新打机电井 5 眼，安装管路 7.528 公里，新挖截水沟 4.07 公里，田间作业路 8.70 公里；2015

年秋，再次修梯田 3330 亩；2016 年秋，又修梯田 2750 亩。两年治理总面积 10413.35 亩。全村坡耕地全部实现梯田化。梯田亩产谷子 500 余斤，亩增收 250 斤；绿豆亩产实现 200 斤，比治理前的亩产纯增 100 斤，当年一斤绿豆 6.7 元，亩纯增收 670 元。

三、2016 年坡改梯工程

2016 年，敖汉旗又争取到了国家坡耕地水土保持综合治理项目面积 1.2 万亩，总投资 2000 万元，其中国家投资资金 1600 万元。

2019 年，敖汉旗坡耕地水土流失综合治理工程四个项目区实施方案的报告得到批复，新增治理面积 1.17 万亩，其中新修水平梯田 1.1 万亩，水保林 150 亩，生物封沟 300 亩；配套工程土谷坊 320 座，坡面截水沟 8.4 公里，修田间作业路 27.5 公里，标志碑 4 座小型蓄、引水工程更新机电井 4 眼，铺设输水管路 3.82 公里，架设高压 1.8 公里，铺设低压 0.4 公里，安装变压器 4 台。总投资 1714.5 万元，其中需中央预算内投资 1371.6 万元，自治区配套资金 171.45 万元，盟市配套资金 171.45 万元。几年来，后续的项目储备源源不断。

2019 年，贝子府镇太吉和窑村、玛尼罕乡平房村、新惠镇喇嘛蒿村小河子组 4 个村组的 7086.6 亩坡耕地实施坡改梯，喜获丰收。王东民是旗水保站副站长，负责太吉和窑村项目区，他介绍道："太吉和窑村位于山湾子水库流域，水土流失严重，坡改梯 2880 亩，过去跑水、跑肥、跑土，农民费力不增收，种一亩谷子到秋好年头收成 400 多斤，治理后保水、保肥、保土，涵养了地下水，每亩谷子能产 600 多斤，如果种玉米能打 1600 多斤！"

牛古吐镇喇嘛板村位于西辽河水系一级支流的教来河流域，辖 8 个自然营子、11 个村民组，共 678 户、2537 人。全村土地面积 4.6 万亩，其中坡耕地 1.4 万亩。过去，喇嘛板村由于土地贫瘠、坡度较陡、水土流失严重，农作物广种薄收，农田弃耕撂荒。自 2016 年以来，敖汉旗水利局对喇嘛板村开始实施坡改梯水土流失综合治理和高质量农田建设，逐渐走出了一条农民持续稳定增收的乡村振兴之路。

喇嘛板村坡改梯稳步发展，2016 年，修梯田 2500 亩；2017 年，修梯田 2500 亩；2018 年，修梯田 3760 亩；2020 年，修梯田 2100 亩。现在，喇嘛板村已成一个万亩梯田村。一个昔日的贫水村，依托坡改梯"蓄住天上水，用好地表水"增粮增收，促进了养牛业的发展，全村养牛户 30 户，存栏牛 300 多头，年出售商品牛 260 头，每头繁殖母牛的纯利润 1 万多元。

截至 2020 年末，敖汉旗完成坡耕地水土流失综合治理面积 8.45 万亩，其中完成主体工程水平梯田 8 万亩，水保林 1725 亩，生物封沟 2000 亩；配套工程完成作业路 236.24 公里，坡面截水沟 77.38 公里；小型水利水保工程建谷坊 473 座，石谷坊 25 座，机电井 48 眼，配套水泵 54 台套，发展灌溉面积 1.25 万亩。规划总投资 12063 万元，其中中央投资 9650 万元，自治区配套资金 2413 万元；完成投资 10697 万元，其中中央投资 9650 万元，自治区配套 1047 万元。

敖汉水土保持建设始终站在科学发展的战略高度，一张蓝图绘到底，从而取得了项目区综合治理的骄人战果。

山杏育苗基地

第四章 生态文明，开启生态建设新阶段

　　进入新世纪，党中央更加重视生态建设与保护，并且把生态保护提上重要日程。党的十六大以后，以胡锦涛同志为总书记的党中央提出了科学发展观。科学发展观是中国共产党关于发展模式的全新执政理念，反映了对发展问题的新认识。其核心观点是"坚持以人为本，树立全面、协调、可持续的发展观，促进经济社会和人的全面发展"。2007年10月举行的党的十七大，胡锦涛同志强调，"科学发展观，第一要义是发展，核心是以人为本，基本要求是全面协调可持续，根本方法是统筹兼顾"。2007年，"生态文明"首次写入党的十七大报告，并使之成为实现全面建设小康社会奋斗目标的新要求，掀开了人与自然和谐共生现代化完全意义上的生态文明建设新的历史大幕。

　　党的十八大以来，以习近平同志为核心的党中央应对世界变局、顺应时代潮流、回应人民呼声，把生态文明建设纳入"五位一体"总体布局。习近平同志多次强调，生态系统是一个有机的生命躯体，如果种树的只管种树、治水的只管治水、护田的单纯护田，最终造成的结果是生态的整体性、系统性被破坏。他指出，要用系统论的方法看问题、做工作，统筹推进治山、治水、治林、治田、治湖，合理规划生产、生活、生态空间布局，给自然留下更多空间，给农业留下更多良田，给子孙留下美好家园。2017年10月，习近平同志在党的十九大报告中提出"人与自然是生命共同体"的重要思想，刻画了包括"山水林田湖草沙"的自然系统与人类构成生机勃勃的生命共同体的生动画面。

　　旗委、旗政府深刻领悟生态文明建设的重要发展理念，着力建设秀美山川，坚定不移地走永续发展的道路，推动生态文明建设的实践创新。通过大力发展生态产业，实现产业生态化和生态产业化的统一，将生态优势转化

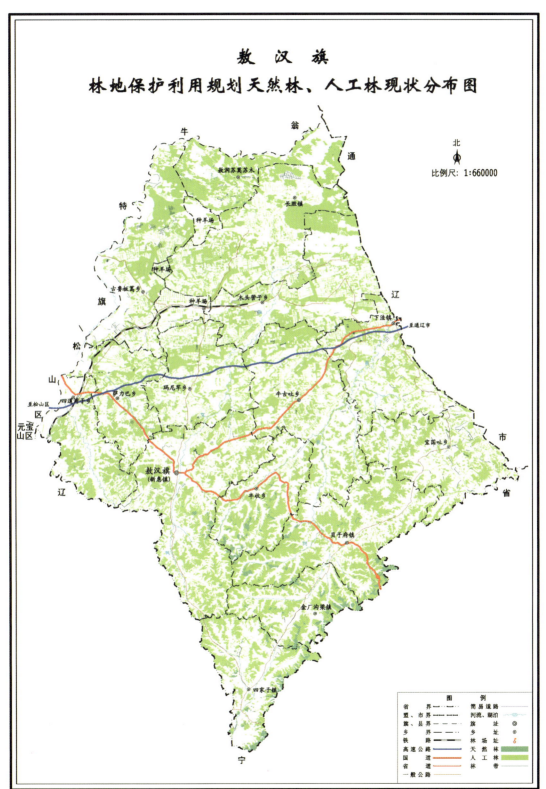

敖汉旗林地保护利用规划天然林、人工林现状分布图

为经济社会优势。提出打赢生态建设与保护的"下半场"的战略目标，标志着敖汉旗进入了生态文明建设的全新的历史发展阶段。林业上实施了"一减三增两改"战略，生态产业上，发展林下经济和林间经济，激活林果加工产业，做大做强小米、肉牛、肉羊设施农业等支柱产业。生态优先、绿色发展，成为敖汉旗生态建设与保护"下半场"的全新内容。

第一节　坚决打赢生态建设与保护的"下半场"

以生态文明为支撑，敖汉旗经济社会保持了健康快速发展的良好局面。"十一五"期末，全旗地区生产总值是"十五"期末的3倍，年递增24.8%。财政收入是"十五"期末的3倍，年递增24.5%。完成营造林106万亩，全旗有林面积达到562万亩，森林覆盖率达到43%。全旗节水灌溉面积达45万亩，新增有效灌溉面积17.87万亩、节水灌溉面积20.2万亩，投资4.15亿元完成了6座水库除险加固、农村牧区人畜饮水安全等工程，解决了农村牧区11.34万人饮水问题。新惠镇被评为内蒙古自然生态名镇。"十二五"期间，全旗地区生产总值年均增长12.1%，是2010年的1.8倍。第一产业、第二产业、第三产业年均增长分别为9.2%、11.7%、15.4%，是2010年的1.6倍、1.7倍、2倍。公共财政预算收入年均增长16.5%，是2010年的2.2倍。农牧业方面，全旗农作物播种面积比2010年增加50万亩，粮食产量比2010年增加7.15亿斤。2011年开始实施的膜下滴灌达到91.7万亩，位居全市第一。牧业年度牲畜存栏比2010年增加65万头（只）。完成营造林110万亩，其中更新低产低效林45万亩，有林面积达到572万亩，森林覆盖率达到43.8%。

2015年10月，中共十八届五中全会对生态文明建设提出了更新的要求：坚持绿色发展核心的理念，提出既要绿水青山，又要金山银山，而且"绿水青山就是金山银山"，加强生态文明建设，不是要求人们消极地对待自然，面对自然无所作为，更不是停止社会经济发展，而是强调在发展生产改善生活的过程中，尽最大可能，积极主动地节约保护能源资源，保护好人类赖以生存的环境，做到发展与保护相统一，实行绿色发展。绿色发展将为实现第二个百年奋斗目标，实现中华民族伟大复兴的中国梦，奠定更加坚实的基础。

为此，中共敖汉旗委员会、敖汉旗人民政府于 2016 年 3 月发布了《关于进一步加强生态建设与保护工作的意见》。

《意见》对新世纪 15 年来生态建设工作进行了基本总结。

《意见》明确指出，多年来全旗上下坚持不懈地开展以种树种草为主的生态建设，生态环境得到了根本改善。但林业发展受树种选择和持续干旱等因素影响，全旗部分林分退化，尤其是以杨树为主的退化林分面积达 200 多万亩，生态功能和经济效益持续下降，对全旗生态安全构成了威胁，影响了广大林农的切身利益，生态建设已经进入提质增效的转型期。为切实做好新时期生态建设与保护工作，不断巩固"全球 500 佳"生态文明建设成果，提升全旗绿化水平，促进林业产业转型升级，加速构建主导产业突出、特色优势明显、市场竞争力较强、生态经济双赢的现代林业产业体系，打赢生态建设与保护的"下半场"，促进全旗经济社会持续健康发展，结合敖汉实际，特提出此意见。

一、进一步明确到 2020 年奋斗目标与任务

1. 指导思想

全面贯彻党的十八大和十八届三中、四中、五中全会精神，坚持生态立旗不动摇，创新体制机制，优化产业结构，提高生态效益，建设与国民经济和社会发展相适应的良好生态环境，推进绿色发展、循环发展、低碳发展，建设美丽敖汉。

2. 坚持五项原则

（1）坚持"三效"统一，促进生态转型。以维护全旗生态安全、改善生态环境为前提，完善生态建设模式，加快发展生态产业，实现生态效益、经济效益和社会效益的"三效"统一。

（2）坚持政府引导，强化市场功能。充分发挥政府主导作用，引导各类社会经营主体积极参与生态建设；继续实施重大生态工程，把良好的生态环境作为公共产品向全民提供。

（3）坚持因地制宜，推进综合治理。尊重自然规律，优化生产生活生态空间，构建科学合理的产业发展格局、生态空间格局。坚持林业、农牧业和水利建设有机结合，实现农林牧水互进互促。

（4）坚持严格保护，维护生态成果。严守生态保护红线，加强生态环境保护，严格自然资源监管，科学、有偿、高效利用自然资源，促进人与自然

和谐发展。

（5）坚持深化改革，盘活生态资源。不断深化集体林权制度改革，盘活林地、草地等自然资源，赋予农牧民更多财产权利，努力实现生态受保护，农民得实惠的目标。

3. 实现六大目标

到 2020 年，全旗计划完成造林 62 万亩，其中退化林分改造 52 万亩，退耕还林 2 万亩，重点区域绿化造林 4 万亩，沟道造林 4 万亩。结合全旗退化林分改造工程，依托林业重点工程项目，建设经济林 30 万亩，其中文冠果木本油料林 20 万亩。建设樟子松基地 20 万亩；绿化苗木基地发展到 3 万亩；全旗森林覆盖率达到 46%。高效节水高产苜蓿和旱作牧草种植面积达20 万亩。完成坡耕地水土流失综合治理工程 10 万亩。

二、巩固生态建设成果，提出四项重点工作

1. 推进百万亩经济林建设

坚持把经济林作为促进群众增收，巩固林业生态建设成果的重要举措予以持续推进，科学规划，合理布局。在南部水肥条件好、有防护林保护的地区以发展水果类经济林为主，重点推广新苹红、寒红梨等新品种；在中北部地区要以发展干果类经济林为主，加大山杏改接扁杏的推广工作，重点推广文冠果木本油料经济林。以内蒙古文冠庄园为引领，辐射带动周边地区壮大文冠果基地规模，建成文冠果之乡。加快山杏改造抚育和沙棘改良步伐，不断提高经济效益。在建设模式上，以发展家庭式果园为重点，提倡大苗建园，集约化经营。加大经济林技术支撑和政策扶持力度，强化经济林后期经营管理。发展农民林果专业合作组织，引进和培育林果加工龙头企业，加快后续产业发展，延长经济林发展产业链。

2. 加快樟子松基地建设

充分发挥樟子松生态树种、景观树种的优势，在退化林分改造和防护林建设中，增加樟子松栽植比重，逐步建立以樟子松为主的农田牧场防护林体系。加大樟子松在全旗绿化中的应用，特别是道路两侧、城镇周边、厂矿园区等重点区域，将樟子松等针叶树作为主要绿化树种，逐步形成绿色景观带。推广樟子松林苗一体化建设模式，营造樟子松混交林，鼓励以造代育，培育绿化大苗，引导社会各类经营主体参与樟子松基地建设。

3. 加强重点区域绿化力度

按照突出重点、加大投入、建成精品、强力推进的要求，将造林绿化项目向公路沿线、城镇周边、厂矿园区等重点区域倾斜，提升全旗整体绿化水平。公路绿化要将高等级公路作为重点，突出景观效果，努力建成高标准、近自然的绿色长廊。城镇周边绿化要结合城镇建设规划，做好城区周边道路、公共绿地、城乡结合部的造林绿化工作，建成绿化景观节点，争创自治区级园林乡镇，建成国家级园林县城。村庄绿化要做好进村公路、街巷和村级广场绿化。厂矿绿化要全面落实矿山企业绿化主体责任，强力推进矿山植被恢复，园区绿化要按照园区总体规划要求完成绿化任务。全旗重要交通出口及城镇主要出口绿化要建成绿化亮点，树立对外良好的生态形象。

4. 推进沟道治理工程

全面推进沟道治理是全旗生态建设的内在要求，是拓展林业发展空间、提升全旗生态建设档次的重要举措。整合工程项目资金，继续在敖汉旗南部、中南部地区开展沟道治理工程建设。坚持先上游后下游、先坡面后沟道、先支沟后主沟的治理原则，科学规划，采取封育与人工造林相结合的治理措施，工程措施、生物措施和技术措施相结合的治理模式，确保治理一处，成功一处，见效一处。

三、发展生态产业，实施两项突破

1. 加快林草业产业化步伐

以维护生态安全为前提，兴林富民为目标，提高林地利用效率和林业综合效益为核心，研究制定政策措施，培育壮大沙漠之花、文冠庄园、黄羊洼草业等龙头企业，推广"龙头企业＋合作社＋农牧户"的经营模式，完善龙头企业与农牧民利益联结机制，推动林草产业发展。合理利用林草资源，宜林则林、宜牧则牧、宜游则游，"一村一品"或"多村一品"，大力发展经济林、林果加工业、绿化种苗、林下经济、森林旅游业，推动林草产业规模化、集约化发展。坚持林草结合，加大草地建设力度，营造灌木饲料林，在林下林间种植高效节水苜蓿和旱作牧草基地。积极培育饲草加工企业，促进草产业发展。

2. 加快绿化苗木基地建设

充分利用现有种苗资源及技术优势，以国有林场为主体，鼓励发展绿化苗木基地，积极培育乡土绿化树种，加快绿化苗木产业发展。推广生态建设林苗一体化模式，通过加密栽植、立体经营的方式，在林业生态建设过程中，培育市场前景好、经济价值高的园林绿化苗木，鼓励在退化林分改造地块发展园林绿化苗木基地，实现长期效益和短期效益、生态效益和经济效益有机统一。

四、强化监管保护，实现两个加强

1. 加强森林资源监管

加强征占用林地监管，认真落实《敖汉旗林地保护利用规划》，严格管控林地征占行为，严格控制公益林、国有林地转为建设用地；加强采伐更新管理，严格控制生态脆弱区采伐。实行林木采伐更新合同制管理，严肃查处毁林种地、蚕食林地等违法行为。严格实施环境准入制度，限制破坏生态环境的企业进入，重点加强对矿产、土地等自然资源开发的环境监管力度，最大限度地减轻资源开发活动对生态环境的破坏。构建生态保护诚信体系，将破坏生态环境的企业和个人登记造册，列入黑名单管理，不得享受国家项目补贴政策，有关部门不再为其办理相关行政审批手续。

2. 加强巩固生态建设成果

强化生态建设重点工程的经营管理，将抚育、有害生物防治、封育禁牧、管护等措施落到实处。加强森林资源保护，认真落实《敖汉旗林地保护利用规划纲要（2010—2020）》，严格林地用途管理。落实森林草原防火责任制，保障防火经费落实。完善林业有害生物预测预报和综合防治体系，将森林资源损失降到最低。严格执行舍饲禁牧政策，建立旗、乡、村三级禁牧监管网络，严肃查处偷牧、滥牧行为。严格实行幼林地、经济林和项目区全年禁牧。严格执行草地保护相关制度，推行轮牧、休牧，实现畜草平衡。加大饲草秸秆调制力度，解决畜草矛盾，推广舍饲、圈养等标准化、规模化养殖。

第二节 践行生态文明理论，提升生态建设与保护的新理念

党的十八大提出了中国特色社会主义事业"五位一体"的建设总布局，对生态建设和保护工作提出了新的更高要求。就敖汉旗而言，在全旗已经基本实现绿化，但在林业产业欠发达、林业经济效益还比较低的背景下，要做

好生态建设与保护工作，促进生态文明的新发展。

一、生态立旗不动摇，坚持生态建设不停步

几十年来，生态建设已经成为敖汉旗的立旗之本、发展之基。然而，随着全旗生态环境的日益改善，一部分干部群众一度对生态建设工作产生了懈怠思想，认为生态建设已经基本完成，应把主要精力放在经济发展上。在部分地区，甚至出现了毁林开矿、毁林开发、毁林种地等破坏生态环境的现象。敖汉是生态脆弱区，就目前全旗生态环境现状而言，生态建设任务依然十分艰巨。全旗有林面积 572 万亩，其中人工林 550 万亩，且以纯林居多。以人工纯林为主的森林生态系统稳定性差，极易受自然灾害的影响。特别是2000 年以来的持续干旱，已造成全旗 200 多万亩林分退化，形成的"小老树"和"残次林"，防护效益大幅降低，严重威胁着全旗的生态安全。所以，无论是从敖汉的发展历史看，还是从现实的需要看，都要毫不动摇地坚持生态立旗战略，全力做好生态建设工作，以实现经济社会又好又快发展。

二、落实政府主体责任，提升生态保护新境界

继续发扬"一届接着一届干，一张蓝图绘到底"的光荣传统，坚持实事求是的思想路线，完善制度，遵守法律，明确责任，做好宣传，弘扬生态文明理念和民主决策的运行机制。

敖汉旗各级政府部门要继续认真执行《敖汉旗林地保护利用规划》，统筹人力、财力、物力，科学推进生态建设，树立红线意识，确保全旗 600 万亩林业用地不减少。在经济发展中，妥善处理资源开发与环境保护的问题，严厉打击违法采矿等破坏生态环境的行为，全面加强树木草原防火、林业有害生物防控和防止人畜破坏工作，最大限度地减少树木资源损失。在加强保护和生态环境修复的同时，毫不含糊地从敖汉的现实生态状况出发，把握党和国家生态建设的部署、布局，科学有序地加强生态建设。要有新理念，开创新思路，开启新格局，实现新发展，承担起生态建设的历史责任，做好当前工作。

三、坚持生态民生协调发展，为生态文明建设注入活力

几十年的生态建设，从根本上改善了敖汉旗的生存环境。但以生态效益为主的建设方式，使得 600 万亩林业用地没有产生其应有的经济效益，导

致生态效益、经济效益、社会效益未达到有机统一，出现了生态建设动力不足、"绿色银行"难以富民等问题。今后，敖汉旗生态建设要坚持生态、民生协同发展的思路，在确保生态效益的基础上，注重补齐经济效益短板，使生态建设的经济效益最大化。实践中，要大力发展经济林，提高林业的直接经济效益；要大力发展樟子松基地，通过林苗一体化建设模式，培育绿化苗木，实现长期效益与短期效益的有机统一；要进一步发展林下经济，探索林下种植、养殖的成功模式，实现不砍树也能致富的目标。总之，要坚持用政府的力量推动生态建设，用市场的力量推动产业发展，努力实现生态建设的"三效统一"。

四、开创林业发展新常态，加大改革开放力度

进入新世纪后，随着国家林业重点工程的启动，敖汉旗生态建设由以自主投入为主向以国家投入为主转变。林地使用权也经过几次产权制度改革，实现了以集体所有为主，向家庭承包为主的转变。因此，生态建设应采取政府引导、社会化运作的模式。一要敞开大门，让全社会的力量参与生态建设。继续深化林业改革，使林权和其他资产一样可抵押、可担保、可流转，吸引各种社会经营主体，投入林业建设中，培育林业大户、家庭林场、农民林业专业合作社等，推动林业生产向规模化、集约化、专业化发展。二是要大胆放权，充分调动建设者的积极性。通过实施国家重点生态建设项目，把握好全旗生态建设方向，撬动更多社会资源投入生态建设中。国家重点生态建设项目实行"先建后补"模式，新造林木只要符合建设规划、符合相关技术要求、符合项目验收标准，便可兑现补贴资金。三要搞好服务，解决建设者的后顾之忧，重点做好政策咨询、科技指导、市场培育等方面的工作。

五、强化森林资源管理，保护生态文明成果

近年来，偷牧、滥牧，采伐迹地更新不及时和蚕食林地现象时有发生，特别是2009年集体林权制度改革以后，这种现象尤为突出。解决这些问题，要采取打防并举、疏堵结合的办法。一是严格采伐迹地更新管理，签订更新合同，收取更新保证金，对于不及时更新，达到刑事立案标准的，按非法占用农业用地刑事案件查处，并实行限伐措施，直至完成更新。二是加大非法侵占林地案件查处和问责力度，切实做好矿区植被恢复工作。三是继续实

行阶段性禁牧政策，坚持幼林地、项目区以及山羊全年全境禁牧，建立旗、乡、村三级禁牧监管网络，责任到人，做到禁牧无死角。加大打击力度，严肃查处偷牧、滥牧行为，着力构建防、打结合的禁牧体系。四是依照造林技术规程，适当降低造林密度，继续实行以耕代抚政策，鼓励群众在林下间种矮棵农作物，提高经济效益。五是广泛宣传，充分利用各种媒体，多渠道宣传《森林法》等相关林业法律法规，增强各级干部群众保护森林资源的法律意识和责任意识，适应林业发展新常态，推进敖汉林业可持续发展。

第三节　整体布局统筹规划，开启生态建设与保护的新格局

综合敖汉旗生态建设与保护几十年的宝贵经验，在新的形势下，开启了生态建设与保护的新思维，与时俱进十分重要。敖汉旗生态建设的路子在实践中已经得到了证明，切合敖汉实际。在新的发展时期，怎样提升生态文明建设理念，开启生态建设新格局，当务之急，林业作为生态建设的主导产业，要解决好以下几个问题。

一、抓住主要矛盾，实现林业发展的新突破

1. 结构调整成为林业生态建设主旋律

林业结构调整是林业工作永恒的主题，涵盖林业用地结构、经济结构、产业结构、林种结构、树种结构和林分结构调整等诸多内容，这里主要指敖汉旗"十二五"时期林种、树种结构和林业产业结构调整方面的突破。在优化林种结构方面，大力压缩用材林比重，增加经济林比重，破解杨树"一树独大"的难题。

在优化树种结构方面，实施"一减三增两改"战略，即减少退化林分，增加果树经济林、文冠果、樟子松造林比重，实施山杏改接大扁杏和沙棘抚育改良技术，把抗旱和高效作为树种选择的优先方向。

在林业产业结构调整方面，着力发展经济林、林产品加工、林下经济、绿化苗木和森林旅游等五大林业主导产业。内蒙古沙漠之花生态产业科技有限责任公司，已经成为自治区林业产业化重点龙头企业。建成了郭氏文冠庄园、清泉谷森林景区等多个特色鲜明的林业基地，推动以绿色敖汉为主题的森林旅游业的发展。

生态保护工作开拓发展新境界。2013 年，敖汉旗启动了政策性森林保险制度，全旗 348.18 万亩国家公益林全部参保。每年投保金额达 538.64 万元，增强了林业经营者抵御风险的能力，调动了社会各界参与林业建设与保护的积极性。森林保险制度启动以来，全旗共出险 25 起，赔偿金额 426.2 万元。

完善公益林护林员管理机制，在全区率先建立管护轨迹跟踪系统，并实行人脸识别签到，护林员管理进入了信息化时代。在大黑山自然保护区核心区建立了远程智能防火视频监控系统，在全市首次应用了灭火弹扑火新技术。

2. 注重效益，扎实推进经济林建设

发展经济林是持续改善生态环境、促进群众增收的重要措施。首先，要做好规划。坚持因地制宜、科学规划，沿河、沿路、围村重点发展水果类经济林，围山发展干果类经济林。具体来讲，北部乡镇要重点发展干果类经济林，优先发展文冠果产业。南部乡镇要重点发展水果类经济林，如金红苹果、南国梨等。其次，要培养树立典型、突出精品意识。建设经济林重点

林业结构调整——文冠果育苗基地

乡、重点村、重点户，充分发挥典型示范作用，坚定群众发展好经济林的信心。实行"先造后补"模式，保证建设一块，成功一块，示范一块。再次，要重点扶持。经济林建设成本高，后期经营投入大，在一定程度上制约了经济林的发展。今后要继续整合项目资金，加大对经济林建设的补贴力度，除旗政府补贴外，各乡镇苏木（办事处）也应根据实际情况给予一定的扶持。同时，加大对果树技术员的培训力度，重点培养本土技术员、家庭技术员，为经济林建设提供技术保障。

高效丰产经济林发展思路清晰。自 2011 年敖汉旗启动高效丰产经济林建设工程以来，全旗新发展高效节水经济林 7.1 万亩。逐步形成了"南部发展水果类经济林，示范种植红树莓等新品种；中北部发展以文冠果为主的干果类经济林；全旗抚育改造山杏经济林，适度发展沙棘经济林"的发展思路。努力推动三大转变，一是在经营模式上，由大面积栽植向中小型精品园建设转变，实现经营规模与能力相匹配。二是在栽植品种上，由大众化品种向新特品种转变，引进推广了多个新品种；三是在技术管理上，由传统技术向新技术转变，推广了大苗栽植和"一边倒"管理技术。

3. 林业科技深度和广度不断延伸

与北京林业大学等林业高校和科研院所合作开展了 6 项科研项目，提高了敖汉旗林业科研水平。其中 3 项林业科研成果获得市级以上奖励。开展了油松球果螟防治试验、大扁杏开花结实调查和樟子松适生性研究等多项林业实用技术研究。持续开展耐寒、耐旱杨树新品种选优研究。控根育苗、平衡根系无纺布育苗、快繁育苗、平衡根系育苗等林业新技术得到推广应用。较"十一五"时期，林业科技贡献率提高了 5 个百分点。

4. 重点区域绿化工程建设突飞猛进

2015 年以来，敖汉旗大力实施村庄绿化、公路绿化、厂矿园区绿化、城镇周边绿化和重点生态工程巩固等重点区域绿化工程，全旗共实施了 1218 个村屯绿化工程，完成进村道路绿化 1370 公里，重要出口及公路绿化 176 公里，厂矿园区绿化 1 万亩，新惠城区孟克河景观续建工程 350 亩，重点生态工程巩固绿化 6 处。探索和形成了顺畅的"单株造价、财政评审、市场运作、按株验收、三年兑现"的重点区域绿化工程建设机制。全面完成通（辽）赤（峰）高速公路敖汉段绿化升级工程，形成了一道亮丽的绿色风景线。

二、实施"一减三增两改"发展战略，构建林业发展的新格局

按照自治区林业厅的要求，2016年，敖汉旗实施了"一减三增两改"的绿色发展战略，加快林业产业基地建设，调整生态产业化布局，创新了具有本地区特色的产业扶贫模式。"一减"即减少退化林分比重，规划到2020年减少退化林分面积100万亩；"三增"即新增经济林15万亩（其中鲜果经济林8万亩），新增文冠果木本油料林30万亩，新增樟子松林42万亩；"两改"即改良沙棘林10万亩，改造山杏林10万亩。"一减三增两改"目标的实施，不仅使全旗生态面貌大为改观，推动了经济林建设，也催生了方兴未艾的林下经济，助力沙棘产业、文冠果产业蓬勃发展。

以2019年为例，全旗林业生产建设工作预计总投入资金1.657亿元，从七个方面建成林业精品工程。一是完成退化林分改造6万亩，其中鲜果经济林0.5万亩，文冠果木本油料林2万亩，沙棘0.5万亩，山杏林改造1万亩，樟子松2万亩；二是完成森林抚育和森林质量精准提升工程5万亩；三是完成社会造林1万亩；四是完成通道绿化工程0.6万亩；五是完成敖汉旗干部学院教学点绿化7处，绿化面积0.77万亩；六是完成旗人民政府与内蒙古和盛生态育林有限公司合作实施的"敖汉旗万亩生态景观综合体"项目。

1. 退化林分改造情况，累计完成改造面积100万亩。一是"十二五"期间，依托林业重点工程项目，完成退化林分改造40万亩，主要营造杨树、山杏、樟子松等；二是"十三五"期间，完成退化林分改造60万亩，其中鲜果经济林11万亩，文冠果木本油料林11万亩，樟子松31.5万亩，沙棘改良3万亩，山杏林改造3.5万亩。退化林分改造的成功，使全旗林业结构调整迈出了历史性步伐，生态、经济和社会效益明显增强，社会各界达成广泛共识，为今后全旗退化林分改造奠定了坚实的干部群众基础。

萨力巴乡建设了退化林分改造项目丰产经济林示范基地。该乡结合全旗"一减三增两改"退化林分改造战略，依托丰产经济林项目，在水源充足、井电设施配套方便、交通便利的地块开始规划，以亿森明珠林果家庭农场有限公司为主体，实施杨树退化林分改造工程1820余亩，全部改建为丰产经济林。在项目之前年栽植黄太平150亩、苹果梨160亩，已进入盛果期；2014—2017年，栽植新苹红苹果230亩、文冠果及锦绣海棠共800亩、龙丰苹果220亩，已进入结果期。2018年，栽植寒红梨、锦绣海棠260亩。

双井林场马头山分厂建成了樟子松基地，在原有低产低效林分改造地块中进行项目建设，累计完成 1.22 万亩，其中营造樟子松纯林 1200 亩，营造带状混交林 11000 亩，树种为樟子松、碧桃混交。该场通过樟子松基地建设，在土壤适宜区域推行"以造代育"模式，建成"山地苗圃"，经济效益十分可观，为林场今后的经济发展打下良好经济基础。同时，从生态效益和社会效益来看，发展樟子松造林不仅为国家培育了后备森林资源，而且随着森林覆盖率的增加，防风固沙能力不断增强，将有效控制土地沙化，生态环境逐步向良性循环发展，使国有林场在维护生态平衡、建设职能中发挥更大的社会效益，同时，为沙地营造樟子松林起到了示范带动作用。

建成了金厂沟梁镇经济林工程项目。2017 年，该镇的经济林建设工作本着与扶贫开发相结合，与产业化调整相结合，与壮大村集体经济相结合的总体战略思想，全镇新造经济林 2950 亩，总投资 300 万元。涉及全镇 14 个村中的 11 个村 27 个小斑。树种为寒富苹果、南果梨、红肖梨、鸡心果、大果榛子、大果沙棘、葡萄、枸杞、红树梅等十几个品种。

一是回族村大果榛子和大果沙棘基地计 400 亩。回族村大东沟组人口居住分散，所有耕地都分布在山腰，并且多数居民迁出，土地弃耕。在征得全体村民签字同意后，把所有分散的弃耕地统一整理成梯田，采取座水栽植的方式，分南北两个区域栽植大果榛子 258 亩，大果沙棘 142 亩。二是下湾子村采摘园基地。两处基地面积分别是 91 亩红肖梨和 457 亩采摘园，基地配有机电井 3 眼，基地内苗木品种多元化、采摘周期长达 4 个月。三是罗络营子村葡萄采摘基地。结合红石砬景区的特殊地理位置和小气候，在山洼里开辟 5 块比较肥沃的土地，栽植北冰红葡萄 240 亩。四是石匠沟村高效丰产经济林采摘园 1000 亩，共分三个年度完成，其中 2015 年为土地调整和整地阶段。2016 年，栽植寒富苹果 753 亩，123 苹果 83 亩；2017 年，栽植寒富苹果 121 亩，南果梨 43 亩。

2. 完成了 G305 线玛尼罕至红山水库段公路和 S210 线新惠至老虎山段公路绿化工程。G305 线玛尼罕至红山水库段公路总里程为 46 公里，绿化里程为 44 公里，绿化宽度为 20 米，绿化面积约 4000 亩，栽植樟子松、金叶榆、文冠果、银中杨、果树和花灌木等各类绿化苗木 42 万株，绿化工程投资 3900 万元，S210 线新惠至老虎山段公路里程为 77 公里，绿化里程为 10 公里，绿化宽度为 20 米，绿化面积约 4000 亩。由敖汉旗新惠林场、大黑山林场和三义井林场完成，栽植樟子松、金叶榆、银中杨、果树和花灌木等各类绿化苗木 23 万株，工程投资概算 2970 万元。这两段公路绿化工程的实施，改造修复了公路沿线的退化林分，拓展了以森林生态景观为主的绿色空间，景观林带同毗邻的农田防护林、防风固沙林和城市防护、绿化、美化的和谐统一。

国有林场职工参加公路绿化工程治理

敖汉旗 G305 国道玛尼罕至红山水库段、S210 省道新惠至老虎山段和黄羊洼镇至敖润苏莫苏木段均为新开通的大通道，三条大道互为犄角，形成了贯穿敖汉南北的交通大动脉，肩负着经由敖汉商贸物流的重要使命。2019—2020 年，敖汉旗尽最大努力筹集资金，高标准完成通道绿化 164 公里，栽植樟子松、文冠果、金叶榆、银中杨、复叶槭和花灌木等各类大苗 104 万株，造林绿化面积 1.5 万亩。2019 年 3 月 20 日，敖汉旗新惠林场、三义井林场、双井林场和大黑山林场的 400 多名职工，克服了路程远、战线长、工期紧、任务大的困难，搞规划，清死树，植新绿，全力以赴奋战 40 余天，沿 G305 国道玛尼罕至红山水库段和 S210 省道新惠至老虎山段，完成通道绿化 114 公里，栽植各类绿化苗木 62 万株，绿化面积达 8000 亩，工程总投资 7000 万元。为了进一步改善人居环境，拓展绿色空间，推进实施重点区域绿化工作，2020 年 3 月下旬至 5 月上旬，在 2019 年通道绿化的基础上，再次组织四个林场的干部职工，坚持防疫与造林两不误，全面完成了 S210 黄羊洼镇至敖润苏莫苏木段通道绿化工程，绿化里程 50 公里，绿化面积 7000 多亩，栽植樟子松、文冠果、银中杨、金叶榆、蒙古黄芪和花灌木等近 42 万株。

工程采取的主要措施：一是继续实行政府投资工程单株评审造价办法，由旗林草局提出苗木单株造价，由旗财政部门零利润评审，最终按评审价格兑现绿化资金，最大限度地节约造林成本。二是政府常务会议形成会议纪要，继续由四个林场负责施工，一管三年（沙区段一管五年），按 4∶3∶3 的比例根据验收结果兑现造林资金，切实提升了造林质量和绿化成效。三是工程实施围栏封育，实施人工管护。工程施工方管护三年结束后，按照谁经营、谁受益的原则，将绿化苗木划归土地使用权所有者管理，有效提高管护质量和管护积极性，增加了农牧民收入。

取得成效：工程建成后成效十分显著，不管是从南部的老虎山进入敖汉，还是从北部的红山水库和敖润苏莫的穿沙公路进入敖汉，你都会被眼前的绿色景观所陶醉。宽阔的黑色路面两侧，婆娑着一望无际的绿树，就像一条条绵延不断的翡翠曲线，护卫着崭新的油路，蜿蜒在山川原野之间，使大通道格外鲜亮和跃动。敖汉绿色大通道的建成，不仅得到了社会各界的一致好评，也得到了自治区、赤峰市领导的充分肯定。时任赤峰市委书记孟宪东、赤峰市政府副市长汪国森曾多次到通道绿化点检查指导工作，他们认为，这个项目规模大、档次高，是全市近年来少有的优质绿化工程。

3. 引入企业，创新林业发展的新机制

2010 年，旗政府通过招商引资引进"内蒙古郭氏庄园农业发展有限公司"，一家以庄园经济、生态产业为使命的农业综合体，入驻黄羊洼。截至 2015 年，公司已投资 2000 余万元完成了 11 公里跨境二级引水，日供水可达 1 万立方米；架设供电专线 11 公里，更新、新架供电线路 15 公里，购变压器 15 台，为黄羊洼的生态修复和长久发展奠定了基础。投资 350 万元建设 500 亩苗圃一个，树种除文冠果外，达 30 种之多；投资 200 万元完成 3500 亩指针式喷灌机的安装调试工作。购置各种大、中型农机具 30 余台，完全满足了生产需要。投资完成了 3000 平方米储草大棚，修建了车库（棚）2000 平方米，投资 300 万元硬化了场院 10000 平方米，硬化了村庄道路 800 米，投资 800 万元修筑柏油路 10.8 公里，投资 1200 万元兴建 3866 平方米文冠果研发中心楼 1 座，投资 450 万元建山体公园一处，栽植蒙古野果 433 亩，文冠果 3679.5 亩，其中建文冠果丰产林 400 亩。已经从赤峰林科院和北京林业大学，以及翁旗、阿旗和建平等地优种母树采集了 100 多个品种的文冠果优树接穗 3 万多个，成功嫁接了 12000 多棵树；利用林科院 2013 年冬季处理的文冠果优系（30 个品种）种子直播建 20 亩文冠果良种种子园一处；利用文冠果 1 年生苗平茬采嫩叶建 5 亩茶园一处；利用 3 年生苗木做砧木，林科院采穗圃的丰产型和观赏型接穗嫁接文冠果采穗圃 5 亩；利用无纺布容器 3 年生苗移栽建文冠果大苗繁育基地 300 亩，效益初显。

（1）社会效益

拓宽就业渠道：黄羊洼园区项目为工业、农牧业、商贸业和服务业提供了新的发展空间，直接解决 1000 多户长期稳定工作，直接解决 3000 多名产

黄羊洼草牧场文冠果经济林工程

业工人就业；在缓解就业压力方面发挥了重要作用，进而辐射整个黄羊洼地区乃至全旗。

引领结构调整：黄羊洼园区实施农、牧、林、旅游综合开发，起到调整区域产业结构的示范带动作用，为农村牧区及国有林场产业转型、经济结构调整提供了有效途径。

创新投资环境：黄羊洼园区建设项目，提升了世界农业遗产地的认知度，提高了地区知名度和美誉度。同时，改善了城市基础设施，提高了居民的物质生活水平，还有利于提高居民的生活文明水平，进而有利于改善居民的文化观念和全社会的精神风貌。

展示民族文化：敖汉曾是北方游牧民族的摇篮，展示了丰富繁华的塞外文化，拓展了旅游资源，弘扬具有浓郁地方民族特色的旅游产品与悠久灿烂的民族文化，也有利于丰富地区人民物质文化生活。

（2）生态效益

挖掘生态旅游，利用自身优势与周围要素，建设高端旅游休闲中心，促进当地旅游事业发展，并为"全球500佳"环境奖荣誉的巩固及提升发掘生态元素，形成开发性生态保护。

黄羊洼是敖汉旗北部最重要的生态防线，是历史上全旗荒漠化最严重的地区，黄羊洼生态环境的好坏，关系敖汉旗各族群众的生活与发展，也关系赤峰市生态环境的保护和改善。如果草牧场防护林大面积老化、死亡，无疑会加重沙尘暴对京津地区的侵袭。生态修复将有力打造敖汉旗北部一道生态安全屏障。

（3）经济效益

带动放大经济：经验数据显示，旅游业直接收入可带动相关行业收入增加的效益；该项目建设将以旅游为主体，构成相关产业链，带动经济发展。

改善群众生活：建设项目带来直接经济效益，且可吸引资金、技术、人才、信息，促进生产要素合理流动，并带动商贸、交通、餐饮、文化、娱乐等十几个行业的发展，对增加当地居民经济收入，改善社区发展环境，提高群众生活水平起到重要作用。

2020年末，引入内蒙古舜德治沙科技有限公司，在敖润苏莫苏木荷也勿苏嘎查开展10万亩沙地综合治理及绿色生态循环示范建设项目。该企业依据国家荒漠化治理、应对气候变化、生态建设的扶持政策，依托敖润苏莫苏木沙地资源，以内蒙古农业大学、中国科学院沈阳应用生态研究所的技术为支撑，建设集"梭梭、甘草、肉苁蓉、锁阳、黑枸杞、麻黄等中草药栽培，肉牛、肉羊养殖，饲草料、有机肥加工"于一体的绿色生态循环产业基

东荷也勿苏万亩沙地治理工程

地。在敖润苏莫苏木建设沙漠化治理、生态建设与产业融合发展的示范型龙头企业。项目建设内容由八大板块组成，即风沙源综合治理（主导）、农畜产品加工业、种苗业、养殖业、林下经济、休闲农牧业、沙漠文化、风光互补工程等。项目总规划用地面积 10 万亩，一期规划用地 13348 亩（已完成了土地流转），二期规划用地 86652 亩，项目核心区建筑用地 80 亩，总建筑面积为 73800 平方米（一期）。项目分为风沙源治理区（全域种植紫花苜蓿、治沙树种）、苗木培育区、种植区、养殖区、休闲观光区、餐饮娱乐区、综合服务管理区等。工程设计：一期工程是 2021 年 5 月—2023 年 12 月，二期工程为 2024—2026 年。工程总投资 15.8 亿元。目前，已经完成土地流转，打造了一个沙地植树样板，完成沙地造林面积 100 多亩，植树 5 万余株。

引入企业造林，在敖汉旗生态建设史上尚属首次，这一模式不仅开创了敖汉旗市场化造林形式的先河，还为全旗生态建设注入了新的活力，对提高生态效益、社会效益、经济效益三效统一具有划时代的意义。

三、加快生态产业发展，成为生态文明建设的新课题

生态产业是一种兼顾资源、环境、效率、效益的综合性现代产业体系，是遵循生态学、经济学规律的生态经济复合系统，是运用系统工程方法和现代科学技术、集约化经营的产业发展新型模式。其本质是要求自然资源在人口、社会经济和生态环境三个约束条件下稳定、协调、有序和永续利用。它可泛指一切与生态和环境相关联的生产物质产品和提供劳务活动关系的产业，主要包括生态农业、生态工业、生态旅游业和生态文化信息业等，覆盖了农业经济、工业经济、商业经济以及信息时代的知识经济。敖汉旗作为生态大旗，发展生态产业具有绝对优势，在经济结构调整中坚持扬长避短，全方位引入"生态产业"概念，以"生态经济"为发展方向，逐步把敖汉旗建成绿色生态产业基地。2017 年，旗委、旗政府适时提出了打造"小米、肉驴、沙棘、文冠果"四个百亿元产业的长远战略目标。

通过几十年的努力，全旗已经形成了一定的生态产业基地。林业产业发展势头强劲，草产业不断发展壮大，生态种养效益不断提升，生态旅游活泼有序。

1. 非木质产业

就是发展林下经济和林间经济，积极探索研究生物工程科学配置，把荒

芜林间地、林下地利用起来，因地制宜地发展多种种植，发展复合经营，提高林业产业附加值。近年来，敖汉旗积极践行"绿水青山就是金山银山"的发展理念，充分发挥生态优势和森林资源的潜力，不断提高林地综合经营效益。结合产业规划，重点建成林菌模式、林药模式、林禽模式等，推动林下经济发展。

催生了山野经济兴起，农民一年四季有收获，春天挖野菜、收集松花粉，夏天采蘑菇、挖药材，秋天摘山杏、采松籽，冬季打沙棘果、松塔。尤其是进入夏季，随处可见三五结对的人到山上捡蘑菇，少的收入近万元，多的收入两三万元，还涌现出了一批靠收购山野货致富的经纪人。

林菌模式以野生菌为主体，实现采摘和加工，在全旗均有分布。南部乡镇规模较大效益较好。如金厂沟梁镇建设野生食用菌生产加工厂两个，每年可产各类干蘑菇 100 万斤以上，实现利润 5000 万元。全部产品实现在北京四季青镇锦绣大地商务线线上线下同步销售。据不完全统计，南部乡镇仅野生菌年收入户均 1 万元以上。

2016 年 7 月 14 日，金厂沟梁镇四六地村 43 岁的村民刘永生捡蘑菇，一上午捡 200 斤，每斤 1.2 元。这个村有 6 户靠捡蘑菇每年卖 1 万多元，名贵的沙棘蘑、羊肚子蘑，刚采摘下来新鲜的羊肚子蘑每斤能卖 100 多元，晾晒干的每斤能卖 1000 多元钱。

林下经济——林菌模式

六道岭村的万亩人工山杏林年年喜获丰收，2017年夏季，水利工程人员走进小山村，农户庭院中堆满金灿灿的山杏果，村退休党支部书记段景岐说："今年，我们这里小气候很好，风调雨顺，山杏获得了大丰收，全村摘山杏核20万公斤，总收入在100万元，人均增收千元。"

林药模式是以林间空地适合间种金银花、白芍、板蓝根等药材，对这些药材实行半野化栽培，管理起来相对简单。据调查，林药模式多分布在牛古吐到古鲁板蒿乡黄羊洼镇、四道湾子镇一带，林下种植中药材每亩年收入可达500—700元。此外，还有林禽模式和林草模式。林禽模式是在速生林下种植牧草或保留自然生长的杂草，在周边地区围栏，养殖柴鸡、鹅等家禽，树木为家禽遮阴，是家禽的天然"氧吧"，通风降温，便于防疫，十分有利于家禽的生长，而放牧的家禽吃草吃虫，粪便肥林地，与林木形成良性生物循环链。在林地建立禽舍省时省料省遮阳网，投资少；远离村庄没有污染，环境好；禽粪给树施肥营养多；林地生产的禽产品市场好、价格高，属于绿色无公害禽产品。林草模式是在退耕还林的速生林下种植牧草或保留自然生长的杂草，树木的生长对牧草的影响不大，饲草收割后，饲喂畜禽。一般说来，1亩林地能够收获牧草600公斤，可收入300元左右。这一模式在萨力巴、敖润苏莫苏木可见。

2. 林果加工产业

开展水果、山杏、沙棘、食用菌等精深加工，延长增值链条，提高林业资源效益。自20世纪80年代以来，在种植规模不断扩大的同时，敖汉旗沙棘、杏仁加工产业取得了巨大进步。全旗现有以国家级林业产业化龙头企业——内蒙古沙漠之花生态产业科技有限公司为代表的果品加工企业7家，开发的产品主要有沙棘、杏仁系列饮料和沙棘油、沙棘茶及多种沙棘富硒系列产品，相关产品已通过ISO9001质量管理体系认证，其中自治区级林业产业化龙头企业2家，市级林业产业化龙头企业3家。"沙漠之花"和"赤波"两家企业分别获得自治区著名商标。全旗果品加工企业年生产能力在4万吨以上，消化利用沙棘和山杏核1.8万吨，产值达2亿元以上，上缴利税1000万元以上，带动农户1万余户。

内蒙古沙漠之花生态产业科技有限公司，是一家专注于生态产业开发，全力建成沙棘产业第一品牌，充分发挥生态产业的巨大生态、经济和社会效益的自治区产业化龙头企业。公司成立于2003年9月，注册资本2000万元。2010年，企业升级改造后，年设计生产能力5万吨。厂区占地面积36000平

沙漠之花生态产业公司

方米，建筑面积 18500 平方米，现有职工人数 124 人。沙漠之花立足于当地的天然沙棘、杏仁资源优势，专门从事沙棘系列产品、杏仁饮料系列产品生产。主导产品有沙棘果汁饮料、沙棘油、杏仁饮料等。公司年销售额亿元以上，年上缴税金 1000 万元以上。2016—2018 年，陆续建设高标准沙棘基地 2000 亩，目前投资 2000 万元。公司荣获"国家重点龙头企业""高新技术企业""自治区农牧业产业化龙头企业""全国工人先锋号""有机基地认证""绿色产品认证"等殊荣，是自治区级林业产业化龙头企业。

近年来，沙漠之花公司围绕基地建设，在长胜镇规划建设沙棘基地 3000 亩。与金厂沟梁镇四六地村公司联合建设沙棘基地 1 万亩，建设 800 平方米沙棘速冻库一座。推动下洼等地的沙棘特色小镇建设。沙棘、杏树等小灌木的种植，不仅保护了生态，也产生了巨大的经济效益和社会效益；敖汉伊纳维康生物科技有限公司在陈家洼子林场栽植沙棘 1000 亩，建设无刺大果沙棘无性繁育基地 1 亩，培育无刺大果沙棘 20 万株；陈家洼子林场栽植 400 亩。

3. 牧草产业

内蒙古黄羊洼草业发展有限公司，成立于 2002 年，企业注册资金 400 万元，拥有资金 1500 万元，其中生产草地 1.6 万亩，草产品生产线 2 套，各类生产设备 100 多台套，是一家集牧草产品生产、加工、销售为一体的草产业龙头企业，2007 年完成草产品加工销售 3 万吨。

内蒙古津垦牧业有限公司隶属于天津食品集团有限公司旗下天津津垦牧业集团有限公司，是国有独资企业。2017年，内蒙津垦牧业公司投资28312万元，在敖汉旗古鲁板蒿镇及黄羊洼镇两处流转土地4.3万亩，种植紫花苜蓿，为集团农牧业板块提供优质畜牧草。通过高效栽培、管理等措施，基地苜蓿草亩产达到800公斤/亩/年，品质达到国家2级标准以上。公司从事牧草种植起步，未来将逐步建成集种植、养殖、畜产品加工、有机肥生产、加工于一体的全产业链的龙头企业。

赤峰民益天然花青素有限公司依托高质量苜蓿基地，在敖汉旗兴隆洼镇种植苜蓿2000亩，年产优质苜蓿草捆1600吨。这些企业所生产的产品有草捆、草砖、草颗粒、青贮牧草等，产品主要销售日韩及国内各大城市。由于企业的拉动，提高了牧草产品的价格，增加了广大农牧民的经济收入。

4. 种养业的发展

（1）敖汉小米

2013年，被批准为国家地理标志保护产品。

2018年，入选全国首批"一县一品"品牌农产品。

2020年，第七届世界小米起源与发展会议召开，发布敖汉小米LOGO。

2020年，全旗谷子种植面积103万亩，总产6.1亿斤。谷子种植百亩以上有543多片，500亩以上有97片，千亩以上有16片。建设谷子良种繁

2013年，国家质监总局批准敖汉小米为国家地理标志保护产品

敖汉旗谷子种植基地

育基地 5 处，建设功能性谷子种植示范基地 2 万亩，有机谷子示范基地 500 亩，绿色谷子示范面积 1.31 万亩。有小米为主的杂粮生产加工产业化龙头企业自治区级 2 家，市级 2 家，种植加工农民专业合作社 366 家，其中，国家级示范社 2 家，年加工销售 2 亿斤以上，2020 年小米产业总产值 20 亿元，带动就业人数 53 万人。八千粟、兴隆沟、孟克河、禾为贵等品牌多次在农产品交易会、博览会上被评为"优秀产品奖""优秀品牌产品""金奖"和"最佳人气奖"。

（2）敖汉荞麦

敖汉荞麦为中华人民共和国农产品地理标志产品。注册有"牛力皋""双井""树发"等荞面品牌。2020 年，荞麦种植面积 15.2 万亩，产量 1.9 万吨。荞面粉畅销国内各大中城市，并远销日本、韩国等国家和地区，深受国内外人士的赞誉，备受消费者的欢迎。

（3）肉牛产业

2020 年，肉牛全旗牧业年度存栏 18.3 万头，其中基础母牛存栏 13.2 万头。建设完善万头肉牛场 2 个、500 头肉牛养殖场 7 个、百头肉牛养殖场 54 户、肉牛冷配站点 65 处。

（4）肉羊产业

2020 年，肉羊全旗牧业年度存栏 175 万只，其中基础母羊存栏 77 万只，全年出栏羊 182 万只，其中羔羊育肥出栏 35 万只。全旗建设完善肉羊标准化养殖示范专业村（小区）42 个，其中专业育肥小区 2 个。建设肉羊棚舍 4.5 万平方米，建设青贮池窖 3 万立方米。

5. 种苗产业

（1）国有和个体苗圃不断发展

"十三五"时期，敖汉旗种苗工作取得了长足发展，截至目前，全旗已有国有苗圃 11 个，个体苗圃 23 个。全旗每年育苗面积保持在 12 万亩，其中新育苗 0.2 万亩。全旗年产苗量 1.0 亿株，其中良种苗木 200 万株，基本满足全旗造林绿化的需要。国有苗圃中，自治区级保障性苗圃 2 个，总面积 2000 亩，可育苗面积 1000 亩，年产各种苗木 3000 万株。随着林木种苗事业的发展，在国有苗圃建设中涌现出很多好典型，如三义井林场、双井林场、大黑山林场、新惠林场苗圃，坚持以育苗为主，依靠科技进步，积极开展良种繁育，创造了一流的业绩，为本场经济和全旗林业发展做出了积极的贡献。个体苗圃中，赤峰市蒙林绿化有限责任公司、敖汉旗绿缘苗圃通过苦干实干，闯出了一条以市场为导向，以科技为支撑，以大径彩叶绿化苗木和造型松为突破口，以服务于城乡为重点的科技兴圃新路子。同时，随着市场经济的发展和种植业结构的调整，个体育苗户迅速增加，育苗面积不断扩大。

（2）种苗行业管理趋于完善

2016 年，敖汉旗林木种苗站被自治区林业厅列为全区林木种苗标准化示范单位，通过近几年的标准化建设，完备了种子质检室两间，质检设备基本齐全，配备专业质检员 2 名，组建了专业的工作队伍。经过几年的专业培训，全旗具有林业种苗专业执法资格人员 5 名，一般工作人员 4 名。全旗林木种苗管理工作逐步走上了规范化的轨道，一个依法治种的局面正在形成。

（3）试验良种繁育基地正在建立

"十三五"时期，敖汉旗采取与中国林科院林业研究所、赤峰市林科院、赤峰大森林公司等部门联合的形式，先后建设了文冠果、沙棘良种基地两处，先后引进了文冠果新品种 4 个，无刺大果沙棘新品种 6 个，建立了文冠果良种基地 500 亩，年产文冠果良种苗木 200 万株，种子 20000 斤。建立无刺大果沙棘良种基地 200 亩，年产沙棘良种苗木 1000 万株，良种 10000 斤。这些基地的建设，为全旗产业发展提供了技术支撑。

（4）种苗工程建设取得实效

为了实现良种上的突破，敖汉旗从 2007 年开始，加强采种基地建设，十几年间，先后建立了三义井治沙分场山竹子灌木采种基地，双井林场古鲁板蒿分场柠条灌木采种基地，新惠林场高家窝铺分场山杏采种基地，北梁分场沙棘采种基地。同时，通过积极争取，将三义井林场、大黑山林场列为自治区级保障性苗圃，提高了全旗种苗繁育用种质量，加速了良种使用率的提高，促进了全旗种苗事业的健康发展。

6. 敖汉干部学院教学点与生态旅游初步发展

敖汉干部学院几年来开辟建设了六道岭、马场梁、三十二连山、连长山、治沙林场、黄羊洼、热水汤等处生态建设教学基地。生态建设的精品工程也成为人们休闲旅游的首选，旗内外游客络绎不绝，规模也在不断扩展。

治沙林场——敖汉干部学院教学点

第四节　明确方向步伐扎实，实现生态建设与保护的新目标

党的十一届三中全会成为敖汉旗生态建设的分水岭，新中国成立后 30 多年，敖汉旗各族人民在旗委、旗政府领导下历经千辛万苦、百折不挠，以改变农业生产条件，改善人民生存环境和生活水平为目标，从种树种草入手，防风治沙保持水土使敖汉的生存环境有所改观，使人民的生活水平稳步提高。党的十一届三中全会以后，迎来了敖汉生态建设迅猛发展的时期。20 世纪 80 年代初，开始了大规模的"三北"防护林工程建设，以及沙棘山杏经济林、灌木饲料林和速生丰产林三大基地建设。进入新世纪，依托京津风沙源治理、退耕还林、德援、意援等国内外重点工程项目，加快了山水林田湖草的综合建设、修复，全面推动生态系统更加健康有序的发展。

一、生态建设成就显著，生态环境、经济效益上水平

1. 生态环境明显好转

2004 年，全国第三次荒漠化和沙化监测结果显示，敖汉旗沙区经过多年治理，流动沙地已由 1975 年的 57 万亩减少到现在的 5.22 万亩，半流动沙地由 171 万亩减少到 8.79 万亩，固定沙地则由 31 万亩增加到 98.87 万亩，有明显沙化趋势土地减少为 223.62 万亩。有 100 万亩农田、150 万亩草牧场实现了林网化。带网片、草灌乔相结合的防护林体系已初步形成。全旗控制水土流失面积 635 万亩，基本实现了水不下山、土不出川。区域小气候有了明显改善，与 20 世纪 90 年代与六七十年代相比，全旗年均降水量增加 30.5 毫米，无霜期延长 2 天，平均风速降低 1.65 米 / 秒。全旗保存治理水土流失面积 495 万亩，治理程度达到 51.4%；全旗重点治理小流域土壤侵蚀量减少 80%，蓄水量提高到 85%。

2. 经济效益明显提升

从 1991 年开始，全旗粮食生产能力稳定在 6 亿公斤以上，成为全区产粮大县；畜牧业产值突破 9 亿元大关，成为"全国畜产品生产先进县"。2020 年，全旗活立木蓄积达到 715.8 万立方米，人均 11.9 立方米，林木总价值达 15 亿元，相当于人均在绿色银行存有保值储蓄 2500 元。

二、持续加大造林种草力度，促进和修复生态功能

1. 在森林建设质量上有大幅度提升

按照国家林草发展总体目标要求，到 2035 年基本实现美丽中国，我国的森林覆盖率达到 26%。目前，全旗现有林面积 580 万亩，森林覆盖率 44.17%，区域范围内已超出 18 个百分点，可林分质量总体不高的实际情况现实存在，距离美丽中国建设还存在差距。下一步的林草建设中，紧密结合乡村振兴、精准扶贫等国家战略，通过科学的理念、技术、标准，广泛选用优良品种和乡土树种，以实施退化林分改造为重点，以推进文冠果、沙棘、草业产业发展为支撑，依托京津风沙源治理、退耕还林还草、森林质量精准提升等工程项目，实施造林种草生态建设和利益连接的有机结合，宜林则林、宜草则草、林草融合，高标准高质量完成造林种草工作，着力培育健康稳定的林草生态系统。

2. 在实施范围上实现应绿尽绿

敖汉旗南山中丘北沙的区域特点明显，572 万亩的有林地主要分布在生态环境恶劣、区域位置重要的山区、丘陵区和沙区，居民身边缺林少绿的现象仍然存在。坚持山水林田湖草是生命共同体的总思路，狠抓乡村绿化美化和乡村环境治理工作不放松，充分挖掘城乡宜林地、村头街角零星散地的绿化潜力，科学规划、合理布局，实施好身边增绿、见缝插绿、见空补绿的城乡绿化美化工作，增强整体绿化美化成效，改善区域生态和人居环境。

3. 在实施主体上全社会广泛参与

坚持生态立旗战略不动摇，努力营造全体动员、全民动手、全社会参与造林绿化的良好氛围，通过政府引导、政策支持、利益驱动、大户带动等多种形式，吸引社会主体参与全旗造林种草国土绿化工作，打好植树造林种草、爱绿增绿护绿的全民战役。深入开展全民义务植树活动，统一规划义务植树基地，不断创新义务植树实现形式，方便适龄公民履行植树义务。努力发挥旗直机关及部门优势，推进部门绿化，形成多渠道、多层次、多方式参与国土绿化的新格局。

4. 在加大投入上多渠道筹措资金

积极争取京津风沙源治理、退耕还林还草、植被恢复、森林抚育、各界援助等重点工程项目，以重点项目资金为依托，支撑植树造林种草绿化工作。坚持政府主体地位，继续加大财政投入，确保国土绿化有持续稳定的资

金来源。通过推广招商引资、政策吸引、先造后补、以奖代补、以地换绿等模式，引导企业、个体造林大户、社会组织资本注入，积极筹措造林绿化资金，吸引更多社会力量参与国土绿化。

三、继续加强生态保护力度，巩固和拓展生态建设成果

1. 林草资源监管工作有新作为

严格落实保护和发展森林资源目标责任制、压实乡镇苏木街道党（工）委和政府保护和发展森林资源的责任，形成了上下联动、齐抓共管的林地保护管理机制。继续实行林草地管理"月报告"制度，依法依规办理林草地使用手续，严厉打击乱占林草地和毁林毁草开垦行为，进一步规范采伐审批流程，明确采伐监管责任，完善采伐更新管理制度，加强对全旗林木采伐和采伐迹地更新造林工作的监管。建立健全更新造林和草原植被恢复问责机制、加大林权纠纷调处力度，依法依规保护林木所有者和经营者的合法权益。奖惩并用，疏堵结合，全力抓好禁牧休牧和草畜平衡、加强林业有害生物和草原鼠害防控工作，确保森林有害生物成灾率控制在 3.5% 以内。

肉牛产业基地

2. 森林草原防火工作力求新突破

严格按照地方政府行政首长和部门主要领导负责制要求，层层压实防火责任，形成了网格化管理责任制。及时修订《敖汉旗扑救森林草原火灾应急预案》，以适应新形势下防扑火工作的新要求。通过宣传单、标语和干部入户宣讲等形式，借助广播、媒体、手机短信、微信等宣传平台，加大防火宣传力度，做到防火宣传全覆盖、无死角。继续加强防火基础设施建设，强化财政经费保障，及时更新、购置防扑火装备和器械，以满足现阶段防扑火工作的需要。切实加强防扑火队伍建设，完善防火机构设置，通过防扑火实战化演练，有效提升防扑火人员的自身素质和防扑火队伍的实战能力。

3. 林草执法能力上新台阶

继续开展扫黑除恶专项斗争行业乱象整治、毁林毁草开垦专项行动、破坏森林草原和野生动植物资源违法犯罪专项行动、非法野外用火专项行动，严厉打击各类毁林毁草行为，确保林地草地资源得到有效保护。结合全旗扫黑除恶专项斗争工作的开展，切实加大毁林毁草问题线索排查、问题整改和案件查处力度，确保线索摸排全覆盖、无死角，问题整改全覆盖、无空缺，案件查处全覆盖、无遗漏。严格落实安全生产行业监管职责，加大重点领域、重点部位、重点环节安全生产监控，及时排查安全隐患，发现问题，即行即改。

四、大力推进基地建设，促进林草产业深度融合

1. 集中选择培育林草产业项目

以维护生态安全为前提，结合敖汉旗林草发展现状，突出林业和草原区域特征和区位优势，深入挖掘适应本地区发展的支柱型产业，彰显本地区区域特色，全面提高林草利用效率和林草综合效益，结合全旗着力推进文冠果、沙棘和草业产业发展，以退化林分改造为重点，大力发展经济林基地、文冠果木本油料林基地、樟子松基地。深入挖掘林下种养业的发展，在不破坏森林植被的前提下，林下发展药材、饲草的种植，鸡、鸭等禽类的养殖。充分利用全旗百万亩油松林资源，实施万亩油松林抚育基地建设，通过疏伐等育林措施，变绿树为资本，实现科学合理的利益分配机制，实现林农增收、财政收入、集体经济壮大"三赢"。

2. 集聚林草产业发展空间布局

要科学规划林草产业项目发展布局，突出区域特点和产业发展潜力，选

果林采摘园

择与本乡镇、本地区发展相适应，林农积极性较高、经济效益明显的产业品牌，增强主导产业资源利用率和市场竞争力。结合全旗林草业分布实际情况，在国道111线以南，南部浅山丘陵区和黄土丘陵区，以四家子镇为中心，以发展建设经济林试验示范区为重点，辐射带动周边地区，集聚发展鲜果经济林基地、沙棘改良基地和山杏林改造基地。在国道111线两侧，中部黄土丘陵区，以新惠镇、牛古吐镇、丰收乡为中心，以内蒙古自治区沙漠之花龙头企业为支撑，集聚发展沙棘改良基地、山杏林改造基地。在国道111线以北，黄土丘陵区和沙区，以黄羊洼和国有林场为中心，以内蒙古文冠庄园龙头企业为支撑，集聚发展文冠果木本油料林基地、樟子松林苗一体化基地。以四个国有林场为中心，充分挖掘国有林场森林资源潜力，利用油松林资源开展油松林抚育试点，利用现有森林资源实施中草药、饲草种植，鸡、鸭等禽类的养殖。

3. 健全集约产业要素投入机制

继续加大招商引资力度，实施"引进来，走出去"发展战略，建立多元化投融资渠道，健全投融资激励机制，多方筹措基地建设和产业发展资金，让充裕的资金为基地建设和产业发展保驾护航。拓宽森林利用渠道，提高林业经济效益，让绿水青山变成金山银山，旗政府筹备组建"敖汉旗绿涛森林碳汇开发有限公司"，通过公司＋村集体＋农户的经营模式和利益分配机制，充分利用敖汉生态建设成果，通过碳汇交易、森林经营等多种措施，实施森林经营碳汇项目，有效提升森林资源的可利用率。一期纳入林地开发面积 93.62 万亩，年可减少碳排放量 28 万吨，30—50 元 / 吨，年收益 840 万—1400 万元，计入期 30 年，预期收益可达 4.2 亿元，扣除合作企业 40% 的利润，政府、村集体、林农可收益 2.52 亿元。旗政府与内蒙古和盛生态育林有限公司合作投资 5000 万元，实施"敖汉旗万亩生态景观综合体"项目，有效推动和促进了地区苗木市场发展。与内蒙古延泽药业公司合作，在三义井林场陈家洼子分场发展桔梗、黄芪、苦参等中药材种植 1000 亩，有序推进林下种养业发展。

4. 努力培养壮大产业发展链条

通过推广"龙头企业 + 合作社 + 农牧户"的经营模式，培育壮大沙漠之花、文冠庄园等龙头企业，进一步完善林草产业龙头企业与农牧民利益联结机制。以全旗招商引资的政策措施为基础，以资源利用为依托，继续吸引适宜敖汉旗产业发展的规模企业入驻，助推壮大产业发展规模。充分利用国家有关部委及海淀区对口帮扶敖汉旗有利契机，帮助入驻生产加工企业，出台优惠政策，支持企业着力从产品研发、生产许可、品牌认证、深加工等发展方向入手，助力企业创建和打造产业品牌。精准定位企业的种植户之间的关系，通过基层党支部 + 企业 + 合作社 + 林农的基地建设与发展理念，党支部负责引领和协调，企业负责提供技术和资金，以合作社为平台，广大林农以地入股开展基地建设，通过种苗供应、技术支持、回收保障等措施，积极引导企业参与种植，为产业基地的建设注入活力。努力引领农户走进企业中去，依靠技术、保证数量、保障质量，为企业提供高品质的产品加工原料，保证企业产品质量，实现企业增效，农户增收的目标。通过引导和协调，企业和种植户紧密链接，确保林草产业在敖汉旗有原料基地、有生产加工企业、有知名产品品牌、有拉动地区经济发展后劲，形成广大农牧民增收致富的主导产业。

五、坚持推动科技兴林，走好富民强旗之路

敖汉旗作为全国首批科技兴林示范县，围绕科技兴林做文章，坚持科研与生产相结合，不断探索和解决制约林业工作的难题，全面实施科技兴林战略，走出一条科技兴林、富民强旗之路。

狠抓林业技术攻关和技术推广。针对人工造林成本较高的实际，林业科技工作者于 1996 年 12 月研制成功了开沟植树机，在适宜地区推广应用，不仅缓解了劳动力紧张的矛盾，而且进一步提高了造林质量。为了解决苗圃地下害虫对苗木的危害，开展了小灰鳃金龟子防治技术研究，并利用多种药剂进行综合防治，现已形成了整套防治技术，消除了苗圃虫害；过去危害严重的松毛虫一直困扰着全旗林业的发展，经过多年的探索和观察，掌握了其发生规律。几年来，采用人工搂树盘技术，开展大规模的松毛虫冬防大会战，完成防治面积近百万亩，有效地遏制了松毛虫的大发生，达到了有虫不成灾的程度，走出了一条具有地方特色的松毛虫无公害防治道路。1998 年以来，为了寻求解决北部治沙的有效途径，敖汉旗借鉴外地经验，采用植物再生沙障治沙技术，成功地组织了北部四乡埋设植物再生沙障会战。4 年时间已完成埋设植物再生沙障治沙面积 12 万多亩，达到了一次治理一次固定、永续利用的目的；针对全旗沙棘经济林果品产量低、雌雄比例失调以及山杏育苗地多年不能重茬利用的问题，开展了沙棘无性繁殖、实生苗雌雄株分辨攻关和山杏育苗地土壤残毒研究，都取得了一定的成效。5 年间，先后取得 12 项林业科技新成果，并顺利通过专家的技术鉴定，有 8 项科技成果获市级以上科技进步奖，其中获国家科技进步奖一项。

从林木种苗生产入手，大力调整林种结构。敖汉旗坚持以国有苗圃育苗为主、乡镇育苗为辅进行育苗，每年产优质苗木 2500 多万株。为确定适应敖汉地区特点的当家树种，先后从外地引进了 20 多个杨树品种，进行对比试验，筛选确定了赤杨 36、赤杨 34，彻底淘汰了小叶杨，并先后引进了樟子松、落叶松、条桑、大扁杏、无刺大果沙棘、枸杞等品种，使全旗造林工作步入了多元化和优质速生发展的轨道。同时，应用育苗新技术提高苗木质量，推广应用了"地膜覆盖技术""化学除草技术""叶面施肥技术""容器育苗技术"等先进适用技术，加大育苗基础设施建设，加大育苗投入力度，降低苗木单产数量，使苗木质量和作业质量都明显提高。一级苗比例由过去的不足 60% 提高到 90% 以上。

实行林地复合经营，提高土地利用率，增加林业经济效益。进一步改善营林方式，提高土地产出率。在营林过程中，通过林前利用，种植 1—2 年农作物，既有利于恢复地力，又提高了土地产出率，对于幼林地采用以耕代抚的方法，利用行间间种矮棵粮豆作物，并通过调整林木分布结构，延长利用时间，使林地综合利用效率提高了 50%；对农田、草场进行了小网格造林，使之在林木的保护下建成高效农业或草场基地。对牧场进行网、带式改造，依立地条件进行林农、林经、林（牧）草复合式改造，实现土地的优化利用；对残次林和成过熟林进行"两行一带"式或"小网格"改造，建设高效复合型林业。诸多经营和技术改造措施的应用，使林地资源得到了合理的开发。

毛泽东同志说过，"人类总是不断发展的，自然界也总是不断发展的，永远不会停止在一个水平上。因此，人类总得不断总结经验，有所发现，有所发明，有所创造，有所前进"。敖汉旗委、旗政府在70多年的生态文明建设伟大实践中，始终遵循马克思主义生态文明思想，贯彻执行党和国家经济建设的方针政策，从敖汉的实际情况出发，发扬守土有责，不等不靠，不干不行，干就干好的优良作风，传承一届接着一届干，一张蓝图绘到底的光荣传统，坚持求真务实，艰苦奋斗，持之以恒，无私奉献的创业精神，走出了一条适合敖汉旗情的生态文明建设与发展之路，改善了生态环境，实现了永续发展，书写了生态文明的新篇章。用汗水和智慧把8300平方公里的苍翠大地嵌入祖国北疆！

敖汉旗生态治理工程拉练检查工地

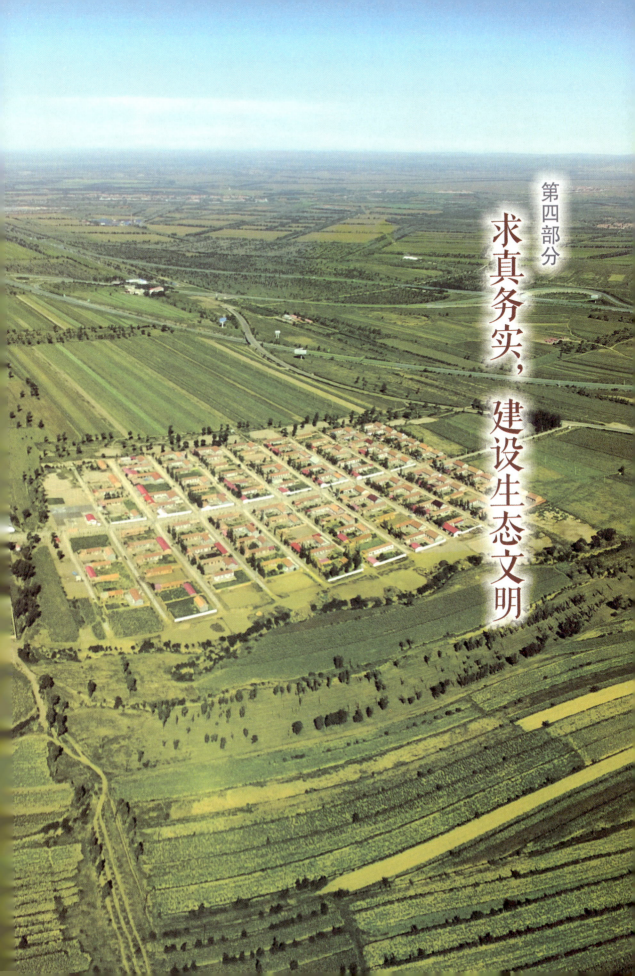

第四部分

求真务实，建设生态文明

文明是人类社会开化状态与进步状态的标志，社会主义生态文明是指人们在改造客观物质世界的同时，不断克服改造过程中的负面效应，积极改善和优化人与自然的关系，建设有序的生态运行机制和良好的生态环境所获得的物质、精神、制度的总和。社会主义生态文明理论是继工业文明之后又一崭新文明形态，它是人类社会发展到一定阶段的必然产物，是马克思主义生态文明理论重要组成部分。

马克思主义始终是中国共产党指导思想的理论基础，新中国成立后，党的几代中央领导集体，继承发展马克思主义，结合中国的具体实践，始终把社会主义生态文明建设放在突出位置。在不同的历史时期提出了一系列方针、政策、制度等，创造性地发展了社会主义生态文明理论，在这一理论指导下，中国生态文明建设的航船乘风破浪、行稳致远。党的十八大明确提出大力推进生态文明建设，树立尊重自然、顺应自然、保护自然的生态文明理念，把生态文明建设融入经济建设、政治建设、文化建设、社会建设的各方面和全过程，努力建设美丽中国，实现中华民族永续发展，是建设有中国特色的社会主义的正确选择。

敖汉生态建设的 70 年，正是社会主义生态文明理论的生动实践。在 70 年农村经济社会发展和生态建设长河中，敖汉的生态建设经历了三大发展时期（前文已分别记述）。在三大发展时期中，根据党和国家相应的方针政策和国民经济发展计划的制订与调整，结合敖汉生态建设的进展状况，又划分为四个不同的发展阶段，即：

以 1954 年 3 月召开的敖汉旗第一次人代会为标志的生态建设（农村经济发展与植树造林）正式起步阶段。

20 世纪 80 年代进入大发展阶段，实现了三次历史性大跨越。

以 1982 年 3 月敖汉旗委、旗政府做出的关于种树种草的决定为标志的生态建设（种树种草，恢复生态平衡）第一次历史性大跨越；

以 1989 年 9 月敖汉旗人大常委会审议批准，旗政府关于七年实现全旗绿化规划的决议为标志的生态建设（建设优先，七年绿化敖汉）第二次历史性大跨越；

　　以 1998 年 1 月敖汉旗委、旗政府做出的关于加强生态农业建设的决定为标志的生态建设（生态立旗，再造秀美山川）第三次历史性大跨越。

　　以 2003 年 12 月敖汉旗委、旗政府做出的关于加强生态保护工作的决定为标志的生态建设（保护为要，实现永续发展）进入了历史性转折阶段。

　　以 2016 年 3 月敖汉旗委、旗政府发布的关于进一步加强生态建设与保护工作的意见，标志着生态建设进入了生态建设与保护并重的新阶段。

　　四个发展阶段目标明确，思路清晰，特色鲜明，张弛有度，催人奋进。成绩之斐然，令世人所瞩目，展示了敖汉生态建设实施绿色发展 70 年的光辉历程。

　　70 年生态建设的实践使敖汉人民深深领悟到，能够取得今天的骄人成就，有以下五点值得牢记。

　　一、有一个坚强的领导集体。在新中国成立后 70 多年的生态建设实践中，敖汉旗委、旗政府始终遵循马克思主义生态文明思想指导，坚持一切从实际出发，实事求是的思想路线，紧跟党中央的战略部署，模范地执行党的各项方针、政策，对敖汉旗的农村经济发展和生态建设做出了科学的决策，并认真落实加快发展。到 20 世纪 80 年代初，基本找到了一条适合自身发展的路子，在之后的 40 年中不断取得一个接一个的胜利，实现了不同时期经济、社会的永续发展。

　　二、政治路线确定后，干部就是决定因素。有一支（几代人）特别能战斗、敢于担当、恪尽职守、冲锋在前的干部队伍。敖汉旗上从旗委、旗政府五大班子、各科局，下到乡镇党委、政府、基层党支部、村委会，充分发挥了应有作用，守土有责，不等不靠，不干不行，干就干好，极大地焕发了全旗各族人民建设美好家园的劳动热情和冲天干劲。

　　三、科学技术是生产力，是生态建设与保护的重要支撑。面对敖汉的旗情，新中国成立初期，生态环境恶劣，生产条件落后，人民生活困难。敖汉旗南部丘陵山区水土流失，北部沙区风沙危害，中部沿河台地，多灾多难，地形地貌土壤结构多样复杂，进行生态建设，靠苦干、靠奋斗只是一方面，科学思维、科学精神、科学技术的作用显得十分必要，生态建设的科学规划、科学布局、科学实施、科技创新，解决生态建设中的困惑和难题，其巨大的作用力已经形成共识。

　　四、政策和策略是党的生命线。农村经济建设、生态建设历经不同的历史时期，建设的方针、政策随着发展而调整，尤其是农村的林草业经营政策及时调整，才能调动劳动者的积极性，形成巨大的生产力，推动生态建设的快速发展。敖汉旗不同时期的农村经营政策调整以及国营农牧林场的改革及时到位，是敖汉旗生态建设取得重要成就的成功做法。

　　五、人民群众是创造历史的真正动力，敖汉旗生态文明建设既定目标每一阶段任务都能出色地完成，靠的是人民群众的两只手，靠一镐一锹，靠流汗流血拼出来的。没有人民群众与党同心同德、艰苦奋斗、持之以恒、无私奉献是完全不可能实现的，如果说是奇迹，是人民创造出来的；如果说是壮美蓝图，是人民描绘出来的。是人民群众推动了生态文明建设的发展，是人民群众推动了社会历史的进步。

机关干部绿化劳动工地

第一章 领导集体，党员干部的先锋作用

在 70 余年的生态建设中，中共敖汉旗委员会、敖汉旗人民政府认真贯彻执行党和国家不同时期生态文明建设的方针、政策，从敖汉的实际出发，做出了一系列关于生态文明建设的重大决策，部署了各个时期的重要任务。这些决策、任务谁来贯彻执行？敖汉旗生态建设的一张蓝图，谁来组织绘制？敖汉人民生态建设靠谁来组织实施？是旗委、旗政府组织领导下的人民群众。旗、乡、村的三级干部（科技干部），就是联系党和人民群众的纽带和桥梁。毛泽东同志说，政治路线确定之后，干部就是决定的因素。在历时 70 余年的生态建设中，党员干部是这场持久战、攻坚战的决策者、指挥者、执行者。决策中高瞻远瞩，指挥上运筹帷幄，执行时身先士卒，形成了强大的执行力。他们是时代旗帜，他们是中流砥柱。只因敖汉旗有着一届接一届干的优良传统，有着敢于担当、无私奉献的党员干部队伍，才会有今天生态文明建设的丰硕成果。

第一节 努力工作敢于担当的干部队伍

一、敖汉旗干部队伍的培养和使用

中共敖汉旗委、旗政府精心培养锻炼、充分信任、大胆使用这支干部队伍，三级干部在生态建设第一线恪尽职守、努力工作、不怕困难、敢打硬仗。下面就从敖汉仅存的历史档案和旗委、旗政府相关文件、主要领导讲话中选取以下内容，予以说明。

1. 1952 年，敖汉旗人民政府总结两年来林业工作时称：做好林业工作

的关键，必须得领导重视，认真贯彻党和政府的各项批示、决定，密切结合群众利益，做好宣传教育工作，发动群众，依靠群众，并建立了逐级负责制与奖惩制度。不仅要在各种会议上做好总结、布置并亲自检查，还要旗委、旗政府及有关部门按季节发出通知，领导各项工作，从而扭转某些干部轻林重农思想，提高干部的积极性。

2. 1962 年，春季敖汉人委造林工作总结时称：加强具体领导，旗人委在造林前，召开了有公社社长和林业干部参加的林业工作会议，明确了任务，提出了重点，指出了方法。统一领导、统一布置、统一检查、统一总结。提出干部分片包干，下去一把抓，回来再分家的工作方法，因地制宜地开展造林运动。在大部分地区，领导掌握重点，干部深入实地，巡回检查，指导技术，从而使造林工作迅速、扎实、健康发展。长胜公社党委主要领导在春季造林运动中不仅亲自布置检查，而且带领 600 余名机关干部，男女社员和学生在公社东北沙子梁上大战五六天，用浇水办法营造固沙林 400 多亩，这个公社全年完成造林两万多亩。小河沿公社书记、社长亲自抓造林，他们组织了 3 个大队，秋季将长达 8 公里，一趟河坡和大小 31 条沟全部栽上树。古鲁板蒿公社古鲁板蒿大队书记王荣从规划整地到造林结束，亲自带领群众造农田防护林 16 条，造林面积 300 亩，控制农田 3500 亩。

3. 1964 年，中共敖汉旗委《关于 1965 年开展以水土保持、水利为中心农田基本建设运动的意见》中要求：各级领导同志，都应该确定重点，亲自蹲点，培养典型，调查研究，总结经验，树立样板。旗委、旗政府以林家地公社的治山种草、三宝山大队种草、刘杖子大队山区治理、小南沟大队水土保持、马架子大队的农田建设、榆树林子大队的治沙、引洪淤地 6 个单位为样板。这些样板都要确定专人抓，在搞好样板的同时，培育抓好重点，公社的领导干部要蹲好一个点（公社不少于 2 个点），生产大队也要因地制宜，确定自己的点，负责同志要亲自带领群众治山治水。

4. 1966 年，中共敖汉旗委关于春季造林工作总结称：领导重视决心大，群众情绪高、干劲足。今春造林，旗委、人委不仅定期召开会议研究布置，下达任务，还号召各级领导干部以焦裕禄为榜样，带着改变全旗农牧业生产落后面貌这个问题，身先士卒，和广大群众一起搞植树造林。由于旗委对林业工作抓得紧，所以各社队的领导都层层重视起来。贝子府公社党委为了改变家乡面貌，提出春横扫，秋大干，一举实现林网化。长胜公社党委书记刘振国，在马架子大队采取领导干部群众三结合的方法，亲自参加规划设计，发动群众，完成 16 条林带，总长 53 公里。

5. 1979 年，中共敖汉旗委关于大田播种和种草的报告中称：加强领导，从旗委做起，各级领导同志都要抓实重点和种草的典型，及时总结推广。旗委尽量抽出局以上领导力量，深入重点公社检查督促种草。旗委常委下去 7 人，主要到新惠、古鲁板蒿、双井、双庙、长胜、岗岗营子、敖吉、下洼、牛古吐等 20 个公社。

6. 1983 年 7 月，中共敖汉旗委关于种树种草文件称：切实抓好造林种草 4 个重点，旗委责成一名副书记和三名副旗长，每人具体抓 1 个重点，并抽调十几名科局长和 60 多名农业、水利、农机、畜牧、林业技术干部，分赴四个重点工程，现场踏查，实行面对面的组织领导和技术指导。这些领导同志和技术人员从 3 月就要深入基层，同社队干部一起向广大社员群众宣传"林牧为林，多种经营"生产方针的重要性，大力开展种树、种草，建立新的生态平衡的必要性和迫切性，从而提高广大党员群众的积极性。

7. 1986 年，旗林业局关于林业工作总结称：在春季造林期间，继续采取五大班子定点包片，部、委、办、局包乡镇的办法，在旗直单位抽调 125 名干部（其中常委 6 人，科局级干部 28 人）组成造林工作队，深入基层，协同乡镇组织发动和现场指挥，加强对春季造林工作的指导，同时，动用了 11 台吉普车巡回指导。

8. 1989 年 3 月，在全旗林业工作会议上，旗委、旗政府提出：加强领导是敖汉旗整个林业生产的基本经验，必须坚持择其重点，第一，建立各级领导任期绿化目标责任制，将绿化任务分解到各乡镇（苏木），同乡镇长（苏木达）签订责任状。第二，各级领导亲自层层办林业点，也希望各个部门办林业点，作为考核乡镇班子和主要领导政绩的重要内容，年初布置，半年检查，年终总结，对于成活率高的要给予表彰和奖励，对于完不成任务的，必须追究领导人的责任，这不是一般的号召，而是要求各级领导办实事，求实效。可以是一个村、一个小组，也可以是绿化工程。总之，形式要多种多样，一定要坚持下去，抓出成效。

9. 1998 年 2 月，在夏季农田草原水利基本建设电话会议上，旗委、旗政府要求：加大领导力度，真抓实干，各乡镇党委、政府应把会战作为现阶段农村工作任务来抓，把会战放在重要日程，制定详细的方案，成立以党政负责同志为首的指挥部，负责和指挥会战，多数乡镇把指挥部搬到工地，同群众同吃、同住、同劳动。今年，林业局、水利局下派到乡镇的工程技术人员，在规划技术上严格把关，生活上严格要求，受到了当地乡镇、政府的高度评价，在群众中也起到了极好的示范作用，旗小康工作队人到位、心到位、干到位，同乡镇干部一起会战在工地，有些科局组织机关干部到所包乡镇参加会战，极大地鼓舞了干部和群众参加会战的积极性，密切了干群关系，加快了农田会战的速度。各乡镇党政一把手是会战的第一责任人，亲自抓、亲自指挥、亲自动手、精心抓好自己的精品工程，办好自己的点，没有特殊情况不脱岗，为保证会战的顺利进行，必保"五个一工程"的任期责任，力争超额完成任务，使会战整体上台阶、上水平。

10. 1999 年 3 月，在春季造林动员大会上，旗委、旗政府又重申了干部的使用和责任担当。尽管敖汉旗的生态建设取得了一定的成绩，但距离建成"秀美山川"的要求还任重道远。必须把生态建设作为一项长期的战略任务，坚定不移地抓下去。生态建设是敖汉的"立旗之本"，这本不能丢，仍然要实行"一票否决制"，作为领导班子实绩考核的一项重要内容，提出不抓生态不能当干部，抓不好生态建设不是好干部的观念，对完不成生态建设任务的乡镇干部一票否决。在生态建设上有为才有位，无为则失位。要重新调整旗级班子成员联系点和旗直单位联系点，抽调小康工作队，落实重点工程责任人。要从旗委、旗政府做起，会后立即深入基层，到点上开展工作，抓好春季造林第一战，确保全年工作目标完成。

11. 1999 年 3 月，旗委办下发关于旗县级领导干部举办绿化点安排意见要求：第一，旗级班子举办绿化点成员要到点上指挥造林工作，协助所在乡镇解决造林绿化工作中的问题，注重总结经验，用点上经验指导好面上工作。第二，旗直部委办局和有关业务要密切配合，把举办绿化点工作抓好，各乡镇苏木要主动与旗县级领导取得联系。第三，加强对兴办绿化点工作的协调管理，旗委办、目标办及时掌握情况，并对该项工作进行考核。

二、敖汉旗干部的英模和榜样

全旗旗、乡、村三级干部和工程技术人员听从旗委、旗政府指挥，听从安排，主动找准位置，进入角色，忠于职守，勤奋工作，在自己的岗位上，尽最大努力，担起责任，做出成绩，不负党的信任和人民的重托，向党和人民交出了合格、优秀的答卷。下面聚焦四位敖汉生态建设的老英雄、老模范、老专家、老军人，学习敬仰他们的高尚品质、精神风貌、卓著功绩，以励后人。

绿色使者孙家理

1948 年 5 月参加工作，曾先后任旗委农牧部长，1970 年任长胜公社党委书记，1981 年任敖汉旗政府副旗长，1987 年任敖汉旗政协主席，1993 年离休。他无论在哪里任职，无论是在职还是离休，都为敖汉林草业的发展奉献出全部力量。他走到哪里哪里绿，哪里栽树哪里活，被人民群众称为绿色使者，受到党和政府的多次嘉奖。1990 年 2 月获国家绿委会和林业部绿化奖章。

1974 年，国务院召开全国护林工作会议，他任长胜公社党委书记，他一面积极宣传全国护林工作会议精神，动员群众，宣传治理风沙、保护农田、发展农业生产的好处，一面对长胜农田踏查规划，于当年 9 月，组织群众整地。1975 年春，一举完成防护林带 134 条，总长 52.3 万延长米，造农田防护林 1 万亩，全乡形成 425 个网格，使 14 万亩农田牧场得到有效保护。

1981 年 6 月，他当选敖汉旗人民政府副旗长，这为他开展植树造林创造了有利条件，提供了更大的平台。1982 年春，他受旗委、旗政府委托，与林业工程人员一起，在 98.5 公里长的京通铁路开始了营造防护林的大会战，有 8 个公社 30 个大队，一万多劳动力参加，一举完成造林 3.2 万亩，成活率达到 80% 以上，经内蒙古林业厅验收，报国家科委认定，获国家林业部科技进步三等奖，从此彻底解决了京通铁路敖汉段的风沙危害。此项工程完成，为以后全旗顺利完成"三北"防护林工程打下了基础，更为全旗造林大会战开创了先例，提供了可参考的模式。

1987 年 6 月，他出任政协敖汉旗委员会主席，虽然职务变了，但他为敖汉奉献绿的精神干劲没有变，他主动向旗委、旗政府建议，对敖汉旗山水田林路进行综合规划，系统治理，并主动要求承担此项任务，在旗委、旗政府的大力支持下，和其他副主席一起，组织农林牧水系统的政协委员，先后深入敖汉中北部十九个乡镇，配合乡镇党委、政府进行踏查规划，指挥施工，覆盖的土地面积达 120 万亩，造林 50 万亩。

1989 年，他不顾年迈体弱，投入四德堂、敖音勿苏两乡的荒山绿化中。他常说："有人爱黄金，我爱绿树。"对于植绿造绿，不但入魔，也很有经验，他不但推广抗旱造林系列技术，还深入研究土壤气候、树种的特征和经验效益等多方面知识，因此，凡是他指挥的造林，成活率都在 90% 以上，他指定的树种效益也非常好。1991 年，他根据多年的经验提出林草结合，近期效益与长远效益结合，以及由生态型林业向生态经济型林业转变的意见，对敖汉的经济发展起到了重要作用。

1993 年，他年满 60 岁，可他人退，思想没有退，植树造绿的理念没有退。1994 年春，他又主动请缨，带着苗木出征南塔乡。他深入条件较差、任务较重的杏核营子村，和当地干部群众并肩作战一个月，使这个难点村造林 5600 亩。这个乡的南台子村组石多、山陡，他谢绝了林业局给他配备的工作车，全靠两条腿，穿山越岭指挥造林。当地群众说：他每天差不多跑四五十公里，连小伙子都追不上，愣是把一双新胶鞋跑到脱了帮，这才是共产党的好干部呢。经过一个多月的奔波操劳，他又在有生之年和群众一道，为南塔乡绿化两万亩。

1996 年，他又协助旗委、旗政府参与敖汉公路建设最大工程"4411"绿色通道工程，工地上留下了他的坚实足迹。

孙家理植绿一生，光彩一生，被人民称为"绿色使者"。

治沙英雄李儒

1947 的 4 月参加工作，曾先后任区政府秘书，旗农林水利局局长，三义井林场主任，旗林业局长，双井公社党委书记，旗农业局局长，旗人大常委会副主任，1990 年离休。

20 世纪 60 年代，他带领 20 多名农牧林技术干部到长胜公社马架子大队规划防风固沙农田林网，使该大队到 1965 年农田全部实现林网化，防治了风沙，保证了粮食产量。在此基础上，他又协助长胜公社的农田林网化建设，经过两年努力，使 11 万亩农田牧场林网化，这为全旗各地广泛营造农田牧场防护林，实现大地园林化开辟了道路。

60 年代初，敖汉旗人工种草有了发展，当时，李儒已在旗农牧林水局局长的位置，他选择了全旗最贫困的林家地公社搞试点，这个公社是个山没树木、地不打粮、土壤贫瘠、群众生活困难的地方，农民三料不足（肥料、燃料、饲料）。1962 年，全公社耕地不足 6.6 万亩，总产量不足 150 万公斤，平均亩产 20 公斤。从 1962 年搞人工种草试点，实行草田轮作，使粮食产量逐年增加。1970 年，全公社粮田面积压缩到 4.3 万亩，粮食总产量提高到 390 万公斤，增加 3 倍。林家地这一典型很有说服力，迅速把人工种草推广到全旗各地，后来全旗种草面积突破百万亩，推动了敖汉旗走出了草多、肥多、畜多、粮多、收入多的发展道路。

70 年代初期，他带领 7 名林业科技人员到克力代公社（大黑山林场），研究探索出了国营林场出苗木、出技术，社队出劳力、出荒山合作造林，三七分成的试点，克力代公社试点 1975 年春完成造林 5.4 万亩，为全旗建国以来造林面积的 2.2 倍，占全旗当年造林面积的 58%，国社合作造林得到了旗委、旗政府的肯定，并在全旗推广开。1978 年，辽宁省各旗县林业局长和国营林场场长到克力代公社参观学习，这在敖汉林业发展史上堪称一个创举，使敖汉林业发展上了一个新台阶。

80 年代末，在旗人大工作期间，旗委根据旗人大常委会党组《关于敖润苏莫牧场严重沙化、牧业生产连年下降的情况及今后的建设》报告，派他带领经济开发领导小组进驻这个苏木，帮助开展工作，从 1988 年春至 1990 年他离休，四年始终没有离开。他们到苏木之初就组织苏木 60 多名各级干部到萨力巴、玛尼罕等四个乡八个村，参观了种树种草，看人家，比自己，展开讨论，统一认识，制订了敖润苏莫经济建设的初步规划，描绘了沙化草原由黄变绿的蓝图。1988 年春天，沉寂了多年的沙窝沸腾了，他和苏木党委政府领导全苏木 2000 多劳力，扛着铁锹，拖着木犁，展开了治沙窝的攻坚战。他们连续奋战两个月，投工 4.3 万个，造林 1.3 万亩，接着马不停蹄地种草、插黄柳，从春到秋营造杨树、柳树、锦鸡儿等乔灌木，两年以后又组织飞播沙打旺、沙蒿等优良牧草，人工种草 3.65 万亩。经过两年多的努力，全苏木 40 万亩流动、半流动沙丘，有 30 万亩披上了绿装，敖润苏莫苏木通过种树种草改变生产条件，农牧结合，稳定发展，粮食产量翻番，大小家畜发展头数猛增。农牧民看到了丰收的希望，因风沙灾害而远走他乡的牧民，都纷纷回到家乡，安居乐业，但他也累倒在沙窝里、草原上。

1989 年 3 月，他被自治区人民政府评为扶贫工作先进个人和自治区表彰的"七五"期间先进个人。1992 年春，他被国家授予了由时任国务院总理李鹏亲笔题词的"中国改革功勋奖"，同年 10 月，他的名字被列入《中国改革功勋录》。

植树专家马海超

1951 年参加工作，曾先后担任区林业站长，国营三义井机械化林场场长，林业局局长、书记等职。1994 年退休。

他早在 1956 年就创造出"翻窝植苗法"在北部沙区推广，其间还编制了《造林育苗手册》，对当时指导造林提高成活率，起到了很大作用。20 世纪 70 年代初，他积极参加引进杨树杂交新品种，终于从中认定赤峰杨和白城杨等几个杂交品种，1981 年，他向林学会建议，全面推广适合当地的优良品种，从此结束了培育小叶杨的历史。

他带领敖汉农牧林水规划队，深入科尔沁沙地腹地的古鲁板蒿公社实施农牧林水总体规划，合理安排了林带结构，直到现在，还是敖汉旗进行农牧林水规划的主要借鉴模式。

70 年代中期，根据敖汉旗林业发展规划，积极提出国合造林并参与制定了实施方案，在山湾子水库上游的几个公社推广实施。而后，在全旗大面积铺开，使敖汉林业发展进入了新时期，为敖汉植树造林做出了很大贡献。

80 年代初，在国有三义井林场，参与主持了敖汉旗 JKL—50 型开沟犁，由动力车为 50—75 链轨拖拉机牵引，作业效率为每台每小时 15 亩。使用开沟犁整地与水平沟造林相比，具有节省劳动力、成本低、速度加快的优点，使用开沟犁有利于改善土壤水分状况与理化性状，对树木有增根效益，同时，开沟形成的沟壑自然起到护林作用，显示出提高植树成活率、保存率、生产量大等优点，适合敖汉中北部，在沙地、山地和丘陵缓坡地区推广使用。

他同林业科技人员一起学习北京市和山西省等地区高效速生丰产林营造经验，于 1980 年春季在三义井林场营造速生丰产林 850 亩，标志着国营林场经营开始从单纯的生态效益向经济效益转变。在以后的 10 年中，国营林场速生丰产林就达到 1.7 万亩。

他结合开沟犁研制成功使用，针对敖汉地处干旱、半干旱地区造林成活率低、保存率低、成材难的问题，开始研究抗旱造林系列技术，1986 年在全旗推广，通过 10 年的发展，造林 100 多万亩，合格面积均在 95% 以上，保存率达到 85%，提高造林成活率 45%—50%，抗旱造林系列技术荣获自治区科技进步三等奖，并在"三北"地区广泛应用。

1982 年春，他参与指导了京通铁路防护林营造，担任造林技术总指挥，完成了总长 93.5 公里的造林任务，成活率在 86% 以上，这一成果获林业部科技进步三等奖。

1985 年，他又开始了改造小老树和天然次生林，在大黑山天然次生林开辟了 500 亩的山楂林，在浅山丘陵区营造 5 万亩山杏林。他主持山杏在苗圃育苗异地栽植的办法，仅 4 年时间就成林结果。他营造推广的速生丰产林和山楂、山杏林，改变了敖汉林业的格局，为今后的林业发展首开先河。

退休后，他不忘初心，老有所为。1996 年，他参与指挥了敖汉旗公路标准化示范路段建设，为"4411"绿色通道工程建设做出了贡献。

他多年的工作实践，对敖汉林业发展的功绩有目共睹，成为敖汉旗以至赤峰地区对林业发展有突出贡献的植树专家。

1990年他荣获全国绿化奖章，1988年被聘为林业工程师，1994年被聘为林业高级工程师。

治山治水老兵吕振生

连长山位于新惠镇扎赛营子村，原名为上煤窑沟前山，山上安眠着一位名叫吕振生的民兵连长，他对扎赛营子村有着极为特殊的意义，人们为了纪念他，把此山改名为连长山。

吕振生，1926年生，1948年参军入伍，在部队担任排长职务，立过两次大功，一次小功。1949年1月加入中国共产党，1955年退伍后放弃政府安置待遇，返乡担任扎赛营子村民兵连长，投身治山治河、改变家乡面貌的行列中。1977年因积劳成疾，病倒在未竟的事业上。

受命于困苦之际

扎赛营子村东西长7.5公里，南北宽5公里，总面积5万亩，这里三分之二是山丘沟壑与河川，剩下三分之一为耕地，且大多是孟克河两岸的沙滩地与山坡沟道地。"荒山秃岭瘠薄地，缺粮少柴难聊生"，是扎赛营子村20世纪五六十年代最真实的写照。一到雨季，山洪裹挟着泥沙沿着鸡爪子沟奔流而下，进入河道后东奔西窜、冲房剜地。山洪猛于虎，一场浩劫过后，扎赛营子村农田一片狼藉。曾任该村村支部副书记的徐焕花说："看见辛辛苦苦侍弄的庄稼，顷刻间被洪水卷走，即使是七尺男儿，也会抱头痛哭。"严重的水土流失，使这里有地没法儿种，种上也不打粮。村民常常填不饱肚子，忍饥挨饿。烧柴更成问题，没柴烧只能薅山花椒墩、搂草根、捡粪蛋。人们辛辛苦苦一年下来，生产队一核算工分，人均收入不足40元，有时甚至挣不到钱。

当时的大队支部书记殷万树，也是部队退伍军人，曾经参与过南下剿匪、北上抗美援朝，返乡后也是先担任扎赛营子小队的生产队长，后被党员推选为支部书记。看着村民吃不饱、穿不暖，他心急如焚。他知道，只有把水土流失治住了，人们才会有好日子过。他在支部会议上提出自己的想法，经集体研究后做出决定：要大干一场，治山治河，向河争地，向山要粮。

此时，恰值吕振生退伍还乡，殷书记十分欣赏他雷厉风行的军人作风，在支部会议上，提议并全票通过由吕振生担任民兵连长，分管治山治河工作。吕振生把全副身心放在了治山治河、为父老乡亲求富的事业上。

打拼在山水之间

吕振生对党无限忠诚，服从指挥。在殷书记带领下，二十年如一日，充分发挥党员的带头作用，身先士卒，以身作则，治河修坝、挖山植树、修造梯田，凡是与改变家乡面貌有关的工作，他都想在前、跑在前、干在前。一年四季，他栉风沐雨、风餐露宿，常年奋战在山川之间。

孟克河流经扎赛营子村有 6 公里，治理 6 公里河道，仅运石一项，工程量就十分浩大，在缺少现代化工具的当时，吕振生带领大家，仅凭肩背人扛，不管酷暑严寒，一块块地把石头从几公里外运到河岸。那时，连一个测量水平的工具都没有，吕振生食不甘味、睡不安眠，终于想出了一个土办法。他让村民带来自家的水盆，一个挨着一个摆成一排，用这种方法测水平简单适用，大家都拍手叫好。丁字坝一个个筑了起来，护住了河岸，于是，吕连长又带着大家运土整地，再把树条栽在河两岸。他们就是这样用自己的一双茧手、一双铁肩，用了 3 年时间，让 1200 亩沙地变成了肥沃的良田，粮食亩产从治理前的几十斤增加到治理后的六七百斤，村民的人均年收入得到显著提高。最初对治河栽树不理解的人见到成效后，再也没有抵触情绪了，他们看到了一名共产党人、革命军人的高尚情怀，他们终于相信了吕振生常说的那句掷地有声的话："咱是为了把以后的日子过好，为了下一代。"

刚治完河，他又带领民兵投入紧张的植树造林中。在河岸、在路边、在山坡，都有他们忙碌的身影，一年四季，一时也不闲着，春夏季挖坑植树，秋天修水平梯田，冬天劈坎子、垫沟道、治农田。每天天不亮，吕振生背着干粮第一个来到山上，晚上总是最后一个离开。从家到山上往返需 8 公里，他像一台机器，在这两点一线间不知疲倦地往返着、奔波着……

把握好公私泾渭

作为一名党员和退伍军人，他的突出特点就是公私分明、公而忘私。公家的事他会全身心地投入，而且做就做到最好；别人的事他会当成自己的事，不求回报，无怨无悔；而他自己的事却永远是小事，是无关要紧的事。

吕振生经常说的一句话就是：要干啥像啥。他完成的每一项工作，都能让领导放心，让群众满意。为了治好山，正月十五刚过，他冒着凛冽的寒风，穿着单薄的衣服，带着几个民兵一头扎进大山里，一个山头接一个山头地测量。挖坑时，他制定了一套标准，要求大家严格执行。一次挖石质坑时，坚硬的山石震得他的虎口渗出了血，可他继续坚持，直到达标。修梯田是一项技术活儿，在没有测量工具的条件下，为了保证每一级梯面水平等高，减少水流对地面的冲刷，昌振生把一排秸秆插进土里，趴在地上，一小段一小段地比对测量，脸上经常蹭出血，半天下来，他累得趴在地上起不来。

吕振生常年坚持在工作岗位上，早出晚归，根本顾不上家，更顾不上自己。他的妻子是一个明事理懂大义的女人，她从不抱怨。自己艰辛地拉扯五个儿女，担起了所有的生活重担，默默地支持着丈夫的工作。她对孩子们说："没事不要去找你们的爸爸，他太忙，顾不上咱们，他做的都是要紧的事！"大女儿吕占云回忆说："弟弟吕占龙出生仅三天时，爸爸就返回工作岗位了。"

吕振生身为民兵连长，从不利用职务之便谋取个人私利。干活儿时，他分给自己的任务最多；挣工分时，他拿的最少；他坐在村民炕上解决问题，从不在当事人家吃饭，不管多远，都要回家吃饭。他对媳妇解释说："大家都不宽裕，就那点儿口粮，我吃了，他们就得挨饿！"

由于长期高负荷劳动，饮食没有规律，他经常肚疼，可他全然没有放在心上，也没因此休息过一日。一天，他在刨石头坑时，突然感到胸部一阵剧痛，眼前一黑，顺着陡坡向山下滚去，幸亏一块裸露的岩石挡住了他，但他的脸、胳膊、大腿都已被磕碰得鲜血淋漓。但他毫不在乎，踉跄地站起来，抓起一把土搓在伤口上，又大步流星地向山上走去。

有时肚子实在疼得厉害，大家看他脸色煞白，豆大的汗珠一滴滴掉在

连长山水保治理工程

土里，都劝他找大夫看看，可他装作没事的样子，甩出一句："没那么娇气，吃点儿药就好了"，然后又继续干活儿了。

战斗到最后一刻

1977年2月21日（正月十五），春节的节庆气氛还没有淡去，吕振生就带领民兵走进大山去造林整地了。由于3月初大队进行选举，没有地方住宿，他只好在工地附近的一户人家借宿三个晚上。因为炕凉，他的老毛病又犯了，但他一直坚持到3月9日（二月初一）干完活儿才回家。

那天晚上，女儿吕占莲放学后出去刨茬子，远远地看到父亲回来了，已经好久没有见到父亲的她高兴极了，蹦蹦跳跳地去接父亲。按照惯例，父亲会接过她背上的茬子，或牵住她的小手。可这次父亲一反常态，他脸色惨白，双眉紧蹙，没有理她，只顾自己在前面走着。回到家后，看到父亲在炕上翻来覆去地打滚，才知道他的老毛病又犯了。夜里妻子看见丈夫疼得上不来气，吓得赶紧找人把他送去医院。诊断结果为肠穿孔，大夫为他实施了手术，从吕振生的肚子里取出了很多蛔虫。清理完创面后，大夫震惊地发现吕连长的肠道已被虫子咬得像筛子一样。本来几片打虫药就能解决的小毛病，由于吕振生常年坚守工作阵地，没有时间看病，一拖再拖，延误了治疗时间。手术虽然做完了，但未能挽救老连长的生命。3月10日（二月初二）下午，年仅51岁的吕连长撂下未竟的绿化事业，永远地离去了。

乡亲们听到老连长去世的消息，悲痛万分，纷纷停下了手中的活计，眼里泛着悲痛的泪花送老连长上路，送葬的队伍排出了好几里地远。殷书记更是悲痛万分，他失去了一位好战友、好助手。由殷书记提议，经支部会议表决通过，把吕连长安葬在上煤窑沟前山，为他树碑立传，并向旗政府申请，将此山更名为"连长山"。

精神在接力传承

吕连长生前带领群众植树造林2万亩，不但改善了这里的生存生活条件，更为后人留下了敢于担当、艰苦奋斗、扎实苦干、无私忘我的宝贵精神财富，激励着一届又一届的两委班子继往开来、砥砺奋进。他们继续植树造林、修建梯田，并依托良好生态环境，大力发展有机杂粮产业，实施养殖扶贫项目，广开致富门，带领广大群众追求更加幸福的美好生活。该村现有林面积达2.8万亩，森林覆盖率56%，耕地面积1.3万亩，有机杂粮种植面积1.1万亩，2016年人均收入1.15万元，该村曾被评为"自治区五星级生态文明村"。

松涛阵阵唱赞曲，清风絮语诉哀思。吕连长亲手栽植的松树，如今已茂密成林，随着山势起伏，如波涛翻滚，与山下的孟克河水构成了一幅秀美画卷。1998 年，敖汉旗人民政府为吕连长更换了大理石墓碑，并把此山命名为敖汉旗爱国主义教育基地。

第二节　坚强的党支部和党员的模范作用

中国共产党是全中国人民的领导核心，没有这样一个核心，社会主义事业就不能胜利。中华人民共和国成立 70 年的历史完全证明了这一科学论断，敖汉旗人民生态文明建设 70 年的历程同样也是一个最好的例证。

纵观形成或影响敖汉生态环境的因素，敖汉南部努鲁尔虎山余脉水土流失严重，北部科尔沁沙地南缘受风沙干旱威胁，70 多年来，敖汉旗委、旗政府从实际出发，抓住主要矛盾，根据国家不同时期的方针政策和国民经济发展规划，结合敖汉的情况制定了一系列政策、措施，以水土保持和防风固沙为切入点，以植树、种草为主要抓手，展开了百折不挠、挖山不止的拼争，取得了一系列的成绩，敖汉的生态面貌从根本上得到改善。敖汉旗委、旗政府是全旗人民的坚强领导核心，作为农村基层党支部发挥好战斗堡垒作用，广大党员起模范带头作用十分重要，他们不仅是党联系人民群众的纽带和桥梁，动员和发掘了人民群众战天斗地的智慧和辛勤的劳动，同样是生态建设过程中的亲力亲为者，是生态建设的主心骨、领路人。有了基层党员的模范带头作用，才能带动群众发动群众，才有了今天的辉煌成就，下面列出南部的治山治水、北部的防风固沙具有代表性的两个典型予以展示。

六道岭村——南部山区治山治水的一面旗帜

六道岭村位于王家营子乡东南部，东与宝国吐乡接壤，南与辽宁省北票市北四家子乡相邻，是敖汉旗南部典型的丘陵山区。全村总面积 2.7 万亩，耕地面积 3500 亩，有 207 户，894 口人，有六个自然营子，分布在东西长 10 公里，南北宽 2 公里狭长地带。山坡陡峭，沟壑纵横，交通闭塞，有 30 多个山头，18 条大沟，小沟无数，水土流失严重，常年山不存水，河道年

六道岭精神

年宽，河沙年年长，土地年年少，地无三尺平，生产条件极其恶劣。吃粮靠返销，花钱靠贷款，生活无保障，从 20 世纪 70 年代初到 80 年代初，有 20 多户人家，近百口人背井离乡，搬家迁户，投亲奔友。

1989 年初秋，旗政府旗长白振高同志带领王家营子乡党政班子，到山南北票市北四家子乡联合国 2772 山地治理工程考察，深受启发，与乡村两级班子商定启动六道岭治山治水工程。当时，六道岭村支部书记段景岐、村委会主任王福林，是 1987 年新组成班子的两位当家人，他们面对六道岭的残酷现实，也有过治山治水的想法，但顾虑重重，村民人心浮动，一筹莫展。当下他们面对两个抉择：一个是辽宁能干的，我们能不能干；另一个是辽宁有资金支持能干，我们没有资金支持能不能干。现在有了白旗长和乡党委政府的大力支持和鼓励，他们坚定了信心，不等不靠，决心用自己的双手治山治水，艰苦创业，走出一条自力更生、治穷致富的路子。

1989 年秋，开始治山治水工程，他们开辟了东西两大战场，采取集中会战方式，三年共完成治理面积 3000 多亩。人们看到了希望，但存在很多问题，尤其是由于规划不到位，治理不成片，造林不见林，难以管护，影响了群众的积极性。此时，乡党委政府与村两委班子及时研究讨论，给他们请来了旗水利部门的科技专家和乡水利、林业站人员，针对存在的问题实施了实地踏查，统一规划，进行总体设计，给村党支部、村委会吃了定心丸。使他们坚定了信心，当时提出了行动誓言，决定利用八年时间，即到 1999 年全面系统完成治理任务，实现四个目标：种树种草工程化，坡面治理梯田化，沟道治理园林化，人民生活小康化。为了完成既定奋斗目标，他们为了保护和调动村民治山治水的积极性，建立了劳务积累工制度，鼓励尽量出工出劳，多劳多得。在每项工程开始之前，首先搞好规划，算好总任务，算好用工账，按有地人口落实到户，定期完成，村里建立劳务积累工台账，年末总工，平衡找齐。在时间上，常年挖山不止，同时集中一年三次会战，春季栽树，夏季整地，秋季梯田，有章有序，责任到户，保证了工程进度和工程质量。

1992 年，他们启动了上游窑子沟第一条经济沟工程；1995 年，启动西沟第二条经济沟工程，至 1997 年全部完工。两条经济沟共完成治理面积一万余亩，其中，栽植山杏 5500 亩，油松 3500 亩，水平梯田 300 亩，大扁杏 100 亩，在沟道栽植杨树 2000 株，山间作业路 4 公里，工程种草，经济作物 2300 亩，到 1997 年末，人均收入由 90 年代初的 280 元提高到 400 元。为表彰和学习六道岭不怕困难、战天斗地，改变家乡贫困面貌的光辉业绩，中共敖汉旗委、敖汉旗人民政府于 1997 年 5 月在六道岭治理工程树碑立传。

1998 年末，王家营子乡党委、政府组织了 10 个村的力量，在六道岭村进行联村水平梯田建设，用近一个月时间修高标准水平梯田 3500 亩，修山间作业路（宽 4 米）5440 米，挖路林坑及水平沟 1.2 万个，投入劳务 11.2 万个，动用土方 50 万立方米，全乡联村会战大大推动了六道岭村的治山治水进程。1999 年春，在梯田作业区打机电井 5 眼，通过管灌发展水浇地近千亩，结束了山村无水浇地的历史，成为全旗梯田示范村。

1998 年，除参加乡组织的水平梯田建设外，他们又在连家沟、六道岭、八道岭治理坡面 3000 亩，1999 年为保证治满治严，又进行全面的核查，查缺补漏，合计完成坡面治理任务近 4000 亩。2000 年春，全部完成造林，至此八年治理完毕的目标实现，大功告成。

1999 年 9 月，内蒙古自治区水利厅为六道岭立碑"水土保持生态建设示范村"。

在这 10 年的艰苦奋战中，锻炼考验了六道岭村两委班子，在 10 年治理中自始至终坚持到底，从 1989 年开始一直坚持到 2000 年。六道岭村党支部发挥了战斗堡垒作用，党员发挥了模范带头作用，带领群众一直冲锋在前，成为六道岭 900 口人的带路人。他们中流砥柱般的伟力和自我牺牲精神，展示了六道岭党员干部的群体形象。

　　段景岐，村党支部书记，六道岭举红旗的人，他是决策者，又是践行者，是第一个挑起重担的人，为六道岭撑起了一片天，十年如一日，殚精竭虑，心中装着六道岭，把全部身心和才智无私奉献给了六道岭。

　　王福林，村委会主任，是六道岭治山治水扛大梁的带头人，他工作任劳任怨，认真负责，一丝不苟。一次，王福林的内弟舒本新找他去验收树坑，王福林一看，72 个坑没一个合格的。当时，别人都下山了，工地只有他们两人，舒本新说："姐夫，你抬抬手就过去了，反正也没人看见。"王福林一听火了，"不行，这坑一个不算数"。结果年底结工、结账时，舒本新挖的坑不仅不算数，反而上交一百多元，这下舒本新恼了，见人就说："我那姐夫六亲不认，一点儿光也借不上。"

　　老党员孙保江 65 岁，在解放战争隆化战役中负伤，左肋下还有一块弹片，他积极支持党支部的决议，在动员会后的第二天，一大早就扛着镐头要上山，儿子孙平从他手中抢下镐头，劝说道："你这么大岁数了，上山磕着碰着咋办？再说你一天挖几个坑，我们多挖几个都有了。"老人一听，急了："我挖一个是一个的，我挖是我的。"他夺回镐头，头也不回地走向了大山。

　　有 20 多年党龄的郭瑞义 68 岁，1992 年大会战一开始，他二话没说，就带着儿子、儿媳妇上山了。刚开始，他一个人一天挖 40 多个坑，可是慢慢地就挺不住了，别人劝他说这大岁数，干不了多少就别上山了，他说："我干不多，还干不少？干一点儿是一点儿。"中午离家近的人都回家吃饭去了，可他带饭上山不下山，吃完饭接着干，等别人上山的时候，他已挖了两三个树坑。

　　在党支部的坚强领导下，强将手下无弱兵，党支部有钢铁般的意志，手下就有钢铁般的队伍，时势造英雄。

　　以杨玉华为队长，村支部委员、妇联主任赵子华，共产党员李春华和共青团员李红云、陶玉梅、刘春丽、段小兵等多名普通农村姑娘组成了铁姑娘队，姑娘们豪迈地说："我们姑娘就是为这秃山顽石生的，我们的铁就是冲着石头来的。我们倒要看看，是石头硬还是铁硬。"17 岁的陶玉梅，平时少言寡语，干起活儿来就拼命，一天，铁姑娘队正在一块岩石裸露的陡坡上鏖战，天空猛降大雨，眨眼间，姑娘们的衣服都湿透了。当时，在工地指导会战的乡政府领导见状，怕她们被雨淋出病，劝大家下山避雨，陶玉梅抹了一把脸上的雨水，"你们干部都不下山，我们也要坚持"，说完，冒着大雨继续作业。

　　一次，27 岁的秦淑云中午没带饭，别人劝她中午下山吃饭，她不肯，坚持要把当天的任务完成，那天特别热，太阳像个大火炉，烤得人连口气都喘不上来，汗水滴在石头上眨眼不见了。下午两点多钟，秦淑云突然觉得天旋地转，眼前一黑侧坐在山上，姐妹七手八脚把她拉下山，劝她在家休息几天，可是第二天她又出现在工地上。

攻坚队是又一个铁骨铮铮的群体，55 岁的攻坚队长舒占富是年龄最大的一个，共产党员王福生、郭凤春、张营等是骨干力量，时时处处走在前面，会战工地上有一处硬石陡坡，人体无法直立行走，是最难啃的一块骨头，舒本富主动请缨，把队伍拉到这里，他们站在最险要的地方，中午不下山，饿了啃一口干粮，渴了喝一口凉水，每日大汗淋漓，有时他们一天能喝下 10 公斤塑料桶装满的一桶水。山石斑驳陡峭，一镐下去震得虎口生痛，一天，舒占富正对付一块巨石，突然镐尖在石上一滑，舒占富身子一闪，跌下陡坡，当他爬起来时，双臂鲜血淋漓。

八年过去，六道岭磨坏了多少把尖镐，使坏了多少张铁锹，没人能算得过来，人们只知道在最困难的日子里，磨秃的尖镐一次次捻，而主动承担捻镐任务的就是老党员孙保江的儿子——孙平。这位攻坚队虎将，白天奋战在工地，晚上当人们都已睡熟的时候，他的铁匠炉火势正旺。

是的，在这最危险、最艰难的时候，六道岭人没有退缩，他们选择了坚强和坚持，他们没有叫苦叫累，他们抛弃贫困，创造绿色，他们不停地挖、拼命地干，苍山做证，历史铭记。

在党支部的坚强领导下，干部群众携手并肩，创造了敖汉生态建设史上的奇迹，让六道岭旧貌换新颜。千人同心，十年梦圆。"不干不行，山硬石硬也敢碰；干就干好，不让子孙骂祖宗；不骄不躁，老牛拉车一股劲；行动一致，心中装着六道岭"是小村人镌刻在大山上的宣言，也是他们留给后人的一笔宝贵的精神财富。

乌兰巴日嘎苏村——敖汉旗北部沙区防风治沙的一路英雄

乌兰巴日嘎苏村位于长胜镇西北部，西邻黄羊洼镇三分场，北靠敖润苏莫苏木三棵树嘎查，总面积 3.5 万亩，其中耕地面积 6400 亩，有 3 个自然营子，870 户，2230 口人。本村地处科尔沁沙地南缘，西北部大部分沙丘包围着村庄、耕地，人们的居住环境和耕地受到沙丘的严重威胁。20 世纪 60

年代，苏西生产队 70 多亩农田被沙压，苏北生产队 30 多户人家的住宅被沙子撵走。1965 年，有 300 多亩农田被侵吞，40—50 户人家背井离乡，含泪走出养育他们多年的热土。境内多数沙丘高达十几米，春季狂风大作，有时一夜醒来，各户门前堆起 1 米多高的沙丘，门走不出去，只好从窗户往外爬。流动沙丘每年前移 11 米，半流动沙丘每年前移 2.5 米，有的年头春播 4—5 次才能抓住苗。1965 年，全村耕地亩产量仅为 128 斤，人均收入不足 40 元，人们的生活难以维系。

新中国成立后，敖汉旗委、旗政府曾组织过北部沙区的沙地治理，由于诸多原因，成效未显。20 世纪 60 年代，张富，土改时期不足 20 岁参军，1956 年复员回乡，一直在大队工作。乌兰巴日嘎苏的困境、变化历历在目，他凭着对党的忠心，受乡亲委托于 1964 年走上了大队支部书记这一岗位，挑起了改变家园面貌的这副重担。

1965 年春，他开始组织全大队 6 个生产队近 1000 名劳动力，采取集中会战的形式，统一行动治沙。他们因地制宜，因害设防，统一规划，分步实施，研究制定了许多治理办法。其中最重要的有两项：一是对规划治理的沙区每隔 20 米设置一条防风带，使用高粱秸和玉米秸扎风障子，带内撒上沙蒿及沙打旺、苜蓿草、草木樨等豆科植物和锦鸡儿、踏郎等小灌木，以阻止沙丘移动。二是在村庄和耕地周边用高粱茬、玉米茬，带着土运到指定地点，倒插在沙地指定位置，用以固沙保护耕地、村庄，成效十分显著。各家各户、千名劳力，由于党支部做主心骨，打头阵，听从指挥，不计报酬，风天一身土，雨天一身泥，不管早晚，只要村里组织，小队一吹哨，马上出门到位，治沙已成为常态化的农事活动。他们成功不自满，失败不灰心，年复一年，日复一日，在辛苦中收获希望。人心齐、泰山移，经过 8 年抗战，1972 年，完成治理面积 8700 亩，农田、村庄基本得到有效保护，党支部的举措赢得了民心，为今后的治沙打下了坚实的基础，迈出了坚实的第一步。

1974 年，长胜公社统一组织了平原农田防护林带建设，将全大队近 6000 亩基本农田列入规划，营造农田防护林 5000 亩，建成林带 22 条，全大队基本实现农田林网化，同时，同已治理的近万亩沙地，初步形成了乌兰巴日嘎苏大队沙地防护体系。

乌兰巴日嘎苏村防风治沙取得了初步的成绩，但他们并没有就此止步，在上级党政部门的帮助下，聘请辽宁省沙地治理与利用研究所专家小组谢浩然、马井泉等人（研究所在辽宁省彰武县章古台镇），来乌兰巴日嘎苏安

1974年，辽宁省专家组在乌兰巴日嘎苏村工作时的住房

营扎寨，帮助治沙，为乌兰巴日嘎苏治沙事业注入了发展的动力。1974年，专家组进行调研考证，1975年开始在沙地栽植樟子松，到1976年，已栽植1800亩。经过几年的精心管护，株高超过10米，胸径在20厘米以上，乌兰巴日嘎苏成为赤峰地区重要的樟子松基地。

张富书记1983年退休，在位18年，成为乌兰巴日嘎苏治沙的奠基人、开路人，做出了巨大贡献，在沙地、农田留下了他坚实的足迹。1992—1994年，他多次获上级党委、政府表彰。

1983年，于顺从工作多年的大队长岗位上接过老书记的班，走上了支部书记的岗位。当时正值国家"三北"防护林一期工程在敖汉实施，他抓住了这一机遇，开始了新的长征。

于书记请来林业局专家对本村的沙地进行治理，在原有的基础上进行了更新、规划、补充，1983年开始扩大治理面积1万亩。网、带、片设计、栽植杨树5000亩，网格插黄柳，格内混播小灌木和豆科牧草，天遂人愿，长势喜人，乌兰巴日嘎苏又一次收获了希望。

1986年，开始实施樟子松基地建设的二期工程，内蒙古林业厅委托赤峰市林业局给乌兰巴日嘎苏下达栽植任务500亩，并立下军令状，保任务、保成活、保质量。经过三年努力，完成1330亩，成活率由林业部门指定的

70%—80%，提高到 97%，取得了骄人的成绩，创造了历史纪录，得到了上级林业部门的赞赏，一时传为佳话。

1991 年，敖汉旗北部乡镇雨情较重，乌兰巴日嘎苏村发大水，他们抓住这个契机，飞播牧草 7000 亩，一次成功，旗委、旗政府领导褒奖他们"遭灾不减志、成就大事业"。

于书记在治沙工作中，胆大心细，他研究探索了沙丘流动、迁移的规律和樟子松修枝打杈的经验，以及使用大犁开沟抗旱造林系统技术，栽植樟子松和速生杨，为全旗及更大范围的沙区治理提供了借鉴和经验。于书记在岗 10 年，为乌兰巴日嘎苏治沙事业做出了杰出贡献，本村治沙取得了根本性的成绩，全村沙地、沙丘、沙源从根本上得到了治理。1993 年，他荣获全国绿委会"全国绿化奖章"；1994 年，他因工作变动离开支部书记岗位。

1994 年 9 月，李国喜从村委会主任岗位当选村党支部书记，他十分珍惜 28 年来的治沙成果，在生态治理基本完成的情况下，他始终把生态效益与经济效益、社会效益有机结合，充分发挥其作用，走出一条绿色可持续发展的道路。1994 年秋，规划治理沙地 2400 亩，其中 1000 亩改为农田，耕种粮食作物，承包给农户，收入承包费 10 万元，用于修建村办小学房舍。

1995 年，飞播种草 1 万亩，主要混播豆科牧草和小灌木，加强管护，长势良好。他们通过采集种子，使全村每年农户销售收入合计 30 万元以上。

1998 年，由旗政府统一规划秋季插黄柳 1000 亩，2000—2004 年，增加治沙治理 1 万亩，方田林网、林带植杨树，林网种草。

10 年来，通过治沙种草不仅保护了村庄农田，同时网格丘间地种草，为发展畜牧业提供了充足的饲料来源，成为村民致富的重要源泉，村民的生活水平有了显著提高，生存环境有了根本性改变，过去白茫茫的连绵不断的沙丘，彻底变成了绿洲，创造了人间奇迹。

李书记于 1995 年，作为基层干部代表出席了在北京举行的全国绿化工作会议。乌兰巴日嘎苏村防风治沙，治理沙区荒漠化的成就为国人所瞩目。

2018 年，村新一届党支部干部上任后，深知肩上的担子、责任重于泰山。在本村生态治理已经治满治严的基础上，怎样保护好这块绿色屏障，怎样保护好乌兰巴日嘎苏几代人、几十年治理的业绩、成果，是支部工作的重要问题。他们虚心征求上级党委和老支书、老班子成员的意见和要求，结合本村的生态建设制定了严格、科学的林草管护公约、制度等一系列规范文件，建设了从支部到普通群众的管护队伍。确定岗位，明细分工，责任到人、到班，突出重点，同时，严管禁牧，禁止乱砍滥伐，毁林开荒等，近5年来，未发生毁林事件。他们未雨绸缪，一切都心中有数，凡事都做在前面，工作扎实，积极主动，受到上级领导和林业部门的好评。

乌兰巴日嘎苏村党员坚定地团结在支部周围，拥护支部做出的各项决定，在生态治理活动中做表率、起到模范带头作用。老党员李慎培年近80岁，亲力亲为本村的生态治理全过程，他长期担任党小组村民组长，哪次工作也落不下，哪项工作他都积极带头完成，成为党员学习的榜样。1996年9月，他被评为市级劳动模范。

现在，乌兰巴日嘎苏村四野一片生机，大地物阜粮丰，人民安居乐业。风沙侵袭已成为历史，留在人们的记忆中。乌兰巴日嘎苏人治沙的壮举已成为人们盛传的佳话。党支部一届接着一届干，一张蓝图绘到底，防风治沙的伟绩丰功有口皆碑，在新一届的党支部领导下，一个更新的乌兰巴日嘎苏正在招手。

四道湾子镇维县营子新农村建设

第二章　科学施治，生态建设的不竭之力

生态建设是一个系统工程，在敖汉旗这一"风沙干旱"特征明显的半干旱地区，敖汉人民在历届旗委、旗政府的领导下，针对"风蚀""水蚀"两个基本生态问题，坚持生态修复与治理利用相结合，坚持点带网片相结合，坚持工程措施与生物措施相结合，坚持乔灌草相结合，坚持人工造林种草、封山育林育草、飞播造林种草相结合，建立并完善了旗域范围内的人工生态系统。巩固提升生态系统质量和功能，发挥了生态系统防风固沙、保持水土、涵养水源、固碳释氧、护田护牧、生物基因保护等生态作用，最大限度地改善了人们的生存条件、生产条件和生活条件。

可以说，一部敖汉旗生态文明建设史，就是敖汉旗林草科技发展史。生态建设的每个历史阶段、每个工作过程，从科学决策、科学布局、科学治理、科学评价到新的决策循环往复，科学技术渗透各个环节，发挥了其他生产力要素不可替代的第一生产力作用。越是在关键时期，越能体现科技因素突破瓶颈的先导力量。

第一节　科学布局，牢牢把握生态建设的前进方向

敖汉旗地处我国北方半干旱气候带内，历史上也曾是"沙柳浩瀚，柠条遍野，山深鹿鸣，黑林生风"的自然景观，由于清代的放垦移民、人口大量增加及新中国成立初期超载过牧、开垦荒地，使敖汉旗的自然环境发生了质的变化，北部科尔沁沙地扩张，吞噬了大量可耕农田，草牧场沙地退化，载畜量下降；中南部的黄土丘陵、浅山丘陵水土流失严重，农牧业生产条件遭到严重破坏；中部平川区水患频发，生产生活条件恶化，敖汉人民如何摆脱

生产生活的困境，敖汉旗历届党委政府对此进行了艰苦探索。

1. 1952 年 1 月，东北人民政府发布了关于营造东北西部防护林带的决定。同年 5 月，敖汉旗成立了防护林带建设委员会，制定了敖汉旗防护林带设定计划方案。1954 年 7 月，热河省政府发布了关于热北农田防护林带营造工作的指示。同年 8 月，敖汉旗政府发布关于农田防护林带调查设计与营造工作指示。

1960 年，敖汉旗委做出了"三年绿化敖汉北部的决定"，并在北部沙区增设了旗乡合营林场，1962 年组建了荷也勿苏治沙站。北部的防沙治沙在生态建设布局中，赋予了其应有地位，切中了沙区群众治沙需求。

对于南部丘陵山区和中部黄土丘陵地区，采取了面上造林绿化提高植被盖度，点线结合提高造林绿化质量。1949 年 2 月和 9 月，旗政府号召全旗每人春季栽活 1—2 棵树，实行秋季造林每两人栽活一棵树。1971 年，为加速敖汉—朝阳公路沿线绿化，成立了新地国社合作林场，次年又在敖汉东南部成立东胜（宝国吐）国社合作林场。1974 年，旗革委会决定在山湾子水库上游的克力代公社开展绿化试点，以合作造林方式在 1975 年春夏完成造林 5.3 万亩，为山湾子水库上游的水土保持和水源涵养开了好头，也成为国社合作造林的典范。

2. 改革开放以来到 2000 年，敖汉旗的生态建设在分类布局。科学指导方面体现得更为突出。

1981 年 7 月开始，敖汉旗对全旗农业自然资源开展了全面调查并进行了农林牧区划工作，历时四年时间，在对全旗土地、水、气候、生物等自然资源全面深入地研判后，编写了土壤、种植业、林业、畜牧、水产、水保、气象、农机、草资源、乡镇企业、农业、能源、农经、综合农业等调查与区划报告，用以指导农林经济工作。其中，林业区划报告中将全旗划分四大区域：南部浅山丘陵水源涵养区，中部黄土丘陵水土保持区，北部浅沙坨沼防风固沙区、沿河平川护岸护渠农田防护区。

在林业区划的基础上，旗委、旗政府从全旗农林经济发展大局出发，坚持植树与种草相结合，造林与水保相结合，造林与治沙相结合，工程措施与生物措施并举，乔灌草一起上，带网片成体系，开展了在科学技术支撑下的大规模、全覆盖生态建设攻坚、决战，取得了一个又一个决定性胜利，谱写了一曲又一曲生态建设凯歌！

北部沙区突出了流动沙地治理、半流动沙地固定，铁路、公路、水渠、村庄防护，农田、牧场防护与平原绿地；中部黄土丘陵区以水土保持为目标，用材林、经济林、薪炭林兼顾，疏林牧场、水网格农田草地防护、小老树改造同步推进；南部浅山丘陵区以提高植被盖度涵养水源为目标，造林与水保相结合，工程措施、生物措施并举，针阔乔灌混交配置，跨区域整流域治理、山上山下一体布局、造林绿化与土地治理相结合；沿河平川着眼于平原绿地，保护基本农田，稳定提高农业综合生产能力，发展速生丰产林，提高水源利用率和土地产出率。

3. 进入 21 世纪以来，敖汉旗生态建设，步入了新的发展阶段。无论是北部的防沙治沙，还是中南部的水土保持与水源涵养，治理难度相对增大；森林资源的增加，提出了调整林种树种结构、提高森林经营质量，有计划改造退化林分实施可持续经营的新课题；严格保护与科学利用相结合，在深化林权制度改革的同时，不断释放森林资源的经济功能；正确评估森林生态系统生态服务功能，为碳达峰、碳中和做出贡献，不断探索绿水青山转化为金山银山的途径。

《2001—2010 年敖汉旗造林绿化规划》指出，北部科尔沁沙地治理区，重点是防风固沙，综合治理沙地，提高治沙效益，使该区建设成为以牧为主的农业产业化基地；中北部黄土丘陵水土保持防护林区，重点是坡耕地和荒山荒地治理，抓好灌木林基地建设，建设农牧结合的综合产业化基地；南部浅山丘陵水土保持区，重点是防治水土流失，治理沟道，注重景观建设，发展生态旅游业。

2009 年，敖汉旗林业局编制了《十二五规划和中长期规划》，以中共中央国务院关于加快林业发展的决定为指导，规划了"十二五"期末（2011—2015），建成了比较完备的生态体系、比较发达的林业产业体系和比较健全的林业管理体系，生态经济型林业全面发展，生态环境得到优化，林业一二三产业协调发展，成为全旗实现可持续发展的重要支柱之一。中长期规划是到 2050 年，全面实现山川秀美，生态环境全面好转，步入生产发展、生态良好、生活富裕，生态、经济良性互动的生态文明全新时期。北部沙区重点以用材林和能源林建设为主，中部丘陵区以用材林、能源林、经济林建设为主，南部浅山丘陵区以经济林、用材林建设为主。全域突出退耕还林、低产低效林改造、沟道治理、沙地治理、重点区域绿化几个重点。

在脱贫攻坚实践中，敖汉林业针对林业产业发展，提出了产业发展布局。在中南部丘陵山区，集聚发展鲜果经济林基地、沙棘基地、山杏质量提升基地；中部黄土丘陵区，集聚发展沙棘、山杏改造基地；中北部丘陵和沙区，集聚发展文冠果木本油料林、樟子松基地和灌木能源饲料林。

科学布局，体现了围绕生态建设目标、依据造林种草及工程措施，实现不同历史阶段的建设重点和工作方向，反映了党委、政府对治山、治水、治沙、治穷的战略考量。

第二节　科技推动，有效控制生态建设的推进节奏

从战略上解决布局问题后，从战术上选择决定生态建设的节奏和成效。敖汉旗历届党委、政府始终站在解决敖汉人民生存环境、生产生活条件、提高人民生活水平的高度，统筹调度，落子布阵，一步一个脚印，一步一个台阶，以"咬定青山不放松"的韧劲儿，一届接着一届干，一届干给一届看，一张蓝图绘到底，夺得了生态建设的节节胜利。

1. 1953 年 5—6 月，敖汉旗组织开展了榆树采种、直播造林试验工作，使造林树种选择扩大了范围。1954 年 1 月，成立了陈家洼子国营造林站，开启了国有林场组织规模化造林治沙的序幕；同年 11 月，组建了西荒苗圃，为全旗专业化育苗生产开了先河，引领了苗圃育苗工作的开展。1960 年，旗人委号召北部沙区大力开展采集沙蒿种子，利用草本种子就地取材，有效治理沙漠化由此起步。1961 年，旗委批准开展整顿提高社队办林场专项工作，使集体造林治山治沙走上了规模化、专业化之路。1963 年 2 月，为适应新惠—长胜公路绿化的需要，旗人委成立了新长公路绿化委员会，专项推进公路绿化工作，使公路这一绿化工程实施有了保障；1970 年，旗人委组织旗、公社、大队三级人员形成专门规划班子，在古鲁板蒿公社山咀、古鲁板蒿两个大队开展农田防护林规划，其后三年全公社完成农防林营造 2.4 万亩，保护农田 5 万亩，为北部沿河平川区营造农防林发挥了示范作用。1971 年 2 月，为加速敖汉—朝阳公路沿线两侧山体绿化，旗人委批准成立新地国社合作造林林场，使国社合作造林步入了快速发展轨道。1977 年 5 月，昭乌达盟林业局在敖汉旗召开国营林场和社队合作造林现场会，向全盟推介了国社合作造林经验。1978 年 7 月，辽宁省林业局在敖汉旗召开了国营林场会议，肯定了敖汉旗国营林场在次生林经营治沙造林方面的主力军作用和科学治山治水做法，掀起了全旗进一步加大保护和建设的热潮。

2. 自"三北"防护林体系工程启动至 2000 年，敖汉旗借助党和政府扶持林业发展的政策，加快了生态建设步伐，建设成效逐步提高，包括新技术、新工艺、新品种在内的一些典型技术模式，建设工程发挥了重要示范作用，林草适用技术的大面积推广，使敖汉林业跨上了快速健康发展的轨道，敖汉成为全国人工造林第一县，为赢得"全球 500 佳"环境奖奠定了坚实而厚重的基础。

1979 年，三义井林场试制了第一台用于造林整地开沟犁，使得造林整地实现了机械操作。1980 年，开沟植树造林试验成功，开始了抗旱造林系列技术的探索。1981 年 5 月，旗政府批准了关于大力推广开沟造林和抚育的报告，开沟犁开始大面积地应用于造林整地和幼林抚育。1981 年，三义井林场在试验研究的基础上应用了飞机喷雾防治榆紫金花虫技术，使该有害生物防治达到了有虫不成灾的目标。1982 年，在开沟造林技术普遍推广的基础上，旗政府实施了重点乡重点工程造林与普遍造林相结合的策略，当年在京通线敖汉段 98.5 公里铁路线上，组织了七个乡镇、两个林场参加百公里万人大会战，造林 3.2 万亩，造林成活率达到 86.6%。自此，如 1981 年 5 月风沙使铁路行车受阻 72 小时的事件一去不复返了！1983 年，全旗山杏造林全部使用实生苗植苗造林取代了直播方式，如同 1982 年杂交杨扦插苗取

农牧林总体规划"林多草多畜多粮多"

代小叶杨实生苗，具有划时代的科学意义。三义井林场自 1983 年始，开始尝试对榆树小老树进行改造，杨树杂交杨及赤峰杨的推广，使敖汉树种格局由此发生了翻天覆地的变化。

抗旱造林系列技术日臻完善。1985 年，敖汉旗林业局印发了《抗旱造林技术规程》，使敖汉旗的治沙造林步上了标准化轨道。1987 年，旗委、旗政府在开展北部重点乡造林规划中，双井乡首创了"农林牧总体规划及各项用地比例分配方案"，"332515"成为经典之作，开启了大规模营建草牧场防护林的大幕。至 1992 年，北部以黄羊洼地区为代表的北部草牧场防护林体系已具雏形，建成了"林多草多—畜多肥多—粮多钱多"的良性融合样板工程。

1981 年 5 月，旗政府批准在社队和林场中有条件的地块，有计划地推广培育速生林的报告，指出在 1980 年试种速生林取得成功的基础上，应在全旗有条件的地块，培育速生林。至 1994 年，共营造速生林 3.24 万亩，其中林场 2.04 万亩，乡镇 1.2 万亩，对于缓解用材林紧缺状况发挥了积极作用。

根据国家关于抓好平原绿化的要求，敖汉旗在 20 世纪 70 年代农防林建设的基础上，结合"三北"防护林建设，历经 14 年时间至 1991 年平原绿化完成达标任务，并通过了自治区验收。平原区适宜林网的面积，已有 90%实现林网控制，宜林地面积 74% 被林地覆盖，铁路、公路、河流干渠已全部植树绿化，村屯绿化覆盖率达 31%。

樟子松是沙地适生树种。敖汉旗自 1974 年在辽宁省沙地治理与利用研究所指导下引种成功，以后逐步扩大栽培面积，造林立地不仅在沙区，而且在黄土丘陵区、浅山丘陵区已大面积推广，至 2000 年全旗樟子松造林已达 5 万亩，显示出生长速度快、抗性强、景观效果较好的优势。

沙棘是我国北方重要治理荒漠化的树种之一。1985 年以来，敖汉旗从山西引进中国沙棘栽培，初试成功后，逐年扩大面积，由纯林逐步向混交转变。至 1993 年，全旗已营造沙棘 45 万亩。沙棘的加工利用始于 20 世纪 90 年代中期。

为提高森林经营质量，敖汉旗自 1986 年开始防治松毛虫，经过多年试验总结，逐步形成了松毛虫冬防技术，使有害生物防治走上了群防群治、无公害防治之路。至 1996 年，松毛虫冬防从技术与管理到组织实施已完全成熟，成为我国北方松毛虫防治的典范。

为了加快沙化治理步伐，在考察我国北方沙地治理学习经验的基础上。敖汉旗自 1998 年始，组织了北部沙区乡镇苏木秋季插黄柳治沙会战。1999

年，旗直机关干部也参与了治沙会战，治理模式由生物沙障到复合沙障，治理对象由流动沙地到半流动沙地，治理规模由几百几千亩到成千上万亩，取得了明显的治沙成效。

与草牧场防护林、复合沙障治沙等治沙措施相呼应，南部丘陵山区也同时展开了联乡联村生态建设攻坚战，统一规划、标准治理、工程措施、生物防护、灌木封顶、松树缠腰、果木镇角、树种选择、混交方式、配置技术、工程整地、栽培措施、幼林抚育等技术环节，均经过认真筛选、专家论证即现场验证后，逐步推开，使推广技术效果达到了预期，有效支撑了山地综合治理。

3. 进入新世纪，敖汉旗生态建设主攻方向：一是完善防护林体系；二是建设生态经济型林业，体现林业经济价值；三是完善生态管理体系，构建新时代林草系统治理保护新格局。

京津风沙源项目启动，对于改变敖汉北部地区沙地治理具有战略意义。此项目自 2001 年开始，截至 2020 年，共完成人工造林 110.06 万亩，人工模拟飞播造林 5 万亩，使敖汉旗生态环境大有改观，生态效益明显上升，农牧业生产条件大有改善，粮食产量、牲畜饲养量大幅增长，优化了农村产业结构，人民生活水平有了很大提高。

中德合作造林治沙项目在新时代初率先启动实施。该项目经过近 5 年的可研论证，可谓是对敖汉旗治沙工作的一次诊视和梳理。项目通过参与式管理，最大限度汇集民智，尤其是在树种混交配置方面，突破一些传统技术约束，使乔灌混交、针阔混交、密度配置、树种组成、苗木苗龄等选择更加科学。项目完成 8150 公顷造林治沙任务，成为敖汉旗治沙造林的样板。

退耕还林工程是 21 世纪初的重大生态建设工程。敖汉旗自 2000 年试点后启动了退耕还林一期工程，以点上经验指导面上工作。至 2007 年，共完成退耕地造林 35.5 万亩，荒山造林 30.5 万亩，新惠镇龙凤沟小流域治理工程就是退耕还林的样板之一。

沟道治理工程是山丘区坡面治理相对稳定后，向沟道要效益。开发沟道治理工程，成为山丘区生态建设的重点。四家子镇、新惠镇、丰收乡在沟道治理方面，走在了全旗前头。基本治理措施包括：坡面治理完善，沟坡整地上生物措施；沟道坚持"留好水路、设计道路、选好出路"，简称为蓝色、黄色、绿色之路。在典型引领下，全旗近 30 万亩沟道得到了有效治理。

灌木林比重逐步提升，是基于对敖汉旗情的再认识及对待治理地块的困难程度，科学指导治沙需要增加灌木林比重，应坚持灌草乔相结合，科学治理丘陵山地，也应增加灌木林比重，才能适应山地、裸石较多、水土剥失严重，且长年降水补充林木所需有限的现实情况。近 20 年来，敖汉旗在生态建设中，落实了增加灌木科学配置的指导思想。山杏、沙棘、山竹子、荆条、柠条等生态主要树种扩大了造林面积，使全旗生态系统稳定性得到了一定改善。

如何利用人工森林生态系统服务于经济社会发展和农牧民生活水平的提高，敖汉旗在生态建设领域重点抓了三件事：一是在平缓沙地治理和固定沙地再利用中，实行小网格造林防护，防护网点在 60 亩以下，可有效地利用防护林防护作用，发展农耕、草田轮作及其他经济、药用作物。二是在造林设计中体现复合经营理念，林农复合经营可在幼林行间间作以耕代抚、以短养长。林牧复合经营采用行列式（两行一带）造林，建设疏林草牧场。三是在已固定沙地中，开展沙地生物圈建设，利用丘间地的水热条件，发展沙生经济植物。

为了提高现有林经营水平，进入本世纪以来，敖汉旗先抓了退耕林分改造试点，对重度退化林分，因地制宜改造成经济林果、木本粮油、常绿的针叶用材林；对于中轻度退化林分，采取复壮、抚育、封育、补植、改接等措施，构建复层异龄混交生态林和经济林。在试点基础上，逐步扩大低改面积，成为现阶段退化林分改造的参考样板。

第三节　聚焦靶向，精准实施生态建设的创新驱动

科学技术是第一生产力，创新驱动是第一动力。在敖汉旗数十年生态建设的几代人接续奋斗中，科学技术渗透于各个生产环节。广大科技工作者向生产实际学习，在实践中开展试验，凝练理论，再指导实践，循环往复，使生态建设各个历史阶段面临的技术瓶颈及相关课题均有了比较可靠的答案，一次又一次少走弯路，降本提效。

1. 新中国成立初至 1978 年植被恢复建设阶段。为了尽快恢复植被，在一定程度上控制风蚀水蚀，部分缓解燃料、饲料、木料、肥料奇缺问题。这一阶段的科技人员开始了艰苦的探索。

1947 年 5 月，为扩大绿化面积，解决种苗需求，根据热河省政府指示，

敖汉旗开展了收集树种和试建苗圃工作。1949 年，敖汉旗开展了秋季造林实验。1951 年 3 月，敖汉旗第四届人民代表大会决议，在河流两岸恢复和发展苗圃，目的是解决造林种苗供给问题。1953 年，下达了采集榆树种子、直播造林通知，工程技术人员在艰苦环境和条件下，探索扩大造林面积的可行之路。

为适应东北西部、热河北部防护林带建设需要，1952—1954 年，技术人员编制了防护林带设定计划，因地制宜，因害设防得以体现。随着国营造林组及国社合作造林林场的组建，针叶树育苗、杨榆等乡土树种播种苗逐步扩大作业面积。山杏直播造林、杨柳埋干造林，也在这一时期发挥了作用。

20 世纪 60 年代以来，为推进重点工程建设，种苗等物资供应相对集中，技术指导相对集中。在重点治山治沙工程、农田防护林、护路林、国社合作造林等造林绿化工程相继出现小叶杨、榆树、油松、山杏等主要树种，埋干造林，播种造林、杨榆实生苗造林并用，造林密度相对较大，大面积造林 333—666 株 / 亩。农田防护林，亩造林株数也在 200 株以上。这一阶段的造林成活率保存率较低，高于 50% 成活率的造林地块实属罕见。20 世纪 70 年代，古鲁板蒿公社营造的农防林成活率 87%，是那个年代植树造林科技含量相对较高的生产活动。

群众造林以及生产队、大队造林多为薪炭林，由于造林成活率低，保存面积也不多，没有很好解决"烧柴"这一基本需求。

2. "三北"防护林工程启动以来至 20 世纪末，敖汉生态建设步入快车道，进入了大发展时期。生态建设重点是建设完善防护林体系，解决造林、治沙治山效率问题。这一时期科技人员大部分有了专业知识储备，在实践中开展了有针对性的探索。

造林方式的变革，推动了科技进步。一是提前整地再造林，自新中国成立初，林业生产就提出不整地不造林并形成制度，提前一年雨季前整地取代了过去现造林现挖穴整地做法；二是利用无性繁殖苗木在杨树造林，取代播种实生苗，淘汰小叶杨，引进杨树杂交品种；三是山杏造林由实生苗造林取代直播造林，苗木质量提升使造林质量有质的提高。四是造林密度由过去的每亩 300 多株降至 111—148 株，提高了单株营养面积。20 世纪 90 年代以来，造林密度降至每亩 84 株。实践证明，低密度造林更符合科学规律。

重点工程造林体现了工程造林高标准，20 世纪 80 年代初，铁路防护林造林成活率达到 86.6%。80 年代中期，草牧场防护林成活率达到 87% 以上。

这些典型工程是以开沟整地为基础的抗旱造林技术的探索、完善与系统提高。至 1990 年，抗旱造林系列技术，以组装成套，包括开沟大坑整地、选用良种壮苗、苗木保温、浸苗补水、适当深栽、扩坑添湿土、分层踩实、培抗旱堆等八个主要环节。1989 年，自治区林业厅在敖汉旗召开抗旱造林现场会议，使抗旱造林技术推广到了全区乃至"三北"地区，其核心是围绕水字做文章，通过开源节流实现提高成活率、保存率、生长率的目的。

为提高林分的稳定性，发挥生态系统的综合效益，这一时期对林种结构和林分结构采取了一些针对性措施。在林种结构调整中，一是狠抓速生丰产林建设，采取大坑大苗大水相统一的林业技术措施，充分利用水源条件较好地段，培育短周期用材林，以满足群众木材急需；二是增加三项经济林比重，并采取除草、松土、扩穴、整枝、病虫害防治等旱作栽培措施，双井林场、古鲁板蒿林场的沙地旱作山杏林分亩产量 20 千克，产值 40 元；三是为适宜畜牧业发展需要，在林种结构调整中，结合敖汉旗立地条件，大力营造灌木饲料林，山竹子、柠条为造林树种，人工植苗带状设置，株行距 1 米 × 3 米或 1.5 米 × 3 米，灌木饲料林，既可作冬春牧场放牧，又可以刈割加工利用，成为牲畜的重要饲料来源。在林分结构调整中，一是实行混交造林，实现乔灌之间、阴阳树种之间互补，既利于防火，也有助于防治病虫害。1995 年，正式提出了除经济林、特用林以外，坚持不混交不造林原则，主要混交形式，杨树 × 樟子松、樟子松 × 沙棘、杨树 × 山杏、樟子松 × 山竹子等等。二是大力推广"两行一带"造林方式，改变了过去均匀布局方式，采取 2 米 × 5 米 × 10 米、3 米 × 4 米 × 10 米的规格，增加了单株营养空间，有效地发挥了边行优势，利于成林、成材，且形成较稳定林分。

为进一步提升经济效益，这一时期开展了复合经营的探索。在半干旱地区，如何实现林牧农协调发展，既充分发挥土地效益，又能实现以短养长，还可以加速林分郁闭，形成较稳定的林分结构。一是林农林药间作。在幼林行间间作矮秆作物、杂粮杂豆、药用植物，间作时间 2—3 年，大行间（如两行一带）可以间作 5 年，亩间作实际利用面积在 0.4—0.5 亩，三年间种指数在 1.2—1.5 亩，群众可得短期收益，间作也起到了以耕代抚作用，加速了幼林郁闭进程。二是探索小网格造林。一般规格以 200 米 × 200 米、150 米 × 150 米居多，网格面积 60 亩或 33.8 亩，这种造林方式益林，边行效应明显；保农，150—200 米恰好是林带最佳防护距离；促牧，规模较大的小网格造林，可实行草田轮作，既能提高牧草产量，也为未来恢复天然牧草发挥了改良作用。三是开展疏林牧场及人工牧场改良建设。在发挥带状配置林木防护作用的基础上，辅以人工手段建成质量高、载畜量大、利用途径广的人工牧场。乔木防护林带距 20—25 米，乔木带间栽植两带灌木，余下空间进行人工种草，是融林业、水保与草牧场建设于一体的建设类型，高家窝铺马桥山工程是典型代表之一。

此外，为实现可持续发展，在森林经营方面，科技支撑的立足点还有防护林接班林建设及有害生物无公害防治。在接班林建设中，为使需要更新的防护林提前预造接班林，比较典型的北部草牧场防护林体系中，在原 500 米×500 米、400 米×500 米网格内穿"十字"型新建林带，待新林带发挥效益后，对老林带进行更新作业；敖汉旗的有害生物防治集中在油松林分和榆、杨纯林分中，无公害防治重点是松毛虫防治，利用该生物越冬习性，通过群防群治手段破坏松毛虫越冬栖息场所环境，达到防治松毛虫目的，是我国北方防治松毛虫的经典之作。

3. 进入 21 世纪以来，敖汉旗的生态建设重点是在获得"全球 500 佳"环境奖殊荣后，进一步巩固建设成果，维护和提升生态系统稳定性，释放经济性，为产业化经营和经济社会高质量发展贡献生态力量。这一时代的科技工作者守正创新、不辱使命，谱写了林业支撑高质量发展的科技乐章。

樟子松在全域造林已得到群众广泛认可，为提高樟子松造林成效，敖汉旗林业局制定了樟子松造林技术规范，突出技术突破有两点：一是实行容器苗造林，提高造林成活率，减少越冬防寒成本投入，苗木规格一般在 30—50 厘米，提倡利用无纺布、秸秆复合等可降解容器育苗。二是以早春顶凌和雨季造林为主，减少造林后补水投入，均收到了良好效果，也成为樟子松扩大栽培的关键环节。

在沙地综合治理中，在继续推广小网格造林模式的同时，突破高大沙丘治理和丘间地利用问题。在治理中引进了尼龙网、沙袋等治沙手段，贯彻了宜治则治、宜留则留的指导思想，变沙害为沙利，变废为宝，使新时代治沙走上了科学发展轨道；在丘间地利用方面，先控制沙丘前移，适当对丘间地整理，再栽植经济价值较高的经济林或林带庇护下的经济作物。

退耕还林是 21 世纪以来的重点工程，涉及沙地和黄土丘陵、浅山丘陵、坡耕地，退耕树种选择以山杏、沙棘为主，辅以油松、樟子松、杨、榆等乔木树种，采取混交造林模式，一般初植密度 67—84 株 / 亩，整地方式包括机械开沟和人工整地，人工整地规格多为 150 厘米×70 厘米×50 厘米，退耕地林间实施人工种草，多以紫花苜蓿为主，形成了林草融合的建设类型，对完善人工生态系统发挥了重要作用。

为提高现有林分经营质量，这一时期将退化林分改造作为重点。一是突出重度退化林分，尤其是杨树改造，替代增益品种选择经济树种，如樟子松，木本油料树种，且实行带状或网格状混交；二是对山杏低产林进行嫁接改造，以扁杏为主，辅以营林措施，提高仁用杏产量；三是对退化灌木林开展平茬复壮，恢复灌木林地生产力，刈割收获物加工做饲料、燃料，在改造林分的同时增加农牧民收入。

精准提升森林经营质量，人工林生态系统进入成熟林阶段，如何实现"青山常在，永续利用"，除了执行国家和地方有关标准外，还需结合本地实际，农田牧场防护林领域重点是解决更新造林问题，其他生态林分是解决近自然经营问题，经济林方面是解决更新复壮问题。农防林更新落实了半地下整地、施用有机底肥、高规格苗木（杨树胸径 3.0—3.5 厘米）、强化水肥管理措施。适合萌芽更新的树种可以萌芽更新，当年抓好伐根培土防护，及时控株除蘖，更新后林带可经营一代（护渠、护岸林可参照处理）。牧场防护林可平行原有防护林带或在网格中穿"十字"带营造接班林，接班林建设坚持了乔灌混交、针阔混交形成疏透结构，科学设置作业路，在牧场领域尚需设置牧道及林带机械防护。其他生态林分多为公益林，实行封育加人工补植、抚育等干预措施，栽针补阔，栽灌补乔形成异龄复层林分，乔木株数每亩不宜超过 30 株。对于老熟经济林或树形管理失当的经济林，采取了高接换头，头部更新复壮措施，利用原株抗性，提升新的生产能力。改接作业量视冠形大小而定，一般一个方向改接 3—5 接穗，群众房前屋后或采摘型经济林实行一树多头、一树多果经营模式。

第四节　科学评价，全力支撑生态建设的接续奋斗

科学技术作为第一生产力，推动生态建设作用有目共睹，无论在战略布局考量方面，还是战术上推动方面，一个战役一个战役地攻坚，敖汉旗的决策者与工程技术人员引领各族群众同向发力，自力更生、自强不息，发扬了"求实创新，众志成城"精神，在每个历史阶段，善于总结科技历程，汲取应用经验，并对具体工程和建设模式做出科学评价。在评价总结中，充分借

鉴域外先进理念和做法，充分提炼广大群众的实践创造，重整行囊，轻装上阵，砥砺前行，林业科技迈上一个又一个台阶，工程建设质量和效益逐步得以提升。

1. 新中国成立以来，至"三北"防护林启动前，敖汉旗在对历史和现实深刻反思中，锚定了种树种草，改变生态，严禁开荒种地，种草与造林相结合，种草与水土保持相结合。

1949 年 2 月，敖汉旗即发出每人栽活 1—2 棵树号召，9 月发出每人栽活 2 棵树号召。1951 年 3 月第四届人代会上，提出了有计划地普遍发动群众植树造林、护林与重点封山养林的林业方针，6 月，政府指示严禁开垦 30 度以上陡坡山荒，各区接旗里要求既组织生产，又开展督查指导，使旗里决策落到实处。

1952 年，为落实东北人民政府及热河省政府关于建设防护林带的指示，敖汉旗成立了"敖汉旗防护林带建设委员会"，下设宣传鼓动、组织动员、技术指导和保护四个组织，把科技指导与检查验收保护统筹起来，便于评价各地工作落实情况，便于总结经验、推动后续工作。同年 9 月、11 月两次下达通知命令，禁止掘草根、刨树根与购燃木材；禁止用耙子搂柴火，纠正"九月九"大撒手的放牧习惯，释放了保护生态环境的强烈信号。

1959 年，旗人委要求加强造林运动领导，组成指挥机构。10 月，旗委成立了旗绿化总指挥部，统一指导全旗绿化工作。1960 年，为完成敖汉北部三年绿化任务，成立了敖汉旗北部三年绿化指挥部。在指挥部领导下，绿化工作有计划、有部署、有检查、有总结，且在总结基础上，提出了新的部署要求。在实施行政指挥组织职能的同时，均把科技指导放在首位，并且通过督查检查总结工作，收到了工程建设应有效果。特别是在总结古鲁板蒿公社农防林建设经验中，1974 年，推进了长胜、双井、岗岗营子三个公社 12 万亩农田进行林、田、路、水为一体的勘测设计，北部农防林建设实现了突破。

1974 年，敖汉旗在克力代公社开展了国社合作造林试点。在总结 1963 年新惠—长胜公路绿化和 1964 年长胜—青沟梁公路绿化造林经验的基础上，1971 年成立"新地国社合作造林林场"，完成了新惠—朝阳公路绿化，为国社造林打下了基础。自 1975 年国社合作造林大面积推开，从合作机制、双方责任义务、具体组织实施、整地苗木选择、栽植养护等技术环节把关，逐步形成了完整体系。

2. 改革开放至 20 世纪末，敖汉林业围绕风蚀、水蚀两大要害，举全旗之力，形成了造林治河、治山，改善生态环境的全新局面，在 8300 平方公里土地上，构筑了人工生态系统，使解放前不宜人类生存之地，活生生地演变为宜居宜业的塞北粮食和畜牧业生产基地。

1980 年，内蒙古自治区授予敖汉旗"1979 年造林育苗成绩显著"锦旗，敖汉旗人民在总结历史经验中认识到，敖汉旗的出路在于抓好生态建设和改善生产生活条件。1981 年 7 月以后，按照中共中央关于内蒙古"林牧为主，多种经营"经济建设方针，敖汉旗委、旗政府提出了"林草开路，多种经营起步""草上肥，油上富，植树造林建宝库"等号召，统一了全旗各族人民的行动。

1986 年以来，在推进草牧场防护林体系建设中，旗乡两级上下同心，科技人员鼎力相助。1988 年夏秋之际，旗级班子领导下乡调研，发现双井乡个别村的防护林遭到人畜破坏。敖汉旗委高度重视，在该乡召开常委会议，总结工作，研究对策，形成共识，追究过错者责任，成为草牧场防护林建设的重要一笔。与此同时，科技人员认真调研监测，设置标准地，采集防护林防护效益，与受益群众研究造林后管护技术，网格内草牧场修复与应用技术，1992 年通过了科技部门组织成果鉴定，并分别于 1994 年和 1998 年

黄羊洼文冠果庄园建设

获得省部级科技进步奖和国家科技进步奖，这是对敖汉人民在治沙领域走林牧农结合道路的认可和褒扬。

抗旱造林系列技术的探索与组装配套，从根本上解决了造林难成活、成活难成材的问题。自"三北"防护林建设伊始，在敖汉旗的生态建设中，普遍应用了抗旱造林系列技术，且随着科技的进步和实际情况的变化，广大科技人员在实践中丰富和发展着系列技术。在不同历史阶段均有新的创新，比如，坐水栽植、覆膜造林、生根粉应用、径流措施应用，等等。抗旱造林系列技术是"三北"地区造林的创造，开辟了一个提高两率的新时期，被自治区人民政府授予（1992年）科技进步三等奖。

两行一带配置技术由敖汉旗林业人创造，拉开了低覆盖造林的序幕，既考虑了促进植物生长，又兼顾了防护林效益发挥。在造林阶段节约了成本，后续经营林分结构比较稳定，在"三北"地区推广面积达100万亩以上。被内蒙古自治区人民政府授予了科技进步三等奖。

为在20世纪完成绿化达标任务，旗委、旗政府提出七年（1989—1995）绿化敖汉规划，旗人大常委会通过七年绿化敖汉决议，将覆盖率指标下达至各个乡镇。依据区划实行差异化考核评估，配套实施质量管理。自治区绿委会转发了敖汉旗经验做法，成为接近灭荒地区指导生产实践的典范。

绿化敖汉的初始目标是使有林面积达到480万亩，占总土地面积的38.6%。随着时代的发展，1998年，敖汉旗委适时提出"不移创业之志，再固立旗之本"的奋斗目标，明确"消灭荒山、绿化荒沟、开发荒滩、治理荒沟"四个主攻方向。同时，在原有灭荒基础上，将林业生态治理目标提高到林业用地面积600万亩，占总土地面积的45%，把生态大旗扛下去，举起来，继续打造"生态建设"品牌，为经济社会发展赢得更大空间。随即先后出台《东南四乡山区综合治理夏季会战动员会议纪要》《乡镇绿化达标管理办法》《领导干部兴办绿化点实施意见》，印发《生态经济沟可行性报告》《北部沙区秋插黄柳实施意见》《4411公路绿化方案》，掀起敖汉生态建设的又一个高潮。

3. 进入21世纪以来，生态产业化、产业生态化，在完善生态体系中实现生态型林业向生态经济转型，林业的经济效益逐渐显现，林业保障作用日益突出，林业产业化经营初露端倪。

标准化造林是形成造林规范、提高造林成效、围绕成熟技术、扩大造林规模、形成整体建设效益、提升民众标准化素养、推进生态文明的重要举措。敖汉旗先后开展了杨树标准综合体、沙棘标准综合体、山杏标准综合体研制和应用，有力提升了标准化造林水平，使得三个树种的营造林标准化走在了全区前列。

结合退耕还林工程，敖汉北部探索了林农、林草、林牧复合经营模式，走出了林牧农互相促进共同发展的新路，自治区林业厅认为，值得在全自治区推广；敖汉中南部地区建设了以山杏、沙棘为主的经济林，退耕坡面林草融合，解决了坡耕地水土流失问题。林草生态体系保持了水土，为舍饲畜牧业发展提供了饲料基础，群众也因退耕还林获得了政策性补贴。生态型退耕还林为产业化经营提供了生态基础和改造家底。全区30万余亩的沟道，为沟道治理工程提供了主战场。旗委、旗政府及时决策，业务部门适时引导，用材林和经济林使群众在沟道治理中见到了效益，看到了山区综合治理的希望。总结评价基本机制、技术要求、政策导向，确保了沟道治理的健康发展，成为敖汉中南部地区的重要用材林、经济林基地，也是重要碳汇基地。

德援项目在敖汉旗实施了10余年，除了依托外援资金扩大了森林植被以外，还有几点深远影响。引入参与式土地利用规划技术，使农牧民真正成为土地利用途径选择的决策者之一；技术人员与林农共同探讨建设模型，不仅考虑了当前，还考虑到未来，长远谋划，近中远相结合，要求是有预见功底；技术模型确定后，一般不再改变，且实施严格的质量管理和财务管理，避免了生态建设的盲目性和随意性；利用第三方开展监测评估，使工程进度质量真实反映实际情况，使评价更科学。自治区林业厅领导在总结德援项目时指出，德援项目的实施，为更好地推进国内项目管理、提升工程科技含量、实现项目管理的可持续提供了很好的指南。

敖汉旗委、旗政府十分重视沙棘的产业化。在推动沙棘造林扩张面积的同时，注重科学栽培，核心体现在雌雄配比人为配置，关键技术是嫩枝无性扦插育苗。敖汉旗突破了育苗技术难题，营造了旱作、水作示范林分，企业主动介入，培养自主原料基地，沙棘领域的一产栽培及二产加工，多项成果获得社会良好评价，沙棘油加工获得自治区科技进步奖。沙棘育苗及标准化栽培获得赤峰市科技进步奖。沙棘种植加工在敖汉旗具备了成长为百亿元产业的基础。

如何推进退化林分改造，敖汉旗提出"一减三增两改"的发展策略，明晰了退化林分改造的方向，为未来发展营造了优质的果树经济林、樟子松用材林、文冠果油料林、沙棘山杏等灌木林基地，敖汉旗打好生态建设后半场的号角已经吹响。

第三章　政策推动，加快发展的源头活水

政策和策略是党的生命，这是中国共产党领导中国人民进行新民主主义革命和社会主义革命、社会主义建设的成功经验，并以此取得了伟大成就。

中国人民是革命和建设的主体，既是创造者、参与者，又是革命和建设成果的最大受益群体。就此而言，作为党的各级组织，各级人民政府怎样尊重人民群众的主体地位，怎样调动人民群众革命、建设的劳动热情，保证劳动者的权益，形成了强大的推动力，是十分重要的，完全必须的。

新中国成立以来，敖汉旗历届旗委、旗政府紧密结合全旗农村工作和经济发展的实际，特别是在生态建设的伟大实践中，脚踏实地地贯彻落实党和国家不同时期的方针、政策。紧扣不同时期国民经济发展规划目标，结合自身的建设、发展，注重处理、理顺和把握在农村经济建设中，农、牧、林产业的协调发展；生态建设中生态效益、经济效益、社会效益的三效统一；利益分配机制中国家、集体、个人统筹兼顾的基本原则。制定了切合实际、科学可行的一系列政策、策略，调动保护了不同层次劳动者的积极性，极大地推动了全旗的生态建设与保护，使之逐步走上、走好协调发展、绿色发展、低碳发展、可持续发展之路。

下面就新中国成立 70 年来不同时期的生态建设，农村经营管理体制改革政策调整落实与国营林场（苗圃）经营管理体制改革政策调整落实情况分别予以说明。

第一节　农村经营管理体制改革

一、1951—2000 年集体林业产权制度改革

1. 国民经济恢复和合作化时期（1949—1957）

1951 年，敖汉旗人民政府关于下半年林业工作计划通知：大力发展合作造林，是今后造林的基本方向，合作造林是与群众利益相结合的造林方式。私与私合作造林的基本办法，是在群众自愿互利的原则上，政府给予可能必要扶助，以群众相互出种苗、土地、劳力，即有啥出啥，做股进行合作，民主讨论议定分红办法，订好契约，从造林者中选出造林小组长，有组织地完成栽植和保护工作。公与私合作造林的办法，由政府提供资金、种苗、土地并进行技术指导，群众出劳、出用具，并负责栽植、保护，按公二成私八成分红。

1953 年 3 月，敖汉旗人民政府下达了《关于春季造林指示》，为加速荒山绿化进程，确保合作造林的分红办法，贯彻"谁造谁有"的政策。要及时发放股票，保证私有林权的收益，同时，可根据群众要求，发动群众分组、分片地向政府承领公有荒山、荒地，有计划地进行封山和造林。

1955 年 4 月，白俊卿旗长在敖汉旗第一届人民代表大会第二次会议上指出：在林业方面，由于贯彻了"谁造谁有，伙造伙有，村造村有"的造林政策，以互助合作为基础，大力开展自采、自育、自造、自护等群众性造林运动，取得了一定成绩。这是对合作化造林活动、用政策调动群众造林积极性的精准总结。

1956 年 4 月，敖汉旗人民委员会转发内蒙古自治区人委关于《防止乱砍滥伐林木和妥善处理林木入社问题的指示》的紧急通知。1957 年 8 月，敖汉旗委、旗政府发布关于《林木入社的处理办法》，提出对社员入社的片林归集体所有，零散树木集体不好管理的，可归给社员个人经营，但对于社员入社的片林，林主有经营权，可与集体分成。1957 年 12 月，中共敖汉旗第三次代表大会上，关于几年来党的工作总结和第一个五年计划执行情况的报告指出：林业生产上，由于积极地贯彻执行了林业生产方针和"谁造谁有、伙造伙有、村造村有"的保护政策，开展了以合作造林、大片造林和农

田防护林为主的造林运动，在合作化后，按照农业发展纲要（草案）的要求，发动了大力造林、护林、育林，开展全旗的绿化运动，据 1957 年秋季统计，全旗计造林 273 万亩，超过第一个五年计划的 7.3%，封山 4.5 万亩，培育成材林 7200 立方米，满足了全旗木材的需要。

2. 人民公社时期（1958—1983）

1962 年，春季造林工作总结称，认真贯彻中共中央关于林业政策"十八条"，使政策落实到社员群众中去，成为推动林业生产的基本动力。由于贯彻了"谁造谁有"为中心的林业政策，明确了权属，满足了群众要求经营林业的愿望，并使他们感到心中有底，信服政策，大大鼓舞了群众造林、护林的积极性，推动了当前林业生产。生产队和社员主动制订了造林计划和护林公约，从而造成了以生产队为主，集体造林与社员造林相结合、社队林场造林与生产队造林相结合、国营造林与群众造林相结合的造林运动新格局、新高潮。

1963 年 3 月，中共敖汉旗委根据内蒙古党委《关于农村人民公社若干问题的补充规定》文件精神，决定对农村社员每户划给 1—2 亩的自留地，长期固定给群众使用，植树造林解决用材和烧柴问题。

1965 年 8 月，中共敖汉旗委五届六次全委扩大会议报告提出：在组织社队集体造林的同时，适当安排社员个人造林、种草，对于社员多刨的镐头地，在不影响集体耕作和牧场的前提下，可划归个人造林，划归每户 1—2 亩的造林地的规定仍然有效。今后必须认真贯彻"社造社有，队造队有，社员个人造归社员所有，谁造谁有"的林业政策，把公路林、水土保持林和村屯绿化林尽快地造起来。

1979 年 4 月，中共敖汉旗第七次党代会决定：社员在房前屋后或生产队划定的地方，栽种的树木永远归社员个人所有，有荒山沟塘沿岸的生产队，在统一规划不造成水土流失的情况下，可划给社员 1—2 亩造林地，解决社员的烧柴和用材问题。

1980 年，旗革委会关于今春造林工作的报告称：靠党的政策调动各族人民群众的积极性，1978 年，旗委决定把已经收回社员的林木按政策规定退还给社员，并划给社员每户两亩薪炭林地，待植上树后有条件的地方，每户再划给两亩造林荒地，调动了场社合作造林，社队集体造林，机关团队学校造林，社员家家户户造林的积极性。据统计，1980 年春，全旗出动 5 万多人，社员家庭造林也动员起来了，不少户自己造林自己育苗，自筹资金购买苗木造林，社员起早贪黑在生产队划给的造林地上、房前屋后种树，既绿

水土保持山杏林基地

化了荒山，又促进了村屯绿化。

1982年3月，中共敖汉旗委员会、敖汉旗人民政府《关于种树种草的决定》中明确提出落实种树种草政策，调动群众种树种草积极性，今后还要发展国合造林，对社队范围内的集体和个人林权，应尽快颁发林权证书。农村牧区要把一部分荒山（沟岔）、荒地、荒沙划给社员，可以一户一两亩、三五亩、十来亩或几十亩，种树种草。给社员划定的林草地，各公社组织力量协助大、小队，1982年春播前完成。划给社员的种树种草地，林草权为个人所有，社员个人利用指定的荒山、荒地、荒沙、沟岔发展树木和林草，数量不限，只要遵守政策法令，不剥削他人，不侵犯集体利益，均应受到法律保护。城镇居民种树同样以此对待，机关、团队、学校、工矿企业在保证承担的绿化任务外，还要承包荒山、荒地、荒沙种树种草，谁种归谁，其收益可用于单位集体福利事业，也可以直接分给职工一部分，国家有关部门要协助群众种树种草，对种树种草有成绩的单位给予奖励。

1982年11月，中共敖汉旗委向盟委作《关于新惠公社林业"三定"工作情况报告》：敖汉旗新惠公社，根据胡耀邦同志视察昭盟时的指示，今后发展林业要坚持个人、集体、国家一齐上，他们从10月20日开始试点，开展了林业"三定"工作，到 11 月 15 日基本结束。把 1982 年春造林整地 47100 亩，其中包括春秋两季已经造上柠条的 15600 亩，划给社员个人，占造林整地面积的 52%。又把 154 条沟 2700 亩地划给社员，合计新划给社员造林地 50800 亩，加上社员原有林 11000 亩，共 61800 亩，占全公社造林面积的 29%，户均 13.3 亩，人均 2.8 亩。划完造林地开展了发放林权证工作，全公社已发林照 5260 张、4100 户，发证面积 63700 亩。

1983 年 3 月，中共敖汉旗委做出《关于划给社员种树种草地达到 100 万亩的决定》，为贯彻落实党的十二大精神，进一步贯彻中央 1981 年 28 号文件提出的"林牧为主，多种经营"的方针，调动广大群众种树种草的积极性，加快种草建设步伐，从现有的宜林荒山、荒地中，划给社员个人种树种草，在原有基础上达到一百万亩。

旗委号召各级干部，思想更解放一点，改革更大胆一点，工作更扎实一点，进一步提高对给社员增划种树种草地、发动社员群众种树种草重要意义的认识，这样可以充分调动社员种树种草和抚育保护的积极性，从而加速绿化，增加植被，改善生态环境，达到兴牧促农、振兴经济的目标。

3. 农村体制改革时期（1984—2000）

1986 年 12 月，旗政府对五年来林业"三定"工作进行了总结，全旗 30 个乡镇（苏木），四个国营林场，均已结束林业"三定"工作，共发证 100864 张，发证面积 178.6 万亩，占现有林面积 58.7%，其中发放国有林权证 587 张，面积 71.2 万亩；集体林权证 6721 张，面积 75.9 万亩；个人林权证 93556 张，面积 31.4 万亩；发证 89212 户，占全旗户数的 86.3%。随着林权证的发放，划分宜林荒山、荒地给农牧民群众，全旗共有宜林荒山、荒地面积 155.8 万亩，划给 10.0 万户，面积 117.9 万亩，占宜林荒山荒地 75.6%，其中划给个人的宜林地已造林 60.4 万亩，占划分面积 51.3%，已造林面积大部分已发证。

在山权、林权明确的基础上，本着因地制宜、因林制宜的原则，把权、责、利结合起来，实行了以作价归户、无偿划给、承包到户、集体管理的多种形式的林业生产责任制，总面积 11.6 万亩，占全旗原有面积的 10.6%，无论采取哪种形式，村、村民小组都设有专职护林队伍统一管理。

1994 年 5 月 9 日，中共赤峰市委、市政府《关于拍卖"五荒"使用权的决定》指出：为适应社会主义市场经济的发展需要，进一步完善农村牧区以家庭联产承包为主的生产责任制和统分结合的双层经营体制，实现土地所有权与使用权的分离，促进生产要素优化配置，有效地开发利用土地经营资源，恢复和保护生态平衡，加快农村牧区经济发展与农牧民增产增收致富达小康步伐，决定对农村牧区"五荒"使用权进行拍卖，并提出"五荒"使用权应首先拍卖给本村、本嘎查的农牧民，也允许拍卖给本村、本嘎查外的农牧民和企事业单位，购得使用权后，权属关系50年不变，允许出租、转让和继承。

1994年7月10日，在全旗农田基本建设与社会化服务体系建设的工作会议上，旗委、旗政府具体部署了此项工作。敖汉旗多年来各级党政干部和人民群众在治理开发"五荒"上付出了艰苦努力，取得了明显成效，但由于历史和政策诸多方面的原因，仍有200万亩左右的"五荒"没有得到治理和开发利用，尤其是治理难度较大的"五荒"治理速度更缓慢。通过对集体所有尚未开发的荒山、荒沟、荒滩、荒沙、荒水的使用权向广大群众和社会企事业单位进行拍卖，且使用权50年不变，必将激发广大群众对"五荒"治理的积极性，必将加速"五荒"建设的治理速度，产生巨大的经济效益和社会效益。要加强对拍卖"五荒"工作的组织领导，要搞好宣传教育，防止抢占强买、哄抬地价、按户均分、见荒拉条现象的发生，对集中连片的"五荒"，倡导和鼓励多种形式的联户经营和股份制合作经营，单位和个人都可以参加入股，发挥各自优势，集中资金、技术和劳力，形成规模效益。利用"五荒"发展起来的项目和生产的产品要在税收上给予其一定照顾，各乡镇苏木、农口各站、集体林木场购买"五荒"的要给予其优惠。同时，要尊重和保护购买"五荒"者的合法权益，任何单位和个人不得抢占、哄抢、毁坏。在"五荒"的治理上可以坚持以前多种形式的治理原则，把"五荒"的拍卖同小流域治理结合起来，还要坚持以前的统一治理、分户受益、分户治理、统一管护等多种办法，加速"五荒"的治理与开发。

1998年1月，中共敖汉旗委员会、敖汉旗人民政府《关于加强生态建设的决定》中指出：实施优惠扶持政策，调动各方面的积极性，生态建设必须坚持以家庭联产承包责任制为主的统分结合的双层经营体制，对所治理的土地实行"谁治理，谁开发，谁受益以及允许继承、转让和长期不变"的政策。多种经营并存，多种经营形式并有，积极推行股份合作制，鼓励并允许乡镇苏木、村嘎查和社会部门、单位及个人以土地、劳力、资源、资金、种苗、机械、技术等为股份，合作开发共同投入、共同管理、共同受益。允许城镇单位、个人和外地单位、个人承包"五荒"，并享受国家政策待遇。"五荒"谁买谁治，谁治谁有，由村级集体组织发包或拍卖，乡政府审查并登记造册，由土地、林业等部门颁发土地使用证和林业产权证。"五荒"使用权一定 50 年不变，实行草牧场有偿承包使用政策，尽快落实草牧场"双权一制"，坚持走"双增双提"之路，合理开发草牧场资源，防止草牧场退化沙化。

2000 年初，中共敖汉旗委办公室印发了《敖汉旗农村集体林地"四荒"使用权拍卖（承包、租赁）实施办法》和《敖汉旗农村集体小型水利设施拍卖（承包、租赁）实施办法》的通知。农村集体林地"四荒"使用权拍卖（承包、租赁）实施办法中，拍卖的范围是：①农村集体所有的未治理"四荒"的使用权。②农村集体所有林木及林地的使用权。③"四荒"使用权内容包括地表及地表附属物，不包括地下资源，公共设施，永久性标记占地，河道行洪区荒滩地，名胜古迹，自然保护区和地方旅游开发区。④凡具有开发能力的农牧民、企事业单位、社会团体及其他组织和个人都可以购买（承租）集体林地和"四荒"使用权，同等条件下，本村民组村民享有优先权。⑤权属不清尚有边界争议的林地"四荒"，在争议没有得到解决前，不得进行拍卖（承租）。⑥本办法中对拍卖（承租）原则的形式，拍卖（承租）的程序、监督管理和政策措施都作了具体规定，敖汉旗农村集体小型水利设施拍卖（承租）实施办法、拍卖（承租）的范围，本办法界定为：农村小型水利设施，指农村集体所有的小水窖、机电井、提水点、扬水站、塘坝、小水库、人字闸及其他小型微型水利工程，包括为其服务的低压设备、渠道、管道等配套设施。办法中对拍卖（承租）的原则和形式，拍卖（承租）程序，组织管理和政策措施都作了具体规定。

旗委、旗政府在林草生产、生态建设的不同时期，制定了切合敖汉旗实际的发展政策，正确及时地调动保护人民群众生产经营的积极性和热爱祖国建设家乡的热情，从解放生产力入手，极大地推动了林业生产，生态建设突飞猛进。

二、2001—2020 年集体林业产权制度改革

1. 2003 年农区草牧场改革

根据《内蒙古自治区人民政府关于全面落实农区草牧场"双权一制"工作的通知》（内政字〔2002〕235 号）精神，赤峰市人民政府办公厅转发了市畜牧业局落实农区草原"双权一制"工作实施方案（赤政办字〔2003〕9号），赤峰市人民政府对全市农区的草原"双权一制"落实工作进行了安排部署，下发了《关于落实农区草原"双权一制"工作的通知》。

文件要求，此次落实农区草原"双权一制"的草原面积以 1988 年全区草原普查时的草原面积为基数。由于历史原因，有的草原已被开垦为农田或作为其他用地的，有合法土地变更手续的，予以确认；无合法土地变更手续，已经变为建设用地的或已经种树成林的，要补办土地用途变更手续；无合法土地变更手续，已经开垦的并造成土壤沙化的，要无条件还草。1998 年牧区草原"双权一制"落实时，农区草原已经落实到户的，原则上不做变动。已经落实到村民小组的，要按赤政办字〔2003〕9 号文件精神，按程序一律划分到户或联户。存在边界、行政权属纠纷的，有关部门要按职责权限尽快进行勘查裁决，不得推诿扯皮。一时难以解决的，要保持现状，待确定权属后，再进行落实。农村牧区"双权一制"落实后，按照《草原法》，不得随意改变草原的性质与用途。

这次"双权一制"的政策界线是：凡是 2002 年 12 月 31 日 0 时前合法出生的，户口在当地的村民，都享有此次草牧场承包经营权。任何组织和个人不得以任何理由剥夺和非法限制集体经济组织成员承包草原的权利。草原承包经营权证的发放要做到一户一证。草原承包到联户的，也要保证每户一证。在签订承包合同时，除经授权外，必须由承包人本人签字。

2. 2004 年林权制度改革

2000 年后，全旗 492 万亩集体林地面积中，除重点公益林外，集体林地面积还有 99 万亩，占集体林地总面积的 20%，其中现有林 56 万亩、宜林地 43 万亩，2000 年以前进行的改革，由于受当时历史条件的限制，改革措施难以落实到位，各种承包和监督管理制度不完善、森林资源流转不畅、林业经营管理体制深层次的矛盾逐渐显现，严重制约了林业的发展。从总体上说，林业产权制度改革滞后，已成为全旗林业增效提速的"瓶颈"，引起了社会各界的广泛关注，所以造成了一些突出的问题亟待解决。

一是当时全旗 20 世纪 80 年代的"三定"和林权"谁造谁有"的政策，干部群众反映比较强烈，由于出现了许多大户，而且林地没有使用期限，存在着无偿不平均占有林地问题。

二是过去承包的林地，有很多没有合同，使林地权属和管理上出现很多问题，已有的承包林地合同大多数也不够规范，在合同的权利义务上缺乏有效的监督，特别是在绿化责任上履行的不够。

三是各地集体林的管理方式不一样，林分质量差异较大，大多数宜林地偏远、零散、立地条件较差，需要采取切合实际的改革形式。

四是当时因为集体发包工作由于受历史原因限制，有关部门很难参与，使多数村在不同程度上出现了权属不清、评估不合理、承包程序不合法、发包后的权利义务难以履行、配套管理和服务措施难以到位的情况。

为了推动改革开放和市场经济体制发展，促进林地林木承包流转工作的活跃，引导规范好林地及林木承包流转，2000年，旗委、旗政府出台了《关于深化农村经济体制改革的决定》，《决定》对于明晰林业产权减少集体投入，减轻农牧民负担，增加农民收入，加快治理宜林地步伐，提高广大群众的造林、营林积极性，都起到了积极的促进作用。《决定》出台后，全旗林权以拍卖、承包、租赁、合作等形式的改革迅速展开，但尽管如此，全旗林业产权制度改革工作仍十分艰巨。

2003年9月《中共中央国务院关于加快林业发展的决定》的发表，对深化林业产权制度改革提出了更高的要求，为贯彻中央《决定》精神，内蒙古自治区党委政府、赤峰市党委政府都下发了相应文件，对深化林业产权制度改革做出了相应的明确规定，也为全旗的林业产权制度改革指明了方向，提供了改革依据。为此，2004年3月旗委、旗政府根据全市林业工作会议精神和《赤峰市绿化林业产权制度改革实施方案》，出台了敖汉旗《关于深化集体林权制度改革意见》。

《意见》提出：林业是农村经济的重要组成部分，是生态环境建设的主体，既是一项基础产业，又是一项社会公益事业，对于实施可持续发展战略，促进农村经济发展，增加农民收入具有重要意义。改革开放20年来，全旗林业取得了长足进展，在林业生产责任制和经营机制等方面也进行了有益的探索和实践，但从总体上看，林业改革特别是林权制度改革滞后，林业产权不明晰，责权利分离，投入主体单一，机制不活，动力不足。极大地影响了造林、营林的积极性，制约了林业发展。大力推进林业产权制度改革，已成为当前林业发展最重要、最紧迫的措施。

《意见》提出：全旗集体林权制度改革的指导思想是以"林业生态效益、经济效益和社会效益"统一协调发展为目标，以完善家庭承包经营为主体、多种经营形式并存的集体林业经营体制为核心，以"明晰林木的所有权和林地使用权、放活经营权、落实处置权、确保收益权"为内容，以竞包、拍卖、划分、租赁、协商、股份合作等形式为手段，深化林权制度改革，大力保护培育和合理利用森林资源，充分利用宜林地实现林业跨越发展，使林业更好地为经济社会发展服务。

在集体林权制度改革工作中，要坚持以下基本原则。

一是坚持依法、规范、公开、公平、公正的原则，要依照法律来规范改革行为。

二是坚持尊重历史，保持政策的稳定性和连续性。

三是坚持因地制宜，分类指导原则。

四是坚持以民为本，确保森林资源资产保值增值。

《意见》提出的政策措施：

一是列为改革范围内的林地资源，主要指地上植被和辅助设施，不包括国家交通、邮电、电力、国防设施以及永久性标记占地，重点公益林和权属不清的林地不进行分产权制度改革。

二是对改革中发生的林地林木权属争议或承包纠纷，首先由乡镇人民政府调解、处理，处理不服的，可由旗人民政府处理，也可向旗人民法院提起行政诉讼。

三是对林业"三定"时划定的自留山，要由农户长期无偿使用，但要重新进行核实登记，对分包到户的责任山和谁造谁有的政策营林地，均视为承包林地，已经签订合同的，只要行为规范，群众认可的，就要按合同约定的履行。没有签订合同的，要重新签订合同，并按现经营林种确定林地使用期，生长周期短的阔叶树种乔木地应不少于一个轮伐期，生长周期长的针叶树林地和灌木树种林地应不小于30年，但最长不得超过70年，各乡镇可根据本地实际情况而定。

四是现有林地、宜林地开发治理，要严格执行统一规划和合同约定的绿化标准，由旗乡两级林业部门负责监督，自留山和承包林地没有达到绿化标准的，要限期绿化，在规定年限内仍然没有达到绿化标准的要收回林地使用权，重新发包。宜林地未成林地承包的，绿化年限为1—5年，经林业主管部门验收，连续两年未完成合同规定的年度造林任务，或未达到标准的，收回林地使用权，重新发包。对原使用者收取荒芜费，收取标准按该村同等类型林地的每亩年产值计算。

五是林权改革收益资金，主要用于林业建设开发。林权改革要按规定及时收回资金，由乡镇苏木林工站、农经站专门储存、专项管理、专款专用，要制定监督、检查和使用管理制度。竞拍可向买受人提取不超过1%的管理费，用于竞拍的前期费用及合同的监督管理。

六是鼓励林地经营权进行合理流转，但流转双方必须签合同，流转期限不得超过林地使用期的剩余期限。流转合同可由乡镇林工站统一制定。

七是承包林地使用期满后，如果承包方不再经营，林木不能采伐的，林木和地上附着物应重新评估作价，发包方应给予承包方补偿，收回林地，重新发包；林木能够采伐的，采伐后由发包方负责更新造林。承包林地使用期满后，重新发包时，在同等条件下，原承包方优先。

八是经营者修建的管护作业房、林道及其他营林护林设施，应在林业部门的指导下进行，但须到有关部门申请办理手续，免收各种费用。

在此期间，配合林权制度改革，还加强了林权证的发放工作。

在完成林权证发放和农村牧区草牧场"双权一制"后，2004 年，公益林生态效益补偿政策在敖汉旗全面开始实施，依照国家森林分类区划界定的有关政策和规定，截至 2004 年末，全旗共区划界定公益林面积 397.69 万亩，其中重点公益林面积 269.97 万亩，占公益林面积的 67.88%，占林业用地总面积的 45%。

2006 年，全旗区划界定重点公益林 269.97 万亩，上级第二批下达重点公益林补偿面积为 441.3 万亩。根据相关要求，旗政府已全部分解到 15 个乡镇苏木、11 个国有林场，并落实到小班地块；区划界定地方公益林 141.89 万亩。根据上级要求和旗财政现状，共启动 35 万亩地方公益林生态补偿基金，已落实到有关乡镇，补偿标准为 3 元 / 亩，基金总额为 105 万元，其中旗级补偿基金为 10 万元。确定为重点公益林的森林、林木和林地，旗政府于 2006 年底前全部完成林权证发换工作。

3. 2009 年林权制度改革

2009 年，赤峰市党委、政府下发了《中共赤峰市委、赤峰市人民政府关于全面深化集体林权制度改革的意见》（赤党发〔2009〕7 号），按照上级文件精神，为了进一步巩固敖汉旗多年来集体林权制度改革成果，完善林业经营机制，增强林业发展活力，促进生态文明建设，敖汉旗委、旗政府制定下发了《中共敖汉旗委员会、敖汉旗人民政府关于进一步深化集体林权制度改革的意见》（敖党发〔2009〕33 号）文件。

《意见》要求：从 2009 年开始，利用 3 年时间，基本完成明晰集体林产权和承包到户的改革任务，同时完成核发林权证工作。

这次林权制度改革体现了以下两个特点。

（1）落实主体

一是林业"三定"时划定的自留山稳定不变，由农牧户长期无偿使用，允许继承，但要重新核实登记。

二是稳定和完善"三定"以来的承包及有偿流转经营关系。对以非家庭承包方式承包到户和通过招标、拍卖、公开协商等方式有偿流转的集体林地和林木，凡符合法律规定、程序合法、合同规范、合同双方依法履行的，要予以维护；对承包合同不规范，本集体经济组织多数成员没有意见且合同双方愿意继续履行合同的，可在协商的基础上，依法完善合同；对程序不合法、合同权利义务不对等、群众反映强烈，双方协商不成的，或承包方没有履行合同的，应依法修改或终止合同，重新确定承包经营关系。

三是乡镇机构改革后，合乡、合村、合组的集体林地、林木，仍属原集体经济组织所有，其改革模式、利益分配必须由原集体经济织村民会议三分之二以上成员同意，制定承包方案报乡镇苏木（办事处）林改领导小组批准实施。

四是妥善解决历史遗留问题。认真做好林地、林木权属纠纷的调处工作。按属地管理、分级负责的原则，对权属不清以及有争议的集体林地和林木，要积极调处解决，纠纷解决后再落实经营主体。

五是本次集体林权制度改革，家庭承包经营期为 70 年。林业"三定"及后期以家庭承包形式均分到户的集体林，自到户之日起至 70 年为其承包期。承包期满，可按照国家有关规定继续承包，并完善承包手续。以非家庭承包形式承包或流转的集体林地和林木，可通过承包合同约定承包期限。

（2）完善配套措施

一是完善林木采伐管理机制。简化采伐审批程序，实行森林经营方案审批备案制度。商品林采伐限额允许跨年度使用，商品林抚育间伐胸径 10 厘米以下的林木不占用商品材计划指标。速生丰产林、工业原料林采伐年龄由经营者自主确定。公益林只能进行抚育和更新性质的采伐，对长势衰退的灌木公益林可有计划地进行平茬复壮。防护林带更新采伐年龄可以按同树种一般用材林的主伐年龄执行，有灌溉条件的杨树防护林，采伐年限确定为 12 年以上在非林地上培育的人工林采伐，不纳入采伐限额管理范围。

二是完善流转制度，规范林地、林木流转。在依法、自愿、有偿的前提下，积极鼓励森林、林木所有权和林地经营权合理流转，实行规模经营，创造最佳效益。流转期限不得超过本轮承包期的剩余期限，流转后不得改变林地用途。

三是建立健全林业社会化服务体系。加强林业要素市场建设，拓宽服务领域，为广大农牧民和林业生产经营者提供林业法律政策咨询、林业科技和实用技术、森林资源资产评估、森林资源资产抵押贷款、林权登记、林地和林木产权流转及有关林业信息等方面的服务。

四是加大对集体林业发展的公共财政支持。坚持森林生态补偿基金制度，逐步扩大公益林补偿面积。集体宜林地落实经营主体后，要按照林业发展规划，纳入国家重点林业建设工程、地方造林绿化工程和森林植被恢复工程项目。

五是加强对林业发展的金融和保险支持，金融机构要按照有关规定创新林权贷款品种，简化贷款手续，扩大面向林农的小额贷款规模，大力推动政策性保险，按照政府引导、政策支持、市场运作、农牧民自愿、稳步推进的原则，重点推进森林火灾、林业有害生物危害保险业务，并逐步增加森林保险品种，扩大森林保险范围，提高农牧民抵御森林火灾、森林病虫害和其他自然灾害的抗风险能力。

六是建立和完善森林资源保护体系。加强林业执法体系建设，加大执法力度，依法严肃查处乱砍滥伐等破坏森林资源行为。健全森林防火、林业有害生物防治的综合保护监督体系，积极引导农牧民成立森林防火、林业有害生物防治、防止乱砍滥伐联防组织，形成政府主导、部门监管、专业队伍与群防群治相结合的森林保护体系。

通过这次集体林权制度改革，敖汉旗林业发展取得了明显的效果。特别是 2008 年后，党中央、国务院做出了全面推进集体林权制度改革的重大决策，敖汉旗认真落实《关于全面深化集体林权制度改革的意见》精神，大力推进集体林权制度改革。敖汉林改的成功经验和做法得到了上级的充分肯定，人民日报曾以《绿了山川，富了百姓》为题进行了报道。2010 年 10 月，在全国集体林权制度改革百县经验交流会上，敖汉旗作为全国林改试点县典型代表之一在大会上发言，并在 2010 年的《赤峰市农村牧区经济情况》上刊登了这篇典型经验交流文章。

三、敖汉旗集体林权制度改革成效显著

近年来，敖汉旗委、旗政府坚持把集体林权制度改革作为再造秀美山川的不竭动力，发扬"一届接着一届干，一张蓝图绘到底"的优良传统，深入实施"生态立旗"战略，积极探索集体林权制度改革的新机制，林业发展的活力与动力不断增强。

1. 敖汉旗集体林权制度改革的主要措施

（1）三级书记抓林改

由于敖汉旗大部分地区立地条件较差，营造林困难，投入多，产出少，周期长，见效慢，农牧民参与的积极性不高。同时，个别乡村干部的思想认识也有偏差，担心生态环境被破坏，集体经济被削弱，社会矛盾被激化，林改阻力大。面对困难和问题，敖汉旗委、旗政府清醒地认识到，不深入推进林改，生态建设就没有出路，生存发展就会再次受到威胁。必须坚持改革不动摇，加大对林改的组织领导力度，成立了由旗委书记、旗长任组长的领导小组，实行旗、乡、村三级书记抓林改，进行全方位立体推动。特别是在《中共中央　国务院关于全面推进集体林权制度改革的意见》下发后，及时组织召开了历年来规模最大的三级干部动员大会，进一步统一了思想，明确了林改思路，加大了包扶力度，由处级干部包乡镇，抽调科级干部209人、技术人员336人、工作人员745人，组建了232个包村工作队，全旗掀起了一场"还山于民、还权于民、还利于民"的"绿色革命"。

（2）制定政策促林改

敖汉旗积极探索依靠产权改革来激活生态建设的机制，实行了"谁造谁有"政策，极大地调动了农牧民群众的积极性。先后出台了《农村集体林地、"四荒"使用权拍卖、永包、租赁实施办法》《关于深化农村产权制度改革的决定》等一系列政策性文件，进一步落实了"谁造谁有"政策，并把工程建设投入与机制创新结合起来，将生态建设任务、资金、责任和利益落实到经营主体。这些政策的实行，加快了林地流转速度，实现了科技、资本与林地、林木的有效配置，吸引了旗内外投资者参与宜林地与"四荒"治理，大大加快了生态建设进程。

（3）因地制宜推林改

敖汉旗因地制宜采取"一分、二包、三租、四卖"四种方式推动林改。"分"即平均分配，均地或均利解决了村民权益平等问题；"包"即竞价承包，解决了小面积林地不便均分的问题；"租"即租赁经营，解决了果园、母树林、灌木采种基地和苗圃地的有效利用和科学经营问题；"卖"即公开拍卖，解决了本村村民不愿承包经营或无经济能力承包的问题，明晰了产权，在工作中实现了三个到位：一是发扬民主到位，改革的各个主要环节都进行公示，实行"阳光操作"。改革收益资金实行村财乡管，支出由村民大会或村民代表会议决定，确保了群众权益。二是产权落实到位。截至7月末，确权到户率 83.6%，家庭承包率 73.5%，发证率 77.9%。三是配套改革到位。开展森林采伐管理改革试点，简化采伐审批程序，适当放宽采伐年限，提高了林地利用率。制定了支持林业发展的投融资政策，建成了全自治区最早的县级林业要素市场，完善了林权流转制度，扶持了一批林业大户，登记注册了 21 家林业专业合作社，加快了林业产业化经营步伐。

2. 林改为农村牧区带来新变化

敖汉旗林改的深入推进，实现了"山定权、树定根、人定心"，生态建设再次迸发出巨大的生机与活力。

（1）现代林业建设呈现新气象

林改进一步激发了农牧民建设生态、发展林业的积极性，群众在林业上敢于投入，也舍得投入，极大地缓解了造林资金紧缺的矛盾。2004 年以来，社会各界累计投资 1.1 亿元，完成造林 36 万亩，改造低产林 25 万亩，森林覆盖率提高了 3 个百分点。特别是近两年，通过先治后卖、先卖后治、产权到户等方式，年治理沟道 3 万亩以上，找到了向生态建设要效益的又一个突破口。科技兴林成为农民的自觉行为，生根粉、保水剂、地膜覆盖、机械作业等先进适用技术广泛应用于林业生产，平整土地、打井配套、中耕抚育、嫁接改造等集约经营措施迅速推广，撩壕整地、筑坝治沟、草灌乔结合等生态治理模式不断完善。

（2）生态成果保护开创新局面

大扁杏改接基地

林改激活了农民自觉护林的意识，以前是靠山吃山不护山，现在家家有林地，人人都是护林员。林改后，全旗村村组组都自发成立了护林防火队，林业案件同比下降 16 个百分点，病虫害防治专业组织也应运而生。更重要的是，在林下资源利用上，林改避免了"一管就死、一放就乱"的尴尬，较好地解决了生态成果保护与利用的矛盾，促进了生态建设的可持续发展。

（3）农牧民增收开辟新渠道

目前，全旗活立木蓄积量616万立方米，林木总价值34亿元，产权到户使农牧民增加了一笔财产性收入，人均占有13立方米，相当于人均在绿色银行存有保值储蓄7800元。北部沙地林改后，一批家庭治沙林场蓬勃兴起。荷也勿苏嘎查通过林改每人分得林地40亩、现金1000元。南部山区林改后，许多闲置的沟头沟脑成为群众眼中的"香饽饽"。热水汤村两年来治理沟道10000亩，均分到户后，人均分得沟道林地2.5亩，年可增收700元。全旗农牧民来自林业的收入，占人均纯收入的比重超过30%。

（4）农村牧区发展跃上新台阶

在林权改革的推动下，木材深加工、林副产品加工、林木质能源开发、生态旅游等林业产业不断壮大，拉动了农村牧区经济社会发展。2004年以来，全旗第一产业增加值年均增长8.7个百分点，农牧民人均纯收入年均增加400元。农村消费市场日趋活跃，农业机械普及率大幅提高，汽车、电脑开始进入寻常百姓家。农村教育、医疗卫生、广播文化等公共事业长足发展，一些偏僻的乡村都通上了小油路，许多农牧民住上了新房子，用上了自来水，看上了有线电视，农村牧区面貌发生了显著变化。

第二节 国营林场经济管理体制改革

一、1984年国营林场（苗圃）现行经济管理体制改革方案

党的十一届三中全会以后，随着全国各行各业的改革，林业系统经济体制的改革势在必行。1984年12月，敖汉旗人民政府批准转发了《旗林业局关于国营林场（苗圃）现行经济管理体制改革方案》。

《方案》中称：为了使敖汉旗的国营林业事业得到更好的发展，适应"四化"建设的需要，要改变过去存在的"两个大锅饭"，发挥每个职工的主人翁责任感，充分调动职工的积极性、创造性、主动性；不断提高林场的经济效益，更好地发展林业生产，增加职工收入。根据党的十二届三中全会关

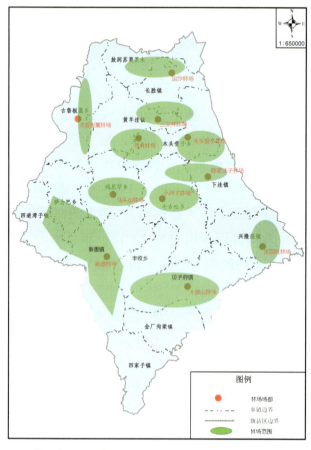

1984 年国有林场改革经营范围示意图

于经济体制改革的决定精神，及内蒙古自治区林业厅关于旗县国营林场、治沙站、苗圃改革的几项决定，结合全旗国营林场的具体情况，经各场负责人会议讨论，在总结过去经验教训的基础上，一致同意对全旗国营林场（圃、所）的现行管理体制、人事制度、管理制度等进行全面改革。

1. 关于改革人事制度

（1）实行场长（经理、所长、主任以下同）负责制，场长由上级提名，经职工代表大会选举产生。

（2）场长的权力

有权决定本单位的机构设施；

有权在本场进行人事组阁，副场长以下的中层干部由场长提名，经职工代表大会通过，报林业局备案即可任职，也可以到外单位进行招聘；

有权根据职工代表大会决议，对本单位职工进行奖励、惩罚（包括停职、停薪）直至辞退和除名；

有权决定本单位的经营管理制度；

有权决定本单位职工的工资分配形式；

有权根据上级下达的指令性生产指标，安排本单位的生产计划和财务计划。

（3）场长的义务

对上要向国家负责，使党和政府的各项方针、政策法令、决定在本单位得到认真贯彻执行；积极完成上级部署的各项工作任务和下达的指令性计划。

对下要向职工群众负责，努力提高职工的收入水平，逐步改善他们的生活条件。

定期向职工代表大会报告本单位的工作和生产进展情况。

定期答复职工对本单位工作、生产、生活以及科学技术等方面的质询。

（4）场长的经济待遇

实行岗位津贴，每月发给场长职务津贴费 10—20 元；

对圆满完成全年生产指标者，可向上浮动一级工资（具体条件按合同执行）；

对于完不成全年生产指标者，要向下浮动一级工资。

2. 关于管理实行承包责任制

对国家下达的生产任务，要层层组织进行承包。一是政府组织场长承包。二是场长组织本单位职工承包。根据生产内容的不同，分别确定作业标准。可采取多种承包形式，要本着能包则包，能卖则卖，凡能包到个人或家庭的，一律直接包给个人或家庭。所有生产工人，彻底取消工资制。工人的基本工资、附加工资、劳保费、医药费（重病除外）、奖金等全部从承包收入取得，上不封顶，下不保底。

（1）育苗。对现有的苗圃地及其附属设施（机电井渠道、育苗机具等），一律包给个人经营，产苗做商品出售，旗林业局负责包销，按既定的品种、标准计价付酬，考虑到这项生产具有一定的季节性，所以在承包生产时，要尽量照顾承包者兼顾一些其他生产项目，如养猪、养羊、经营现有林和其他副业生产等。这样既可积肥育苗，又可以解决冬闲无活干的问题，增加承包者的收入。

（2）营造速生丰产林和一般造林。对于营造速生丰产林和一般造林，可以采取统一组织营造、分户管理的办法进行承包，也可以直接包到户，办家庭林场，一包到底大包干的办法。

（3）农田和工、副业生产，分别不同情况，对承包者确定纯利润额，实行大包干的办法进行承包。

（4）对于机械、机具、车辆、牲畜。可以作价卖给场内职工，也可以作价承包。

（5）家属住房，区别不同质量，以优惠价格（现价的30%—50%）卖给职工群众。今后单位原则上不再盖公房，需要建房时，一律统一划给宅基地，职工个人筹建，单位补助 1.5 立方米木材。

（6）对现有林的承包办法。直接承包到户办家庭林场，视林分、状况和经营强度，分别实行收益分成，上缴纯收益或者逐年核定投资款额。

对边远的现有林不便包到户者，可以确定专业工管护、经营，其报酬从经营的林木收入中解决，不足者补贴。多余者上缴或按比例分成。

3. 对几个具体问题的处理意见

实行全面承包以后，各承包单位可能出现一些剩余人员，对这些人员，要采取积极措施进行安置。

（1）尽力多开辟一些新的生产门路，例如，本着力所能及的原则兴办一些工副业厂，有条件的也可到城镇经营各种服务性行业，多安排一些就业人员。

（2）允许职工自谋职业或到外单位应聘。在自谋职业或应聘期间，实行停薪留职，并向原单位缴纳一定数量的公益金。

（3）到离退休年龄的劝其离退休。

（4）对因年老、体弱而失去劳动能力的人员，发放其本人退休后工资的80%—90%，医药费、副食补助、洗理费和岗位职工同样待遇。

（5）病残人员按"劳保条例"执行。

（6）对于一些暂时无业可就，并且有培养前途的青年职工，根据事业发展需要，有计划、有目的地把他们组织起来，开展专业技术学习，实行定向培养，造就人才。他们在待业学习期间，本单位要发放其少量的生活费，凡工龄在10年以上者，发放其本人工资的60%；工龄在9年以下者，在一年内每月给其生活费16元，其他待遇一律取消。

4. 加强党对改革工作的领导

搞好国营林场的改革工作，是振兴全旗林业的一件大事。经旗委同意，要求各级党组织加强对改革工作的具体领导，保证改革工作顺利进行。要把改革工作列入党的重要工作议事日程，并投身改革工作实践。党组织的主要负责人要集中精力，认真抓好对全体党员和广大职工的思想政治教育，提高全体党员和职工群众对改革工作的必要性、重要性及迫切性的认识，号召人人做改革的促进派，党组织要真正起到把关定向和监督检查的作用，促进改革工作的深入发展，夺取改革工作的全面胜利。

二、1986 年关于国营林场经济体制改革一年步入正轨

敖汉旗国营林场（苗圃）的经济体制改革工作，在遵照党中央关于经济体制改革的决定的精神和旗委、旗政府的直接领导下，经过广大林业职工的积极努力，通过一年来的实践，已经取得了初步成效。

1. 改革前后的基本情况

1984 年底，全旗有国营林场四处，国营苗圃一处，职工总人数 725 名，其中干部 87 名（技术干部 66 名），工人 638 名。在职工总人数中从事管理工作的有 250 名，占总人数的 34.5%，直接参加生产劳动的有 475 名，占总人数的 65.5%，"四场一圃"的总经营面积 966850 亩，其中有林面积 727119 亩，总蓄积 209800 立方米，其中人工造林保存面积 678102 亩，蓄积量 144800 立方米，天然次生林 46710 亩，蓄积量 65000 立方米。全旗有国营育苗地 4353 亩，分布在 32 个苗圃，国营林场（苗圃）的主要机械设备有：链式拖拉机 20 台，轮式拖拉机 10 台，手扶拖拉机 14 台，载重汽车 6 台。

全旗五个国营林业生产单位，在改革以前的管理体制上大体分为两种，一是分级（总场、分场）管理，一级（总场）核算，属于这种类型的有三义井、新惠两个造林林场；二是一级管理核算，属于这种类型的有大黑山经营林场、荷也勿苏治沙林场、敖吉苗圃等三个单位。虽然有的场部也下设了作业队、作业区等生产组织，但他们的整个管理和经济核算都由场部进行决策。

敖汉旗国营林场（苗圃）的经济体制改革工作是 1984 年 12 月开始进行的，在国营林业生产单位进行某些方面的改革，采取了积极而又慎重的态度，是有准备、有步骤地全面展开。开始认真学习了党中央关于经济体制改革的决定和内蒙古林业厅《关于旗县国营林场、治沙站、苗圃改革的几项规定》，以及上级有关改革工作中的方针、政策等，在吃透上级精神的基础上，结合全旗各国营林业生产单位的实际情况，多次召开会议，组织林场职工，就如何搞好国营林场（苗圃）的改革工作展开了深入宣传和讨论，在统一思想、统一认识的同时制定了敖汉旗林业局《关于国营林场（苗圃）现行经济体制改革的实施方案》，并经旗政府批准转发各个改革单位执行。

敖汉旗国营林场（苗圃）经济体制改革的具体内容有两方面：一是实行了场长（主任）负责制（也叫组阁制）。明确了改革后的场长（主任）的职权范围和义务；二是推行了以经济承包为主的多种形式的生产责任制，明确了职工在承包过程中的权、责、利关系，使一部分职工由原来单位的生产者变成了多种生产门路的经营者。全旗五个国营林业生产单位经过改革以后的主要变化情况是：

一是在人员的结构上，全旗 1985 年有国营林业职工 727 名，其中管理工作的有 136 名（包括勤杂人员），占总人数的 18.7%，比改革前压缩 45.6%，学校教职员工有 27 人，占总人数的 3.7%，各项经济承包的有 502 名，占总人数的 69.1%，自谋职业的 17 名，占总人数的 2.3%，老弱病残和没有承包能力而没有从事承包的人员有 45 名，占总人数的 6.2%。

二是全旗国营林场现有林面积为 770472 亩，采取各种形式进行承包的面积 526770 亩，占总面积的 68.4%；育苗地 4103 亩，全部实行了个人和联户承包。

三是全旗国营林场（苗圃）的各种机械设备 59 台，其中承包到人的有 45 台，占总数的 76.3%，作价承包的有 6 台，占承包数的 10.2%，作价卖给个人的有 2 台，占承包数的 3.3%。

四是全旗国营林场（苗圃）有加工业、养殖业等多种经营的单位 27 个，全部承包到个人。

五是撤销了"国营敖汉旗三义井机械林场"场部，其所属的 6 个分场（陈家洼子、三义井、小河子、木头营子、双井、古鲁板蒿）、2 个苗圃（丰源、干校）分别变为单独林场和单独苗圃。由旗林业局直接领导。

推行了以经济承包为主的多种形式的生产责任制后，各单位都根据自己的不同情况，因地制宜地采取了多种形式。多种方法落实了生产责任制，从总体情况看，承包形式大体有五种。

一是以家庭苗圃为主体的联户苗圃。这种形式是在苗圃的统一计划、统一领导的基础上，把苗圃的育苗生产划归各户或以联合的形式，将育苗生产商品化、标准化，签订合同一包多年（一般是 3—5 年），这样既有利于苗圃的长远建设，又扩大了承包者的自主权。

二是作价保本、利润包干。这种形式属于米面加工、多种经营等项目。

三是分段承包，定额管理。这种形式主要是对速生丰产林和一般造林作业的阶段性承包办法，其内容就是根据造林和抚育管理的作业项目，按资定额，采取定任务、定时间、定质量、定投资的办法，分段承包给生产者，超支不补，结余归己。

四是护林大包干。这种形式主要在护林工作中推行，具体办法是，根据林地的分布情况和护林难度的大小，采取"四定"，即定标准、定投资、定收入、定奖惩的办法签订合同，长期承包。

五是造林专业户。这种形式目前还为数不多，其具体办法是，林场负责技术指导和部分造林投资（包括苗木），承包者负责营造和经营，签订合同一包到底，林木成材后按投资比例分成。

2. 改革的主要效果

（1）实行场长负责制，启用了明白人当家，使管理人员的知识结构发生了很大的变化，实行了场长负责制以后，在场长组阁各级人员的过程中本着"革命化、年轻化、知识化、专业化"的原则，尊重知识，重视人才，使大量有知识、有才干的明白人走上了各级领导岗位和管理工作岗位。

（2）改革促进了生产的发展。林场实行改革以来，使非生产人员和非生产性开支大大压缩，直接投入生产建设的资金大大增加，促进了林业生产的发展。同时，改革后的各项生产作业质量也较改革前大有提高，全旗国营造林 43353 亩，其中开沟人工造林面积就达 26182 亩，占总面积的 61%。

（3）杜绝了超支，增加了单位的集体收入。今年国家对敖汉旗的国营林业投资为 91 万元，旗里对各单位的行政管理费和生产费采取一次定死的办法投放到各生产单位，各生产单位又根据旗里下达的指令性计划，采取多种形式的经济承包办法逐项承包给生产者，由于生产责任明确，经济利益直接，使非生产性的开支控制在一定范围之内，所以国营林场历年来存在的超支现象已全部杜绝。

（4）一部分职工的经济收入有了增加。国营林场（苗圃）进行改革以后，绝大多数职工参加了各项生产的经济承包，克服了平均主义的"大锅饭"，生产责任制进一步得到了落实，经济利益关系进一步得到了明确，从而极大地调动了广大职工群众的生产积极性和创造性，促进了生产力的发展，增加了职工的经济收入。

在调查统计承包职工经济收入的过程中，对收入较少的 45 名职工给予了充分的注意，认真调查和分析了他们减少的收入，其主要原因有三条。

一是由于立地条件不好，所承包的生产项目达不到产量质量要求，降低了产值，减少了收入，属于这种类型的有 24 人，如木头营子苗圃，由于建圃时间较短，土质瘠薄，农家肥又少，春季插条时停电等多种原因，造成 19 名职工承包育苗时有 6 名因完不成产值指标任务而减少了个人收入。

二是个别生产项目指标定得过高，产品定价过低，属于这种类型的有 2 人，如治沙林场的柠条播种育苗，经过 1984 年和 1985 年两年的实践，都证明原来规定的苗木质量标准过高，苗木成本过低，造成了承包者赔钱。

三是个别职工劳动态度不够端正，常年不参加劳动或很少参加劳动，承包的生产项目大部分或全部雇用外人，而减少了个人收入，属于这种类型的有 19 人。

上述三条原因，对前两条采取了减少单位提成，调整质量标准和产品价格等措施给予了适当的解决，尽量把减少收入的职工人数控制在最小范围。至于后一种原因是属于人为造成的，只能在明年承包的过程中，加强职工思想教育，使其树立正确的劳动态度和劳动致富的观念。

3. 今后工作意见

敖汉旗国营林场（苗圃）的改革工作，仅仅是刚刚起步，问题还很多，按照党中央和上级的要求还相差很远，因此，要在发扬成绩克服缺点的基础上，在 1986 年的改革中，将全旗国营林场的改革工作进一步推向前进，具体要做好以下几个方面的工作。

（1）进一步明确场长负责制的工作方向和任务。实行场长负责制的主要目的就在于解除机构重叠，人浮于事，职责不明，互相扯皮的官僚主义积弊，使基层领导的全部工作转移到发展经济建设和职工生活服务上来，使之适应"四化"建设的需要。因此，要使场长切实地做到向国家、向职工的两个负责，确保党和国家的方针、政策、法令在本地区本单位的贯彻执行，领导和组织好职工群众完成国家交给的各项生产任务，如实地向上级机关报告本单位的一切情况。同时做好职工生活服务，开展对职工的思想政治教育，尽职尽责地完成自己的工作任务。

（2）进一步建立与完善各项生产责任制，发动广大职工群众不断向生产的深度和广度进军。要在总结经验教训的基础上，重点研究好现有的管理和新造林的经济承包形式问题，要从敖汉旗的实际情况出发，在一些有条件的单位和地方积极组织广大职工开办家庭林场，家庭苗圃。调动广大职工的生产积极性和创造性，使更多的职工变成名副其实的经营者，引导职工走劳动致富的道路，促进全旗国营林业事业的大发展。

（3）进一步树立"以林为主，多种经营"的方针，搞好林业生产结构的内部调整，把国营林业经济搞上去，使国营林业生产发挥更大的经济效益和生态效益。

（4）改革营林技术，提高造林两率。总结全旗多年来国营造林技术粗放，经营管理水平低，经济效益和生态效益差的经验教训，我们要发扬实事求是的优良传统和作风。在国营造林工作中，坚持质量第一、效果第一的原则，大胆改革造林技术中的不合理措施，提高造林的经营强度，把全旗国营造林的"两率"和"两益"提高到一个新的水平。

三、关于今后国营林场体制改革方向的探讨

敖汉旗林业局 1988 年 1 月 22—26 日召开国有林场工作会议，会议以深化国营林场、苗圃改革为目的，对今后如何深化改革，对有关方向、方法、内容以及今后三年，特别是当年任务和具体措施等做了深入细致的研究和讨论，并进行了全面部署，现将相关问题摘要如下。

1. 会议指出，对全旗现有 9 个国有林场，必须进一步重申和明确发展方向，实行分类指导。根据各场的自然优势，本着从实际出发，坚持因地制宜原则，进一步明确了发展方向，即大黑山林场在管理好原有大面积次生林和人工林的同时，要下最大的力量发展经济林，集中主要精力搞好山楂造林，要以最快的速度建成山楂林基地，为山区林业生产踏出新路子。治沙林场在综合治沙工程中，要大力搞好樟子松造林，同时，利用好沙柳资源，积极开展柳编生产，搞好林产品加工利用。新惠、陈家洼子、小河子、木头营子、三义井、双井、古鲁板蒿等林场，在认真管好原有速生林的同时，要做到有计划、有步骤、有重点地发展培育旱地重点用材林和山杏经济林。会议认为，只有明确了发展方向，才能避免瞎指挥及盲目蛮干的做法。

2. 会议对 1988 年各项生产任务指标进行了全面落实，本着一切从效益出发观念，彻底改变过去传统的粗放型经营方式，坚持用严格的科学手段，实行集约经营，对生产过程中的各个环节采取过硬的系列措施，以严肃认真的态度，逐一组织实施，真正做到高标准、高质量、高效益搞好各项生产。在这一思想指导下，确定全年完成新造林 2 万亩。

3. 会议全面落实了各场 1988 年经济收入方面的三个具体指标，一是以场为单位，按各场具体情况计算，承包职工平均收入和增加收入的人数，要占总承包人数的 90%；二是场、圃每个职工家庭副业收入平均达到 200 元以上，要求每个单位至少抓一个重点户，树立样板，切实起到了推动作用。三是各场、圃集体收入（不包括林木产品收入）总额达到 13.2 万元。

4. 会议提出，自 1988 年起，林业局对全旗各国营林场、苗圃、林科所等单位的场长、主任、所长主要负责人一律实行任期（最少任期 3 年）目标化管理制度，并统一制定了审计办法，坚持做到一年一检查，三年到期总验收，根据目标责任制内容每年逐项验收一次，载入审计档案以备考核。

5. 会议对财务工作如何加强管理也进行了深入的研究，明确提出各单位在五月份之内，对财产、物质普遍进行一次全面的清产核资，搞好成本核

算，具体要求是：在资金管理上要加强领导，堵塞漏洞，教育职工群众广泛开展民主理财活动，对于借款往来支出结算都必须严格健全手续，履行制度，明确岗位责任；对资金的使用一是要做到有计划，二是要讲究核算，三是要做到资金使用合理；严格控制非生产性开支，特别是要严格控制非生产性设备物品的购置，房屋建筑和随意增加管理人员；杜绝损失浪费，今后出现损失、人为浪费之类的事故，要追究当事者和领导人的责任，视其情节做出严肃处理。

6. 会议提出，要认真加强班子和职工队伍的革命化建设。

四、2018 年敖汉旗国有林场改革方案

国有林场是维护国家生态安全最重要的基础设施，是生态修复和建设的重要力量。全旗现有国有林场 11 个，林业用地面积 78.29 万亩，分布在全旗各地，在促进绿色发展和生态文明建设中发挥了骨干、示范、辐射作用，为敖汉旗获得"全球 500 佳"环境奖做出了突出贡献。然而，进入 21 世纪以来，全旗国有林场出现了与新的发展理念不相适应的困难和问题，影响了国有林场的可持续发展。为加快推进国有林场改革，确保国有林业科学发展，充分发挥国有林场在生态文明建设中的重要作用，根据《中共中央、国务院关于印发〈国有林场改革方案〉和〈国有林区改革指导意见〉的通知》（中发〔2015〕6 号）、《中共中央、国务院关于加快推进生态文明建设的意见》（中发〔2015〕12 号）、《内蒙古自治区党委、人民政府关于

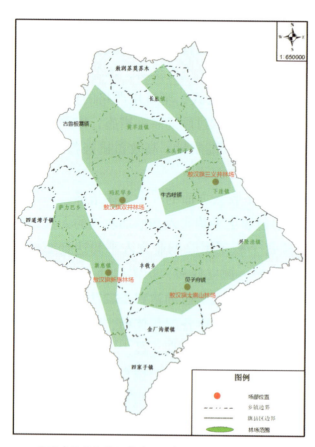

2018 年国有林场改革经营范围示意图

印发〈内蒙古自治区国有林场改革方案〉的通知》（内党发〔2015〕23号）、《中共赤峰市委、赤峰市人民政府关于印发〈赤峰市国有林场改革实施意见〉的通知》（赤党发〔2016〕5号）精神，结合全旗实际，制定了2018年敖汉旗国有林场改革方案。

1. 总体要求

（1）指导思想

全面贯彻落实党的十九大精神，深入贯彻习近平总书记系列重要讲话精神和考察内蒙古重要讲话精神，大力实施以生态建设为主的林业发展战略，围绕保护生态、保障职工生活两大目标，推动政事分开、事企分开，实现管护方式和监管体制创新，着力推进生态修复和建设，着力提升森林资源生态服务功能，建立有利于保护和发展森林资源、有利于改善生态和民生、有利于增强林业发展活力的国有林场新体制，为建设生态文明、美丽敖汉做出更大贡献。

（2）改革范围

将全旗辖区内经批准建立具有独立法人资格的11个国有林场和在职职工列入改革范畴。

（3）改革时限

2016年6月30日前，编制完成国有林场改革实施方案。2016年11月上报市国有林场改革领导小组办公室审批，改革完成后做好自查验收。

（4）总体目标

到2020年实现以下目标：

——生态功能显著提升。通过大力造林、科学营林、严格保护等多种措施，国有林场森林面积增加到75万亩，森林蓄积量增长到80万立方米，森林涵养水源、保持水土、防风固沙、森林碳汇和应对气候变化等功能有效增强，质量显著提升，国有林业全面实现提质增量。

——生产生活条件明显改善。通过创新国有林场管理体制，多渠道加大对国有林场基础设施的投入，切实改善职工的生产生活条件。积极解决职工就业，完善社会保障机制，确保职工就业有着落、基本生活有保障，国有林场实现和谐稳定。

——管理体制机制全面创新。明确国有林场属性、建立功能定位明确、责权利清晰、人员精简高效、森林管护到位、资源监管分级实施的林场管理新体制、新机制，确保政府投入可持续、资源监管高效率、林场发展有后劲。

2. 主要内容

（1）整合国有林场，界定国有林场生态责任和公益属性。坚持精简、统一、效能原则，根据全旗国有林场所处生态区位、承担任务、林地分布面广点多线长、森林经营管护难度大等情况，整合现有国有林场。全旗国有林场由现在的 11 个整合为 4 个。撤销国有敖汉旗宝国吐林场、国有敖汉旗大黑山林场，组建敖汉旗大黑山林场，林业用地面积 18.84 万亩，在职职工 50 人；撤销国有敖汉旗木头营子林场、国有敖汉旗马头山林场、国有敖汉旗古鲁板蒿林场、国有敖汉旗双井林场，组建敖汉旗双井林场，林业用地面积 21.79 万亩，在职职工 111 人；撤销国有敖汉旗小河子林场、国有敖汉旗陈家洼子林场、国有敖汉旗荷也勿苏治沙林场、国有敖汉旗三义井林场，组建敖汉旗三义井林场，林业用地面积 21.78 万亩，在职职工 125 人；撤销国有敖汉旗新惠林场，组建敖汉旗新惠林场，林业用地面积 15.88 万亩，在职职工 115 人。国有林场功能是建设集生态、经济、社会、文化、碳汇等多种功能于一体的国有森林，提升全旗国土绿化水平；培育完备的国有森林生态系统，提升全旗森林经营水平；严格保护国有森林资源，提升全旗森林安全水平；积极做好国有森林生物多样性保护工作，提升全旗绿色发展水平；积极开展林业科技研究应用推广，提升全旗林业科技水平；积极建设国有林业产业基地，提升全旗林业产业水平。与功能定位相适应，将国有林场全部定性为公益性一类事业单位，使用差额编制，现有人员编制类型不变，工资待遇执行档案工资，其他待遇按照有关规定执行。

（2）科学核定编制和岗位。根据国有林场森林经营管护难度大、积淀民生问题多、不稳定因素多、在职职工全部在编在岗等情况，实事求是设岗定编。全旗国有林场现有编制数 687 名，实有职工 401 名。改革后，国有林场核定编制 571 名，其中敖汉旗大黑山林场 76 名，敖汉旗双井林场 156 名，敖汉旗三义井林场 95 名，敖汉旗新惠林场 144 名，依据人力资源社会保障部、国家林业局《关于印发〈关于国有林场岗位设置管理的指导意见〉的通知》（人社部发〔2015〕54 号）要求，科学设置在职职工岗位，设置行政管理人员岗位 16 个，专业技术人员岗位 137 个，工勤技能岗位 418 个。强化对编制使用的监管，国有林场新进人员除国家政策性安置、按干部人事权限由上级任命及涉密岗位等确需使用其他方法选拔任用的人员外，全部实行公开招聘。

（3）推进国有林场政事企分开。剥离国有林场办社会职能，取消国有林场户口，将国有林场职工中林场户口变更为城镇户口，将国有林场非职工人员移交属地管理。国有林场从事的经营活动实行市场化运作，能够分开的经营活动要尽快走向市场，暂不能分开的商品林采伐、林业特色产业等经营活动，严格实行"收支两条线"管理，所得收入主要用于国有林场生态保护和基础设施建设。

（4）完善公益林管护机制。国有林场公益林日常管护，在管护力量不足时，要引入市场机制，通过合同、委托等方式面向社会购买服务。在不造成森林资源破坏，保持国有林场森林生态系统完整性和稳定性的前提下，按照科学规划原则，鼓励林场职工、社会资本利用林地、森林环境和森林景观资源，发展森林旅游、林下经济、苗木花卉等特色林业产业，有效盘活森林资源。鼓励社会公益组织和志愿者参与公益林管护，提高全社会生态保护意识。

（5）健全责任明确、管理到位的森林资源管理体制机制。建立归属清晰、权责明确、监管有效的森林资源产权制度，落实好所有权主体、处分权权限、经营权和收益权。建立健全林地保护制度、森林保护制度、森林经营制度、湿地保护制度、自然保护区制度、监督制度和考核制度等。

（6）强化森林资源保护，保障国有林场权益。认真落实国家有关法律法规，严格林地保护管理制度，严禁林地转为非林地，保持国有林地范围和用途的长期稳定。对个别尚未核发权属证书的林地，2018年7月底完成确权登记；对个别有权属争议的林地，积极有效调处纠纷，依法维护国有林场规划经营范围的严肃性，确保国有林地不流失。逐步取消林权证范围内的原"工资田"10510亩、"承包田"8260亩，完成退耕还林。加强国有林场森林资源监测体系建设，定期开展森林资源二类调查，健全完善森林资源管理档案。实施以提高森林资源质量和严格控制采伐量为核心的国有林场森林资源经营管理制度，按森林经营方案确定采伐限额、制订年度生产计划，开展森林经营活动。建立国有林场森林资源有偿使用制度。利用国有林场森林资源开展森林旅游等开发活动，明确收益用于国有林场建设的份额，经批准使用国有林场林地建设项目的，须按规定足额支付相关费用。制定国有林场管理制度和编制实施国有林场中长期发展规划。实施好国有林场森林资源保护和培育工程。

（7）落实优惠政策。贯彻落实国家优惠政策，是顺利推进国有林场改革的重要保证。落实提前退休政策，根据《国务院关于工人退休、退职的暂行办法》（国发〔1978〕104号）和《关于林业行业提前退休工种范围的相关规定》（林工通字〔1992〕80 号）规定，在林场从事与造林（更新）林木采伐相关的工种属于林业行业提前退休工种。坚持职工自愿的原则，符合条件的职工，经人社部门批准，可提前退休。将符合低保条件的林场职工纳入居民最低生活保障范围，切实做到应保尽保，按照政策规定为病残职工办理病退手续，落实国有林场职工正常福利待遇。

（8）积极化解国有林场债务。采取有效措施，化解国有林场债务。已退休职工应缴医疗保险金、在职职工应补医疗保险金和其他债务，由旗财政逐年解决。通过化解债务，减轻国有林场经济负担，使国有林场在全旗林业生态建设中更好地发挥骨干、示范、辐射作用。

3. 完善国有林场改革发展的政策支持体系

（1）加强国有林场基础设施建设。将国有林场基础设施建设纳入旗政府建设计划，按照支出责任和财务隶属关系，在现有专项资金渠道内，加大对国有林场供电、饮水安全、森林防火、管护站点用房、有害生物防治等基础建设的投入，将国有林场道路按其属性纳入相关公路网建设规划。加快国有林场电网改造升级。积极推进国有林场生态移民，将位于生态环境极为脆弱、不宜人居地区的场部或作业区逐步就近搬迁到小城镇，提高与城镇发展的融合度。在符合土地利用总体规划的前提下，经旗政府批准，依据保障性安居工程建设的标准和要求，国有林场可利用自有土地建设保障性安居工程，并依法依规办理土地供应和登记手续。

（2）加强对国有林场改革的财政支持。中央财政国有林场改革补助资金，主要用于解决国有林场职工参加社会保险、分离林场办社会职能及职工安置问题。旗财政部门要积极筹措资金，解决国有林场改革成本问题。具备条件的支农惠农政策要支持国有林场。将国有贫困林场扶贫工作纳入旗政府扶贫工作计划，加大扶持力度。加大对国有林场基本公共服务的政策支持力度，促进国有林场与周边地区基本公共服务均等化。除上级部门安排的专项补助资金外，旗财政每年要安排森林培育保护等专项资金。

（3）加强对国有林场的金融支持。开发适合国有林场特点的信贷产品，充分利用林业贷款中央财政贴息政策，拓宽国有林场融资渠道。**积极推进森林保险，加大财政保费补贴比例。全面开展公益林保险，加快推进商品林保险工作。**

（4）加强国有林场人才队伍建设。落实国家支持西部和艰苦边远地区发展相关政策，引进国有林场发展急需的管理和技术人才。建立公平公开、竞

退化林分改造工程

争择优的用人机制，营造良好的人才发展环境。适当放宽艰苦地区国有林场专业技术职务评聘条件，适当提高国有林场林业技能岗位结构比例，改善人员结构。加强国有林场领导班子建设，加大国有林场职工培训力度，提高国有林场人员的综合素质和业务能力。

4. 加强组织领导，全面落实各项任务

旗委、旗政府成立由旗政府主要领导任组长、分管领导任副组长以及旗政府办、组织部、发改局、人社局、编委办、财政局、公安局、信访局、民政局、扶贫办、林业局、医保局、社保局等部门为成员的国有林场改革领导小组，领导小组下设办公室。旗国有林场改革领导小组负责国有林场改革的领导工作。领导小组办公室要统筹做好国有林场改革的组织协调和指导服务工作，加强跟踪分析和督促检查，适时评估方案实施情况，妥善解决改革重大问题。各有关部门要各司其职、各负其责，加强沟通、密切配合，按照职能分工，抓好国有林场改革机构编制、社会保障、劳动就业、财政金融和基础设施建设等支持政策的贯彻落实。旗政府办、发改局、林业局要做好国有林场改革统筹协调工作；旗委组织部、旗人社局要落实好国有林场职工提前退休、病退、社会保障政策和岗位设置工作；旗编委办要做好国有林场定性定位、核编定编工作；旗财政局要做好国有林场改革配套资金支持、债务化解、人员和机构经费预算工作；旗公安局、社保局要做好国有林场户籍管理改革工作；旗信访局要组织协调好国有林场改革信访维稳工作；旗民政局要落实好国有林场低保政策；扶贫办要做好贫困林场扶贫工作。

第四章　万众一心，改天换地的光辉业绩

习近平同志在 2020 年"不忘初心、牢记使命"的主题教育大会上指出，"人世间的一切幸福都需要靠辛勤的劳动来创造，我们的责任，就是要团结带领全党全国各族人民，继续解放思想，坚持改革开放，不断解放和发展社会生产力，努力解决群众的生产生活困难，坚定不移走共同富裕的道路。"我们的人民是伟大的，在漫长的历史进程中，中国人民依靠自己的勤劳、勇敢、智慧，开创各民族和睦共处的家园，培育了历久弥新的优秀文化。

纵观敖汉生态文明建设 70 年的历史，敖汉旗各族人民在旗委、旗政府领导下，从新中国成立之初的改变生产条件、改善生存环境到新世纪建设美好家园，做出了杰出贡献，走出了一条可持续发展的绿色之路，描绘出了一幅波澜壮阔、气吞山河的历史画卷。2000 年 5 月，中共敖汉旗委专门印发了《在全旗深入开展"干部学农民、机关学农村"和"讲文明、树新风"的活动实施方案》，要求机关眼睛向下，学习农村牧区广大党员、干部认真执行党的方针政策，带领群众艰苦奋斗奔小康、在农村两个文明建设中的先锋模范作用，脚踏实地、真抓实干的务实作风，艰苦奋斗、无私贡献的创业精神，默默无闻、致力富民的高贵品质。"双学"活动的开展极大鼓舞了敖汉人民的劳动热情，创造了可歌可泣的感人故事，展示了党员干部群众心往一处想，劲往一处使，携手并肩共同建设美好家园的英雄群体形象。

在此，我们选择了敖汉旗不同发展时期新闻媒体发表的典型工程会战场景的纪实文章（有删节），来说明敖汉人民在生态文明建设中的光辉业绩。

其中，经济沟建设工程一篇：

《玉龙魂》（四德堂乡农建纪实）

南部山区治理工程两篇：

《风雨战青山》（宝国吐乡农建纪实）

《沸腾的远山》（克力代乡农建纪实）

梯田建设工程一篇：

《再现黄花百媚娇》（萨力巴乡农建纪实）

公路绿化工程一篇：

《绿色长廊》（4411 工程建设纪实）

北部沙地综合治理会战纪实两篇：

《大漠阻击战》（北部四乡苏木沙地插黄柳会战纪实）

《黄羊洼中起豪歌》（北部四乡一场牧场防护林建设会战纪实）

南部山区综合治理会战纪实三篇：

《逐鹿大东南》（南部四乡八万亩山地综合治理会战纪实）

《大地丰碑》（南部山区、北部沙区综合治理会战纪实）

《教来源头绽新绿》（金厂沟梁镇农建纪实）

玉 龙 魂

这是一块雄奇的宝地。山岭逶迤，莽莽苍苍；河水澄澈，不舍昼夜。一条通体葱翠的玉龙从这里腾空而起，带着山水的灵气，带着四德堂人的绿色信念……

这灵山秀水孕育了一群又一群聪慧勤劳的四德堂人。与这山水生死相依的四德堂人，用他们勤劳的双手，把他们奉为神灵般的山水打扮得花枝招展，分外精神。

望松柏竞秀，我们会想到四德堂人的执着与追求；赏群英缤纷，我们会想到四德堂人的蓬勃与热烈；那么，看满山满坡、层层叠叠的梯田，看鬼斧神工般的经济沟呢？那么，重听一遍历史的编钟曲，重新翻一次四德堂的历史呢？

四德堂，风，曾把它刮晕，却也把它唤醒；雨，曾让它失望，却也给它新生……

当轰轰作响的改革开放的脚步声终于震颤了四德堂的山山水水的时候，当"谁发家谁英雄、谁受穷谁狗熊"的春风铺天盖地地吹向四德堂人的时候，这里的人们才张开惺松的睡眼，面向无处不春光的大世界。他们惊异地发现，这里的确落后了，落得很远很远。

痛定思痛，穷则思变。

1989 年，一个春光明媚的日子，一群虎虎生气的汉子，带着他们的思考和智慧坐到了乡政府会议室里。在这里，他们正在谋划一场从未经历过但又非打不行的绿色大战役，对四德堂的山山水水来个脱胎换骨的大改造。他们力图经过几年的奋力拼搏，让四德堂变成"山头黑松戴帽，山腰松杏混交，沟旁灌木镶边，耕地林带缠绕"的人间天堂。

他们找准了突破口——恢复生态平衡，改善生产条件，固本强基，让这里的山山水水都生产出金灿灿的钱来。

说干就干，干就要动真的。

中南部山地沟道治理工程

于是，思想教育，头雁先飞，行政措施，他们多管齐下。三年间，他们罢免或降职使用了 15 名村级干部，提拔了在治山治水这场绿色战争中表现出色的 24 名干部，说来让人难以置信，四德堂乡的 10 个村委会主任竟有 9 个是新提拔上来的。这该是怎样的气魄！

他们建起了一支精干的干部队伍，自然也唤起四德堂 1.3 万个英雄好汉。1989 年，四德堂人扛着镐头、铁锤开向了大山，在乡党委、政府的统一部署下，开始了前所未有的大兵团作战。

他们本着先近后远、先易后难，先坡上后沟下的作战方针，请来了旗水利部门的行家里手，根据不同流域的不同情况制定不同的治理方案。

冬去春来，四德堂人用一双双铁手，凿了一山又一山的水平坑，修了一坡又坡的水平梯田，栽了一沟又一沟的树和草。1990年，他们获得了赤峰市农田草原水利基本建设一等奖，一座镶嵌着玉龙的奖杯搬进了乡政府。这座奖杯，是四德堂人用心血和汗水铸成的。奖杯的背后，是铁锤钢钎的铿锵声，是虎口震裂时豪迈的血影！

1991年，牧草丰收了，农业丰收了，小树也长起来了。

四德堂人看到了实惠。这些穷够了的人们，积攒了几辈子的力量像火山一样爆发出来了，而且一发不可收拾！

这年，他们在坚持小流域为单元的基础上，开始向治严治满的目标进军。为提高经济效益，他们坡沟并治，边施工边种草。除一般水平沟外，又增加了牧场水平沟和反坡梯田两种工程措施，从而使工程质量大为提高，体现了工程建设的完整性、艺术性和实效性。

四德堂的山在渐渐变绿，这里的柔风细雨也裹挟着绿的清新和五谷的香味。这年他们又获得了"玉龙杯"竞赛一等奖。

四德堂人毕竟已经走出了故道，他们早已把懒惰、散漫、麻木的习性扔给了过去，用一种不服的气魄培育成了团结、奋斗、拼搏、向上的"玉龙精神"。

1992年，又是一个大拼搏、大跨越的年头。他们一鼓作气建设了6条生态经济沟，总面积达3000亩。昔日白天兔子不拉屎、夜来风比虎尤狂的秃山野岭石头窝里，经过人们大改造后，竟出现了奇迹。盖子山流域当年治理，当年收益，每亩收入17.28元，比赤峰市规划治理后第三年的收入指标还多2.75元！盖子山的四个秃盖子上面已是林木葱翠、牧草郁闭，一条长脖子梁被水平梯田层层缠住，两条大沟里也长满了树和草。赤峰市副市长王文早看后高兴地说："盖子山模式应在全市推广！"更令人振奋不已的是，集三年建设之大成，他们创造性地在盖子山流域开展了"集流水平槽"工程建设。由于设计科学合理，使水平槽内的集雨量超过该乡降水量的两倍。这对于一向以贫水著称的四德堂来说，不是一个旷世的壮举和伟大的贡献吗？

自治区水保处处长张书义同志看到四德堂人的这一创举后，倍加赞赏，当即决定在全自治区同类地区推广这一成功的经验。四德堂又创造了一个"模式"——盖子山模式。

看一看四德堂的农田水利基本建设工程，会让我们激奋不已：工程措施与生物措施相结合，绿化与美化相结合。有工程就有树，有树就有草，有规划就有路。既考虑长期效益，又照顾了中短期效益。是公园？还是塞外浅山丘陵区水保工程博物馆？随你怎么想吧，都不过分！

1992 年 9 月 4 日，是个秋高气爽的日子。自治区党委书记王群同志兴致勃勃地来到了四德堂。他看完这宏伟而科学的工程后，连连称赞："你们的工程有质量、有规模、有气魄。你们为子孙后代立了大功啊，全自治区的人民都要学习你们这种团结、奋进、拼搏、进取的精神。"

有质量、有规模、有气魄，这是对四德堂农田草原水利基本建设的真实概括。

谁能想到曾是"坡多沟多石头多，穷山穷水穷山窝"的万泉沟会变得如此洒脱？这里流域连着流域、工程连着工程，近万亩的荒山秃岭，通体变了模样。铁杆蒿长得比房还高，这里的草长得发疯。本来工程间设计了作业路，可是旗水保站的汽车仅仅 20 多天没上山，就让司机迷了路。这里，蓬蓬勃勃的人工牧草已把作业路遮盖得严严实实了，十几个树种互相不让高低。过去，这个村为了烧火煮饭，大拖耙把山挠得瑟瑟发抖，而现在，满山满坡的向日葵秸秆成了多余货，茬子刨下来后被甩到了沟底！

俗话说，没有梧桐树，难引凤凰来。近一两年来，四德堂的鸟出奇的多，素有"小凤凰"美称的野鸡也在这里安了家落了户。每当风和日丽时，这里莺鸣婉转，百鸟朝凤，悠然怡然，简直是绝好的世外桃源。

鸟多了，在这里绝迹了几十年的狍子也来了。它们很大方地出没于林涛草莽中。

环境在变化，生态在恢复，社会效益也越发显现出来。

我们欣喜地看到，随着生态环境的根本改善，四德堂发生了许许多多发人深省的深层次变化。

——经济林面积的逐年增长，春华秋实成了这里的主色调。如花似锦的少年男女，还有习惯了锅碗和晨炊的青壮年妇女，每当庄稼拔节、雏燕试飞的时候，她们便一群群地奔向了山里。在 3 万亩杏林里唱响了甜滋滋的"杏林赋"。仅 1992 年，她们就采集杏核 15 万斤。到 1995 年，全乡每年收获杏核 200 万斤，仅此一项人均将增收 150 多元。

——人工牧草的大面积丰收，为发展畜牧业提供了得天独厚的条件。1992 年末，全乡已有大小牲畜 1 万多头（只）。牲畜的增加，无疑又加快了科学养殖业的进程。目前，全乡有牧草加工点十五六处，正向规模经营的方向发展，在推行舍饲半舍饲的同时，牲畜全部实现了良种化。

——气候条件的改善，土质的逐年肥沃，使粮食生产也迈上了新台阶。1992 年，粮食总产量达到了 1800 万斤，创历史最高纪录，比 1988 年增收 700 万斤；过去，坡耕地在风调雨顺的年景也仅产 200 斤粮食，去年同样的地块亩产 400 斤，实现了翻番。过去每年只能卖 100 万斤商品粮，1992 年仅红高粱一项就卖了 500 万斤。小麦、水稻的开发和推广，使细粮成了家常便饭。

——农牧业的连年丰收，使农民的腰包鼓起来了。人均收入由 1989 年的 247 元增加到 1992 年的 650 元，超过了全旗的平均数。集体经济自然也在不断壮大。1991 年，乡政府投资 2 万元成立了农机服务队，包揽了全乡所有的机耕作业，为 8 个村民组安上了自来水，让辘轳、井和女人"离了婚"。村村通了电，把山民和外部世界的距离一下子拉近了许多许多。

这的确是一个惊人的变化。为了这个变化，四德堂人简直拼了命。

漫山遍野叮叮当当的铁锤声，送走了一个又一个黑夜，迎来了一个又一个白天。日月星辰，寒风暑雨，记下了一场场热烈的场面，录下了一曲曲动人的壮歌。

1992 年霜降这天，我们来到了烽烟未息的四德堂农田水利基本建设大会战工地。高高的敖包山已被刚刚修好的高标准水平梯田层层缠住。工地上，红领巾伴着风雪在起舞，银发白须的老人也在同大闺女、小伙子比着高低。

下山的路上，一位古稀老人的话格外多，也格外朴实："人哪，有头带着才能干，看到实惠才认干。"是的，重读一遍他们四年的绿色战争史，重听一遍这绿色的大合唱，我们会由衷地承认，这位老汉竟是一位"哲人"！

四德堂人在他们生于斯、长于斯的热土上究竟流了多少汗？他们自己也称不出来。

四年苦战，四德堂人为我们创下了一串串光华夺目的数字。干部群众每年有三分之一的时间奋战在农田水利基本建设工地上，完成土石方 800 万立方米，如果把这些土石垒成 1 米宽、2 米高的城墙，那么，这座城墙从四德堂将一直筑到海南省最南端的天涯海角！林草覆盖率由过去的不足 15% 一下子提高到 44%。

四年苦战，"玉龙杯"稳稳地根植在四德堂乡的大地上，迎风沐雨，熠熠生辉。

四年苦战，四德堂人从封闭走向开放，从贫困走向富强，从落后走向辉煌灿烂的未来！

四年苦战，四德堂从头到脚发生了巨变。如今的四德堂，山也俊媚，水也明秀，风也清香，雨也甜冽。

四年苦战，四德堂人自己也变成了能够呼风唤雨、改造乾坤的玉龙了……

（王国疆，《敖汉报》1993 年 2 月）

风雨战青山

这里是努鲁尔虎山余脉大黑山东麓，这里是小凌河支流的牤牛河上源，这里是燕北山地向科尔沁沙地平原的过渡地带。就在这山环水绕之间的黄土坡地上，8000 年史前文化的遗存，似乎仍和近代才被称为"宝国吐"的名字有着内在的必然联系。可历史无情，它把丰腴留给了过去，把贫瘠交给了今人，近十几年间，两万多宝国吐人面对童山浊水流血淌汗，追求他们传说已久的大自然的本原。

正因为如此，才在苍山碧水间展开了一场人与自然的较量——风雨战青山。

——题记

走 近 群 山

宝国吐，旗境大东南、属两省（区）三县（旗）交界地。44 万亩土地中有耕地 10 万余亩。山岭沟壑是这块土地上的主体，如果让我们把它分割开来，那即可划为"六山一水三分田"，这十分之六中的"山"，又可分为四组，即大青山、马鞍山、黑风岭、大王山。四组山如同 4 个巨大的石柱，分别矗立在全乡东南西北四面，支起了这块几经沧桑的一方天地。

十几年前，这些从历史的尘封中迈着沉重的脚步走过来的大山，如同一个个赤裸着身体的瘦骨嶙峋的老人，多少世纪的风霜雨雪，已把它们本来丰满的肌体刮得皮肉不存。山脚下的鸡爪沟，昂着头向山的主体上爬去……"风来尘沙起，雨过满坡泥"，带给山下众多生灵的无疑是一场场难以承受的灾难和凄苦。

自然生态的恶化留给人们的是永远抹不掉的记忆。

　　党的十一届三中全会的东风，吹暖了全乡各族干部群众的心，从1991年开始，一场改善生态环境的人民战争在全乡展开。到1995年，全乡小流域治理面积达10.75万亩，新造林8.5万亩，林草结合的生物工程，产生了较好的生态效益和经济效益。

　　让我们沿河川沟道望去，那几座遥相呼应的群山仍旧是形貌依然。

　　1997年早春的一个阴雨天，两万多宝国吐人的核心——乡党政一班人，把几座让人望而生畏的大山走了个遍。

　　"登山不见山，只因山在云雾间"——这是大青山。

　　"登山如登天，飞鸟到此打回旋"——这是马鞍山。

　　"满山巨石连成片，鸟兽离此不再还"——这是黑风岭。

　　"横看如雄关，遮住西北半边天"——这是大王山。

　　有人说，治这几座山，难于上青天。仅以大青山而言，整个流域面积为31万亩。主峰由大青山、平顶山、火石山、水泉山组成，最高峰海拔556米，山势险峻，岩石裸露，连绵纵横十几华里。1991年以来，近山的几个村的干部群众发扬愚公移山的精神，6年治理2.46万亩，余下的全为难、险、远段。其他几座山也基本如此。因此，摆在人们面前的已不仅仅是治

小流域治理大会战工地

山，确切地说是治险、治难。

几经运筹，一个 3 年苦战的攻坚方案在乡党政一班人的心中定了盘。从此，让我们把目光的焦点对准这一座座大山。

向荒山宣战

1997 年，那是一个少有的、干旱的夏天，青山、双山、嘎查、兴隆洼、宝力格 5 个村的兵力，以联村会战的形式合力治理大青山。

流火的七月，在通往大青山的路上，车如水，马如龙，两千多会战大军风起云涌般地挺进大青山。

坡面上，沟谷里，云雾中，无不闪动着治山大军的矫健身影，33 天的鏖战，使 6240 亩流域面积换上了新装，至此，大青山一期治理工程全部结束，整个工程总动用土石方 100 万立方，挖水平沟 185 万个，修盘山作业路 7000 多延长米，砸谷坊 589 个，大青山的历史从此掀开了新的一页。

1998 年的春天似乎来得特别早，初春三月，当带雨的春风吹绿第一枝柳梢的时候，大青山已有 13 个树种在这里落地生根，那杨树、山杏、油松、侧柏、大枣、核桃、条桑、沙棘等优良树种同山上的野生丁香、刺槐、香椿和杠柳等并肩为邻，还有那山竹子、草木樨、胡枝子、柠条、绣线菊等人工牧草竞秀争翠，如一层五彩斑斓的锦缎，严严地包裹了大青山。

然而，这才仅仅是开始，旗委、旗政府提出的 "三年灭荒，五年绿化达标" 的口号给宝国吐人又敲响了催征鼓。

仲夏的一天，旗委书记张智带领乡党政主要负责同志和林业技术人员先后登上了马鞍山和大王山，踏查、规划、设计，一个更新的精品工程方案在运筹中形成。同时，乡党政领导又根据本乡的特点和实际情况，提出了建设大青山第一生态经济沟的新构想。

按总体规划：全乡仍采用联村会战的形式，调集 9 个村的兵力五千多人，攻坚 1.56 万亩的马鞍山小流域工程；集中 5 个村的兵力两千多人进攻大青山二期工程——第一生态经济沟。两个战役结束后，再挥兵进攻黑风岭和大王山。

戊寅年的夏秋之交是一个多雨高温的季节，会战大军兵分两路、分别在两个主战场集结，于是，又一场人与自然的大决战拉开了序幕。

让我们先把镜头对准马鞍山。

马鞍山流域东西长 21 华里，由马鞍山、权树沟、卜家山、黑风岭 4 个分流域组成，大小山头 52 座，主峰卜家山海拔 602 米，沟多坡陡，远远望去，它活像横卧在那里的一只怪兽，永远高昂着它那骄横的头。

6 月 24 日，9 个村的五千大军从各个路口会集马鞍山，450 多台大小机动车辆排成一条黑色的长龙，红旗在夏日的骄阳下显得更鲜艳耀眼。劈山破岩炮声的轰响，是宝国吐人战天斗地激情的迸发，是向群山发起总攻的冲锋号。

在马鞍山进山处沟底的一棵百年大柳树下，早已搭起一座帐篷，治山大军"中军帐"就设在这里，大帐的门口两侧，高悬着一副气壮山河的对联："重展青山气魄，再铸马鞍雄魂。"各路兵团的"司令官"和"高参"们就在这里运筹帷幄，谱写着治山的进行曲。

为了搞好攻坚会战，乡党政领导进行了战前动员，"把宝国吐乡生态建设推向一个新的台阶，是历史赋予我们的责任，每一位乡村干部、党员、人大代表都要处处为群众做出表率"。于是，全乡各级干部人人都有责任区，人人签订责任状，他们同群众吃在一起，干在一起，雨天淋在一起，热天晒在一起，于是，真诚化作了无声的巨大力量。

五千多治山大军把马鞍山淹没了，站在主峰两侧的一个制高点上，环顾脚下，那锹镐的光亮如银星在山间闪烁，人与自然的碰撞让那高傲的大山发出了屈服的颤音。60 个日夜的奋战，治山者的汗水浸润了马鞍山，那水平沟、鱼鳞坑、台田、条田、谷坊等一系列综合工程，像一件件高雅精美的饰品，为昔日衣衫褴褛的大山从头到脚披上了"盛装"。

让我们去领略一下新开的进山之道——全长 12 公里的作业路从山底曲绕盘旋，宛如一条哈达，缠绕在峰谷山间，更令人惊奇的是被干部群众赋予雅号的"卜—鞍"高速路，它横卧在卜家山和马鞍山之间，似一座悬在山间的桥梁，把两座主峰紧紧地连在一起。

人杰地灵，道道谷坊，早已蓄满了雨水，如明镜镶嵌在山间，映照着云影天光，成为大山梳妆打扮的一块块宝鉴。在那改造的条田、梯田上，人们早已布下了绿色的种子，节令已近初秋，山里却显现出春意盎然。带有林学会标志图案装饰的五个大字"铸马鞍雄魂"，向人们展示着马鞍山已告别了昨天、记下了今天、孕育着明天。

再让我们看一下与这里同步进行会战的大青山第一经济沟工程，这里的两千多会战大军，从进入这条沟以来，就以无坚不摧的气势，全面攻坚。

第一经济沟是大青山脚下一条流域面积较大的干涸沟道，整条沟长

4210 米，总面积 2680 亩。我们不敢称沟道改造的设计者是艺术家，但我们不得不承认设计者的构想精巧，整个工程既有改造山河中综合治理的科学布局，又有充满桃源般诗一样的韵味。他们在主沟道的两侧沟岔中砸满了谷坊，在沟道中间修出一条顺沟延伸的作业路，然后削平路两边沟崖下的坡地，填土造田，利用沟谷的暖湿气候，描绘出一幅江南田园的秀美图画。

也是 60 天，两千多联村会战大军艰苦奋战，整个工程共完成作业面积 1700 多亩，人工造田 450 亩，筑拦水坝 461 道，砸谷坊 5200 道，修作业路 4210 米，总动用土石 52 万立方。

昨天还是一条空旷的荒沟，如今旧貌换新颜。通过一个灌渠过水桥下的隧道进入沟内，艺术品般的综合工程呈现在人们的眼前，那沟道中的层层谷坊如登山之梯，块块畦田、梯田平展如镜，条条田埂笔直如线，陪衬在平坦的作业路两侧，铺排延伸，犹如曲径画廊一般，经过治理，沟里沿作业路边沟已涌出了清泉。在沟尽头上山的作业路旁的巨大"影壁"上，厚重、工整的一行大字夺人眼目："让青山披翠，叫沟谷淌金。"它既是大青山综合治理工程的释文，又表达了宝国吐干部群众的奋斗精神。

治山者的风采

人是需要有一种精神的，我们在治山治水的会战中，更看出了宝国吐人的创业精神。1997 年，乡党委决定在大青山流域的一块 300 亩土层较厚的向阳坡上种植核桃树。时值初冬，凛冽的寒风夹杂着雪花，扑面而来，植树队伍拉着粪肥上了山，为了就近找水源，乡村干部在沟里刨开了冰层，把 200 担水挑上了山。

春天植树，为了使石质坑内的苗木确保成活，干部群众从 300 多米外的地方拉来 100 多方营养土，做成 8 万多个营养袋，保证了苗木棵棵成活。

夏天，水泉村 100 多人的会战队伍，因大雨和洪水回不了家，夜间 10 点多钟好不容易走到了宝力格村的村部，男女老少竟在村部的屋里屋外挤着坐了一个通宵，第二天继续上山。

在强调精品工程的质量上，群众更是有充分认识，他们说：生态恶化的苦我们吃够了，生态改善的甜我们尝到了，我们应该知道我们怎么干。春天会战植树，有 3 个男子为一组，经验收不合格挨了罚，第二天被家里的 3 个女人替下来，并以优良的质量受到了称赞。

挖水平沟遇上石质坑，实在让人为难。刨不动，只能用钢钎一点点撬。

一位妇女苦苦累了一天，只凿出一个坑，在下山验收时，还是没有达到标准，急得她哭了，她哭的不是委屈，而是哭治山太难了。

还有那些被群众称为"脊梁"的村干部，如嘎查村的支书刘贵军、水泉村支书东和、宝国吐村的支书蒋新等。我们无法一一点出他们的姓名，更难以用苍白的笔触去描绘他们带领群众战天斗地的事迹，因为这些都已经深深地镌刻在那山山岭岭之中。

激动人心的会战场面和数不清的动人事迹感染了全乡各界人士。驻乡各单位的干部职工人人关心会战，努力为会战做贡献。粮站、总校、工商所、农行营业所的职工虽不能离开岗位上山参战，但他们却自发地买了凉帽、铁锹、镐头，带上部分现款来到会战工地，表达对治山者的一片深情。

1997年、1998年两年的攻坚，宝国吐人先后拿下1.5万亩和1.88万亩的治理面积。如果从1991年算起，8年的时间，全乡共完成小流域治理面积11万多亩，其中挖水保坑770万个，修作业路42公里、修大小谷坊25万个，拦河坝620条，植树114万株，总动用土石方量428.46万方，总投工124万个，投资额达1962万元。

3年攻坚，已历两年，全乡未治理面积仅余2万亩，毋庸置疑，宝国吐人正在运筹明年的最后一个攻坚战。

大山的回声

宝国吐，不因其山多而名，倒因其治山名传远近，"清香引来爱花人"。两年来，在大青山和马鞍山，先后有中央电视台、《人民日报》、《光明日报》、《中国绿色时报》以及《内蒙古日报》、《赤峰日报》和旗内报社、电视台等新闻单位的记者来这里采访，无不被宝国吐人的恢宏之作所感动。

青山有意，绿水含情，和风细雨中的宝国吐人，又在构想着下一个更加美好的春天。

（韩殿琮　王志军　马桂昌，《敖汉报》1998年7月）

沸腾的远山

如果打开克力代多的地图，就会发现，它像碧宇琼空中的一弯新月，一条浅蓝色的线像是一条初韧的弦，从东到西把这弯新月拉弯。这弦便是克力代河，它发源于克力代西端的最高峰——海拔 1051 米的上沟脑山下，然后一路东去，入教来河，进山湾子水库，汇入辽河后投入渤海。就是这条河，把克力代乡的 9 个村串珠般地连在了一起，15000 多克力代人，祖祖辈辈地生活在东西 35 公里狭长的河谷地上，饮着克力代河水，过着千百年与世无争的生活。

水是生命之源，水也是生命之祸。因为克力代河水，克力代人从刀耕火种的洪荒时代，一直走到瞬息万变的电子时代，四肢灵便了若干，头脑也灵活了若干。然而，也因为克力代河水，河谷的耕地在逐渐变少，山体在逐渐变瘦，人们的脸色也在逐渐变黄，身体让克力代河拖累得疲惫不堪。

于是，人们开始把挑剔的目光投向了克力代河，投向孕育了克力代河如今却骨瘦如柴的远山。

那是 1998 年的初春时节。瑞雪覆住了远山近岭，克力代河静静地躺在那弯新月的怀里，一动不动。一群汉子呼吸着雪后的新鲜空气，艰难地爬上了人迹罕至的上沟脑大山。极目远望，除了山的轮廓、沟的轮廓外，一无所有，仿佛苍穹下矗立着大大小小的山头是群须发皆白的乞丐。望着这贫山瘦土，他们心潮起伏了，这恶劣的自然环境，还将困扰克力代人多久呢？这满山满岭的鸡瓜子沟还能让它永远向克力代河注入污泥浊水、让它横冲直撞冲房剜地危害苍生吗？

回到乡政府，乡党政主要领导召开会议，一次次，一层层，直把会议开到了村组，开到了全体党员和村民代表之中。于是，一个宏大的治山治水规划，在群策群力中形成了。举全乡之力，用 3 年时间，综合治理荒山 4 万亩，坡沟兼治，工程措施与生物措施相结合，近中远效益相结合，草灌乔相结合，绿化和美化相结合，让山变绿，水变清，人变富！

春雪渐渐地融化了，沿着鸡爪子沟滴滴答答地向下流着，不用说，那一准是被克力代人的旷世之举惊出的一身身冷汗。不信吗？请问一问那棵迷人的五角枫和那神秘的山神庙，它们会告诉你一切。

迷人的五角枫

在"1051 高地"东南不远处的一个山口，高高地矗立着一棵五角枫，当地人称为"色树"，五角枫附近蜷曲着一座砖砌的山神庙。树龄有多长，山神庙建了多久，谁也不知道。人们只知道打老辈子就有这树这庙。

中国的老百姓就是朴实。当他们一旦回过头去，看到自己歪歪斜斜的脚印时，就会痛心疾首；当他们一旦认清共产党正在为民谋福时，他们就会群起响应，从自家的责任田中走出来，合伙攻克一个个堡垒。

仅仅 40 天的大兵团作战，克力代乡上沟脑和二龙台两大流域的 100 个山头、32 道山岭、22 个小流域共 1.6 万亩的山体就被整个翻了个遍，大山终于敞开了它那博大的胸怀。40 天，5000 多英雄的劳动大军，共动土石方 72.6 万立方米，按全乡总劳动力平均，每个劳动力完成土石方 103 立方米，平均每口人治理 1.27 亩。依山就势完成了水平坑、鱼鳞坑、垒穴、条田、台田、反三角梯田、谷坊等九大工程类型，其中仅谷坊即筑 3000 道，5 米宽山间作业路 12 公里。

40 天，赏心悦目的 40 天，感天动地的 40 天！

1998 年 8 月 8 日，踏着雨后的新泥，我们来到了克力代乡夏季小流域治理会战工地。一夜的大雨，把天洗净了，把地洗净了。刚刚挖完的水平坑、鱼鳞坑贮满了水，夏日高照，远山近岭粼光跃动，抖抖索索地亮，一沟沟一串串的谷坊同样贮满了水，浑水入，清水出，沿着溢洪道一跳一跳地落下去，谷壑间形成了千百条瀑布，静静的山也随之沸腾起来了。

会战已经结束了。工地上除了留下艺术品般的工程外，就是废瓶罐、断镐把、烂手套之类的弃物和埋过锅、造过饭、支过屋的遗迹。看到这些，又把人们拉到了艰苦异常的会战场面中。

七月火热，七月雨多。

会战是在火与雨的交替考验下进行的。来自全乡 9 个村的 5000 个民工，会战在两个流域内，其衣食住行的困难程度可想而知，他们离战场近的达几公里，远的达 40 多公里。会战期间，他们将把自己的全部交给大山，附近的农舍挤得没了立锥之地，他们就找个避风的沟头寄宿，有的干脆就在山上支起塑料棚，吃住在山上。一时间，上沟脑、二龙台两大流域形成了一道道独具特色的野战风景线，白白的塑料膜撑起了临时住房，随会战地点的转移而不断迁徙，像一山山游移的大莲花，像古战场上军士扎寨的行营。

是的，不干不行，干不好也不行！山民们说："既然五角枫和山神庙不能救我们，那我们得自己救自己，时下乡村领导组织我们干，我们再干不好那还是克力代人吗？"

在"1051 高地"的前怀，有两个圆圆的山头，山头被"垒穴"层层圈起，远远望去，酷似两朵盛开的莲花，极为引人注目。前来参观的外地人总是伫足于此，久久不肯离开这独具匠心的水保工程。与这莲花同样引人注目的是走出家门来到大山之上描花织锦的女人。会战大军中，娘子军占了一半。炮手营子村 42 岁的刘珍，丈夫有病不能上山，她横刀立马，带上两个女儿风风火火地赶往大山，每天往返 20 里地，药服在山上，饭吃在山上，风雨无阻，硬是完成了 6 口人的会战任务，把 3 位女人对大山的挚爱埋到了一排排整饬的"莲花瓣"里。

上沟脑村民组因离"1051 高地"近，自然成了乡党委、政府指挥千军万马的大本营。而村民王素兰家则成了会战的最高指挥部。这位 52 岁的农村妇女，曾饱受水土流失之害，因而伺候起那些运筹帷幄的"将军"们来也格外投入。从会战规划到会战鸣金，近 100 天时间，她闻鸡而起，夜半方息。晨蒸暮煮，少有休闲。百天下来，憔悴了许多，但她无怨无悔。她说，搭得辛苦，搭的是柴米油盐，我是搭在了自己的身上，水不下山了，我就有好日子过了，为什么叫苦喊累呢？

她没文化，但她的话是不是很有哲理？

女人如此，男人自然当仁不让。太吉和窑村的杜家沟村民组位于克力代乡的东北隅，地处偏僻，经济落后。会战的信息传到那里时，已经到了临战状态。憨厚的杜家沟人二话没说，扛起行李就出发。临行前组中仅剩的三个年迈的老汉，把出征的男女送上车，"去吧。不是咱们的山更要好好地干，不要惦记着家，有我们这三把老骨头呢！"壮士们去了 40 公里以外的二龙台工地，一去就是 9 天。

那天，壮士们自大西南的战场凯旋了。三个老人迎到了村口，听说壮士们圆满地完成了会战任务，三个老人开心极了："孩子们，我们也完成了任务，保证各家没丢一根针，没进去一个耗子！"

"山瘦石头露，坡陡行人愁。从东走到西，黑头变白头。"不亚于蜀道之难的二龙台和上沟脑两大流域，因为山高坡陡而绝难进出，所以打开进山之门便成为会战成败的关键所在。6 月 7 日，受益的二龙台和炮手营子两个村充满阳刚之气的小伙子，扛着钢钎铁锤，抱着炸药导火索，冲进了大山深处。

虎气生威，威震山岳。那 10 多天，远在 10 多里外的山民，都可以听到远山传来的隆隆爆破声，黄黄的硝烟支着红红的晚霞，把山和天紧紧地连在了一起，把他们急欲战胜大自然的意志和情思镶嵌在呼之欲出的金光大道上。10 天时间，这些山民放了 600 多炮，在同样充满阳刚之气的山体上撬走土石方 2.43 万立方米，其中石方 1.94 万立方米！修通宽 5 米、长 12 公里的工程作业路，并全部挖上了路边坑。

6 月 28 日，山民沿作业路挺进大山里的时候，他们的心极度振奋：不绝如缕的工程作业路，蜿蜒于青山白云之中，这亘古不曾有过的奇迹竟是在 10 天内创造出来的，该不是神话吧？

不是神话，胜似神话。女娲补天、愚公移山、精卫填海，他们凭借的是神的威力，而我们的克力代人凭借的则是自己吃苦耐劳的意志和改造世界、创造生活的一双双茧手。在会战高潮的 7 月，高山深谷中，没有一丝风光顾，整个战场如火炉一般。一个小伙子一天喝下 5 公斤的凉水，还是弥补不了从头到脚不住流出的汗水，无可奈何的时候，只好爬到驴车的车棚下，去躲避像火球、像辣椒一样的烈日。

这些，迷人的五角枫和神秘的山神庙都真真实实地看到了，它们会把这一切都记下来，慢条斯理地告诉未来的。

甩开膀子大干

同克力代乡干部群众座谈，他们总是说："治山治水是表面的、浅层次的，治人才是核心的、深层次的。"

实行生产责任制以来，克力代乡还没有采取以大兵团集结作战对付过大自然，真的再把这些山民组织起来，集中到一起去劳动，无疑于一场深刻的思想革命。但他们真的组织起来了，并且一聚就是一夏一春！其间，没有收益只有贡献者占绝大多数，9 个村 1.5 万人中，有 7 个村 1 万人是"吃草挤奶"的。但他们自有大度的说法："谁的山有啥关系？几年后治满治严了，不都有甜头了吗？"普通的话，普通的人，但我们看到了集体主义观念互帮互助的纯朴民风，正在他们的灵魂深处迅速回归！

治山治水不但锻炼了群众，更锻炼了干部。各级干部的工作作风和素质发生了明显的变化。

在当代中国，官品越低就越实际，与农民的品质越接近。在克力代治山治水战役中，村组干部的这种品质表现得淋漓尽致。请看下面两个故事。

故事一：屁股的故事

下河套村村委会主任刘宝凡在会战前广泛发动群众，思想工作十分细致，因而人员出动齐、会战速度快，在全乡第一个完成了任务。一次，他在用三轮车接送民工的时候，一壶滚烫的开水洒到了他的臀部，把屁股烫起了一片水泡。但他没休息一天，硬是侧着屁股坚持到会战鸣金。

故事二：驴的故事

在我们这个社会里，论"官儿"怎么也轮不到村民组长级。可就是这无官之长，在会战中最活跃，最能官能民。不惑之年的李凤香是炮手营子村东组的组长，早年因病落下了瘸腿毛病，作为一组之长，他说他必须得上前线。但前线山高坡陡沟深，正常人尚且行走艰难，他一个跛脚人成吗？他自有办法，"活人还让尿憋死？"他说。于是，他从家骑来了那条可爱的豆青驴，从自家的柴垛里修理出一支柳木拐，驴和拐成了他形影不离的东西。分坑时，他挂拐代步；检查质量、上下联络则骑上豆青驴。真是苦了李凤香，也苦了他的豆青驴！不过，群众倒是方便了许多，有个大事小情，在满山遍野的人群中找别人难，找他们的组长却非常容易。咋的？"要找咱李组长呀，只要找到驴！"

大 山 沸 腾

说到不如做到，付出总有回报。今春，克力代乡又以大兵团作战的方式，在上沟脑、二龙台两个流域展开了二次会战，植树157万亩，有10个树种在大山上安了家落了户。种草折合面积3900亩。至此，两大流域的工程措施和生物措施全部完成。

站在"1051高地"极目远望，令人心旷神怡。100多个山头组合而成的大大小小的山谷，像一个个巨大的卫星电视接收器，敞着胸怀，尽情地接收着外来的致富信息。凌顶俯瞰作业路，则像从天外飘过来一条巨龙，流动在云山雾海之中，它完整地记录了克力代人与大山一起搏动的痴情。

山上松，坡上杏，路边柠条落叶松；

沙棘沟，大枣谷，高粱玉米出新土；

网带片，草灌乔，近中远期效益高。

在克力代乡小流域工程走一趟，你一定会激动不已，你会忘记这是老百姓一钎一镐凿出来的工程，而误把它当作鬼斧神工的艺术品。那里，有山就有坑，有坑就有树和草，有沟就有谷坊，有工程就有宽阔的作业路，有路就有花，有缓坡就有梯田、台田和条田，有田就有五谷飘香！据称，曾经是兔子不拉屎的山坡上修的条田，种高粱每亩可收500多公斤！

克力代的山开始反哺人民了。挖了72.6万立方米的土石坑，就相当于一次能贮下72.6万立方米的水。水不下山，但总得有个归宿，于是，沟谷间形成了一道道清泉。细流相积，昔日的干河套变成了经年不涸的小溪。居住在离上沟脑三四里远的刘万龙家的灶坑，也冒出了清清的泉水，像有一台潜水泵在工作而源源不断地涌，瞧那执着劲儿，不流到大海似乎不会罢休！

迷人的五角枫显得孤单而渺小了，神秘的山神庙显得冷清而可怜了，但大山依然在沸腾着……

（王国疆，《敖汉报》1998 年 8 月）

再现黄花百媚娇

大气魄的决策

出旗政府驻地新惠向西北沿国道 111 线行 22 公里，就是萨力巴乡人民政府所在地。群山环抱的黄花甸子村就坐落在它的西南 4 公里处，美丽的黄花菜以其芳香娇艳赋予了小村美丽的名字，而这美丽只能到历史的源头去觅她的踪影了。近一个世纪的岁月沧桑中，黄花渐瘦，甸子非昨，黄沙肆虐，洪水施威，这里的几辈人以其单薄的力量，曾经走过对着盘亘在村旁的三十二连山，由无奈叹息到奋起治理的艰难旅程，在他们浑浊的眼里看到希望的同时，也不得不对自己的力量重新进行审视——什么时候才能真正改变它的模样？

萨力巴乡是个贫困乡，贫困，是贫困在恶劣的自然环境上。虽然每年都在搞农田基本建设，但由于不成规模，生态环境并没有十分显著的变化，四五万亩的坡耕地上并没有建起多少高标准的梯田，因此，从严格意义上说，土地的潜力并没有充分挖掘出来。实践证明，小打小闹地治理山河是不行的，于是科学的、大规模的、卓有成效的治理计划就在萨力巴乡党政领导的决策中产生了。1997 年，秋季农建会战改变了以往各村各自为战的方式，全乡联村集中会战，轮流治理，为让全乡山河改变模样，为脱贫致富奠定坚实基础。经过充分研究、规划，把大兵团集体作战重点放到了黄花甸子村三十二连山上，一举兴修水平梯田 3300 亩。

于是，大规模的会战号角在 10 月 17 日的全乡三级干部动员大会上吹响了。

大规模的作战

在实行家庭联产承包责任制以来，这样全乡集中的大规模作战还是头一次，能否组织起来并保质保量地如期完成任务呢？从乡领导到村组干部思想中都或多或少地存在压力。全乡总动员，力争任务半月完，确保梯田三千三！乡里豁出去了！他们先请旗水利局水保部门的专业技术人员和乡水保、林业、农业站人员通力协作，进行全面规划，在时间紧任务重的情况下，精细勘察、科学规划、不留死角，一次治满治严，力求高标准、高质量，仅用了十几天的时间就全部规划完三十二连山的所有工程。10月20日，全乡12个行政村中第一批人员浩浩荡荡地开进了三十二连山！接着，那些刚放下镰刀又扛起镢头的干部群众相继从四面八方扬鞭驾车箪食壶浆而至，展开了鏖战，最远的村距工地50华里，一时间，昔日空寂肃杀的三十二连山沸腾起来，人欢马叫，新土见天。会战每天出工人数最多时达7500人，占全乡总人口的35%，出工拖拉机、三轮子等大小车辆400余台。

先不说乡领导全部出动从会战开始到结束的近半个月时间怎样战斗在工地、与群众同吃同住同劳动了，也不说广大农民如何在会战中餐尘饮风，挨寒奋战，我们单从会战工地上给读者采摘几段花絮来，就可以让人一饱眼福，真正地领略工地上干部群众的精神风貌。

花絮之一：旗长率团参战

10月24日，正是入秋以来最冷的一天，北风呼啸，气温下降到零下10℃，人站在山上会被风吹得踉踉跄跄，一锹土扬出，会被风吹得乌烟瘴气。旗长和几位副旗长等一道率财政局、妇联、人险公司、物资局和宾馆等单位的100多名干部职工冒着严寒，顶着狂风，一大早就跋涉到黄花甸子三十二连山工地参加劳动，他们自带饭，中午就吃在工地上，挖了1200个林网水平坑，他们的行动鼓舞了会战的干部群众，他们说："旗长都来参战了，我们更得好好干了。"

花絮之二：会战工地觅新郎

会战工地上流传着一段桑塔纳车满山找新郎的佳话。新郎官名叫宋吉春，是萨力巴村第六村民组组长，已过而立之年，中年娶妻，可谓大喜，不巧的是，他的婚礼日恰是会战的第一天，家事国事发生了严重的冲突。这位硬汉子二话没说，会战去！新娘车到了却找不到新郎官，于是又派人到工地找，领导和乡亲都劝他快回去办婚事，他却坚定地说："我是组长，是带头人哪！"新郎官直到把应分的任务、应交的手续和自己的任务完成才回去，此时已是午后了。第二天一早，人们发现，这位新郎官又照常出现在工地上了。

花絮之三：会战指挥中心原来是地窖子

会战开工前三天，乡里播音站就迁到了工地上，拉了1800米长的线路到山顶，挖起了一个4平方米的小地窖子。副书记亲自挂帅，播音员轮番上岗，文化站也迁到了山上，工地上每村出一名通讯员及时撰稿，会战期间，在那尘土飞扬的播音室里，播出了30多条现场新闻，鼓舞了参战人员的干劲。其实这里绝不是单纯的战地广播站，还是整个会战的指挥中心，会战总指挥的号令从这里发出，乡村干部在这里签到，一天两次会议在这里召开……谁能想到，指挥千军万马的大本营竟是这样的一个地窖子！

大手笔的杰作

放眼三十二连山，山山水平坑覆盖，坡坡梯田坝环绕，像若干个八卦阵的组合，又像数不清的天梯节节相连，级级升高。真是恢宏壮观，气势磅礴！大手笔的杰作从山脚下一气写到山顶端！虽然我们不是作家、诗人，但我们尽可以绞尽脑汁去想象，不管它是一首抒情诗，还是一幅立体画，无论怎么说都不过分，因为这里显露的是劳动人民的伟力！

7000余条坝埂，连接起来长达11万延长米，220多华里呀！"发扬愚公精神，造福子孙""宁可苦干，不可苦熬""变三跑田为三保田"等如椽大字书写在光滑的坝埂上，阳光下，一如萨力巴人吞天的气魄在闪光！

这块治理面积达1.58万亩的三十二连山，有梯田3300亩。5条240亩的防护林带的4000个路边坑，迂回盘旋38里的山间作业路，每一笔、每一篇都倾洒着萨力巴乡干部群众的汗水和心血。为了再现昔日黄花甸子的娇媚，年近花甲的水利局高级工程师任凤城今秋每天行程50多公里，磨破了鞋底，冻裂了双手搞测量，进行技术指导；黄花甸子村民兵连长刘忠民夏季会战时跑坏了5双鞋；北洼村的农民高天杰把瘫疾的老母亲送到邻居家看护，自己到几十里以外的黄花甸子去修梯田，黄花甸子的村干部在夏季会战中自觉组成攻坚队，专挑硬骨头啃，硬是义务凿石坑200多个。数不清的英雄群像矗起了大自然主宰的风姿！

为了工程质量，为了黄花甸子更娇美的姿容，干群严把质量关，三级干部落实责任制，四人以上结组施工。那轰轰烈烈的劳动竞赛，还有那检测坝埂硬度的铁梃杖，检测坡度的三角尺……都无不真实而有力地记录着会战的质量和水平！

大家庭的气氛

12 个村为一个村来修梯田，仅仅一个村受益，那非受益的 11 个村是怎样想的？受益村是如何做的？为此，在工地我们采访了非受益村萨力巴村党支部书记孙家利同志。他说：这次到外村参加会战是我们村落实农业生产责任制以来的第一次，但我们干部群众很快就发动起来，我们村出工人数最多时一天达 1000 余人，干了近 10 天，保质保量完成了会战任务。要知道，我们是放下自己的会战任务而响应乡党委政府号召来参战的，这也是小局服从大局呀！不错，像萨力巴村一样，母子山村，白土营子村、北洼村……哪个村不都是这样呢？党委政府的号召力、基层党组织的凝聚力在这里充分得到显示！

作为受益村的黄花甸子，他们感谢乡党委政府为他们办了一件令子孙后代都不能忘记的大好事，他们边会战边热心地为远道而来的会战群众倒出住房，为他们做饭、送水，有的人家拿出自己的酒来招待客人，油、盐、酱、醋、菜，什么都舍得。他们说，人家来帮助我们改变面貌，我们有啥说的！到别的村会战时，我们也一样干！

乡党政领导颇有感触地说："人民群众是真正的英雄，从上到下三级干部尽职尽责，认识高、干劲大是我们会战胜利的关键，措施得力、组织严密是会战成功的保证，锻炼了干部，教育了群众，积累了经验，我们还将把这一做法进一步完善，通过人代会规定下来，年年努力，萨力巴乡的未来一定是美好的！"

我们完全有理由预言，明天的三十二连山，不，明天的萨力巴乡定会劲松挺立，五谷丰登，黄花灿灿，牛羊成群。那时，整个萨力巴乡该是黄花娇媚、山川秀美、人俊畜肥的乐园了吧！

（王国疆　崔振爽，《苍山作证》1997 年 11 月）

绿 色 长 廊

1996 年 3 月 15 日，是一个平平常常的日子，也是令敖汉旗人难忘的日子。

全旗"九五期间的专项推进项目——敖汉旗公路建设 4411 绿色通道工

程"正式启动。

所谓"公路建设4411绿色通道工程",其内涵就是采取"政府搭台,群众唱戏"的方式,发动全旗57万群众,利用4年时间,对境内的国、省、县、乡4个行政等级1100多公里公路,按照"畅、洁、绿、美"的发展方向进行改造和高标准绿化,从而使路树形成贯穿东南西北的农牧业防护林网络,让公路发挥出更好的社会效益、生态效益和经济效益。

一

敖汉旗共有乡级以上公路32条1135公里。新中国成立后,特别是改革开放以来,敖汉的公路绿化与建设一样,得到了较快的发展,取得了令人瞩目的成绩。但遗憾的是,在历年的绿化中,只片面要求简单的"绿化",结果造成了标准过低和先天不足。这样也就形成了现实中品种单一、杂乱无章和参差不齐的状况,许多路树都成了龄长树不长的"小老树""歪脖树""刺猬树"。

敖汉是"全国绿化示范县",近年来,全旗每年都以20多万亩的造林速度向前推进,而摆在敖汉人眼皮底下的路树却涛声依旧,与"示范"之名形成了强烈的反差。因此,宜地宜树,统一规划,营造高标准的公路林来美化路容路貌已势在必行。

这是改善生存环境、改变敖汉形象的"样板工程"。要使我们脚下的公路尽快成为绿色通道、文明长廊,更好地为经济建设服务,我们就必须把它打扮得漂漂亮亮,让它成为展示敖汉面貌的一个窗口。

二

按照工程计划,1996年,首先要选择5公里路段进行绿化,并从中总结经验,为以后的施工做示范。

4月的新州,乍暖还寒。地处305国道旁的丰收凤凰岭村沸腾了,在乡政府的统一部署下,数以千计的村民涌入路旁,在2.57公里的战线上摆开战场,打响了绿化工程的第一枪。

植树需要占用公路两侧的水浇良田23亩,这可是农民的命根子呀!然而,群众表现出了敖汉人特有的大度和高风亮节。"顾全大局,该占多少地我们就让多少地,需出多少工,我们就出多少工。"在10天内,这个村就组织会战3次,出动人工12500个,完成了造林整地和挖坑任务。

国道 111 线新惠大桥以东和县道新（惠）叶（柏寿）线火箭桥以南两段均地处旗政府所在地，尽管里程不长，但施工难度较大。为此，旗委、旗政府召开专项动员大会，把造林整地和树根桩挖除任务落实到了旗直各单位。开工后，职工干部来了，工人师傅来了，学校师生来了，武警战士也来了……经过 3000 多人的奋战按时完成任务，为春季绿化赢得了宝贵时间。

交通职工承担了示范段的路树栽植。从 4 月 15 日开始，硕大的交通大楼空荡荡的，每天清晨，由老局长贾云宗亲率的近百名机关干部便准时出发奔赴工地，日直接劳动时间长达 12 小时。

为了提高成活率和科技含量，施工中阔叶树栽植采用适合干旱地区特点的抗旱造林系列技术，而对针叶树的栽植则发明了"篓栽移植保根技术"，即把出圃的树苗带原土及时栽入篓筐中。这样，既方便了运输、装卸及栽植，同时，由于能够确保其根系维持原状和不发生紊乱而提高了成活率。办法虽然土了点，但不能不说这是一个创造。

交通职工干部是一支敢打硬仗、善于吃苦耐劳的铁打队伍。连续一个多月的持久战，经过风吹日晒和超强的体力劳动，许多人的唇、手都起了水泡，一些患病同志坚持不下火线，他们不休班、不请假，为了共同的心愿，

公路绿化工程

为了明天的绿色而坚持、坚持、再坚持。

刘学耕是小四家大道班的班长，妻子有病需要照料，开工前他便把妻子送回了老家，与女儿、儿子全都投入朝去暮还的紧张劳动之中。

高克中是公路段的段长，自工程宣布启动以来他便忙东跑西，马不停蹄，过度的劳累使他犯了高血压病，脸红得像一盆燃烧的炭火，可他根本不想休息一下，每天大把大把地服药顶着。

身为工程副总指挥的孙家理、马海超两位同志都已年逾六旬，但他们从没把自己看作资深职赫的前辈，而是同青年人一样，始终坚守在现场参加劳动和技术指导。

这期间，旗委、旗政府几大班子的主要领导都先后在百忙中挤出时间到工地参加义务植树劳动。就这样，经过多方的共同努力，高标准地完成了示范段的示范样板工程，共植树 6136 株，成活率高达 99%。受到了前来视察的国家林业部副部长祝光耀、自治区副主席张延武、沈淑济、自治区交通厅长郝继业等领导的高度评价。

三

从 1997 年春季开始，大规模的公路绿化工作就像大海的波涛一样，一浪高过一浪地在敖汉大地上先后铺开，为了确保绿化工程的顺利开展，旗政府把此项工作列为农田水利基本建设会战项目，纳入各乡镇的责任目标，加大了考核力度。在每年的施工中，全旗直接上路的旗、乡、村干部都不少于400 人，高峰日参战的农牧民群众超过万人。

承担着 111 国道 175 公里绿化任务的萨力巴乡是个少数民族乡，群众居住比较分散，而且距离公路较远，任务下达之初，乡政府还有些担心，没有想到，开工后家家户户几乎都是倾宅而出，带着干粮、赶着胶车，大清早就赶到工地投入劳动，不仅提前完成了任务，植树者还在布条上写上自己的名字扎在树上，他们并不是为了留作纪念，而是以此来担保质量和成活。

木头营子乡地处北部沙漠地区，尽管那里气候恶劣，土壤干旱，但他们却敢于夸下创精品工程的海口。施工中一丝不苟、精益求精，恨不得把树栽出花来。穿线定点、挂线扶苗、修水平池、开防护沟、覆保湿膜。在浇水遇到困难时，离水源稍近的路段群众便手提肩挑，较远的路段则采取用塑料布制成水袋拉运，保证每株树苗都浇透浇足。

在公路绿化中，还有许许多多令人津津乐道的故事。特别是新地三官营子村 5 名村干部主动与乡政府立军令状的事被人们传为美谈。三官营子村承担着境内新（惠）四（家子）线公路绿化 3 公里，5 名村干部一商量，决定采取责任明确到人的办法，即每人承包 0.6 公里，由各自在村民中挑选精干力量组队挂牌栽植，同时，还自我约法三章：一是地整不平不得栽；二是不挂线不得栽；三是每坑少于 80 公斤水不得栽。并向乡级政府立下军令状，如不能按时完成任务或成活率达不到 95%，每人甘愿各罚 200 元。

常言道："窥一斑而见全豹。""不干不行，干就干好！"这就是敖汉人民共有的志气。毋庸置疑，凭着这种志气，可以排山倒海，可以点石成金。的确如此，三载的奋战，人民奏出的这曲绿色之歌，震撼了古老的新州大地，人民筑就的这道绿色长城，展示出敖汉的铁骨雄风。

1997 年，绿化里程 90 公里，植树 6.7 万株，群众投入人工日 3.8 万个；

1998 年，绿化里程 140 公里，植树 16.8 万株，群众投入人工日 9.1 万个；

1999 年，绿化里程 150 公里，植树 13.9 万株，群众投入人工日 7.2 万个。

这样，从"公路建设 4411 绿色通道"工程开始到 1999 年的 4 年间，敖汉公路上累计新增绿化里程 380 公里，新添赤杨、柽柳、侧柏、樟松、山楂、云杉、垂柳、碧桃、圆柏及沙棘、丁香、枸杞等 10 余种乔灌木 38 万株，超额完成了工程的计划任务。

只争朝夕，匆匆忙忙，也许辛劳的人们还没来得及回眸进行比较，384 公里 38 万株，这几乎就是新中国成立以来至 1995 年全旗 46 年间公路绿化的总和。这是个不平凡的数字，是一个充满了奋斗和奉献精神的数字。

四

为了公路的这场绿色革命，交通部门倾注了大量财力。众所周知，"公路建设 4411 绿色通道"工程并非是上级部门立项的工程，而公路绿化需要大量的资金投入，地方政府又拿不出资金进行补贴，因此，公路部门勒紧裤腰带，为工程做出了巨大的牺牲，为了支付 80 多万元的公路改造及绿化资金，4 年下来，公路段不仅支空了多年积存下的自有资金、奖励资金，占用了福利费等其他资金，而且挂账 50 多万元。

这些也许没人知道，它会随着时间的推移而消逝融化进昨天的历史长河中，淹没在今天的滚滚绿色里。但让人忘不了、看得见的是敖汉的公路变了，变得那般的优美和娇娆。如今再驱车行驶在公路上，谁都难免发出这样的感慨：

树影婆娑舞长城，宏伟工程气势雄。

枯枝残叶今安在，四度春风换芳容。

绿波荡出新州志，长路欢歌颂前程。

大鹏展翅八千里，敖汉疾步追时风。

站在路旁，望着这气势磅礴的林荫美景，再看看风驰电掣的车水马龙，此时，我的身边传来了一个充满生命活力的强音，正在叩响新世纪的大门。

（王振林，《敖汉绿海》1999 年 9 月）

大漠阻击战

风沙，这个草原上的煞星，曾在敖汉旗北部地区肆虐一时。它淹没了农田，吞没了村庄，阻断了交通，成为困扰经济发展的一大历史性难题。20世纪 60 年代，敖汉人就开始了治沙行动，建起了治沙站，种树种草。特别是到了 70 年代，敖汉旗委、旗政府就把根治风沙危害、改善生态环境、振兴敖汉经济，作为全旗的战略任务来抓，几十余年不间断，植杨树，插黄柳，栽柠条，播牧草，风沙危害得到了有效控制，最具典型意义的是敖润苏莫苏木草原，昔日"卷地朔风沙似雪、家家行帐下毡帘"的时代一去不复返了。

再谋治沙大计

1998 年初，敖汉旗委、旗政府做出了《关于加强生态农业建设的决定》，并开始谋划新的治沙大计。

7 月，正是南部山区乡镇的治山战役进行得如火如荼之际，旗委、旗政府领导带领林业工程技术人员深入北部的长胜、康家营子、新窝铺、敖润苏莫四乡（苏木）的沙区进行了踏查，一场治沙战略在他的心中酝酿着。

旗委、旗政府决定用 3 年时间，到 2002 年，完成 15 万亩明沙的治理，利用 3 年时间完成 9 万亩流动沙丘的治理，1998 年拿下 3 万亩。

北四乡（苏木）秋插黄柳会战指挥部成立了。旗委书记张智再度挂帅出征，旗林业局作为这次秋插黄柳的技术负责单位，认真制定了技术方案，提出了施工技术要点：主副带 4×4 米网格式沙障，主带与沙地主风向垂直，种条选择 1—2 年生黄柳、踏郎枝条，黄柳条 1 米、踏郎条 80 厘米，挂线靠壁栽植，黄柳栽深 80 厘米，踏郎栽深 60 厘米，做到三埋三踩。每亩形成网格 41.5 个，黄柳带中间添加辅料，材料可选沙蒿等，防止苗条在今冬明春被风揭沙，风干死亡。这一技术很快被群众接受了。

10 月 14 日，旗林业局党委组织 21 名林业工程技术人员，分赴北四乡（苏木）进行勘查规划。四乡（苏木）各机构也高速运转起来，宣传会战，发动群众，落实任务，寻找条源，筹备辅料。广大农牧民一边打场，一边做好了会战准备。

万众联手缚沙魔

10 月 23 日，会战指挥部一声令下，四乡（苏木）的 1.5 万名治沙大军在连绵沙丘上开始摆黄柳阵，一场大规模的阻沙战役打响了。

康家营子乡选择流沙危害严重的哈拉勿苏、李家营子、康家营子和敖宝呆 4 个村摆下战场，各自为战。4 个战区每天出动 4000 多人，大小车辆 1000 多辆。旗、乡、村三级干部 80 多人，以高度的责任感和使命感带领群众投入治沙会战中。乡主要领导包村，乡工作组包村，村干部包组，组干部包户，层层落实了责任制。宣传工作贯穿会战始终，大力宣传生态建设的目的、意义，参战的群众明白了这是为自己干，为生存而战，11 月 12 日，会战全部结束，共完成治理面积 9200 亩，总动沙方量 130 万立方米，形成长 4 米、宽 4 米的网格 37 万个。

长胜乡选择集中连片、水源条件好的流动沙丘进行治理，分三个战区，东战区有长青、长胜甸子、青河三个村联村会战，西战区有白土梁子、乌兰巴日嘎苏苏两个村联合治理，齐家窝铺村单独开战。三个战区日出工 3600 多人、畜力车 1200 多辆。会战中全体干部分片包干，人人挑担。乡党委书记主抓西战区，乡长承包东战区，40 名责任心强的乡干部包村，这些干部吃住在村，处处起表率作用。旗林业局技术员严格质检。10 月 19 日，首先指导 40 名技术员栽植 5 亩示范工程，10 月 20 日，在示范工程工地召开了全乡现场动员会。群众看到这个方法治沙可行，大举向沙丘进军，到 11 月 11 日，大干 20 天，完成治理面积 8300 亩，总动沙方量 122 万立方米，形成 4×4 米网格 35 万个。

新窝铺乡的会战分三个战区，马家围子战区有马家围子、平合、份子地和前井 4 个村联村会战，万发永战区有万发水、新窝铺和老西店 3 个村联村会战，沙根战区有沙根和染房 2 个村联村会战，全乡 12 个村有 9 个村投入联村会战治沙战役中。全乡日出动人数 4300 多个、机动车 400 多辆、畜力车 300 多辆。到 11 月 20 日，三个战区全部报捷，共完成治沙面积 8200 亩，总动沙方量 82 万立方米，形成 4×4 米、4×6 米网格 34.3 万个。

敖润苏莫苏木在这次治沙大会战中，创造了有史以来的最大规模，人员发动齐，日出工人数达 1504 人，占全苏木农业人口的 33%，完成治理面积 7060 亩，人均 1.5。全苏木完成两大片治沙地块，西战区在乌兰章古和海布日嘎完成 4560 亩，东战区在东荷也勿苏完成 2500 亩。两个战区内每天有 400 多辆马车运送黄柳苗条。沙丘中首次出现了红旗招展，千军万马战荒沙的宏大场面。

敖润苏莫苏木之所以成功地组织起了这次规模空前的联村会战，就在于苏木党委、政府和旗小康工作队决心大、措施硬、组织得力。旗人大驻苏木的小康工作队和苏木领导敢指挥，使用了南部乡镇组织群众大兵团会战的做法。会战中，苏木机关除 1 名秘书值班外，其余干部全部开赴沙丘，并制定了严格的奖惩措施。

坚持高标准的一亩，不要低标准的一片，不合格的工程坚决返工，在牧民中引起了强烈反响；这些做法和措施，保证了工程质量。

旗林业局干部和科技人员，会战中勇于吃苦，敢于抓质量，受到了牧民

北部沙地插黄柳工地

的好评。他们在 12 月 14 日进行规划后，于 17 日组织苏木直属机关、学校师生 130 多人先修出一片示范工程，23 日会战大军正式上山后，都参照示范工程的模式进行施工。旗、苏木、嘎查三级干部巡回指导，帮助牧民准确掌握栽植要点，好的典型，苏本电视差转台及时表扬，鼓舞了会战士气。1999 年 1 月 8 日，两个战区同时告捷，总动沙方量 28.2 万立方米，形成 4 米 × 6 米网格 19 万个。

20 天的治沙会战，北四乡（苏木）的广大农牧民，又为敖汉的生态建设添了浓重的一笔。共完成治理面积 3.27 万亩，超额完成了 3 万亩的计划任务。形成网格 1253 万个。栽植黄柳 600 万公斤，总动沙方量 462.2 万立方米。共治理流动沙丘 12 块，其中面积超过 3000 亩的有 7 片。11 月 12 日，旗政府组织视察了北四乡（苏木）秋插黄柳治沙工程，看到流沙已被困在黄柳阵中，旗政府向乡镇苏木干部强调：要认真总结一下，算一下效益账，为以后大规模会战提供依据。

为治沙甘于奉献

在这场会战中，吃苦最多的是旗、乡、村三级干部。四乡（苏木）的小康工作队、林业工程技术人员、书记、乡长们，在 9 月就多次跋涉在连绵大漠内，进行选点踏查。会战中，他们出工走在群众前头，收工走在群众后头。

牧民邓玉海，两腿残疾，拄着双拐，也参加了会战。妻子赶车把他拉到工地，他就跪在地上挖沟，一天完成 70 多延长米、半亩地的工程。挖完一段，在拄着拐向前挪动时，压塌了沙沟，把拄拐也别断了，他用铅丝缠上，继续挪着挖，他与妻子干了 7 天，保质保量完成了任务。邓玉海的事迹经苏木的电视台播出后，参战的干部、群众无不被这种精神所感动。

牧民杨忠友，家中正在建房，他把房子停了，把雇的泥瓦匠也请上工地，帮他插柳。76 岁的牧民李国俊老两口，两个儿子外出打工未归，老两口上了山，按时完成了任务。

三棵树嘎查新发独贵龙达高万和，今年 42 岁，曾两次患脑溢血，他带领妻子、女儿每天坚持出工。在他的带动下，只有 150 口人的独贵龙，每天出工 60 多人，走 20 华里的沙路，按时参战。

要说今年敖汉的生态建设上了新台阶，不单单是南部山区增添了精品梯田、水保工程，北部的秋插黄柳也创出了精品。这由 120 多万个网格组成的黄柳阵，困沙龙，献新绿。

春风又绿河南岸。1999 年春，老哈河南岸的康家营子、长胜、敖润苏莫苏木和设力虎水库下的新窝铺乡的人们，似乎觉得春天的步子比历年都早。几十年了，这些流动半流动沙地始终没有得到过春的抚慰，常年枯黄。而今年，这里一片片的黄柳、踏郎吐出嫩芽，使这里真正有了春天。几场春雪、春雨过后，黄柳"疯"似的长，郁郁葱葱的植物再生沙障，给这里带来了勃勃生机。

风魔仍在恣恶，沙丘已再无拔根之力。固住了沙丘只是生态效益的一方面，北四乡的人民又要向植物再生沙障要经济效益，他们在沙障内栽植了樟子松。不久的将来，这里将再现鹿鸣呦呦、黑林生风的场景。

北四乡的农牧民已充分认识到了这种治沙技术的可行性，他们摩拳擦掌，决心大干下去。一个"草路幽香不动尘"的新牧区即将到来。

（杨晓天，《敖汉绿海》1999 年 9 月）

黄羊洼中起豪歌

一

这个地方叫敖包山。

确切一点儿来讲，这根本就不是什么山，而是一个小土包。就是这个不是很引人注目，方圆也不足一平方公里的小土包，近 10 年，有无数的各级中外官员、专家、学者，不辞劳苦，兴致勃勃地来此登临。

这里有什么魅力引来如此之多的非凡观众？

站在这个制高点，就像站在小小孤岛上，被茫茫林海所包围，纵横交错的林带，构成了大地凝重的诗行，所有形容绿色的词汇用在这里都不过分，所有描绘壮丽绚烂的语言表述这里都显得不够充分。这里苍苍茫茫，直到天边；这里郁郁葱葱，绿波翻涌；这里万木竞秀，赏心悦目；这里妍丽多姿，仙风悠情……古老而新鲜的太阳，使光艳瑰丽的云霞流露出淡薄平和的气韵，雾气袅袅，飘浮在一个个巨大的树木方格和庄稼牧草构成的碧绿绒毯上，有如神的启悟。我们心灵的触角只好沿风的经脉覆及泥土，在青春勃发的草树间直奔主题：生机与豪放。

1996 年 6 月 15 日，联合国防治沙漠化公约秘书处官员卡尔·波马顿先生就是站在这个被称为"敖包山"的小土包上，被这里的景色迷醉之后说："这里像法国的庄园。"这里是哪里？是内蒙古赤峰市敖汉旗最著名的治沙工程之黄羊洼，是经过了凄楚与悲哀，经过了黄沙又绿之后的黄羊洼。

纵望现在的黄羊洼，便看到了一面威武的旗帜，燃着火焰的神采，舞亮了 57 万敖汉各族人民昂扬前行的大路！

我怀抱敬佩的心去寻找创造这恢宏而凝重经典的身影。

二

大漠孤烟，如此悲壮。

一望无际的平原是一望无际的沙砾和滚滚黄尘。

农业方面：风沙每年都要以 10 多米的速度吞噬掉大量的良田，农民常常要等到五六月份青草盖地，风沙很难刮起时才能开犁播种。即便如此，也常因风沙干旱造成连续翻种。1981 年 5 月中旬，一场沙暴将已出土的禾苗连根拔起，将地里粪堆儿全部刮平，耕作层熟土被剥走 3—10 厘米。风沙使黄羊洼地区的农作物生长期缩短为 90—115 天，只能种谷子、荞麦、糜黍等低产作物。因高产作物不能种植，使许多先进农业技术的推广失去了基础条件。古鲁板蒿乡地势平坦，紧邻红山水库，很多地块适于发展水浇地，但刚开通的大渠一夜之间即被风沙埋平，地里也常因沙压而抓不住春苗，这一带常出现农民在渠旁地头打墙御沙，用袋子背出地里积沙的现象。由于单产太低，粮食不能自给，"不种千顷地，难打万石粮"的观念在当地群众中根深蒂固，广种薄收问题日益突出，形成了越种越薄、越薄越种的恶性循环。

畜牧业方面：本来，黄羊洼地区拥有全旗最为广阔的牧场，但在 1965—1985 年的 20 年间，食草家畜数量不但没有增加，反而有所减少。牧场沙化，畜群常年处于半饥饿状态，死亡率很高，这是大自然向人类发起的警示。

三

不能坐以待毙。

人类具有不可估量的破坏力，更应该具有不可估量的创造力。

人类对沙害的认识早在 20 世纪 70 年代就上升了一个高度，由联合国主持的首届国际沙漠化大会在肯尼亚首都内罗毕举行，大会提出了一个伟大而悲壮的口号："全世界人民共同行动起来向荒漠化发起战斗。"

1958 年深秋，中国有史以来第一次治沙会议，在内蒙古自治区首府呼和浩特举行，从此灾难深重、百废待举的神州大地吹响了向沙漠化开战的号角。

党的十一届三中全会以后，中国人民对植被、生态环境的认识发生了质的变化。《森林法》《草原法》《环保法》《水土保持法》陆续颁布实施，防沙治沙向法治化轨道迈进。

1982 年 3 月 19 日，中共敖汉旗委七届六次会议讨论通过了《关于种树种草的决定》。首先打响了"铁路线及几条主要公路的植树绿化"战役。

在此基础上，黄羊洼地区系统的、大规模的草牧场防护林建设也开始了，这一年是 1989 年。

1989 年 9 月，敖汉旗人大常委会审议批准了旗人民政府提出的《关于七年实现全旗绿化的规划》，并把黄羊洼地区作为重中之重。

规划设计先行，旗几大班子主要负责人分块负责。治沙工程确定首先以敖汉种羊场为中心开始实施。

然而，事业的发展并不一帆风顺。一些人提出了异议：

"老辈人都拿沙子没办法，就栽几趟树能行吗？"

"在沙子遍地的地方，就算栽上树，能栽活吗？"

人心齐，才能泰山移。旗几大班子领导与有关部门先后五次到种羊场召开思想发动与规划论证会。他们开展了三大讲：一讲羊场如何生存下去，是沙进人退，还是人进沙退；二讲羊场治沙是不是一件火上房的急迫事情，现在不治，待到何时？三讲用什么方法治，自古以来便是林草覆沙，林草盖沙，不造林，不种草，难道还有别的选择吗？三大讲一针见血，针对性强。思想统一了，迫切性有了，自觉性也就有了。1989 年秋，敖汉种羊场以铁路为基线进行了造林规划，按其自然特点，规划出带、网、片相结合的草牧场防护林体系。按照这个规划，需要形成 250 个 500×500 米的网络，防护林面积达到 2.26 万亩，保护牧场 17 万亩。

1990 年春，由旗委书记张立华亲自主持，马海超等同志参与，种羊场一春造林 1.4 万亩，形成了 280 个网格，总延长米 226 万米。造林中，实施推广多年来积累的抗旱造林系列技术，执行"谁造谁有、长期不变、允许继承和转让"的政策，并实行"因地制宜，科学规划，适地适树，分类指导"的宜林地使用配套政策，极大地调动了广大群众的积极性。造林后，采取了严格的管护措施：一是建立健全护林组织和护林制度，普遍实行牧工兼职护林员制度，严格兑现护林奖惩措施；二是实行轮牧制度，使牧场得以休养生息，创造较好的放牧条件，减少牲畜毁坏树木频率；三是人工设置护林障，在造林的同时在牧道处打防护墙，在林带的边缘开设防护沟，从而使成活率达到 97%，保存率达到 90%，较好地解决了造林与造林者、造林与放牧之间的矛盾。

与此同时，康家营子乡的干部群众坐不住了。1990 年春，乡里召开人代会，把要求作为造林重点乡进行绿化作为人代会的议案提了出来。旗里批准了他们的要求，旗政协主席孙家理亲自起草了这个乡的综合规划大纲。6月，旗政府从农口各局抽调了技术骨干进行综合规划。当年参加开沟的链式拖拉机达 17 台，运苗卡车达 24 台。红旗飘扬，人欢马叫，机声隆隆，好一派植树的繁忙景象。仅一春造林就达 43000 亩，后又连续三年续建，又造林 74825 亩，使这个深受沙害的乡发生了根本性的变化。

在这里，特别值得一提的是双井乡，早在 1988 年，就在于兆印、鲍凤祥、贾山等同志的支持与技术指导下，造林 31358 亩，形成网格（500 米 × 500 米）613 个，主副林带 3144 条，1989 年又通过补植，成了全旗率先实现

黄羊洼牧场防护林工程

基本绿化的乡。他们是黄羊洼地区乃至全旗大规模牧场防护林建设的先驱。

而古鲁板蒿乡，竟自发地按统一规划的方式造林 67496 亩。同时，古鲁板蒿林场造林 43000 亩，双井林场造林 72267 亩，成活率和保存率均在 95% 以上。

至此，这个以敖包山为中心，涉及"三乡三场"的黄羊洼地区牧场防护林建设工程初具规模，牧场防护林体系也已基本形成。

1992 年 5 月 12 日，"三北"局局长李建树站在敖包山上，盛赞该工程是"'三北'地区造林绿化的大样板"。

四

沙黄沙又绿。

造林又种草，林草结合，形成了黄羊洼治沙工程的一大特色。

那是怎样的一段岁月啊！

苦斗，送别了一道又一道年轮，蛮荒在阵痛后的反思中裂变。显现着祖先那粗犷、直率、倔强、豁达性格的敖汉人，一个个，一群群，堂堂正正，顶天立地，铁骨铮铮，全是力量的化身。他们挥舞着闪电的幻剑灵旗，涌起墨色的滚雪霹雳，将黄羊洼之春叩响。隆隆的大潮携一路阳刚，将一串串湿透了的绿色音符飞溅到大漠深处……

干部分兵把口，群众"荷锹"出征。刚过门的媳妇，才退伍的军人，白发苍苍的老叟，童声稚气的少年，共赴植树第一线。各有关单位积极筹措资金，提供机械，供应石油，形成了有人出人、有车出车、有物出物的一条龙体系。

"漫山遍野春潮急，干群种树种草忙。"敖汉，昂起不甘沉沦的头，狂书奋争的古老新州。那一幕幕生动的场面、那一个个令人难忘的身影都被谱进了岁月，汇成一首首忠诚无言的歌，让我们反复吟唱！昨天，无法拒绝，也无从修正。

在这一场场与黄沙决战的斗争中，有几位获得全国绿化奖章的人物，当我找到他们，欲对他们进行采访时，他们都摆手摇头直言拒绝。他们说："群众是真正的英雄，没有群众哪来今天的黄羊洼？还有，那些日夜奋战在第一线的基层干部，没有他们的身体力行和精心组织，哪来今天的黄羊洼？要写就写他们，他们才是辉煌成绩的创造者，是真正的功臣。而我们，只不过是起到了我们应该起的作用，我们不那样做，是要成为罪人的！"

多么真诚的话语，多么好的领导！

我想，不写也罢，但苍天在上，日月可证，黄羊洼可证。岁月和人民不会忘记每一位为黄羊洼建设付出辛劳的建设者！

1997—1998年，敖汉旗政府鉴于黄羊洼草牧场防护林还存在着网眼过大、树种比较单一、防护效能不能充分发挥等问题，根据有关专家的建议，实施了二期工程。总计在281个网格中，全部加了"十"字带，形成250米×250米和200米×250米的小网格1200个，新增造林4万亩。

黄羊洼的这一创举，得到国内外专家、学者和有关领导的一致好评。1993年9月25日，全国防沙治沙工程建设工作会议代表250人来敖汉参观考察，原林业部部长徐有芳，副部长祝光耀及国务院有关部委、办、局的负责同志和来自25个省、市、自治区主抓防沙治沙工程的领导参观了黄羊洼牧场防护林工程。新华社、人民日报社、中央电视台、中国林业报社、内蒙古电视台等17家新闻单位随同采访。

1994年，以黄羊洼为代表的"敖汉旗退化草场防护林体系工程营建"项目获林业部科技进步二等奖。

五

大拼搏必然带来大变化。

黄羊洼地区林草建设使这里的植被得到了迅速恢复，生态环境发生了根本性的变化。流动沙地由1977年的30万亩减少到2万亩；半流动沙地由70万亩减少到3万亩；固定沙地则由33万亩增加到128万亩。与20世纪70年代中期相比，大风天数年减少3天，风速降低0.5米/秒，无霜期增加1天，降水量增加95.3毫米。

由于风沙得到控制，黄羊洼地区农作物种植不再需要翻种，先进的农业技术得以应用，高产作物在这里大面积种植。1996年，三乡三场种植玉米5万亩，水稻2.2万亩，小麦3000亩，总产量达到5000公斤，成为敖汉旗的粮食主产区。这一年，黄羊洼地区人均持有粮达到1250公斤。

随着植被的恢复，这里的生态系统又趋于实现新的平衡。大量野兔在这里繁衍，狐、狼、獾等间或出没，在孟克河岸边，每年还有几群国家级保护动物——灰鹤和天鹅在这里落脚。

天然草牧场在防护林的保护下，产草量平均提高100%，大面积的人工与飞播牧草，丰富的农作物秸秆和林副产物，为草食家畜的发展创造了条件。据估算，黄羊洼地区约有饲草资源 1.27 亿公斤，可饲养草食家畜 1693 万个羊单位，现有大小畜折合 10.09 万个羊单位，牲畜饲草不但可以自给，且大有发展潜力。

目前，一个以林业为基础的农牧林三元经济结构格局在黄羊洼地区基本形成，三者之间的矛盾已转化成了相互促进、协调发展。黄羊洼地区群众的人均收入已由 1977 年的 60 元增加到 1996 年的 1350 元，初步实现了"林多草多—畜多肥多—粮多钱多"的发展战略目标。同时，这个地区的林业正在由生态型向生态经济型转变，黄羊洼地区有杨树速生丰产林 4500 亩，山杏 28696 亩，其他经济林 8840 亩，成为敖汉旗林产品加工的龙头企业，是中密度纤维板厂、杏仁乳厂的主要原料基地，开始步入了产业化的轨道。

古老而年轻的黄羊洼，再也没有悲叹的牧人用沉重的步履驱赶着荒凉的岁月；敖包山下再也没有"伸腿""滚包"的黄沙送走昏暗的夜晚；三月的庙会上再也不会跪着贫病交加的祈祷者……

1994 年 11 月 9 日晚，中央电视台"神州风采"栏目，以"沙黄沙绿话敖汉"为题，向全世界播放了敖汉旗包括黄羊洼工程在内的防沙治沙造林绿化情况。

1997 年 4 月，温家宝同志在自治区党委书记刘明祖、政府副主席张廷武等同志的陪同下，考察黄羊洼草牧场防护林工程，充分肯定了敖汉林业建设所取得的成果及农牧林三元结构共同发展的经验。温家宝同志说，"他们的经验恐怕不仅适用于敖汉旗，而且适用于赤峰市，甚至于内蒙古自治区"。

六

哦，黄羊洼！世事沧桑，日月更替，物换星移。你曾衰败过，而今又年轻了。那一行行、一幅幅如诗如画的风采任葳蕤的草木编织的茂盛的心事，任四季风用多情的十指梳理缤纷的思绪……

黄羊洼，这片充满生机、充满希望的母土，是生长在这里的人民一切光明与色彩与形象与生命与梦想与爱恋与艺术的家园！

豪歌一曲黄羊洼，作为后来者的我们，应该好好地去爱护她，好好地去建设她！因为黄羊洼确实是一部诗学，又是一部哲学，她从多层面阐释出来的丰富真谛永远值得我们咀嚼回味。

（刘万祥，《敖汉绿海》1999 年 9 月）

逐鹿大东南

今年的夏季好像比历年来得都早。6月初，烈日当空。旗委、旗政府和王家营子、大甸子、宝国吐、敖音勿苏4个乡的领导及林业局的技术人员已经跋涉在敖汉大东南的绵绵群山、条条沟道之中，选择夏季小流域综合治理的最佳战场。

经详细勘察、周密思考和论证后，一个完整的东南部四乡山区综合治理八万亩联乡会战工程方案诞生了。

一个前所未有的大的山地综合治理歼灭战的决心下定了！

联乡会战总指挥部成立。旗委书记张智坐阵前线任总指挥。

东南会战的四大战区迅速规划。

全民动员。各路大军旌旗招展，鼓角震天，浩浩荡荡地开赴沉睡多年的山岭沟壑，拉开了以人工造林整地为主要任务的会战帷幕。

四大战区比规模、争速度、保质量、创精品。群雄奋起，战场恢宏，叹为观止。

规模宏大　联村联乡

火辣辣的太阳从东南方的地平线上升了起来，随着一声声震耳欲聋的炮响，硝烟从大山的腹部腾空而起，一条条5—8米宽的盘山作业路开通了，像坦克履带碾压过的痕迹，顽强地爬向山岭，蜿蜒地挂在山坡上。东南战役在4个战区11处阵地上打响了。

王家营子战区四路出击，1万亩的瓦房沟村十二连山主战场有7个村联村会战，日出动劳力3000名，机动车辆70台。各2000亩任务的水泉、五间房、六道岭3个村各自为战。

大甸子战区号令三军统一会战，主攻卧虎岭、青龙山和黑煤山。1.2万亩的卧虎岭流域有5个村联村会战，8000亩的青龙山流域有5个村协同作战，3000亩的黑煤山流域有2个村并肩作战。全乡日出动3800名劳力，90台机动车，1400辆畜力车。132面战旗高高地飘扬在工地上。他们提出的口号是：全民总动员，全乡大会战；南攻卧虎岭，北战青龙山；大干一个月，完成两万三。代表了大东南战役的雄心和气魄。

宝国吐战区兵分两路：1.1万亩的马鞍山流域有9个村联村会战，4000亩大青山第一生态经济沟有5个村集中会战。全乡日出劳力3500人，各种车辆数百台，仅宝力格一村就出动三轮机动车48台。在马鞍山工程指挥部，有这样一副对联："重展青山气魄，再铸马鞍雄魂。"他们将通过工程作业，把这副对联的内容刻在马鞍山上，以表达宝国吐人的雄心壮志。

敖音勿苏战区兵分两路。东部6300亩的风水山村岱王山流域有5个村联村会战，西部3700亩的广兴太、苇子沟村鸽子沟流域有3个村兵合一处。其余6000亩零散地块将在联村会战后实行单村作战，任务是每口人6分地。

四大战区阵地紧密相连，形成了联乡会战庞大阵容。

各战区以各乡党委书记为最高"司令长官"，指挥部一律设在前沿阵地。各级包点干部、技术人员全部到位，在总指挥部和旗督查组的统帅督导下，以民兵为主力，全民皆兵，整排整连成建制地打出红旗，发扬六道岭精神，向各自预定的阵地发起冲击。截至7月17日，4大战区新修作业路总长达45公里，完成坡面、沟道治理工程3万亩，占总任务的1/3还多。

南部丘陵山区联乡会战工地

边、远、险的大片荒山秃岭，曾经桀骜不驯的"卧虎""青龙"一度困扰着人口少劳力少的小山村，在联村、联乡大会战的庞然大气面前，不得不俯首称臣，服服贴贴，通体换上新装束。从此将变成富一方百姓的花果山、经济沟。

登高远眺，山脉颠连，沿等高线排列的整地工程，如战前的掩体，列阵生威，铺排远去，蔚为壮观，令人感慨万千。

树精品意识　初露端倪

精品，在有魄力的决策者心中酝酿，在工程技术人员手中设计，在敢打硬仗的队伍面前诞生。

大东南战役，本身就是一件精品，规模大，标准高，质量高，科技含量高，三大效益高。

4 个乡 8 万亩造林整地任务占全旗造林整地任务的 50%，规模可谓大；规划设计实施了多种类型工程，具有相当的科学性、合理性、整体性、多样性和美观性，标准、科技含量和体现的效益可谓高。目前，已完成的部分工程，一律高于设计标准。

让我们走进这个巨大的作战沙盘，领略应当成为精品的无限风光。

王家营子战区十二连山。从乡政府出发，沿小东梁干河道蛇行 20 华里至瓦房沟村第八村民组的西沟，这个战场的临时指挥部就设在这里。从此处西行，是新开辟的 20 华里作业路。如果沿路一直盘绕上去，万亩造林整地工程即可尽收眼底。已有 5 种作业工程类型在这里安家落户，漫山的水平沟或大坑整地，随意用"桎子"量，质量全部达到标准。

大甸子战区卧虎岭，是一个名字听来很威武的地方。果然，走近它，不能不为它的规模和气势所震撼，难怪在当初踏查规划时，乡干部李长春惊呼"眼晕"。1.2 万亩群山起伏，10 公里新修作业路画着"8"字逶迤其间，10公里战线上分布着 5 个村 1600 多名会战兵力。在卧虎岭上，以工程手段设了林学会标志、"卧虎归春"字样等 8 处人造景观，为这幅崭新的时代画卷落款印章。整个卧虎岭，有 25 座大小山头，27 道大梁，28 处大洼。规模之大，名不虚传，精品争雄，呼之欲出。

宝国吐战区马鞍山。位于石头井子村境内，前沿指挥部设在马鞍山西北角的大柳树下。山势雄奇，新修 10.5 公里作业路盘旋其中，12 万亩整地工程十分艰巨。从 7 月 1 日开始，9 个村 2000 名劳力并肩奋战在工地上。两个大喇叭安在马鞍山梁脊上，大造舆论声势。下定决心，加快速度，再造一个大青山式的精品工程指日可待。

敖音勿苏战区岱王山。位于宝（国吐）、大（甸子）、敖（音勿苏）三角区风水山村境内，工程面积 6300 亩，工程指挥部设在山脚下。5 个村 2300 名会战大军围而歼之。为争创精品，他们奋起直追。发出"学习六道岭精神，应有大青山气魄，赶超黄花甸子水平，鼓敖音勿苏士气，创建岱王山精品"的誓言。哀兵必胜！让我们记住背水一战的敖音勿苏人向大山的承诺！

精品，是勇敢者的作品，是开拓者的伴侣，是智慧和汗水的结晶。

民众是真正的英雄

全旗生态建设大会战，民力之苦尤以南部山区夏季造林整地为重。东南战役也不例外。此次会战虽然刚刚进入状态，全体干部群众就表现出了空前的干劲、韧性和意志。

大会战，教育了群众，锻炼了干部。

7 月初，骄阳似火。茫茫十二连山，无遮无拦。群众上山的第一天，就有 5 人中暑晕倒在工地上。乡党委书记每天早上六点半之前准时来到工地，查验质量。旗林业局干部和技术人员，几十天一直坚持不下山，与群众同吃同住同劳动，浑身的泥汗味顾不得冲洗。

7 月中旬，卧虎岭流域阴雨连绵，各家各户都带上一块阴天用来遮雨、晴天用来蔽日的塑料布。这是吃中午饭时的情景，一开始还是几个人扯住塑料布的一角，后来干脆把四角绑在铁锹把上，撑起一个简易的"阳伞"。远远望去，那一坡坡、一洼洼，如雨后的蘑菇，层层叠叠，又似波涛中的点点白帆，充满诗意。然而，当你走近它时，顿时"诗兴"全无，随之而来的是感动和深深的同情。山上没有一丝风，塑料布下巴掌大的一块阴凉，充满了闷热的气息。几条汉子，赤着臂四仰八叉地躺在地上，一手拿着干粮，一手拿着水桶，一口干粮一口水，也有的钻到大车底下，随便吃上一口。女人们凑到一起，汗水顺着她们的发辫滴落在满是砂石的土地上。

旗乡两级干部每天步行近百里检查质量。脸晒黑了，胳膊晒脱皮了，但人却越晒越精神。他们说，这算什么，最苦的是老百姓啊！

哈布齐拉村一位小伙子浑身晒出了水泡，人们发现，他穿上背心与脱下那件背心好像没什么区别，太阳的强光已把他背心的痕迹印在了他的脊背上。一位 74 岁的老汉，颇有一股不服老的干劲儿，一尖镐下去，刨到石头上又反弹回来，磕破了头。经过简单的包扎，他又抢起了镐头，鲜血一点一点从他的额头渗了出来。

宝国吐战区干部群众齐发动，措施有力，奖罚分明。会战大军多而不乱，秩序井然，就连各村同时上山的机动车，也都统一编号、统一出发。乡党委书记、乡长深知民力之苦几尽极限，他们爱惜民力，但又不能降低治理速度，计划采取几个村轮番作业的方法，这与大甸子的想法不谋而合。他们也在设想，如何搞好短期休整，以利发起第二次、第三次的冲锋。

敖音勿苏战区的干部充分发动，没有一个请假，乡政府大院除秘书值班外，其余干部一律下乡，直接插到村民组风栉沐雨，与群众同甘共苦，齐心协力向大自然开战。旗委、旗政府两大院和包乡镇的各科局的干部，会战期间轮流下乡与群众一起劳动。这是一种无声的动员。艰苦劳作的精神感动了基层干部，干部吃苦在前的行动又发动了群众。一锹一镐几万亩大山大沟在他们的劳作中变了样！

人们的心灵在千军万马的会战中接受洗礼，人们的思想在山岭沟壑的变化中得到升华。

再看一眼那整齐排列的水平沟吧，多像一只只口琴的音箱啊！当音乐家在月光下寻找灵感的时候，老百姓已经把大山的音箱修好；当音乐家痴迷在朦胧夜色的时候，老百姓已经谱好绿色的音符；当音乐家一夜醒来发现夜曲是一场梦的时候，老百姓正在有滋有味地奏绿起来、活起来、富起来的雄浑乐章。

（姚四新　梁国强　杨晓天　刘志星，《敖汉绿海》1999 年 9 月）

大 地 丰 碑

汽车在敖汉的山岭间行驶，群山起伏跌宕，甲虫般的汽车沿着回环蜿蜒的山路爬上大青山、二龙山、龙泉山、黑风岭……

这是 1999 年 11 月。

站在敖汉的"制高点"黑风岭上，我们震惊了。起伏绵亘的山峦布满了小流域综合治理工程：山上是水平沟，山腰是梯田，沟底是谷坊，山相连，工程相连，眼前所看到的是工程，目力所及的还是工程。敖汉人用锹、用镐、用意志在面目峥嵘的山石上掘出的工程，让山有了灵动之气。那恢宏的气势，从脚下呼啸到远山，又从远山磅礴而来，似虎似龙，若啸若吟；山腰间梯田缠绕，坝埂盘旋，环环绕绕，层层叠叠，似绸似带，若飞若飘。

无论是第一次来敖汉的，还是多次到敖汉的，无论是面对那浩大的工程赞叹不已的，还是面对山山岭岭默想沉思的，都会在隐约中有一种感觉：铁锹镐头撞击山石仍在叮当作响，那大山压不倒，却要压倒大山的千军万马仍未散去，那排山倒海、气吞山河的浩然之气仍在山岭间激荡。

此山，此景，此情，我们兴奋着、感动着、震撼着，面对敖汉人民无与伦比艰苦卓绝的精神，一种高山仰止的情感油然从我们心中升起：伟大的人民，伟大的壮举！

心慕手追，我们决定去寻觅敖汉的广大干部和群众那改山换地、誓让青翠从山石中萌发的伟大觉醒、残酷的考验和神奇的再生。

一

敖汉人治山曾有过光荣的历史，他们曾创造过人工造林、人工种草和推广抗旱造林三项全国第一。犹如一场持久战，敖汉人经过几十年的征战，到20世纪90年代中期，容易治理的缓坡、近山、土山已经治理得差不多了，但是，难治理的险山、远山、石质山仍然皮毛未动，尤其是东南部的宝国吐乡、王家营子乡、大甸子乡和敖音勿苏乡。

山巍乎，山峨乎，它以从未有人敢戳它一指头的骄傲与人们对峙着。

敖汉的生态建设到了关键时刻，也是攻坚阶段，能否继续搞下去，在全旗范围内达到治满治严，再造一个秀美的山川？

敖汉旗委、旗政府一班人态度明朗：生态建设是市策，执行市策不动摇。

他们提出响当当的口号：不移创业之志，再固立旗之本。

1997年9月，旗委书记、旗长与9名常委带领部分乡镇的负责人去榆林、延安、定西等地考察学习。榆林地区林草覆盖率超过60%，这让去参观的人惊讶不已，论立地条件，敖汉远远优越于榆林，可榆林治了，敖汉呢？

考察学习回来后，旗几大班子成员召开会议，对照榆林找差距。

差距有，怎么干？

旗委、旗政府当即决策：

学习六道岭精神，推广六道岭经验；

克服厌战思想，打消畏难情绪；

再鼓干劲，使生态建设上台阶、上水平。

就是在这次会议上，敖汉的决策者为敖汉以后的生态建设确定了行之有效的会战治理方式，那就是联村联乡会战，连山连川治理，啃硬骨头，打攻坚战。从这年起，敖汉人开始抒写敖汉生态建设史上最艰苦、最悲壮、最辉煌的一页！

敖汉旗委、旗政府把帅旗一举，便聚集起了万名会战大军。旗委书记坐镇东南四乡，旗长承包西北乡镇，五大班子成员分兵把口，旗直各部门包乡镇，乡镇干部包村，村干部包组，老人、妇女、学生、机关干部积极参战，敖汉大地上，在深山的最深处，在高山的最高巅，人们风餐露饮，土滚泥爬，用双手写出了一篇篇描山写地的绝世文章，演出了一幕幕惊天动地、可歌可泣的壮剧！

我们先走进宝国吐吧，它是东南 4 乡乃至敖汉生态建设的一个缩影。

宝国吐辖区有 4 座山，大青山、马鞍山、黑风岭、大王山。1997 年夏，宝国吐人首先向大青山进军。他们集中邻近 4 个受益村的劳力，统一指挥，集中会战。但由于治理难度大，工程进度很难按原定 1 个月的时间完成。乡党委书记、乡长合计，能否让稍远一点儿的发来甸子村帮助干几天，可又一想，这个村已在本村安排了工程，让非受益的劳力来帮忙，是否合适？为了完成治理任务，二人还是来到发来甸子村。当乡长讲明来意后，村支部书记李殿坤爽快地说："这点小事还用你们书记、乡长来吗？这就跟个人家盖房子搭屋一样，邻邻居居还得帮个工呢。再说早年全乡修高家店水库，现在不是只有我们 4 个村受益吗？帮他们干几天活，那是应该的。你说吧，啥时上？"一番朴实无华的话语让两位领导感动。在我们的基层干部和农民群众中蕴含着一种集体主义、共产主义精神，这是用金钱都无法买到的。于是，5 个村 1400 名劳力经过 43 天的苦干，终于完成了 6200 亩治理任务，修作业路 8600 米，砸谷坊 612 个，动用土石方 23 万立方米。"联村会战，出工记账，以工补工，大体平衡"的组织形式为打胜大规模攻坚战开了先河，积累了丰富的经验。

挖山掘坑时宝国吐人肯流汗，栽树时也不马虎。石质山，石多不见土，于是他们发明了营养袋栽植法。从山下用纤维袋子把拌湿的粪和土背上山，放进塑料袋里，植上树苗，放进树坑，粗手大脚的农民，植树时的那份仔细与精心，却像侍弄褓褓中的孩子一样，使你很难想象他们曾有过的抡锤舞镐的气势。

此项工程共投入苗木款 5.2 万元，因地制宜栽植落叶松、油松、杨树、大枣、核桃等 11 个树种，用各类苗木 79.19 万株，借客湿土 3 万立方米，用水 120 立方米，其中营养袋 6 万个。树木成活率达 94.5%，在石质山区栽树，成活率之高，创造了我市最高纪录。

宝国吐的领导者说，治就治好，治就治严，治就治出新水平，让农民群众得到实实在在的效益，大青山第一生态经济沟是佐证。

我们看看大青山第一经济沟。

在沟道两侧各沟岔砸上密密麻麻的谷坊，防洪能力达到二十年一遇的标准；

在沟道中间修一条作业路，供工程作业和以后采摘果实用；

削坡填土 50 厘米，把沟道变成良田；

利用沟道暖湿的气候栽果树，走生态产业化之路；

上水源工程，搞滴灌，集约化经营管理。

1998 年 8 月，5 个村联村会战，日出工 2000 多人，历时 60 天，完成作业面积 1700 亩，造田 450 亩，筑拦水坝 464 道，砸谷坊 5200 道，修作业路 4210 米，总动用土石方 52 万立方米。

大青山生态经济沟开创了敖汉治沟的先河，它为贫困山区治穷致富找到了一条成功之路！

大青山综合治理工程是宝国吐人创造的一个奇迹，是敖汉生态建设的一个里程碑！

"大干 60 天，再造一个大青山。" 1998 年夏，宝国吐人呐喊着挺进马鞍山。这次，他们集中 9 个村 5000 多人，苦战 60 天，治理面积达 2.1 万亩，挖坑 124.8 万个，砸谷坊 8620 道，修作业路 24 华里，总动用土石方 91.43 万立方米。

汗水冲，躯体筑，宝国吐人挖山不止的愚公精神令顽石点头，令高山感叹。今年夏季，他们又集中 9 个村 5500 多人恶战黑风岭，又是一个 60 天，治理面积达 1.68 万亩。

站在大青山，眺望黑风岭，我们体验到的是敖汉精神；站在黑风岭俯瞰大青山，我们看到的是敖汉速度。走过马鞍山，我们再次用身心感受那曾有过的酷烈的场面。我们不能不说宝国吐人抑或说敖汉人是用汗水描、膏血绘啊！

治山会战，正值盛夏，火伞高涨，人们汗出如浆，脱去外衣，只着背心裤衩儿，毛巾搭在肩上，不停地擦，密密麻麻的汗珠还是从每个毛孔中渗出来，毛巾一拧，汗水汩汩流淌，头发湿得像刚在水中扎过猛子。脊背晒起了泡，扒掉一层皮，又晒起泡，再扒掉一层皮。宝国吐人说，不扒掉两层皮，任务拿不下来。

早晨6点上山，晚上8点下山，一天需吃5顿饭，饿了就吃，吃完再干。一个人一天带10斤水有时都不够喝，5000人上山，每天喝掉凉水就有25吨，可究竟流多少汗却无法计算。酷热时山上地表温度高达36℃，山石炙手，每当中午休息时，漫山漫坡是人们疲惫的身影，树坑里，山岩下，庄稼地的垄沟里，铁锹支起的衣服下，三轮车底下，人们像一摊泥似的躺下便睡着了。

从来没有什么事像这次治山会战这样牵动人们的心。大青山村73岁的田景山，也捣捣点点来到山上，操起铁锹试着挖起了树坑。乡干部说："这么大年纪了，别碰着你，回去吧。"老人往手心里唾口唾沫："这山我原先瞅一回够一回，你请我来我都不来，这回你不让我来我也来。我看这山今后肯定赖不了。""一天挖几个？"乡干部问。"中呢，一天能挖一个呢。"老人喜得眉飞色舞。

乡干部转过身，却流泪了。这两行泪没有苦涩，笑容与泪水，悉是感情的勾回。

在会战工地，最小的才二三岁，他们是跟妈妈来工地的。是啊，男人外出打工，会战任务交给女人们，早晨，她们用毛驴车把孩子拉到山上。孩子小，撒不开手，就放在树坑里。小小的孩儿们无论怎么挣扎都离不开妈妈的视线。一根草棍或一块石子儿，他们会玩上半天，困了，驴车上、树坑里就是他们的床了，尘土落在脸上、身上……

宝国吐人治山是付出了沉重的代价的，他们以生命相拼啊！

是年7月21日，黑风岭战斗正酣，人们没黑带白地奋战，傍晚，人们正要下山，突然暴雨如注，电闪裂空，霎时间，黑风岭脚下的干河套的狂涛，若天鼓轰鸣翻卷而来。当时，一台正行驶在干河套上拉人们回家的三轮车被铺天盖地的洪水掀翻，乡、村干部奋力抢救，但最终有8人被狂卷的洪水冲走。

人们哭天抢地，捶胸顿足：挨天杀的暴雨，挨天杀的山洪啊……

山洪下泄，冲走人的事在这一地区几乎年年都有。

宝国吐人曾被泪水浸泡过的心重新被泪水浸泡。

死亡与新生，毁灭与创造，人们在极度痛苦中做出了选择：先死而后生，咬紧牙，咬碎牙，治山，治！治！治！

安葬完那 8 名群众的第 5 天，人们就上山了。最先上去的是被冲走的宝力格村党支部书记于文才的大儿子于鸿昌。

走在山上，于家老大眼里还噙着泪，他无法不思念父亲，可他的心却横着，他高昂起头，把黑风岭踩在脚下。

人们一滴汗，一滴血，一锹一镐挖山刨石，整治的黑风岭是矗立在敖汉大地上的一座永远的丰碑！风吹树摇，永远吟诵着一段关于 8 人治山献身的碑文！

让我们记住这 8 个人的名字吧：于文才、东翠香、高英凡、宁学、徐铁锋、张素花、刘桂花、诸桂香。

大甸子是东南四乡之一，这个乡只有 1.2 万人口，劳力不过 4000 人，而全乡总土地面积 38 万多亩，需治理的石质山有 7.9 万亩，按劳力多少分配治理任务，在敖汉可能是最多的地方。面对如此艰巨的任务，乡党委和政府在广泛听取各村意见的基础上，一致认为："宜早不宜迟，宜快不宜慢。苦干三年，争取灭荒。"

4000 名劳力，79000 亩治理任务是个什么概念？每个劳动力要完成 19.7 亩，每亩按 80 个坑计算，应挖 1575 个。3 年时间，每年挖 500 多个水平坑，多数又是石质坑，应用多长的劳动时间，花费多少体力恐怕只有亲身参加会战的人才能说得清。三年，他们终于完成了 7.1 万亩。市委一位领导同志说，这就是攻坚，这就是打歼灭战，敖汉人是最能干的！

书记、乡长说，夏季会战已经结束快 2 个月了，可脑子里始终有一种幻觉，似乎仍在山上会战，耳旁总是有铁锹挖山的"叮当""叮当"的撞击声，晚上做梦也是在山上。会战对干部们是一种考验，也是一次精神上的洗礼。看到农民那种不屈不挠的意志，那种无私奉献的精神，干部们没有任何理由不同农民同甘苦。

范杖子村有个叫李宝成的农民，因腿残疾，挂着拐棍到二龙山工地参加会战，相距 50 华里。为了不耽误时间，他在家里蒸上几锅馒头用塑料袋背上山。天热，怕馒头坏了，挖个 2 米多深的土坑把馒头埋起来。吃时扒出来，吃完再埋上，几天几夜不下山，直到完成任务。问他是不是太苦了，他说庄稼人干点活儿没啥，生在这儿，长在这儿，山变成了这样，没办法，只能治。我们这代人借不上力，后代儿孙还能借上力。

敖汉人，这就是敖汉人，山岩一样古朴，松柏一样坚韧，庄稼一样诚实。我们从那古朴与诚实中窥到了真实中的伟大，看到了一个民族坚韧的灵魂。

二

如果说东南四乡治山是敖汉人用全部身心书写的鸿篇巨制，那么北部明沙治理则是敖汉人倾其辛劳和智慧，挥写的一部令人浩叹的绿色启示录。

敖汉北部处于科尔沁沙漠的腹地，沙地面积就有 500 多万亩。很早以前，在广袤的沙丘上曾滚动过水灵灵的绿色传说。森林和绿色是产生传说的地方。杏树洼、榆树洼……一眼望不到边，进去不见人，风吹杏花开，雪落柳条摆。迷人、醉人、喜人。那时，人们说起这些如讲述洼里的每一棵树，有根有叶……

今天，再提起杏树洼、榆树洼，如讲一段童话，只是，这个童话无根无叶，干巴巴的没有水分。

站在被砍光的树洼里，望着拳头大小的黑树疙瘩和一个个沙丘，人们觉悟了：绿色啊，那是生命的屏障，生存的根基……

从 20 世纪 70 年代末开始，敖汉旗政府就把根治沙害、改变生态环境作为长期的战略任务，开展了以种树种草为中心的治沙大决战。到 90 年代中期，沙区造林成活保存面积累计达到 207 万亩，加之大面积的人工飞播牧草，使沙区有一半以上的土地得到了绿色植物的保护，林草覆盖率提高了35%。沙地类型由流动半流动沙丘向固定沙地转化。以黄羊洼为代表的"三乡一场"牧场防护林网，得到国家领导人的高度评价，也曾得到国际防治荒漠化组织官员的交口称赞。

但在敖汉北部的绿色丛中，仍有 15 万亩的流动明沙，主要集中在敖润苏莫苏木。这些流动明沙如不彻底根治，说不定哪一天、哪一年，它又会肆无忌惮地向外扩张，侵吞人们用血汗换来的绿色成果。沙地治理，在敖汉，在我市已有许许多多的成功经验，也曾出现了许许多多的好典型，而流动明沙治理，尤其是牧区的明沙治理却是成效甚微。年年治沙不见绿，岁岁插柳不见荫。

1998 年，敖汉旗委、旗政府做出决定：向流动明沙进军，啃下这 15 万亩的硬骨头。秋天，寂寞而寥落的沙漠沸腾了，治沙战场在北部的长胜、新窝铺、康家营子三乡和敖润苏莫苏木摆开。一次会战，完成插柳任务3.07 万亩。

用插黄柳的形式营造小网格植物再生沙障不是敖汉人的首创，但是，他们在规划中严谨的科学态度，在施工中对质量的高标准要求，尤其能够组织起牧区的牧民开展大规模的治理流动沙丘，在我市却是首屈一指。今年 8 月 13 日，全市治沙现场会在敖汉召开，沙区 6 个旗的副旗长、林业局长等参观了流动明沙治理工程。

我们走进敖汉北部沙地时，已是初雪覆盖了。远远地望去，块块柳地如棋盘，分布在高高低低的沙丘上。去年秋天插的黄柳全部成活，已经长到 3 米多高，柳条已褪尽绿色，摇尽繁华，褐色的黄更显苍劲，似在述说这里曾有过的人与自然的拼杀、科学与愚昧的较量。

采访时，听人们说，北部治沙从新中国成立到现在，从来没搞过这么大规模的会战。牧区人居住分散，散惯了，难集中。听说联村会战，有人说，"把我们蒙古哥们儿聚到一块儿就不错了，还搞会战？"这话让苏木的头们一听便心凉。心凉之后，再热起来，不热不行，不热工作没法儿做。在敖润苏莫苏木，我们感受到了苏木领导的力度，那治沙不可动摇的决心就体现在了条条制度中，条条都如钉子揿进木头，并且执行起来不走板儿，领导不参战让位，干部不参战下岗，站、所等人员不参战分流，牧民不参战让地、让牧场。

从未有过的决心，从未有过的规模，从未有过的干劲。会战时，敖润苏莫苏木 90% 的劳力出动。有的人把帐篷从家里挪到工地，挖坑搭灶，安营扎寨。夜里风轻沙凉，他们割辅料，剁柳条，一干就是一两点，第二天活儿照干。有的人凌晨一点就出工，半路割种条，再扛到工地，几十里路，步步是流沙。羊羔庙独贵龙的 76 岁老人李玉林，儿子外出打工，他和老伴带着 7 岁的孙子进了沙地。58 岁的苏木财政所长高云，从会战开始就带着干粮进了沙地，一人完成了全家 3 口人的任务。

散漫惯了的牧民们，当他们看到实实在在的好处时，当他们认识到不干就没有出路时，他们的积极性也像核裂变般地释放出来。一个不足 2000 名劳力的苏木，两年时间在 14250 亩流动明沙上营造了 32 万个再生沙障小网格，一次成功地治理了 1400 多个流动沙丘。

为加快全旗唯一的一个牧区苏木的流动明沙治理，敖汉旗委、旗政府今年秋季组织旗直属 80 个单位的 1283 名机关干部参加了敖润苏莫苏木秋插黄柳会战，17 名县处级干部、147 名科局级干部与所有参战人员自带行李、工具，自办伙食，用 8 天时间，高标准完成治理面积 500 亩的秋插黄柳任务。

这里是战场，也是课堂。干部们看到了群众的力量，群众更加相信自己的力量。

片片黄柳，是敖汉人用形象讨伐贫穷和落后的战斗的檄文！座座沙丘，敖汉人在那里唱响了人类求生存的赞歌！

三

1999 年 1 月 19 日。敖汉旗第十三届人民代表大会。

在这次会议上，敖汉旗人民政府向大会作了《关于加快梯田建设的报告》。自此，敖汉旗生态农业建设重点由生态建设向梯田建设转移。

敖汉旗有耕地 287 万亩，水浇地面积只有 40 万亩，加上已修成的 41 万亩合格的水平梯田，全旗农村人口人均基本农田仍不足 2 亩。

我们要达到的目标是人均 3 亩。

报告掷地有声：外学庄浪，内学六道岭，科学规划，精心施工，上规模，上水平，抓精品，使敖汉旗的坡耕地全部实现水不下山，土不出川，变"三跑田"为"三保田"。

如同治山，如同治沙，敖汉人把坚强不屈、坚韧不拔、坚定不移的光荣传统继承下来并且发扬光大。

今年秋季墒情差，土干，人们就"借土修埂"，深挖一米多，把下面的湿土挖上来修埂，但仍不能保证质量。人们干脆从山下往山上拉水，洇土筑埂。仅萨力巴乡，每天就有 50 多辆大小车拉水，一个秋天，18 眼井的水被掏干。桶不够，用塑料袋装，怕把塑料袋扎坏，人们把铺的褥子、盖的被子拿出来，铺在车上。往埂上洒一遍水，停一会儿，拍一拍，再洒一遍水……埂高，埂宽，严格按技术要求修，在萨力巴，每条埂都超部标而达到国标。

精品工程已成为人们一种强烈的意识，几个"不准"使梯田如雕塑精美的艺术品：不清基不施工（熟土剥离，生土筑埂；生土找平，熟土还原）；不放线不施工；不结组不施工（扔土、踩土、造型、拍帮儿，5—7 人）；不带特殊工具不施工（拍板）；不按水保技术规程不施工。修梯田时，技术员成了"香饽饽"，你争我夺，有的乡镇干部去找旗领导"走后门"要技术员。一年中，技术人员野外作业 120 天以上，规划、示范、监督、验收，有的技术员在梦里都喊："没看线歪了吗？"精品工程，那是由敖汉领导者的决心、技术人员的智慧和群众的干劲共同创造的。

围绕水源修梯田，建好梯田找水源，这是敖汉梯田建设的一大特色，也是提高梯田科技含量和贡献率的根本措施。如萨力巴乡西山，利用月牙湖水上两处扬水站；高家窝铺乡巴尔当村西河塘坝工程；宝国吐黑风岭今秋 2500 亩梯田就是围绕井子灌渠修筑的。充分利用地表水，合理开发地下水。水清清可以滋田，泉汩汩可以润土，清凌凌的水举着生命之杯向敖汉人祝福！

敖汉人干出了经验，干出了水平，也干出了热情。仅今年一秋，全旗每天参加农田建设会战的人数就达 16 万多人，占全旗农业人口的 31%，完成土石方 949 万立方米，修水平梯田 6 万多亩，其中 2000 亩以上规模的达 18 处，有 10 个村变成梯田村。

走在敖汉的乡乡镇镇，看过条条坝埂和片片梯田，我们似乎在欣赏一件件艺术品：坝埂坚硬光洁，梯田平坦如镜，林带成网，作业路纵横，那是立体的图画，那是流动的音乐，那是美的汇总。

我们的赞叹是由衷的！

四

敖汉的干部说，干部的决心有多大，群众的干劲有多高。

敖汉的群众说，干部做一百次报告，不如有一次行动。

敖汉治山防沙修田的实践证明，干部有决心，群众就有干劲，干部身先士卒，群众便争先恐后。

在敖汉，加强领导，真抓实干，不是说在口头上、写在文件上，而是体现在领导者的行动上。决策的制定，体现了他们的智慧；规划的实施，体现了他们的魄力与扎实的工作作风。

旗委书记张智，在南部山区规划与治理时，与技术人员和乡镇干部一起踏查。那时，工程未上，没有山路，从山底到山尖，从山上到山下，叫得上名的，叫不上名的，所有大大小小的山张智都走遍了。坡坡块块、角角落落都在张智心里装着，哪座山土质如何，哪个工程模式啥样他一清二楚。乡镇干部说，在张书记面前你无法说谎，也不忍心说谎。

1997 年 7 月，敖汉在南部石质山大会战如火如荼时，张智又想到了北部的沙区治理，他带领有关部门技术人员去踏查。背上水，天刚蒙蒙亮就出发了。沙窝子，脚陷下去就是一鞋沙子，张智他们干脆脱掉鞋用手拎着。沙子被太阳晒得滚烫，一挨脚火烧火燎的，走过了 30 多华里的沙地。

我们党的威信，就是这样靠她的党员、干部身先士卒甚至牺牲个人利益才在群众中树立起来的。在敖汉，率先垂范已成为领导者的自觉行为，抑或说是一种习惯。因为他们明白，要在领导者和群众之间架起心心相印的桥梁，首先要看领导者是否言行如一。

在今年秋季的农田建设中，旗级几大班子领导分片包干，任务完成后，带上水利、林业等部门的人员，按片检查，好坏高低，投票选出，选出一个最好的。在这里，没有"我认为"等多余的词，用 48 张选票来评价你的成绩，公平、公正。

旗级领导带动了乡镇干部，乡镇干部带动了群众，一级带领一级干，一级干给一级看。

在治山时，宝国吐乡的干部，每个人 100 个坑，上午挖，下午检查质量，有的干部检查质量时用手拎树苗，手指头都肿了。群众干不了的，干部说，我来干。在质量上，他们要求群众严，要求自己更严，言出法随，违规了，罚，一点儿也不打折扣，他们和群众一样因质量不过关哭过。可以说，是乡干部严于律己的行为感动了群众，是群众的无私奉献才有了南部山区植树成活率比国标高出 5 个百分点的成绩。

中南部山地水保综合治理工程

理解是互相的，情感的沟通是互相的。

乡干部与群众一样流血流汗的行为带动了群众，群众又感染了干部。秋天修梯田时，天气冷，群众把酒瓶子拎上山，喝一口，递给乡干部，乡干部喝一口，再递给群众，他们之间没有干群的区别，他们是朋友、是同事。他们在共同的奋斗中建立了友谊，建立了水乳交融的血肉关系。那交流不骄不躁，是心里自然的涌流。勤劳的敖汉人民，以他们特有的质朴，为大地奉出了杰作，那山，那田，是雕像，是丰碑，使人们可触可摸，可仿可效……

敖汉的过去是贫穷的，敖汉的今天，人们在苦干，那么敖汉的明天呢？一个无穷美妙、无比美丽、无限美好的敖汉明天，已经折叠在敖汉旗委、旗政府的庄重的文件里了。敖汉在瞩目，赤峰在瞩目，瞩目着画在纸上的蓝图，在敖汉人民的辛勤努力下，在敖汉的山水间伫立起来！

（吕秀芬　丁建国　李双临，《赤峰日报》1999 年 12 月）

教来源头绽新绿

河流，能够承载生命；河流，也能危害生灵。

发源于金厂沟梁镇西部老道梁的教来河，是敖汉境内三条主要河流之一。教来河，曾经孕育了"红山文化"，也由于历史上战争的蹂躏、乱垦滥牧，给流域内的植被造成了极大的破坏。生态失衡，山洪肆虐，严重地影响了群众的生产生活。

教来河流域经过几十年的治理，自然生态发生了翻天覆地的变化。为了使教来河更加清纯亮丽，金厂沟梁镇党委自 2001 年起，以每年 2—4 平方公里的治理速度，对教来河源头的所有流域进行了治理。这里的群众以山川河道为纸，以铁锹镐头为笔，为敖汉生态建设写出了瑰丽的篇章。

金厂沟梁镇是敖汉南部典型的水土流失严重的丘陵地区。这个乡有 3.2 万人，辖 18 个行政村，167 个村民组。人均耕地近 3 亩。大多数耕地属山坡地，坡度大多在 13 度以上，山坡涵养水分能力差，降水量稍大，水土顺坡而下，就会形成浊流。为了改善生态环境，这个镇自 20 世纪 70 年代就开始进行小流域治理，曾有全国知名的小流域治理典范刘杖子村。近年来，在全旗生态建设的大环境下，再擎巨笔绘山川。

老道梁，是教来河的源头。整个面积达 2.4 万亩，由 40 余个山丘组成，分属 10 个村。外地的群众这样形容这个地方：“山高沟深石头多，出门就爬坡。水土的流失，沟道的冲击，给当地群众的生产生活带来了极大的困难。”

2000 年末，镇党委、政府把目光瞄准了整个教来河的源头。几经论证，党委、政府成员统一了思想，他们准备啃硬骨头、打一场攻坚战。随后，一个治理计划出台了：从 2001 年起，利用 4 年的时间，金厂沟梁镇尽全力完成教来河源头整个流域的治理面积。

如何治理，从哪里入手，必须搞好综合规划，自 2000 年冬季至 2001 年春季，镇党委、政府组织了农业站、林业站、水管站的业务骨干，对整个流域进行了总体规划，并从旗业务部门请来专业技术人员进行指导。

绘一张蓝图，不仅要有过硬的本领，还要有胸怀大局的气度。哪里应筑路，哪里应砸坝，哪里宜上水平沟，都要落在纸上。在规划过程中，镇领导班子和规划组的同志一样上山踏查，从大局出发，以大手笔、大气魄指点山川。劳累中有着从容，疲惫中掺杂着兴奋，虽然大家的鞋跑破了一两双，但经过两个多月的努力，一份总体规划制订出来了。

兵马未动，制度先行。技术指标、奖惩制度、宣传方式等一系列措施相应得到落实。干部群众摩拳擦掌，准备再造一个精品工程。

大手龙文，起点从这里开始。

旱，大地饥渴。

2001 年，又是一个大旱的年头。由于旱情，全旗大规模的生态会战基本停止。连续两年的旱情，降低了群众的承受能力，群众的心理越发脆弱。这种情况下，对群众的参战情绪是不是有影响？面对这些，党委、政府的一班人员陷入了深深的思索之中。经过几次讨论，他们统一了认识，决心要当好生态建设的领头羊。于是，村民代表会，群众动员会，一级一级开下去，群众的思想得到了统一。在大旱面前我们不能止步，今天的生态建设，就是为了改善环境，就是为了明天不再干旱。

四六地流域顿时沸腾起来，旗猎猎，人喧喧。10 个村的群众会聚到这里。四六地这个面积 3000 亩、包含大小山头 10 余个的地方，成为金厂沟梁镇生态建设新的起点。随着开山炮声、尖镐刨石的咔咔声、钢钎撬石的撞击声、人的喧哗声，这个流域的作业路工程开始了，仅 10 天时间，一条宽 5 米、长 8500 米的山间作业路就缠在了山腰。

经过一个多月的奋战，他们挖水平沟 12 万个，在岩石裸露的陡坡地段挖鱼鳞坑、垒穴 16 万个，治理果树台田 40 亩，修反三角水平沟 1200 个、

小流域工程施工工地

沟顶防护埂 950 米、导流沟 450 米、砸谷坊 1000 座。征服了大小山头 10 个，总动用土石方 20 万立方米。

群众是创造历史的真正英雄。在一个多月的会战中，涌现了许许多多的感人事迹。金厂沟梁镇老庙沟村党支部书记李树祥，50 岁了，带领群众会战，每天在山上奔波，又遭了几次雨淋，双腿都肿了，他吃药顶着。他在全村动员会上说："生态建设是百年大计，我们要给子孙留下一个好的生活环境。"村民明白了，不再畏难，不再怨言，积极出工。

七协营于村党支部书记徐正俭，会战期间正赶上儿子结婚，他没有大操大办，招待亲朋吃了顿饭，照样上山。姜家沟组老党员徐秀，75 岁，儿子外出打工，他替儿子会战，5 天刨出 80 个坑，质量非常好。

每个党员干部都是一面旗帜。党员、干部做出了榜样，群众紧紧跟上。

老庙沟村是个只有 900 多人的小村，全村 363 名劳力，外出打工的男劳力 200 多，会战开始后，全村 150 多名女劳力成了挑大梁的。

七协营子村的女共产党员耿秀芬，爱人去辽宁打工了，她承担了两个劳力的会战任务。家中有大棚每天都需要侍弄，还要上市场卖菜。但她挤时间处理完这些活计，坚持上山会战 15 天，一个人完成了两个劳力的任务。

自上到下，大家的心往一处想，劲往一处使，干群同心。他们大旱之年不停步，将夺取精品为前提，创造了一个又一个的精品工程，一个好的开端可以造就一个好的成果，他们大手龙文，把辉煌的篇章描绘在山川大地上。

2001—2003 年，三年时间，他们完成了小梁前、沙沟子、水泉沟、南台子、房申、土城子六处小流域治理工程。这些工程都达到了治满治严、不留死角的标准。工程类型有水平沟、鱼鳞坑、垒穴等 11 种，真是鱼鳞坑连作业路、河道沟坝护坡田。这些进度、质量都处于全旗领先水平，工程模式成为全旗的样板。3 年来，全旗生态建设现场会都在金厂沟梁召开。他们被旗委、旗政府誉为"近年来敖汉生态建设的领头羊"！旗委、旗政府的赞誉就是最好的肯定。金厂沟梁镇成为敖汉生态建设的缩影，是敖汉精神的又一很好写照。

依托项目，借助东风行大船。

敖汉旗获得"全球五百佳"的消息，犹如徐徐的春风温暖了干部群众的心田。敖汉的生态建设成就和精神得到中央领导的关注，政策的倾斜、风沙源建设项目的实施，无疑给金厂沟镇的生态建设注入了一支新的兴奋剂。

他们向更高、更好的目标冲刺，决心再造精品。

许杖子流域是最难治理的一块流域，也是教来河源头最后一块没有治理的地方。同时，2004 年也是 4 年规划目标的最后一年。整个面积 6000 亩，治理面积 3000 亩。

他们把治理任务发包给 31 个作业队。采取限期承包责任制、技术落实责任制、责任追究制等一系列措施，从施工指导、工程验收到项目补贴发放，实施了工程化管理。在近一个月的时间内，平均日出工 500 人，完成作业路 8500 米，水平沟 12 万个，鱼鳞坑、垒穴 6 万个，沟坡树兜 800 个，路边坑 800 个，谷坊 1000 延长米，共动用土石方 17.4 万方。

依旧是旗猎猎，人喧喧，所不同的是这些群众来自不同的乡镇和地区。有周边乡镇的群众，有辽宁喀左、朝阳的群众。他们和金厂沟梁镇的群众一道，为让教来河源头绽放新绿付出了辛勤的劳动。

对于今年的大会战，四六地村委会主任刘化雨颇有感触。他总结道：风沙源项目给生态建设注入了新的活力，因为有了建设资金的投入，我们引入了竞争的承包机制，各工程队直接与会战指挥部签订限期承包责任书，既保证了工期和质量，又减少了管理人员，节省了管理费用。群众比过去更好发动，群众的干劲比过去更高了。

老庙沟的村民欧喜和，家离会战工地近 40 华里，但他主动参战，承包了一块地，用 20 多天的时间，完成土石坑 650 多个，挣得项目补贴 800 多元。他说："过去我出去打工，觉得钱非常难挣，现在大会战都有补助，这比出去打工强多了。过去大会战没有补贴，我们也干了，现在政府给补贴，我们更得好好干。"

在会战中，镇村两级把为群众服务放在首位。他们除了抓好技术规划和指导外，还抽调一名工作人员专门负责安全工作。他们发放明白纸3000多份，在特殊地段设立安全标志牌30个。阴雨天及时指挥群众和车辆安全下山。在会战期间，没有出现一次事故。

绿色葳蕤，为教来河源头筑起一道生态屏障。

站在许杖子流域的最高峰上，极目望去，山峦起伏，一道道水平沟纵横有致，一坡坡经济林直映眼底。经过四年干群的共同努力，整个流域都达到了治满治严、不留死角的目的。早期治理的地方，林木长势良好，植被十分茂盛。生态环境的改变，给群众的生产生活也带来了很大的变化。丰富的牧草，推动了这里养殖业的发展。目前，这里人均有林面积7.6亩，有草面积0.6亩。在教来河源头的这10个村中，人均小尾寒羊、绵羊存栏达5只。绿色银行正在直接或间接地产生着经济效益。

王杰，是当地的一名普普通通的农民。他是生态建设的典型受益者。他早期治理的山坡，现在收获累累。他包的600亩山杏地，如今每年收入都在2000—4000元，像他这样的有几十亩或几百亩经济林或用材林的户数占80%以上。

"就是要为教来河建起一道绿色的屏障。"镇党委领导如是说。他认为，我们的生态建设要达到生态、经济、社会三种效益的统一，这样才能更好地调动群众的积极性。金厂沟梁镇在生态建设中，充分地体现了这一发展思路。在抓好山坡、山顶治理的同时，还重点抓好教来河沿岸的沟道治理，积极发展旱地用材林。

几年来，他们仅在河道大犁开沟造速生旱地用材林就达2000亩，今年完成整地任务2000亩，为明年的开沟造林做好了准备，这些林地将无偿地分给群众。

如今的教来河源头，已不是过去山水肆虐、水土流失的地方了。绿树掩映，青砖碧瓦。人们改善了自然环境，大自然也给人们以回报。

山青青，水碧碧，自然的和谐，就是生活的安宁。

教来河，我们土地的血脉，我们生命的摇篮！

（朱国文，《敖汉报》2005年5月）

大 事 记

1947 年

10月30日，根据东北行政委员会的指示，建立新惠县实验科，负责全县农、牧、林、水工作。当时，只配有一名科员开展各项工作。这年，热河省政府下达通知，要求各地做好树木种子的收购工作。《通知》还要求，各县都要建立苗圃，原来已有的苗圃都要恢复培育树苗，为植树造林做准备。

1948 年

2月，敖汉旗、新惠县联合政府通知，按省政府通知：关于大量提倡植树造林大生产运动，根据各区之地理条件，整合植树造林之必要，希望各区尽量发动群众造成植树之热潮。

1949 年

2月16日，敖汉旗、新惠县联合政府发出通知，宣布收回伪满时期的苗圃，努力发展林业生产建设事业。

10月1日后，敖汉旗政府在梧桐好莱（长胜）区发动群众进行治沙造林，三年造林2215亩。把营造水土保持林作为治山、治沟的一项主要措施，三年在四家子、金厂沟梁、贝子府三个区营造水土保持林19365亩。

为探索总结组织群众造林经验，热河省政府拨专款支持敖汉旗搞秋季植树造林典型试验。试验地确定在小河沿和三道湾子两个村，于11月初完成。

12月15日，敖汉旗、新惠县联合政府转发热河省人民政府发布的关于《严禁砍伐国有林的命令》。命令指出：对国有林砍伐必须申请省政府批示，发给采伐和搬运证明。并要求各地普遍成立护林委员会。

敖汉旗人民政府决定在沿河两岸营造用材林，并且执行"靠谁地边谁栽树，谁栽归谁"的政策，三年营造护岸林 1140 亩。

东北行政委员会对植树造林、保护森林做出指示：要求各地从清明到谷雨期间要组织群众性的造林护林运动，各级政府应有计划、有组织地进行造林护林宣传教育，并组织群众积极行动。各机关团体、部队、学校，均应该选择适当的地点，进行个人植树或集体造林。

1950 年

1 月 13 日，敖汉旗人民政府决定将敖汉旗新惠县联合政府农业科改为农林科。

2 月 23 日，敖汉旗造林站成立，隶属旗农林科领导。

3 月 27 日，敖汉旗人民政府发出通知：在全旗总土地面积中，超 70% 的土地不适宜农耕，可用于造林，以减轻风沙灾害，并规定南部 5 个区自公历 4 月 5 日至 11 日、北部 7 个区自 4 月 8 日至 14 日为造林突击周，普遍开展群众性造林活动。

4 月 5 日，敖汉旗人民政府发布《关于加强护林防火工作的指示》提出：普遍健全和整顿护林防火组织，增加防火设施，设立防火标志。并规定每年 3—5 月为严禁狩猎期。各级政府都要建立防火检查制度，做到分级负责，明确防火责任制。建立各级护林组织 131 个，有护林委员 750 人，专职护林员 3 人，保护面积达 3 万亩。

4 月 5 日，敖汉旗人民政府做出《认真保护森林、严防盗伐滥伐林木的决定》，提出：任何机关、团体、部队、公私营企业，未经农林部的批准，不得在防护林区收购木材，更不得擅自采伐木材做机关生产收入。

7 月，在敖汉旗第二届人民代表大会上，旗委书记张旭东关于夏秋季工作建议：要栽秋树造秋林，封山育林，这点是很重要的，应该认识到林业次于农业，要有重点封山养树。

1951 年

1 月 26 日，敖汉旗人民政府颁发了热河省《关于发展私人育苗暂行办法（草案）》规定：国家可以为个人育苗预付 1/3—1/2 的经费，解决种子，苗木可以由国家包销或自行出售，同时育苗地免收农业税。激发了群众育苗的积极性。

6月22日，敖汉旗人民政府发出《关于严禁开垦三十度以上的陡坡荒地的指示》。《指示》规定，在保留一定的牧场外，要求每个村都要选择本地的重要水源地或易发山洪的区域，进行封育，禁止放牧、打柴、开荒。

在种苗生产上，热河省人民政府制定了"自采、自育、自造、自护"的经营方针和"造什么林，育什么苗，造多少林，育多少苗"的育苗造林原则，并要求各旗、县建立苗圃，发展种苗生产。

敖汉旗人民政府成立了护林防火指挥部，并制定了护林防火公约和护林护山方针，不断充实和扩大护林队伍。

1952 年

1月19日，东北人民政府决定在东北西部进行大型防护林带建设。其范围东起辽东半岛和山海关，北至兴安岭以南的富裕、甘南地区，长约1100公里，宽约300公里，造林面积45万亩。包括60个旗（县），受益面积20余万平方公里，要求四年内完成造林任务。

5月3日，敖汉旗人民政府制订了敖汉旗防护林带设计规划草案。南起汤梁、北至老哈河，每隔10公里设置一条林带，全长664公里，统计面积4.98万亩。

5月，敖汉旗委、政府根据热河省政府的指示，执照热北防护林的要求和设计，实施了敖汉旗防护林带建设。

12月，中共敖汉旗委农牧林生产总结：全旗各级人民在增加生产、厉行节约的基础上，开展了爱国农牧林业生产竞赛运动，在大力贯彻造林养林和封山护林工作的方针下，全旗人民护林造林之基本林业人人皆知，加之划清了护林防护责任制，因而使火灾大大减少，秋季造林完成了9条防护林带1/3的面积，完成1条护沿林带的全部任务，并涌现出了许多造林模范。

1953 年

3月21日，敖汉旗人民政府做出关于《春季造林指示》，提出：为贯彻"以农业为基础，农牧林结合，全面发展生产"的方针，加速全旗荒山荒地的绿化进程，明确了合作造林的分红办法。"贯彻等价入股，合理提成，自愿两利"的基本原则。同时，可根据群众要求，发动群众分组、分片地向政府承领公有荒山、荒地，有计划地进行封山和造林。

3—4月，动工兴建官家地灌区。该灌区属热河省八大灌区之一，是敖汉旗第一处万亩以上灌区，设计灌溉面积 2.24 万亩。

6 月 8 日，大黑山林区联防委员会由北票县主持，召开了北票县、敖汉旗大黑山封禁区域内的区、村干部会议，总结和部署封山育林、护林防火和采种等项工作，以促进联合防护、共同搞好林区建设。

10 月 10 日，旗林业科召开全旗育苗工作会议。确定育苗生产实行定额管理，有计划地生产苗木，搞好增产节约，使经营管理水平提高一步。

1954 年

1 月 3 日，敖汉旗陈家洼子国营造林站建立。

1 月 8 日，敖汉旗人民政府颁布《农牧林生产事业丰产奖励暂行办法（草案）》。提出了在林业上的奖励条件：

1. 积极响应政府号召，改进造林、育苗技术，在保证质量的同时，提高数量，并积极参加互助合作者。

2. 在造林、封山后的巩固工作中，由于积极实行林粮间作、中耕除草、整枝间伐，而使树木生长好并增加收入。

3. 在进行造林、育苗的同时，积极响应政府的护林政策，杜绝或将林木破坏现象减少到最小程度，并按要求与农牧业生产发展密切配合。

3 月 15 日，热河省人民政府发布《关于发动群众开展春季造林工作指示》强调：要以群众合作造林和互助造林为主，公私合作造林一般不再提倡，逐步发展群众合作造林。在普遍组织群众合作造林与互助造林的同时，不能忽视发挥个体造林积极性，在一些偏远地方群众力所不及者，由国家重点进行国营造林。

3 月 31 日，敖汉旗人民政府对林业机构进行调整。将一、二、三、五、十二区改为林业技术指导站，将第十区造林站改为国营下洼区造林站，并将十二区国营苗圃撤销。

3 月，敖汉旗首届第一次人民代表大会召开，敖汉旗旗长白俊卿在政府工作报告中，对新中国成立 5 年来的林业工作进行了总结，对敖汉旗情进行了细致、深刻的分析，提出：我们必须有足够的认识，掌握敖汉农村经济全面恢复发展不平衡的特点和规律，及其建设的艰巨性和长期性，才能在总路线的指引下，使敖汉经济全面普遍稳中上升。报告高度统一了全旗各级党组织和广大人民群众的思想，为全面开创敖汉农村经济建设新局面奠定了理论基础，敖汉旗委实事求是的思想路线已基本形成，标志着敖汉旗生态建设

（农村经济发展与植树造林）正式起步。

3月，国营敖汉旗三义井林场建立，总土地面积80万亩，宜林面积55万亩，是一个以营造用材林为主的造林林场。

1955 年

2月14日，敖汉旗人民政府发出《关于动员群众大力培育苗木的通知》，指出：群众育苗由林业技术干部负责技术指导，资金、土地、种苗、农具和农药等均由群众自行解决。确有困难者林业部门给予其协助，资金上采取赊购、定购办法，但赊购金额不得超过总金额三分之一。

1956 年

2月9日，敖汉旗人民委员会在《关于以农业合作化为中心的全面规划初步意见》中提出：要在12年内绿化全旗，1967年森林覆盖率达到29.4%。

3—4月，由昭乌达盟水利勘测设计队江功俊、李润春设计的长胜灌区动工兴建。

4月，敖汉旗政府制订了《水土保持工作计划》，指出：敖汉旗因为水土流失面积大，使土地肥力减退，加之降雨量小且暴雨集中，雨水浸透地表有限，绝大部分流失，导致农业产量降低。计划提出完成的任务是，全旗控制面积在15万亩，建设中要保持山区植被，禁止在25度以上坡地开荒种地，在25度坡地已有的耕地上提倡修建梯田。要大力提倡种树种草，要达到坡坡有树、沟沟有堤坝、山上有鱼鳞坑，做到土不离原地，水不能下山，固定水土增长植物。

党中央号召"要绿化，要造林，十二年内分期分批绿化全国"。对此，敖汉旗本着"先易后难，先近后远，从长远着想，从现实出发"的原则，制订出"十二年林业绿化规划"。规划明确：南部以水源涵养林和用材林为主，北部以农田防护林和固沙林为主。人工造林和封山育林并举，南部以封山养草为主，北部以封沙养草固沙为主。

6月5日，敖汉旗大规模的水土保持小流域治理工作开始，重点治理荒山沟壑。全年治理20.25万亩，其中，水平梯田5000亩。

7月1日，敖汉旗增设水土保持科。

10月2日，敖汉旗人民委员会命令，撤销原有林业技术指导站及各区林业专职干部，新建大各各召、小河沿、四家子、贝子府、下洼、新立屯六个林业工作站，各站业务上由旗林业科领导，是林业事业的基层单位。

是年，共完成新造幼林 20 万亩，超过国家计划的 153%，其中国营造林 1 万亩，超过计划 7.6%，完成幼林补植 9700 亩，四旁植树 142 万株，完成育苗面积 1500 亩，超过计划 12%，完成造林整地面积 1.5 万亩，完成幼林抚育 16 万亩，封山面积 8 万亩。

1957 年

4 月 2 日，中共敖汉旗委决定，将农、牧、林、水利和水土保持站合并为生产建设局。7 月 5 日，又更名为农牧林水利局。

8 月 2 日，中共敖汉旗委员会发布《关于林木入社问题的处理办法》，提出对社员入社的片林仍归集体所有，零散树木，集体又不好管理的，可归还给社员个人经营。但对于社员入社的片林林主有经营权，可与集体实行分成。

是年，敖汉旗北部三义井林场、小河子林场、陈家洼子林场合并成立国营三义井机械林场。

1958 年

3—4 月，全旗有 3.9 万余劳动力参加冬季农田水利建设。旗委书记白俊卿、副旗长江巨涛带头治理新惠三宝山，造林整地 3800 亩。

3—4 月，全旗有 2.6 万人参加以农田基本建设、改造低产田为中心的水土保持运动。完成水土保持治理面积 10.2 万亩，其中，水平梯田 1.5 万亩。

5 月 20 日，由岗岗营子、下洼公社联建的乌兰勿苏水库（中型）动工兴建。

6 月 15 日，敖汉旗委办公室印发出席全国绿化先进单位四家子区三合社（即小古力吐）造林万亩的典型经验材料。主要经验是建立林业专业组织，常年准备，季节突出，实行定额计件管理，以产计酬。这一水土保持造林绿化经验在全旗推广。

3—4 月，以人民公社为基础，利用大兵团作战的形式，出现了营造农田防护林的高潮。长胜公社在沙地边缘，营造起长 3.5 万米、宽 100 米的环沙防护林带，控制流动、半流动沙地 2 万亩。

敖汉旗人民政府提出了"水不下山、土不出川"的行动口号，挖鱼鳞坑或水平沟，蓄水保土，植树造林，三年造水保林 11 万亩。执行"以蓄为主、小型为主、社办为主"的水利建设方针，本年度全旗 10 座中小水库相继动工，万余人参加建设，当年即有 8 座水库告竣，成为敖汉旗水库建设的开端。

1958 年 12 月，敖汉旗获国务院"农业社会主义建设先进单位"奖。

是年，建立社办大黑山林场。

1959 年

1 月，王子庙青年水库开工，设计总库容 9080 万立方米，按一百年一遇洪水设计，五百年一遇洪水校核。该水库被列为敖汉旗第一类工程进行主坝、副坝的填筑和溢洪道开挖。

1 月，敖汉旗人民委员会下发了一份《改造沙漠筹划方案》，下发到敖汉北部的羊羔庙、长胜、官家地、乌兰召等 9 个公社，其中提出了"五化"号召，即农田林网化、沙漠草木化、堤岸杨柳化、公路林带华、村庄公园化。

3 月，敖汉旗人民委员会对人民公社健全林业专业组织提出了具体的安排意见：林业要向园林化方向发展，要在七年或者更长时间实现这一目标，要求各公社不仅要把园林化列入主要工作之一进行领导，而且要有适应新任务需要的专业组织。

3 月，敖汉旗人民委员会下达了本年度春季造林运动的指示：今春必须以育苗和快速丰产林建设为中心，带动绿化运动，掀起春季造林高潮，以更大的林业建设成绩向国庆 10 周年献礼。

3 月，乌兰勿苏水库（中型）竣工，该水库灌溉效益 1.4 万亩。

3 月 10 日—4 月 10 日，为敖汉旗水保突击运动月，上万人参加山河治理。本年治理面积 33.9 万亩，其中，水平梯田 2.1 万亩。

4 月，国营敖汉旗三义井林场合并成国营敖汉旗三义井机械林场。分设陈家洼子、三义井、下洼、小河子、毛音乌苏五个作业队。

1959 年 12 月，中共敖汉旗第四次代表大会对林业生产总结：两年来获得飞速发展，敖汉旗荣获"全国林业先进单位"称号。全年造林 60 万亩，社区办林场 79 处，育苗 7100 亩。

截至 1959 年末，全旗完成控制水土流失面积 28 万亩。主抓三宝山、利民山两个典型。

1960 年

2 月，敖汉旗林业工作站建立。

2 月，中共敖汉旗委做出决定：苦战三年绿化敖汉北部，开始了全旗性的大规模的沙地治理工程。

3 月 22 日，中共敖汉旗第四届党代会决定：在林业生产上，贯彻"基地化、林场化、丰产化"的方针，开展突出性的造林运动，重点大搞农田防护林和固沙林，实现区区有林场。

5 月 23 日，敖汉旗人民委员会决定，三年绿化敖汉北部，增设萨力巴、敖吉营子、白家湾子、碱草洼、嘎首、腾克力、北梁、黄羊洼八处旗乡合营林场，成立了绿化指挥部。开始了全旗性的大规模的沙地治理工程。

8 月 10 日—25 日，全旗开展水保突击运动。林家地公社热水汤大队、新地公社三官营子大队和乌兰召公社白土营子大队被敖汉旗人民政府定为全旗山区水土保持治理典型。

1961 年

6 月，敖汉旗委组织了专门队伍，从 6—10 月对 1952 年实施的防护林带建设，进行了详细的实地测查并写出专门报告。

6 月 26 日，中共敖汉旗委转发中共中央《关于确定林权、保护山林、发展林业若干政策规定（试行草案）》。

12 月，敖汉旗人民委员会下发了《关于 1962 年水土保持重点山区建设队整建的通知》，提出具体整建办法。

1962 年

8 月 9 日，敖汉旗人民委员会发布《敖汉旗采伐、运输、使用木材的管理办法草案》。

9 月，在原国营新惠苗圃的基础上，扩建了国营敖汉旗新惠林场。总设计面积 32 万亩，宜林面积 25 万亩，有林面积 18.3 万亩，是以营造用材林为主的造林林场。

11 月 9 日，敖汉旗国营荷也勿苏治沙实验站成立，后改名为国营敖汉旗荷也勿苏治沙林场。负责敖汉旗北部 1.3 万流动沙地的治理任务，通过围封播种造林和植苗造林等措施，基本上完成了治沙任务，控制了流沙。

是年，内蒙古自治区林业厅批准贝子府公社社办林场转为国营敖汉旗大黑山林场。总面积 23.34 万亩，有林面积 18.15 万亩，其中，天然次生林 4.71 万亩，人工林 13.44 万亩。是以经营管理次生林为主，培育用材林和经济林的经营林场。

1963 年

2 月，敖汉旗人民委员会批准了敖汉旗农林牧水利局关于新惠—长胜公路绿化设计任务书，该公路从新惠起至长胜棱角泡子止，全长 69.1 公里，贯穿新惠、双庙、双井、羊场、长胜五个公社，按旗委要求在 1963 年春秋两季完成。

3 月 9 日，中共敖汉旗委根据内蒙古党委《关于农村人民公社若干问题的补充规定》文件精神，决定对农村社员每户划给 1—2 亩的自留地，长期固定给群众使用，植树造林解决用材林和烧柴问题。

6 月 5—8 日，敖汉旗国营大黑山林场开展了飞机灭虫工作，动用飞机 15 架次，防治面积达 6000 亩。主要用六六六等药物防治柞、山杏、山榆中的天幕毛虫。

是年，完成人工种草 3 万亩、改良草场 1500 亩、打贮草 4630 万公斤、修改棚圈 500 间。

1964 年

1 月，敖汉旗山区建设水土保持工作委员会建立。旗委书记才吉尔乎为主任委员。委员会成立后，昭乌达盟盟委宣传部部长于恩波、旗委书记才吉尔乎到新地公社丰盛店参加水土保持建设劳动，完成水平梯田 150 亩。

3—4 月，全旗有 2.6 万人参加水土保持突击运动。旗长鲍森等旗政府领导与旗直 400 多名干部，在新惠镇西沙子梁修水平梯田，11 天修成梯田 3000 亩。

4 月，敖汉旗人民委员会发布了关于尽快绿化长胜—青沟梁公路的方案。5 日至 20 日，沿线 7 个公社、2 个林场组织社员开展规模宏大的公路绿化大会战。强有力的管理措施，保证这条贯穿南北的干线公路很快形成绿化效益，成为全旗绿化的骨干工程。北部春秋沙阻现象明显减少。

8 月，敖汉旗人民委员会做出关于人民公社生产队普遍建立苗圃，大力开展群众性的植树造林的指示。

8 月 26 日，国家林业部批准建立国营三义井机械林场。下设陈家洼子、小河子、三义井、双井、马头山五个分场，经营面积为 50 余万亩。

11 月，敖汉旗委下发《关于今冬明春和 1965 年开展大规模水利为中心的农田基本建设安排意见》，文中提到，"水利是农业的命脉，水土保持是山区生产的生命线。如果不抓好水利水土保持、植树造林这几项基本建设，是不可能把敖汉旗建设成绿水青山、稳产高产的农业基地"。

1965 年

8 月，敖汉旗委下发了《关于批转旗人委党组"关于大搞人工种草和保护、利用好牧场意见"的通知》，要求各公社党委、林场、农场党支部要大力发展人工种草和保护、利用、建设好牧场。要求各级党委把这一工作列入重要议事议程，必须像种农田一样种好牧草。必须改变"种田靠老天，养畜靠自然"的思想，通过种草解决畜牧业生产的基础，实现畜牧业稳定、高速地发展。

12 月，荷也勿丹防洪堤、长胜灌区引洪输水洞工程竣工，共完成土石方 90 万立方米，总造价近 89 万元。

12 月末，敖汉旗人民委员会《关于当前水利水土保持行动的报告》表述：全旗有 4.5 万人投入农田水利建设，完成土石方 46.7 万立方米，投入人工车 140.6 万个。

1966 年

2 月 16 日，敖汉旗人民委员会发出《关于全面搞好农田防护林规划设计和营造工作，提出实现林网化的指示》。同时，成立了农田防护林规划设计指挥部，旗长鲍森任主任。

敖汉旗人民委员会提出了植树造林要上山、进沟、沿河的指示，到 1973 年营造护岸林 36955 亩，实现了河岸的绿化。

3 月，双井公社小洼灌区动工兴建，设计灌溉面积 1.1 万亩。

5 月 1 日，下洼公社"五一"灌区开工。

1968 年

10 月 29 日，农、牧、林、水机构分设，敖汉旗水利水土保持工作站成立，马振超任主任。

1969 年

1 月，古鲁板蒿公社东他拉灌区开始兴建，设计灌溉面积 1.6 万亩。

1970 年

4 月初，砚台山水库动工修建，该水库是全旗大会战项目。

11 月 1 日，青山水库动工兴建。该工程由青山、木头营子、新民 3 个大队联建，设计灌溉面积 6.0 万亩，为中型水库。

1971 年

1 月，李家营子灌区动工。

2 月 22 日，敖汉旗革命委员会批转"新地国社合作造林林场工作试行方案"，决定正式建立新地国社合作造林林场，提出了 6 条工作任务。

3 月，敖汉旗林业管理站编写印发了《林业技术手册》，全文 3.5 万字，介绍了造林育苗等知识，成为林业公务人员的工具书。

4 月 1 日，下洼公社干沟子水库动工兴建。

1972 年

4 月 5 日，敖汉旗东胜（宝国吐）国社合营林场建立。

7 月 30 日，敖汉旗南水北调干渠开通试水。

10 月 16 日，敖汉旗革命委员会生产指挥组发出通知，将牛古吐、下洼、宝国吐、大甸子、王家营子、敖吉六个公社的 120 万亩中的宜林荒山丘岭划出 30 万亩，归三义井机械林场实行机械化地造林。

国营荷也勿苏治沙林场完成了荷也勿苏地区的治沙任务，把治沙重点转向长胜一线的流动沙地，担负起了治沙和示范群众的双重任务。

1973 年

4 月 7 日，敖汉旗林业管理站改为敖汉旗林业局。

7 月 5 日，敖汉旗革命委员会发出《认真贯彻颁发〔1972〕305 号文件的指示》，提出：由社队统一规划，指定地点划给每户 1—2 亩造林地，以解决社员群众的烧柴和用材问题。

9 月，敖汉旗革命委员会第九次全委（扩大）会议要求：全旗大搞人工种草。两人一头猪，两头畜，一人一亩人工种草，到年末全旗人工种草面积达到 17.3 万亩。

11 月 21 日，敖汉旗革命委员会发布《关于加强护林、护场、防火工作报告》，并成立敖汉旗护林、护场防火委员会。

1974 年

3 月 5 日，将东胜（宝国吐）国社合营林场划归国营三义井机械林场，新地国社合营林场划归国营新惠林场。

4 月 10 日，敖汉旗国营新惠林场、敖汉旗国营三义井机械林场从赤峰林研所和辽宁省杨树研究所引进健杨、大美杨、箭杆杨等速生树种。

4 月 10 日，在长胜乡乌兰巴日嘎苏大队进行了樟子松育苗和河底栽植樟子松实验。辽宁省章古台治沙研究所工程师在乌兰巴日嘎苏进行治沙试验，形成了一草、二灌、三乔的治沙试验，并且发展樟子松治沙造林。

10 月 20 日，敖汉旗山湾子水库（中型）动工，水库设计总库容 7880 万立方米。该水库是南水北调灌区的主体水源工程，全旗重点水利工程。

是年冬，旗委指定旗林业局组成工作组到克力代公社搞绿化试点。提出了国社合作造林的办法：即由国营大黑山林场出苗木、出技术指导，克力代公社出土地、出劳力，造林后场社按投资比例分成。实践证明，国社合作造林是快速度发展林业生产的一种行之有效的好办法。

是年，长胜公社打破队与队的界限，打破之前多年营造保存下来的林带，按照窄林带小网格，农田、水渠、道路、林带统一规划，全部使用欧美杨等杂交速生杨树苗。发动上万名群众大干 40 天，营造总长 5.2 万米，宽 12 米的农田防护林。其中主带 87 条，副带 48 条，构成 475 个网格，保护了农田 8 万多亩。这个成功经验推动了敖汉旗农田防护林网的突破性发展。

年末，敖汉旗革命委员会在长胜公社长胜甸子大队建一处人工种草试验站，后改为牧草种子繁殖场。

1975 年

6 月，昭乌达盟林业局在敖汉旗长胜公社万发永大队进行飞播造林，是昭盟第一个用飞机播种牧草治沙试验。主要树种是柠条，并有沙蒿，启用飞机 25 架次，飞播面积为 9477 亩。

1976 年

8 月 20 日，山湾子水库一期工程建成。完成土方 186.5 万立方米，石方 33.7 万立方米，投入人工日 450 万个，车工日 42 万个。

8 月 21 日，山湾子灌区（由南水北调灌区改称）扩建工程开始（干渠拓宽、修筑建筑物）施工。敖汉旗委调动全旗人民大会战完成扩渠任务。

1977 年

5 月 20 日，昭乌达山盟林业局在敖汉旗召开了全盟国社合作造林现场会议，总结交流国社合作造林经验。

10 月 5 日，敖汉旗林业科学研究所建立。

1978 年

7 月 13 日，辽宁省林业局在敖汉旗召开了全省各市地（盟）、国营造林现场会议。会议期间，参观了国营大黑山林场和克力代公社国合作造林成果，并总结和肯定了这一经验是成功的。会议历时 5 天，150 人参加了会议。

8 月，旗革命委员会下发了《1978 年到 1980 年草原建设设计任务》，计划 1978—1980 年，全旗新建草库伦 26 万亩，改良草场 18 万亩，建设基本草场 9.5 万亩，在北部牧区、半牧区建设机械化草原站一处。随即，在长胜公社建设牧草种子基地，在全旗实施种草、草田轮作、油草轮作战略。

10 月，中共敖汉委员会、敖汉旗革命委员会下发了《关于大搞种草的决定》，总结了 20 多年的种草经验：我们收到了"草多，肥多，粮多，畜多，收入多"的效果，这条路子要长期坚持下去。决定中提出：要提高对种草的认识，把种草纳入国家经济计划，保证任务实现。要和种大田一样种草，科学种科学管。要搞好种草计划，加强对种草领导。

12 月，党的十一届三中全会以后，敖汉旗认真贯彻内蒙古林业厅《关于国营林场、治沙站、苗圃改革的几项规定》，以及上级有关改革工作的方针、政策等，在全旗五个国营林场（苗圃）中，实行了场长（主任）负责制，在职工中推行了以经济承包为主的多种形式的生产责任制。调动了群众造林营林的积极性，出现了科学造林、科学育林的好势头。

1979 年

3 月 5 日，敖汉旗革命委员会发出《关于"三北"防护林第一期工程营造任务的通知》，1979—1985 年为"三北"防护林工程建设第一阶段，计划营造防护林 140 万亩，全部工程以集体造林为主，造林以乔木为主，乔灌结合，固造并举。

4月20日，中共敖汉旗第七次代表大会决定，社员在房前屋后或生产队指定地方栽种的树木，永远归社员个人所有。有荒山、沟塘、河岸的生产队，在统一规划，不造成水土流失的情况下，可划给社员1—2亩造林地，解决社员烧柴和用材问题。对过去社员在房前屋后或生产队指定地方所种植的树木，1975年以前收归集体的要归还给个人，已经砍伐的，也要合理作价，一次或分期付款进行退赔。

6月5日—8月5日，敖汉旗林业局抽调36名干部和科技人员组成了26个调查组，对全旗林木病虫害进行了普查。普查结果是全旗林木病虫害总面积为45.1万亩。主要病虫是杨树腐烂病及榆子叶甲等虫害。

1980 年

4月，敖汉旗小流域综合治理开始，小流域治理点确定为刘杖子、大五家和吴家窝铺3个大队。

4月，敖汉旗国营三义井机械林场试验营造380亩杨树速生丰产林获得成功，在林业生产技术上取得重大突破。三义井机械林场研制的JK45—50型开沟犁在本场试验造林并获得成功，自此敖汉旗"抗旱造林系列技术"在林业生产中逐步形成，随之推广使用，范围逐步扩大，为干旱区造林闯出了一条新路。

10月20日，新惠公社开展了林业"三定"试点工作，到11月15日基本结束，这是对农村经营管理体制改革的一种有益探索和创新。

是年，全旗遭受罕见大旱灾，全旗有100万亩天然、人工草地受灾。

1981 年

6月1日，敖汉旗第八届人民代表大会第一次会议，全面地总结了过去五年全旗在种树种草方面取得的成就，并对未来五年的发展进行了规划和部署。指出种草是按照自然规律办事，有力于调整农业内部结构和作物布局，因地制宜，发挥优势，恢复"生态平衡"。是初步调整林、草、油在农业中比重的重要决策，提出了"草上肥，油上富，林上变"的口号。

7月，敖汉旗人民政府下达政府一号令，即为《敖汉旗人民政府关于禁止开荒的命令》，政府令严禁任何党委和个人大面积或零星开荒，要求干部群众自觉维护草牧场，保护自然环境。

7月，党中央总结了内蒙古自治区30多年的经验教训，提出了内蒙古应下定决心用二三十年或半个世纪的时间，用"愚公移山"的精神，因地制宜地走出一条"林牧为主，多种经营"的路子。这是一个长期的方针，是造福子孙后代的长远大计。自此，敖汉旗的生态建设将紧紧围绕党中央的方针，加快发展。

8—10月，敖汉旗委、旗政府派出林业专业技术人员，对全旗林业生产现状进行了一次大清查，在摸清林业资源的基础上进行了林业区划。根据敖汉旗特点，按照以营林为主的方针，因地制宜、适地适树，对林业生产布局进行调整。

1982 年

2月25日，敖汉旗林业局发出《关于发放林权证若干问题的说明》的通知。全面深入开展了林业"三定"工作，发放了林权证，在明确山权和林权的同时，根据因地制宜和因林制宜的原则，把权、责、利结合起来，实行承包到户为主的多种形式的林业生产责任制。1982年，全旗有109.5万亩集体林落实到各户经营。

3月19日，中共敖汉旗委做出了《关于敖汉种树种草的决定》，进一步明确林草等绿色植物是农业生态系统平衡之核心，是改善敖汉自然状况和生产条件的途径。旗委号召：全旗各族人民，广大党员、干部都要从科学道理上深刻领会种树种草的意义，大力种树种草，绿化山川，建立新的生态平衡，是从根本上改变贫困落后面貌，发展生产，繁荣经济，提高人民生活水平的唯一出路。要提高自觉性，下定决心，以实际行动为种树种草做出贡献。同时，提出四项具体工作：1. 大力种树种草；2. 科学种树种草；3. 落实种树种草政策；4. 加强对种树种草的领导。

春季，突然刮起了9级大风，最严重一次把京通铁路掩埋，个别路段积沙厚达2米，造成铁路全线停车72小时，成为有名的沙阻事件。为了保护京通铁路这一交通大动脉，旗委、政府把京通铁路沿线营造防护林列为"三北"防护林建设一期工程，组织集中造林会战，奋战一春圆满完成既定任务。造林成活率86%，荣获国家林业部科技进步三等奖。

6月，全旗大面积小流域治理从新惠、双庙两公社开始，敖汉旗党政领导带领群众大搞突击，完成造林整地9.8万亩，种草2.66万亩。

10月，畜牧部门完成了敖汉旗畜牧业区划。

1983 年

3 月 4 日，中共敖汉旗第七届七次（扩大）会议，会议讨论决定，今春从现有宜林荒山、荒地中划给社员个人种树种草地在原有基础上达到 100 万亩。这是敖汉旗种树种草一项重大举措，大大推进了恢复生态系统平衡的进程，对圆满完成"六五"时期的种树、种草任务具有十分重要的意义。

3 月，敖汉旗人民政府同内蒙古水利厅水保处签订了山湾子水库上游水区水土保持二年治理合同。中旬，在对上游的克力代、贝子府、金厂沟梁三公社进行全面规划的基础上，敖汉旗委、旗政府建立专门机构，抽调旗直干部 84 人，组织群众 5000 多人进行治理。贯彻"治理荒山荒坡，谁治谁有，种树种草长期不变，允许继承和作价转让"的政策，鼓励群众承包治山。是年，3 个公社自筹资金 184 万余元（包括劳务折款），完成 35 万亩的治理任务。

10 月 14—21 日，敖汉旗林学会召开理事扩大会议，共 20 人参加会议，会议选举了敖汉旗第三届理事会。会议重点解决了在敖汉地区杂交杨树的主栽品种 12 个。经过认真鉴定分析和筛选比较，取得了一致的意见，敖汉旗林业局从辽宁引进优良灌木，沙棘种子，在全旗进行了培育推广。

1984 年

3—4 月，全旗有 1.5 万人植树造林。萨力巴乡开展大面积小流域治理工程建设。

5 月，根据旗政府下发的《关于全旗开展草原资源调查的通知》，组织干部和科技人员对全旗天然草地、人工草场资源进行全面调查。调整划分了草业发展布局。

6 月 13 日，敖汉旗林业局组织 35 人开展了"三北"防护林二期工程规划，经规划在第二期工程期间内，全旗计划造林 98 万亩，其"三北"防护林体系重点建设项目在 9 个乡镇 27 个村的范围内，设计在 1986—1990 年，新造林 35 万亩。

9 月，内蒙古自治区水利厅水保处组织东三盟一市进行水保检查验收，敖汉旗人民政府授奖，金厂沟梁镇刘杖子、大甸子乡吴家窝铺两村被评为水土保持小流域治理先进单位，贝子府、新惠、玛尼罕 3 乡被评为水土保持先进单位。

12 月 12 日，敖汉旗人民政府批准了林业局关于国营林场（苗圃）改革方案。在改革中，国营林场被撤销，其下属各分场成为独立的经营单位，新组成的林场（苗圃）在人事制度上实行场长负责制，在广大职工中，实行多种形式的承包责任制；财务实行定额包干。这次改革为国营林场发展带来了生机和活力，对推动敖汉林业建设具有划时代的意义。

12月，对全旗24个公社（镇）和6个国营农牧林场，全面开展了"三定"工作，分别对国营、集体和个体重新确定权属，对全旗198.55万亩现有林分别发放了林权证。其中发给群众个体的林权证62416张，林地面积达21.47万亩。

在对集体林木实行"专业承包，比例分成"等形式的基础上，又普遍推行了以"作价归户"为主要形式的生产责任制，使全旗村民小组（原生产队）的集体林全部实行了归户经营。

是年，敖汉旗种草工作全面铺开，共完成牧业人工种草12万亩；饲草料加工厂（点）发展到729处，其中年加工量在2万斤以上的饲草饲料加工厂337处，年加工草3000万斤，饲料6000万斤，新建草库伦9万亩；模拟飞播67万亩；草原灭鼠1.5万亩，灭虫18万亩；草场改良0.84万亩，其中牧场造林0.24万亩，浅耕翻0.5万亩，人工适地追肥0.1万亩。被国家农业部授予"全国种草第一县"。

是年，敖汉苜蓿通过国家验收，被国家牧草育种委员会命名为"敖汉苜蓿"。同年，由国家牧草品种委员会颁发"敖汉苜蓿"资格证书。

12月，中共敖汉旗第八次代表大会召开，旗委工作报告中指出：今后一定时期的路子是贯彻党中央（1981.7）为内蒙古自治区提出的"林牧为主，多种经营"的方针，扭转农村牧区落后面貌，想开发敖汉，致富人民，必须从敖汉风沙干旱严重的自然特点出发，坚持"种树种草开路，多种经营起步"，从这里蹚出路子、迈开步子、打开局面。

1985 年

5月，敖汉旗水土保持站完成《敖汉旗水土保持区划》。

6月，敖汉旗水土保持工作站完成《敖汉旗西辽河上游水土保持规划报告》。

7月中旬，敖汉旗成立水土保持综合治理指挥部，重点治理萨力巴乡和山湾子水库上游。

中共敖汉旗委宣传部和敖汉旗林业局联合编辑了《绿色的路》一书。全书以报告文学、通讯、论文等形式反映了新中国成立后 35 年来，敖汉林业工作者为绿化敖汉大地付出的辛勤劳动和取得的丰硕成果。内蒙古林业厅造林处将此书发行全区各旗、县、区。

"三北"防护林体系一期工程结束。共造林 256.84 万亩，造林保存面积 131.88 万亩，为第一期工程任务 129.5 万亩的 101.8%。从林种上看，防护林比重逐渐加大；从树种组成上看，灌木树种的造林比重大有增加；从权属上看，个体造林面积迅速增加。

12 月，敖汉旗林业局印发《敖汉旗抗旱造林技术规程》，称本技术规程是实行科学造林，保证质量的重要手段，是林业生产建设上的一项重要技术规程，全旗各地造林都要认真执行。

1986 年

"三北"防护林体系二期工程建设开始。

自治区人民政府授予敖汉旗人民政府"造林绿化成绩显著"荣誉。

1986 年初，启动 10 万亩沙棘基地建设，1987 年完成。

1986 年初，启动 5 万亩灌木林基地建设，1987 年完成。

1986 年初，启动 5 万亩速生杨基地建设，1990 年完成。

年末，全旗三十个乡（镇、苏木），四个国营林场，均已结束林业"三定"工作，共发证 100864 张，发证面积 178.6 万亩，占现有林面积的 58.7%，发证株数为 574 万多株。

1987 年

敖汉旗对国有林业产业格局和经济发展进行了五年总体规划，实行分类指导。

11 月 23 日，双井乡的乡、村、组三级干部会议上通过了《农牧林总体规划各项用地比例分配方案》，即"332515"方案，林业、牧业用地各占 33%，农业用地占 25%，其他用地占 15%。

1988 年

由马海超、张国忱、王铎等同志参与的"JKL—50 型开沟犁及其造林技术"获自治区科技进步三等奖。

春季，双井乡实施"332515"土地利用方案，一春完成造林 3 万多亩，是全旗大规模草牧场防护林营建的开端。

7月20—25日，由赤峰市科学技术委员会主持的地方牧草品种鉴定会在敖汉旗召开。与会的专家和教授通过鉴定，认为经过40年培育的敖汉紫花苜蓿，填补了内蒙古牧草品种的空白。

9月13—15日，北京林业大学教授高志义、火树华对刘杖子小流域综合治理进行鉴定，认为该地区已经达到全国同类地区的先进水平。

10月20日，敖汉旗人民政府做出《关于加快发展畜牧业的决定》，大力发展草食、杂食家畜家禽，发展草业，逐步做到以草立畜，增草增畜，平衡发展。

1989 年

4月5日，敖汉旗委组织有关部门对牛古吐大五家小流域综合治理项目进行验收鉴定。认为大五家小流域治理技术路线正确，措施得力，效益显著，达到了自治区小流域综合治理先进水平，并在草灌混交、针阔混交、灌乔混交方式上是个创新。

9月13日，敖汉旗第十届人大常委会十三次会议，批准通过了敖汉旗人民政府《关于7年（1989—1995）实现全旗绿化的规划》的决议，决议要求：各级人民政府要提高认识，加强领导，把实现7年全旗绿化，当作保农促牧、恢复生态、振兴敖汉、致富人民、造福子孙后代的战略措施，并将其提到日程上来。号召全旗各族人民积极行动起来，同心同德，群策群力，艰苦奋斗，勇于开拓，自觉投身到实施这个《规划》中来，为发展敖汉的林业生产贡献力量。

《规划》中提出了十年奋斗目标，新增有林面积121万亩，有林面积达到480万亩，占土地面积38.6%，实现全旗基本绿化。总体布局是：建设一个体系，即平原绿化、防风固沙、水土保持林为重点的防护林体系。建设三个基地：即以山楂、沙棘为主的经济林基地；以柠条、踏郎为主的饲料林基地；以杨树为主的速生丰产用材林基地。

自治区人民政府授予敖汉旗人民政府"全区林业建设先进单位"称号。

9月，双井乡草牧场防护林被破坏，引起旗委高度重视，由旗委书记宋振国带领全体常委班子和组织、人事部门负责同志在双井乡召开了常委扩大会议，责令双井乡党委、政府做出了深刻的检查，会后决定免去一个村支部书记和三个村长的职务，并通报全旗，这是全旗护林工作的一个重要转折点。

是年，自治区人民政府授予敖汉旗人民政府"全区林业建设先进单位"称号。孙家理、马海超获全国绿化奖章。"杨树速生丰产林栽培技术推广项目"获赤峰市科技进步一等奖、自治区二等奖。

1990 年

2 月 25 日，四德堂乡获赤峰市农田草原水利基本建设"玉龙杯"一等奖。

春季，黄羊洼草牧场防护林工程首先在种羊场开工。一春造林 1.43 万亩，形成 280 个网格，造林采取了严格的管护措施，保存率达到了 90%。黄羊洼草牧场防护林工程于 1989 年立项，对敖汉北部"三乡、三场"进行了全面统一规划，计划三年时间共完成牧场防护林 50.8 万亩，形成 50 米宽的主副林带 294 条，构成网格 877 个，总长度 726 公里。

11 月 19 日，敖汉旗获自治区农田草原水利基本建设"金龙杯"竞赛三等奖。敖汉旗水利水产局在自治区水利建设"金龙杯"竞赛中获鼓励奖。

1991 年

全国绿化委员会、林业部、人事部授予敖汉旗"全国造林绿化先进单位"称号。

全国绿化委员会、林业部、人事部授予敖汉旗"全国治沙先进单位"称号。

国家林业部授予敖汉旗"全国平原绿化先进单位"称号。

中共内蒙古自治区委、自治区人民政府授予敖汉旗"1990 年林业生产先进单位"称号。

是年，敖汉旗人民政府在自治区农田草原水利基本建设"金龙杯"竞赛评比中，获三等奖。敖汉旗水利水产局获鼓励奖。

是年，四德堂乡再次获赤峰市农田草原水利基本建设"玉龙杯"一等奖。

11 月，敖汉旗人民政府做出了《敖汉旗 1992—2000 年治沙规划》。

1992 年

3 月，国家林业部授予敖汉旗"三北防护林体系建设二期工程先进单位"称号。

5 月，黄羊洼草牧场防护林建设工程结束。国内十几位知名专家云集敖汉种羊场，对种羊场的草牧场防护林给予了高度评价，带队的国家畜牧总局张松荫教授说"在中国的畜牧业上创造了一个奇迹"。

5月12—14日,原三北局局长李健来敖汉旗检查工作,盛赞黄羊洼草牧场防护林建设工程是"三北地区造林绿化的大样板"。

6月,敖汉旗人民政府制订了统领20世纪90年代的生态经济沟建设规划。计划在"八五"期间建成100条沟,建设面积10万亩,新增产值200万元,水保治理达449.32万亩;20世纪末建成300条沟,建设面积达35万亩,累计产值1000万元,水保治理600万亩,使全旗的水土流失区治理程度达到81%。

12月14日,敖汉旗获1992年度自治区农田草原水利基本建设"金龙杯"竞赛三等奖,并连续三年获奖。

四德堂乡获赤峰市农田草原水利基本建设"玉龙杯"一等奖,实现三连冠。

1993 年

6月9日,敖汉旗四德堂乡、贝子府乡、林家地乡和大甸子乡,四乡分别获得赤峰市1992年度生态经济沟建设"愚公杯"竞赛奖。

"抗旱造林系列技术"获自治区科技进步三等奖。

9月25日,全国防沙治沙工程建设工作会议代表250人来敖汉参观考察,原林业部部长徐有芳,副部长祝光耀及国务院有关部委、办、局的负责同志和来自25个省、市、自治区主抓防沙治沙工程的领导参观了黄羊洼牧场防护林工程。新华社、人民日报社、中央电视台、中国林业报社、内蒙古电视台等17家新闻单位随同采访。

1994 年

11月9日,中央电视台"神州风采"栏目以"沙黄沙绿话敖汉"为题播放了敖汉旗包括黄羊洼工程在内的防沙治沙造林绿化事迹。

是年,国家林业部授予敖汉旗"全国科技兴林示范县"称号。

"敖汉旗退化草牧场防护林体系工程营建"获国家林业部科技进步二等奖。

1995 年

6月18日,全国政协常委、林业部副部长刘广运,全国政协委员、西南农业大学教授毛炳衡和三北防护林工程顾问、林业部三北局原副局长刘文仕等五人组成的全国政协"三北"防护林视察组,视察了敖汉黄羊洼牧场防护林工程。

9月14日,敖汉旗人民政府作为全国唯一的县级人民政府,参加了水利部召开的全国七大流域水土保持工作第十四次工作会议。

9月,六道岭、百灵山、萝卜沟、张家沟生态经济沟建设模式,获赤峰市科技进步二等奖。

1996 年

"4411"绿色通道工程建设启动。即用四年(1996—1999)时间,完成全旗1100公里国、省、县、乡四级公路的拓宽、截弯取直和路林建设、改造任务。此工程是敖汉生态建设及科技兴林建设重点项目之一。

6月8—9日,林业部祝光耀副部长视察敖汉防沙治沙情况,对敖汉的防沙治沙和开发利用工作给予了高度评价,并提出了具体指导意见。

6月15日,联合国防治沙漠化公约秘书处官员卡尔·波马顿先生考察了敖汉的黄羊洼治沙工程,并感叹地说"这里像法国的庄园"。

8月20日,春季造林检查验收开始,标志着"以奖代补"政策正式运行,此政策对敖汉生态建设产生了巨大的推进作用。

11月13日,《小灰粉鳃金龟史观察与防治技术研究》和《JKZS40-30型开沟植树机》两项科研成果通过市科委鉴定。

是年,金厂沟梁镇刘杖子小流域被评为全国生态环境建设"千佳村",被内蒙古自治区领导赞为"塞北江南"。

1997 年

3月,黄羊洼草牧场防护林二期工程启动。

3月,敖汉旗绿化委员会(扩大)会议召开。会议认为,从1978年敖汉旗被确定为国家"三北"防护林体系建设重点旗县以来的近20年中,全旗开展了一次旨在改善生态环境和生产条件,以种树种草为主要内容的艰苦创业工程。生态建设取得了巨大的生态效益、经济效益和社会效益。林草业已经逐渐成为富山、富民、富旗的重要产业,成为敖汉旗的"立旗之本"。

4月21—25日,时任中共中央政治局委员、中央书记处书记温家宝同志来敖汉考察林业建设,充分肯定了敖汉林业建设所取得的成果及农牧林三元结构共同发展的经验。他说，"他们的经验恐怕不仅适用于敖汉旗，而且适用于赤峰市，甚至于内蒙古自治区"。

5月，敖汉旗委、敖汉旗人民政府为弘扬六道岭精神，在治理工地树碑立传。

8月，内蒙古自治区山区、沙区生态建设现场交流会参观了敖汉旗刘杖子、黄杖子两处小流域治理典型。参观考察敖汉旗水土保持生态建设的内蒙古自治区内、外代表团60多个，他们对敖汉的生态建设赞叹不已。

是年，敖汉旗获内蒙古自治区人民政府"农田草牧场水利基本建设"一等奖。

是年，敖汉旗集中精力、人力和时间，掀起大规模农田草原水利基本建设会战高潮，实行常年治理与季节治理相结合。主要以乡为单位，集中治理难度大的远山、险山、石山。王家营子乡六道岭、萨力巴乡黄花甸子、克力代乡上沟脑、宝国吐乡大青山、马鞍山、大甸子乡卧虎岭、敖音勿苏岱王山、鸽子山等30多个小流域治理陆续开始。

1998 年

1月8日，敖汉旗委、旗政府做出了《关于加强生态农业建设的决定》（"五个一工程"）。决定明确生态建设的指导思想：遵循生态平衡规律和市场经济规律，巩固农牧林三元结构的大农业格局，以土地资源为依托，以科技为先导，实行山、水、田、林、路综合治理，农、林、牧、副、渔全面发展，追求经济、社会、生态三个效益的统一，逐步实现产业化，走通一条林多草多、畜多肥多、粮多钱多的可持续发展之路，实现敖汉大地绿起来、活起来、富起来的目标。决定中提出：从1998年开始，用5年时间再造林100万亩，人工种草保存面积100万亩，牧业年度牲畜存栏达到100万头（只），高产高效基本农田达到100万亩，农牧民人均增收1000元。

黄羊洼草牧场防护林二期工程建设两年完成。对218个网格进行改造，营造接班林2.19万亩，共建成小网格1204个，开沟造林总长1885公里，新增造林面积4.0万亩。

9月1日，松辽委农田科沈波科长、高级工程师刘顺宗来敖汉旗检查指导大凌河流域规划治理工作，并实地考察了大凌河流域夏季治理工程实施情况。

9月12日，自治区林业厅副厅长邹立杰先后视察了黄羊洼草牧场防护林建设工程、新惠林场育苗基地和赵宝沟山地综合治理工程、大甸子卧虎岭山地综合治理工程、宝国吐马鞍山山地综合治理工程、王家营子瓦房沟山地综合治理工程等，高度称赞敖汉旗林业生态建设全区第一，走在了全区前列。

5月、6月、10月间，中央电视台、《人民日报》《中国绿色时报》《经济日报》《农民日报》等五家新闻单位先后组团来敖汉旗采访敖汉建设情况。

10月22日—11月15日，敖汉旗北部四乡展开了声势浩大的秋插黄柳大会战，一秋完成4米×4米黄柳网格沙障3万亩，标志着全旗治沙工作进入一个新的阶段。

10月23日，敖汉旗大凌河流域正式被列为国家二期第二阶段重点治理区，并予以投资补助。重点治理大青山、西沟、六道岭、瓦房沟、王家杖子、永元号、扣河林、热水汤8条小流域。

11月下旬，《松毛虫冬防技术研究及推广》《"两行一带"配置杨树旱作造林技术研究及推广》和《科技兴林示范工程发展模式研究》顺利通过自治区鉴定。

12月17日，内蒙古自治区人民政府召开全区电视电话会议，对60个农田草牧场水利基本建设先进旗县进行表彰奖励。敖汉旗又获内蒙古自治区农田草牧场水利基本建设一等奖，是全自治区唯一连续两年获一等奖的旗县区。

1999 年

1月7日，国家科技部公布了国家科技进步奖评审结果，敖汉旗林业局独立完成的"敖汉旗退化草场防护林体系工程营建项目"获国家科技进步三等奖。

7月6日，时任中共中央政治局常委的宋平同志视察敖汉旗三十二连山生态建设工程，并提笔写下了"加快生态建设步伐，实现可持续发展"的题词。

7月21日15时40分，宝国吐乡黑风岭夏季小流域治理会战工地发生历史罕见的点暴雨。有8名农民被洪水冲走，献出了宝贵的生命。

全旗夏季小流域综合治理大会战，重点治理工程24处，其中，面积在3000亩至1.5万亩的有18处，面积超1.0万亩的有5处。秋季联村、联乡会战的乡镇22个。

9月，内蒙古自治区水利厅云峰厅长为王家营子乡六道岭村题字："水土保持生态建设示范村。"敖汉旗人民政府为六道岭村举行了立碑揭碑仪式。

12月15—18日，自治区林业厅分两批在敖汉旗召开了沙区、山区生态建设考察研讨会，为国家实施西部大开发战略做准备。此次生态建设研讨活动就有关政策措施、利益机制、组织形式、技术模式和管理方式以及生物多样性、可持续性发展原则、多效益结合的原则进行了研讨，使与会的同志形成了广泛的共识，为开发建设内蒙古的沙区、山区奠定了坚实的基础。

是年，敖汉旗被水利部命名为全国沙棘生态建设示范县。

是年，十、百、千示范工程验收，黄花甸子小流域综合治理工程被水利部评为小流域示范工程。

是年，敖汉旗再获内蒙古自治区农田草牧场水利基本建设一等奖，成为全区唯一一个三连冠获得者。

2000 年

3月3日，国家环境保护总局《关于命名第一批国家级生态示范区及表彰先进的决定》（环发〔2000〕49号）对生态示范区建设过程中工作成绩突出的单位给予荣誉称号。敖汉旗荣获第一批国家级生态示范区命名表彰。

3月，在全旗春季造林动员大会上，敖汉旗委、政府提出：生态建设是立旗之本，不能动摇、不能削弱。会上明确提出：2000年春，要完成人工造林20万亩，4月1—20日全面开始实施。

3月，时任中共中央政治局委员、国务院副总理姜春云同志视察敖汉旗生态建设工程。

5月，京津周边地区内蒙古沙源治理工程紧急启动会议召开，敖汉旗被列为京津风沙源周边地区沙源治理工程项目区。

6月，中央电视台《焦点访谈》栏目对敖汉生态建设进行了题为"尊敬自然、回报自然"的专题报道。是年春，全国发生十几次沙尘暴，而敖汉旗仅发生一次。

7月6日，内蒙古自治区人民政府对敖汉旗生态建设进行通报表彰奖励。

是年，新华社内蒙古分社、《农民日报》、《科技日报》驻内蒙古记者站联手自治区、赤峰市主要媒体组成"西部大开发内蒙古万里行"采访团到敖汉采访生态建设工程。

是年，敖汉旗京津风沙源项目批复，建设任务为2万亩，总投资424万元，主要建设内容是人工造林1.3万亩，人工种草0.7万亩。项目建设地点主要在北部的长胜镇和新窝铺乡境内。

是年，敖汉旗遭受新中国成立以来最严重的特大干旱。90% 的地区持续 400 多天无雨雪，全旗性的透雨发生在 7 月 27 日，林业蒙受巨大损失，特别是杨树枯死数量较多。当年敖汉旗有林面积达到 532 万亩，其中杨树占现有林面积的 43.2%。

2001 年

2 月，中共敖汉旗委、敖汉旗人民政府印发了《关于加强生态建设的实施意见》，根据敖汉旗第十个五年规划，提出了生态建设的五年奋斗目标。在总体布局和重点工作上，全面推进六大工程，即北部沙源综合治理工程、南部石质山区封育工程、中部高标准综合开发工程、丘陵山区退耕还林还草工程、村镇道路绿化工程、天然动植物保护工程。全旗今后生态建设工作必须坚持"高举一面旗帜，坚持五项原则，依托重点项目，推进六大工程，建设生态产业，树立绿色品牌"。

6 月，大黑山自然保护区顺利通过国家级自然保护区评审委员会评审，成为国家级自然保护区。它的晋升，标志着敖汉旗自然保护的"南山北水"工程落到了实处。

8 月，国家水利部、财政部命名敖汉旗为"全国水土保持生态环境建设十、百、千示范县"。

10 月，敖汉旗召开了全旗德援项目启动实施动员大会，全德援项目正式启动。涉及 14 个乡镇 9 个国有林场。到 2012 年，共完成治沙造林 22.8 万亩。

11 月 2 日，黄花甸子水土保持综合治理工程，获自治区政府水土保持综合治理项目二等奖。

11 月，在旗委、政府召开的生态建设工作座谈会上，确定了全旗生态建设工作的操作途径，即以水为基础，以林为支撑，以草为重点，坚持整体性、综合性、系统性。

是年春，敖汉旗开始实施环京津风沙源综合治理工程。重点治理 6 个乡镇的红娘沟、章京营子、白杖子、毛代沟、西北沟、老王山、岱王山、徐家北沟、西查干哈达等 26 条小流域。

是年，国家投资 1800 万元用于敖汉旗的京津风沙源治理项目，这是新中国成立以来敖汉旗获得的最大单项投资。具体任务是：人工造林 19.18 万亩，林业种苗基地建设 200 亩，总投资 1274 万元；小流域综合治理面积为

9000 亩，草库伦建设 200 亩，苗木基地 200 亩，改良风沙区农田 5130 亩，国家投资 300 万元；人工种草 1.85 万亩，牧草种籽基地 1700 亩，国家投资 200 万元。有 14 个乡镇苏木和 8 个国营林场承担了京津风沙源工程建设。由此，全旗依托项目全面地开展了生态建设。

是年，敖汉旗获内蒙古自治区政府农田草牧场水利基本建设三等奖。

是年，《人民日报》、《中国国防报》、《中国环境报》、中央电视台七频道先后刊发或播出了敖汉生态环境建设的成果。

是年，敖汉旗抓住国家西部大开发的机遇，根据内蒙古自治区下发的《内蒙古退耕还林（还草）工作管理办法（试行）》，在全旗全面实施了退耕还林还草工程。这一工程为"生态立旗"注入了强劲动力，使生态环境进一步优化，使产业结构得到进一步调整，群众生产生活方式发生了深刻转变，实现了"山变绿、地变平、水变清、人变富"的目标。

是年，敖汉旗水土保持治理工程转入依托国家基本建设项目开展，设立项目法人，以专业队承包形式进行水土流失治理。依托京津风沙源工程，一期工程共涉及新惠镇等 19 个乡镇苏木（办事处）228 个行政村，均属西辽河流域水土流失重点地区。总计完成 95 条小流域，综合治理面积 30.7 万亩，总投资 9560.24 万元。二期工程截至 2018 年，总计完成 17 条小流域，综合治理面积 13 万亩，总投资 5250 万元。

2002 年

4 月，时任全国人大副主任姜春云同志来敖汉视察生态建设。

4 月 23 日，时任全国政协副主席赵南起同志参观黄羊洼草牧场防护林工程，对敖汉旗的治沙工作给予了充分肯定。

5 月 10 日，全旗人工种草会议召开。会议就全旗人工种草及风沙源项目建设提出了严格要求，一是必须深翻整地；二是人工种草要在 6 月 30 日前全部完成；三是必须使用专用包衣种子；四是项目区必须清种草；五是必须做好中耕除草工作；六是必须做好防寒覆土工作；七是必须抓好精品地块。

2002 年 6 月 4 日，联合国环境规划署授予敖汉旗"全球 500 佳"环境奖。敖汉旗是半干旱地区治理沙漠化的成功典范，是全国唯一获此殊荣的县级单位。"联合国环境保护奖"是敖汉旗生态建设中获得的最高荣誉。联合国环境规划署执行主任特普费尔主席称赞说："赤峰市敖汉旗通过不懈的努力，控制了看似无情的沙漠化进程，通过利用树林与绿地阻止沙漠侵袭，敖汉旗水土流失所带来的损失被减少一半，移动沙丘的数目也减少了，经济发展也与环保工作齐头并进，粮食产量和 GDP 都有所增长。"

2002 年 9 月 4 日，时任国务院副总理温家宝同志获悉联合国授予敖汉旗"全球 500 佳"环境奖消息时，十分欣慰并批示道：敖汉人民几十年艰苦奋斗，植树造林，治山治水，改变了生态面貌，荣获"全球 500 佳"光荣称号，成绩来之不易。要再接再厉，制定长远目标和规划，努力把敖汉建设成秀美山川。对敖汉这个好典型，内蒙古自治区和中央有关部门要给予关心指导和帮助。

是年，敖汉旗政府下发了《敖汉人民政府关于加强林业资源保护的决定》。在决定中提出，一是严厉打击乱砍盗伐、毁林开垦和乱占林地行为。二是强力推行舍饲禁牧。三是加强森林病虫害防治。四是狠抓森林防火。五是强化林木采种和抚育管理。

是年，宝国吐乡用 5 年时间，完成了国家重点水土保持治理区大凌河流域项目、大青山和西沟等流域的综合治理。

2003 年

2 月，全国绿化委员会和国家林业局联合发文，命名敖汉旗为"再造秀美山川先进旗"。文中指出，敖汉旗坚持不懈植树造林，改善生态环境的先进事迹，为我国生态建设树立了一面工旗，成为全国学习的榜样，要学习敖汉旗历届领导班子真抓实干、持之以恒的精神，敖汉人民众志成城、团结协作、尊重科学、勇于探索、艰苦创业、无私奉献的精神。

2 月，敖汉旗人民政府制订了《敖汉旗造林绿化规划（2001—2010）》，对进入新世纪敖汉生态建设描绘了新的蓝图，敖汉旗人民迈入了生态建设的新征程。《规划》通过十年建设，全旗完成林业建设面积 118 万亩。

12 月，中共敖汉旗委、敖汉旗人民政府做出了《关于加强生态保护工作的决定》，敖汉旗生态建设进入了建设与保护并举，保护优先的历史发展阶段。决定中首先提出了加强生态保护工作的必要性。明确了主要奋斗目标是：实现生态与生产良性互动、协调发展；实现人与自然和谐相处；改善生态状况，拓展生存空间，维护全旗生态安全。到 2010 年，全旗有林面积达到 600 万亩，一切能够绿化的地方都绿化起来，实现了山川秀美。主要任务是：实施封育禁牧，保护好现有林，推动生态平衡；巩固好梯田建设成果，充分发挥"三保"作用；发展好人工种草，促进草蓄平衡；利用好水源，维护水平衡；管理好矿产开发，实现资源有序利用。出台了一系列政策措施，进一步明确了生态保护十项重点工作。

是年，敖汉旗获内蒙古自治区农田草牧场水利基本建设二等奖。

是年，敖汉旗提出林业发展的现状需要通过"二次创业"来提高，要重点抓好五方面工作，即"三围""两沿"建设；退耕还林工程；"小老树"、残次林、低价林的更新改造；沟道治理；中幼林尤其是山杏经济林的抚育管理。在林业二次创业中，要充分尊重生态平衡和林分平衡规律。

2004 年

6月中下旬，以京津风沙源治理工程为依托，康家营子乡、敖润苏莫苏木和国有治沙林场根据各地块不同的立地条件，均采用人工模拟飞播的方式进行播种，三个播区共完成飞播造林1万亩，占市局下达任务的100%。

是年，按照敖汉旗委、政府关于加强生态保护工作的要求，全旗生态资源保护管理实行法制管理。林业局森林公安股升为森林公安局，组建了敖汉旗生态监察大队，明确了6项责任。

自此，森林公安、生态监察与林业资源林政协同作战，坚持依法治林、依法护林、依法兴林的原则，不断强化生态资源管理力度，严厉打击盗伐、滥伐林木、违规放牧等行为，使生态资源管理工作走向正规化、规范化、法制化，有效地保护了全旗生态资源。

是年，全国第三次荒漠化和沙化监测结果显示，敖汉旗沙区经过多年治理，流动沙地已由1975年的57万亩减少到现在的5.22万亩，半流动沙地由171万亩减少到8.79万亩，固定沙地则由31万亩增加到98.87万亩。有100万亩农田、150万亩草牧场实现了林网化。带网片、草灌乔相结合的防护林体系已初步形成。全旗控制水土流失面积635万亩，年均径流量的79.7%被水保措施所拦蓄，基本实现了水不下山、土不出川。全旗森林防风固沙年均价值为5322.63万元。

是年，敖汉旗获内蒙古自治区农田草牧场水利基本建设二等奖。

2005 年

4月24日，意大利政府批准了与中国政府合作的工作计划，中意合作CDM造林项目建设期为8年，即2005—2012年。《项目合作协议》中规定造林面积为4.5万亩，主要分布在敖汉旗8个国有林场。

是年，敖汉旗在自治区 2005 年度农田草牧场水利基本建设"以奖代补"评奖活动中，获三等奖，是 5 个获奖旗县之一。敖汉旗已连续 9 年获奖。

2006 年

11 月，敖汉旗被国土资源部确定为国家基本农田保护示范区之一。为实现基本农田保护示范区建设目标，全旗按着"总体有规划、年度有计划、建设有方案"的原则和"田成方，林成网，路相通，旱能浇，涝能排"高效农业示范区的基本农田建设目标，规划出 2006—2010 年建设基本农田保护示范区 20 万亩。

2007 年

7 月，敖汉旗委、旗政府在中南部启动实施了沟道治理工程，并编制了《敖汉旗 2007 年沟道治理工程实施方案》，规划在全旗 11 个乡镇，完成沟道治理面积 3300 亩，控制沟道面积 20000 亩。

2008 年

7 月，中国敖汉旗委办公室、敖汉旗政府办公室印发《敖汉旗 2008 年沟道治理实施方案》，任务目标是，在全旗 11 个乡镇继续进行沟道治理，每个乡镇至少完成 1000 亩，全旗达到 1.1 万亩。治理标准达到二十年一遇标准设计，五十年一遇校核标准。

是年，敖汉旗水利局获内蒙古自治区人民政府农田草牧场水利基本建设奖。2006—2008 年连续 3 年获奖，分别是二等奖、二等奖、三等奖。

2009 年

8 月 28—29 日，时任中共中央政治局常委、国务院总理温家宝又一次来敖汉旗视察灾情，在牛古吐乡马场梁治沙造林工程的山包上，总理深情地对当地的干部群众说，敖汉旗能有今天这样林成网、渠成荫的生态建设成效，得益于几代人几十年的艰苦奋斗，成绩来之不易，一定要想尽一切办法保护住林子，保护住群众创造的绿色财富。

是年，敖汉旗林业局编制了《敖汉旗林业"十二五"规划和中长期规划》。"十二五"期间发展的总体目标是：有林面积达到 590 万亩，建成比较完备的林业生态体系、比较发达的林业产业体系和比较健全的林业管理体系。生态经济型林业全面发展，生态环境得到优化。林业一、二、三产业协调发展，成为全旗经济实现可持续发展的重要支柱之一。

是年，干沟子小流域治理工程、石砬沟小流域治理工程、三义井林场精品工程被列为 2009 年京津风沙源治理工程项目，成为精品工程。

2010 年

7 月 9 日，时任中共内蒙古自治区委员会书记胡春华同志在敖汉旗视察，登上黄花甸子三十二连山工程时，强调指出，敖汉旗生态建设全国知名，要坚持不懈地抓好生态建设和保护，坚持生态效益优先，兼顾经济效益，科学推进生态治理工作。

是年，中日合作治沙造林项目在马头山林场开始实施。项目建设期三年（2010—2012），计划造林 3000 亩。项目规划建设模式，在沙化土地营造防风固沙林，提高林分防护功能和经济效益。

是年，旗政府通过招商引资引进"内蒙古郭氏庄园农业发展有限公司"，一家以庄园经济、生态产业为使命的农业综合体，入驻黄羊洼。

2011 年

5 月 29 日，中国共产党敖汉旗第十四次代表大会召开，报告提出，要坚持绿色发展，注重资源节约和环境保护，发展循环经济、低碳经济，增强可持续发展能力。生态建设要坚持三效统一、经济效益优先，巩固和提高生态建设水平，推进生态文明。要充分发挥涵养水源功能，加大小流域综合治理力度。要继续实施好孟克河上游综合治理工程，加快高效节水经济林发展步伐，做好农田草牧场防护林带科学管护和更新工作。要巩固林改成果，推进国有林场改革，鼓励各类社会主体投资经营发展林草业。要探索林间、林下复合经营，大力发展生态产业。

7 月，我旗京津风沙源项目通过了自治区风沙源验收组检查验收。

12 月，由旗林业局和市林科院共同完成的"《中国沙棘快繁育苗及丰产栽培可持续经营技术研究》"课题，顺利通过专家鉴定委员会技术鉴定。该研究成果在沙棘丰产栽培技术方面达到国内先进水平。

2012 年

2012 年，生态建设探索生态治理新模式，生态建设成果全面巩固。全年投资 8241 万元，完成营造林 31.5 万亩，其中，人工造林 11.5 万亩，封山（沙）育林 15 万亩。实施小流域综合治理 11 万亩，完成生态保护 10 万亩，有害生物防治 13.2 万亩。

2013 年

6 月，敖汉旗被列为全国 150 个坡耕地水土流失综合治理工程试点县之一。被内蒙古自治区确定为实施国家坡耕地水土流失综合治理专项建设工程项目的 11 个旗（县）区之一。敖汉旗坡耕地水土流失综合治理工程开始立项。项目区选在通—赤高速敖汉段从萨力巴出口处起至四家子镇的赤—朝高速老虎山入口止，包括萨力巴乡的城子山村、老牛槽沟村和七道湾子村，新惠镇的扎赛营子村、新地村、得力胡同村和丰盛店村，四家子镇的东井村、下房申村、池家湾子村共 10 个村 45 个村民组。总投资 5000 万元。

9 月，敖汉旗水利局获内蒙古自治区人民政府"全区生态建设先进集体"奖。

是年，京津风沙源治理二期工程开始实施。可以让整个工程区经济结构继续优化，可持续发展能力稳步提高，林草资源得到合理有效利用，全面实现草畜平衡，草原畜牧业和特色优势产业向质量效益型转变取得重大进展，工程区农牧民收入稳定在全国农牧民平均水平以上，生产生活条件全面改善，走上了生产发展、生活富裕、生态良好的发展道路。

是年，敖汉旗启动了政策性森林保险制度，全旗 348.18 万亩国家公益林全部参保。每年投保金额达 538.64 万元，增强了林业经营者抵御风险的能力，调动了社会各界参与林业建设与保护的积极性。

2014 年

全旗坡耕地水土流失综合治理项目开工建设，项目区建设地点在新惠镇德力胡同村和萨力巴乡城子山村，总面积 8655 亩，总投资 1250 万元。

2015 年

是年，全旗大力实施村庄绿化、公路绿化、厂矿园区绿化、城市周边绿化和重点工程巩固等重点绿化工程。全旗共实施 1218 个村屯绿化工程，完成进村道路绿化 1370 公里，重要出口和公路绿化 176 公里，厂矿园区绿化 1 万亩。新惠镇孟克河景观续建工程 350 亩，重点生态工程巩固绿化 6 处。

2016 年

3 月，中共敖汉旗委、敖汉旗人民政府发布了《关于进一步加强生态建设与保护工作的意见》，对新世纪 15 年来生态建设工作进行了总结。明确指导思想为：全面贯彻党的十八大和十八届三中、四中、五中全会精神，坚持生态立旗不动摇，创新体制机制，优化产业结构，提高生态效益，建设与国民经济和社会发展相适应的良好生态环境，推进绿色发展、循环发展、低碳发展，建设美丽敖汉。

5 月，敖汉旗坡耕地水土流失综合治理项目完成治理面积 1.2 万亩，水平梯田 8650 亩，总投资 1700 万元。6 月，通过内蒙古自治区发改委、水利厅专家组的竣工验收，质量评定合格。

是年，敖汉旗又争取到了国家坡耕地水土保持综合治理项目面积 1.2 万亩，总投资 2000 万元，其中国家投资资金 1600 万元。2019 年，《关于上报敖汉旗 2019 年坡耕地水土流失综合治理工程四个项目区实施方案的报告》得到批复。

是年，敖汉旗实施了"一减三增两改"的退化林分改造修复战略，"一减"即减少退化林比重；"三增"即新增经济林、文冠果木本油料林、樟子松林；"两改"即改良沙棘林、山杏林。加快林业产业基地建设，调整生态产业化布局，创新了具有本地区特色的产业扶贫模式。

是年，敖汉旗林木种苗站被自治区林业厅列为全区林木种苗标准化示范单位。

2017 年

5 月 20 日，新惠镇喇嘛沟、萨力巴乡哈拉沟、四家子镇南大城、丰收乡元宝山、牛古吐乡喇嘛板的坡改梯水土流失综合治理项目竣工。完成水土流失面积 1.4 万亩，其中，水平梯田 1.37 万亩。完成总投资 1800 万元，其中，国家投资 1600 万元，地方配套 200 万元。6 月，通过赤峰市水利局、发改委组织的初步验收。

9 月，敖汉旗人民政府印发了《敖汉旗全面推行河长制工作方案》，在全旗全面推行河长制。

9 月 18 日，敖汉旗坡耕地水土流失综合治理项目获赤峰市发改委批复，项目区在牛古吐乡喇嘛板朝阳沟和萨力巴乡章京营子。批复治理面积 3680

亩，新修土坎水平梯田 3667 亩，总投资 550 万元，其中，国家投资 440 万元，地方配套 110 万元。

是年，敖汉旗完成自治区河长制中期评估工作，代表赤峰市接受水利部河长制年度检查验收。

是年，三义井林场承建了亚太森林组织实施的大中亚区域森林资源综合管理规划项目，基地实施面积 1050 亩，项目总投资 74.4 万美元。

是年，敖汉旗委、政府调整经济结构，以"生态经济"为发展方向，提出了打造"小米、肉驴、沙棘、文冠果"四个百亿元企业的长远战略目标，使生态种养效益不断提升，生态旅游活泼有序。

2018 年

是年，敖汉旗各级河长开始巡河工作，旗级河长巡河 7 人次，乡镇级河长巡河 521 人次，村级河长巡河 2513 人次。

2019 年

1 月，敖汉旗林业和草原局成立（挂牌）。

10 月 20 日，敖汉旗四家子镇东井村、金厂沟梁镇石桥子村、玛尼罕乡平房村坡改梯水土流失综合治理工程同时开工建设。治理面积 8000 亩，项目总投资 1200 万元。

12 月 27 日，大中亚区域植被恢复与森林资源管理利用示范项目第二期工程正式签约，2020 年启动实施，项目建设单位为敖汉旗三义井林场，实施面积 3450 亩。其中，建设半干旱荒漠化植被恢复示范林 1085 亩，建设沙生树木示范园 150 亩，建设低效林改造示范林 580 亩，提升一期项目综合效益与示范成效 1635 亩，建设荒漠化防治成果展览室 500 平方米。项目总预算 1029.392 万元人民币。

2019 年末，京津风沙源治理工程自实施以来，在全旗 16 个乡镇苏木、4 个国有林场，累计完成营造林 291.86 万亩。其中，完成人工造林 113.06 万亩，人工模拟飞播造林 5 万亩，封山（沙）育林 111.89 万亩，草种基地 0.03 万亩，退耕地还林 36.94 万亩，荒山匹配造林 30.5 万亩。项目建设总投资 107205 万元，其中，项目基建投资 35789 万元，退耕还林补助资金 71416 万元。

2020 年

7月，国家林业和草原局关于开展全国森林经营试点工作的通知，内蒙古列入3个试点单位，敖汉旗位列其中。

2020年，林业做好残次林更新文章，继续实施"一减三增两改"战略。减少退化林分60万亩，增加水果经济林5万亩、文冠果20万亩、樟子松20万亩，山杏改接大扁杏10万亩，沙棘抚育改良10万亩。通过种养林产业结构调整，实现人均增收3500元以上。大力发展高效节水经济林，探索发展林下特色种养业，积极发展碳汇交易，有效挖掘林业产值。集体林确权到户501.72万亩，确权到户率97.6%。敖汉成为全国集体林权制度改革重点宣传推介典型。

截至2020年末，敖汉旗完成坡耕地水土流失综合治理面积8.47万亩，其中完成主体工程水平梯田8万亩，水保林1725亩，生物封沟2000亩；配套工程完成作业路236.24公里，坡面截水沟77.38公里；小型水利水保工程建谷坊473座，石谷坊25座，机电井48眼，配套水泵54台套，发展灌溉面积1.25万亩。规划总投资12063万元，其中中央投资9650万元，自治区配套资金2413万元；完成投资10697万元，其中中央投资9650万元，自治区配套1047万元。

2020年末，引入内蒙古舜德治沙科技有限公司，在敖润苏莫苏木荷也勿苏嘎查开展10万亩沙地综合治理及绿色生态循环示范建设项目。在敖润苏莫苏木建设沙漠化治理、生态建设与产业融合发展的示范型龙头企业。引入企业造林，在敖汉旗生态建设中尚属首次，这一模式不仅开创了敖汉旗造林形式的先河，还为全旗生态建设注入了新的活力，对实现生态效益、社会效益、经济效益三效统一具有重要意义。

后　记

　　在中共敖汉旗委、敖汉旗人民政府的正确领导下，敖汉旗的生态文明建设经历了70多年的风雨，轰轰烈烈，扎扎实实，到20世纪末出色地完成了全旗绿化的目标，取得了举世瞩目的成就，在国内外颇有名气。2000年3月，国家环保总局授予敖汉旗第一批"国家级生态示范区"称号；2002年6月荣获联合国环境规划署"全球500佳"环境奖；2003年2月，全国绿委会、国家林业局授予敖汉旗"再造秀美山川先进旗"称号。新世纪之初，顺利实现了生态建设与保护并重的重大历史转折，党的十七大、十八大以后，又跨上了生态文明建设的快车道。敖汉人民在这块曾经贫瘠的土地上树起了一座不朽的丰碑，为祖国北疆牢固筑起了8300平方公里的绿色生态屏障。为记录这一光辉历程，总结经验，推动发展，敖汉旗的志士仁人都有把这段历史记录下来的夙愿。

　　2020年8月，中共敖汉旗委领导听取了《敖汉旗生态文明建设简史》编写组的汇报，并给予了充分的肯定和大力支持。

　　2021年初，敖汉旗人民政府把编写《简史》正式列入工作日程。

　　2021年4月，组成了编写组，正式开始编写工作。

　　编写组分工如下：

　　第一部分：（执笔）丁建国

　　第二部分：（执笔）刘承来

　　第三部分：（执笔）朱国文

　　第四部分：（执笔）刘承来　李显玉　王志军

　　大　事　记：（执笔）杨　静

　　2021年6月，新一届旗委、政府班子组成后，对编写《简史》更加重视，加强了对编写工作的领导。

为了写好《简史》，编写组制定了"尊重历史，客观公正；心中有责，真实准确；集思广益，精益求精"的 24 字守则。

为了写好《简史》，必须做好基础性工作，我们首先用了 4 个月时间，集中精力查阅文书档案，深入基层调查研究，把握第一手资料。凡涉及生态文明建设的敖汉旗委、旗政府的重要文件，旗委书记、旗政府旗长在重要会议上的讲话，不同时期的重大决策、重要目标、重大工程、重点项目基础资料、数据等，以及农、牧、林、水等相关部门的基础资料、文件，都进行了详细、系统的收集，建起了近千万字的资料库。在编写过程中，在突出主题思想，构建框架结构，设计编写程序等方面，精准把握现有资料，狠下功夫，反复推敲，精心梳理，千方百计把真实性提到最高，把失误率降到最低，力争使《简史》再现新中国成立以来敖汉生态文明建设的全貌，可信、可读、可保存、可传承。

在《简史》的编写过程中，我们认真做了以下五件事：

一、为真实准确地记述生态文明建设全过程，我们登门拜访了曾在敖汉工作过的党、政老领导白振高、张立华、于兆印、杨宝忠、张树云、张智、王国联、于宝君等同志，得到了热情指教。

二、聘请专家指导，于建设、刘海霞、王明玖、阿拉腾嘎日嘎、马树怀、王国疆等专家学者，分别提出了很好的指导意见。

三、听取了在生态文明建设一线工作和已退休领导、专家、名人的意见。李雨时、张喜斌、刘士和、孔繁忱、王贵东、赵常山、邓相奇、刘柏华、张乃夫、姚四新、张红民、宋广荣、王玉、蔡玉轩、王树军、马力、荀思源、那日娜等同志，提出了许多宝贵的建议。

四、为使《简史》内容更加翔实、可靠，为使编写工作顺利进行，我们向在职的相关部门领导、学者、职员广泛收集资料，寻求协助。张明亮（林业）、李爱华（林业）、任向春（林业）、王晓东（林业）、高学志（林业）、周炜峰（林业）、陈学勋（林业）、霍明春（林业）、王云鹏（林业）、吴建平（林业）、索明礼（林业）、李秀华（林业）、韩丽华（林业）、吴红艳（林业）、刘德义（林业）、刘忠友（林业）、刘淑英（林业）、毕连仓（林业）、高士学（林业）、许怀军（草业）、李明（草业）、于景瑞（草业）、徐国明（草业）、崔明（水利）、刘泉（水利）、郑春文（水利）、刘富（水利）、孙志坚（林业公安）、袁桂文（农牧）、王晓光（档案局）、吕香敏（档案局）、任海娟（贝子府）、张凤艳（贝子府）、赵鹏宇（长胜）等，给予了热情帮助和有力配合。

五、《简史》中收入了不同时期生态文明建设的媒体文章（有署名），收集了不同时期生态文明建设的照片和图表（未署名），使之更加生动、鲜活，图文并茂。

在《简史》付梓之际，谨向以上诸位给予的热情指导和无私帮助，表示衷心的感谢！

《简史》编写过程中，得到了兴隆洼镇党委政府、长胜镇党委政府、金厂沟梁镇党委政府、贝子府镇党委政府、敖润苏莫苏木党委政府、旗林草局、水利局、农牧局、财政局、档案局、交通局、民政局、敖汉旗老科协、国有新惠林场、国有双井林场等单位的大力支持。赤峰洁雨装饰工程有限公司、敖汉旗新州冠华印刷厂等提供了优质服务和热心协作，在此一并谢忱。

编写组在编委会领导下，夜以继日，殚精竭虑，努力工作，用两年多时间，编写出这部 67 万字的《简史》。可谓劳有所获，初心得偿。鉴于笔者知识水平有限，难免挂一漏万，恳请读者批评指正。

谨以此书献给敖汉旗生态文明的建设者。

编　者

2022 年 11 月 22 日